NOUVEAU DICTIONNAIRE D'HISTOIRE NATURELLE.

FAB — FOR.

Liste alphabétique des noms des Auteurs, avec l'indication des matières qu'ils ont traitées.

MM.

BIOT........ *Membre de l'Institut.* — La Physique.

BOSC......... *Membre de l'Institut.* — L'Histoire des Reptiles, des Poissons, des Vers, des Coquilles, et la partie Botanique proprement dite.

CHAPTAL....... *Membre de l'Institut.* — La Chimie et son application aux Arts.

DE BLAINVILLE, *Professeur adjoint à la Faculté des Sciences de Paris, Membre de la Société philomathique, etc.* (BV.) — Articles d'Anatomie comparée.

DE BONNARD..... *Ing. en chef des Mines, Secr. du Conseil gén. etc.* (BD.) — Art. de Géologie.

DESMAREST.... *Professeur de Zoologie à l'École vétérinaire d'Alfort.* — Les Quadrupèdes, les Cétacés et les Animaux fossiles.

DU TOUR....... — L'Application de la Botanique à l'Agriculture et aux Arts.

HUZARD........ *Membre de l'Institut.* — La partie Vétérinaire. Les Animaux domestiques.

Le Chev. DE LAMARCK, *Membre de l'Institut.* — Conchyliologie, Coquilles, Méthode naturelle, et plusieurs autres articles généraux.

LATREILLE..... *Membre de l'Institut.* — L'Hist. des Crustacés, des Arachnides, des Insectes.

LEMAN......... *Membre de la Société Philomathique, etc.* — Quelques articles de Minéralogie et de botanique. (LN.)

LUCAS FILS..... *Professeur de Minéralogie, Auteur du Tableau Méthodique des Espèces minérales.* — La Minéralogie; son application aux Arts, aux Manufact.

OLIVIER........ *Membre de l'Institut.* — Particulièrement les Insectes coléoptères.

PALISOT DE BEAUVOIS, *Membre de l'Institut.* — Divers articles de Botanique et de Physiologie végétale.

PARMENTIER... *Membre de l'Institut.* — L'Application de l'Économie rurale et domestique à l'Histoire naturelle des Animaux et des Végétaux.

PATRIN......... *Membre associé de l'Institut.* — La Géologie et la Minéralogie en général.

RICHARD....... *Membre de l'Institut.* — Des articles généraux de la Botanique.

SONNINI........ — Partie de l'histoire des Mammifères, des Oiseaux; les diverses chasses.

THOUIN........ *Membre de l'Institut.* — L'Application de la Botanique à la culture, au jardinage et à l'Économie rurale; l'Hist. des differ. espèces de Greffes.

TOLLARD AINÉ... — Des articles de Physiologie végétale et de grande culture.

VIEILLOT...... *Auteur de divers ouvrages d'Ornithologie.* — L'Histoire générale et particulière des Oiseaux, leurs mœurs, habitudes, etc.

VIREY......... *Docteur en Médecine, Prof. d'Hist. Nat., Auteur de plusieurs ouvrages.* — Les articles généraux de l'Hist. nat., particulièrement de l'Homme, des Animaux, de leur structure, de leur physiologie et de leurs facultés.

YVART........ *Membre de l'Institut.* — L'Économie rurale et domestique.

CET OUVRAGE SE TROUVE AUSSI:

A Paris, chez C.-F.-L. PANCKOUCKE, Imp. et Édit. du Dict. des Sc. Méd., rue Serpente, n.° 16.
A Angers, chez FOURIER-MAME, Libraire.
A Bruges, chez BOGAERT-DUMORTIER, Imprimeur-libraire.
A Bruxelles, chez LECHARLIER, DE MAT et BERTHOT, Imprimeurs-libraires.
A Dôle, chez JOLY, Imprimeur-Libraire.
A Gand, chez H. DUJARDIN et DE BUSSCHER, Imprimeurs-libraires.
A Genève, chez PASCHOUD, Imprimeur-libraire.
A Liége, chez DESOER, Imprimeur-libraire.
A Lille, chez VANACKÈRE et LELEUX, Imprimeurs-libraires.
A Lyon, chez BOHAIRE et MAIRE, Libraires.
A Manheim, chez FONTAINE, Libraire.
A Marseille, chez MASVERT et MOSSY, Libraires.
A Mons, chez LE ROUX, Libraire.
A Rouen, chez FRÈRE aîné, et RENAULT, Libraires.
A Toulouse, chez SENAC aîné, Libraire.
A Turin, chez PIC et BOCCA, Libraires.
A Verdun, chez BENIT jeune, Libraire.

NOUVEAU DICTIONNAIRE D'HISTOIRE NATURELLE,

APPLIQUÉE AUX ARTS,

A l'Agriculture, à l'Économie rurale et domestique, à la Médecine, etc.

PAR UNE SOCIÉTÉ DE NATURALISTES ET D'AGRICULTEURS.

Nouvelle Édition presqu'entièrement refondue et considérablement augmentée ;

AVEC DES FIGURES TIRÉES DES TROIS RÈGNES DE LA NATURE.

TOME XI.

DE L'IMPRIMERIE D'ABEL LANOE, RUE DE LA HARPE.

A PARIS,

Chez DETERVILLE, LIBRAIRE, RUE HAUTEFEUILLE, Nº 8.

M DCCC XVII.

Indication des Pages où doivent être placées les PLANCHES *du* TOME XI, *avec la note de ce qu'elles représentent.*

NOUVEAU DICTIONNAIRE D'HISTOIRE NATURELLE.

FA et FASI-BAMI. Ce sont deux noms du NOISETIER, Japon, suivant Thunberg. (LN.)

FAADH. Nom arabe de la PANTHÈRE. *V.* à l'art. CHAT. (DESM.)

FAAREGRAES. Nom des PATURINS (*Poa*), en Danemarck. (LN.)

FAAREPAÈRER et FAARELORTE. L'on nomme ainsi, en Danemarck, l'ACTÆA SPICATA. L. (LN.)

FAARETUNGE. Nom du GRAND PLANTAIN (*Plantago major*), en Danemarck. (LN.)

FAA-TIL-LISS. C'est, en Danemarck, l'un des noms de la PAQUERETTE. (LN.)

FABA. Nom donné de toute ancienneté, par les Latins, à la FÈVE (*Faba vesca*, *Faba equina*, *vicia Faba*) On en ignore l'origine, à moins qu'il ne soit corrompu de *Phaca*, nom grec de la LENTILLE. Pline met la FÈVE au premier rang des légumes, et s'étend en éloges sur cette plante, dont le *fruit* étoit un aliment très-en usage, soit pour l'homme, soit pour les troupeaux ; son fanage étoit une excellente nourriture pour les bestiaux, et un excellent engrais pour la terre. La FÈVE a été non moins célèbre chez les Grecs : c'est leur CYAMOS, nom qui tire son origine du verbe grec κυῶ, *prægno* en latin.) Les Egyptiens paroissent être le peuple qui cultiva le premier la FÈVE. Diodore nous apprend que c'étoit un des légumes les plus communs en Egypte, et que quelques personnes, par superstition, n'en mangeoient point. Hérodote avoit dit avant lui, mais à tort, que les Egyptiens n'en faisoient point usage, et que les prêtres ne vouloient même pas voir ce légume qu'ils regardoient comme impur. Les prêtres du temple de Jupiter à Rome s'en abstenoient aussi. Les taches brunes ou noires qu'on voit sur la fleur de la fève, étoient regardées comme des signes de deuil. (Pline, Varron). On croyoit que les âmes des morts pouvoient être contenues dans les fèves, et on étoit dans l'usage de porter des fèves en allant aux funérailles. Les pythagoriciens s'abstenoient aussi des fèves. Suivant M. Petit Radel, ce ne seroit pas des fèves ordinaires, mais des fruits du caroubier, dont la pulpe sucrée est d'un rouge de chair, et nous ajouterons indigeste. Ainsi des causes diététiques ont pu faire naître les idées superstitieuses des anciens à l'égard de la fève.

Au reste, à présent c'est un des légumes les plus cultivés en Egypte et en Italie. On remarque que cette culture s'amoindrit à mesure qu'on avance dans le nord de l'Europe.

A Naples comme en Egypte, on mange les jeunes fèves toutes crues, et les grosses cuites et grillées au four. On les vend publiquement toutes cuites. Il paroît cependant que le goût pour les fèves est encore plus dominant en Egypte que partout ailleurs. C'est une excellente provision pour les caravanes, que celle des fèves sèches.

Les Fèves, les Carotes, les Concombres et les fruits du Caroubier servent de nourriture aux chevaux : en Egypte, on donne des fèves aux chameaux.

Macrobe ajoute que l'on nommoit le 1.er de juin le jour aux fèves, sans doute parce que, les fèves paroissent à cette époque. Des ressemblances plus ou moins éloignées avec les fruits de la fève, avec la consistance fongueuse de ses gousses, etc., ont fait nommer *Faba*, bien des plantes très-différentes, avec des épithètes néanmoins qui les distinguent. *V.* pour cet objet les différens articles Fève. Quant à la fève proprement dite, les botanistes modernes comme les anciens, en font un genre distinct de celui des Vesces (*Vicia*), avec lequel Linnæus les avoit confondues. *V.* Faveira. (ln.)

FABACIA. Selon Pline, on nommoit ainsi des gâteaux ou une sorte de Pain fait avec des *Fèves* réduites en *farine*. (ln.)

FABACIUM et Fabalis. Les anciens donnoient ce nom au fanage de la Feve. *Fabalium* et *Favetum* désignent le plantage des fèves, et les lieux où l'on a semé ce légume. (ln.)

FABAGELLE, *Zygophyllum*. Genre de plantes de la décandrie monogynie, et de la famille des rutacées, qui présente pour caractères : un calice de cinq folioles ovales oblongues, un peu concaves et obtuses; cinq pétales oblongs et obtus; dix étamines, dont les filamens ont chacun à leur base interne, une écaille adnée et bifide; un ovaire supérieur, oblong, prismatique, chargé d'un style quelquefois incliné, à stigmate simple; une capsule ovale, pentagone, divisée en cinq loges, et qui s'ouvre en cinq valves auxquelles adhèrent les cloisons. Chaque loge renferme, sur deux rangs, plusieurs semences anguleuses.

Ce genre renferme une quinzaine d'espèces presque toutes propres à l'Afrique, et fort voisines des FAGONES. Ce sont des sous-arbrisseaux, ou des herbes vivaces à feuilles conjuguées, très-rarement simples, et à fleurs solitaires et axillaires. Une seule de ces espèces est dans le cas d'être mentionnée ici: c'est la FABAGELLE COMMUNE, *Zygophyllum fabago*, Linn., qui croît en Syrie et en Barbarie. Elle a les folioles oblongues, planes; les tiges herbacées et les capsules prismatiques. C'est une plante remarquable, qui reste en fleur pendant trois mois. En conséquence, on la cultive assez fréquemment dans les jardins. On la dit vermifuge. (B.)

FABAGO. Nom par lequel Dodonée a désigné le premier le *Zygophyllum fabago*, parce que, dans cette plante, les feuilles sont disposées deux à deux, comme sont les folioles de la *fève*, sur leur pétiole. Commelin, Burmann, Tournefort, Dillen, etc., ont cru devoir donner ce nom de FABAGO au genre *Zygophyllum* lui-même (*V.* FABAGELLE), et au *Fagona*. *V.* FAGONE.

J. Camerarius nous apprend que, de son temps, on nommoit quelquefois l'arbre de Judée, FABAGO. (LN.)

FABALIS. *V.* FABACIUM. (LN.)

FABARAZ. Nom qu'on donne, en Espagne, à la staphysaigre, espèce de DAUPHINELLE (*Delphinium staphysagria*). (LN.)

FABARIA de Césalpin. C'est le COTYLET ombiliqué et la FABAGELLE (*Zygophyllum fabago*). (LN.)

FABATARIUM. Sorte de potage aux fèves, suivant Lampride, ou même le vase ou le plat sur lequel on servoit les FÈVES sur table. (LN.)

FABE. Synonyme de FÈVE. (B.)

FABIANE, *Fabiana*. Arbrisseau à feuilles très-petites, sessiles, ovales, squamiformes, concaves en dedans et imbriquées le long des rameaux, à fleurs d'un blanc violâtre, solitaires à l'extrémité des rameaux, qui forme un genre dans la pentandrie monogynie, et dans la famille des solanées.

Ce genre offre pour caractères: un calice petit, persistant, à cinq angles et à cinq dents; une corolle infundibuliforme, à tube très-long, à limbe à cinq lobes plissés et recourbés ; cinq étamines, dont deux plus longues ; un ovaire supérieur, à style filiforme et à stigmate émarginé ; une capsule ovale, biloculaire, bivalve, contenant un grand nombre de semences.

Le *Fabiane* croît au Chili, et répand une odeur résineuse. Ses feuilles sont amères et employées contre une maladie des chèvres, appelée *pizguin* dans le pays. (B.)

FABION. La chélidoine portoit ce nom chez les Romains. (LN.)

FABRECOULIER. C'est le MICOCOULIER. (B.)

FABRICIA. Trois genres de plantes portent ce nom. Le premier et le plus ancien est le *Fabricia* d'Adanson, établi sur le *Lavandula multifida*, qui diffère des autres espèces du genre LAVANDE, par ses épis à fleurs solitaires et sessiles ; par le calice à deux lèvres et à cinq dents ; par la corolle à cinq divisions presque égales ; par les étamines courtes, et par ses graines hémisphériques. Ce genre n'a pas été adopté.

Le second genre *Fabricia* est celui de Thunberg, dont les caractères n'étant presque que ceux de l'hypoxis, l'y ont fait rapporter. Cependant une des espèces est dans le genre *Gethyllis*.

Le troisième genre *Fabricia* est celui fondé par Gærtner. Comme le précédent, il rappelle le célèbre entomologiste FABRICIUS, à la mémoire duquel il a été consacré. Les botanistes ont adopté le *Fabricia* de Gærtner. *V.* FABRICIE. (LN.)

FABRICIE, *Fabricia*. Genre de plantes de l'icosandrie monogynie, et de la famille des myrtoïdes, dont la fleur offre : un calice divisé en cinq parties ; une corolle de cinq pétales sessiles ; un grand nombre d'étamines distinctes, insérées au calice ; un germe à demi-inférieur, ovale, à style simple et à stigmate globuleux ; une capsule multiloculaire, à une seule semence ailée.

Ce genre, qui ne diffère des LEPTOSPERMES que par sa capsule et sa semence, renferme deux espèces qui viennent de la Nouvelle-Hollande, ou Australasie. Ce sont des arbustes à feuilles alternes ou opposées, et à fleurs axillaires et solitaires, qu'on cultive actuellement dans les jardins de France et d'Angleterre. (B.)

FABRONIE, *Fabronia*. Genre de plantes de la famille des mousses, proposé dans les Actes de Florence, et adopté par M. Schwægrichen. Il se compose de trois espèces.

Ce genre, quoique le même que celui proposé sous le même nom par M. de Lapylaie, dans le Journal botanique, ne réunit pas, dans l'ouvrage de M. Schwægrichen, les mêmes caractères. Celui-ci ne lui donne que huit paires de dents réfléchies en dedans. M. Lapylaie, d'après Radda qui a créé le genre, en décrit seize paires toutes droites. (P. B.)

FABUCA et FABUCO. C'est, en Espagne, le FAINE, fruit du HÊTRE. (LN.)

FABULONGA. Suivant Adanson, les Tuscules nommoient ainsi la JUSQUIAME, *Hyoscyamus niger*. (LN.)

FACA et FACE. *V.* PHACA. (LN.)

FACE, *Facies*, qui paroît venir de *fari*, parler. Les mots *os* et *vultus* désignent plus particulièrement, l'un, la bouche et les parties voisines, le second l'expression de la physionomie; car il se tire de *velle*, vouloir. C'est ainsi que Tacite parlant de Tibère, dit qu'il avoit *vultus jussus*, une physionomie commandée, lorsqu'il dissimuloit ses sentimens pour feindre ceux qu'il n'avoit pas.

De tous les temps, l'excellence et la dignité de la face humaine, qui s'élève vers le ciel, tandis que celle des animaux, sans noblesse, sans expression, se courbe bassement vers la terre, a servi de texte aux poëtes et aux orateurs. Cicéron emprunte à Platon ses belles pensées sur ce sujet; Ovide nous assure que Dieu même

> Os homini sublime dedit, cœlumque tueri
> Jussit, et erectos ad sidera tollere vultus.

Silius Italicus le répète en moins beaux vers, et Buffon après eux, nous montre que: « L'attitude de l'homme est « celle du commandement; sa tête regarde le ciel et présente « une face auguste sur laquelle est imprimé le caractère de « sa dignité; l'image de l'âme y est peinte par la physio- « nomie, l'excellence de sa nature perce à travers les orga- « nes matériels et anime d'un feu divin les traits de son vi- « sage. » Les contradicteurs, car il y en a sur tout, disent néanmoins avec le sceptique Montagne et quelques autres, que les chameaux, les autruches et même les oies et les dindons relèvent également la tête, et que nous ne regardons pas encore si directement le ciel que le poisson uranoscope dont les yeux sont placés sur le sommet de son crâne; enfin, que le pingouin (oiseau marin, *alca torda*, L.) marche aussi redressé que nous.

Il y a cependant une différence énorme entre la face de l'homme et l'ignoble museau des bêtes brutes. L'allongement de leurs mâchoires, le reculement et l'aplatissement de leur cerveau montrent bien qu'elles mettent l'appétit devant la pensée, qu'elles tendent vers l'aliment, comme étant le premier besoin pour elles. Le singe même, l'orang-outang, le plus voisin de notre espèce, a plutôt une moue grimaçant qu'un visage, et déjà il présente des vestiges de cet os inter-maxillaire supérieur, qui porte, chez les autres mammifères, les dents incisives supérieures, et concourt à l'élongation des mâchoires. Le nègre enfin, indépendamment de son teint noirci et de ses cheveux laineux, annonce encore, par l'avancement de sa bouche et l'abaissement de son front, qu'il a des appétits moins nobles et une disposition moins marquée pour l'ordinaire, à la réflexion, à la méditation, que l'homme blanc dont la face est droite et le front avancé. On doit donc considérer que plus le museau sera prolongé dans un être, plus son cerveau sera reculé et rétréci, et en même temps plus il sera brut et dépourvu d'intelligence; au contraire, à mesure que les os de la face se raccourciront et diminueront de volume, plus l'organe encéphalique aura d'étendue, et plus l'animal déployant de facultés intellectuelles, s'élevera dans l'échelle des êtres, jusqu'auprès de l'homme qui, étant placé au sommet, doit présenter, par cela même, le cerveau le plus développé, et les os de la face les moins allongés de tous les êtres.

C'est sur de telles observations qu'est fondée la belle règle de l'*angle facial*, établie par P. Camper, dans sa *Dissertation sur les traits du visage.* Que l'on suppose, en effet, avec lui une ligne droite passant à la base du crâne, depuis le trou occipital jusqu'à la racine des dents incisives supérieures; puis, qu'on tire une autre ligne, de cette même racine des incisives supérieures, au front de l'homme ou de l'animal qu'on veut examiner; on aura un angle d'autant plus aigu que l'animal sera plus brut, et d'autant plus ouvert, plus voisin de l'angle droit, que l'homme aura de noblesse et d'intelligence. Les singes offrent des angles depuis 45 degrés (les macaques) jusqu'à 60 ou même 63 d'ouverture (aux orangs outangs et jockos); le nègre a 70 degrés environ; l'européen, depuis 75° jusqu'à 85°. Mais les anciens sculpteurs grecs auxquels le génie des beaux arts avoit peut-être révélé cette règle, donnoient à la face de leurs dieux 90 degrés d'ouverture, et même 100°. à leur dieu suprême, au grand Jupiter.

Daubenton avoit fait une observation remarquable aussi; c'est que plus le museau des animaux s'allonge, plus le trou occipital est reculé, de sorte que dans les espèces à très-long museau, il est à l'opposite de la gueule, et le crâne est très-petit De cette manière la tête qui est dans l'homme presque en équilibre sur l'atlas, et qui retombe même en arrière chez l'homme blanc à grand cerveau, tombe toujours en devant et en bas chez les quadrupèdes; c'est pourquoi ils ont besoin d'un ligament cervical robuste à proportion de ce prolongement du museau. Les tractions qu'exerce alors ce ligament sur l'os occipital, doivent empêcher le libre développement du cerveau dans ces espèces.

La *beauté de la face* n'est donc pas tout-à-fait un résultat de simple convention, ni le fruit du caprice et des goûts particuliers de chaque peuple, comme on le pense. « Interro-« gez, dit Voltaire, sur le beau, sur le το καλον, un crapaud; « il vous répondra que c'est sa crapaude avec ses deux gros « yeux et sa peau gluante, etc. » Le nègre doit faire sa beauté noire comme lui, sans doute. Mais n'y a-t-il pas un état de perfection, de régularité, d'harmonie d'organisation dans chaque espèce? N'a-t-elle pas sa beauté propre indépendamment de nos préventions? Les seuls aveugles ont la permission de nier sans absurdité qu'un visage dont les deux moitiés sont également formées, dont les traits sont symétriques, et dans une juste proportion avec l'ensemble, ne soit pas beau. Or, tout ce qui caractérise la perfection d'un être dans sa propre espèce, fût-ce un crapaud et une araignée, le rend beau relativement au rang que la nature lui assigne. Et comme l'homme est le premier de tous les animaux, il est certain que plus il se distinguera d'eux par l'éminence de ses facultés intellectuelles, plus il aura de vraie beauté, et même de majesté dans sa figure. C'est en effet ce qui résulte du développement de son cerveau et de la diminution des os de la face. Les peintres et les sculpteurs n'ont souvent pas d'autre artifice pour imprimer un caractère de noblesse et d'élévation aux figures, que de leur donner un angle facial plus ouvert, comme l'ont fait les artistes grecs. Les autres moyens tels que la régularité de l'ovale, les traits droits ou demi-onduleux ne sont que des auxiliaires du type principal de la beauté.

Après ces considérations qui nous montrent la supériorité de notre organisation sur celle des autres animaux, il importe d'examiner les traits même de face humaine, ce miroir vivant de l'âme, où viennent se peindre nos affections, nos penchans, où se décèlent même les lésions profondes de notre économie. L'homme est tout entier dans sa face; c'est dans la tête qu'il vit le plus; c'est par-là qu'il se distingue de ses semblables; un tronc sans tête n'a pas de nom: *et sine nomine corpus*. Les bêtes n'ont presque aucune physionomie différente entre elles, en chaque espèce. Hors des diversités de taille, de couleur, de sexe et d'âge, tous les individus de même sorte se ressemblent. Il paroît que l'homme inculte et sauvage dont les facultés morales sont rarement mises en jeu, dont l'intelligence est foiblement éclairée, dont les passions sont peu exaltées, a peu de physionomie; ainsi l'on a dit des Brasiliens et de la plupart des Américains sauvages, qu'ils avoient tous à peu près les mêmes traits. Chez les Insulaires des mers du Sud, on n'observe, en général, qu'une physionomie brute et féroce; les peuplades nègres, sauf les variétés nationales, de corpulence, de teint, etc., offrent toutes le même museau plus ou moins prononcé. Ces êtres élevés par la simple nature, dans le même climat, nourris de mêmes alimens, aussi peu instruits les uns que les autres, réduits à des conditions toutes semblables, tous à peu près également apathiques, doivent avoir, en effet, très peu de diversité de physionomie; et les animaux sauvages soumis pareillement à l'uniformité de vie et d'instinct dans leur espèce, sous le même climat, n'offrent aucune différence notable dans les traits de leur figure. *V.* Physionomie. (virey.)

FACE. *V.* Phaca. (ln.)

FACE DE LOUP. C'est le Lycopside des champs. (ln.)

FACKBLUM. Nom allemand du Bouillon blanc (*Verbascum thapsus*, L.). (ln.)

FACKEL. L'un des noms allemands du Pin sauvage (*Pinus sylvestris*). (ln.)

FACKELBAUM et FACKEBEERE. Noms de l'Obier (*viburnum opulus*, L.) en Allemagne. (ln.)

FACKELDISTEL. Nom des Cierges (*cactus*) en Allemagne. (ln.)

FACKELROS. Nom danois de la Salicaire (*Lythrum salicaria*). (ln.)

FACON. *V.* Phaca. (ln.)

FACOS. *V.* Phaca. (ln.)

FACULTÉ. Nom donné à un *pouvoir* particulier qu'un objet considéré possède en soi, et conséquemment qui lui est propre. Ainsi, toute faculté est un pouvoir, celui de faire ou d'opérer quelque chose; et ce pouvoir est le propre du corps, ou de l'organe, ou du système d'organes en qui on l'observe. Il subsiste dans ces objets, tant que l'ordre de choses qui y donne lieu n'est pas détruit.

D'après cette définition, il est évident qu'il n'y a que les corps vivans qui aient des *facultés;* qu'aucun corps inorganique, qu'aucune matière quelconque, ne sauroit avoir en propre la moindre *faculté;* que, conséquemment, tout corps non vivant, toute matière quelle quelle soit, n'a que des qualités, que des propriétés, et jamais le pouvoir de faire quelque chose, sinon accidentellement.

Si cette définition est fondee, elle a sans doute une grande importance; car, dès qu'on la prendra en considération, elle seule pourra ramener diverses parties de nos théories physiques actuelles, dans la vraie route à suivre pour avancer solidement nos connoissances à l'égard des faits que ces parties considèrent. Je reprendrai ce sujet, mais après avoir exposé rapidement ce qui concerne les *facultés* des corps vivans, et avoir montré que ce sont des phénomènes purement organiques.

Le premier objet essentiel à considérer ici, est la nécessité de distinguer les *facultés générales*, c'est-à-dire, celles qui sont communes à tous les corps vivans, d'avec celles qui sont *particulières* à certains de ces corps. *Voy.* la *Philosophie zoologique*, vol. 2, p. 113.

Des facultés qui sont générales aux corps vivans. — C'est un fait certain et suffisamment connu, que les corps vivans possèdent des *facultés* qui leur sont communes, et qu'à cet égard il n'y a aucune exception; tandis que l'on connoît différens corps vivans doués de certaines *facultés* qu'eux seuls possèdent, et qu'en effet l'on chercheroit vainement dans les autres. Il y a donc, parmi les corps vivans, des *facultés* qui sont réellement générales, et d'autres qui sont tout-à-fait particulières à certains d'entre eux. Dans l'instant, nous citerons les unes et les autres, les distinguant entre elles et dans leur cause.

Les facultés générales des corps dont il s'agit, sont assurément le propre de la vie; puisque tout corps animé par la vie, en est dès lors doué. Or, comme je l'ai suffisamment démontré, la vie n'est point un être; mais c'est, dans le corps qui en est doué, un ordre de choses qui y permet une succession de mouvemens qu'une cause, toujours active, sait alors y produire.

On a donné le nom d'*organisation* à l'ordre de choses en question, observé dans tout corps vivant; mais l'on n'a pas fait attention que l'organisation n'est elle-même qu'une des conditions de la vie, et qu'il faut encore reconnoître la cause capable d'y exciter et d'y entretenir des mouvemens. L'organisation, quelle qu'elle soit, n'est qu'un objet passif; ne remplit, tant qu'elle conserve son intégrité essentielle, que la moitié des conditions; et la cause qui l'anime, en y excitant une succession de mouvemens, lui est tout-à-fait étrangère.

Ainsi, la vie elle-même est un phénomène organique qui s'opère dans un corps qui en offre les conditions, s'y maintient tant que ces conditions subsistent, et qui en produit plusieurs autres qui sont les *facultés* communes à tous les corps qui en jouissent.

Maintenant, pour concevoir la véritable source de ces facultés des corps vivans, il importe de considérer que la vie, se composant essentiellement de mouvemens, est réellement une *force*; et que cette force donne des pouvoirs, car toute force en possède et en communique. Or, les *facultés*, soit des corps qui en présentent de générales, soit des organes ou des systèmes d'organes qui en possèdent de particulières, sont des pouvoirs qui opèrent les phénomènes qu'on observe; les uns, communs à tous les corps vivans, les autres, particuliers à certains d'entre eux.

La *nature* elle-même, qui opère tant de choses, qui a, par conséquent, un si grand pouvoir, n'est qu'un ordre de choses général, sans cesse animé de mouvemens qui sont inaltérables dans leur source, variés selon les circonstances, et tous assujettis à des lois. Aussi y ai-je comparé la vie; mais celle-ci amène sa propre destruction, tandis que la nature sera éternelle, s'il plaît à son sublime auteur qu'elle le soit. *V.* la 6.e partie de l'Introduction de l'*Histoire naturelle des animaux sans vertèbres.*

Puisque les corps vivans possèdent des *facultés* qui leur sont communes à tous, facultés qui sont évidemment le propre de la vie ou celui des pouvoirs qu'elle donne; si la vie peut exister dans des corps où l'organisation est réduite à la plus grande simplicité [comme dans les *infusoires*], c'est-à-dire, dans des corps qui n'ont pas un seul organe particulier, mais qui remplissent seulement les conditions essentielles à l'exécution des mouvemens vitaux; il s'ensuit nécessairement que les *facultés générales* des corps vivans n'exigent, pour leur production, aucun organe particulier. On observe, effectivement, ces facultés dans toutes les organisations, quelque simples ou quelque compliquées qu'elles soient, tant que la vie les anime; et si, après les organisations les plus simples, on en trouve d'autres qui sont graduellement plus compliquées en organes particuliers divers, c'est parce que celles-ci possèdent non-seulement les facultés générales que donne la vie, mais en outre des facultés particulières que les premières ne sauroient avoir.

Les *facultés communes* à tous les corps vivans, c'est-à-dire, celles dont ils sont exclusivement doués, et qui constituent autant de phénomènes qu'eux seuls peuvent produire, sont:

1.° De se *nourrir* à l'aide de matières étrangères incorporées; de l'assimilation continuelle d'une partie de ces matières, qui s'exécute en eux; enfin, de la fixation des matières assimilées, laquelle répare, d'abord (1) avec surabondance, en-

(1) Dans la jeunesse d'un individu, l'assimilation, et par suite la nutrition, s'exécutent avec une surabondance telle que, non-seulement elles opèrent parfaitement les réparations, mais en outre que leur excédant, fixé successivement partout et en son lieu propre, exécute alors l'accroissement de l'individu. Cet exces de nutrition diminue ensuite graduellement, et s'anéantit à un certain terme de la durée de la vie. La nutrition alors ne fait que suffire aux réparations; elle devient après, peu à peu et de plus en plus insuffisante; les forces alors vont en diminuant; les organes acquièrent une rigidité croissante; l

suite plus ou moins complétement, les pertes de substances que font ces corps dans tous les temps de leur vie active;

2.° De *composer* leur corps, c'est-à-dire, de former eux-mêmes les substances propres qui le constituent, avec des matériaux qui en contiennent seulement les principes, et que les matières alimentaires leur fournissent particulièrement;

3.° De se *développer* et de *s'accroître* jusqu'à un certain terme, particulier à chacun d'eux, sans que leur accroissement résulte de l'apposition à l'extérieur des matières qui se réunissent à leur corps;

4.° Enfin, de se *régénérer* eux-mêmes; c'est-à-dire, de produire d'autres corps qui leur soient en tout semblables. (*Philosophie zoologique*, vol. 2, p. 115.)

Ce sont là les *facultés* de tous les corps vivans sans exception; et ces corps sont les seuls qui en aient de semblables. Ainsi, qu'un de ces corps, végétal ou animal, ait une organisation fort simple, ou qu'il en ait une très-composée; qu'il soit de telle classe, ou de tel ordre, etc.; il possède essentiellement les quatre facultés que je viens d'énoncer. On peut donc dire qu'elles constituent les phénomènes essentiels que ces corps nous présentent.

Je renvoie à la *Philosophie zoologique* (vol. 2, p. 116 et suivantes), pour le développement et l'aperçu des moyens que la nature emploie pour donner exclusivement aux corps vivans, la faculté de produire ces quatre sortes de phénomènes.

Si, parmi les *facultés* que nous offrent les corps vivans, l'on en observe qui leur sont généralement communes, et d'autres qui ne sont que le propre de certains d'entre eux, il est donc nécessaire de distinguer les *facultés générales* de celles qui ne sont que *particulières*. On sent, en effet, qu'il doit résulter de cette distinction, plus de facilité pour remonter à la source et aux causes de ces deux sortes de facultés.

Des facultés qui sont particulières à certains corps vivans. — De même que c'est un fait positif que tous les corps qui jouissent de la vie, possèdent les quatre facultés exposées ci-dessus, c'en est un autre tout aussi certain, que beaucoup de corps doués de la vie, possèdent des facultés qui leur sont particulières, et dont d'autres sont entièrement dépourvus. Les oiseaux, en général, ont la faculté de s'élever dans le sein de l'air, de s'y soutenir pendant un temps quelconque,

---

capacité des canaux diminue par degrés; et l'*ordre de choses* nécessaire à l'exécution des mouvemens vitaux étant détérioré jusqu'à un certain point, la moindre cause d'embarras suffit pour amener le terme de la vie.

et d'y exécuter des locomotions plus ou moins grandes, tandis que beaucoup d'autres animaux n'ont nullement cette faculté. Quantité d'animaux vivent habituellement dans l'air, à la surface de la terre, et quantité de ces êtres vivent dans les eaux et périroient s'ils restoient à l'air libre. Beaucoup ont des *sens* divers; ceux qui n'en possèdent qu'un petit nombre, voient au moins et palpent les objets; d'autres, en outre, entendent les bruits, distinguent les odeurs, les saveurs; et ces animaux emploient les sensations qu'ils éprouvent, pour satisfaire à leurs besoins, se diriger vers leur proie, se guider dans la fuite d'un danger, dans la recherche d'un bien-être, etc. Quantité sont privés de sens, n'éprouvent point de sensation, ne sauroient se diriger après aucune proie, et cependant conservent aisément leur existence, parce que tout ce qui leur est nécessaire se trouve toujours à leur portée. Enfin, beaucoup d'animaux peuvent varier leurs actions pour satisfaire à leurs différens besoins; inventer des ruses nouvelles pour s'emparer de leur proie, de nouveaux moyens pour échapper au danger, pour obtenir tout ce qui est favorable à leur bien-être; et beaucoup encore agissent toujours de même, dans les mêmes circonstances; emploient constamment les mêmes moyens dans tout ce qu'ils ont à faire, et ne sauroient y en substituer d'autres. Il y a donc des animaux qui possèdent des facultés, dont d'autres sont dépourvus. Ce sont-là les *facultés particulières* dont j'entends parler; et, certes, il en existe un grand nombre qu'il seroit inutile de détailler ici.

Si certains animaux possèdent des facultés qui leur soient véritablement exclusives, il est évident que ces animaux doivent ces facultés, qu'eux seuls possèdent, à des causes qui n'ont aucune existence dans d'autres animaux, à des organes dont ceux-ci sont réellement privés. Leurs facultés sont donc particulières, et les organes qui y donnent lieu, le sont pareillement. On sait, d'ailleurs, que l'organisation suffisante à l'existence de la vie dans un corps, ne l'est pas pour donner à ce corps les facultés qu'on observe ailleurs; puisque l'on connoît des corps vivans tout-à-fait dépourvus de quantité de facultés dont d'autres corps vivans jouissent.

Ainsi, la vie peut exister dans l'organisation la plus simple, la plus réduite; dans celle qui n'a besoin d'aucun organe particulier pour que les mouvemens vitaux puissent être excités en elle; et celle-là, dès lors, offre, dans le corps qui en est doué, les facultés communes à tous les corps vivans; tandis que l'organisation plus composée de beaucoup d'autres corps doués de la vie, présente, outre les facultés générales de ces corps, d'autres facultés d'autant plus nombreuses et plus éminentes, qu'elle est plus compliquée d'organes particuliers divers.

D'après les observations que j'ai consignées dans mes différens ouvrages, et particulièrement dans ma *Philosophie zoologique*, ainsi que dans l'*Introduction* de mon *Histoire naturelle des Animaux sans vertèbres*, j'ai montré que le phénomène actif de la vie tendoit, sans cesse, à en amener successivement beaucoup d'autres; que, conséquemment, cette tendance de la vie dans un corps, consistant toujours à varier les mouvemens excités, à multiplier et diversifier les canaux des fluides, composoit et compliquoit graduellement l'organisation, depuis celle qui est dans sa plus grande simplicité, jusqu'à celle qui offre la plus grande complication, le plus d'organes divers, et qui donne aux corps vivans, dans ce cas, les facultés les plus nombreuses, parmi lesquelles il y en a qui sont admirables par leur éminence.

Il s'ensuit de ce fait important, que l'observation constate, à l'égard des corps doués de la vie, que toute *faculté* particulière à certains corps vivans, est évidemment le produit d'un organe ou d'un système d'organes qui y donne lieu, et que cet organe ou ce système d'organes est réellement particulier à ces corps. Il s'ensuit, en outre, que la faculté qu'il procure, ayant une fois été obtenue, doit se retrouver dans tous les corps vivans à organisation plus composée, puisque, dans l'ordre de la nature, la composition de l'organisation ne rétrograde pas.

Cependant la cause qui a modifié les opérations de la nature, et qui les modifie encore sans cesse, c'est-à-dire, les *circonstances* très-diverses dans lesquelles elle a opéré et où elle opère encore, ayant changé la direction de ses actes; ceux des organes particuliers obtenus et qui sont les moins essentiels, ont subi des altérations, des avortemens plus ou moins complets; et, dans ce dernier cas, ont tout à fait disparu, ainsi que la faculté qu'ils produisoient. Mais les organes ou systèmes d'organes de première importance, une fois obtenus, se sont trouvés moins exposés que les autres aux *influences des circonstances*, n'en ont éprouvé que des modifications sans pouvoir être détruits, et la composition croissante de l'organisation a reçu son exécution entière.

Parmi les *facultés particulières* que possèdent beaucoup d'animaux différens, il en faut nécessairement distinguer de deux sortes; savoir:

1.° Les *facultés constantes* et de première importance, comme celles qui sont dues à des organes ou des systèmes d'organes, par le résultat unique du pouvoir de la vie, et que la cause modifiante n'a jamais la puissance d'anéantir;

2.° Les *facultés altérables* et d'importance inférieure, comme celles qui sont dues à des organes obtenus autant par l'influence des circonstances que par le pouvoir de la vie, et que d'autres circonstances maintenues peuvent ensuite altérer et même détruire.

Cette distinction que j'ai oubliée dans ma *Philosophie zoologique*, où cependant les principes qui la fondent se trouvent exposés, est nécessaire pour accorder les faits avec la théorie qui les explique, et je m'empresse de la consigner ici. Indiquons maintenant, pour exemple, plusieurs des facultés particulières observées parmi les animaux, en distinguant les deux sortes dont je viens de parler.

Les *facultés constantes* et de première importance qu'on observe parmi les animaux, celles qui sont dues à des organes particuliers, uniques résultats du pouvoir de la vie, et que l'influence des circonstances ne sauroit anéantir, sont principalement :

1.° De digérer des alimens ;

2.° De respirer par un organe spécial ;

3.° D'exécuter des mouvemens de parties ou des actions, par des organes musculaires ;

4.° De sentir ou de pouvoir éprouver des sensations ;

5.° De se multiplier par la génération sexuelle ovipare ou ovo-vivipare ;

6.° D'exécuter, par leurs fluides essentiels, une véritable circulation ;

7.° D'avoir, dans un degré quelconque, de l'*intelligence*, c'est-à-dire, des idées ; d'être capable d'attention ; de pouvoir comparer, juger, etc. ;

8.° Enfin, de se reproduire par la génération vivipare, c'est-à-dire, par celle qui donne la vie active à l'embryon dans l'instant même qu'il est fécondé.

Chacune de ces facultés particulières, une fois obtenue, ne rétrograde jamais, et se retrouve toujours, mais avec les perfectionnemens acquis, dans les organisations supérieures à celles qui l'ont d'abord offerte. Passons maintenant à l'exposé des facultés particulières d'un ordre inférieur.

Les *facultés altérables* et d'importance inférieure, comme celles qui sont dues à des organes particuliers obtenus autant par l'influence des circonstances que par le pouvoir de la vie, et que d'autres circonstances maintenues peuvent ensuite altérer et même anéantir, sont principalement :

1.° Celle de locomotion, par des organes particuliers, tels que :

Des *pattes*, pour marcher, courir ou sauter sur la terre ;

Des *ailes*, pour se soutenir et traverser des espaces dans le sein de l'air;

Des *nageoires*, pour se déplacer dans les eaux;

Des *membranes*, entre les doigts, pour faciliter les déplacemens sur l'eau, ou entre les membres, pour exécuter de grands sauts dans l'air, ou même le vol.

2.° Celle de palper les objets, à l'aide d'organes qui particularisent le sens du toucher, tels que :

Des *antennes*, dans les insectes, etc.;

Des *tentacules*, dans les mollusques gastéropodes, trachélipodes, etc.;

Des *filets tentaculiformes*, dans les conchifères, etc.

3.° Celle de saisir les objets, soit pour s'y attacher, soit pour s'en emparer comme proie, à l'aide de bras tentaculaires, tels que :

Ceux des céphalopodes, des cirrhipèdes, de différens polypes, de diverses radiaires, etc.

4.° Celle d'exécuter, sur des alimens concrets, soit des déchiremens qui les divisent, soit une véritable mastication, à l'aide :

De *mandibules* ou de mâchoires;

De *dents adhérentes* ou enchâssées, etc.

5.° Celle d'attaquer et de se défendre, à l'aide :

De *dents*, de *griffes*, de *cornes*, etc.

6.° Celle de se communiquer, entre individus semblables, des idées qui font connoître une proie aperçue, qui avertissent d'un danger présent, qui désignent des besoins d'amour, qui menacent de colère et de vengeance, etc., à l'aide :

De sifflemens divers;

De sons variés ou d'inflexions de la voix;

De chants particuliers ou de signes exprimés par des mouvemens de parties;

De sons articulés pour suffire à la communication d'une multitude d'idées différentes que les besoins accrus ont fait naître.

Je n'ai pas besoin de dire qu'il y a quantité d'autres facultés particulières de cet ordre, que je n'ai point citées, et que j'ai dû passer sous silence. Il me suffit d'avoir indiqué des exemples parmi les principales de ces facultés, et d'avoir montré que celles-ci, ainsi que celles que je nomme *constantes* et qui sont de première importance, sont toutes le propre de certains animaux, et non celui de tous les animaux existans.

Assurément les *facultés* qui sont particulières à certains animaux, sont, comme je viens de le dire, le produit d'organes particuliers qui y donnent lieu, d'organes que tous les animaux ne possèdent point; et ce n'est, sans doute, qu'en-

exécutant leurs fonctions que ces organes peuvent donner lieu aux actes de ces facultés. Or, qui ne sent que, lorsque l'organe sera lésé par une cause quelconque, sa fonction sera proportionnellement altérée dans son exécution, et qu'alors la faculté le sera pareillement dans l'exécution de ses actes! Cela est certainement conforme à tout ce que l'on observe à cet égard.

Ici, relativement aux facultés des corps vivans, je n'ajouterai rien de plus : mais je vais rappeler une particularité qu'embrasse la définition que j'ai donnée de ces objets au commencement de cet article, parce qu'elle présente une considération qu'il est très-important de ne point perdre de vue.

Digression utile à l'occasion des facultés. — La faculté d'un corps, ou de quelqu'une de ses parties, n'étant que le pouvoir d'opérer quelque chose, et ce pouvoir ne recevant son exécution qu'à l'aide de celle d'une fonction organique; il s'ensuit que toute faculté, que tout pouvoir de cette sorte, ne peut appartenir qu'à des corps vivans; que, conséquemment, tout corps inorganique, toute matière, quelle qu'elle soit, n'a que des qualités, que des propriétés, et n'a jamais en propre le pouvoir de faire quelque chose.

Certes, le *mouvement* ne peut être le propre d'aucune sorte de matière, en un mot, ne peut être celui d'aucun corps quelconque. Or, sans mouvement, aucune action, aucun phénomène ne sauroit se produire. Les corps organisés, eux-mêmes, ne sauroient offrir aucun phénomène qui leur fût propre, s'ils n'étoient animés par la vie. Aussi, lorsqu'après la mort d'un individu; son corps s'altère, fermente, se décompose, etc., les phénomènes qu'il présente alors ne lui appartiennent plus, aucune fonction ne s'exécute plus en lui; ce n'est plus qu'un corps passif; et c'est à des causes étrangères à ce corps, qu'il faut attribuer les mouvemens qui s'exécutent dans ses parties, et qui amènent plus ou moins promptement les changemens qu'on y observe.

Cependant, nos théories physiques modernes supposent à diverses matières, des facultés de mouvement comme leur étant propres. Elles attribuent, aux unes, celle de repousser ou d'écarter les corps; aux autres, celle de les attirer, etc. Selon ces théories, le *calorique* est une matière tellement active en elle-même, c'est-à-dire, par sa nature, qu'en pénétrant les corps, elle repousse de toute part leurs parties, les écarte les unes des autres, et bientôt dilate ces corps, les liquéfie ou les volatilise, après avoir détruit l'aggrégation de leurs parties, si elle ne peut les dénaturer en place. Le *fluide électrique* et le *fluide magnétique* ont aussi en propre, suivant les mêmes théories, les facultés de repousser, d'attirer, etc.

Sans doute, c'est d'après des faits très-positifs et bien constatés qu'on a établi, comme principes, ces résultats d'observation. Néanmoins, ces prétendus principes ne peuvent être que des erreurs, quoiqu'ils soient appuyés sur des faits certains, parce qu'on n'a pas fait attention que les facultés de mouvement attribuées aux matières que je viens de citer, ne sont qu'accidentelles, que circonstancielles, et non réellement propres à ces matières; enfin, parce qu'il ne peut être vrai qu'aucune matière, quelle qu'elle soit, puisse avoir en elle-même du mouvement, de l'activité, en un mot, la faculté de faire quelque chose.

Mais, dira-t-on, les fluides cités ne se montrent jamais que dans un état d'activité, un état de pouvoir. Cela se peut: mais que doit-on en conclure, sinon que nous n'avons de moyens pour les observer, que lorsqu'ils sont dans cet état.

L'air atmosphérique, fortement comprimé dans un fusil à vent, a le pouvoir, dès qu'on lâche la détente, de chasser une balle à une grande distance, et même de lui faire percer une planche de médiocre épaisseur. Oseroit-on dire, d'après cela, que le propre de l'air soit d'avoir du mouvement! non: l'ayant observé, dans d'autres circonstances, on s'est convaincu qu'il n'en a aucun par lui-même. Or, je demande s'il est impossible qu'il y ait des matières que nous ne puissions apercevoir que lorsqu'elles sont dans un état de mouvement par des causes hors d'elles.

Quant à moi, je suis très-persuadé qu'il en existe qui sont tout-à-fait dans ce cas; et ce que j'ai publié sur la *matière du feu*, sur les différens états dans lesquels elle peut se trouver par diverses causes, en un mot, sur le *calorique* (1), fait voir que ce calorique n'a les facultés qu'on lui observe, qu'accidentellement; qu'il cesse progressivement de les posséder à mesure qu'il les exerce; qu'on ne peut obtenir nulle part un degré soutenu de chaleur, qu'en y faisant affluer continuellement du nouveau calorique, chaque portion agissante arrivant promptement à un affoiblissement graduel

(1) Voyez dans l'*Introduction* de l'*Histoire naturelle des animaux sans vertèbres*, à la page 171, et surtout dans la note de cette page, mes principes à ce sujet. Voyez aussi, dans mes *Mémoires de physique et d'histoire naturelle*, les paragraphes 332 à 338, offrant les principaux développemens de ma *Théorie du feu*. Ce sujet a trop d'importance pour qu'on néglige de prendre en considération toute vue qui tend à y répandre du jour. La matière du feu, dans quelque état qu'elle soit, joue un si grand rôle dans la plupart des faits que nous observons!

d'action qui lui feroit atteindre l'état d'inactivité propre à cette matière, comme à toute autre, si le calorique, entretenu dans les milieux environnans par une cause connue, ne la maintenoit au même état.

C'est donc un principe de toute évidence, et, en même temps, l'un des premiers et des plus importans de la physique, que le mouvement ne sauroit être le propre d'aucune matière; qu'il est tout-à-fait étranger à toutes celles qui existent; et qu'il est un de ces objets créés qui font partie de l'ordre de choses que nous nommons la *nature;* ce que j'ai démontré dans la sixième partie de l'*Introduction de l'Histoire naturelle des animaux sans vertèbres.*

Si, néanmoins, méconnoissant ce principe, on persiste à suivre de fausses routes qui obligent d'entasser hypothèses sur hypothèses, à mesure que l'on pénètre dans le vaste détail des faits observés, on obscurcira la science en l'encombrant d'erreurs; et la difficulté de la recommencer, de la rétablir dans l'état d'où elle ne devoit pas sortir, en un mot, de se rapprocher des vérités à découvrir, deviendra alors insurmontable.

Il y a donc quelque importance à considérer la définition que j'ai donnée du mot *faculté*, au commencement de l'article qui le concerne. *V.* les articles IDÉE, INSTINCT, INTELLIGENCE, FONCTIONS ORGANIQUES. (LAM.)

FACULTÉS VITALES, *Facultates*, de *facere*, faire. Ce sont les pouvoirs que la nature, en organisant les êtres vivans, leur donne d'exercer, pour subsister dans ce monde.

Nous distinguons avec tous les physiologistes les facultés des *fonctions* (*V.* ce mot), en ce que celles-ci résultent du jeu propre des organes internes pour la nutrition ou la réparation de l'individu, et pour la propagation de l'espèce. Mais les facultés, proprement dites, se rapportent à un exercice des sens, des membres extérieurs; elles paroissent uniquement propres aux animaux. Elles émanent principalement de deux sources actives qui sont la SENSIBILITÉ et la LOCOMOTIVITÉ. *V.* ces mots.

Ainsi, nous n'admettrons point, comme les anciens, une *faculté digestive*, une *faculté générative*, etc., mais des fonctions de digestion, de génération, etc., parce que ces opérations résultent d'un concert d'organes dont le jeu suffit pour exécuter ces actes importans, qui n'ont pas même toujours besoin du système nerveux, puisqu'ils s'exécutent dans les plantes.

Il n'en est pas ainsi des facultés ou pouvoirs de sentir, de se mouvoir, qui résultent d'un principe inconnu qui nous anime, ou de la vie animale qui verse dans nos nerfs une certaine somme d'activité que nous dépensons, et qui, ensuite, a besoin de se reposer pour reprendre une nouvelle somme de forces. De là vient que les facultés sont soumises à l'intermittence du repos ou du sommeil, et de l'activité ou de la veille; tandis que les fonctions, la digestion, la circulation, la respiration, etc., s'opèrent sans relâche pour conserver et réparer l'organisation.

Les facultés appartiennent à la vie extérieure ou de relation, particulière aux animaux. Elles ont leur racine dans la sensibilité d'où naît la volonté; parce qu'un être sensible au plaisir et à la douleur, doit nécessairement fuir l'une qui le détruit et rechercher l'autre qui le conserve ou le multiplie; conséquemment, il doit pouvoir changer de place à volonté. Donc les facultés appartiennent à l'ANIMAL. (*V.* ce mot.) Les végétaux, quoique vivant et se reproduisant aussi, n'ont que des fonctions.

Les principales facultés, dans l'homme surtout, sont l'*intelligence* ou le pouvoir de recevoir des idées et de les juger, de les combiner plus ou moins, de les conserver, de se les représenter au besoin. De là naissent les parties de l'intelligence, savoir : la *mémoire* et l'*imagination*, le *jugement* dont une suite forme la chaîne du *raisonnement*. Comme il résulte de ces sensations de plaisir et de douleur, comparées dans le cerveau, que nous avons une connoissance quelconque, au moins relative à nous, des objets extérieurs causant ces sensations, il en naît une faculté de choisir le bien et de fuir le mal; c'est la *volonté*, le *libre arbitre*. Chez les animaux privés de l'intelligence, l'*instinct* la remplace.

Cette faculté envoie dans les muscles de nos membres, par l'intermédiaire des nerfs émanant du cerveau, des déterminations promptes pour les faire contracter et agir conformément à ses intentions. On ne sauroit douter que les animaux, les plus perfectionnés après l'homme, ou toutes les espèces à sang chaud (mammifères et oiseaux), ou même les reptiles et les poissons, mais à un moindre degré, n'aient des volontés déterminées par leurs sensations extérieures, une certaine mémoire, un jugement et un raisonnement quelconques, bien qu'ils soient infiniment plus bornés que l'homme à ce sujet.

Un cheval, un oiseau même, ne retiennent-ils pas de mémoire une foule de choses qu'on leur apprend par l'éducation, ou qu'eux-mêmes apprennent? Un chien qui enfouit dans la terre un morceau de chair, pour s'en nourrir le lendemain parce qu'il est bien repu aujourd'hui, n'a-t-il pas, dans sa petite prévoyance, l'imagination de ce lendemain et l'idée de la faim qu'il éprouvera? Ne raisonne-t-il pas conséquemment en cachant sous terre cette pitance, pour ne pas l'abandonner à la vue du premier venu qui s'en empareroit? Voilà donc un exercice bien motivé de ses facultés intellectuelles, tout comme des nôtres, à la grande différence près de nos hautes pensées abstraites, comparativement à ses simples idées toutes matérielles pour ainsi dire.

Mais l'animal possède encore un autre ordre de facultés qui ne sont point en son pouvoir, et qui, au contraire, le gouvernent spontanément; c'est l'Instinct. (*V.* ce mot). Toutefois ce pouvoir inconnu, émané de la nature, qui, donnant à l'animal ses organes, lui trace encore d'avance les indications ou les voies pour s'en servir, est une faculté bien plus haute et plus admirable, puisque nous ne la créons pas.

Otez à l'animal ses organes des sens, bientôt son cerveau ne recevant plus d'impressions, ne les comparant ou ne les jugeant plus, il ne saura plus agir volontairement; il n'aura plus de facultés, ne se remuera plus; il périroit donc, si la nature ne mettoit pas dans ses entrailles, le germe d'actions spontanées, un besoin, un désir involontaires qui poussent le fœtus (et même l'enfant naissant incapable de se servir encore à propos de ses sens) à sucer la mamelle maternelle. Voilà l'instinct. Il ne faut pas une détermination du cerveau, un jugement, une série de raisonnemens et de volontés dans les nerfs et les muscles pour opérer la succion du mamelon par la bouche du nouveau-né. Ce sont des faits que nous essayons d'exposer aux mots Cerveau, Animal, Instinct, etc.

On se demandera si l'animal se peut donner des facultés par les efforts de sa volonté, par l'exercice et par l'effet de certaines circonstances qui le forceront à déployer de nouvelles industries. Rien ne le prouve; car une simple extension, un développement plus considérable des facultés déjà reçues de la nature, ne sont pas, pour cela, de nouvelles créations. Qu'un homme s'exerce longuement à penser, à courir, à forger, il deviendra certainement plus habile à ces actions par le résultat de l'habitude et par l'afflux plus considérable des forces vitales aux organes souvent employés; mais rien de nouveau ne sera produit. Ce seroit, il nous semble, abuser étrangement des effets connus de l'habitude que de penser qu'une chauve-souris a dû l'extension de ses pattes antérieures et les larges membranes qui lui forment des ailes, à la volonté, à la nécessité long-temps continuées pendant des siècles de s'élever dans les airs pour voltiger le soir après les phalènes ou papillons nocturnes. Qui eût pu forcer ces animaux à vouloir si opiniâtrément cette bizarre manière de vivre, si la nature n'eût pas pris elle-même la peine de former leurs organes? J'ignore si l'on peut croire que la simple volonté, aidée de l'exercice, parvienne à faire découvrir à l'oiseau qu'il faut à ses ailes des pennes ou des plumes configurées de telle ou telle façon, et j'admirerois surtout que la volonté de cet animal eût le pouvoir d'opérer une si miraculeuse création.

Les facultés dépendent des formes de l'organisation, mais ne produisent pas celles-ci. C'est la nature, ou son sublime auteur, qui crée; la créature obéit à sa structure; nul homme ne sauroit ajouter à sa force physique et morale, non plus qu'à son corps, au-delà de ce qui lui est donné; tout ce qu'on peut faire, c'est d'accroître par l'exercice et l'habitude telle ou telle faculté; mais cette augmentation se fait toujours aux dépens des autres facultés ou fonctions, comme il est démontré par toutes les lois de la physiologie. (VIREY.)

FADELKRAUT. L'un des noms allemands du COLCHIQUE d'automne. (LN.)

FADENS-PUNGER. Nom danois de la JUSQUIAME, *Hyos Cyamus niger*. (LN.)

FADNO ou **FATNO** et **FADNORUOTAS.** Noms danois de l'ANGÉLIQUE DE BOHÈME, *Angelica archangelica*. (LN.)

FÆTIDIA de Commerson. *V.* FÉTIDIER. (LN.)

FAGAN. Nom donné par Adanson à une coquille bivalve du Sénégal, qui fait partie du genre des ARCHES de Linnæus, et du genre PÉTONCLE de Lamarck. Elle est figurée, pl. 3 de l'ouvrage d'Adanson. (B.)

FAGARA. D'après le voyageur Linschot, il paroît que c'est le nom qu'on donne à Java au *fagarier* du Japon. Avicenne en décrit le fruit, en se demandant à quelle plante il appartient. Maintenant le nom de *Fagara* est celui du genre FAGARIER, qui comprend le *pterota*, l'*evodia* et l'*elaphrium*. (LN.)

FAGARIER, *Fagara*, Linn. (*Tétrandrie monogynie*). Nom que portent une vingtaine d'arbres ou arbrisseaux exotiques, qui constituent un genre de la famille des térébinthacées, ou mieux des zanthoxyllées, et dont les feuilles sont alternes, ordinairement ailées avec impaire, et les fleurs réunies en faisceaux ou en grappes aux aisselles des feuilles. On trouve dans chaque fleur un calice persistant, très-petit, et à quatre ou cinq divisions; une corolle à quatre ou cinq pétales; quatre à huit étamines, dont les filets un peu plus longs que la corolle, portent des anthères ovales; un ovaire supérieur et simple; et un style couronné par un stigmate à deux lobes. Le fruit est une capsule à deux valves, uniloculaire, contenant une semence arrondie et luisante : quelquefois il est composé de plusieurs capsules.

Les genres CLAVALIER et EVODIE se rapprochent infiniment de celui-ci.

Le FAGARIER DU JAPON ou le POIVRIER DU JAPON, *Fagara piperita*, Linn., est l'espèce de ce genre la plus intéressante à connoître. C'est un arbrisseau célèbre, dans ce pays, par ses qualités, et par l'usage qu'on fait habituellement de quelques-unes de ses parties. Il s'élève environ à dix pieds. Son écorce est tuberculeuse ; son bois léger et rempli de moelle ; ses feuilles sont à peu près semblables à celles du frêne, mais moins longues.

Cet arbrisseau croît naturellement dans le pays dont il porte le nom. Son écorce, ses feuilles et ses capsules ont une saveur aromatique, poivrée et brûlante ; aussi s'en sert-on à la place de poivre et de gingembre, pour assaisonner les alimens.

On trouve dans les forêts de la Guyane une autre espèce du même genre, dont les fruits ont une écorce pareillement piquante et aromatique. C'est le FAGARIER DE LA GUYANE, *Fagara guyanensis*, Lam., vulgairement le *poivre des nègres*, le *cacatin des Garipous*. Cet arbre s'élève jusqu'à cinquante pieds; il a des feuilles ailées, sans impaire, composées d'environ dix folioles opposées et presque sessiles, longues de cinq à six pouces et larges en proportion.

On distingue encore le FAGARIER OCTANDRIQUE, *Fagara octandra*, Linn., qui croît dans l'île de Curaçao, où on se sert de son bois pour faire des selles. C'est un petit arbre dont les feuilles, qui tombent tous les ans, sont composées de neuf folioles crénelées et cotonneuses des deux côtés. Quelques personnes pensent que c'est cet arbre qui produit la véritable résine *tacamaque*. *V.* ce mot.

Ce genre offre quelques autres espèces, mais elles sont peu importantes. *Voyez*-en la description dans l'*Encyclopédie méthodique*. (D.)

FAGARO. Nom italien de l'ERABLE, *Acer campestre*. (LN.)

FAGEBLOMMA. Nom de l'ANÉMONE DES BOIS, *An. nemorosa*, en Gothlande, province de Suède. (LN.)

FAGELIE, *Fagelia*. Genre établi sur la CALCEOLAIRE PINNÉE, et non adopté par les botanistes. (B.)

FAGGINA. L'un des noms italiens du SARRASIN. (LN.)

FAGGINOLO. On nomme ainsi le fruit du HÊTRE en Italie. (LN.)

FAGGIO. Nom italien du HÊTRE. (LN.)

FAGIOLI. Nom italien des HARICOTS. (LN.)

FAGONE, *Fagonia*. Genre de plantes de la décandrie monogynie, et de la famille des rutacées, qui a pour caractères : un calice de cinq folioles ovales, lancéolées, droites et caduques ; cinq pétales onguiculés, ovales, arrondis, ou en cœur ; dix étamines ; un ovaire supérieur, à cinq angles, surmonté d'un style en alène à stigmate simple ; une capsule en pyramide courte, mucronée, à cinq lobes, à cinq loges, à dix valves, contenant, dans chaque loge, une seule semence insérée à un placenta central.

Ce genre ne se distingue des FABAGELLES que par l'absence des écailles à la base des étamines. Il ne comprend que quatre espèces, qui tirent leurs noms des pays où elles se trouvent, c'est-à-dire, de *Crète*, d'*Espagne*, d'*Arabie* et de l'*Inde*. Celle de *Crète* est la plus commune dans les écoles de botanique. C'est une plante à tige herbacée, anguleuse ; à feuilles opposées, pétiolées, composées chacune de trois folioles lancéolées, mucronées, sessiles ; à fleurs solitaires, axillaires, pédonculées, purpurines ; et à capsules comprimées et ciliées. (B.)

FAGONIA. Ce genre a été ainsi nommé par Tournefort, qui le consacra à la mémoire du célèbre Fagon, médecin de Louis XIV. (LN.)

FAGONIASTRUM (*Faux-fagonia*, en grec). Lippi désigne par ce nom la FABAGELLE. (LN.)

FAGOPYRUM. Nom donné au SARRASIN, parce que ses graines sont triangulaires comme celles du HÊTRE, et farineuses comme celles du blé ou froment. On l'a appliqué ensuite à un grand nombre d'espèces du genre *polygonum*. Tournefort en avoit fait le nom d'un de ses quatre genres, qui forment maintenant, par leur réunion, le genre *Polygonum*, L. Il étoit caractérisé par des fleurs en grappe ou bouquet, et par les graines triangulaires. A ces caractères on peut ajouter ceux des étamines, au nombre de huit, et la présence de trois styles. (LN.)

FAGOTRITICUM. Même étymologie que FAGOPYRUM. Ce nom désigne aussi les mêmes plantes. Les *fagotriticum similis* de Plukenet, en font partie. Ils forment le genre FALLOPIA d'Adanson (*V.* ce mot), qui comprend les espèces grimpantes du genre *polygonum*. (LN.)

FAGOUE. C'est le THYM, dans le midi de la France. (LN.)

FAGRÊ, *Fagræa*. Arbrisseau de Ceylan, dont les tiges sont légèrement tétragones, les feuilles opposées, ovales, cunéiformes et entières, et les fleurs disposées trois ensemble au sommet des rameaux, lequel forme un genre dans la pentandrie monogynie, et dans la famille des apocinées.

Ses caractères sont : un calice campanulé à cinq divisions; une corolle monopétale, infundibuliforme, à très-long tube, et à limbe à cinq divisions obliques et obtuses; cinq étamines; un ovaire supérieur, surmonté d'un style de la longueur de la corolle, à stigmate orbiculaire et en plateau; une baie ovale, charnue, glabre, de la grosseur d'une petite poire, et divisée intérieurement en deux loges polyspermes. (B.)

FAGRE. Nom donné, en Norwége, ainsi que ceux de HUITMAUR et QUITMAUR, au *galium boreale*, L. (LN.)

FAGU-JERA, FAKOBI et FANRU. Trois noms que, suivant Thunberg, on donne, au Japon, à la MORGELINE, *Alsine media*, plus connue sous le nom de *mouron des petits oiseaux*. (LN.)

FAGUS. Les Latins désignoient par ce nom le HÊTRE; du moins, c'est l'opinion de la plus grande partie des botanistes. Gaza avança que le *fagus* des Latins étoit le même que le *phagos* ou le *phegus* des Grecs, communément considéré comme une espèce de chêne, dont les glands servoient de nourriture, ainsi que l'exprime le mot *phegos*, originaire du grec *phagein* (qui est mangeable). *V.* ESCULUS.

Adanson semble suivre l'opinion de Gaza et de ses imitateurs. Le HÊTRE est l'*oxyne* de Théophraste, et l'*oxya* des Grecs. Ce dernier nom se trouve transporté à une espèce de *charme*, et au genre *charme* lui-même, que les botanistes, avant Linnæus, ont souvent nommé *fagus sæpium*.

Si l'on en croit Lobel et Dodonée, la FAINE, fruit du hêtre, servoit de nourriture au bas peuple. L'huile de faîne remplaçoit le beurre dans le carême, au rapport de Schwencfeld, et le bois de hêtre servoit à faire des fourreaux d'épée, usage extrêmement ancien, puisqu'il en est mention dans Pline. Les botanistes font maintenant du HÊTRE, *Fagus*, un genre distinct de celui du CHATAIGNIER, avec lequel Linnæus l'avoit confondu. *V.* HÊTRE.

Le *fagus americanus* de Plukenet est le *tetracera volubilis*. (LN.)

FAGUTALIS. D'après Varron, le bois de HÊTRE portoit ce nom aux environs de Rome. Selon Pline, les petits temples consacrés à Jupiter, construits en *fagus*, étoient nommés *fagutal*. Ce nom de *fagutalis* est très-probablement l'origine de notre mot *fagot*. (LN.)

FAGYAL-FA. Nom du TROÈNE en Hongrie. (LN.)

FA-GYONGY. Nom du GUI, *Viscum album*, en Hongrie. (LN.)

FAHACA des Arabes. C'est le TÉTRAODON le plus anciennement connu. Il habite le Nil. Les Grecs le nomment *phasco psaro*. C'est le *Tetr. physa* de M. Geoffroy, Mém. de l'Inst. d'Egypt. (DESM.)

FAHLERTZ. Mine de cuivre grise, appelée aussi *mine d'argent grise*; quand elle contient une quantité notable de ce métal. *V.* CUIVRE GRIS. (PAT.)

FAHNENHAFER. L'un des noms de l'AVOINE, en Allemagne. (LN.)

FAHRSAND. Nom allemand du DOMPTE-VENIN, *Asclepias vincetoxicon*. (LN.)

FAI, FIJE. Deux noms du PANIS RUDE, *Panicum verticillatum*, au Japon. (LN.)

FAIHE. Suivant Parkinson, c'est, à Othaïti, le nom de la FIGUE-BANANE, *musa sapientum*, L. (LN.)

FAIJO-SUGI. C'est, au Japon, l'un des noms du GENÉVRIER COMMUN. (LN.)

FAILLE. On nomme ainsi, dans les mines de houille, toute matière étrangère qui interrompt, comprime ou gêne une couche de houille, et la dérange de sa position primitive, ou lui fait subir quelques changemens.

On distingue les failles en *failles régulières* ou *vraies failles* et en *failles irrégulières*, appelées aussi *crins*, *crans*, *voiles*, *barremens*, *brouillages*, etc.

Les *failles régulières* ou *vraies failles* sont des masses très-étendues en longueur et en profondeur, beaucoup moins étendues en épaisseur, qui coupent et traversent les couches de houille, ainsi que les couches des terrains qui les accompagnent, et rejettent souvent une des deux parties de toutes ces couches fort loin de l'alignement de l'autre partie; de là, sans doute, le mot de *faille*, du mot allemand, *fallen*, qui signifie *tomber*, parce que, sur l'un des côtés de la faille, tout le terrain a glissé et s'est affaissé, en entraînant les couches de houille qu'il renfermoit. Les failles pénètrent ainsi dans le rocher depuis la surface du sol; elles s'amincissent en général à mesure qu'elles s'enfoncent. Ce sont de véritables filons pierreux, et elles se conduisent absolument comme les autres filons, dans leurs rapports avec les couches des terrains qui les encaissent. (*V.* FILON.)

On connoît des failles qui ont plus de 6000 mètres de longueur; leur étendue en profondeur est quelquefois plus grande que celle à laquelle les travaux des mines font parvenir. Leur *épaisseur* ou *puissance* est extrêmement variée. On en connoît qui ne sont presque que des fentes, à peine larges de quelques décimètres; d'autres ont plus de 100 mètres de largeur. Souvent les mineurs donnent aux failles une épaisseur plus grande que celle qu'elles ont réellement, 1.° parce qu'ils les traversent horizontalement, et dans une ligne inclinée à la fois à la direction, à l'épaisseur et à l'inclinaison de la faille ; 2.° parce qu'aux approches des failles, les couches du terrain sont en général bouleversées, et qu'ils comptent d'ailleurs, comme épaisseur de la faille, toute celle du terrain qu'ils traversent avant de retrouver la houille.

Comme les filons, les failles sont souvent dirigées en ligne droite ou peu sinueuse ; d'autres sont irrégulières dans leur direction. Elles sont presque toujours irrégulières dans leur puissance, et souvent aussi dans leur inclinaison ; cette inclinaison est ordinairement peu éloignée de la verticale.

Les failles sont remplies de sables, de graviers, de grès et de fragmens de roches de diverses espèces, confusément entassés et brouillés. Elles ont tous les caractères de fentes produites par la rupture des couches du terrain, et remplies postérieurement par des fragmens ou alluvions de toute espèce précipités dans leur intérieur par les eaux. Elles diffèrent en cela des *filons*, dont la plupart, remplis de substances cristallisées, portent l'empreinte d'une formation lente et tranquille (*V.* Filon), et dont on rencontre aussi quelques-uns dans les terrains à houille. Les failles renferment des cavités remplies d'eau et tapissées quelquefois de cristallisations calcaires. Elles sont en général crevassées et fendillées, et donnent souvent beaucoup d'eau, quand on les rencontre dans les travaux des mines.

A l'approche des failles, la houille perd de sa qualité. Elle prend souvent les couleurs de l'iris, se fendille et devient friable, puis mate, terreuse, se divise en veinules, et finit souvent par se fondre en apparence dans la substance de la faille même. Ces changemens sont d'autant plus marqués que la faille est plus grande et plus épaisse. Quelquefois la houille et les autres couches du terrain semblent se courber à l'approche des failles, de l'autre côté desquelles on les retrouve cependant ordinairement ; mais ces couches ne sont plus dans l'alignement de leur autre partie, elles sont *rejetées* et quelquefois très-loin.

La partie supérieure des failles se nomme *toit* et l'inférieure *mur*, comme pour les couches et les filons. Lorsque la faille s'est formée, l'affaissement s'est opéré dans les couches situées au toit de la fente, lesquelles ont glissé sur le plan incliné de ce toit ; elles sont donc plus basses de ce côté, et plus élevées du côté du mur. Si donc, en suivant une couche de houille, on rencontre une faille à son *mur*, c'est-à-dire, si on voit que la faille s'éloigne de la couche en s'enfonçant, on juge qu'on est dans la partie haute de la couche, et qu'il faut la rechercher en descendant, de l'autre côté de la faille. Si, au contraire, on arrive au *toit*, c'est-à-dire, si la faille s'enfonce en passant sous les pieds, on est dans la partie de la couche qui a glissé, et il faut rechercher l'autre partie plus haut.

Cette règle paroît sûre ; mais il est quelquefois difficile de reconnoître l'inclinaison d'une faille, à cause de l'irrégularité de ses parois. Alors on cherche à se guider par les traces ou veinules de houille que les couches ont laissées quelquefois sur la faille, en se dérangeant, et qui font suivre leurs traces. Souvent aussi ces traces n'existent pas ; il faut, dans ce cas, tâcher de reconnoître, par l'examen des couches du terrain, des deux côtés de la faille, quel est le côté qui a glissé et qui se trouve plus bas que l'autre. Si l'examen ne fournit pas de données suffisantes à cet égard, il faut percer, le long de la faille, des ouvertures assez étendues pour reconnoître sa direction et son inclinaison.

On doit remarquer que, le plus souvent, la faille est inclinée dans le même sens que les couches; ainsi, si on a atteint la faille en montant, on est presque sûr d'être dans son toit. Il faut donc monter encore, et sous une inclinaison plus grande, pour retrouver la couche de houille; le contraire a lieu si on a atteint la faille en descendant. Pour traverser une faille, il faut étudier son *allure*, sans quoi on s'expose à ne pas la percer par la ligne la plus courte. Quand on l'a traversée, il faut encore avancer de quelques mètres dans le même sens, pour sortir de la partie du rocher qui est bouleversée par le voisinage de la faille ; puis on dirige son ouvrage de recherche, soit en montant soit en descendant, d'après les règles données ci-dessus, parallèlement à la ligne d'inclinaison de la faille, ou, ce qui est un chemin plus court encore, perpendiculairement aux couches du terrain. Quelquefois on dirige la galerie de recherche horizontalement, par des considérations relatives à l'écoulement des eaux ; mais on s'expose alors à ne rencontrer la couche de houille rejetée, qu'à une très-grande distance.

Dans quelques circonstances peu communes, la rupture qui a formé la faille, a changé la direction et l'inclinaison des couches du terrain situées sur l'une de ses parois. Il est donc nécessaire, avant de commencer ses ouvrages de recherche au-delà de la faille, de s'assurer de l'allure des couches que l'on doit traverser, pour diriger ses travaux perpendiculairement à ces couches.

Les *failles irrégulières* ou *fausses failles* ont une très-petite étendue : les changemens qu'elles font subir aux couches ne sont que partiels, et ne détruisent pas leur continuité.

On distingue : 1.° les *crins* ou *crans*, *barremens* ou *barrages* formés par un rocher qui se trouve au milieu de la couche et qui l'obstrue tout-à-fait, ou la comprime de manière à la réduire à une veinule très-mince. Ce rocher sort ordinairement du *mur* de la couche, et est de la même nature que ce mur: rarement il vient du *toit*. Le *crin* s'étend quelquefois sur plus de cent mètres de longueur ; son épaisseur est aussi souvent considérable ; ailleurs elle n'est que de quelques mètres. Il faut le percer ou le tourner, selon que sa dureté et son étendue font trouver plus d'avantage à l'un ou à l'autre des deux modes.

2.° Les *brouillages*. Il semble quelquefois que le dépôt de la couche de houille a été comme troublé; elle ne contient que des fragmens irréguliers, rompus, mêlés et agglutinés, mais sans mélange hétérogène. Cet accident est très-préjudiciable aux mineurs ; il s'étend, dans certains cas, sur toute une couche. Ailleurs, en perçant le *brouillage*, on retrouve la couche dans son premier état.

3.° Les *salars*, *klavais* ou *coumailles* sont des *brouillages* dans lesquels la houille est mêlée de cailloux, de grès, de schiste, etc., de manière que le tout prend l'apparence d'une brèche.

4.° Les *étranglemens* ou *resserremens* des couches du mur et du toit. On les nomme aussi quelquefois *crins*. Cet accident a ordinairement peu de durée, et la couche de houille reprend sa puissance première, ou même une puissance plus grande ; mais quelquefois plusieurs resserremens semblables se succèdent, et la couche est comme formée d'espèces d'amas réunis entre eux par de simples filets ; car, dans ce cas, le toit et le mur ne sont jamais entièrement contigus, et il reste toujours une *trace* de houille.

5.° Enfin on a appelé *cassure* l'accident qu'offre quelquefois une couche de houille qui, brisée par quelque bouleversement du terrain, a été en partie rompue, de manière que l'une de ses parties a pris une direction et une inclinaison différentes, quelquefois même opposées à celles du reste de la couche. Cet accident rentre dans le nombre de ceux produits par les *failles régulières*. (BD.)

FAINE. C'est le nom vulgaire du fruit du HÊTRE. (B.)

FAIRE LA TÊTE. (*Fauc.*). C'est accoutumer un oiseau qu'on dresse pour la fauconnerie, à se laisser mettre le chaperon. (V.)

FAISAN, *Phasianus*, Lath. Genre de l'ordre des oiseaux GALLINACÉS, et de la famille des NUDIPÈDES. (*V.* ces mots.)

Caractères : bec robuste, convexe en dessus, un peu épais ; mandibule supérieure, voûtée, courbée vers le bout, et plus longue que l'inférieure ; narines situées à la base du bec, latérales, couvertes en dessus par une membrane gonflée; langue charnue, entière; joues, dans la plupart des espèces, garnies d'une peau verruqueuse, prolongée jusqu'à la base du bec; tarses du mâle, éperonnés; quatre doigts, trois devant, un derrière ; les antérieurs unis à la base par une membrane ; le postérieur ne portant à terre que sur le bout ; ongles un peu courbés, presque obtus ; ailes concaves, arrondies ; les cinq premières rémiges graduelles, la première étant la plus courte, et les quatrième et sixième les plus longues de toutes ; queue composée de dix-huit pennes étagées, longues et voûtées. On peut diviser ce genre en trois sections, si le *napaul* et le *faisan superbe* lui appartiennent réellement; le premier se distingue de tous les autres en ce qu'il a les orbites et les joues couvertes de plumes sétacées, la tête garnie de deux cornes cylindriques, et une membrane qui pend sur la gorge et le devant du cou ; ces caractères sont indiqués sur la figure qu'a publiée Edwards. L'autre a le front garni d'une caroncule arrondie, et la gorge munie de deux membranes subulées, si les peintures chinoises sont exactes.

Le nom de faisan a été prodigué à des oiseaux qui n'ont de rapports avec le faisan proprement dit qu'en ce qu'ils sont des gallinacés; il en est même deux qui n'appartiennent nullement à cet ordre : l'un est un MUSOPHAGE, *Phasianus africanus*, et l'autre l'HOAZIN ou le faisan huppé de Cayenne, qui doit en être éloigné, d'après sa manière de vivre et ses caractères. Ainsi donc, le nombre des faisans reconnus pour tels se réduit à quatre espèces, savoir : les faisans *commun*, *noir et blanc*, *tricolor*, et *à collier*.

Le FAISAN PROPREMENT DIT, *Phasianus colchicus*, Lath., fig. pl. enlum. de *Buffon*, n.° 121, le mâle, et n.° 122, la femelle. Qui ne connoît l'oiseau du Phase, que les Argonautes rapportèrent de la Colchide ?

> Argivâ primum sum transportata carinâ ;
> Ante mihi notum nil, nisi phasis, erat.
>
> MART.

Qui ne sait que le faisan embellit nos forêts et nos parcs, comme il fait l'honneur de nos tables par son goût savoureux et la délicatesse de son fumet ? Son plumage a beaucoup d'éclat; les tiges des plumes du cou et du dos sont d'un beau jaune doré, et font l'effet d'autant de lames d'or ; les barbes de ces mêmes plumes du cou, aussi bien que celles de la tête, brillent d'un vert doré, changeant en bleu et en violet ; un rouge bai luisant s'étend sur le dos, le croupion et la poitrine; les ailes sont brunes, avec des taches d'un blanc jaunâtre, et le ventre est blanc; les couvertures du dessus de la queue vont en diminuant, et finissent en espèces de filets; dix-huit pennes composent la queue, qui est fort longue; celles du milieu ont plus de longueur que les autres, qui sont d'autant plus courtes qu'elles sont placées plus près des côtés; les douze du milieu sont rayées transversalement de noir.

Les plumes du cou et du croupion sont échancrées en cœur, comme quelques plumes de la queue du paon; les yeux sont entourés d'une membrane charnue d'un rouge écarlate; deux bouquets de plumes, d'un vert doré, s'élèvent, dans le temps des amours, au-dessus de l'oreille, et l'animal peut fermer à son gré l'ouverture fort grande de cet organe avec d'autres plumes qui l'environnent; les pieds ont un ergot court et pointu, ils sont d'un gris-brun; le bec a une couleur de corne pâle, et l'iris de l'œil est jaune.

Les couleurs brillantes que l'on vient d'indiquer ne sont propres qu'au faisan mâle; elles ont beaucoup moins d'éclat dans la femelle, et sa parure modeste est à peu près la même que celle de la caille; les pennes de sa queue sont beaucoup moins longues que celles du mâle, et elle a aussi derrière le pied un très-petit ergot, qui devient plus grand à mesure qu'elle vieillit; il est très-peu saillant au pied des jeunes femelles; et il est entouré d'un petit cercle noir, qui ne disparoît qu'à la seconde ponte.

La grosseur du faisan est celle d'un coq ordinaire, et sa longueur de deux pieds dix ou onze pouces; la queue seule est longue d'un pied huit pouces; les ailes pliées ne s'étendent guère au-delà du commencement de la queue : cette brièveté des ailes rend le vol du faisan court et bruyant.

Nous avons peu de cantons en France où il y ait des faisans vraiment sauvages, c'est-à-dire, qui n'aient point été élevés dans des parcs avant d'être lâchés dans les campagnes. L'on dit qu'il y a de ces faisans sauvages dans les montagnes du Dauphiné qui confinent à celles du Piémont, ainsi que dans les montagnes du Forez, dans les forêts de Loches et d'Amboise, dans celles de Chinon, dans plusieurs îles du Rhin, etc., etc.

Ce sont des oiseaux extrêmement farouches, qu'il est presque impossible d'apprivoiser : lorsqu'on les prive de la liberté ils deviennent furieux, et fondent à grands coups de bec sur les compagnons de leur captivité. Ils fuient l'homme et les lieux qu'il habite; ils se fuient même les uns les autres; ils aiment à vivre isolés, et ne se rapprochent que dans la saison des amours, au commencement du printemps. On dit que dans l'état sauvage, les mâles n'ont chacun qu'une seule femelle. Celle-ci fait son nid au pied d'un arbre, de brins de bois et de débris de plantes sèches ; elle y dépose douze à quinze œufs plus petits que ceux de la poule, et d'un gris verdâtre tacheté de brun. L'incubation est de vingt-trois à vingt-quatre jours. La poule faisane, suivant les observations de M. Leroy, a beaucoup moins d'empressement que la *perdrix*, pour rassembler ses petits et les retenir près d'elle. Elle abandonne sans beaucoup d'inquiétude ceux qui s'égarent et la quittent ; mais en même temps elle est douée d'une sensibilité plus générale pour tous les petits de son espèce ; il suffit de la suivre pour avoir droit à ses soins, et elle devient la mère commune de tous ceux qui ont besoin d'elle.

Ces oiseaux se plaisent dans les bois ; ils se tiennent à terre dans les taillis, d'où ils sortent de temps en temps pour gagner les chaumes et les terres nouvellement ensemencées. Ce n'est que dans les cantons où ils sont communs, qu'ils se montrent dans les plaines : on peut encore se rappeler quelle quantité il y en avoit dans les campagnes des environs de Paris.

Dès que le soleil se couche, les faisans gagnent ordinairement les gaulis et les cantons où il y a des chênes élevés ; ils s'y perchent pour y passer la nuit, et en y montant, le mâle fait toujours entendre son cri, qui a quelque rapport avec celui du paon et avec celui de la peintade ; le cri de la femelle est très-foible.

Dans les pays où l'on élève des faisans dans un état de demi-liberté, comme on le faisoit en France dans les capitaineries, l'on voit ces oiseaux se réunir en troupe, lorsque la terre, dépouillée des récoltes, les force de se rassembler aux remises dans lesquelles on les conserve ; alors ils sortent du bois deux fois par jour pour chercher leur nourriture, ce qu'on appelle *aller au gagnage*. Tous à peu près ensemble s'acheminent au lever du soleil. Lorsque cet astre commence à monter sur l'horizon, leur repas étant bientôt fait, parce qu'alors la nourriture est abondante, la chaleur qui se fait sentir les invite à rentrer au bois. Ils en sortent ensuite entre cinq et six heures, et leur souper dure jusqu'à la nuit ; ils rentrent alors pour se percher. *Voyez les Lettres sur les Animaux*, par M. Leroy, pag. 254.

C'est encore dans la Colchide, aujourd'hui la Mingrélie, antique berceau de l'espèce du faisan, qu'elle est plus forte et plus belle ; à mesure qu'on l'a forcée à s'en éloigner, elle a perdu de ses qualités originelles. L'espèce est à présent répandue dans presque toute l'Europe, en Afrique, en Asie, même dans les contrées froides du Nord. Regnard avoit tué des faisans en Bothnie ; Gueneau de Montbeillard ne pouvant se persuader qu'un oiseau qui, en France même, exige des soins pour sa multiplication, pût se trouver dans une latitude aussi élevée, révoquoit en doute le témoignage de ce voyageur. Mais le rapport de Regnard a depuis été confirmé par M. Pallas, qui a vu des faisans dans des contrées encore plus septentrionales. Le véritable domaine de cette espèce, dit cet illustre naturaliste, est dans les bois de Kuma, aux environs du Terek, du Kuban, des places couvertes de joncs qui avoisinent la mer Caspienne et tout le Caucase. (*Nouveaux Voyages dans les Gouvernemens méridionaux de l'Empire de Russie*, en 1793 et 1794.) Dans ses premiers voyages, M. Pallas avoit observé que les faisans ne sont nulle part plus communs que près du fleuve Amour en Sibérie. Ces oiseaux sont un article de commerce pour les Chinois, qui les vendent gelés au marché de Kiakta.

Les faisans vivent ordinairement six à sept ans; c'est la durée de la vie de la poule commune. L'on sait qu'un faisandeau est un mets exquis et en même temps fort sain; aussi c'est un morceau cher et fort recherché, et pour se le procurer, les riches n'épargnent point les dépenses. L'éducation des faisans est devenue un art, même assez difficile, dont on parlera après avoir indiqué les différentes manières de les chasser.

Chasse du Faisan. — On chasse cet oiseau, soit avec les oiseaux de vol, soit au fusil, soit aux lacets, ou autres piéges.

L'on trouvera à l'article de la FAUCONNERIE, la manière de prendre les faisans avec l'oiseau de proie. Sonnini a vu les Turcs de Salonique se faire un amusement habituel de cette chasse, surtout pendant l'hiver, où les faisans arrivent en très-grand nombre dans les bois et les plaines de la Thessalie.

Au fusil, la chasse du faisan est la même que celle de la perdrix. On peut en tuer aussi, en se tenant à l'affût au pied des grands arbres, que ces oiseaux recherchent pour s'y percher pendant la nuit; et comme ils ne manquent pas de crier en y volant, ils se trahissent, et indiquent eux-mêmes l'arbre qu'ils ont choisi pour y prendre du repos, et qui devient bientôt pour eux l'arbre de la mort. Cette chasse meurtrière étoit fort pratiquée par les braconniers des environs de Paris; elle est en même temps très-facile; car le faisan, perché sur son arbre, se laisse approcher tant qu'on veut, et souffre même qu'on lui tire plusieurs coups de fusil sans quitter l'arbre.

L'auteur du *Traité de la chasse au fusil* assure qu'en brûlant, pendant la nuit, une mèche soufrée au-dessous de la branche sur laquelle un faisan est perché, il tombe suffoqué par la fumée du soufre embrasé. Cet auteur cite, à cette occasion, une aventure de braconniers surpris à cette chasse dans le parc du château de Richelieu.

Les lacets pour prendre les faisans sont les mêmes que ceux dont on se sert pour prendre les PERDRIX. (*Voyez* ce mot.) Les habitans des montagnes voisines du mont Caucase, où les faisans sont très-communs, se servent d'un lacet particulier pour attraper ces oiseaux, qui, en passant à travers des roseaux épais, y laissent des traces en tous sens. C'est dans ces espèces de sentiers qu'on place le lacet; il est assujetti à une verge élastique que l'on courbe par le bas; il est également entrelacé autour d'un petit bois, qui, tendu par la verge élastique et un cordon, presse un bâton mis en travers sur un arc assujetti en terre, et le tient droit. Sur ce bâton, en reposent plusieurs autres petits qui traversent la trace sur laquelle on tend le piége. Sitôt que le faisan pose le pied sur un de ces petits bâtons, le poids de l'oiseau presse contre terre celui qui est mis en travers; le petit bois part, la verge élastique se dégage et se relève avec promptitude, emprisonne les pieds de l'oiseau dans le piége, et l'élève avec lui en l'air, de manière qu'il se trouve dans l'impossibilité de se dégager.

De l'éducation des Faisans. — On suivra ici les préceptes et les indications de M. Leroy, ancien lieutenant des chasses du parc de Versailles. La place qu'il occupoit l'avoit mis à portée de faire les meilleures observations, et sa sagacité, ainsi que son esprit juste et philosophique, les rendent très-précieuses.

On appelle *faisanderie* le lieu où l'on élève des faisans et des perdrix de toute espèce.

Cette éducation domestique du gibier est le meilleur moyen d'en peupler promptement une terre, et de réparer la destruction que la chasse en fait. Ce n'est que par-là que l'on est parvenu à répandre les faisans et les perdrix rouges dans les endroits que la nature ne leur avoit pas destinés. Les faisans étant le gibier qu'ordinairement on désire le plus, et que l'on sait le moins se procurer, nous donnerons ici en détail la méthode la plus sûre pour en élever dans une faisanderie. Cette méthode peut d'ailleurs s'appliquer aussi aux perdrix rouges et grises; s'il y a quelques différences, elles sont légères, et nous aurons soin de les remarquer.

Une faisanderie doit être un enclos fermé de murs assez hauts pour n'être pas insultés par les renards, etc., et d'une étendue proportionnée à la quantité de gibier qu'on y veut élever. Dix arpens suffisent pour en contenir le nombre dont un faisandier peut prendre soin; mais plus une faisanderie est spacieuse, meilleure elle est. Il est nécessaire que les bandes du jeune gibier qu'on élève soient assez éloignées les unes des autres, pour que les âges ne puissent pas se confondre. Le voisinage de ceux qui sont forts est dangereux pour les plus foibles : cet espace doit d'ailleurs être disposé de manière que l'herbe croisse dans la plus grande partie, et qu'il y ait un assez grand nombre de petits buissons épais et fourrés, pour que chaque bande en ait un à portée d'elle; ce secours leur est nécessaire pendant le temps de la grande chaleur.

Pour se procurer aisément des œufs de faisans, il faut nourrir pendant toute l'année un certain nombre de poules : on les tient enfermées au nombre de sept avec un coq, dans de petits enclos séparés, auxquels on a donné le nom de *parquets*. L'étendue la plus juste d'un parquet est de cinq toises en carré, et il doit être gazonné. Dans les endroits exposés aux fouines, aux chats, etc., on couvre les parquets d'un filet : dans les autres, on se contente d'éjointer les faisans pour les retenir. *Ejointer*, c'est enlever le fouet même d'une aile en serrant fortement la jointure avec un fil. Il faut que ce qui fait séparation entre deux parquets soit assez épais, pour que les faisans de l'un ne voient pas ceux de l'autre. Au défaut de murs, on peut employer des roseaux ou de la paille de seigle. La rivalité troubleroit les coqs s'ils se voyoient, et elle nuiroit à la propagation. On nourrit les faisans dans un parquet, comme des poules de basse-cour, avec du blé, de l'orge, etc. Au commencement de mars, il n'est pas inutile de leur donner un peu de blé noir, qu'on appelle *sarrasin*, pour les échauffer et hâter le temps de l'amour. Il faut qu'ils soient bien nourris; mais il seroit dangereux qu'ils fussent engraissés. Les poules trop grasses pondent moins, et la coquille de leurs œufs est si molle, qu'ils courent risque d'être écrasés dans l'incubation. Au reste, les parquets doivent être exposés au midi, et défendus du côté du nord par un bois, ou par un mur élevé qui y fixe la chaleur.

Les faisans pondent vers la fin d'avril; il faut alors ramasser les œufs avec soin tous les soirs dans chaque parquet; sans cela ils seroient souvent cassés et mangés par les poules mêmes.

On les met, au nombre de dix-huit, sous une poule de basse-cour, de la fidélité de laquelle on s'est assuré l'année précédente: on l'essaye même quelques jours auparavant sur des œufs ordinaires. L'incubation doit se faire dans une chambre enterrée, assez semblable à un cellier, afin que la chaleur soit modérée, et que l'impression du tonnerre s'y fasse moins sentir. Les œufs de faisans sont couvés pendant vingt-quatre et quelquefois vingt-cinq jours, avant que les *faisandeaux* viennent à éclore. Lorsqu'ils sont éclos, on les lais-

encore sous la poule pendant vingt-quatre heures, sans leur donner à manger. Une caisse de trois pieds de long sur un pied et demi de large, est d'abord le seul espace qu'on leur permette de parcourir; la poule y est avec eux, mais retenue par une grille qui n'empêche pas la communication que les faisandeaux doivent avoir avec elle. Cet endroit de la caisse que la poule habite, est fermé par le haut, le reste est ouvert; et comme il est souvent nécessaire de mettre le jeune gibier à l'abri, soit de la pluie, soit d'un soleil trop ardent, on y ajuste au besoin un toit de planches légères, au moyen duquel on leur ménage le degré d'air qui leur convient. De jour en jour, on donne plus d'étendue de terrain aux faisandeaux, et après quinze jours, on les laisse tout-à-fait libres; seulement la poule, qui reste toujours enfermée dans la caisse, leur sert de point de ralliement, et en les rappelant sans cesse, elle les empêche de s'écarter.

Les œufs de fourmis de pré devroient être, pendant le premier mois, la principale nourriture des faisandeaux. Il est dangereux de vouloir s'en passer tout-à-fait; mais la difficulté de s'en procurer en assez grande abondance, contraint ordinairement à chercher des moyens d'y suppléer. On se sert pour cela d'œufs durs hachés et mêlés avec de la mie de pain et un peu de laitue. Les repas ne sauroient être trop fréquens pendant ces premiers temps; on ne peut mettre trop d'attention à ne donner que peu de nourriture à la fois: c'est le moyen d'éviter aux faisandeaux des maladies qui deviennent contagieuses, et qui sont incurables. Cette méthode, outre que l'expérience lui est favorable, a encore cet avantage, qu'elle est l'imitation de la nature. La *poule faisane*, dans la campagne, promène ses petits pendant presque tout le jour, quand ils sont jeunes, et ce continuel changement de lieu leur offre à tous momens de quoi manger, sans qu'ils soient jamais rassasiés. Les faisandeaux étant âgés d'un mois, on change un peu leur nourriture, et on en augmente la quantité. On leur donne des œufs de fourmis de bois, qui sont plus gros et plus solides; on y ajoute du blé, mais très-peu d'abord: on met aussi plus de distance entre les repas.

Ils sont sujets alors à être attaqués par une espèce de poux qui leur est commune avec la volaille, et qui les met en danger. Ils maigrissent, ils meurent à la fin, si l'on n'y remédie. On le fait en nettoyant avec grand soin leur caisse, dans laquelle ils passent ordinairement la nuit. Souvent on est obligé de leur retirer cette caisse même qui recèle une partie de cette vermine. On leur laisse seulement ce toit léger dont nous avons parlé, sous lequel ils passent la nuit, et on attache la couveuse à côté, exposée à l'air et à la rosée.

A mesure que les faisandeaux avancent en âge, les dangers diminuent pour eux. Ils ont pourtant un moment assez critique à passer, lorsqu'ils ont un peu plus de deux mois: les plumes de leur queue tombent alors, et il en pousse de nouvelles. Les œufs de fourmis hâtent ce moment, et le rendent moins dangereux. Il ne faudroit pas leur donner de ces œufs de fourmis de bois, sans y ajouter au moins deux repas d'œufs durs hachés. L'excès des premiers seroit aussi fâcheux que l'usage en est nécessaire.

Mais de tous les soins, celui sur lequel on doit le moins se relâcher, regarde l'eau qu'on donne à boire aux faisandeaux: elle doit être incessamment renouvelée et rafraîchie; l'inattention à cet égard expose le jeune gibier à une maladie assez commune parmi les poulets, appelée la *pépie*, et à laquelle il n'y a guère de remède.

Nous avons dit qu'il falloit éloigner les unes des autres les bandes de faisans, assez pour qu'elles ne pussent pas se mêler; mais comme une poule suffit pour en fixer un grand nombre, on unit ensemble trois ou quatre couvées, d'âge à peu près pareil, pour en former une bande. Les plus âgés n'exigeant pas des soins continuels, on les éloigne aux extrémités de la faisanderie, et les plus jeunes doivent toujours être sous la main du faisandier. Par ce moyen, la confusion, s'il en arrive, n'est jamais qu'entre des âges moins disproportionnés, et devient moins dangereuse.

Voilà les faisandeaux élevés. La même méthode convient aux perdrix; il faut observer seulement qu'en général les perdrix rouges sont plus délicates que les faisans mêmes, et que les œufs de fourmis de pré leur sont plus nécessaires.

Lorsqu'elles ont atteint six semaines, et que leur tête est entièrement couverte de plumes, il est dangereux de les tenir enfermées dans la faisanderie. Ce gibier, naturellement sauvage, devient sujet alors à une maladie contagieuse, qu'on ne prévient qu'en le laissant libre dans la campagne. Cette maladie s'annonce par une enflure considérable à la tête et aux pieds, et elle est accompagnée d'une soif qui hâte la mort quand on la satisfait.

A l'égard des perdrix grises, elles demandent beaucoup moins de soin et d'attention dans le choix de la nourriture. On les élève très-sûrement par la méthode que nous avons donnée pour les faisans; mais on peut en élever aussi sans œufs de fourmis, avec de la mie de pain, des œufs durs, du chènevis écrasé, et la nourriture que l'on donne ordinairement aux poulets. Il est rare qu'elles soient sujettes à des maladies, ou cela ne seroit que pour avoir trop mangé, et cela est aisé à prévenir.

L'objet de l'éducation domestique du gibier étant d'en peupler la campagne, il faut, lorsqu'il est élevé, le répandre dans les lieux où l'on veut le fixer.

On peut donner la liberté aux faisans, lorsqu'ils ont deux mois et demi; et on doit la donner aux perdrix, surtout aux rouges, lorsqu'elles ont atteint six semaines. Pour les fixer, on transporte avec eux leur caisse et la poule qui les a élevés. La nécessité ne leur ayant pas appris les moyens de se procurer de la nourriture, il faut encore leur en porter pendant quelque temps: chaque jour on leur en donne un peu moins; chaque jour aussi ils s'accoutument à en chercher eux-mêmes.

Insensiblement ils perdent de leur familiarité, mais sans jamais perdre la mémoire du lieu où ils ont été déposés et nourris. On les abandonne enfin, lorsqu'on voit qu'ils n'ont plus besoin de secours.

Nous ne devons pas finir cet article sans avertir qu'on tenteroit inutilement d'avoir des œufs de *perdrix*, surtout des rouges, en nourrissant des paires dans des parquets; elles ne pondent point, ou du moins pondent très-peu lorsqu'elles sont enfermées. On ne peut en élever qu'en faisant ramasser des œufs dans la campagne. On donne à une poule vingt-quatre de ces œufs, et elle les couve deux jours de moins que ceux de faisan. Pour ceux-ci on doit renouveler les poules des parquets lorsqu'elles ont quatre ans; à cet âge, elles commencent à pondre beaucoup moins, et les œufs en sont souvent clairs. (*Ancienne Encyclopédie*).

Variétés du Faisan. — 1.° Le *faisan blanc*, *Phasianus albus*, var., Lath. Si l'on en excepte des taches violettes sur le cou, et d'autres roussâtres sur le dos, le plumage de cet oiseau est tout blanc; la femelle a moins de taches que le mâle. Olina (*Uccellaria*, pag. 49) dit que les *faisans blancs* viennent de Flandre.

2.° Le *faisan panaché* ou *faisan varié* (*Phasianus varius*, var., Lath.). Des taches qui réunissent toutes les couleurs du *faisan*, sont semées sur le fond blanc du plumage de cette variété, qui, suivant Frisch, n'est point bonne pour la propagation.

3.° Le *faisan bâtard* ou le *coquar*. *V.* au mot COQUAR.

Le FAISAN ROUSSATRE, provenant du *faisan tricolor* et du *faisan commun*.

Le FAISAN D'AFRIQUE, *Phasianus africanus*, Lath., est un MUSOPHAGE. *V.* ce mot.

Le **Faisan des Antilles.** C'est, dans quelques voyageurs, l'**Agami.**

Le **Faisan argenté.** *V.* **Faisan noir et blanc.**

Le **Faisan argus.** *V.* au mot **Argus.**

Le **Faisan batard.** *V.* **Coquar.**

Le **Faisan bicolor.** *V.* **Faisan noir et blanc.**

Le **Faisan bruyant**, est le **Grand Tétras.**

Le **Faisan du Cap de Bonne-Espérance**, est un **Francolin.**

Le **Faisan a collier**, *Phasianus torquatus*, var., Lath., est une race très-voisine du *faisan commun*, puisque ces deux oiseaux produisent ensemble, et donnent la vie à des individus qui se propagent entre eux et avec les premiers. Cette race est très-commune à la Chine, et depuis long-temps multipliée dans les parcs, en Angleterre. Les premiers qui parurent à Paris, où l'on n'en voit plus à présent, furent appelés par les oiseleurs, *faisans paons*, à cause des taches du dos, plus larges, plus régulières, et ayant de loin l'apparence des yeux de la queue des paons. Montagu, *Dict. ornit.*, suppl., présente ce faisan pour une espèce particulière Ce gallinacé a la tête, la gorge, l'abdomen et le cou d'un noir pourpré ; un collier blanc sur la dernière partie ; deux raies de cette couleur sur chaque côté de la tête ; les plumes du bas du cou et du haut de la poitrine d'un rouge cuivreux, et terminées de noir ; les couvertures des ailes couleur de plomb ; le haut du dos noir et tacheté de jaune ; le bas de cette partie variée de blanc et de roux ; les pennes de la queue olivâtres, sur leur milieu, d'un roux violet dans le reste, avec de larges bandes noires et transversales ; les pieds gris ; le bec jaunâtre ; l'iris d'un beau jaune. Longueur totale, deux pieds cinq pouces.

La femelle a au-dessus des yeux une petite bande de plumes très-courtes et noirâtres ; le plumage généralement d'une teinte plus rembrunie que la femelle du faisan commun ; elle n'a point, comme celle-ci, des taches noires sur la poitrine ; les bandes transversales de sa queue sont plus prononcées.

Ce faisan se trouve dans les forêts de la Chine. Ses œufs sont d'un bleu verdâtre, avec de petites taches d'une teinte plus foncée. Les petits qui naissent en Europe, sont plus difficiles à élever que ceux des autres faisans.

Le **Faisan commun de la Chine.** *V.* **Faisan a collier**

Le **Faisan coloré.** M. Latham, dans son supplément au *Synopsis of birds*, désigne ainsi le **Faisan noir.**

Le **Faisan cornu**. *V.* **Faisan napaul.**

Le **Faisan couleur de feu**. *V.* **Coq couleur de feu.**

Le **Faisan de la Guyane**. *V.* **Marail paraka.**

Le **Faisan couronné des Indes**, de Brisson, n'est point un faisan. *V.* **Goura.**

Le **Faisan doré**. *V.* **Faisan tricolor huppé.**

Le **Faisan hunéru**. C'est, dans Frisch, le **Coquar**. *V.* ce mot.

Le **Faisan huppé**. Dénomination donnée, dans quelques ouvrages d'ornithologie, au **Rouloul**. *V.* ce mot.

Le **Faisan huppé de Cayenne**. *V.* **Hoazin.**

Le **Faisan d'Impey**. *V.* **Momoul.**

Le **Faisan de Junon**. *V.* **Argus.**

Le **Faisan du Maryland**, est la **Grosse Gélinotte du Canada ou Gélinotte a fraise.**

Le **Faisan de mer**. Dénomination impropre, appliquée au **Canard pilet.**

Le **Faisan momoul**. *V.* **Momoul.**

Le **Faisan des montagnes**. Dénomination vulgaire du *petit tétras*. *V.* **Tétras.**

Le **Faisan napaul**, *Phasianus satyrus*, Vieill.; *Meleagris satyra*, Lath., figuré pl. 116 de l'*Hist. nat. des Oiseaux*, d'Edwards. Latham l'a classé dans le genre du *dindon*. Edwards lui donne le nom de *faisan cornu*, et Gueneau de Montbeillard le regarde comme un faisan. C'est aussi l'opinion de Mauduyt dans l'*Encyclopédie méthodique*.

Le premier attribut qui frappe à la vue de ce gallinacé, sont les deux cornes d'une substance calleuse, à pointe obtuse, couchées en arrière, et de couleur bleue, qu'il porte sur la tête, et qui s'élèvent derrière l'œil de chaque côté. C'est de là que la dénomination de *faisan cornu* lui a été imposée, et que les nomenclateurs lui ont donné celle de *satyre*. Une membrane bleue et variée d'orangé pend sous la gorge et le devant du cou; le tour des yeux est garni de poils noirs. Les noms que cet oiseau porte dans l'Inde, signifient *oiseau marbré* et *oiseau brillant*. Son plumage brille en effet de vives couleurs, et de taches, dont les unes sont rondes et les autres en forme de larmes, mais toutes de couleur blanche entourées de noir, et très-rapprochées l'une de l'autre, paroissant de jolies marbrures sur un fond rouge, qui prend différentes nuances sur les diverses parties. La femelle n'a ni cornes, ni membrane pendante sous la gorge; mais sa tête est garnie de longues plumes d'un bleu foncé, qui retombent en arrière.

La grosseur de cet oiseau est celle du *faisan*; il lui ressemble encore dans presque tous les détails de sa conformation, et surtout par la forme de sa queue.

Quoique la figure du *napaul* se trouve communément dans les peintures des Indiens, c'est un oiseau fort rare et encore peu connu. Il vit au Bengale et dans d'autres contrées des Indes orientales. Cette espèce n'existe en nature dans aucune collection.

Le Faisan noir, *Phasianus leucomelanos*, Lath., oiseau des Indes orientales, dont les plumes sont noires et bordées de blanc; cette bordure est plus large sous le corps qu'en dessus; sur le derrière de la tête, une longue huppe se couche en arrière; les pieds sont armés chacun d'un éperon, et la longueur totale de l'oiseau est de vingt-un pouces. Le bec est blanc, et les côtés de la tête sont unis et rouges. Cette espèce ne peut être un *faisan*, puisqu'elle porte une queue dont les pennes sont d'égale longueur.

L'on a aussi appelé *faisan noir* le *petit tétras*. *V.* Tétras.

Le Faisan noir et blanc (*Phasianus nycthemerus*, Lath., fig. pl. enlum. de Buffon, n.° 123 le mâle, et n.° 124 la femelle). Bel oiseau de la Chine, plus gros que le *faisan* commun; il est aussi plus robuste, plus disposé à s'apprivoiser et moins délicat à élever que le dindon, même dans nos pays; ses œufs ont la grandeur de ceux de la poule, et une couleur roussâtre, avec de petits points blancs.

Des traits noirs et déliés traversent obliquement le plumage de cet oiseau, sur le fond blanc du dessus du cou et du corps, et ce fond déjà si pur et si brillant reçoit encore plus d'éclat, par le contraste du noir pourpré qui couvre les mêmes parties en dessous. Les ailes et la queue sont également blanches et rayées de noir, à l'exception des deux pennes du milieu de la queue, dont le fond est uniforme; une longue huppe, retombant en arrière, et d'un noir pourpré, surmonte la tête. Les yeux sont entourés d'une peau nue d'un rouge éclatant et qui peut s'étendre, suivant que l'oiseau est affecté, jusqu'à excéder beaucoup la tête en dessus et en dessous; l'iris est jaune, et le bec jaunâtre avec un peu de brun à son extrémité; les yeux sont d'un rouge vif, et les ergots sont blancs.

Le Faisan paon. *Voyez* Éperonnier et Faisan a collier.

Le Faisan rouge. Albin et Klein donnent cette dénomination au Faisan tricolor huppé.

Le Faisan verdatre de Cayenne. *V.* Marail.

Le Faisan superbe (*Phasianus superbus*, Lath.) L'on ne connoît encore cet oiseau, dont Buffon n'a pas parlé, et auquel Linnæus a donné la qualification de *superbe* (*Mantiss.* 1771, pag. 526), que par sa figure, qui se trouve souvent sur les papiers peints de la Chine. Mais de pareilles peintures, dans lesquelles l'imagination des artistes chinois joue, comme l'on sait, un grand rôle, ne nous paroissent pas devoir mériter une grande attention de la part des naturalistes, ni suffire pour constater l'existence d'une espèce. Cependant il existe dans la Chine un faisan qui surpasse tous les autres en beauté; mais c'est en vain qu'on a cherché, jusqu'à ce jour, à le posséder en nature; tout ce que l'on connoît de sa dépouille, ce sont deux longues pennes du milieu de la queue, que M. Themminck conserve dans sa Collection. Ces deux pennes, dit ce naturaliste, ont quatre pieds de longueur, ce qui fait supposer que la taille de cet oiseau doit être au moins de six pieds : elles sont larges d'environ deux pouces, se terminent en pointe, et sont voûtées comme chez le faisan tricolor. Leurs barbes sont d'un blanc grisâtre nuancé d'un roux doré; on remarque quarante-sept bandes qui sont lunulées sur chaque côté, et qui sont parallèles à la base vers le bout de la queue, et alternes dans le reste; ces bandes sont noires à l'origine de la plume et nuancées plus ou moins de couleur marron vers son extrémité, qui est entièrement de cette teinte.

Le Faisan tricolor huppé ou Faisan doré de la Chine (*Phasianus pictus*, Lath), pl. D. 26 n.° 2 de ce Dictionnaire.

C'est un de ces oiseaux que la nature s'est plu à parer avec magnificence; l'or, l'azur, le pourpre, brillent sur son manteau, et de longues plumes soyeuses qui tombent mollement le long de son cou, se relèvent quand il le veut, et forment au-dessus de sa tête un panache doré. Sa queue plus longue que celle du *faisan*, est aussi plus émaillée, et au-dessus des pennes qui la composent sortent des plumes longues et étroites, à tige jaune et à barbes de couleur écarlate. Il a le dessus du cou d'un vert doré, rayé transversalement de noir; la partie supérieure du corps d'un jaune doré, et l'inférieure d'un rouge de pourpre; les pennes moyennes des ailes d'un bleu d'azur; les pennes latérales de la queue rayées obliquement de noir sur un fond marron; l'iris, le bec, les pieds et les ongles jaunes.

Dans la femelle, les dimensions et les proportions sont un peu plus petites. Son plumage n'a ni éclat ni vivacité dans les couleurs; c'est du brun jaunâtre en dessous, et du brun roussâtre sur le corps et la queue. Les jeunes mâles ressemblent aux femelles, et ce n'est qu'à la seconde mue qu'ils commencent à se revêtir de toute la richesse et de toute la beauté de leur parure. A mesure que les femelles vieillissent, leur plumage se rapproche de celui du mâle, et elles prennent aussi les longues plumes qui, dans le mâle, accompagnent les pennes de la queue.

Les *tricolors huppés* sont originaires de la Chine, d'où on les a transportés dans les ménageries et les parcs de l'Europe. Leur éducation exige plus de soins et d'attention que celle du *faisan commun*. Ils sont plus délicats; l'humidité et l'inconstance de notre climat les font souvent périr; du reste, la manière de les élever et de les nourrir est la même que pour les *faisans;* mais ils se familiarisent beaucoup plus aisément, et ils sont, en général, moins farouches, moins ombrageux. Ils produisent avec l'espèce commune, mais les oiseaux métis qui résultent de cette union demeurent inféconds. La femelle du *tricolor huppé* pond, dans nos pays, plus tôt que celle du *faisan commun*, et souvent dès le mois de mars; ses œufs sont plus rougeâtres que ceux de nos *faisans*. (S. et V.)

FAISAN. Kœmpfer paroît avoir indiqué sous cette dénomination, le SPICIFÈRE. *V.* ce mot. (S.)

FAISAN D'ARGENT. *V.* FAISAN NOIR et BLANC. (DESM.)

FAISAN DE CARASSOU. *V.* HOCCO. (DESM.)

FAISAN. Nom marchand d'une coquille, dont Lamarck a fait un genre sous celui de PHASIANELLE. (B.)

FAISAN D'EAU. On donne ce nom au *turbot*. *V* au mot TURBOT et au mot PLEURONECTE. (B.)

FAISANDE. Femelle du FAISAN. *V.* aussi FAISANE. (DESM.)

FAISANDEAU. Jeune FAISAN. *V.* ce mot. (S.)

FAISANE ou POULE FAISANE. Femelle dans l'espèce du *faisan*. On l'appelle aussi quelquefois *poule faisande*. *V.* FAISAN. (S.)

FAISCEAU MINÉRAL, *Fasciculis mineralis geniculatus*. Quelques anciens auteurs ont ainsi désigné des corps que l'on a pris pour des CORALLINES fossiles. (DESM.)

FAITAN ou FLETAN. Poisson du genre des PLEURONECTES. (DESM.)

FAITIÈRE. Nom marchand de la TRIDACNE. (B.)

FAJOL. Nom espagnol de la RENOUÉE, *Polygonum avicu-lare*, L. (LN.)

FAKA. Suivant Thunberg, on appelle ainsi, au Japon, la MENTHE POIVRÉE, *Mentha pipeata*. (LN.)

FAKOBI. *V.* FAGU-JERA. (LN.)

FAKOBOKON. C'est un des noms donnés, au Japon, suivant Thunberg, à la DANAÏDE FÉTIDE, *pœderia fetida*. (LN.)

FAKONA-SASA, FATS-KU et FATSIKU. Noms japonais du BAMBOU et de plusieurs de ses variétés. (LN.)

FAKUTJOKE. Une espèce de PRIMEVÈRE, *Primula cortusoïdes*, est ainsi nommée au Japon. (LN.)

FALABRIQUIER. C'est le MICOCOULLIER. (B.)

FALAISES. Côtes de la mer qui sont coupées à pic, comme une partie de celles qui bordent la *Manche*. Il n'y a guère que les montagnes calcaires à couches horizontales, qui forment des *falaises*. *V.* CÔTES et COURANS. (PAT.)

FALANGE. *V.* PHALANGE. (S.)

FALANGER. *V.* PHALANGER. (DESM.)

FALANOUC. Nom de la CIVETTE ZIBETH à Madagascar. (DESM.)

FALBINGER. L'un des noms allemands du SAULE BLANC, *Salix alba*. (LN.)

FALCARIA de Rivin. C'est une BERLE, dont les découpures des feuilles sont dentées et courbées en forme de fer de faux. C'est ce qu'exprime le nom de *falcaria*, conservé par Linnæus à cette espèce de berle, *Sium falcaria*, L. Sur la considération que, dans cette espèce, l'involucre commun est composé de six à douze folioles, Adanson a cru devoir en former un genre, qu'il nomme, avec Tralliani, *prionitis*, nom adopté par Delarbre (*Flore d'Auvergne*), et que Wibel et Moench ont changé en celui de *drepanophyllum*. (LN.)

FALCATA. Nom latin du COURLIS VERT. *V.* FALCINELLUS. (S.)

FALCATE, *Falcata*. Genre de plantes de la diadelphie décandrie, qui a pour caractères : un calice à quatre dents ; une corolle papilionacée, tubuleuse, à étendard oblong, à ailes onguiculées et à carène divisée en deux parties ; dix étamines, dont neuf réunies par leur base ; un ovaire allongé, chargé d'un style relevé, à stigmate obtus ; un légume oblong, comprimé, recourbé en forme de faux, et aigu des deux côtés, qui contient plusieurs semences.

Ce genre ne renferme qu'une seule espèce, qui est une plante grimpante, à feuilles ternées et à fleurs blanches capitées. Elle vient de la Caroline. (B.)

FALCATULE. Selon Bertrand (*Dict. oryctogr.*), ce nom a été donné à des dents pétrifiées en forme de faux, et qui paroissent être des GLOSSOPÈTRES. *V.* ce mot. (DESM.)

FALCHETTU. En Sicile, on appelle de ce nom un oiseau de proie du genre des FAUCONS, décrit par M. Raffinesque - Schmaltz, qui lui assigne les caractères suivans : bec bleu ; cire, pieds et dos bruns ; un demi-collier roussâtre ; corps blanc en dessous avec des taches brunes sur le ventre ; queue rayée de ferrugineux. Il lui donne le nom de *falco torquatus*. (DESM.)

FALCINELLE. Nom que M. Cuvier donne à une division de sa famille des *longirostres*, et qui correspond à mon genre EROLIE. *V.* ce mot. (V.)

FALCINELLUS. Nom latin employé par Gesner, de même que celui de FALCATA, pour désigner le *courlis vert*, dont le nom italien est FALCINELLO. Mais dans les livres de nomenclature, le mot latin *falcinellus* est appliqué aux *colibris*, aux *grimpereaux*, aux *soui-mangas* et aux *promerops*. (S.)

FALCIROSTRES, *Falcirostres*. Famille de l'ordre des oiseaux ECHASSIERS, et de la tribu des TÉTRADACTYLES. (*V.* ces mots.) *Caractères :* pieds allongés ; tarses réticulés ; doigts antérieurs unis à la base par une membrane ; le postérieur articulé au bas du tarse, appuyant à terre sur toute sa longueur ; bec épais à l'origine, long, courbé en faux ; gorge extensible ; queue composée de douze pennes. Cette famille contient les genres IBIS et TANTALE. *V.* ces mots. (V.)

FALCK. *V.* FAUCON. (S.)

FALCO. Nom latin des FAUCONS. (DESM.)

FALCON, FALCONOS. Noms grecs du FAUCON. Les Anglais l'appellent aussi FALCON. (V.)

FALCONELLE, *Falcunculus*, Vieill.; *Lamus*, Lath. Genre de l'ordre des oiseaux SYLVAINS, et de la famille des COLLURIONS. (*V.* ces mots.) *Caractères :* bec court, robuste, très-comprimé latéralement, un peu arqué ; mandibule supérieure dentée et crochue vers le bout ; l'inférieure plus courte, à pointe retroussée et acuminée ; narines rondes, latérales, situées près des plumes du *capistrum ;* langue courte, triangulaire, lacérée à l'extrémité ; la première rémige la plus longue de toutes ; quatre doigts, trois devant, un derrière. Ce genre n'est composé que d'une seule espèce.

La FALCONELLE A FRONT BLANC, *Falcunculus frontatus*, Vieill.; *Lamus frontatus*, Lath., pl. M. 16, n.° 1 de ce Dictionnaire. La tête et le cou sont noirs ; deux bandes blanches se font remarquer sur les côtés de la tête ; l'une part de l'œil et s'étend vers l'occiput ; l'autre est en avant de l'œil, passe sur le front et descend sur les côtés de la gorge ; les joues sont noires ; le corps est d'un joli vert-olive en dessus et d'un beau jaune en dessous ; les ailes et la queue sont brunes ; celle-ci est terminée de blanc ; le bec est noir et le tarse brun. Cette espèce se trouve à la Nouvelle-Hollande. (V.)

FALCORDE. Nom que l'on donne, sur la Loire, à une MOUETTE BLANCHE ET NOIRE. (V.)

FALCULA. L'HIRONDELLE DE RIVAGE en latin. *V.* ce mot. (S.)

FALCULATA. Nom donné par Illiger, (*Prodr. mam.*) à un ordre de mammifères qui réunit ceux des carnassiers proprement dits ou digitigrades, et des plantigrades de nos méthodes. (DESM.)

FALCUNCULUS. *V.* FALCONELLE. (V.)

FALIER. Coquille du genre VOLUTE. (B.)

FALIGOULE. Ancien nom du THYM, en Languedoc. (LN.)

FALK. Nom allemand des FAUCONS. (V.)

FALK. Nom d'un voyageur, que Sonnini a donné à un OISEAU DE PROIE. *V.* ce mot. (V.)

FALKIE, *Falkia.* Plante qui, par la forme de sa fleur, ressemble beaucoup aux LISERONS, mais qui en est très-distinguée par ses fruits.

Sa fleur a un calice monophylle, infundibuliforme, persistant, et partagé en cinq découpures lancéolées; une corolle monopétale, campanulée, à limbe ample, crénelé à dix divisions; six étamines; quatre ovaires supérieurs, glabres, d'entre lesquels naissent deux styles capillaires, divergens, à stigmates en tête obtuse; quatre semences nues, globuleuses, situées au fond du calice.

Cette plante croît au Cap de Bonne-Espérance, dans les lieux inondés. Il ne faut pas la confondre avec le *convolvulus falkia* de Jacquin, qui est un véritable LISERON. (B.)

FALLANOUE. *V.* FALANOUC. (DESM.)

FALLBAR. L'un des noms du FRAMBOISIER en Suède. (LN.)

FALLBLUME. C'est le COQUELICOT (*Papaver rhœas*), en Allemagne. (LN.)

FALLEN. L'un des noms du PIN SAUVAGE, en Allemagne. (LN.)

FALLKRAUT. Ce nom est donné, en Allemagne, à l'INULE DYSENTÉRIQUE, à l'INULE VELUE (*In. hirta*) et à l'ARNIQUE de montagne. (LN.)

FALLOPE. Nom de la FARLOUSE, dans Belon. (S.)

FALLOPE, *Fallopia.* Arbrisseau de la Chine, à feuilles éparses, ovales, lancéolées, garnies de nervures saillantes, un peu dentées; à fleurs blanches, petites, portées sur des grappes terminales, qui, selon Loureiro, forme un genre dans la polyandrie monogynie.

Ce genre offre pour caractères : un calice commun de douze folioles lancéolées, linéaires, caduques, contenant trois fleurons; point de calice propre; une corolle de cinq pétales ovales, plus longs que le calice; cinq écailles pétaliformes, très-petites, à la base interne de la corolle; une cinquantaine d'étamines inégales ; un ovaire supérieur, presque rond, à style épais et à stigmate simple ; une baie presque ronde, uniloculaire et tétrasperme. (B.)

FALLOPIA. Adanson ayant remarqué que dans le *Polygonum scandens* les fleurs offroient neuf étamines, trois stigmates cylindriques, et que le fruit étoit triangulaire, en forma le genre FALLOPIA. Depuis, ce même genre a été établi par Gærtner sous le nom de *Brunnichie*, adopté par presque tous les botanistes, mais auquel on n'a pas encore rapporté toutes les espèces de polygonum qui doivent y rentrer, et principalement les espèces grimpantes. (LN.)

FALLTRANCKS. Nom que donnent les Suisses à un mélange de différentes plantes plus ou moins vulnéraires, que l'on récolte sur les hautes Alpes, et que l'on connoît, à Paris, sous le nom de *thé de Suisse.* Ces plantes sont ordinairement la *sanicle*, la *bugle*, la *pervenche*, la *verge d'or*, la *véronique*, la *pyrole*, le *gnaphale dioïque*, l'*alchemille*, la *cynoglosse*, l'*armoise*, la *pulmonaire*, la *brunelle*, la *bétoine*, la *verveine*, la *scrophulaire*, l'*aigremoine*, la *rhexie centaurée*, *la menthe*, l'*épervière piloselle*, etc., ou mieux les espèces alpines de ces genres. Rarement on y met des *fougères.*

Les habitans des montagnes de l'intérieur de la France récoltent aussi des plantes d'espèces analogues pour former un composé, que l'on appeloit ci-devant *vulnéraire d'Auvergne*, mais qui est moins estimé ou moins recherché que le *thé de Suisse.*

On se sert de l'un ou de l'autre, en infusion, contre la jaunisse, les rhumes invétérés, et pour dissoudre les humeurs épaissies. (B.)

FALONA. Synonyme de *Cynosurus* dans Adanson. *Voy.* CRÉTELLE. (LN.)

FALOURDE. Dans le département de l'Ain on donne ce nom à l'hirondelle de mer, dite *Pierre-garin.* On l'appelle aussi *Pagnon* ou *Poche.* (V.)

FALSE de Sonnerat. C'est le GREVIER d'Asie (*Grewia asiatica*, L.). (LN.)

FALTENBLUME. Synonyme de LISERON (*Convolvulus*) en Allemagne. (LN.)

FALTRANCK. *V.* FALLTRANCKS. (B.)

FALTRIAN. Nom allemand du MUGUET (*Convallaria majalis*). (LN.)

FALUN. C'est le nom qu'on donne, en Touraine, à des couches composées de débris de coquilles et d'autres productions marines. Dans le Vexin, elles sont appelées *cran* ou *ron.* Cette matière est employée, comme la marne, pour fertiliser les terres maigres et arides ; elle convient aussi parfaitement aux terres argileuses, qu'elle rend plus légères et plus traitables.

Les *falunières* de Touraine ont plus de trois lieues de longueur sur une largeur beaucoup moindre. La majeure partie des coquilles dont elles sont composées, sont tellement brisées, qu'elles sont à peu près réduites en craie : on y remarque aussi des couches régulières de coquilles entières, placées dans leur situation naturelle.

Ces couches de falun se rencontrent à peu de profondeur, quelquefois à trois ou quatre pieds seulement de la superficie ; mais le bloc entier qu'elles forment, a jusqu'à vingt pieds d'épaisseur.

Quant à l'origine et à la formation de ces couches, voici la manière dont on peut, je crois, en donner une explication naturelle, sans avoir recours à de prétendues révolutions qui n'eurent jamais lieu ; car les grands travaux de la nature n'ont point été faits par secousses, mais toujours par des opérations graduelles et non interrompues.

On ne sauroit douter qu'en général les couches coquillières n'aient été formées dans une mer tranquille : cela est évident par leur régularité. Elles étoient donc, dans le temps de leur formation, à une profondeur assez considérable pour que l'agitation des flots n'y fût pas sensible.

Lorsqu'ensuite, par l'effet de sa diminution graduelle, la mer s'est trouvée à peu près au niveau de ces mêmes couches, le mouvement violent de ses ondes les a sillonnées, dégradées et enfin détruites, comme on peut l'observer dans les endroits où la mer s'est ouvert un passage (non par un effort momentané, mais par un travail long-temps continué).

Dans le temps où l'Océan couvroit et la France et l'Angleterre, il s'est formé des couches calcaires coquillières, qui s'étendoient, d'une manière uniforme, sur la surface de ces deux contrées. Lorsque les eaux se sont trouvées abaissées à leur niveau, il est arrivé que les courans qui venoient du N. E., ont attaqué ces couches du côté de la Hollande, tandis que les courans opposés les attaquoient entre la Bretagne et la pointe du Cornouailles ; et à force de les corroder de part et d'autre, ces courans sont enfin parvenus à former le canal qu'on nomme *la Manche*. Les couches parfaitement correspondantes qui existent des deux côtés de ce canal, attestent l'exactitude de ce fait.

Or, ces couches calcaires, aujourd'hui détruites, étoient remplies, comme à l'ordinaire, de productions marines, dont les débris, roulés et comminués par les flots, ont été successivement déposés et accumulés sur les côtes voisines, dans les parages les plus tranquilles. Les sables, les pierres roulées, et autres corps étrangers qui souvent se trouvent mêlés avec le falun, prouvent que c'est un dépôt de matières transportées par les eaux.

A l'égard des couches où l'on voit des coquilles entières dans leur situation naturelle, il paroît évident que ces coquilles se formoient journellement sur les anciens débris, comme on les voit encore aujourd'hui se former sur tous les rivages; et peu à peu elles étoient couvertes par d'autres sédimens, qui se peuploient encore de nouveaux coquillages vivans. (PAT.)

FALUNIÈRE. *V.* FALUN.

FALZBLUME. Nom allemand des MICROPES, petites plantes herbacées. (LN.)

FAM-FUM. Nom qu'on donne, dans le nord de la Chine, à une plante dont la racine charnue, presque fusiforme et blanche, est très-employée en médecine (*Coreopsis leucorhiza*, Lour.). (LN.)

FAMILLES NATURELLES (des animaux et des plantes), ou ordres naturels. Ces termes étant très-souvent employés et indiquant une méthode de classification suivie, nous en devons donner une exposition précise.

Dans l'espèce humaine, ce qu'on appelle *famille*, se compose de plusieurs individus s'appartenant par des liens de consanguinité, comme frères, sœurs, cousins, oncles, tantes, etc., ou par des alliances légales, comme le père et la mère. La famille suppose une sorte d'unité dans les mœurs, les habitudes, et des traits de ressemblance dans la physionomie, comme on en observe parmi les hautes maisons de noblesse, qui ne s'allient guère qu'entre elles, et qui conservent, par cet isolement propre à renforcer même les caractères de leur race, les défauts comme les bonnes qualités du physique et du moral. C'est ainsi que toute noblesse antique craint de déroger, de forligner par des mésalliances, ou d'altérer cette pureté de son sang, reçu en droite ligne de Lucrèce en Lucrèce, d'illustres ancêtres. Ce n'est pas ici le lieu d'examiner si, au contraire, le défaut de croisement des races ne les abâtardit pas (nous en traitons à l'article DÉGÉNÉRATION); s'il peut y avoir des lignées pétries d'un limon essentiellement plus noble que d'autre, dans cette vieillesse du monde et parmi ce mélange infini des nations de la terre; enfin, s'il ne peut pas sortir, dit Boileau, *du tronc le plus illustre, une branche pourrie*. *V.* RACE, ESPÈCE, GENRE, etc.

Les botanistes, et Magnol, le premier, transportèrent le terme de famille à une réunion de plantes toutes plus ou moins analogues entre elles par des caractères communs, sans appartenir néanmoins aux mêmes espèces. Prenez, par exemple, des ombellifères, le persil, le cerfeuil, la carotte, le céleri, le panais, le fenouil, l'anis, le cumin, la berce, enfin plusieurs centaines d'herbes portant ainsi leurs fleurs en parasol (*umbella*) sur une tige droite, ayant cinq pétales, cinq étamines, deux pistils et tous les autres attributs communs à ces plantes; vous aurez l'idée parfaite d'une famille naturelle de végétaux, qui conserveront entre eux cette aimable ressemblance, *qualem decet esse sororum*, comme s'ils étoient parens. Il en sera de même pour toutes les herbes graminées, pour toutes les fleurs papilionacées, labiées, etc.

La nature nous guide ainsi pour reconnoître de semblables familles parmi les animaux; tous les papillons, tous les scarabés, toutes les mouches, ou bien tous les petits oiseaux granivores, tous les oiseaux de proie, toutes les espèces palmipèdes, formeront des *familles naturelles*, des *tribus;* comme les serpéns, les lézards, les poissons plats (ou pleuronectes), etc. en formeront dans les autres classes d'animaux. (*V.* Créatures, Méthode, Rapports.)

Mais quelle différence, dira-t-on, les naturalistes mettent-ils entre les classes et les familles? Où s'arrêtent l'une et l'autre de ces divisions? le voici :

Une classe se compose de plusieurs familles. Prenons, par exemple, la classe des oiseaux, bien distincte de tous les autres animaux : on y remarquera plusieurs tribus ou types généraux; de telle sorte, qu'en prenant seulement un oiseau de chacun de ces types ou de ces conformations de famille, on aura le représentant de cette tribu. Ainsi, un canard, avec ses pieds palmés, sa démarche boiteuse, son bec aplati, sa voix nasillarde, représentera les principaux traits des centaines d'espèces d'oies, de cygnes, de sarcelles, de tadornes, de millouins, etc. Un faucon donnera les caractères d'un oiseau de proie; le coq et la poule offriront les traits de conformation des gallinacés, des faisans, des peintades, des hoccos, etc.

Si l'on veut ainsi grouper dans toutes les classes d'animaux, de végétaux (et peut-être de minéraux avec Berzélius), les espèces qui se ressemblent le plus, on en composera des familles fort naturelles; et pour peu qu'on se représente les conformations propres à chacun des groupes, on pourra connoître bien plus facilement tous les êtres de la nature. C'est encore un des caractères des genres et des familles naturelles, par exemple, d'offrir des propriétés médicales analogues (*V.* Decandolle,

Essai sur les propriét. méd. des plantes, 2.e édit. Paris, 1816, in-8.°)

Comment ensuite disposera-t-on les familles entre elles? Laquelle sera la première et la dernière? Cette difficulté n'est pas plus grande que les précédentes; il s'agit d'examiner laquelle offre des êtres plus ou moins parfaits. Tout le monde conviendra que la famille des singes et autres quadrumanes, devra être placée immédiatement après l'homme, dans l'ordre naturel, et bien avant les carnivores; mais ensuite ceux-ci sont plus perfectionnés que les ruminans, qui seront donc rangés plus loin. Tout de même, nous avons montré que dans la classe des oiseaux, il étoit plus naturel de commencer par les perroquets et ensuite par les oiseaux de proie, que de placer ceux-ci les premiers; puis viendront d'autres familles inférieures, et ainsi s'établira une hiérarchie conforme à la marche qui nous est indiquée par la nature.

Supposez, au contraire, une classification systématique qui sépare tous ces êtres parens entre eux, sous prétexte de quelque petite différence: par exemple, la sauge n'a que deux étamines, et le romarin en a quatre inégales, comme les autres labiées; ainsi, dans un système fondé sur les étamines, on éloigne infiniment ces plantes que tant d'autres caractères plus importans rattachent à une même famille. Voilà un divorce manifeste; voilà une interruption forcée dans les lois que nous montroit si clairement la nature.

Quand, de même, on rapproche des êtres disparates, un lézard d'un cheval, sous prétexte que ce sont des animaux à quatre pieds, sans avoir égard aux énormes différences de structure interne et externe, qui rangent ces animaux dans des familles bien séparées, on confond toute la nature, on détruit toute bonne méthode, et le naturaliste devient hors d'état de juger les vraies harmonies des êtres, d'en tirer des observations précieuses.

Mais pour constituer des familles naturelles, il faut avoir associé assez d'espèces analogues sous tous les rapports, pour les grouper sous des caractères connus. Vingt espèces de plantes voisines peuvent composer un bon genre. Si l'on en recueille ensuite deux à trois cents, ce genre seroit trop nombreux; on peut en établir une famille, pourvu que leurs caractères ne les confondent pas trop évidemment avec des plantes d'une autre tribu. Plus la famille sera naturelle ou composée d'espèces voisines par leur ressemblance, quel que soit leur nombre, plus elle sera parfaite et avouée de tous; mais plus il sera difficile d'y constituer des genres, des sections particulières bien distinctes, qui facilitent l'étude des nombreuses espèces. Aussi les graminées, les crucifères, etc., qui sont de très-nombreuses et belles familles naturelles, ont des genres ou des coupes difficiles à former, à bien asseoir; les botanistes ne cessent de morceler ces familles en genres, chacun à sa manière, au grand détriment de l'étude, chacun croyant mieux faire qu'un autre, mais tous embrouillant malheureusement la science par l'introduction de nouveaux noms. Il y a des familles tellement naturelles enfin, qu'on ne peut presque pas y faire de divisions; ainsi, le genre *papillon* et le genre *phalène* sont des familles chacune de sept à huit cents espèces, qu'il est fort difficile de bien déterminer.

La plupart des grands genres de plantes établis par Linnæus, ayant acquis, par des découvertes ultérieures, une multitude d'autres espèces, comme les *mesembryanthemum*, les *cactus*, les *geranium*, les *viola*, les *erica*, les *polygala*, les *lichens*, etc., sont devenus les types d'autant de familles naturelles. Aussi ce grand botaniste soutenoit que les *genres* étoient naturels; il y groupoit en effet si bien les espèces, qu'elles paroissent toutes tenir ensemble par des liens de parenté; ce que nul autre, excepté notre habile Tournefort, n'avoit aussi bien fait avant l'illustre Suédois.

La différence du *genre* à la *famille* n'est donc que du plus au moins; quelques *espèces analogues* peuvent constituer un *genre*; quelques genres (ou même un seul genre bien distinct) font une *famille*, s'ils se rapprochent assez entre eux par leurs caractères; enfin, plusieurs familles, qui doivent être évidemment associées, constituent l'*ordre* ou la *classe*. Les *classes* sont les principales divisions ou les membres d'un RÈGNE. *Voy.* ce mot.

Les plantes, les animaux, sans analogues connus, et qu'on ne sait pas encore où placer, comme les espèces *incertæ sedis*, sont le type de nouvelles familles, ou se rattacheront plus tard, par la découverte d'intermédiaires, à quelques familles, comme on en a déjà vu des exemples. *V.* GENRE, ESPÈCE, etc. (VIREY.)

FAMILLE (*Botanique*). Groupe ou série de genres réunis sous un ou plusieurs caractères communs à tous et constans dans chacun. Ce sont ces caractères principaux qui distinguent une famille naturelle de plantes de toute autre famille. *V.* à l'article BOTANIQUE, le développement de la méthode de Jussieu. (D.)

FAMOCANTRATON. C'est le GECKO A TÊTE PLATE. (B.)

FAN. *V.* FAON. (S.)

FAN. Nom arménien du CORNOUILLER. (LN.)

FANABREGOU. C'est le MICOCOULIER, en Languedoc. (LN.)

FANAGE. Préparation que l'on donne aux FOINS après le fauchage, pour les faire sécher, avant de les rentrer. (S.)

FANAT, FANIN. Noms du Bruant fou à Turin. (v.)

FAN-CHAU-CAN-TSAO. C'est le nom chinois de la Réglisse, *Glycyrrhiza glabra.* (ln.)

FANCULUM. Nom du Fenouil, en latin corrompu. (ln.)

FANDENS-AX. C'est, en Danemarck, le nom de l'Orge des rats, *Hordeum murinum*, si commun partout. (ln.)

FANDENS MILK. Nom du Réveil matin, en Danemarck. (ln.)

FANE. Enveloppe de la corolle des anémones et des renoncules. (d.)

FANEL. Nom donné à la Nérite canrène. (b.)

FANELLO. C'est, dans Olina, le nom de la Linote. (v.)

FANER. *V.* Fanage. (s.)

FANESPORE. C'est, en Danemarck, la Dauphinelle des blés, *Delphinium consolida.* (ln.)

FANFARE. Air qu'à la chasse on sonne sur le cor. (s.)

FANFRÉ. Nom donné, à Nice, à plusieurs poissons, notamment à la Baliste vieille et au Centronote pilote. Celui de *fanfré d'américo* est également appliqué à la Baliste buniva de Risso et au Coryphène pompile. Le même Risso appelle Oligopode noir, un poisson de Nice, nommé *fanfré negro.* (desm.)

FAN-KI-KOUC. Nom donné, en Cochinchine, à l'Illécèbre sessile, *Illecebrum sessile*, L. (ln.)

FAN-KHI-KOUC. Nom chinois d'une Verbesine, *Verbesina calendulacea*, L. (ln.)

FANNA-BOTU. C'est le nom donné, au Japon, à une espèce de Peucedanum, *P. japonicum*, Thunb. (ln.)

FANNA IKADA. C'est, au Japon, un arbrisseau que Thunberg nomme *osyris japonica.* (ln.)

FANNASHIBA. Grand arbre du Japon, dont les fleurs répandent une odeur fort agréable. On le plante dans le voisinage des temples. Est-ce la Badiane de la Chine ? (b.)

FANNA SKIBA et SKIMMI. Noms donnés, au Japon, à l'Anis étoilé, *Ilicium anisatum.* (ln.)

FANNA-SUWO. Nom du Gainier, *Cercis siliquastrum*, au Japon. (ln.)

FANNA-TADSI-BANNA. Nom donné, au Japon, à la Bladhie a feuilles frisées, *Bladhia crispa*, selon Kæmpfer. (ln.)

FANNA-TSOB. Suivant Thunberg, c'est, au Japon, le nom d'une Iris, *Iris sibirica.* (ln.)

FANNESWOK. Dénomination allemande du FENU GREC, *Trigonella fœnum græcum.* (LN.)

FANN-FISKAR-HNYDENGEN. Il paroît que ce nom islandais désigne le DAUPHIN GRAMPUS. *V.* ce mot. (DESM.)

FANNIN. *V.* FANAT. (V.)

FANNI IRA. Nom donné, au Japon, à un GAILLET, qui, suivant Thunberg, est le *Galium uliginosum*, Linn. (LN.)

FANONS ou **BARBES.** C'est la matière connue sous le nom de *baleine*, de laquelle on fait des busques, des rayons de parapluies, des ressorts, des corps de femmes, etc. C'est un assemblage de fibres cornées, réunies par un gluten, en espèces de lames qui ont jusqu'à quinze pieds de longueur dans l'animal qui les porte. Ces fanons sont attachés à la mâchoire supérieure des vraies espèces de baleines, et leur servent de dents. (*V.* l'article BALEINE et l'article DENT.) Il est assez remarquable que ces fanons soient composés d'une multitude infinie de poils ou de soies semblables à celles du cochon, mais plus longues et agglutinées en espèces de lames. La corne du rhinocéros est de même formée par un faisceau de soies semblables à celles des sangliers. Il semble que la nature, n'ayant pas voulu placer des poils sur les corps des baleines et des rhinocéros, les ait réunis en lames et mis dans la gueule des unes, ou façonnés en corne pour les placer sur le nez des autres. Tous les animaux qui ont du lard, tels que les cochons, les tapirs, les rhinocéros, les éléphans, les hippopotames, etc., ont, au lieu de poils fins et serrés, de grosses soies clair-semées sur le corps, et quelques espèces sont même presque toutes nues. On observe aussi que les hommes et les animaux très-gras sont bien moins velus que les autres, et que les plantes grasses, épaisses, humides, n'ont jamais autant de poils que les herbes grêles, sèches et maigres. Pourquoi tous les corps organisés qui vivent dans les lieux humides sont-ils lisses ou privés de poils, tandis qu'on observe tout le contraire chez ceux qui habitent dans les lieux secs et élevés? N'est-ce point à cause que l'exhalation est plus considérable dans ce dernier cas? Or, plus le système exhalant devient actif, plus il se développe de poils ou de villosités. C'est tout le contraire dans les êtres qui fréquentent des lieux humides. Mais, comme si la nature ne vouloit pas perdre ses droits, elle emploie les poils, les soies et autres organes d'exhalation à quelque autre fonction. Dans le rhinocéros, elle en fait une corne, une défense; dans les baleines, elle en compose des fanons qui remplacent les dents. (VIREY.)

FAN-QUA. *V.* NAN-QUA. (LN.)

FANRU. *V.* FAGU-JERA. (LN.)

FANTERNIO. Nom languedocien de l'ARISTOLOCHE. (LN.)

FAON. Petit du *cerf*, du *chevreuil* et du *daim*. *V.* CERF. (S.)

FAOU. Nom du HÊTRE, en Languedoc. (LN.)

FAOUTERNO et **FANTERNIO.** L'ARISTOLOCHE porte ce nom en Languedoc. (LN.)

FAQUOS. *V.* KHYAR. (LN.)

FAR. Nom latin de tout grain propre à faire de la farine. Il désignoit aussi les grains dépourvus de leur écorce, comme l'orge mondé, l'avoine perlée que les Italiens nomment encore *farro.* *Farris* est le nom de la farine. Certaines espèces de blés privés de la peau et réduits en farine grossière, donnoient le *simila* des Latins. C'est la *semola* des Italiens, et notre *semoule*, autrefois dite FROUMENTÉE. *V.* FARINE. (LN.)

FAR. Nom de la souris, en Egypte. (DESM.)

FARA ou **RAVALE.** Gumilla donne ce nom au SARIGUE. *V.* DIDELPHE. (DESM.)

FARAEH. Nom arabe d'une espèce d'ACACIE (*acacia heterocarpa*, *Delil*), qui croît près de Qoceyr dans la Haute-Egypte. On vend ses fruits au Kaire, chez les pharmaciens. Bruce donne ce nom à la BAUHINIE ACUMINÉE. (LN.)

FARAFES. Si l'on en juge par plusieurs indications vagues de quelques anciens voyageurs, le *farafes* de l'île de Madagascar doit être le CHACAL. *Voy.* à l'article CHIEN. (S.)

FARAIRE. *V.* au mot FERRARE. (B.)

FARAMIER, *Faramea.* Genre de plantes, qui a les plus grands rapports avec le PAVET.

Sa fleur offre un calice monophylle, turbiné, dont le bord est à quatre petites dents; une corolle monopétale, infundibuliforme, à tube long et à limbe divisé en quatre parties; quatre étamines; un ovaire inférieur, couronné d'un disque, et surmonté d'un style filiforme à stigmate à deux lames.

Le fruit n'est pas connu, mais l'ovaire semble indiquer qu'il est à deux loges.

Aublet qui a établi ce genre, en décrit deux espèces, le FARAMIER A BOUQUET et le FARAMIER A FLEURS SESSILES. Ce sont des arbrisseaux à feuilles simples, opposées, accompagnées de stipules, et à fleurs en bouquets terminaux. Ils se trouvent dans les grandes forêts de la Guyane. (B.)

FARAS. Vers l'Orénoque, c'est le nom d'un animal du genre DIDELPHE, probablement la SARIGUE. (DESM.)

FARAT UNGOR. C'est l'*anchusa officinalis*, en Uplande, province de Suède. (LN.)

FARB. L'un des noms allemands du SAFRAN. (LN.)

FARBEDORN et **FARBEKORNER.** Noms allemands du NERPRUN CATHARTIQUE. (LN.)

FARBEGINSTER. C'est un des noms du genêt des teinturiers, en Allemagne. (LN.)

FARBELAUB. Nom donné, en Allemagne, au FUSTET (*rhus cotinus*) et à la GARANCE. (LN.)

FARBENHAUT. Nom des IRIS, en Allemagne. (LN.)

FARBERBAUM. Nom donné par les Allemands au FUSTET et au SUMAC (*rhus cotinus et coriaria.*) (LN.)

FARBERBEERE. *V.* FARBEDORN. (LN.)

FARBERBLUME. *V.* FARBEGINSTER. (LN.)

FARBER-DISTEL. Nom de la SARRETTE des teinturiers (*serratula tinctoria*), en Allemagne. (LN).

FARBERGRASS. Dénomination de la GAUDE, en Allemagne. (LN.)

FARBERKORNER. *V.* FARBEDORN. (LN.)

FARBERKRAUT. Les Allemands désignent par ce nom le GENÊT des teinturiers, quelques BIDENTS et la SARRETTE commune (*S. tinctoria*). (LN.)

FARBERPFRIEME. *V.* FARBEGINSTER. (LN.)

FARBERROTHE. Nom allemand de la GARANCE et de quelques autres RUBIACÉES, telles que le GAILLET BLANC, l'ASPÉRULE teinturière, etc. (LN.)

FARBERSCHARTE. *V.* FARBERDISTEL. (LN.)

FARBERWAID. L'un des noms du PASTEL, en Allemagne. (LN.)

FARBERWAN. *V.* FARBERGRASS. (LN.)

FARBERWURZEL. *V.* FARBERROTHE. (LN.)

FARBHOLZ. Nom allemand du BOIS DE BRÉSIL. (LN.)

FARCAT. Nom de l'ÉPERVIER, à Turin. (V.)

FARCAT D'MOUNTAGNA. Nom de l'ÉMERILLON et du HOBEREAU, à Turin. (V.)

FARCHET D'LE PASSOURE. Nom de l'ÉMERILLON, dans des cantons du Piémont. (V.)

FARCINIÈRE. *V.* POTENTILLE PRINTANIÈRE. (B.)

FARCOUN. Nom piémontais du FAUCON. (V.)

FARD, *Pigmentum.* Nous rendons compte, dans une section de l'article HOMME, de ce qui concerne sa parure. On peut voir aux différens mots, BRACELETS, CEINTURE, combien le besoin des ornemens paroît être essentiel à notre espèce. Chaque peuple a ses goûts ; et le Hottentot, barbouillé de graisse et de suie, ne croit le céder en rien à une belle européenne plâtrée de rouge et de blanc. Les insulaires de la mer du Sud se peignent avec des terres bolaires rouges, bleues, blanches, vertes, etc. D'autres peuples se peignent en bleu; les femmes arabes en orangé; les Américains en rouge de rocou. Les uns aiment certaines couleurs, ceux-là en veulent d'autres, et chacun se croit supérieur à tous. Ce désir de plaire, ce besoin de se faire admirer, cet amour-propre qui se nourrit d'illusions, qui aspire à la prééminence, est l'apanage de l'homme seul; car on ne voit rien de pareil chez les animaux. C'est une foiblesse ajoutée à notre nature, et qui est le principe de beaucoup de biens comme de beaucoup de maux. Je sais bien que c'est l'un des plus puissans liens de la société, et une source féconde d'avantages, quand cette vanité est bien dirigée. Quiconque s'en moque, ne se donne pas garde qu'il tombe lui-même dans une autre vanité; celle de se croire plus sage et plus raisonnable. Le cœur humain est pétri de deux élémens : l'intérêt et la vanité; mais chaque individu place ces choses sur différens objets, et s'imagine avoir seul raison. *Vanitas vanitatum, omnia vanitas.* Cela est pourtant nécessaire à la plupart des hommes; ils seroient bien misérables s'ils ne se flattoient pas quelquefois d'être regardés; et tel qui fait gloire de mépriser tous ces objets, cherche encore un genre de vanité. (VIREY.)

FARDAGAKAL. Nom islandais d'une espèce de PATIENCE (*rumex acutus*). (LN.)

FAREBLAD. Nom de la SCABIEUSE Mors du Diable, en Norwége. (LN.)

FAREK. Nom abyssin de la BAUHINIE ACUMINÉE. (B.)

FARÈNE. Poisson du genre CYPRIN. (B.)

FARFALLA. Nom de la SCORSONÈRE LACINIÉE, en Espagne. (LN.)

FARFANAZZA. C'est le nom de la BARDANE, en Italie. (LN.)

FARFANELLA. Nom italien d'un TUSSILAGE (*tussilago farfara*, L.). (LN.)

FARFARA. Nom d'une espèce de tussilage plus connu sous celui de *pas-d'âne* à cause de la forme de ses feuilles. Il paroît que cette plante est le TUSSILAGO de Pline et le BECHION des Grecs. (LN.)

FARFUGIUM des Latins. Il est rapporté au pas-d'âne et au peuplier. *Farfenum* est le même nom altéré. (LN.)

FARINE. Poudre qui résulte d'une semence de céréale broyée par des meules; elle est plus ou moins blanche, douce au toucher, peu sapide, se combine avec l'eau, est susceptible des trois degrés de la fermentation, et exhale sur les charbons ardens, une odeur qu'on désigne sous le nom de *pain grillé*. Lorsqu'on parle de la farine sans désigner en même temps le grain auquel elle a appartenu, c'est toujours celle de froment dont il s'agit.

L'expérience journalière prouve que le grain du froment, de toutes les graminées le plus propre à la panification, peut perdre de ses bonnes qualités par l'ignorance du meunier, ou par l'imperfection du moulin; qu'il y a autant de différence entre un bon et un mauvais moulage, qu'il en existe entre un blé d'élite et un blé médiocre : il faut donc considérer la mouture comme la première opération du boulanger, et sous ce point de vue, le développement des soins qu'elle exige doit précéder tout ce que nous avons à dire sur la farine. *Voy.* PAIN.

En supposant que toutes les conditions nécessaires pour obtenir des fromens extrêmement nets aient été remplies, on peut, dès qu'on est assuré de jouir du moulin, les y envoyer sans aucune opération préalable, surtout si au-dessus de la trémie se trouve placé un crible destiné à rafraîchir le grain, à dissiper l'odeur qu'il auroit contractée, et à le mettre en état, en subissant l'action des meules, de prendre le moins de chaleur possible. Si l'on est forcé de se servir des blés nouveaux, même avant qu'ils aient ressué au grenier, il faut toujours faire en sorte de les mêler avec des blés vieux; la mouture s'en fait plus aisément, et ceux-ci produisent une farine qui donne, par ce moyen, au pain le goût de fruit.

A la vérité, ce mélange ne doit avoir lieu que pour le froment de diverses qualités; car nous ne pouvons nous dispenser de désapprouver l'usage adopté en quelques cantons, d'envoyer moudre à la fois des grains, dont la nature, la configuration et le volume étant entièrement différens, demandent chacun une mouture particulière. Jamais ils ne peuvent donner une farine aussi abondante, que s'ils eussent été broyés séparément. Il faut donc toujours les moudre à part, quoiqu'on ait l'intention de mêler ensuite leurs farines.

Les blés, sans avoir passé à l'étuve, peuvent avoir acquis une sécheresse précieuse pour la qualité de l'aliment, mais préjudiciable à l'opération qui doit les convertir en farine. Pour obtenir une bonne mouture, il faut que le grain conserve une portion d'humidité, sans quoi la totalité se pulvérise au même degré. Le son se tamise à travers les bluteaux les plus serrés, se mêle à la farine, d'où résulte une farine terne et piquée, ce qui lui enlève sa valeur dans le commerce, et dans le pain qu'on en prépare. Or, les blés du Midi sont toujours dans ce cas; ils exigent constamment qu'on leur restitue l'eau que ceux des contrées septentrionales ont souvent par surabondance, et c'est environ sept à huit livres par quintal de grain qu'il faut y ajouter.

Mais la précaution du mouillage est insuffisante pour les blés qui auront contracté à leur superficie une odeur de moisi ou d'insectes. Pour les blés sales et recouverts de poussière, il faut les laver à grande eau la veille de leur envoi au moulin; ils acquièrent par ce moyen la qualité désirée, et le pain qui en provient est infiniment plus blanc. C'est en mettant en pratique le mouillage et le lavage des blés, que les Français sont parvenus, en Egypte, à améliorer la qualité de leur subsistance principale.

La mouture consiste à séparer les différentes parties qui constituent le grain, et à conserver à chacune les propriétés spécifiques qui les caractérisent. On reconnoît qu'une *mouture* est bien faite, lorsque la farine n'est que tiède en sortant des meules, que le son est large, parfaitement évidé, qu'il a la même couleur qu'avant d'avoir été détaché du grain.

Cette opération, dont l'influence sur la perfection des farines ne sauroit plus être révoquée en doute, a été tellement subdivisée, qu'on a jeté beaucoup de confusion dans les idées sur l'art de moudre : cependant on peut rapporter toutes les méthodes connues et pratiquées jusqu'à présent, à deux; savoir ; la *mouture à blanc* ou *par économie*, la *mouture rustique* ou *à la grosse*. Par la première, il s'agit de moudre et de remoudre; dans la seconde, il n'est question que d'un seul moulage ; ainsi celle-ci est finie lorsque le grain est broyé, et que la farine sort d'entre les meules, tandis que l'autre ne fait que commencer. Présentons ici les inconvéniens et les avantages de l'une et de l'autre méthode.

La mouture à la grosse varie infiniment, non-seulement de pays à pays, mais encore de moulin à moulin, selon que les meules sont plus ou moins serrées, les bluteaux plus ou moins ouverts, et le moteur plus ou moins fort; d'où résultent des inconvéniens sans nombre : arrêtons-nous aux principaux.

Comment pouvoir se flatter de retirer d'un seul moulage la totalité de la farine que les grains renferment? Ils sont composés de différentes parties plus ou moins dures, plus ou moins sèches; il faut bien nécessairement qu'il y en ait qui échappent au premier broiement, et ne se trouvent que grossièrement divisées, tandis que les autres seront en poudre impalpable. *Premier inconvénient.*

Les meules étant rapprochées, et faisant jusqu'à cent tours par minute, une partie du son est réduite en poudre très-fine ; l'autre se trouve rougie par la chaleur, la farine sort brûlante et piquée ; elle perd par ce moyen de sa valeur dans le commerce et dans l'emploi auquel on la destine. *Second inconvénient.*

Les meuniers rendant tous les produits ensemble, sans aucune distinction, ils ont la faculté de substituer des blés inférieurs à ceux de première qualité, de la farine bise à de la farine blanche, enfin du son à de la farine, sans qu'il soit trop possible de reconnoître si les résultats appartiennent réellement au grain qu'on a donné à moudre. *Troisième inconvénient.*

On peut au moulin mouiller le blé plus que son degré de sécheresse ne l'exige ; ce qui, d'une part, augmente les difficultés de conserver la farine, et donne de l'autre un moindre produit en pain ; le meunier en outre aura une bonne mesure ou du poids, qui rendra nulles les précautions de peser ou de mesurer avant et après la mouture. *Quatrième inconvénient.*

Tous ces inconvéniens sont bien plus considérables encore, lorsque le moulin est ouvert de toutes parts à l'humidité, aux insectes, à la poussière, que les meules sont tendres et mal rhabillées, que le moulage trop accéléré en a fait détacher une poussière qui, ajoutée à celle dont le blé non criblé est recouvert, passe dans la farine, qu'elle rend sableuse et colorée.

La *mouture économique.* — On peut définir ainsi l'art de faire la plus belle *farine*, d'en tirer la plus grande quantité possible, d'écurer les sons sans les diviser, de les séparer si exactement des produits, qu'il n'en reste pas la moindre parcelle.

La *mouture à la grosse*, telle qu'elle est pratiquée dans la plupart de nos cantons, doit être regardée, au contraire, comme l'art de faire manger à l'homme la *farine* avec le son, et aux animaux, le son avec la *farine.*

Un criblage dirigé comme il convient, un excellent moulage répété plusieurs fois, une bluterie bien conditionnée, le tout mis en jeu par des agens qui ne coûtent rien, constituent essentiellement la *mouture économique* ; et les meilleures farines, dans quelque pays qu'elles se fabriquent, seront toujours celles qui résulteront de cette mouture bien exécutée. Quand verrons-nous donc la routine céder à l'expérience et à ses résultats ?

Nous déplorons bien l'aveuglement où sont ceux qui, pouvant se servir de la *mouture économique*, continuent de donner la préférence à la *mouture à la grosse.* C'est autant leur intérêt que la qualité et le bon marché du pain, que nous avons principalement en vue ; en présentant ici les avantages les plus frappans de la mouture économique.

Tous les produits de cette mouture étant rendus à part, on peut facilement juger de leurs qualités respectives; et s'ils sont bien réellement les résultats du blé qu'on a donné à moudre. *Premier avantage.*

Si le blé a été mouillé plus que son degré de sécheresse ne le comporte, ou qu'il soit mal moulu, les produits qu'on en obtient manifestent sur-le-champ ses défauts. *Deuxième avantage.*

Chaque mouvement de la roue du moulin fait aller les cribles destinés à nettoyer les grains, les meules qui doivent les broyer, enfin, les bluteaux qui séparent les farines d'avec les sons; ce qui produit une grande épargne de temps, de frais de transport et de main-d'œuvre, puisque ces différentes opérations s'exécutent de suite, dans le même lieu et par le même moteur, sans presque aucun déchet. *Troisième avantage.*

Ajoutons à ces avantages, un tableau pour fixer les bases sur lesquelles portent les différens produits de la mouture économique.

État des produits en farines et issues, retirés par la mouture économique d'un setier de blé, mesure de Paris, du poids de 240 livres.

Poids du setier de blé.	240 liv.
Farine blanche. Première, dite de blé.	
Seconde, dite première de gruau. . .	160 liv.
Troisième, dite seconde de gruau. . .	
Farine bise. Quatrième, dite troisième de gruau.	20 liv.
Cinquième, dite quatrième de gruau.	
Issues. Remoulage.	
Recoupes.	54 liv.
Sons.	
Déchet de mouture.	6
Poids égal au setier.	240 liv.

Choix de la farine. — La farine est composée des mêmes principes que le grain d'où elle provient; ils s'y trouvent seulement dans des proportions différentes. De là, cette variété de nuances qu'elle offre si souvent. Ainsi la farine la plus blanche et la farine la plus bise, contiennent l'une et l'autre les substances que nous désignerons au mot FROMENT, comme parties constituantes du blé. Il s'agit maintenant d'indiquer à quels signes on peut reconnoître leurs qualités.

La meilleure farine est d'un jaune-clair, sèche et pesante; comprimée dans la main, elle reste en une espèce de pelote.

Elle n'a aucune odeur; mais la saveur qu'elle répand dans la bouche, est semblable à celle de la colle fraîche. La très-petite quantité de son que les meules en détachent, et que les bluteaux les plus fins laissent passer, n'y est perceptible pour aucun de nos organes.

La farine de seconde qualité a un œil moins vif, et est d'un blanc plus mat. Une partie s'attache en la pressant dans la main : et comme le grain mal moulu donne un résultat qui ressemble à peine à celui d'un blé de qualité inférieure, cette farine pourroit bien appartenir à un blé d'élite, quoiqu'elle ne réunisse que les caractères qui appartiennent à une farine de seconde qualité.

La farine de troisième qualité est celle qui résulte des petits blés parmi lesquels se trouvent des semences étrangères. Elle a différentes nuances de couleur, de saveur et d'odeur. Le pois gras lui communique un gris-blanc; la cloque ou carie, une odeur de graisse; la nielle, un goût amer; la rougeole, un jaune de rouille. Toutes ces hétérogénéités, que des négligences dans la préparation des semailles, le défaut de sarclage et de criblage rendent plus ou moins considérables, sont cause que le blé de première qualité ne fournit que des résultats inférieurs.

Comme les blés ne donnent pas seulement de la farine blanche, que l'art de moudre perfectionné, a su en retirer celle qui, étant la plus voisine de l'écorce, se ressent de son odeur et de sa couleur, celle-ci est connue sous le nom de farine bise. Sa bonne qualité est remarquable par un jaune plus ou moins obscur, et ses qualités inférieures, par un toucher un peu rude et une couleur rougeâtre.

On appelle farine piquée, celle où l'on remarque des taches: c'est un défaut qui la déprécie Si ces taches sont noires, elles indiquent que la farine a souffert et qu'elle est échauffée. Si, au contraire, elles ne sont que grises ou jaunâtres, c'est que la mouture a été mal faite, et que les bluteaux ont laissé passer du petit son, qui s'y est mêlé quelquefois en si grande quantité, qu'elle ressemble plutôt à du remoulage qu'à de la farine.

Les farines détériorées s'annoncent suffisamment par leur aspect et leur odeur. Elles sont quelquefois aigres, d'un blanc terne ou rougeâtre, et elles laissent dans la bouche une impression âcre et piquante; saveur qu'il faut bien distinguer de celle qu'elles doivent au terroir ou aux engrais qui ont amendé le sol sur lequel le grain a été récolté.

Nous ne ferons pas ici l'énumération des différens moyens d'épreuves usités pour reconnoître les qualités de la farine, parce que la plupart sont insignifians; nous nous contenterons seulement d'indiquer ceux dont on se sert le plus communément, et qui doivent être regardés comme la véritable pierre de touche de la valeur des farines.

Il y a trois moyens usités pour éprouver la farine : 1.° On en prend une pincée qu'on met dans le creux de la main, et après l'avoir comprimée, on traîne le pouce sur la masse, pour juger de son corps et de son moelleux ; ou bien on en rend la surface extrêmement unie avec la lame d'un couteau; et se tournant vers le jour le plus clair, et changeant de position, on juge de sa blancheur, de sa finesse, si elle est piquée et contient du son. Plus elle est douce au tact, et plus elle s'allonge, plus on doit se flatter qu'on en obtiendra du pain de bonne qualité. 2.° On prend la quantité de farine que le creux de la main peut renfermer, et avec de l'eau fraîche, on en fait une boulette d'une consistance qui ne soit pas trop ferme. Si la farine a absorbé le tiers de son poids d'eau, si la pâte qui en résulte s'allonge bien sans se rompre, en la tirant de tous les sens, si elle s'affermit promptement à l'air, et qu'elle prenne du corps, c'est alors un signe que la farine est bien faite, qu'elle n'a pas souffert, et que le blé qui l'a fournie est de bon choix.

Si au contraire la pâte mollit, s'attache aux doigts en la maniant, qu'elle soit courte et se rompe volontiers, on en conclut que la farine est de qualité inférieure ; et si à cette circonstance elle ajoute celle d'avoir une odeur désagréable et un mauvais goût, c'est un signe d'altération. 3.° On mêle ensemble une livre de farine et huit onces d'eau froide ; on en forme une pâte ferme, qu'on pétrit bien ; on dirige ensuite sur cette pâte un filet d'eau ; on la presse doucement en faisant passer l'eau à travers un tamis, ayant soin de réunir à la masse les portions de pâte qui peuvent échapper des mains. Peu à peu l'eau détache de la pâte les autres principes qui, confondus avec elle, sont reçus dans un vase placé au-dessous du tamis. Quand l'eau cesse d'être laiteuse, il reste dans les mains un corps spongieux, élastique ; c'est la matière glutineuse.

Si la farine appartient à un blé de bonne qualité, elle fournira par livre, entre quatre et cinq onces de matière glutineuse, dans l'état mou, de couleur jaune-clair et sans mélange de son. Si elle provient au contraire d'un blé humide, ou mal moulu, ou tamisé par un bluteau trop ouvert, elle n'en donnera que trois à quatre onces au plus, dont la couleur sera d'un gris cendré, qui se trouvera en outre mélangée de particules de son, plus ou moins grossières.

Enfin, si la farine est le résultat d'un blé gâté, elle ne

contiendra que très-peu ou point de matière glutineuse, qui alors n'est ni aussi tenace ni aussi élastique, attendu que les altérations qu'éprouve le grain par les vicissitudes des saisons et l'influence du sol, se portent entièrement sur cette matière; et comme le seigle, l'orge, l'avoine, le maïs et les semences légumineuses ne contiennent point de matière glutineuse, cette épreuve servira non-seulement à faire connoître la qualité des farines, mais encore leur mélange ou leur détérioration. Toutes ces vérités, que nous avons établies par des expériences positives, ont dirigé les travaux de ceux qui, depuis nous, ont écrit sur les mêmes objets d'économie.

Nous avons examiné les effets de toutes les pratiques usitées pour conserver les farines, et c'est d'après cet examen que nous allons faire connoître les divers moyens de conserver les farines, afin qu'on puisse juger laquelle mérite la préférence.

La conservation des farines en rame a été sans doute la première adoptée: elle consiste à porter au magasin la farine telle qu'elle sort de dessous les meules, c'est-à-dire, la farine confondue avec les gruaux et les sons, à laisser ce mélange à l'air, et à ne bluter que cinq ou six semaines après, ou même lorsqu'il a fermenté; telle est l'expression dont on se sert dans les parties méridionales de la France, où cette méthode a été long-temps suivie, spécialement pour le commerce des farines, qu'on nomme *farines de minot*.

Il est certain que le son et les gruaux se trouvant interposés entre les molécules de la farine, ils empêchent qu'elle ne se tasse et ne s'amoncèle; ils permettent à l'air sec de pénétrer plus aisément dans la masse, à celle-ci de laisser exhaler une portion de l'humidité qu'elle renferme, et de se combiner plus intimement avec l'autre; cet effet, appelé si improprement la *fermentation de la rame*, n'est qu'une véritable dessiccation insensible et spontanée, en sorte que la totalité de la farine se détache mieux de l'écorce, et se blute plus parfaitement.

Mais l'écorce, par son séjour dans les farines, leur communique du goût et de la couleur; elle perd de son volume, et la farine bise qui s'y trouve toujours adhérente, acquiert la faculté de se tamiser en même temps que la farine blanche; elle ternit sa blancheur et la pique; d'ailleurs les mites se mettent aisément dans le son: et si le grain d'où il résulte, provient d'années humides, et qu'il fasse chaud, la farine ne tarde pas à s'altérer; souvent même c'est l'affaire de deux fois vingt-quatre heures.

Pour conserver la farine en garenne. — Etant blutée au moulin ou chez le particulier qui l'emploie ou qui en fait le commerce, on la répand en couches ou en tas sur le carreau ou le plancher du magasin, en ayant la précaution de la remuer de temps en temps, et même tous les jours quand il fait chaud, afin d'empêcher qu'elle ne contracte de l'odeur, de la couleur, et ne se marronne.

Cette méthode est encore exposée à plus d'inconvéniens que celle des grains abandonnés en couches. La farine, une fois salie par toutes les ordures et les insectes qui y ont eu accès, ne sauroit être nettoyée par aucun instrument; il en coûte ensuite des déchets et beaucoup de frais de main-d'œuvre, pour empêcher que ces corps étrangers, aussi nuisibles à la santé du consommateur qu'à la conservation de la denrée, n'augmentent les dispositions naturelles qu'elle a à s'échauffer et à fermenter : aussi le pain, à l'approche des vives chaleurs, se ressent-il plus ou moins de cette défectuosité dans la conservation; tantôt il a le goût de poussière, tantôt celui de ver ou de charanson, ce qu'on ne manque pas d'attribuer à la mauvaise qualité du grain ou à un vice de fabrication, tandis qu'il ne faut accuser que le procédé défectueux de garder la farine.

Afin d'éviter les inconvéniens des méthodes qui viennent d'être exposées, on renferme la farine dans des sacs rangés les uns à côté des autres auprès des murs, ou entassés en piles, de manière qu'ils se touchent par tous les points de leur surface.

L'air ne peut circuler autour des sacs empilés; l'humidité qui transsude perpétuellement des farines, n'est pas dissoute ni entraînée au-dehors : or, ne faisant plus partie du corps d'où elle émane, elle réagit sur lui, le dispose à la fermentation. La farine alors commence à pelotonner à la surface interne du sac, et bientôt l'altération gagne les couches voisines. Souvent cette méthode peut, malgré toutes les précautions, devenir perfide. Quelquefois on est dans la plus parfaite sécurité sur le compte de ses farines, parce que de temps en temps on a eu soin de visiter les sacs qui sont les plus extérieurs des piles, et par conséquent rafraîchis par le contact de l'air, ce qui fait qu'ils n'ont éprouvé aucune altération, tandis que les autres sacs placés au centre, sont déjà échauffés et détériorés. Ainsi, on ne s'aperçoit du mal qu'au moment où il n'y a plus de remède, et on fait circuler dans le commerce une marchandise qui a perdu une grande partie de ses qualités.

L'humidité ayant été regardée de tous les temps comme un des principaux instrumens de l'altération des farines, et leur transport ne pouvant se faire au loin, surtout quand les grains ont été récoltés en temps pluvieux, sans subir des avaries, on a cherché à leur appliquer, comme aux blés, la chaleur du feu dans des étuves ; mais, malgré les éloges donnés à cette méthode, nous ne pouvons nous dispenser de lui faire quelques reproches fondes sur des expériences dont nous avons publié les résultats. On peut consulter le Mémoire qui a pour titre : *Méthode facile de conserver à peu de frais les grains et les farines.*

Si le grain défendu par l'écorce ne sauroit résister à l'action du feu sans perdre de ses qualités, à plus forte raison la farine sur laquelle cette action se portera plus immédiatement.

Le préjudice notable que le feu apporte aux principes de la farine, n'est pas le seul inconvénient de l'étuve ; son application est gênante, coûteuse, et il est démontré, en outre, que les meilleures farines étuvées exigent plus de surveillance ensuite, pour être conservées en bon état.

Eclairé par le vice de toutes les méthodes de conserver les farines, on a pris le parti de les tenir renfermées dans des sacs isolés, placés et disposés par rangées, et éloignés à quelque distance des murs. En supposant que ces farines proviennent de grains d'une récolte pluvieuse, et qu'il règne des chaleurs vives, accompagnées d'orages, on déplace les sacs, et on les retourne *cul sur gueule.* On conçoit aisément que la farine, ainsi subdivisée, doit moins s'échauffer que si elle étoit amoncelée en grandes masses.

Dans des masses de farines répandues en tas ou en couches, l'air ne peut pénétrer ; mais il circule librement autour du sac, entretient en dedans une fraîcheur salutaire ; la poussière apportée par les portes et les fenêtres, ou qui tombe du plancher, n'en salit plus la superficie ; enfin, les rats, les chats et les insectes n'y occasionent aucun dégât. Ainsi, l'on évite les déchets occasionés, soit par les opérations du grenier, soit par les animaux ; on est encore à l'abri de mille autres accidens qui détériorent la denrée, renchérissent son prix, et diminuent nos ressources.

L'efficacité de cette méthode, et tous les avantages qui en sont la suite, ont été constatés par les expériences les plus décisives. Les administrations ne se sont déterminées à l'adopter, qu'après en avoir bien apprécié le mérite. Arrêtons-nous à faire voir combien en effet elle est simple, commode et économique.

Les avantages de conserver les farines en sacs isolés, sont : — 1.° de placer dans l'endroit où il y a déjà du blé, les farines de différentes qualités, provenant de deux récoltes, sans confusion ni mélange.

2.° Il sera possible d'ouvrir et de fermer le grenier, d'y

entrer, de le nettoyer, sans crainte d'apporter dans les farines, des ordures ou de l'humidité qui en accélèrent le dépérissement.

3.° La farine étant marquée et numérotée, on verra sur-le-champ le grain dont elle provient, le pays et l'année de la récolte, le nom du marchand qui l'a vendue, la date de l'achat et de la mouture.

4.° La poussière qui tombe du plancher, et salit la superficie du tas, se déposera sur les sacs, qu'il suffira de brosser au moment de leur transport ou de leur emploi.

5.° La farine renfermée ne répandra plus au loin une odeur qui allèche les insectes; leurs papillons ne pourront plus y pénétrer, ni par conséquent y déposer leur postérité.

6.° Comme il est incontestablement démontré que les farines se bonifient à la longue, on pourra en avoir en avance au-dessus de la consommation, sans courir des risques, ni payer aucuns frais.

7.° On pourra profiter des temps favorables aux moutures, faire des amas de farines, se précautionner surtout contre ces disettes momentanées, que fait naître, même au sein de l'abondance, le chômage des moulins.

8.° Dans un jour chaud et orageux, on pourra s'assurer, sans qu'il soit nécessaire de vider un seul sac, si la farine du milieu et du fond est aussi fraîche que la superficie.

9.° On saura bientôt s'il faut déplacer les sacs, ce qui n'arrivera que fort rarement. Cette opération, qui entraîne peu de frais et de déchet, ne sera pas autant préjudiciable à la santé des ouvriers, que celle du remuage au grenier à l'air libre, qui fait avaler, par la voie de la déglutition, une poussière ténue, sèche et absorbante.

10.° Quand il s'agira de faire des mélanges de farines, provenant de blé nouveau ou de blé vieux, de blé sec ou humide, de blé revêche ou tendre, il suffira de déterminer, par des essais en petit, la quantité de chaque sac, de chaque espèce à vider.

11.° On aura la facilité, en un clin d'œil, de vérifier l'état du magasin, de se rendre compte à volonté de la recette et de la consommation, de ce qui reste au bout du mois, du trimestre ou de l'année.

Un des moyens de perfectionner promptement, d'une extrémité à l'autre de la France, la meunerie et la boulangerie, c'est de substituer le commerce des farines à celui des grains. Il n'existe pas de pays aussi favorablement situé, pour en tirer un parti avantageux, soit à cause de la multiplicité de ses moulins, soit par rapport à l'abondance et à la qualité de ses grains, soit, enfin, relativement à ses différentes rivières navigables et à ses ports maritimes.

On ne connoissoit autrefois, dans les environs de Paris, que le commerce des grains, et la mouture n'avoit lieu qu'à proportion de la consommation. La moindre apparence d'une belle récolte suspendoit les achats, engorgeoit les marchés, enlevoit aux laboureurs la faculté de remplir leurs engagemens; ce qui mettoit nécessairement à la gêne le propriétaire, et concouroit souvent à détériorer les produits de la moisson.

Mais la mouture économique ayant remplacé la mouture à la grosse, la majeure partie des récoltes est convertie en farines; les fermiers qui ont des moulins, viennent les vendre eux-mêmes aux marchés. Les meuniers qui travaillent alternativement pour le public et pour leur compte, sont devenus marchands de farines. D'autres enfin, qui ne sont ni meuniers, ni fariniers, achètent des blés, les font moudre, en sorte qu'on ne voit actuellement à la halle de Paris, et dans les marchés des environs, que des farines, et fort peu de grains. Il faut bien que cette méthode ait présenté, dans la spéculation comme dans la pratique, une utilité réelle pour toutes les classes, puisqu'on n'a jamais vu revenir sur leurs pas ceux qui ont été à même d'en calculer tous les avantages.

Si on objectoit que la farine est moins susceptible de se garder que le grain, je ferois cette réponse, qui à elle seule doit valoir toutes celles que je pourrois accumuler ici; c'est que depuis la découverte du Nouveau-Monde, nous n'avons approvisionné les Colonies qu'en farines; et lorsqu'elles se sont gâtées en passant les mers, cet inconvénient a toujours eu lieu par la faute de ceux qui ont négligé de se servir de blés secs, qui ne les ont pas dépouillées de leur humidité surabondante, qui n'ont pas employé une mouture convenable, qui les ont embarquées dans un état de malpropreté, et déjà remplies d'insectes.

Pour achever de se convaincre des avantages du commerce des farines, il suffira de jeter les yeux sur le tableau des produits en argent, que rapporte une mesure de blé convertie en farine par la mouture économique.

Produit en Farine blanche.

Les 160 livres composant un demi-sac du poids de 320 liv., à 21 liv. le sac, ou 2 sous 7 den. ¹ la livre.	21 l.

Report d'autre part.	21 l.		
Produit en Farine bise.			
Les 21 livres de farine troisième, à 30 liv. le sac du même poids, ou 1 sou 10 den. ½ la livre.	1	2 s.	6 d.
Farine quatrième, à 25 liv. le sac du même poids, ou 1 sou ¾ la livre.		12	6
Produit en issues.			
Les 13 liv. de remoulage faisant un boisseau à 10 sous. . . . 10 s. Les 15 livres de recoupes faisant deux boisseaux, à 7 sous. . . 14 Les 24 livres de gros son faisant 4 boisseaux ½, à 6 sous. . . 1 l. 7	2	11	
TOTAL.	25	6	
Dépense.			
Prix d'achat du setier. . . . . 21 Mouture et voiture. 2	23		
Bénéfice sur la vente de la farine.	2	6	

On voit donc que le setier de blé converti en farine par la mouture économique, produit un bénéfice réel de 2 livres 6 sous ; ce qui fait un dixième en sus du prix d'achat. Il ne s'agit plus que de comparer ces produits et ces bénéfices, et de les appliquer à la mesure du pays.

Il seroit possible, peut-être, que différentes circonstances augmentassent ce bénéfice ; mais il faut aussi faire entrer en compensation les loyers des magasins, l'entretien des sacs, les avaries, les frais de transport, l'attente de la vente, les diminutions de poids et de mesure que les issues éprouvent en les gardant. Ces déchets, il est vrai, se réduiront à peu de chose, si l'on conserve les sons en sacs isolés, à l'instar des blés et des farines. Considérons maintenant les avantages de ce commerce sous ses différens rapports.

Les fermiers qui s'adonneroient au commerce des farines, trouveroient dans la vente de cette denrée de quoi payer le prix du grain, les frais de mouture et de transport, ainsi que le bénéfice attaché à ce commerce. Ils s'appliqueroient davantage à la recherche des moyens de donner à leurs blés le degré de pureté et de sécheresse capable de mettre les produits en état d'être exportés, en cas de besoin, dans les contrées les plus éloignées, sans avoir à craindre d'avaries.

L'expérience a déjà prouvé que le commerce des farines de minot occasionoit une activité favorable à l'agriculture dans les cantons qui avoisinent les villes maritimes, et que, sous quelque forme qu'on exporte l'excédant des récoltes, c'est toujours celle qui approche le plus du but qu'on se propose, qui produit le plus grand effet, et qu'il faut le plus encourager.

Ainsi, le commerce des farines perfectionnant nécessairement les produits des grains, et l'industrie leur donnant toute la valeur qu'ils ont reçue de la nature, il s'ensuivroit que le laboureur soigneroit davantage ses semailles, ses récoltes et ses greniers ; qu'il seroit moins indifférent aux instructions qu'on lui offre, et qu'il ne perdroit point, par son entêtement ou ses négligences, un quart, et quelquefois même un tiers de sa moisson.

Les meuniers qui ne travaillent que pour le marchand ou le boulanger, seroient moins obligés d'interrompre le moulin ; ils feroient pour l'un ou pour l'autre ce qu'ils sont forcés de faire pour le public ; ils ne perdroient pas autant de temps, moudroient mieux, plus fidèlement et à moins de frais.

Ceux d'entre eux qui auroient assez de moyens pour faire le commerce des farines, moulant pour leur propre compte, seroient beaucoup plus intéressés à l'entretien de leur moulin, et à la perfection de leur travail; ils rentreroient dans la classe des meuniers-fariniers, et ne pourroient dans aucun cas être suspectés : on ne seroit plus fondé à crier sans cesse au voleur contre eux ; on ne les accuseroit plus de faire leur pain, d'engraisser leurs volailles, et de nourrir leurs bestiaux aux dépens des grains d'autrui.

Les établissemens de mouture économique ne nécessiteroient pas de grandes dépenses ; formés dans les grandes villes, ils deviendroient pour les jeunes meuniers un cours pratique ; c'est là où ils apprendroient à bien monter les meules, à les piquer parfaitement, à sasser convenablement les gruaux ; enfin ils acquerroient la preuve qu'une perfection d'une chose tient souvent à des soins peu dispendieux, dont on est amplement dédommagé par la valeur des marchandises qui en sont l'objet.

La meunerie a tant de liaison avec la fabrication du pain, qu'il seroit à désirer que le boulanger fût en même temps meunier, ou qu'au moins il pût toujours réunir les connoissances les plus essentielles de la mouture et celle de la fabrication du pain ; il seroit en état de guider, dans l'occasion, les meuniers relativement aux vues de ses opérations. Qui doit s'intéresser davantage à la perfection d'une matière, que celui qui est chargé de la manipuler, et sur lequel retomben toujours les plaintes, quand elle a quelque défaut ?

Les boulangers seroient dans le cas, en achetant des grains, de les faire moudre sur-le-champ, parce qu'en supposant que l'état des eaux et de l'atmosphère fût favorable aux moutures, que par conséquent le prix de la farine se trouvât en proportion avec celui du blé, ils ne perdroient jamais le fruit de leurs soins et de leur attente, la farine conservée suivant les bons principes n'exposant à aucune dépense, et s'améliorant avec le temps.

Au lieu d'aller au loin faire moudre, les boulangers pourroient se réunir en communauté, former dans le voisinage des établissemens de mouture économique, dirigés par un commis suffisamment instruit en meunerie et en comptabilité, et dont la gestion seroit examinée et surveillée à tour de rôle par l'un des associés.

Il n'y a pas jusqu'aux petits boulangers de campagne qui ne trouvassent aussi un bénéfice dans le commerce des farines ; les précautions qu'ils sont obligés d'employer dans leurs achats en grain ne seroient ni aussi gênantes, ni aussi incertaines, s'ils étoient faits en farine ; ils ne seroient plus la dupe des fraudes mises en usage par les blatiers, pour augmenter le poids et le volume du blé ; car ces fraudes sont impraticables pour les farines.

Les marchands de farine qui, sans être meuniers ni boulangers, voudroient s'établir dans les différentes parties de la France pour faire ce commerce, y trouveroient aussi leur compte ; ils garderoient la farine dans l'espoir de profiter des circonstances, et saisiroient le moment de la vendre avec le plus de profit.

Inutilement on objecteroit qu'il est moins aisé de connoître la farine que le grain, et plus facile encore de l'allonger en y mêlant des farines inférieures en prix et en qualité ; nous avons déjà fait voir que cette connoissance étoit aussi aisée à acquérir, et qu'il y avoit également des pierres de touche qui décéloient la présence des mélanges.

Les particuliers qui achètent du blé pour leur consommation, n'ont pas plus de moyens pour prononcer sur sa nature : d'ailleurs, l'intérêt du négociant ne sera-t-il pas de donner toujours à sa marchandise la plus grande pureté ? Jamais un pareil soupçon n'a eu lieu à Paris, quoique tout le commerce de la halle se fasse en farines ; et nous nous dispenserions de répondre à cette objection, si de temps en temps elle n'étoit renouvelée par des écrivains qui ne paroissant pas avoir une grande idée de l'espèce humaine, lui imputent toujours des torts, sans examiner s'ils ont quelque fondement.

Mais, en supposant que toutes les craintes alléguées contre le commerce des farines soient fondées, comment sera-t-on plus en sûreté du côté de son meunier, toujours intéressé à expédier l'ouvrage, sans trop s'embarrasser s'il est bien ou mal fait, toujours indifférent sur la quantité des objets qu'il obtient et qu'il rend? Une fois le grain acheté, ne faut-il pas l'envoyer au moulin? Si le meunier y mêle d'autres grains inférieurs; s'il substitue de la farine bise aux gruaux, et qu'il remplace ceux-ci par du son, quels moyens employer pour le convaincre de cette manœuvre? Enfin, nous dirons plus: c'est que les grains peuvent avoir contracté une légère odeur, que le marchand aura pu masquer, soit en les lavant, soit en les étuvant, mais que les meules développent et manifestent très-sensiblement. Tout est donc en faveur du commerce des farines.

Il est évident que le commerce des farines seroit également avantageux au gouvernement, en donnant lieu à une exportation d'autant plus nécessaire, que les combinaisons instantanées promettroient à ceux qui apporteroient de la farine, d'avoir la préférence sur la marchandise du blé, parce que leur marchandise ayant déjà subi une préparation essentielle, ils profiteroient de la faveur du moment; et les marchands appelés en foule par la certitude de la vente, entreroient en concurrence et amèneroient l'abondance.

On ne seroit plus obligé de calculer la distance des moulins, ni exposé aux inconvéniens de la mouture. On pourroit sur-le-champ approvisionner de farines les grandes villes, où le choc des événemens et les hasards produisent des effets si terribles en matière de subsistances. On ne verroit plus des cantons épuisés par des levées de grains trop considérables; on ne les feroit pas revenir, vendus d'abord vingt livres le setier, lorsque le besoin les rappelle, de contrées fort éloignées, pour les payer un tiers en sus de la première valeur, après avoir perdu quelquefois de leur première qualité.

L'objet des subsistances étant celui qui intéresse le plus la tranquillité d'un pays et les besoins indispensables des habitans, le gouvernement auroit dans tous les temps sous la main, à la faveur du commerce des farines, un moyen prompt et assuré de prévenir les disettes locales ou les renchérissemens subits, d'apaiser les émeutes populaires dans le moment de cherté et de chômage des moulins, de faire avorter sur-le-champ les projets des spéculateurs.

L'administration pourroit accorder une préférence marquée à l'exportation des farines sur celle des grains, parce que la main-d'œuvre, qui resteroit dans le canton, donneroit naissance à des établissemens utiles. Cette exportation ayant lieu dans des barriques, elle multiplieroit le travail des tonneliers; les moulins économiques étant en plus grand nombre, ils revivifieroient les manufactures d'étamines à bluteaux; la menuiserie, la charpente et les forges se ressentiroient aussi de l'accroissement de ce genre de travail. Ces objets réunis augmenteroient peut-être le prix du setier de blé de 2 à 3 liv. au profit de la France, qui seroit en possession de ce nouveau genre de commerce, long-temps avant que les étrangers fussent en état de lui disputer la concurrence. Enfin, le bénéfice de la main-d'œuvre nous paroît mériter une si grande considération, que s'il étoit possible de procurer aux autres nations leur subsistance en pain, nous osons assurer que ce seroit à l'exportation en pain qu'il faudroit donner la préférence.

Après avoir prouvé que le commerce des farines seroit favorable à l'agriculture, aux meuniers, aux boulangers, aux marchands et au gouvernement, il convient d'examiner et de calculer, dans cette circonstance, l'intérêt du consommateur de toutes les classes.

Les grains en nature n'étant pas l'aliment propre à servir de nourriture, nous ferons remarquer que leur abondance ne suffit pas toujours pour tranquilliser sur les besoins de la consommation journalière. Les temps calmes, la sécheresse, les inondations, les gelées, toutes ces variations sont autant de circonstances qui peuvent retarder, suspendre même la mouture, et renchérir les farines, au point que leur prix ne soit plus en proportion avec celui du blé. Il n'y a presque point d'années où ces événemens fâcheux n'arrivent dans quelques endroits de la France.

Tous ces inconvéniens n'auroient pas lieu moyennant le commerce des farines; on ne redouteroit plus cette disette momentanée que fait naître, au sein même de l'abondance des grains, le chômage des moulins; on ne seroit plus exposé à être trompé par la mauvaise foi et l'ignorance du meunier; les pertes, les négligences, les maladresses seroient toujours à la charge du marchand, qui, par cette raison-là même, auroit le plus grand intérêt de surveiller le moulin et le meunier.

Ceux au contraire qui, n'ayant pas de blé, voudroient que le pain se fît à la maison, trouveroient un grand bénéfice en achetant des farines en place de grain, parce que quand ils envoient moudre, ils ne s'attachent point à connoître d'une manière positive la nature et la qualité des produits de leurs blés; et quand ils le pourroient, ils n'en ont pas les moyens, puisque le plus souvent ils sont livrés à l'ignorance et à la discrétion du meunier, qui retient et rend ce qu'il veut.

Des magasins de farines établis dans les villes principales, seroient de la plus grande ressource pour tous les ordres de consommateurs. Ils trouveroient trois qualités de farine, le blanc, le bis-blanc et le bis, au prix qu'ils le désireroient : chacun pourroit préparer l'espèce de pain conforme à ses besoins, à ses facultés, et savoir tout d'un coup, d'après un calcul exact, s'il ne seroit pas plus économique de l'acheter chez le boulanger, sans compter qu'on seroit exempt d'inquiétudes et de soupçons ; qu'on ne perdroit plus de temps à attendre son tour au moulin et à soigner la mouture ; qu'on n'auroit plus l'attirail des bluteaux, les gênes continuelles de porter le blé au moulin, de le rapporter en farine, de remplir et de vider les sacs, tous embarras qui partagent le temps en pure perte, et occasionent encore des déchets.

Les farines retirées d'un même grain étant faites pour aller ensemble, on en préparera sans doute un jour partout le vrai pain de ménage, aliment plus analogue à la constitution de la classe ouvrière, et dont la livre pourroit lui revenir moins cher encore que la livre de blé, si l'on y faisoit entrer le remoulage ; mais jamais ce pain de ménage ne sera ni aussi bon ni aussi abondant par le procédé défectueux de la mouture à la grosse, quelque forts qu'en soient les produits.

Enfin, le commerce des farines donneroit lieu en même temps au commerce des issues, qui coûteroient d'autant moins, que les moulins économiques seroient plus multipliés. Ainsi, les particuliers qui ont une basse-cour, trouveroient également un très-grand bénéfice à acheter aussi du son au poids et non à la mesure, parce que quand ils font moudre, ce son leur revient souvent au même prix que la farine. Ils se procureroient l'espèce dont ils auroient besoin : le gros son pour les chevaux, le petit son et les recoupes pour les vaches : enfin, le remoulage pour l'engrais des porcs, des volailles, et pour faire des élèves. Tous ces avantages tourneroient au profit du pauvre, pour qui le pain est, dans tous les temps, la dépense la plus considérable, et souvent la seule que ses moyens puissent lui permettre.

Le commerce des farines, préférable à celui des grains, a donc l'avantage de réunir à l'intérêt public l'intérêt particulier, et, sous ce double rapport, il mérite de fixer l'attention des hommes d'état. (PARM.)

FARINE CHAUDE. C'est, à la Guadeloupe, le nom vulgaire d'un XYLOPHYLLON, parce qu'il sent la *farine de manihot* quand il est en fleur. (B.)

FARINE EMPOISONNÉE. Les mineurs donnent ce nom, soit à l'arsenic oxydé pulvérulent qui se trouve à la surface des minerais de cobalt et d'arsenic, dans le sein de la terre; soit au dépôt blanchâtre produit par la sublimation et qui s'attache à la voûte des fourneaux dans lesquels on grille les mêmes minerais pour préparer le bleu de cobalt. (LUC.)

FARINE-FOSSILE ou MINÉRALE. Terre calcaire pulvérulente, très-blanche et très-légère, qu'on trouve dans les fentes des montagnes calcaires. On lui donne aussi les noms de *lait de lune* et de *craie coulante*, parce qu'elle est assez souvent délayée par les eaux souterraines, et présente alors une matière fluide, blanche comme du lait. *V.* CHAUX CARBONATÉE PULVÉRULENTE. (PAT.)

Le nom de *farine fossile* est appliqué, en Toscane, à une substance terreuse de couleur blanche, employée, dans ce pays, à polir l'argent, et dont la nature est très-différente.

Le savant directeur du cabinet de Florence, M. Fabroni, en a fabriqué des briques de la forme ordinaire, qui, étant jetées dans l'eau, revenoient et demeuroient à sa surface. Il paroît que c'est avec une terre semblable que l'on fabriquoit les briques légères dont Pline, Vitruve et Strabon font mention, et qui se tiroient de Pitane en Asie, de Calento et de Maxilua en Espagne. Ce qui en indique encore l'identité, c'est le passage de Polidonius, qui rapporte qu'on s'en servoit à nettoyer l'argénterie, usage auquel elle est encore employée aujourd'hui.

Celle qui se trouve aux environs de Santa-Fiora, territoire de Sienne, exhale une odeur argileuse, par l'insufflation de l'haleine, et il s'en élève une poussière blanche très-fine, quand on essaye de la délayer dans l'eau. Sa pesanteur spécifique est de 0,362. Elle ne fait point d'effervescence avec les acides, est infusible sans addition, et perd au feu un huitième de son poids, sans diminuer sensiblement de volume.

100 parties sont composées de silice, 55; magnésie, 15; alumine, 12; eau, 14; chaux, 3; et fer, 1 Il se pourroit que le minéral dont il s'agit soit une variété pulvérulente de magnésie carbonatée silicifère. (*V.* ce mot.)

Chacune des briques faites avec cette substance ne pesoit que quatorze onces un quart, tandis que les briques de la même grosseur, en argile ordinaire, cuites au même degré, pèsent cinq livres neuf onces trois quarts; ainsi la pesanteur des briques de farine fossile est à celle des briques communes comme 57, est à 359, c'est-à-dire environ comme 1 est à 6; leur pesanteur spécifique n'est que de 0,20, quoique celle de la terre dont elles sont formées soit de 0,36, ce qui vient de ce que ses molécules laissent entre elles beaucoup d'intervalles qui rendent ces briques très-poreuses ; elles sont cependant d'une assez grande force. Fabroni assure qu'elles portent un poids égal à 10, lorsque celles d'argile blanche la plus pure de Montecarlo en portent 20, et lorsque les briques ordinaires en portent 14.

Les architectes profiteront sans doute de cette découverte, qui ajoute au nombre des matériaux légers, tels que la pierre ponce, la tuf et la poterie de terre cuite, qu'ils recherchent dans plusieurs circonstances. On en feroit des voûtes dont la poussée seroit très-peu considérable.

L'auteur propose aussi de les employer pour construire en maçonnerie sur les vaisseaux. Il soupçonne qu'elles ont pu servir à élever des tours que les bâtimens de mer des anciens portoient souvent à la partie antérieure de l'arrière, ainsi que des édifices flottans plus considérables, dont l'histoire fait mention.

On pourroit, parmi nous, bâtir avec ces briques, qui sont plus légères qu'aucune espèce de bois, la cuisine des vaisseaux, et surtout la sainte barbe ou soute aux poudres, qu'il est si important de mettre à l'abri de toute communication avec le feu. Si les batteries flottantes, employées au siége de Gibraltar, eussent été doublées intérieurement avec des briques, il auroit été presque impossible aux Anglais d'en triompher (Cet article est extrait du *Journal des Mines*, tom. 2, n.° 12, p. 62 et suiv.) (LUC.)

FARINE. MINÉRALE. *V.* FARINE FOSSILE. (DESM.)

FARINE VOLCANIQUE. M. Delamétherie a donné ce nom à la *farine fossile* de Toscane. *V.* ci-dessus. (LUC.)

FARIO. Poisson du genre SALMONE. (B.)

FARKAS-ALMA (*Pomme de loup*). Nom de l'ARISTOLOCHE CLÉMATITE, en Hongrie. (LN.)

FARKAS-SZOLO (*Raisin de loup*). Nom hongrois de l'HERBE ST.-CHRISTOPHE, *Actæa spicata*, Linn. (LN.)

FARKASCH. Nom hongrois du LOUP. (DESM.)

FARKAS-TEJ (*Lait de loup*). Nom donné, en Hongrie, à l'EUPHORBE à feuilles de cyprès, *Euph. cyparissias*, Linn. (LN.)

FARLOUSAIRE. *V.* le genre PIPI. (V.)

FARLOUSE. *V.* PIPI DES ARBRES. (V.)

FARLOUSE DES PRÉS (LA GRANDE). C'est le PIPI ROUX ou ROUSSELINE. (V.)

FARNIA, Césalpin. Le CHÊNE ROURE en Italie, *Quercus robur*. (LN.)

FAROIS. Coquille du genre VOLUTE. (B.)

FAROLILLO. Les Espagnols nomment ainsi la CORINDE, *Cardiospermum halicacabum.* (LN.)

FAROS. Nom de deux variétés de POMMES d'automne, l'une, le *gros faros*, est grosse, comprimée, lisse et rouge; l'autre, le *petit faros*, moins grosse, est oblongue et pourpre. (LN.)

FAROUCHE. On appelle ainsi le TRÈFLE INCARNAT, dans le midi de la France. (B.)

FARRAGO. Pline désigne sous ce nom le BLÉ-MÉTEIL ou le seigle. Selon Columelle et Varron, c'est un mélange de toutes sortes de grains. Ce terme étoit encore pris au figuré pour exprimer un mélange quelconque. (LN.)

FARRANUM de Pline. Synonyme de *farfugium*. *V.* ce mot. (LN.)

FARRATAGE. Le TRÈFLE INCARNAT porte ce nom aux environs de Narbonne. (B.)

FARRENSAMEN. C'est la FUMETERRE bulbeuse, en Allemagne. (LN.)

FARRO et FARRA. Noms italiens de l'ORGE MONDÉ, et de l'AVOINE PERLÉE. (LN.)

FARSETIE, *Farsetia.* Genre établi par Cliton, aux dépens des JULIENNES et des ALYSSES. Il a pour caractères : filamens des étamines pourvus d'une dent ; silicule ovale, oblongue, sessile, polysperme, à valves planes, ou au plus légèrement convexes ; semences entourées d'un rebord.

La JULIENNE FARSETIE et les ALYSSES LUNAROÏDE, EN BOUCLIER, BLANCHÂTRE et DELTOÏDE, entrent dans ce genre, qui est le même que celui appelé FIBIGIE par Moench. (B.)

FARTARMAR. Nom du LISERON des champs (*Convolvulus arvensis*), dans la province d'Uplande en Suède. (LN.)

FARTIS. Adanson nomme ainsi le genre ZIZANIA de Linnæus. (LN.)

FARVALA-JASSA. Nom de la PIE-GRIÈCHE dite l'ÉCORCHEUR dans le bas Mont-Ferrat. (V.)

FARVALA-ROUSSA. Nom de la PIE-GRIÈCHE ROUSSE, dans le bas Mont-Ferrat. (V.)

FARVERRODE. L'un des noms danois de la GARANCE. (LN.)

FARVEURT et FANDENSMELK. Noms danois du RÉVEIL-MATIN (*Euphorbia helioscopia*). (LN.)

FARVEVEIDE. C'est le PASTEL, en Danemarck. (LN.)

FASAN-D'MOUNTAGNA. Nom piémontais du PETIT TÉTRAS. (V.)

FASANOT. Nom de la GÉLINOTTE, dans les Langues, canton du Piémont. (V.)

FRASCHE. C'est le PIN-SAUVAGE, dans quelques parties de l'Allemagne. (LN.)

FASCI-NAKI. Nom du SUMAC ou VERNIS, au Japon. (B.)

FASCIOLAIRE, *Fasciolaria*. Genre de coquilles de la division des univalves, établi par Lamarck, aux dépens des ROCHERS. Il offre pour caractères : une coquille presque fusiforme, canaliculée à sa base, sans bourrelets, ayant sur la columelle deux ou trois plis égaux, très-obliques. Ce genre a pour type le ROCHER TULIPE. (B.)

FASCIOLE, *Fasciola*. Genre de vers intestinaux, qui a pour caractères : un corps oblong, ayant deux suçoirs, dont l'un est à l'extrémité antérieure, et l'autre sur le côté ou sous le ventre le premier constituant la bouche et le second l'anus.

Les espèces de ce genre, appelé DISTOME par Retzius, sont fort bien caractérisées par les deux ouvertures, qui jouissent toutes deux de la faculté de se fixer sur les corps étrangers, par succion, à la manière des sangsues. Leur intérieur présente un canal intestinal, qui, après avoir circulé dans toute sa capacité, revient sur lui-même, et aboutit à la seconde ouverture. On y voit, de plus, deux ou trois autres vaisseaux, dont on ne peut pas déterminer positivement la nature.

Les genres LIGULE, LINGUATULE, MONOSTOME, AMPHISTOME et GÉROFLÉE ont été établis aux dépens de celui-ci.

Malgré les travaux de l'infatigable Muller, ceux de Goëze, Pallas et autres, ce genre, quoique contenant quatre-vingt-quatre espèces dans l'ouvrage de Rudolphi sur les vers intestinaux, sans y comprendre celles qui forment les genres ci-dessus indiqués, n'est sans doute encore qu'effleuré. On ne connoît encore d'exotiques, que les espèces que j'ai fait graver dans l'*Histoire natur. des Vers*, faisant suite au *Buffon*, edition de Deterville, et il paroît cependant qu'elles sont excessivement abondantes dans les poissons et autres animaux des pays chauds.

L'espèce la plus commune, et la plus anciennement connue, est appelée *douve* par les habitans des campagnes et les artistes vétérinaires. Elle a la forme d'une petite raie, c'est-à-dire, qu'elle est très-plate, très-mince sur les bords, et terminée, antérieurement, par un prolongement tubuleux et percé. L'autre trou est vers le tiers du ventre, en-dessous. Sa couleur est d'un vert obscur, quelquefois rougeâtre. Sa longueur est de quatre à cinq lignes sur deux à trois de largeur. Les canaux biliaires ou excréteurs du foie, sont sa vraie demeure. Ce n'est, pour ainsi dire, que par accident qu'on la rencontre ailleurs.

Tant que les douves ne sont qu'en petit nombre dans un

animal, elles ne paroissent pas lui nuire ; mais lorsqu'elles remplissent les canaux biliaires, elles les tuméfient de toutes parts et deviennent la cause de plusieurs maladies. Dans les moutons, qui y sont plus sujets que les autres quadrupèdes domestiques, elles produisent la pouriture et la consomption. (*Voyez* au mot MOUTON et au mot VERS INTESTINAUX.) Dans ce cas, la laine tombe, la conjonctive est blanche, les forces se perdent, et l'animal périt de l'espèce d'hydropisie appelée *ascite*.

Chabert, qui a décrit ces symptomes, ne parle pas des remèdes ; et, en effet, il paroît difficile de les faire agir sur des animaux qui sont hors de l'estomac et des intestins. Aussi sait-on que le meilleur parti à prendre, lorsqu'un mouton commence à dépérir par cette cause, est de le tuer et de le manger, les *douves* ne nuisant en aucune manière à la bonté de la chair des animaux qu'elles attaquent.

Quoiqu'on ait cité des *fascioles* trouvées dans le corps de l'homme, il n'est pas encore véritablement constaté qu'il soit sujet à ce genre de vers.

Les *fascioles* ont été déclarées hermaphrodites et ovipares, sur l'observation qu'un très-grand nombre d'individus de la même espèce existans dans le même animal, avoient tous un paquet d'œufs visibles; mais le fait est qu'on n'est pas plus instruit sur le mode de leur génération, que sur celle de la plupart des autres vers intestinaux. Tout ce qu'on dit à cet égard, se réduit à des conjectures, ou tout au plus à des probabilités.

On connoît quarante espèces de *fascioles* ; savoir, cinq vivant dans les quadrupèdes, neuf dans les oiseaux, quatre dans les reptiles, et le reste dans les poissons.

Les plus communes sont la FASCIOLE HÉPATIQUE ou DOUVE, qui vient d'être mentionnée. Elle se trouve dans le foie des animaux domestiques, et surtout des moutons.

La FASCIOLE DE LA CHAUVE-SOURIS, qui est allongée, cylindrique, et a l'intestin rouge. Elle se trouve dans les intestins de l'OREILLARD.

La FASCIOLE DU CANARD, qui est roussâtre, cylindrique, et n'a qu'un seul suçoir. Elle se trouve dans les intestins du canard domestique, forme un genre particulier dans Goëze et Zéder. *Voyez* au mot MONOSTOME.

La FASCIOLE DE L'OIE est oblongue, ovale, a deux rangées de mamelons en dessous et les suçoirs rapprochés. Elle se trouve dans les intestins de l'oie.

La FASCIOLE DE LA COULEUVRE est blanchâtre, susceptible de prendre plusieurs formes. Ses suçoirs sont saillans, et le postérieur est le plus grand. Je l'ai trouvée dans la bouche d'une couleuvre d'Amérique. Elle est figurée pl. D. 20.

D. 20.

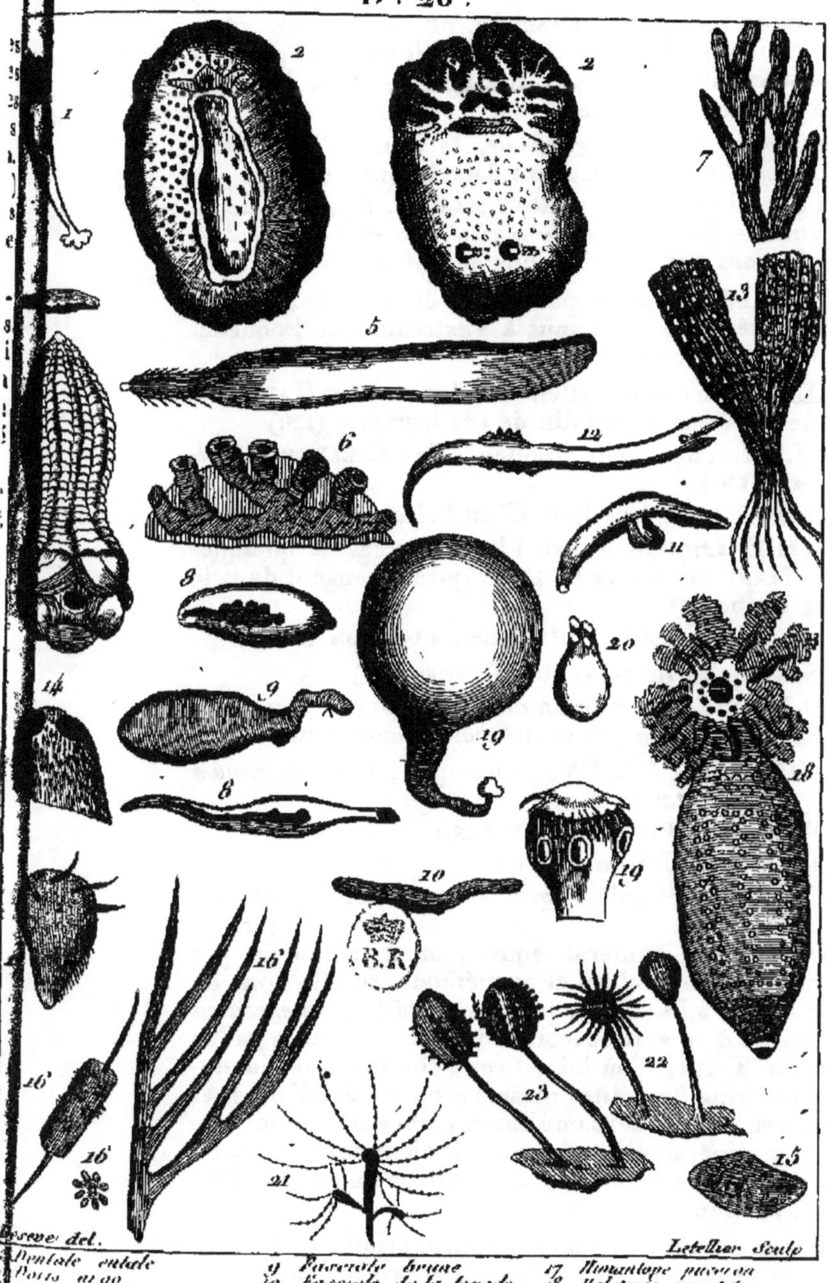

Deseve del. Letellier Sculp

1	Dentale entale	9	Fasciole brune	17	Himantope [illegible]
2	Doris argo	10	Fasciole de la dorade	18	Holoturie ponctuée
3	Tubulaire fasciée.	11	Firole transparente	19	Hydatide des moutons
4	Lucernaire [illegible].	12	Fissule cystidicole.	20	Hydatide du Dauphin
5	[illegible]	13	[illegible]	21	Hydre verte
6	[illegible]	14	[illegible]	22	Hydre jaune.
7	[illegible]	15	[illegible]	23	Hydre en grappe
8	[illegible]	16	Gorgone joncée.		

La Fasciole brune, la Fasciole de la Dorade, et la Fasciole caudale, toutes trois également trouvées par moi dans les viscères des dorades, sont figurées dans la même planche à côté de la précédente.

On peut voir, dans l'*encyclopédie*, la figure d'une partie des autres *fascioles* qui se trouvent dans les poissons.

Il y en a aussi une, la Fasciole massue, figurée dans le premier volume des *Actes de la Société linnéenne de Londres*. Elle a trois trous, et est très-digne de remarque.

Rudolphi a fait un genre particulier des *fascioles*, dont la bouche est antérieure, et l'anus à l'extrémité de la queue. *V.* au mot Amphistome. (B.)

FASELN. Nom que les Allemands donnent aux Haricots. Il dérive de *phaseolus*, nom latin de ces légumes. (LN.)

FASEN. L'un des noms allemands de l'Épeautre (*Triticum spelta*). (LN.)

FASEOLARIA de Césalpin. C'est l'*Anagyris fœtida*. (LN.)

FASEOLE. On appelle ainsi les semences de quelques espèces de Haricots ou de Dolics, qui se mangent dans le midi de la France. (B.)

FASI-BAMI. C'est le Noisetier, au Japon. (LN.)

FASIN. Coquille du genre des Tonnes. (B.)

FASIO-MAME. Nom qu'on donne, au Japon, au Pois-sabre, *dolichos ensiformis*, et au *dolichos lineatus*, Thunb. (LN.)

FAS-NOKADSURA. C'est, au Japon, le *menispermum japonicum*, Thunb. (LN.)

FASOLCHEN. *Voyez* Faseln. (LN.)

FASOLO. *Voyez* Fagioli. (LN.)

FASOLUS, Césalpin. *Voyez* Haricot et Phaseolus. (LN.)

FASSAÏTE. Le minéral nouvellement introduit par M. Werner, dans le tableau de sa méthode, sous le nom de *Fassaïte*, n'a offert à M. Haüy, qu'une variété de *pyroxène*, d'un vert grisâtre ou d'un vert obscur. On le trouve dans la vallée de Fassa en Tyrol, d'où lui est venu son nom, ordinairement sous la forme de petites masses grenues lamellaires, et quelquefois cristallisé, dans une chaux carbonatée lamellaire bleuâtre. Les minéralogistes tyroliens avoient deviné juste en le rapprochant de la *sahlite* qui n'est elle-même qu'un Pyroxène. *V.* ce mot.

Ces cristaux ont présenté de nouvelles variétés de formes, que le savant professeur du Muséum a décrites dans le t. 2 des *Mémoires* de cet établissement.

M. Lenz avoit déjà donné le nom de *fassaïte* à la stilbite rouge, qui se trouve dans la vallée de Fassa. (LUC.)

FASSPIEPEN. C'est ainsi que le CAMERISIER (*Lonicera xylosteum*) est nommé en Allemagne. (LN.)

FASTAEKI. Nom des AGARICS, en Hongrie. (DESM.)

FASTIGIAIRE, *Fastigiaria*. Genre de plantes, établi par Stackhouse, *Neréide Britannique* aux dépens des VARECS de Linnæus. Ses caractères sont : frondes cylindriques, rameuses, dichotomes ; fructifications dans un tubercule terminal et noyées dans une mucosité.

Ce genre rentre dans celui appelé FURCELLAIRE par Lamouroux. Il renferme cinq espèces dont fait partie le VAREC LOMBRICAL, pl. 8 du grand ouvrage de l'auteur précité. (B.)

FASTUCA. Dans quelques cantons de l'Italie méridionale, on donne ce nom au pistachier. (LN.)

FATAGINO. *V.* l'espèce du PHATAGIN à l'article PANGOLIN. (DESM.)

FATALIS. Nom que les Romains donnoient au POTAMOGETON. *V.* ce mot.

FATAGUE. Graminée de Madagascar, qui s'élève à plus de huit pieds, et qui fait un excellent fourrage. On l'a transplantée à l'Île-de France. Le genre auquel elle appartient ne m'est pas connu. (B.)

FATAN. C'est la *vénus blanc de neige*. *V.* au mot VÉNUS. (B.)

FATNO. *Voyez* FADNO. (LN.)

FATSIKU. C'est, au Japon, le nom du BAMBOU et de ses variétés. (LN.)

FATSKU. *Voyez* FAKONA SASA. (LN.)

FAU. C'est le hêtre, dans quelques parties de la France ; il dérive sans doute de *fagus*, nom latin de cet arbre. (LN.)

FAUX-PERDRIER. C'est sous ce nom qu'on appeloit, du temps de Belon, le BUSARD DE MARAIS. (V.)

FAUCHET. Oiseau des mers Magellaniques, qui paroît être une HIRONDELLE DE MER. (V.)

FAUCHEUR, *Phalangium*, Linn. Genre d'arachnides trachéennes, famille des holètres, tribu des phalangiens, ayant pour caractères : tête, tronc et abdomen réunis en une masse, sous un épiderme commun ; des plis sur l'abdomen formant des apparences d'anneaux ; mandibules articulées, coudées, terminées en pince, saillantes en avant du tronc ; deux palpes (ou plutôt pieds-palpes) filiformes, de cinq articles, dont le dernier terminé par un petit crochet ; et huit pattes simplement ambulatoires ; six mâchoires, disposées par paires : les deux premières formées par la dilatation de la base des palpes, et les quatre autres par les hanches des deux premières paires de pieds; une langue sternale, avec un trou de chaque côté, servant de pharynx; deux yeux portés sur un tubercule commun.

Les faucheurs sont très-remarquables par la longueur de leurs pattes. Les premiers naturalistes qui ont écrit sur ces insectes, les ont nommés *araignées à longues pattes*; mais ils diffèrent des *araignées*, non-seulement par leur organisation intérieure, mais encore à l'égard de la forme générale du corps, du nombre de leurs yeux, des parties de la bouche ou de leur manière de vivre. On les rencontre partout. Ils se prennent dans la campagne, sur les plantes; on les trouve aussi dans les maisons, sur les murailles enduites de plâtre, où ils aiment à s'accrocher.

Leur corps est ovoïde ou arrondi, souvent déprimé, rebordé, renfermé sous une peau foiblement coriace. Leur corselet, dont le contour est anguleux, et qui a environ un tiers et demi de la longueur du corps, n'est séparé de l'abdomen que par une ligne transversale; cet abdomen est recouvert d'une peau d'une seule pièce, formant plusieurs plis qui en marquent les anneaux; il a un stigmate de chaque côté, près l'origine des pattes postérieures; ces stigmates sont cachés par les hanches.

Les pattes, au nombre de huit, sont très-longues, très-déliées, cylindriques, composées de la hanche, de la cuisse, de la jambe formée de deux articles, et du tarse, dont la longueur égale au moins celles de la jambe et de la cuisse prises ensemble, et qui est composé d'un grand nombre d'articles, dont le premier très-long, et le dernier muni d'un petit crochet, qui paroît simple et arqué.

Les naturalistes qui ont traité des faucheurs, à l'exception de Lister et d'Hermann fils, dont les observations n'ont cependant été publiées qu'après les miennes, n'ont point connu les organes sexuels de ces insectes; ils ont tous regardé comme une espèce distincte, le *faucheur cornu*, que des observations répétées m'ont fait connoître pour le mâle du *faucheur des murailles*, *Phal. opilio*, Linn. *Voy.* mon Mémoire sur ces animaux, imprimé à la suite de mon *Histoire des fourmis.*

Les organes de la génération dans ces arachnides ont une forme singulière, surtout ceux des mâles, et dans les deux sexes leur position est bizarre. La partie du mâle est une espèce de dard allongé, composé de deux pièces, dont la première, qui forme la base, est courte, grosse, d'une consistance molle; elle sert d'étui à la seconde, qui est un peu plus longue, plus étroite, presque écailleuse, terminée, dans le *faucheur cornu*, par une pièce triangulaire, membraneuse, crochué au côté interne, avec une petite pointe sétacée, noire et arquée, qui part de l'angle supérieur de cette pièce. Hors de l'action, cette partie est cachée dans une gaîne située immédiatement au-dessous de la bouche. La partie sexuelle de la femelle est placée comme celle du mâle; on y découvre un tuyau membraneux, comprimé, très-flexible, qui sert d'oviducte. En pressant une petite éminence appelée lèvre, qui se trouve entre les deux dernières paires de pattes, à la base de l'abdomen, on fait sortir ces parties dans les deux sexes.

Ces arachnides ne filent point, comme quelques auteurs l'ont prétendu; plusieurs espèces ont une odeur forte de feuilles de noyer, et toutes sont carnassières. Elles se nourrissent de petits insectes qu'elles saisissent avec leurs mandibules; elles les percent avec les crochets dont elles sont armées, et les sucent. Elles se livrent aussi entre elles des combats à mort, et s'entre-dévorent, à ce que l'on assure.

Les longues pattes dont la nature les a pourvues, leur servent non-seulement à marcher avec beaucoup de facilité, mais encore à échapper à la poursuite de leurs ennemis, et à les avertir de leur présence. Dans le repos, posé sur une muraille ou sur le tronc d'un arbre, le faucheur étend circulairement ses pattes autour de son corps. Comme elles occupent un espace assez considérable, si un animal touche à une de ses parties, le faucheur se met aussitôt sur ses pattes, qui forment autant d'arcades, sous lesquelles l'animal passe s'il est petit; cette ruse ne lui réussit-elle pas, il saute à terre, et s'éloigne promptement. Souvent aussi il s'échappe des mains de l'observateur, mais en laissant ordinairement entre les doigts qui l'ont saisi, une ou plusieurs de ses pattes, qui conservent encore du mouvement pendant des heures entières, en se pliant et se dépliant alternativement. Ce phénomène a lieu, parce que chaque patte est un tuyau creux, qui contient, dans toute la longueur de sa cavité, une espèce de filet tendineux très-délié, sur lequel l'air agit, quand la patte est détachée du tronc. Le célèbre naturaliste Geoffroy, qui a trouvé un faucheur ayant la troisième patte beaucoup plus courte que les autres, présume que cette patte avoit remplacé celle qu'il avoit perdue, ainsi que cela arrive aux *crabes* et aux *écrevisses* qui perdent les leurs. Mais cette conjecture ne me paroît pas assez fondée, attendu que les faucheurs ont une vie très-courte.

On ne trouve ordinairement au printemps que de petits faucheurs qui proviennent des œufs déposés l'automne précédent. Ce n'est guère que vers la fin de l'été qu'ils ont pris tout leur accroissement, et c'est alors qu'ils s'accouplent.

L'accouplement n'a pas lieu quelquefois, surtout dans l'espèce la plus commune aux environs de Paris, le *faucheur des murailles*, sans un combat entre les mâles, et sans un peu de résistance de la part de la femelle. Quand celle-ci se rend aux désirs du mâle, ce dernier se place de manière que sa partie antérieure est en face de celle de la femelle, dont il saisit les mandibules avec ses pinces. Le plan inférieur des deux corps est sur une même ligne; alors l'organe du mâle atteint celui de la femelle, et l'accouplement a lieu; il dure trois ou quatre secondes. Après l'accouplement, la femelle dépose dans la terre, à une certaine distance de sa surface, des œufs de la grosseur d'un grain de sable, de couleur blanche, entassés les uns auprès des autres.

Quoique ces animaux soient voisins des *araignées*, ils ne vivent cependant point, comme elles, pendant plusieurs années; presque tous périssent à la fin de l'automne. Un de leurs ennemis, et qui se fixe sur leur corps pour les sucer, est une espèce de mitte (*Voy.* LEPTE); cet insecte ne tient quelquefois au faucheur que par son bec; le reste de son corps semble suspendu en l'air. Un *gordius*, semblable à celui qu'on trouve souvent dans l'intérieur des sauterelles, et dont on forme aujourd'hui un genre, sous le nom de *filaire*, trouvé dans l'abdomen du faucheur cornu, peut faire croire que ces arachnides sont sujettes à se nourrir de ces vers. Celui qui a été observé étoit très-lisse, un peu transparent, rempli d'une matière laiteuse; il avoit environ sept pouces quatre lignes de longueur, et deux dixièmes de ligne de largeur.

On connoît douze à quatorze espèces de faucheurs, qui se trouvent, pour la plupart, en Europe.

Le FAUCHEUR DES MURAILLES, *Phalangium opilio*, *phalangium cornutum*, Linn.

Le mâle (*phalangium cornutum*) a le dessus du corps d'un gris roussâtre, un peu plus foncé au milieu; les mandibules, les antennules et le dessous du corps blanchâtres, et les pattes grisâtres; les mandibules s'élèvent en pointe.

La femelle a tout le dessus du corps d'un brun grisâtre, marqué de traits obscurs, et de quelques points blanchâtres; le dessous d'un blanc-gris, avec quelques nuances obscures vers les côtés de l'abdomen; les mandibules et les antennules d'un blanc-gris; les pattes d'un gris clair, tachetées de brun; les yeux placés de chaque côté d'un tubercule lisse.

On le trouve dans presque toute l'Europe, dans les champs, le plus ordinairement sur les murailles et sur le tronc des arbres.

Le FAUCHEUR A QUATRE DENTS, *Phalangium quadridentatum*, Cuv., Fab.

Il a le corps arrondi, très-plat, d'un gris cendré, quelquefois jaunâtre en dessous; une pointe conique sur le milieu du bord antérieur du corselet; un tubercule oculifère, presque lisse; deux rangs de tubercules sur l'abdomen; quatre pointes, dont les latérales plus petites postérieurement; les hanches et les cuisses épineuses.

On le trouve à Paris, à Bordeaux, à Brives, sous les pierres.

Le FAUCHEUR DES MOUSSES, *Phalangium muscorum*, Nob. Il a le corps ovale, d'un cendré jaunâtre, tacheté d'obscur en dessus, pâle en dessous; un tubercule oculifère, dentelé; une bande dorsale, longitudinale, noirâtre; les cuisses anguleuses.

Je l'ai trouvé dans le Midi de la France. Consultez la Monographie de ce genre, par Herbst, le Mémoire aptérologique de Hermann, le premier volume de mon *Genera crust. et insect.*, et le premier fascicule de la première partie des Mémoires sur les animaux vertébrés, de M. Savigny. (L.)

FAUCHEUR. C'est le *chœtodon punctatus*, Linn. *Voy.* au mot CHÉTODON.

On appelle aussi *faucheur*, un autre poisson du genre LABRE. (B.)

FAUCHEUX. *V.* FAUCHEUR. (DESM.)

FAUCILLE. Trois espèces de poissons portent ce nom: un SPARE, *Sparus falcatus*, Linn.; un SALMONE, *Salmo falcatus*; et un CYPRIN, *Cyprinus falcatus*. (B.)

FAUCILLE. C'est le nom d'un lépidoptère du genre PHALÈNE (*Phalæna falcataria*). (DESM.)

FAUCILLE, *Campulosus*. Genre de la famille des graminées, établi par Desvaux, pour placer la CHLORIDE A UN SEUL EPI, celle en FAUX de Swartz et quelques autres.

Ses caractères sont: épi courbé; épillets unilatéraux sessiles, sur deux rangs; de trois à cinq fleurs; la balle calicinale de deux valves, l'inférieure très-petite, membraneuse, persistante; la supérieure pourvue d'une arête presque horizontale, sortant au-dessous du milieu du dos de la nervure; la fleur latérale à une seule valve, mâle et monandre; la fleur intermédiaire hermaphrodite, à balle de deux valves, l'inférieure crénelée et portant une soie droite un peu au-dessous de son sommet; la supérieure entière et mutique; la fleur supérieure a trois étamines, mâles ou stériles. (B.)

FAUCILLE D'ESPAGNE. C'est une CORONILLE (*Coronilla securidaca*, Linn.). (LN.)

FAUCILLETTE. Un des noms provençaux du MARTINET NOIR. (V.)

FAUCON, *Falco*, Lath. Genre de l'ordre des Accipitres, de la tribu des Diurnes et de la famille des Accipitrins. *V.* ces mots. *Caractères :* bec garni d'une cire et courbé dès la base, un peu comprimé latéralement, arrondi en dessus; mandibule supérieure à bords dilatés, dentée vers le bout, crochue et acuminée à la pointe; l'inférieure plus courte, convexe en dessous, droite, obtuse et échancrée à son extrémité; narines orbiculaires, tuberculées dans le milieu; langue charnue, canaliculée, échancrée; tarses nus, épais chez les uns, grêles chez les autres; quatre doigts, trois devant, un derrière; les antérieurs unis à la base par une membrane; ongles presque égaux; ailes longues, la deuxième rémige la plus longue de toutes. Les *faucons-gerfauts* ont le bec seulement muni d'un feston sur chaque bord de sa partie supérieure et sans échancrure prononcée à l'extrémité de l'inférieure : différence que M. Cuvier a jugée suffisante pour en faire un sous-genre sous le nom de l'hierofalco.

Excepté donc les gerfauts dont j'ai fait une division particulière, tous les autres ont les caractères indiqués ci-dessus; mais ils sont susceptibles d'être divisés en plusieurs sections, d'après quelques attributs particuliers à plusieurs espèces. Cependant, pour pouvoir signaler toutes celles qu'on doit placer dans chacune, il faudroit les avoir toutes examinées en nature, et je n'ai pas cet avantage. Je me bornerai donc à dire : 1.° que le *faucon* proprement dit a la première rémige plus longue que la troisième, le tarse épais, les doigts longs, les ongles allongés, robustes et très-aigus; 2.° que les *hobereaux* ont les première et troisième rémiges proportionnées comme celles du précédent, les tarses grêles, les doigts allongés, les ongles médiocres et aigus; 3.° que, chez les *cresserelles* et les *faucons malfinis*, la première rémige est de la longueur ou à peu près de la quatrième, et plus courte que la troisième; les tarses sont grêles, les doigts courts, les ongles médiocres et seulement pointus; 4.° que le *faucon des pigeons* ne diffère de ceux-ci qu'en ce qu'il a les doigts allongés et les ongles plus aigus; 5.° que les *émerillons* ont les doigts pareils à ceux du hobereau, les ailes semblables à celles de la cresserelle, les ongles grands et très-aigus.

La première division de mes faucons se compose des espèces qui ont le bec denté et échancré; il en est peut-être encore d'autres parmi le grand nombre de celles que renferme le genre *falco* des auteurs; mais ne les connoissant que par des descriptions ou des figures qui ne m'en indiquent point les attributs nécessaires, je ne les ai placées dans aucun genre, et je les ai décrites au mot Oiseaux de proie; en me conduisant ainsi, je m'évite des méprises, et je les signale à ceux qui auront occasion de les observer, afin qu'ils déterminent le groupe qui leur est propre.

A. *Bec denté et échancré.*

Le FAUCON proprement dit, *Falco peregrinus*, Lath., pl. D. 26 fig. 2 de ce Dictionnaire.

Si des ornithologistes systématiques ont réuni, sous l'indication générique de *faucon*, un grand nombre d'oiseaux d'espèces fort éloignées les unes des autres, ils ont augmenté la confusion qui résulte de cette réunion, en faisant autant d'espèces du *faucon proprement dit*, que l'on peut remarquer de nuances sur le plumage du mâle et de la femelle, aux diverses époques de leur vie. Il est, en effet, peu d'oiseaux dont les couleurs changent aussi fréquemment. On lui voit prendre de nouvelles teintes et même distribuées autrement à chaque mue qu'il éprouve, et ce n'est guère qu'au bout de trois ou de quatre années que cet oiseau prend une livrée moins variable, mais qui n'est pas encore constante, car elle change dans sa vieillesse.

La pl. enl. de Buffon, n.° 430, représente un vieux mâle sous la dénomination de LANIER. Le même, âgé de trois ou quatre ans, a le dessus de la tête et du cou d'un bleu noirâtre; le manteau d'un cendré bleuâtre, avec des bandes d'une teinte plus claire, une espèce de moustache noirâtre qui, de la base de la mandibule inférieure, descend sur les côtés de la gorge; une bande blanche au bas des joues; toutes les parties inférieures de cette couleur, marquées en long de quelques traits d'un brun foncé sur le devant du cou et sur la poitrine, et en travers sur les parties postérieures; les pennes des ailes et de la queue d'un brun noirâtre; celle-ci est rayée transversalement d'une teinte plus sombre; le bec bleu; les paupières et l'iris jaunes; les pieds et la membrane du bec sont ordinairement verdâtres; quelques-uns les ont jaunes; ceux-ci, que les *fauconniers* nomment *faucons bec jaune*, sont dédaignés pour la chasse du vol.

La grosseur du *faucon* est celle d'une poule ordinaire. Il a dix-huit pouces de long et trois pieds et demi d'envergure; sa queue est longue d'un peu plus de cinq pouces, les ailes pliées atteignent presque son extrémité.

Le même, adulte, pl. enl. 421, est d'un gris-brun sur toutes les parties supérieures, avec des bandelettes transversales d'une teinte plus claire; blanchâtre en dessous et rayé en travers de brun clair. A mesure qu'il avance en âge, la couleur blanche s'épure et les raies deviennent beaucoup moins nombreuses.

Le jeune, *Falco stellaris*, Lath., pl. enl. 470, sous le nom de *faucon sors*, a le front, les joues et la nuque d'un blanc roussâtre, avec quelques taches d'un brun foncé; les plumes des parties supérieures d'un gris noirâtre, bordées et terminées de brun clair; les pennes caudales rayées irrégulièrement de roussâtre, et terminées de blanchâtre; la gorge et toutes les parties inférieures, d'un blanc sale couvert de taches longitudinales brunes; l'iris de cette couleur; la cire d'un bleu jaunâtre; les pieds jaunes.

La vieille femelle a la tête, le dos, les plumes scapulaires, les couvertures supérieures d'un gris cendré rembruni, ou d'un brun sombre; le dessous du corps d'un blanc jaunâtre, avec des bandes transversales d'un brun sombre; la queue d'un cendré brun, traversée par des bandelettes d'un gris jaunâtre. Elle a, dans son jeune âge, le bec bleuâtre, l'iris d'un gris-brun; les paupières et une tache en avant de l'œil d'un vert-jaune; la tête et le dos d'un brun noirâtre; la nuque un peu nuancée de brun ferrugineux; les couvertures supérieures de la queue d'un gris noirâtre avec des taches ovales roussâtres, et sur les plus longues, des bandes d'un brun rougeâtre; les joues d'un brun-noir; la gorge jaunâtre, et variée de petites lignes noires; les parties postérieures d'un jaune verdâtre, avec des taches noirâtres sur le milieu de la plume; le bas-ventre d'un blanc jaunâtre parsemé de bandes d'un brun sombre; la queue d'un brun-noir avec huit bandes oblongues d'un brun rougeâtre sur chaque côté des pennes, mais ne s'étendant pas jusqu'à la tige. Le *falco communis ater* de Gmelin, ainsi que le faucon passager de Buffon, pl. 469, sont des femelles âgées de deux ans.

La description du *falco communis* de Linnæus et de Latham, ne peut convenir au *faucon* proprement dit, et me semble plutôt signaler la buse changeante dans ses deux premières années; c'est pourquoi je ne l'ai point indiqué comme synonyme.

Le mâle est d'un tiers plus petit que la femelle, et s'appelle *tiercelet de faucon*.

Cette espèce se trouve en France, en Allemagne, en Suède, en Islande, dans les îles de la Méditerranée, etc., toujours sur les rochers les plus hauts et les montagnes les plus escarpées. Les *faucons* des pays du Nord sont ordinairement plus grands que ceux de nos montagnes des Alpes et des Pyrénées. Il y en a qui sont voyageurs, et que les *fauconniers* appellent *faucons passagers*. On en prend en France, aux deux époques de leur passage, c'est-à-dire en octobre ou novembre, et en février ou mars.

Ces oiseaux, dont les ailes sont fort grandes, volent haut et avec rapidité ; ils s'approchent rarement de la terre, et ils ne se posent que sur la cime des rochers les plus élevés ; ils choisissent ceux qui sont exposés au soleil du midi, pour y placer leur aire, dans laquelle les femelles déposent ordinairement quatre œufs d'un jaune rougeâtre et tachetés de brun. L'incubation ne dure pas long-temps, et dès que les petits sont en état de voler, ce qui arrive dans nos climats vers la mi-mai, les père et mère les chassent et les forcent à s'éloigner du canton qu'ils habitent. De même que les grands oiseaux de proie, ceux-ci passent pour vivre très-long-temps. L'on a parlé d'un *faucon* privé, qui, à l'âge de cent quatre-vingt-deux ans, avoit conservé beaucoup de vivacité et de vigueur.

Parmi les oiseaux de proie, le *faucon* est l'un des plus vigoureux ; c'est aussi l'un de ceux dont le courage est le plus franc et le plus grand, relativement à ses forces, et, pour ainsi dire, le plus noble. Il fond perpendiculairement sur sa proie, et l'enlève si elle n'est pas trop lourde, en se relevant de même à plomb.

Si c'est ainsi que se comporte le *faucon* dressé pour la chasse, il n'agit pas de même dans son état sauvage ; du moins il attaque sa proie d'une manière tout opposée, dans les plaines de Champagne. L'exposition que je vais en faire, est le résultat d'observations réitérées, pendant une longue suite d'années, par M. le comte de Riocourt qui, rempli de zèle pour les progrès de l'ornithologie, me les a communiquées, afin d'en faire mention dans ce Dictionnaire. Les *faucons* arrivent dans les plaines de la Champagne, vers la fin d'août, et quoiqu'ils ne soient pas en grand nombre, ils occupent un terrain considérable. Ils chassent seuls, ou quelquefois deux ensemble. Le *faucon* se tient alors sur une motte de terre ou sur une branche basse, d'où il part avec la rapidité de l'éclair, dès qu'il aperçoit une compagnie de perdrix à quelque distance que ce soit. Il la suit ou la croise, l'atteint, et en la traversant, tâche d'en saisir une avec ses serres ; s'il ne réussit pas de cette manière, il lui donne, en passant, un coup si violent avec sa poitrine, qu'il l'étourdit s'il ne la tue. Il revient alors sur elle, et son agilité est telle qu'il l'enlève souvent avant qu'elle soit à terre. Alors il la dévore sur la place même ou il la porte derrière un buisson : le *faucon* ne suit pas à pied, les perdrix, comme font la soubuse et l'autour, et ne se jette pas non plus d'à-plomb sur elles ; c'est en passant et repassant au-dessus qu'il cherche à les faire lever. Il vole bas lorsqu'il chasse, en rasant la terre un peu au-dessus de sa proie, et fait alors un bruit semblable au sifflement d'une balle. Son cri, qu'il ne fait guère entendre qu'en janvier ou février, ressemble à celui d'un *hobereau*; mais sa voix est plus forte et plus éclatante. Il fait sa pâture de tous les oiseaux, alouettes, grives, pigeons et canards; ceux-ci plongent aussitôt qu'ils l'aperçoivent, et les perdrix se jettent à terre et se cachent dans les buissons, d'où il est difficile de les faire sortir. C'est presque toujours dans le même endroit que le faucon passe la nuit. Il s'y rend peu de temps après le coucher du soleil, et se blottit sur une grosse branche d'arbre, près du tronc. Son sommeil n'est pas aussi profond que celui de la *buse*; aussi l'approche-t-on plus difficilement. Le moyen le plus sûr pour le tuer, quand on a découvert l'arbre sur lequel il couche, est de se rendre sur le lieu, une demi-heure avant le lever du soleil, et de le tirer aussitôt qu'on le voit. Il quitte les plaines de la Champagne vers la fin de février, et il ne revient qu'après la récolte des graines céréales.

L'on a su profiter de la vigueur du *faucon* et de son courage, pour le dresser à la chasse. Mais, comme son naturel est en même temps sauvage, et même féroce, il a fallu beaucoup d'art et de peines pour parvenir à le dompter et à en faire un captif plutôt qu'un domestique. Et cet état d'esclavage est tellement opposé au naturel des faucons, que jamais ils ne produisent dans nos *fauconneries*, et que l'on n'a jamais pu ni en élever ni en multiplier l'espèce. On trouvera au mot FAUCONNERIE, un précis de l'Art de les dresser à la chasse du vol.

Le FAUCON DE LA BAIE D'HUDSON, *Falco obsoletus*, Lath. *V.* BUSE DE LA BAIE D'HUDSON.

Le FAUCON DE BARBARIE est regardé comme une variété du FAUCON proprement dit.

Le FAUCON A BEC JAUNE. Faucon dont les pieds et le bec sont jaunes; l'on n'en fait point de cas en fauconnerie.

Le FAUCON BEHRÉE. *V.* OISEAUX DE PROIE.

Le FAUCON DU BENGALE. *V.* PETIT FAUCON DU BENGALE.

Le FAUCON BIDENTÉ, *Falco bidentatus*, Lath. La double échancrure qui est sur les bords de la mandibule supérieure, caractérise cet oiseau de la Guyane. Son corps est, en dessus, de couleur de plomb, excepté le croupion, qui est roux, ainsi que la poitrine et le ventre; les ailes sont rayées; les pennes de la queue ont des bandes blanchâtres; le bec est brun, et treize pouces font sa longueur totale.

Le FAUCON BLANC, *Falco albus*, var. D, Lath., figuré pl. 80 de Frisch, est l'OISEAU SAINT-MARTIN ou le mâle de la SOUBUSE.

Le faucon blanc se trouve en Russie, et dans d'autres pays

du Nord; il y a des individus tout blancs, d'autres qui ont des taches brunes sur le dos, les ailes et la queue; il est de la même grandeur que le *faucon commun*.

Le **Faucon bleu d'Edwards**, est le mâle de la **Soubuse**.

Le **Faucon bleuatre a queue noire**, *falco nitidus*, Lath. *V.* **Oiseaux de proie**.

Le **Faucon bossu**. *V.* **Faucon hagard**.

Le **Faucon brun**, *Falco fuscus*. Var. A, Lath., figuré pl. 76 de Frisch, est la **Buse changeante**. *V.* ce mot.

Le **Faucon brun et bleuatre**, *Falco fusco-cœrulescens*, Vieill., se trouve au Paraguay où il est fort rare. Il a le bec très-fort, gros, d'un bleu foncé en dessus et à son extrémité, vert dans tout le reste; la cire d'un vert jaunâtre; dix pouces huit lignes de longueur totale; près de la base de la mandibule supérieure, une tache blanchâtre qui se termine en dessous et à la moitié de l'œil; sur les côtés de la tête une moustache noire qui descend vers la gorge et s'étend de l'autre côté, derrière l'oreille, jusque près de l'occiput; les plumes du dessus de la tête, du cou et du corps, ainsi que les couvertures supérieures des ailes d'un brun mêlé de bleu terreux avec leur tige d'un noir peu apparent; les couvertures supérieures de la queue de la couleur du dos et traversées par des bandelettes blanchâtres; les pennes de la queue, les pennes extérieures des ailes et leurs couvertures supérieures d'un brun plus foncé sans mélange de bleuâtre; les pennes alaires avec des taches en forme de larmes sur le milieu des barbes inférieures; les plus proches du corps terminées de blanchâtre; le bas de la gorge, le dessous du cou et la poitrine bruns et rayés transversalement de blanc; le ventre et les couvertures inférieures de la queue roussâtres; celles-ci tachetées de brun. C'est l'*Alconcillo obscuro azulego* de M. de Azara.

Le **Faucon de la Caroline**, *Falco dubius*, me paroît être un individu de l'espèce du **Faucon des pigeons**. *V.* ce mot.

Le **Faucon de Ceylan**, *Falco ceylanensis*, Lath. *V.* **Oiseaux de proie**.

Le **Faucon chanteur**. *V.* **Autour chanteur**.

Le **Faucon chicquera**, *Falco chicquera*, Lath., pl. 30 des Oiseaux d'Afrique par M. Levaillant. Cet oiseau habite l'Inde et porte à Chandernagor le nom de *Chicquera*. Il n'est pas plus gros qu'une tourterelle commune; ses ailes pliées ne s'étendent pas au-delà des deux tiers de la longueur de la queue, dont les pennes sont légèrement étagées et arrondies; le dessus de la tête et le derrière du cou sont d'un roux mêlé de rougeâtre; une foible teinte de la même couleur se répand autour du bec, devant le cou, ainsi que sur le haut de l'aile, et se mêle au blanc de la gorge; toutes les parties supérieures du plumage sont d'un joli gris-bleu, et les inférieures blanches, avec une légère rayure de gris-blanc; il y a également des raies transversales sur les pennes des ailes et de la queue, et celle-ci porte une large bande noire vers son extrémité, qui est d'un blanc roussâtre; le bout du bec est noirâtre, le reste est jaune pâle; les yeux et les pieds sont d'un beau jaune.

L'on ne connoît point les habitudes du *chicquera;* et l'espèce ne paroît pas nombreuse, puisque Levaillant assure qu'il a acheté le seul individu que l'on connoisse. (S.)

Le FAUCON A COLLIER. Nom donné par Brisson à l'OISEAU SAINT-MARTIN. *V.* BUSARD-SOUBUSE.

Le FAUCON A COLLIER de Sonnerat, est un *busard. V.* BUSARD TCHOUG.

Le FAUCON A COLLIER BLANC, *Falco rusticolus.* Cet oiseau n'est point du genre du *faucon :* il doit être rapporté au BUSARD-SOUBUSE.

Le FAUCON COMMUN. *V.* FAUCON proprement dit.

Le FAUCON A COU BLANC, *Falco albicollis*, Lath. *V.* OISEAUX DE PROIE.

Le FAUCON A COU NOIR, *Falco nigricollis*, Lath. *V.* OISEAUX DE PROIE.

Le FAUCON DE COULEUR DE CHOCOLAT, *Falco spadiceus*, Lath., est une BUSE PATUE. *V.* ce mot.

Le FAUCON COURONNÉ DE BLEU. *V.* OISEAUX DE PROIE.

Le FAUCON CRESSERELLE (*Falco tinnunculus*, Lath., pl. enl. de Buffon, n.os 401 et 471.

C'est l'oiseau de proie le plus nombreux, le plus répandu, et celui qui approche le plus de nos habitations; il s'y fait entendre par un cri précipité, *pri, pri, pri*, qu'il ne cesse de répéter en volant. Le bruit ne paroît pas l'effrayer, car il vient s'établir sur les vieux bâtimens, au milieu des grandes villes, et y fait la chasse aux petits oiseaux dans les jardins. Aux champs, il choisit les anciens châteaux, les tours abandonnées, et plus rarement l'épaisseur des bois; cependant il y fait assez souvent son nid, qu'il construit avec des bûchettes et des racines, sur les arbres les plus élevés; quelquefois il s'empare des nids de corneilles. Sa ponte est de quatre à cinq œufs rougeâtres, et tachetés de brun-olive, quelquefois blancs, et tachetés de rouge.

Dans le premier âge, les petits ne sont couverts que d'un duvet blanc; ensuite ils ont le dessus de la tête, la nuque et le dos, d'un roux rembruni et tachetés de noir; les taches sont triangulaires sur la dernière partie; les pennes dorsales noires; les primaires ont, à l'intérieur, sept taches blanches et roussâtres, et une d'un brun noirâtre et arrondie à l'extrémité; la queue est d'un brun-roux, avec une bande noire vers le bout, et terminée de blanc roussâtre; ses pennes extérieures sont traversées en dedans par sept bandes noires; la gorge est d'un blanc roussâtre; une bandelette noire part des coins de la bouche et descend sur les côtés du cou; les autres parties inférieures sont d'un blanc roussâtre clair, avec des taches noires, longitudinales; la cire et les paupières sont d'un jaune verdâtre; l'iris est d'un brun noisette.

La femelle, qui est un peu plus grande que le mâle, a le dessus de la tête et du corps, les scapulaires et les couvertures supérieures des ailes, d'un roussâtre sale et parsemé de taches brunes, en forme de lignes sur la tête, transversales sur les couvertures et sur les pennes secondaires des ailes; les rémiges sont d'un brun foncé, avec des taches blanches sur les unes et roussâtres sur les autres; toutes sont blanchâtres en dessous, avec des taches brunes effacées; le croupion est d'un gris bleuâtre; la queue d'un roux clair, avec huit taches noires sur chaque côté des pennes latérales; ces taches sont rondes et en forme de cœur à l'extérieur; transversales en dedans; toutes ont une large bande noire vers le bout, qui est blanc; le bec est jaunâtre à la base et noir à la pointe; la cire d'un jaune verdâtre; l'iris couleur noisette; les paupières et les pieds sont jaunes; le menton est blanc; la gorge roussâtre; le devant du cou et la poitrine d'une nuance pâle et parsemés de taches brunes et longitudinales; le reste des parties inférieures d'un roux clair.

Le mâle parfait est d'un gris bleuâtre sur la tête et la nuque, avec un petit trait noir sur le milieu de la plume; d'un brun rougeâtre sur le manteau avec quelques taches noires triangulaires; roussâtre sur la gorge, ainsi que sur les parties inférieures, lesquelles sont tachetées de noir; les pennes des ailes sont noirâtres avec des taches blanches à l'intérieur; le bas du dos, le croupion, les couvertures supérieures et les pennes de la queue sont d'un gris bleuâtre; celles-ci, à l'exception des deux intermédiaires, ont quelques bandelettes transversales, noires en dedans, et toutes ont vers le bout qui est blanc, une grande tache noire; le bec est bleuâtre; la cire, les paupières, l'iris et les pieds sont d'un beau jaune; longueur, quatorze pouces; queue arrondie.

Les ornithologistes font mention de plusieurs variétés: 1.° Le *faucon gris* de Lewin, pl. 17 des Oiseaux de la Grande-Bretagne; 2.° la *cresserelle jaune* de Sologne, décrite par Salerne, et dont les œufs sont également jaunes; 3.° l'oiseau que Gmelin a donné comme une *cresserelle* à plumes grises et tiges noires (*tinnunculus pennis griseis*), et que Sonnini croit être faucon rochier; 4.° la *cresserelle* à pieds noirs, assez rare en France; 5.° la *cresserelle* à tempes noires; 6.° la *cresserelle* à corps blanc. Enfin, l'*epervier des alouettes*, figuré pl. 88, dans Frisch, est une femelle *cresserelle*.

J'ai sous les yeux un individu mâle, tué en Suisse, lequel n'est pas plus grand que le *faucon mal-fini*; il a le bec bidenté sur chaque côté de sa partie supérieure; une des dents est vers le bout, et l'autre est émoussée et formée par une échancrure profonde qui se trouve au milieu. Cet oiseau a la tête, la nuque, le croupion, les couvertures supérieures des ailes et la queue d'un bleu très-clair, uniforme, et le manteau d'un roux vif.

On peut dresser la *cresserelle* pour la fauconnerie; elle s'apprivoise assez facilement quand on la prend jeune. On la nourrit de viande crue.

Cette espèce se trouve dans presque toute l'Europe, en France, en Angleterre, en Italie, en Espagne, en Allemagne, etc. Elle ne reste en Suède que pendant l'été, et dans cette saison elle s'avance au Nord jusqu'en Sibérie.

Le FAUCON À CROUPION BLANC, *Falco hyemalis*, Var. Lath., est un mâle de l'espèce de la *Soubuse*. *V.* BUSARD-SOUBUSE.

Le FAUCON A CULOTTE NOIRE, *Falcotibialis*, Lath., pl. 29 des Oiseaux d'Afrique. Ce ne sont pas seulement les culottes ou les plumes qui recouvrent les jambes ou les cuisses de cet oiseau de proie, qui sont teintes de noir mêlé de brun, mais encore la tête, les ailes et la queue; une bordure blanche se fait remarquer aux pennes de ces dernières, dont les couvertures supérieures, ainsi que les plumes scapulaires, sont d'un gris-brun, avec quelques nuances plus foncées sur le milieu de chaque plume; la gorge est blanche; un roussâtre clair, tacheté de brun, est répandu sur tout le devant du corps, le bas du ventre et les couvertures inférieures de la queue; le bec est moins courbé, et plus gros que celui du *faucon commun*; les deux mandibules sont jaunes à leur base, et couleur de corne dans le reste de leur longueur; la queue n'outre-passe les ailes pliées que dans un tiers de sa longueur; ses pennes sont arrondies à leur bout; les doigts gros et jaunes, ainsi que les tarses, qui sont emplumés un peu au-dessous du talon; enfin, l'iris est d'un brun noisette.

Cette espèce paroît très-rare en Afrique, et on la rencontre quelquefois dans le pays des grands Namaquois. Les colons du Cap de Bonne-Espérance lui donnent le nom de *klineberg-haan*, c'est-à-dire *petit coq des montagnes*; mais au Cap, c'est le nom générique de tous les oiseaux de proie un peu grands.

Le FAUCON A DOUBLE ÉCHANCRURE AU BEC. *V.* FAUCON BIDENTÉ.

Le FAUCON ÉMERILLON, *Falco lithofalco*, Lath., pl. enl. de Buffon, n.° 447, et pl. D. 18 de ce Dict., sous le nom de *rochier*. Le plumage du vieux, de l'adulte et du jeune, présentant des différences, il en est résulté deux espèces et une variété dans les ouvrages d'ornithologie. Le mâle, dans un âge avancé, a été donné pour une espèce particulière, sous le nom de *faucon de roche* ou *rochier*. Les descriptions que je vais faire de ces oiseaux, sont d'après nature.

Le mâle parfait a dix pouces et demi de longueur totale; le dessus de la tête, le dos, le croupion, les scapulaires et les couvertures supérieures de la queue d'une couleur de plomb, avec des lignes isolées, longitudinales et noires; le dessous du cou varié de roux, de blanc et de bleuâtre; les couvertures supérieures et les pennes des ailes brunes; les premières terminées de bleuâtre clair; les autres tachetées de blanc en dedans et en dessous; les pennes les plus extérieures, bordées de cette couleur en dehors; la queue bleuâtre en dessous, avec une large bande noirâtre vers le bout et terminée de blanc, d'un gris bleuâtre en dessous, avec des taches noirâtres; les joues blanches et tachetées de brun; la gorge blanche; les parties postérieures d'un blanc roussâtre, avec des taches étroites, longitudinales et noires; le bec bleuâtre; la cire, les paupières et les pieds jaunes; l'iris brun et les ongles noirs. Tel est aussi le *falco cæsius* de Meyer.

La description suivante que Sonnini fait du rochier, présente quelques différences dans les nuances, ce qu'on doit attribuer à son âge moins avancé que celui du précédent; mais c'est à tort qu'il le donne pour une espèce distincte, ainsi que Latham, Gmelin et Daudin.

Sur les parties supérieures, les plumes ont leur tige noire et leurs barbes cendrées; une teinte roussâtre paroît entre l'œil et les ouvertures des narines, et une autre, brune, sur le cou et tout le dessous du corps où les tiges des plumes sont noires comme en dessus; les grandes pennes des ailes sont brunes, les moyennes cendrées, et toutes rayées de blanc sur leur côté intérieur, excepté la première qui l'est des deux côtés; le bout de la queue est blanc, tacheté de noirâtre; le reste est cendré; la membrane de la base du bec, l'iris et les pieds sont jaunes, les ongles noirs, et le bec est d'un cendré bleuâtre.

On l'a nommé *faucon de roche* ou *rochier*, parce qu'il se retire et niche dans les rochers de plusieurs parties de l'Europe. Il est à peu près de la grosseur de la *cresserelle*; ses ailes pliées vont jusqu'aux trois quarts de la longueur de la queue;

D. 18.

1. Pie-grièche écorcheur. 2. Epervier à gros bec.
3. Faucon émérillon.

leur première penne est beaucoup plus courte que la seconde, et celle-ci est la plus longue; toutes sont échancrées, ce qui fait ranger en fauconnerie le *rochier* au nombre des oiseaux de basse volerie.

Le même, dans la première année, ressemble à la femelle; c'est alors l'EMERILLON COMMUN, *fulco œsalon*, Lath., figuré dans Frisch, pl. 89, et l'EMERILLON DES FAUCONNIERS, *falco œsalon*, var., Lath., pl. enl. de Buff. n.° 468. Il a la tête et le dessus du cou bruns, rayés en long de noirâtre; le dos et les couvertures des ailes d'un brun plus foncé, avec une bordure extérieure roussâtre à chaque plume; les joues blanches, avec de petites lignes brunes; la gorge blanche; le devant du cou et la poitrine blancs, avec des taches longitudinales brunes; les parties postérieures roussâtres; le dessous de la queue brunâtre et traversé par des bandes d'un blanc-roux; les pennes des ailes tachetées de roux en dessous; le bec d'un bleuâtre clair et noirâtre à la pointe; la cire verdâtre; l'iris brun; les pieds jaunes. Chez le jeune, la couleur roussâtre domine plus que dans les autres; chez d'autres, les taches du milieu de la plume sont moins saillantes.

C'est de l'*émerillon des fauconniers* qu'il est question dans les ouvrages des naturalistes anciens; il portoit le nom d'*œsalon*, et Aristote l'a mis le second pour la force parmi les *éperviers*. Suivant le philosophe grec, l'*émerillon* fait une guerre continuelle au renard dont il mange les petits; et les corbeaux, dont il casse les œufs, viennent se joindre au renard pour repousser leur ennemi commun (*Hist. animal.*, lib. 9, ch. 1, et Plin. *Hist. nat.* lib. 10, cap. 74). Il y a sans doute quelque exagération dans ce récit des anciens; mais cela prouve qu'ils connoissoient bien l'*émerillon*, l'un des plus petits, mais en même temps l'un des plus courageux entre les oiseaux de proie. Il est au rang des oiseaux nobles, et les fauconniers savent mettre à profit ses bonnes qualités pour le dresser à la chasse du vol. Il a autant d'ardeur que de force et de courage; il est très-propre à la chasse des alouettes et des cailles; il prend même les perdrix, il les transporte quoique plus pesantes que lui, et souvent il les tue d'un seul coup en les frappant de l'estomac, sur la tête ou sur le cou. Son vol est bas, mais léger et très-rapide, et il fond comme un trait sur les petits oiseaux, auxquels il fait la chasse dans les bois et les buissons.

C'est une méprise de quelques commentateurs, répétée par Buffon dans une note de l'histoire de l'*émerillon* (Voyez le vol. 39, page 225 de mon édition), de dire que l'*émerillon* portoit, chez les anciens, le nom d'*œsalon*, parce qu'il se montre en toute saison. L'erreur à sa source dans un passa de Pline, auquel des érudits ont cru mal à propos devoir faire une correction. Ce passage est relatif à la *buse* : Pline dit que les Grecs l'appellent *épiléum* ou *épiléïon*, parce qu'elle paroît en tout temps ; et dans quelques éditions, l'on a substitué le mot *æsalon* à celui d'*épiléïon*. Les *émerillons* sont des oiseaux voyageurs qui vont au printemps vers le Nord, et reviennent au Midi lorsque l'hiver approche.

Dans cette espèce, le mâle et la femelle sont à peu près de la même grandeur, au lieu que dans tous les autres oiseaux de proie, le mâle est bien plus petit que la femelle ; celle-ci pond cinq à six œufs nuancés d'un brun-roux. Le nid est placé sur un arbre dans les bois et les montagnes, et quelquefois dans les rochers.

Le FAUCON ÉTOILÉ, *Falco stellaris*, est un jeune *faucon* dans sa première année.

Le FAUCON ÉTRANGER, le même que le FAUCON PASSAGER.

Le FAUCON FALK. *V.* OISEAUX DE PROIE.

Le FAUCON GENTIL. C'est, en fauconnerie, un faucon qui a de belles formes et qui est bien dressé ; mais le FAUCON GENTIL de Brisson, *falco gentilis*, Lath., est un individu de l'espèce de l'*autour*.

Le FAUCON GRIS, pl. 17 des Oiseaux de la Grande-Bretagne, par Lewin, est une variété du mâle CRESSERELLE.

Le FAUCON GRIS, *Falco griseus*, Lath., est un jeune GERFAUT. Je dois cette indication à M. Baillon qui possède cet oiseau dans sa collection.

Le FAUCON HAGARD, *Falco gibbosus*, var. F. Lath., pl. enl. 471. Vieux *faucon* qui a plus de blanc sur son pennage que le *sors* ou jeune : *hagard*, en fauconnerie, est synonyme de *sauvage*.

Le FAUCON-HOBEREAU, *Falco subbuteo*, Lath., pl. enlum. de Buff., n.° 432. La longueur totale du mâle est de onze pouces ; il a une moustache noire qui descend sur les côtés de la gorge ; les plumes des parties supérieures, d'un noir bleuâtre, et bordées d'une teinte plus claire ; la gorge et le devant du cou blancs, la poitrine et le ventre tachetés longitudinalement de brun-noir, sur un fond blanchâtre ; le bas-ventre et les culottes rousses ; les ailes noirâtres, rayées de roux à l'intérieur ; les pennes latérales de la queue rayées en-dessus de noirâtre, blanchâtres en-dessous, avec des bandes transversales brunes ; le bec bleuâtre ; la cire et les pieds jaunes ; l'iris couleur noisette foncée ; la femelle diffère en ce qu'elle a des couleurs moins pures, moins prononcées, et un peu plus de longueur. Elle est d'un brun-noir sur le corps, et les taches des parties inférieures se rapprochent plutôt du brun que du noir. La livrée du jeune est plus sombre sur les parties supérieures, dont les plumes ont leurs bords d'un roussâtre rembruni ; le haut de la tête est de cette teinte ; deux grandes taches jaunâtres se font remarquer sur la nuque ; la gorge est d'un blanc jaunâtre ; les parties postérieures ont des taches longitudinales d'un brun clair, sur un fond d'un roux jaunâtre ; la queue est terminée de roussâtre; la cire est d'un vert jaunâtre, et l'iris d'un gris rembruni. Le vieux se distingue en ce que ses parties inférieures sont d'un blanc plus éclatant que chez l'adulte. L'individu figuré sur la pl. enl. de Buffon, n°. 431, et présenté comme une *variété singulière du hobereau*, est le mâle d'une autre espèce. *V.* FAUCON KOBEZ.

Le *hobereau* est un grand destructeur d'alouettes; il les poursuit devant le fusil du chasseur, et les saisit avec adresse ; il prend aussi les cailles ; mais ce n'est que lorsqu'il est dressé, qu'il attaque les perdrix. C'est dans les plaines voisines des bois, qu'il exerce son industrie et qu'il fait la chasse aux petits oiseaux ; son vol est facile, et quoique l'alouette s'élève beaucoup dans les airs, il peut voler encore plus haut qu'elle. Dès qu'il s'est emparé d'une proie, il se retire dans la forêt, où il se perche sur les plus grands arbres: c'est aussi là qu'il niche. Ses œufs sont blanchâtres, piquetés de brun, avec quelques taches noires plus grandes.

Cette espèce est assez commune en France, en Allemagne, en Suède, dans les déserts de la Tartarie et en Sibérie. Elle est susceptible d'éducation, et on peut la dresser avec succès pour le vol de la caille et de la perdrix.

Le FAUCON HUPPÉ. *V.* FAUCON-TANAS.

Le FAUCON HUPPÉ DES INDES, *Falco cirrhatus*, Lath. *V.* OISEAUX DE PROIE.

Le FAUCON DE L'ILE DE JAVA. *V.* OISEAUX DE PROIE.

Le FAUCON DE L'ILE ST.-JEAN, *Falco Sancti Johannis*, Lath., est une BUSE PATUE. *V.* ce mot.

Le FAUCON DE L'ILE DE STE.-JEANNE, *Falco johannensis*, Lath. *V.* OISEAUX DE PROIE.

Le FAUCON D'ISLANDE. *V.* ci-après GERFAUT, pag. 109.

Le FAUCON D'ITALIE, *Falco italicus*, Lath. *V.* OISEAUX DE PROIE.

Le FAUCON KOBEZ ou KOBER, *Falco vespertinus*, Lath. ; *Falco rufipes*, Meyer. On le trouve en Siberie, en Russie, et il est de passage en Allemagne et en Italie. Les Russes l'appellent *Kobez;* les Baschkirs le nomment *Kuigunak* et quelquefois *Jagalbai.* On dit q'uil a l'habitude de ne voler et de ne chasser que le soir et pendant la nuit, habitude qu'il partage avec les soubuses : c'est surtout aux cailles que cet oiseau fait le plus ordinairement la guerre. Il niche dans des creux d'arbres, ou bien il s'empare des nids que les pies ont construits. Comme chez presque tous les oiseaux de proie, le plumage du mâle varie depuis son premier âge jusqu'à l'âge avancé. Il est, dans son état parfait, totalement d'un bleu ardoisé, ou gorge de pigeon, avec la queue noire et les plumes des jambes rousses. Chez quelques-uns, le bas-ventre et les couvertures inférieures de la queue sont aussi de cette couleur; le bec est noir à la pointe, rouge de brique dans le reste; la cire, l'iris et les pieds sont de cette dernière teinte. Taille du *Faucon émerillon.*

D'autres mâles ont tout le corps d'un brun nuancé de brunâtre, à l'exception du ventre qui est blanchâtre ; les pennes des ailes sont d'un brun tirant sur le bleu; les primaires noirâtres à leur extrémité ; la queue est brune.

Le même oiseau, dans un âge moins avancé, a le dessus du corps et des ailes rayé en travers de brun et de bleuâtre; la queue traversée par quatorze bandes alternativement bleuâtres et noirâtres; les plumes du tour de l'œil noires; la tête et la nuque rousses ; la gorge, le devant du cou, d'un blanc qui prend un ton roux sur les parties inférieures, mais qui est plus prononcé sur les culottes.

La femelle est un peu plus forte que le mâle; elle a les paupières, la cire et les pieds d'un rouge orangé sali; la tête rayée longitudinalement; les plumes de la nuque d'un roux jaunâtre sur le milieu et noirâtre sur les bords ; le dessus du corps, de cette dernière teinte, bordée de gris-bleu ; les pennes alaires d'un brun-noir, et frangées de roussâtre; la gorge d'un jaune roussâtre; les parties inférieures de la même couleur, avec des taches longitudinales d'un brun-noir; les culottes rousses; la queue d'un gris-bleu, rayée en travers de noirâtre, et blanche à son extrémité. Le mâle lui ressemble jusqu'à la deuxième année.

Le FAUCON LANIER, *Falco lanarius*, Lath. L'oiseau représenté sur la pl. enl. de Buff., n.° 430, est le *Faucon commun* avancé en âge, ainsi que celui qui est figuré dans l'édition de Sonnini. Il est un peu plus petit que la *buse* ; il a le front blanchâtre; le dessus de la tête d'un gris-brun ; une ligne blanche cernant la tête au-dessus des yeux; les plumes du dos et les couvertures des ailes d'un brun-noirâtre, et bordées d'un brun lavé; la gorge blanche; une tache noire près des oreilles; tout le dessous du corps blanc teinté de cendré ; les pennes des ailes noirâtres et tachetées de gris foncé sur leur côté intérieur; la queue longue, rayée de brun en-dessous et tachetée de blanc ; la membrane du bec jaune ; enfin, les pieds courts et bleus, de même que le bec.

La femelle a les taches des pennes plus blanchâtres, et l'oiseau jeune a la membrane du bec d'un jaune verdâtre, et le dessous du corps d'un jaune sale.

Cette espèce, qui se rapproche davantage du *gerfaut* que de toute autre, étoit autrefois assez commune en France ; elle y établissoit son aire sur les plus hauts arbres des forêts ou dans les trous des rochers les plus élevés. Nos fauconniers en faisoient grand cas, à cause de sa douceur et de sa docilité ; ils l'employoient tant pour le vol du gibier de plaine, que pour celui des oiseaux aquatiques. De nos jours, le *lanier* a disparu de nos pays et des pays voisins, et l'on ne connoît pas la cause de cette disparition totale ; il s'est retiré dans des contrées plus septentrionales. Les auteurs de la zoologie britannique disent qu'il se montre encore en Angleterre, mais très-rarement ; et il ne fréquente plus guère que les déserts de la Tartarie.

C'est encore une espèce très-douteuse.

Le Faucon lanier de Brisson, est l'Oiseau Saint-Martin.

Le Faucon-leverian. *V.* Balbuzard.

Le Faucon-luisant. *V.* Faucon bleuâtre, a queue noire.

Le Faucon-lunulé. *V.* Faucon-berrée.

Le Faucon malfini, *Falco sparverius*, Lath., pl. 12, (le mâle), pl. 13. (le jeune), des Oiseaux de l'Amérique septentrionale, sous le nom de Cresserelle æsalon. Les Colons de Saint-Domingue donnent ce nom à un *émerillon*, qui se trouve encore à la Caroline, à Cayenne, au Paraguay et dans les Etats-Unis.

Buffon pensoit que ce nom de *malfini* étoit le même que celui de *mamsfini* mal prononcé. Mais l'oiseau des îles Antilles, que le père Dutertre a désigné par ce dernier nom, n'a d'autre rapport avec le *malfini*, que d'être également un *oiseau de proie*, et il en diffère à beaucoup d'égards, ainsi qu'on peut le voir en jetant un coup d'œil sur la description que nous en donnons au mot *mansfini*, article des Oiseaux de proie.

Mais on ne peut méconnoître le *malfini* dans cette autre notice du père Dutertre. « L'*émerillon*, dit-il, que nos habitans appellent *gry-gry*, à cause qu'en volant il jette un cri, qu'ils expriment par ces syllabes *gry-gry*, est un autre petit oiseau de proie qui n'est guère plus gros qu'une *grive;* il a toutes les plumes de dessus le dos et des ailes rousses, tachées de noir, et le dessous du ventre blanc, moucheté comme les fourrures d'hermine; il est armé d'un bec et de griffes à proportion de sa grandeur; il ne fait la chasse qu'aux petits lézards et aux sauterelles, et quelquefois aux petits poulets quand ils sont nouvellement éclos; je leur en ai fait lâcher plusieurs fois; la poule se défend contre lui et lui donne la chasse. Les habitans en mangent, mais il n'est pas bien gras. » (*Hist. nat. des Antilles*, tom. 2, pag. 253.) Cette description peut bien convenir à l'individu observé par Dutertre, mais le plumage de cet oiseau change tellement depuis le jeune âge jusqu'à l'âge avancé, qu'il en est résulté des espèces purement nominales et des variétés de notre émerillon; en effet, c'est à cette espèce qu'il faut rapporter les *Falco æsalon*, *novæboracensis* et *caribæarum* de Gmelin; son *Falco sparverius* (planc. enlum. de Buffon, n.° 465, sous le nom d'*émerillon de la Caroline*); le *Falco dominicensis*, figuré dans Brisson, pl. 32, f. 2, sous la dénomination d'*émerillon de Saint-Domingue*, et enfin l'*émerillon de Cayenne*, pl. enl., n.° 444. Des individus ont sept taches noires sur les côtés de la tête et sur la nuque; d'autres n'en ont point ou elles sont peu visibles; plusieurs ont les parties inférieures d'une couleur uniforme, blanche, rousse ou d'un roux vineux; d'autres ont les mêmes parties tachetées ou rayées; la tête de quelques-uns est totalement brune; chez d'autres l'occiput seul est de cette couleur, et le reste d'un cendré bleuâtre; il en est encore qui diffèrent des précédens par des nuances plus ou moins foncées, par la distribution et le nombre des taches et des raies; on ne peut néanmoins les isoler spécifiquement, puisqu'il y a entre eux conformité de formes, d'instinct, de mœurs et d'organes. Ces oiseaux se rapprochent beaucoup plus de la cresserelle que de l'émerillon, par leurs cris, leurs habitudes et leur naturel. Buffon étoit donc bien fondé à dire « ces *émerillons* de l'Amérique paroîtront à tous ceux qui les examineront attentivement, plus près de la *cresserelle* que de l'*émerillon* des *fauconniers*. »

Cette espèce porte aux Antilles les noms de *malfini*, de *pri-pri* et de *gry-gry*. Le premier de ces noms leur est donné par les Créoles, ainsi qu'à d'autres petits oiseaux de proie, d'après leur peu de prévoyance, qui les expose à mal finir leur carrière; les autres sont tirés de son cri différemment entendu. Les habitans des Etats-Unis l'appellent *Sparrow little hawk* (*petit épervier des moineaux*). Cette espèce est rare dans le nord des Etats-Unis, plus commune dans le Sud et très-nombreuse à Saint-Domingue, surtout aux mois d'avril et de mai. La facilité avec laquelle elle peut trouver à tout instant les lézards *anolis*, sa principale nourriture, dans les

Antilles, semble avoir changé ses mœurs et l'avoir rendue plus sociable; en effet, elle n'a point, à Saint-Domingue, la méfiance, l'ardeur et l'activité qu'elle montre dans le nord de l'Amérique. Là, cet oiseau aime à vivre dans la société de ses semblables, et montre beaucoup d'attachement pour sa femelle. Il fait son nid dans les forêts, à la cime des plus grands arbres. Sa ponte est de quatre œufs blancs, et tachetés de roux; il niche au Paraguay dans des trous d'arbre, ou dans les galeries des églises. Là, sa ponte n'est que de deux œufs. Il est à remarquer que la couvée des oiseaux de cette partie de l'Amérique est, chez tous, au rapport de M. de Azara, composée d'un moindre nomdre d'œufs que dans le nord de ce continent.

Le mâle a le bec d'un bleu noirâtre et couleur de corne à la base de sa partie inférieure; le tour des yeux; le front et les joues blancs; la cire et les pieds jaunes; le sommet de la tête d'un gris ardoisé; sept taches noires qui sont situées à une distance presque égale sur la nuque et sur les côtés de la tête; le dessus du corps d'un brun-roux; le dos rayé transversalement de noir; les petites et les moyennes couvertures des ailes d'un gris bleuâtre sombre, moucheté de noir; les grandes, de cette dernière couleur et grises à leur extrémité; les pennes noires, bordées de gris en dehors et terminées de blanc; la queue d'un brun-roux dans une partie de sa longueur, ensuite noire et blanche à sa pointe; la gorge d'un blanc sale, ainsi que le bas-ventre; les autres parties inférieures sont fauves et tachetées de noir. Longueur totale, neuf pouces et demi. La femelle diffère par une taille un peu plus forte et par des couleurs un peu moins belles. Elle a en outre le dessus de la tête varié de brun; les couvertures des ailes de cette dernière teinte; un plus grand nombre de bandes transversales sur le dos, et plus de taches ou de raies en dessous du corps.

Le jeune (que je décris d'après les individus que j'ai eu l'occasion de voir à Saint-Domingue et dansles Etats-Unis), est un peu moins long que les adultes, il a le bec bleuâtre en dessus, et couleur de corne en dessous; l'iris noisette; le dessus de la tête de deux nuances grises; une tache rousse sur l'occiput; sept marques roussâtres et distribuées comme chez les adultes; le manteau rayé de roux et de noirâtre; les pennes des ailes de cette dernière couleur; les deux premières bordées de blanc sale en dehors et tachetées de roussâtre en dedans; la queue d'un brun-roux en dessus, et traversée par des bandes noires et une blanche qui est à son extrémité; ces bandes sont en dessous sur un fond gris, plus étroites et d'une nuance plus claire ; la gorge est blanche ; le devant du cou et de la poitrine sont gris et tachetés de brun ; les parties postérieures pareilles à la gorge et les pieds d'un jaune pâle. Tel est le jeune avant sa première mue. Celui que Latham donne pour une variété de notre *émerillon*, sous le nom de *newyork merlin* est plus avancé en âge. Les individus décrits par M. de Azara présentent aussi quelques différences ; mais il est aisé de reconnoître qu'ils appartiennent à la même espèce.

Le FAUCON DE MARAIS d'Edwards, est la SOUBUSE femelle.

Le FAUCON DE MARAIS. M. Salerne, dans son Ornithologie, donne ce nom au BALBUZARD.

Le FAUCON MÉLANOPS. *V*. OISEAUX DE PROIE.

Le FAUCON MÉRIDIONAL. *V*. OISEAUX DE PROIE.

Le FAUCON MISSIFLANCE. *V*. OISEAUX DE PROIE.

Le FAUCON MONTAGNARD, *Falco rupicolis*, Lath. pl. 35 de l'*Hist. nat. des Ois. d'Afrique*, par Levaillant.

C'est une *cresserelle*, et peut-être la *cresserella* d'Europe modifiée par l'influence du climat de l'Afrique. Elle est presque sur tout le corps d'un roux terne, et taché de noir ; elle a la tête d'un brun roussâtre ; la gorge blanche ; le ventre gris, rayé de noir ; les ailes noires, ainsi que le bec et les ongles ; la queue rousse et les pieds jaunes. Sa taille est à peu près celle de notre *cresserelle ;* la femelle, qui est plus grosse que le mâle, a la teinte rousse moins foncée ; et les taches moins nombreuses.

Les colons hollandais du Cap de Bonne-Espérance connoissent cet oiseau sous le nom de *faucon rouge* ou de *faucon de pierres ;* et cette dernière dénomination, de même que celle de *montagnard* que Levaillant lui a donnée, indique les lieux qu'il habite ; c'est, en effet, sur les montagnes et les rochers qu'il a fixé sa demeure naturelle. Il pose à plat, sur la roche même, un nid formé négligemment d'herbes et de brins de bois, sur lesquels la femelle dépose six à huit œufs roux. Le cri de cette *cresserelle* est très-aigu, et sa nourriture se compose de reptiles, de petits quadrupèdes et d'insectes.

Le FAUCON DE MONTAGNE, de Brisson. *V*. OISEAUX DE PROIE.

Le FAUCON DE MONTAGNE CENDRÉ, est le mâle de la *soubuse*. *V*. BUZARD SOUBUSE.

Le FAUCON NIAIS. C'est celui que l'on prend au nid pour l'élever et le dresser à la chasse du vol.

Le FAUCON NOCTURNE. *V*. FAUCON KOBEZ.

Le FAUCON NOIR, *Falco ater*, Lath., pl. enl. de Buff. sous le nom de *faucon passager*, n.° 469, var. E. Ce *faucon* se prend au passage à Malte, en France et en Allemagne. Ses courses ne se bornent point aux contrées de l'Europe ; car on le voit encore sur les côtes de l'Amérique septentrionale, à Terre-Neuve et à la baie d'Hudson. Cet oiseau est regardé comme un jeune de l'espèce du faucon proprement dit, ainsi que le *faucon noir* d'Edwards, pl. 4, lequel diffère de celui de Buffon, en ce qu'il a les pieds jaunes ; et enfin, le *schwarzbrauner-habicht* de Frisch, pl. 83.

Le FAUCON NOIR RAYÉ. *V.* OISEAUX DE PROIE.

Le FAUCON DE LA NOUVELLE-ZÉLANDE. *V.* OISEAUX DE PROIE.

Le FAUCON OBSCUR, *Falco obscurus*, Lath., est un individu de l'espèce du FAUCON DES PIGEONS.

Le FAUCON OPHIOPHAGE, *Falco ophiophagus*, Vieill. se trouve dans le sud des Etats-Unis où il se nourrit de serpens. Il a treize pouces de longueur ; le bec noir et court ; la cire bleuâtre ; la mandibule supérieure dentée dans le milieu ; l'inférieure foiblement échancrée vers le bout ; la queue carrée ; la tête, le cou et toutes les parties inférieures d'un gris-blanc, qui prend un ton roussâtre sur la tête, sur la gorge, les paupières et le *lorum*. Cette couleur prend, en avant de l'œil, la forme d'un croissant qui l'enveloppe à moitié ; les scapulaires, le dos et les petites couvertures des ailes sont d'un gris foncé, les grandes terminées de blanc ; ce qui forme une bande oblique sur l'aile dont les pennes sont noires, ainsi que le croupion, la queue et les ongles ; les pieds sont bleus.

Le FAUCON PASSAGER, *Falco communis ater*, var. pl. enl. 469, est une femelle âgée de deux ans, de l'espèce du *faucon commun*.

Le FAUCON PATU, *Falco leucocephalus*. Variété du *Falco communis* de Lath., figuré par Frisch, pl. 75. C'est la BUSE PATUE.

Le FAUCON PÊCHEUR d'Adanson, est le FAUCON TANAS.

Le FAUCON PÊCHEUR des Antilles, est le MANSFINI. *Voy.* OISEAUX DE PROIE.

Le FAUCON PÊCHEUR de la Caroline, est le BALBUZARD. *V.* BALBUZARD.

Le FAUCON PÉLERIN. C'est, en fauconnerie, le FAUCON PASSAGER.

Le PETIT FAUCON. Dénomination par laquelle quelques auteurs ont désigné l'EMERILLON.

Le PETIT FAUCON DU BENGALE, *Falco cœrulescens*, Lath.,

pl. 108 des Oiseaux d'Edwards, est très-petit; car sa longueur totale n'est que de six pouces et demi. Il a le bec noirâtre; la cire et l'iris jaunes, ainsi que la peau dénuée de plumes qui entoure les yeux; on remarque autour de celle-ci une tache noire, bordée de blanc, qui, de là, descend sur les côtés du cou; les parties supérieures sont d'un noir bleuâtre, et les inférieures d'une teinte orangée, plus pâle sur la poitrine; les deux pennes intermédiaires de la queue sont totalement noires; les autres ont de plus des raies transversales blanches sur les côtés; les pieds sont jaunes et les ongles noirâtres. M. Edwards observe que les jambes sont emplumées jusqu'au-dessous du genou, et que cet oiseau est à proportion aussi courageux et aussi fort que l'aigle.

Le PETIT FAUCON NOIR ET ORANGÉ DES INDES, d'Edwards. *V.* PETIT FAUCON DU BENGALE.

Le FAUCON DES PIERRES. C'est ainsi que les Hollandais du Cap appellent le FAUCON MONTAGNARD. *V.* ce mot.

Le FAUCON ou la CRESSERELLE DES PIGEONS, *Falco columbarius*, Lath., pl. 11 des *Oiseaux de l'Amérique septentrionale.* C'est mal à propos qu'on a donné à cet accipitre le nom d'*épervier*, car il n'en a ni les caractères ni les habitudes. On le rencontre, dans toute l'Amérique septentrionale, depuis la Louisiane jusqu'à la baie d'Hudson où il porte le nom de *pecustis.* Il construit son nid sur les arbres, à la bifurcation de deux grosses branches, avec des herbes grossières et des rameaux à l'extérieur, de la mousse et des plumes à l'intérieur. Sa ponte est de quatre œufs blancs, tachetés de roussâtre. Il fait la chasse aux tourterelles, aux pigeons, et surtout aux troupiales commandeurs, qu'il attaque d'une manière particulière, à l'époque où ils se réunissent en troupes très-nombreuses. Alors, il les perd rarement de vue, soit qu'ils cherchent leur nourriture, soit qu'ils se jouent dans les airs. Il se tient ordinairement sur un arbre ou une clôture, d'où il veille sur tous leurs mouvemens. Il ne quitte pas son poste, tant qu'ils sont occupés à chercher leur nourriture; le moment de les attaquer n'est pas encore venu. Mais au moment où toute la bande va se réfugier dans les roseaux ou se percher sur un arbre, il part, fond dessus avec la rapidité de l'éclair. Son coup d'œil est si juste, son départ si bien calculé, son vol si rapide, qu'il arrive aussitôt qu'eux, quelque éloignés qu'ils soient, et qu'il manque rarement son but. Il a d'autant plus de facilité à saisir sa proie, que ces troupiales se posent toujours très-près les uns des autres. Il attaque de la même manière les *pigeons à longue queue*, dont l'habitude est de se tenir toujours en troupes serrées, lorsqu'ils volent, ou qu'ils sont perchés.

La *cresserelle des pigeons* a le bec d'un bleu-noir en dessus, de couleur de corne en dessous et vers la base; la cire bleuâtre; l'iris et les pieds jaunes; une ligne d'un blanc roussâtre sur l'œil, laquelle part de la mandibule supérieure et s'étend jusqu'à l'occiput; le dessus de la tête, du cou et du corps d'un brun un peu ardoisé et tacheté de noir longitudinalement sur les deux premières parties, dont les côtés sont blancs et marqués de brun foncé. La gorge est blanche; cette couleur se ternit sur la poitrine et sur les parties postérieures, dont les plumes ont des taches brunes sur le milieu et les bords blancs; les couvertures supérieures et les pennes des ailes sont d'un brun foncé; les primaires grises en dessous et rayées transversalement de noirâtre; les secondaires et les couvertures inférieures ont des taches presque rondes, ferrugineuses chez quelques-uns, et d'un gris-blanc chez d'autres; ces taches, qui sont sur le bord des plumes, vers le bout, se trouvent encore, au nombre de quatre, sur chaque plume des flancs; la queue est pareille aux ailes, et a quatre ou cinq raies blanches, plus larges en dessous qu'en dessus. Longueur totale, dix à onze pouces. Tel est l'oiseau parfait. Le jeune a dix pouces de longueur. Sa couleur dominante est le brun, mais ses joues sont couvertes de plumes blanchâtres à tige brune; une ligne blanche passe au-dessus des yeux; les plumes du croupion sont terminées de gris clair, et si on les soulève, on découvre des taches blanches, en forme d'œil; toutes les parties inférieures sont blanches, et, à l'exception de la gorge, semées de taches brunes; sur les flancs et sur les couvertures du dessous de la queue, il y a des taches rondes et blanches; des bandes ou raies de la même couleur traversent les pennes des ailes et de la queue; enfin les plumes des jambes ont leur tige noire et leurs barbes jaunes. Dans ses premières années, ses couleurs ne sont pas tout-à-fait les mêmes; il n'est donc pas étonnant qu'il soit décrit d'une autre manière, et qu'il diffère du pigeon Hawk, des *Falco dubius*, *obscurus*, *fuscus*, de Latham, et de l'*émerillon varié* de Daudin, lequel est un jeune oiseau.

Le Faucon a poitrine orangée, *Falco aurantius*, Lath., a quatorze pouces de long; le bec couleur de plomb, presque blanc à la base, assez robuste, proportionnellement à la taille de l'oiseau; le plumage d'un brun-noir en dessus, uniforme sur le cou; le sommet de la tête et les couvertures des ailes variés de bandes blanchâtres transversales, interrompues et peu nombreuses sur le reste des parties supérieures;

les plumes du menton très-longues, étroites, sétacées, et d'une couleur blanchâtre ; la gorge et la poitrine orangées ; cette teinte incline au brun sur la première partie, et est variée de taches blanches arrondies ; le ventre d'un brun-noir avec des bandes interrompues d'une couleur de buffle sale ; les plumes des jambes ferrugineuses et tachetées de brun sur leur tige ; les couvertures inférieures de la queue pareilles, avec quelques bandes transversales noirâtres ; la queue de la couleur du dos, traversée, dans sa moitié inférieure, par des raies blanches ; l'autre moitié d'une teinte brune foncée uniforme; les pieds couleur de plomb, et les ongles noirs. Quelques individus ont une taille moins forte, et les raies du dessus du corps d'une nuance moins foncée ; d'autres sont rayés de bleuâtre sur le dos, dont le fond est lui-même d'un noir bleuâtre ; ils ont, en outre, du roux, au lieu d'orangé, au-devant du cou et à la poitrine ; le bas-ventre de la même couleur ; une tache blanche au milieu du cou et les pieds fauves. Ce sont des variétés produites par la différence du sexe ou de l'âge et par la mue, et qui ne constituent point des races constantes. C'est le *hobereau-orangé* de Sonnini, et je pense comme ce savant, que l'*alconcillo plomado*, de M. de Azara, fait partie de la même espèce, quoiqu'il y ait quelques différences dans les nuances des couleurs.

Ces *faucons* se trouvent à Surinam et dans l'Amérique australe. Ils suivent, dit l'historien des *Oiseaux du Paraguay*, les voyageurs et les chasseurs qui traversent les campagnes, et voltigent autour d'eux pour se jeter sur les petits oiseaux et les perdrix que les hommes font lever ; genre de vie qui les rapproche de notre *hobereau*.

Le FAUCON PUNICIEN. *V.* FAUCON TUNISIEN.

Le FAUCON A QUEUE EN CISEAUX. *V.* MILAN DU PARAGUAY.

Le FAUCON RHOMBOÏDAL. *V.* OISEAUX DE PROIE.

Le FAUCON RIEUR. *V.* MACAGUA.

Le FAUCON DE ROCHE OU ROCHIER, est un vieux mâle de l'espèce du FAUCON ÉMERILLON.

Le FAUCON ROITELET, *Falco regulus*, Pallas; se trouve en Sibérie. Sa longueur n'est pas indiquée ; mais ce savant voyageur dit que c'est l'oiseau de proie le plus petit qui soit connu. Il a le bec et l'air de la cresserelle ; la cire verdâtre ; l'iris brun ; le dessus de la tête d'un brun grison varié de lignes noirâtres ; une couleur ferrugineuse autour du cou ; les plumes du dos d'une couleur de plomb grisâtre et brunes sur leur tige ; la gorge et les parties postérieures blanchâtres, avec un grand nombre de taches d'un brun ferrugineux ; le bord de l'aile blanc ; les pennes de la queue presque égales, de la couleur du dos, rayées transversalement en dessous, noires sur les bords et blanches à leur extrémité; les pieds d'un jaune foncé. Il fait la chasse principalement aux alouettes.

Le FAUCON ROUGE. Nom que les Hollandais du Cap de Bonne-Espérance donnent au FAUCON MONTAGNARD. *V.* ce mot.

Le FAUCON ROUGE DES INDES. *V.* OISEAUX DE PROIE.

Le FAUCON SACRE, *Falco sacer*, Lath. Aux yeux de plusieurs ornithologistes nomenclateurs, il n'est même qu'une variété du *faucon* commun ; cependant Belon, observateur exact, qui le premier a décrit le *sacre*, le donne pour une espèce distincte ; et il est juste, dit Buffon, de s'en rapporter à lui. M. Cuvier (*Règne animal*) le cite dans la synonymie du GERFAUT. On ne peut donc assurer que ce soit une espèce particulière et distincte. Au reste, le sacre est devenu fort rare dans nos pays. On l'y employoit néanmoins au temps de Belon, dans les fauconneries, comme un oiseau de haut vol, dont on se servoit pour chasser le *milan* et toute espèce de gibier. C'étoit la femelle qui portoit le nom de *sacre ;* le mâle s'appeloit *sacret* : il n'y a d'autre différence entre eux que dans la grandeur. Ce sont des oiseaux passagers qui paroissent venir du Nord pour se rendre dans des contrées méridionales, et y passer une partie de l'année. On les voit en Sardaigne, à Rhodes, dans l'île de Chypre, et dans plusieurs autres îles de l'archipel de la Grèce. Ils sont encore à présent, dans l'Inde, au nombre des oiseaux de vol les plus estimés pour la force et le courage.

Si le corps du sacre n'étoit pas arrondi, il paroîtroit aussi grand que le faucon; mais ses jambes sont plus courtes ; son bec et ses pieds sont bleus, et son plumage tacheté de brun sur le dos, la poitrine et les couvertures des ailes ; les pennes de la queue ont des taches en forme de lunules ; le dos est noirâtre chez des individus, et roussâtre chez d'autres ; l'iris est noir. Sa taille tient le milieu entre celle du *faucon* et celle du *gerfaut*.

Le SACRE AMÉRICAIN, *Falco sacer*, var. Lath., passe pour être une variété du *sacre* de l'ancien continent ; mais aucune observation positive n'appuie cette assertion des auteurs systématiques. C'est au nord de l'Amérique, et particulièrement à la baie d'Hudson, que se trouve ce *sacre ;* il y fait sa proie ordinaire des *perdrix* et des *gelinottes*. Il est plus grand et moins ramassé que le sacre proprement dit ; les teintes de son plumage sont moins sombres, et sa tête, sa poitrine et son ventre ont des taches brunes et longitudinales sur un fond blanc ; il a, comme l'autre, le bec et les pieds bleus.

Le Faucon sors, *Falco hornotinus*, var., pl. enl. de Buffon, n.° 470, est un jeune *faucon commun*.

Le Faucon souffleur. *V.* Oiseaux de proie.

Le Faucon a sourcils nus. *V.* Oiseaux de proie.

Le Faucon a taches rhomboïdales. *Voyez* Oiseaux de proie.

Le Faucon tacheté, *Falco maculatus*, var., Lath., est, suivant Buffon, le jeune du Faucon passager. Il a plus de vingt-un pouces de longueur totale; la tête blanche et mélangée de ferrugineux; les plumes du dos blanchâtres, fasciées de brun et bordées de blanc; la queue avec quatorze bandes transversales, alternativement brunes et blanches; les ongles noirs; le postérieur assez long.

Le Faucon tanas, *Falco piscator*, Lath., fig. dans l'*Hist. nat. des Oiseaux d'Afrique*, par Levaillant, n.° 28, sous la dénomination de *faucon huppé*. (*Nota*, que la *planche enluminée*, n.° 478 de l'*Hist. nat. des Oiseaux de Buffon*, présente une figure très-fautive du *tanas*.)

Cet oiseau de proie, un peu plus petit que le *faucon* commun, porte sur la tête de longues plumes en arrière, formant une sorte de huppe qui ne commence à paroître que quelques mois après que le *tanas* a pris l'essor. Le bec, dans cette espèce, a des dents très-sensibles; la tête est couleur de rouille, le corps cendré en dessus, avec une bordure brune à chaque plume, et le dessous jaunâtre, tacheté de brun; le bec est jaune et les pieds sont bruns. L'âge ou le sexe apportent des différences, non-seulement dans la grandeur des individus, mais encore dans les couleurs du plumage; les jeunes ont la gorge, le cou et la poitrine variés de roux et de gris-brun, et tout le corps fauve.

Les Nègres du Sénégal donnent à ce *faucon* le nom de *tanas*. On le trouve dans toute la partie méridionale de l'Afrique, et notamment au Cap de Bonne-Espérance. Il se tient au bord des eaux, perché sur les branches sèches et les troncs d'arbres. C'est un habile pêcheur; il saisit, avec beaucoup de prestesse, les petits poissons, sans toucher la surface de l'eau, et les enlève entre ses serres; il les déchire avec son bec, et les mange par morceaux. La femelle pond quatre œufs d'un blanc roussâtre, et elle est aidée par le mâle dans le travail de l'incubation.

Le Faucon de Tartarie, *Falco peregrinus tartaricus*, Lath. Il est plus grand que le *faucon passager*, et ses serres sont plus longues. Il a du roux sur les ailes. M. Meyer le rapporte au *faucon commun*, et le considère seulement comme en étant une variété d'âge.

Le Faucon de Terre-Neuve, *Falco Novæ-Terræ*, Lath., est une Buse patue. *V.* ce mot.

Le Faucon testacé est le même que le Faucon de l'Île de Java. *V.* Oiseaux de proie.

Le Faucon a tête blanche, *Falco leucocephalus*, Frisch, pl. 75, n'est point un *faucon;* c'est la Buse patue. *Voy.* ce mot.

Le Faucon a tête et cou blancs. *V.* Oiseaux de proie.

Le Faucon a tête noire, *Falco atricapillus*, Wilson, *Ornith. de l'Amér. sept.*, pl. 52, f. 3, a vingt-deux pouces de longueur totale; le bec et la cire bleus; l'iris couleur d'ambre rougeâtre; l'occiput noir, bordé, sur chaque côté, par une raie blanche finement ponctuée de noir; les parties supérieures lavées de brun; les pieds jaunes, emplumés jusqu'à moitié, le croupion d'un blanc pur; les plumes de toutes les parties inférieures de cette couleur, finement rayées de brun et noires sur la tige.

Cette espèce se trouve dans les Etats-Unis.

Le Faucon a tête rousse, *Falco meridionalis. V.* Oiseaux de proie.

Le Faucon tunisien n'est qu'une variété d'âge ou de sexe du *faucon commun.*

Le Faucon vautour. *V.* ci-après Gerfaut.

Le Faucon veilleur. *V.* Falck, à l'article des Oiseaux de proie.

B. *Bec édenté.*

Le Gerfaut ou Gerfault, *Falco islandicus*, Meyer, pl. enl. de Buffon, n.os 410, 456, 462, se trouve dans le nord de l'Europe; il est le plus estimé de tous les oiseaux de proie que l'on emploie dans la fauconnerie. M. Cuvier en fait, comme je l'ai dit à l'article *faucon*, le type d'une nouvelle division, sous le nom latin *hiero-falco*, faucon sacré. Ce nom vient de ce que le *sacre*, que ce savant donne pour un gerfault, tient à l'ancienne vénération des Egyptiens pour certains oiseaux de proie, et le mot *gerfault* est corrompu d'*hiero-falco*; mais est-il bien certain que le *sacre* des Egyptiens soit réellement le gerfault? Au reste, M. Savigny n'en fait aucune mention dans son ouvrage sur les oiseaux d'Égypte, si ce n'est pour les rapporter à son *vautour percnoptère.* D'autres ornithologistes font dériver le mot *gerfaut* de l'allemand *gyr* ou *gyer*, qui signifie *vautour*, en sorte que *gyr falco*, et par corruption *gerfaut*, veut dire *faucon vautour.* Si l'on n'est pas d'accord sur l'étymologie du nom, on ne l'est pas non plus quand il s'agit de déterminer l'espèce. En effet, des auteurs ont présenté des gerfauts sous quatre noms spécifiques particuliers, savoir : ceux de *falco candicans*, *islandicus*, *gyr-falco* et *sacer* ; d'autres les réunissent tous dans une seule espèce, qui, selon Sonnini, est composée de trois races constantes, toutes trois naturelles aux climats froids, et qu'on ne voit point en France, ni dans aucun autre pays tempéré. Ces trois races sont les *gerfauts blanc*, d'*Islande* et de *Norwége*. Il n'existe, suivant M. Meyer, qu'une seule espèce, dont le *falco islandicus* est le type, et dont les deux autres ne sont que des variétés d'âge, ainsi que les *falco* de Gmelin *candicans*, var. B., *islandicus*; *maculatus*, var. C, du *falco islandicus* ; *candicans* n.° 101, *gyr-falco* n.° 27, *sacer* n.° 93, et le *falco fuscus* de la Faun. Groënl, n.° 34 B. M. Cuvier ne fait qu'une espèce des *falco candicans*, *cinereus* et *sacer* de Gmelin. Il donne le *falco gyr-falco* pour un *autour*, et ne fait pas mention des autres. Il résulte de cette diversité dans les opinions, que l'on n'a pas encore de données suffisantes pour déterminer le gerfaut spécifiquement, et que, si l'on admet les réunions indiquées ci-dessus, cet accipitre se présente sous un plumage très-variable, et de plus, avec une cire et des pieds tantôt jaunes, tantôt bleus.

La livrée la plus générale du gerfaut d'Islande est plus ou moins blanche et parsemée de taches cordiformes d'un brun foncé ou noirâtres. Il est, dans l'âge avancé, d'un blanc pur avec quelques taches isolées, plus ou moins apparentes, brunes ou noirâtres, et en forme de cœur sur le dessus du corps, et encore plus rares en dessous. Les pennes de la queue sont blanches, et on remarque quelques raies sur les intermédiaires. Voilà pour l'espèce. Les variétés sont : 1.° le *falco candicans* var. B., *islandicus*, lequel a le bec d'un brun foncé; la cire d'un jaune clair; la tête d'un blanc roussâtre, variée de raies longitudinales d'un brun sombre ; le dos et les couvertures supérieures des ailes avec des taches oblongues blanches; le dessous du corps blanc, avec des marques noires ; les culottes blanches avec des raies transversales plus ou moins brunes ; les rémiges d'un brun foncé, blanches à l'intérieur et rayées en travers ; les pennes de la queue du même brun, variées de bandes transversales blanches interrompues par leur tige. 2.° Le *falco maculatus* est blanc en dessus et en dessous, avec de grandes taches noires, cordiformes. 3.° Le *gerfaut de Norwége*, pl. enl. 462 ; les *falco candicans* et *gyr-falco* de Gmelin, sont regardés comme des jeunes ; ils sont plus estimés en fauconnerie que les autres, parce qu'ils sont plus courageux et en même temps plus vifs et plus dociles ; il y a plus de brun sur leur plumage. 4.° Le *falco fuscus* de la Faune Groënl. B. a la cire bleuâtre ; les pieds ou de cette teinte ou jaunâtres ; le dessus du corps d'un brun foncé ; le dessous d'un jaune ferrugineux avec des taches longitudinales d'un gris cendré foncé sur la gorge. Ces taches sont transversales sur les autres parties inférieures. J'ai peine à croire que cet oiseau soit un gerfaut, comme le dit Meyer, qui décrit encore comme des variétés, deux autres individus, dont l'un a le bec d'un brun foncé ; la cire d'un jaune clair ; la tête d'un blanc rayé de roussâtre et avec des taches longitudinales d'une couleur foncée ; les plumes du dos brunes et bordées de blanc ; les pennes des ailes du même brun et d'un blanc roussâtre sur leur bord extérieur, et rayées de blanc à l'intérieur ; la queue traversée par des bandes blanches et d'un brun foncé ; le dessous du corps blanc et tacheté de brun en longueur ; les plumes des jambes comme celles du ventre ; les pieds d'un jaune clair. L'autre a l'iris d'un jaune foncé ; le dos et les ailes bruns et tachetés de blanc ; le bas du dos et le croupion avec des bandes d'un gris-blanc ; la gorge et le devant du cou d'un blanc roussâtre et tacheté de noir ; les pieds d'un jaune clair. Mais ce qui tend encore à confondre le gerfaut avec d'autres oiseaux de proie, c'est que l'on prétend que, dans la même nichée, il se trouve des petits, gris, demi-gris et blancs.

La grosseur du gerfaut surpasse celle de l'*autour mâle ;* les pieds sont jaunes ; la cire et le bec bleuâtres ; celui-ci assez court et sans dents ni échancrure à son extrémité. Sa queue est longue et ses ailes pliées n'en atteignent pas l'extrémité. Le dessus de sa tête est aplati de même que dans le *faucon ;* la première penne de son aile, ou le *cerceau*, est presque aussi longue que la suivante, et se termine en forme de lame de couteau ; enfin ses tarses sont courts et ses doigts allongés.

De tous les oiseaux de proie, le gerfaut est, après l'*aigle*, le plus fort, le plus vigoureux et le plus hardi ; il ne craint pas même de se mesurer avec le tyran des airs, et dans un engagement en apparence inégal, il prouve par ses victoires ce que peut la valeur contre les avantages de la taille et des armes. A des qualités nécessaires à un être que la nature a destiné aux combats et au carnage, cet oiseau joint la promptitude dans les mouvemens, la célérité dans l'exécution, et l'activité qui enchaîne les succès. Aussi l'art de la fauconnerie s'est-il emparé de cette espèce puissante. Le gerfaut tient le premier rang parmi les oiseaux de haute-volerie ; il est bon à toutes les sortes de chasse, il n'en refuse aucune ; il a bientôt fatigué et pris les grands oiseaux d'eau, tels que la cicogne, la grue, le héron ; il est aussi très-propre au vol du milan, et si on l'emploie à des expéditions moins brillantes, mais plus utiles, il réussit mieux qu'aucun autre, et avec tant d'avantages, qu'après l'avoir vu chasser, on est dégoûté des autres oiseaux de vol. Si une perdrix que les chiens font lever cherche à remonter un coteau, elle n'a pas fait la moitié du chemin, qu'elle est déjà dans les serres du gerfaut.

Mais ce bel oiseau est aussi fier que courageux ; son éducation demande des ménagemens ; il veut être traité avec douceur, avec patience ; il exige des soins particuliers, et si on les lui épargne, il se rebute, s'impatiente et devient indomptable. *V.* l'article de la FAUCONNERIE. (S. et V.)

Dans l'état de liberté, cet oiseau fait sa proie ordinaire d'autres espèces, et particulièrement des pigeons. Son naturel est si ardent, que lorsqu'il a saisi une proie et qu'il en a déchiré quelques lambeaux, il la quitte pour en poursuivre une autre.

FAUCON MARIN. Les RAIES, AIGLE et PASTENAGUE ont quelquefois reçu ce nom. (DESM.)

FAUCONNEAU. C'est un jeune FAUCON. (S.)

FAUCONNEAU. *V.* IBIS VERT. (V.)

FAUCONNERIE. Art de dresser les *faucons* destinés à la chasse du vol, et de les gouverner.

On appelle aussi *fauconnerie*, l'attirail et l'équipage de la chasse du vol, ainsi que les bâtimens où on les rassemble.

Ce que nous allons présenter de l'art de la fauconnerie, sans former un traité complet, suffira pour intéresser la curiosité sur les points essentiels de ce système, instruire l'amateur, et le mettre à même de perfectionner et d'étendre ses connoissances par la lecture, devenue plus facile, des auteurs qui se sont distingués dans cette carrière.

Il seroit bien inutile au chasseur le plus passionné, de chercher à faire connoissance avec des écrivains à peu près ignorés, et qui, publiant leur doctrine avant l'époque de la formation de la langue, ajoutent à des compositions prolixes, diffuses et sans plan, l'obscurité du langage et l'inintelligibilité de la méthode. Il faut dans cette étude s'appliquer principalement à deux ouvrages anciens : *la Fauconnerie de Charles d'Arcussia de Capre, seigneur d'Esparron, à Paris, chez Jean Hovel, en* 1627, *in-4.°* ; *La Fauconnerie de Jean de Franchière, grand-prieur d'Aquitaine, in-4.° A Paris ; chez Claude Cramoisy*, 1728.

Un observateur de nos jours a fait faire à la fauconnerie quelques pas de plus. « M. Hubert, savant génévois, qui à « une imagination active, dit l'*Encyclopédie méthodique*, joint « le talent d'observer, s'est occupé de la fauconnerie en « homme de génie, en observateur qui compare les produc- « tions de la nature, qui lie les connoissances, les augmente « les unes par les autres, et qui, dans une découverte qu'il vient de faire, reconnoît la route qui conduit à une découverte nouvelle ; il a composé un ouvrage qu'il n'a jamais publié, mais dont il a bien voulu communiquer le précis à un de nos plus grands naturalistes, qui en a fondu les idées dans son travail, d'où nous allons les extraire ».

En joignant à ces sources d'instruction ce que la première *Encyclopédie*, et celle qui l'a suivie, ont rédigé sur la fauconnerie, on aura tout ce qu'il importe de savoir en ce moment sur cet art d'agrément.

Il comprend quatre articles principaux: 1.° Choisir le faucon; 2.° l'élever; 3.° le dresser; 4.° soigner sa santé.

1.° *Le choix du faucon.*—Ce premier point est le plus essentiel: de la bonne ou mauvaise acquisition du sujet, dépend tout le succès de l'éducation, et la somme de plaisir que l'élève doit procurer dans la suite ; car, dans la variété des individus de l'espèce, se retrouvent, et d'une manière bien prononcée, au moins à l'intérieur, la diversité et la dissimilitude des nuances de caractère, d'appétit, de passion et de facultés. La nature heureusement n'a point voulu que dans l'acquisition de ces oiseaux on fût trompé, et elle a pris soin de désigner par des indices assez sûrs et faciles à reconnoître, les faucons qu'il lui a plu d'enrichir des dons les plus estimables.

Un bon faucon doit avoir la tête ronde; le bec court et gros, le cou fort long, la poitrine nerveuse ; les mahutes (*le haut des ailes près du corps*) larges ; les cuisses longues ; les jambes courtes ; la main large ; les doigts déliés, allongés, et nerveux aux articles ; les ongles fermes et recourbés ; les ailes longues. Les signes de force et de courage sont les mêmes pour le gerfaut et pour le *tiercelet*, qui est le mâle dans toutes les espèces d'oiseaux de proie, et qu'on appelle ainsi, parce qu'il est d'un tiers plus petit que la femelle. Une marque de bonté moins équivoque dans un oiseau, est de *chevaucher* contre le vent, c'est-à-dire de se roidir contre, et de se tenir ferme sur le poing lorsqu'on l'y expose.

Le pennage d'un faucon doit être brun et d'une pièce, c'est-à-dire de même couleur ; la bonne couleur des mains est de vert d'eau ; ceux dont les mains et le bec sont jaunes, ceux dont le plumage est semé de taches, sont moins estimés que les autres. On fait cas des faucons noirs ; mais quel que soit leur plumage, ce sont toujours les plus forts en courage qui sont les meilleurs.

« Il y a des faucons lâches et paresseux, dit un observateur célèbre, et il y en a d'autres si fiers, qu'ils s'irritent « contre tous les moyens de les apprivoiser ; il faut abandonner les uns et les autres ».

Nous résumons, sous un seul point de vue, les principales observations relatives au bon choix de l'oiseau de proie.

On préfère en général celui qui a la taille plus dégagée, et les formes plus élégantes, les ailes plus longues, l'œil plus fier et plus assuré ; qui a plus de finesse dans les jambes, plus d'allongement dans les doigts, plus de largeur dans la main, plus d'angle dans la prise ; dont le plumage a moins de mouchetures, est plus foncé, d'après la nuance commune au pennage de toute l'espèce.

2.° *Acquisition du faucon.* —On l'on se procure à prix d'argent des faucons tout élevés, ou il s'agit d'en prendre par les moyens que je vais indiquer, et de se charger de leur éducation jusqu'à l'âge où ils peuvent être dressés.

Dans le premier cas, on s'épargne une besogne et des soins longs et minutieux. Mais avant de payer l'oiseau, et après lui avoir appliqué toutes les remarques dont on vient de parler, il est encore essentiel de s'assurer de la bonté de sa constitution intérieure ; il faut examiner s'il n'est point attaqué du *chancre*, espèce de tartre qui s'attache au gosier, ainsi qu'à la partie inférieure du bec ; s'il n'a point sa *mulette empelotée*, c'est-à-dire, si sa nourriture ne reste point par pelotons dans son estomac ; s'il se tient sur sa perche sans éprouver de vacillations ; s'il n'a point la langue tremblante ; si les *émeus* ou excrémens sont blancs et clairs ; les *émeus bleus* sont, dans ces oiseaux, un symptôme de maladie et de mort prochaine.

Dans le second cas, ou l'on a le rare bonheur de découvrir un nid, et d'y trouver les jeunes faucons formés, et en état de subvenir eux-mêmes à leurs besoins ; ou il faut se résoudre à s'emparer, par adresse et par surprise, des *faucons adultes*.

En terme de fauconnerie, on appelle *niais*, les oiseaux qu'on déniche ; *sors*, ceux qu'on prend jeunes, avant la première mue, et *hagards*, ceux qui ont déjà éprouvé une ou plusieurs mues : cette différence se reconnoît aux mouchetures et aux autres nuances du plumage.

Les *branchiers* sont les jeunes oiseaux qui, sortis du nid, sautent de branche en branche, sans pouvoir encore prendre le vol, ni s'élancer sur la proie.

Dans la doctrine de M. Hubert, il faut absolument négliger ces sortes d'oiseaux, et même effacer de la nomenclature de la fauconnerie les termes sous lesquels on a coutume de les désigner. « Les *branchiers*, dit-il, déjà faits en partie, « sans être cependant tout-à-fait formés, s'habitueroient difficilement à la nourriture qu'on leur donneroit ; avides de « la liberté dont ils ont déjà joui, il seroit impossible de les retenir, sans les soumettre aux exercices de l'*affaitage*, ou de l'art de les dompter, parce qu'ils ne seroient plus en état de le supporter, à cause de la délicatesse de leurs organes et de la foiblesse de leur tempérament ».

On prend les oiseaux dans l'*aire* ou nid, pendant qu'ils ont encore couverts de duvet, au moins sur la tête; dans n âge plus avancé, le jeune faucon se forme beaucoup plus ifficilement au régime qu'on est forcé de lui faire observer, our le rendre propre à la chasse.

L'oiseau pris dans l'*aire* reçoit, au moment même, dans la omesticité, une premiere éducation distinguée de l'*affaitage*, ais qui y prépare.

Cette première éducation s'opère sous les auspices de la berté; la contrainte et l'esclavage ne manqueroient pas 'amollir leur caractère, et d'altérer le principe de leurs cultés, qui alors ne se développant plus que très-imparfaitement, ne donneroient qu'un élève dégradé et indigne du rôle u'il doit jouer. Quoique ce premier traitement soit, en énéral, assez uniforme pour les oiseaux de haut et bas vol, n y découvre néanmoins quelques différences qui leur sont elatives.

De quelque espèce que soient les *niais*, on leur attache es grelots aux pieds en les recevant, et on les place dans *aire* qui leur est destinée. Pour l'oiseau de haut vol, c'est un onneau défoncé à un des bouts, couché, couvert en dedans e paille, posé sur un mur bas ou sur un tertre à portée du aître, l'ouverture tournée au levant. Pour celui de bas vol, *aire* est une hutte de paille nattée, posée sur un arbre peu levé, à la portée de la main.

Quelques planches en forme de table, adaptées à l'ouverure du tonneau ou de la hutte, servent aux premières coures des jeunes oiseaux, et à recevoir le *pât* ou nourriture u'on leur donne. Il consiste en viande de bœuf ou de mouon, dont on a retranché avec soin la graisse, les parties endineuses, membraneuses et nerveuses, coupée en moreaux minces et oblongs; il est bon d'y ajouter quelqueois de la chair de volaille avec les plumes et les os. La chair e cochon est trop nourrissante; celle de veau ne l'est pas ssez.

On donne le *pât* deux fois par jour, à sept heures du man et à cinq de l'après-midi; on le jette sur la table, et pendant le repas on excite les jeunes oiseaux par un cri quelonque, mais toujours uniforme, afin qu'ils puissent le reonnoître.

Au bout de trois semaines environ, après la première sortie de l'*aire*, les oiseaux de haut vol commencent à *monter l'essor*. D'abord ils se jouent entre eux, puis ils se confient leurs ailes; et au bout de six semaines, les foibles habitans d l'air, les hirondelles et les chauve-souris, deviennent leur premières victimes; c'est le moment de ne plus les laisse jouir de la liberté, et de les dresser pour la chasse.

Si on n'a pu se procurer de jeunes faucons en les déni chant, il faut chercher à s'emparer de quelques adultes; voici les moyens.

Comme tous les autres oiseaux, le faucon peut se prend à cette espèce de filet qu'on emploie pour prendre d *alouettes*; mais la difficulté est d'attirer l'oiseau. Si son app tit est satifait, ou qu'au haut des airs il soit occupé à pou suivre une proie qui redouble d'efforts pour lui échapper, ne quittera pas prise, et il ne descendra pas de cette haute à la vue d'un appât immobile et qu'il méprise. Il faut don plus d'art pour réussir.

Le chasseur expérimenté place et fixe au centre de s filets une poulie (ou un fort fil de fer courbé en arc), da laquelle il passe une filière de trente à quarante toises de lon et à son extrémité il lie par les pieds un pigeon vivant, qu emporte avec lui dans sa loge pour attendre le faucon.

Comme cet oiseau est quelquefois si élevé qu'il échappe roit à ses regards, il en est averti par les mouvemens d'u pie-grièche qui, par une ficelle attachée à un corselet fi près du filet, désigne par son genre d'agitation l'espèce d'o seau chasseur qui plane dans l'air. Est-ce une buse ou to autre ennemi lourd et peu dangereux; la pie-grièche ne s remue qu'assez mollement: mais si elle se précipite dans l loge et s'y cache, cette démonstration a pour annonce u oiseau d'un genre noble.

Alors le chasseur lâche le pigeon, dont la vue et l'état app rent de liberté attirent les regards du faucon. S'il s'approc facilement, on retire le pigeon, et un moment après on l lâche de nouveau. Cette seconde apparition ne manque p d'irriter l'oiseau de haut vol, qui fond sur sa proie, et trouve à l'instant empêtré dans les filets: car, à l'aide de filière, le chasseur entraîne la proie et l'oiseau qui s'achar au point où le filet peut jouer et le réduire en captivité. Voi une autre méthode.

Un faucon privé que l'âge, les infirmités, ou d'autres mau vaises qualités, rendent de nulle valeur, est attaché au bo d'une gaule, d'un bois pliant, longue de quinze à vingt pied l'autre bout de cette gaule est fixé en terre. Au bout auqu le faucon est fixé, on attache une filière passée par la poul ou l'arc placé au centre du filet.

Au son et aux mouvemens de la pie-grièche, au moyen de la filière que le chasseur tient à la main, la gaule s'abaisse et se plie en arc vers la terre; le faucon qui y est attaché les ailes pendantes, la tête en bas, représente par cette attitude un oiseau abattu sur la proie; celui de son espèce qui l'aperçoit du haut des airs, se précipite vers lui, et se jette dans le piége.

Le *grand-duc* est l'oiseau de nuit dont on se sert par préférence, et même le plus ordinairement pour attirer et prendre spécialement les oiseaux qui servent à la fauconnerie.

L'instruction du grand-duc se réduit à lui apprendre à voler, à tout moment, d'un bout à l'autre d'une corde d'environ cent pieds de long, attachée à deux billots sur lesquels le duc se repose après sa volée.

Pour l'y accoutumer, on l'enferme dans une chambre où l'on a placé des billots en ligne droite, à peu de distance d'abord, mais que de jour en jour on éloigne davantage. On attache une corde d'un billot à l'autre, et auxjambes du duc des menottes; on passe dans l'anneau de ces menottes une corde qu'on y fixe, et l'autre extrémité est liée à un anneau, à travers duquel passe la corde tendue entre les deux billots.

On pose ensuite le duc sur un des deux billots, et on lui présente à manger sur l'autre: il ne peut prendre la nourriture offerte qu'en filant tout le long de la corde; bien entendu que celle qui l'attache ne doit pas être assez longue pour qu'il puisse se poser à terre, et il faut qu'il soit forcé de faire le trajet en volant.

A-t-il pris une *bécade*, on pose le *pât* sur un autre billot, en continuant le même exercice jusqu'à la fin du repas. Peu à peu le duc de lui-même s'habitue à voler d'un billot à l'autre, seulement pour changer de place, et sans y être obligé par l'éloignement de la nourriture; alors son instruction est finie, et voici l'usage que l'on en fait.

Dans un taillis où, en élaguant quelques arbres, on a formé une ouverture et une espèce de salon, on place en ligne droite, et à cent pas environ de distance, deux billots; on les joint par une corde tendue, à laquelle le duc est attaché, comme dans le lieu de ses premiers exercices. Cet emplacement doit être à découvert, et placé en face du salon.

Ce salon est disposé de manière qu'il soit ouvert, et que l'accès en soit libre en dessus et sur les côtés à trois ou quatre pieds de la surface de la terre. Les parois mitoyennes entre cet espace et le dessus sont fermées par des branches qui, laissant la liberté de voir dans le salon, en interdisent l'entrée à un oiseau de proie qui voudroit s'y précipiter les ailes étendues.

On suspend des filets nommés *araignées* aux branches don se forment les parois intérieures du salon; il y en a de même à la partie supérieure. Ils sont attachés très-légèrement a branches qui sont à l'entour; il n'y a de libre que le côté tourné vers le billot sur lequel on a posé le duc.

Dans cet état de préparatifs, le chasseur se retire dans une loge aux environs. Lorsque le duc baisse la tête en tournant le globe de l'œil vers le ciel, on juge qu'il découvre quelque oiseau de proie. A cette approche, l'oiseau captif quitte son poste, et vole vers le billot du salon où il va se reposer. L'oiseau de proie ne le perd pas de vue, et alors, ou il se précipite vers le salon, de plein vol, en y fondant du haut des airs par l'ouverture supérieure, et il s'embarrase dans l'*araignée* qu'il emporte, et dont les côtés retombent sur lui; ou il vient se poser sur les branches qui forment les parois supérieures. A l'instant il s'en précipite pour se jeter par les côtés inférieurs sur l'ennemi; mais alors il fait tomber les *araignées*, et il se prend dessous. De quelque manière que cela arrive, dès que l'oiseau de proie a pénétré dans le salon, il faut y courir à la hâte, et le saisir avant qu'il ait pu se dégager des filets, ou se blesser en essayant de s'en débarrasser.

Les auteurs qui ont écrit sur la fauconnerie, ne manquent pas d'indiquer d'autres méthodes pour s'emparer de l'oiseau de proie; mais toutes sont fondées sur les mêmes principes que celles que l'on vient d'exposer, et elles n'offrent rien de plus curieux ni de plus utile; il est donc superflu d'en parler ici.

Le filet que l'on nomme *araignée*, est en général maillé en losanges larges d'un pouce, d'un fil délié, retors en deux brins, et teint en couleur. Le filet a sept ou huit pieds de large, sur cinq à six de haut, en proportion de la hauteur des baies près desquelles on le dresse.

Les *araignées*, spécialement destinées à prendre des oiseaux de proie, ont des mailles de deux ou trois pouces, et une hauteur proportionnée à l'arbre, où on les tend en angle qui accole l'arbre, avec un oiseau de proie privé, près de terre, pour appeler celui que l'on veut prendre.

Ce filet se termine par des bouclettes, ou bien on passe une ficelle bien unie dans toutes les mailles du dernier rang d'en-haut.

3.° *Manière de dresser le faucon.*—La méthode particulière de dresser le faucon pour la chasse, se nomme *affaitage*. Nous en avons vu les premiers rudimens dans ce qui a été dit de la manière d'élever ces sortes d'oiseaux, lorsqu'on les a pris dans le nid, jusqu'au moment où commençant, avec l'âge, à jouir de leurs facultés, de l'usage de l'aile surtout, ils annoncent qu'il est temps de ne plus leur laisser goûter une liberté, dont la perte est le premier moyen que le chasseur va mettre en usage pour les former à la discipline et s'assurer de leur obéissance.

Il s'agit donc de s'en emparer absolument et sans-retour; c'est ce qu'on appelle *prendre* l'oiseau. On *prend* de deux manières les jeunes oiseaux que l'on a élevés : au piége ou au filet.

Le piége consiste à attacher au bout de la table sur laquelle on leur donne le *pât*, une ficelle, par le moyen d'un clou enfoncé jusqu'à la tête. L'autre extrémité de cette ficelle est garnie d'un nœud coulant, plus ou moins ouvert, et selon l'espèce d'oiseau, et de six pouces de diamètre au moins, si c'est un faucon. Ce nœud est placé à plat sur la table, et au milieu on met un morceau de viande. Par ce moyen, l'oiseau qui veut enlever ce morceau se trouve pris par les pieds, et demeure fixé à la table sans pouvoir se jeter dehors, parce que la ficelle ne doit pas être assez longue pour le lui permettre.

Aussitôt qu'il est captif, on le couvre d'un linge épais, qui, lui dérobant la lumière et le plongeant dans l'obscurité, parvient bientôt à l'abattre et à le calmer; on profite de ce premier moment de surprise pour le saisir et l'arrêter, ou plutôt l'enchaîner comme il convient. Cette opération, qui demande de l'adresse et de la promptitude, s'exécute de la manière suivante.

On passe l'index de la main gauche entre les deux jambes de l'oiseau; on le contient à l'aide du pouce et des doigts latéraux de l'index; on se garantit du bec dont les coups sont à craindre, surtout de la part des oiseaux de haut vol; le linge peut servir à s'en défendre. On couvre sa tête d'un *chaperon de rust*, qui, en privant l'oiseau de la vue, lui permet de prendre sa nourriture; on attache les *jets* aux pieds; ce sont des menottes de cuir souple ou de peau de chien de mer, mince, et cependant forte.

A ces menottes tient un appendice de quatre pouces de long, et garni d'un anneau; on y passe une corde ou longe de trois à quatre pieds; alors on porte l'oiseau ainsi garrotté sur un billot à fleur de terre entouré de paille; il y est fixé par le moyen de la longe qui arrête ses ébats, et dont la paille amortit l'effet. Dans cet état le prisonnier se calme peu à peu, et dès ce moment, on commence à le dresser absolument et de la même manière que les autres oiseaux qui ont été élevés au *branchis* avec lui: car la première éducation que l'on vient de décrire est *brancher*, en terme de l'art.

Il arrive quelquefois que les jeunes élèves, déjà trop épris de l'indépendance, se roidissent et ne reviennent plus au pât, et ne peuvent dès lors être *pris* au piége dressé sur la table. En pareille occurrence on recourt au filet dont on fait usage pour les adultes, qui depuis le berceau jouissent de la pleine liberté, et dont on a parlé ci-dessus.

C'est donc ici que, par les oiseaux adultes, et même par les élèves domestiques, vont s'ouvrir les grands exercices de la fauconnerie. Toute cette école, autrefois si célèbre, est fondée sur un seul principe, et sur un raisonnement qui, à quelques égards, ne manque pas d'une certaine profondeur. L'oiseau de proie, celui de haut vol surtout, ne devant l'indépendance du caractère, sa férocité, sa passion de l'état sauvage et solitaire, qu'à l'éminence de ses facultés et à la confiance de sa force dans la jouissance de la liberté, c'est précisément de cette liberté fière et indéfinie qu'il faut le priver, afin de se rendre maître, au profit de l'intérêt personnel, des brillans avantages de cet oiseau, et de le faire servir uniquement et selon ses caprices, aux plaisirs des chasseurs.

Les secours et la nourriture abondante, choisie et régulière, reçue par ces captifs des mains intéressées de l'homme qui vient de les enchaîner, accoutument ces êtres, ci-devant si indociles, à reconnoître celui qui en prend soin; bientôt ils passent à l'habitude de la soumission, et ils en viennent jusqu'à ressentir des mouvemens de reconnoissance pour le tyran dont ils portent le joug, et qui ne voit en eux que l'instrument de ses jouissances.

Pour dompter ces oiseaux captifs et les dresser au manége de la fauconnerie, il y a des méthodes communes à tous; mais il y en a aussi de particulières, relatives à certaines espèces, dont le caractère et l'origine demandent nécessairement des attentions particulières. Je vais parler de ces deux sortes d'instruction.

Généralement, et communément parlant, dès qu'un oiseau est *pris*, on lui donne des entraves, des sonnettes aux pieds, afin que dans la jouissance de son apparente liberté, son maître puisse toujours le découvrir: les jambes passées dans les *jets* dont on a parlé il n'y a qu'un moment; le nom du maître gravé sur l'anneau qui tient à l'appendice des *jets*; une corde passée dans cet anneau, et qui sert à fixer, malgré lui, l'esclave partout où on le juge à propos; tout annonce le frein du despotisme et le tombeau de la liberté.

Lorsque l'on veut procéder sérieusement à l'instruction pour l'exercice du vol, le chasseur, la main couverte d'un gant, prend l'oiseau sur le poing, et, partageant nécessairement lui-même une grande partie des fatigues auxquelles on va le soumettre, pour l'accabler et le dompter entièrement, il le porte continuellement, sans lui permettre un seul instant de repos, de nourriture et de sommeil, le tout dans le dessein de lui faire perdre ses forces, de voir sa fierté diminuer avec elles, et de lui inspirer, par l'épuisement, les premiers sentimens de la soumission.

Cette première épreuve dure ordinairement trois jours et trois nuits, quelquefois davantage, mais toujours de suite et sans aucun relâche. Si, dans cette violente contrainte, l'oiseau, trop fier ou trop robuste, se rappelle son origine et son ancienne indépendance; s'il s'agite avec trop de force; s'il veut employer le bec pour rompre sa chaîne ou attaquer son geôlier, de temps en temps on tempère l'ardeur de ses mouvemens par des jets d'eau froide, dont on lui baigne le corps, ou l'on plonge dans un vase plein de la même liqueur cette tête altière et indocile. L'impression de l'eau achève de l'abattre; on le voit quelque temps stupide, immobile et entièrement rendu; on se hâte de profiter de cette situation pour lui couvrir la tête d'un *chaperon*.

Il est bien rare que trois jours et trois nuits, passés dans de pareilles épreuves, ne parviennent pas à faire tomber toute la fierté de l'oiseau. Privé aussi long-temps de la lumière, de la vue du ciel, de l'air des campagnes, dont il jouissoit avec tant de plaisir, il est bien impossible qu'il ne perde pas insensiblement l'idée de l'ancienne liberté, que cet attrait continue à le tourmenter, et qu'enfin son caractère ne s'amollisse pas à la longue.

Au bout de ces trois jours et de ces trois nuits, on le rend à la lumière, et l'on juge du succès de l'opération précédente par la tranquillité de l'oiseau, par sa docilité et une espèce d'apathie à se laisser couvrir la tête du chaperon, qu'on ôte et qu'on remet, surtout par sa promptitude à prendre, étant découvert, le pât ou la viande qu'on lui présente de temps en temps. Ces différens exercices sont autant de leçons que l'on répète souvent pour en assurer et en affermir le succès. Pour rendre ces leçons plus fréquentes et plus profitables, on donne à l'oiseau soumis des *cures*.

Ce sont de petites pelotes de filasse qui produisent un double effet: par l'irritation elles provoquent ou augmentent l'appétit, et en faisant les fonctions d'un purgatif, elles vident l'animal et l'affoiblissent. La perte des forces répond de la continuation de la docilité; l'appétit rend l'oiseau plus âpre à prendre le *pât;* il s'accoutume à reconnoître la main qui le lui présente, et s'attache peu à peu à son nourricier. Lorsqu'il paroît se livrer avec autant de franchise que de soumission, il est temps de l'endoctriner davantage.

Porté dans un jardin, posé sur le gazon, tenu à la longe, on le découvre, et en lui montrant le *pât*, qu'on tient un peu élevé, on l'accoutume à sauter sur le poing.

Lorsqu'il paroît formé et assuré à cet exercice, on lui apprend à connoître le *leurre*: c'est une représentation de la proie, un assemblage de pieds et d'ailes, sur lequel on place la viande dont on a coutume de nourrir l'oiseau. Cette habitude de prendre le *pât* sur le *leurre* l'accoutume à sa vue, la lui rend agréable, et la lui fait aisément reconnoître; on s'en sert donc aussi pour le *réclamer* ou l'appeler, lorsque, pour faire chasser l'oiseau, on l'a mis en liberté.

Pour que l'oiseau fasse une plus grande attention au *leurre*, et pour convenir, pour ainsi dire avec lui, d'un signal qui, dans la suite, l'avertisse par le moyen de l'ouïe au défaut de la vue, on a toujours soin, en lui présentant le *leurre*, de lui faire entendre un même cri, dont on renouvelle l'intonation toutes les fois qu'on revient à cet important exercice.

Lorsqu'on s'aperçoit que l'écolier est habitué au *leurre*, les leçons suivantes se donnent en pleine campagne, en le tenant toujours attaché à la filière, qui doit avoir au moins dix toises de long. On lui présente le *leurre*, on l'appelle du geste et de la voix, d'abord à quelque distance, et de jour en jour d'un peu plus loin.

Toutes les fois qu'il vient au *leurre*, on lui *sert* de la viande dont on le nourrit, et on lui en laisse prendre *bonne gorge*, pour l'*affriander*. Enfin quand, au bout de ces fréquentes répétitions, l'oiseau fond vivement sur le *leurre* de la longueur de la filière, le moment est arrivé de lui donner l'*escap*.

Cet exercice consiste à lui faire connoître et manier souvent l'espèce particulière de gibier auquel on le destine; on y parvient soit en attachant ce gibier sur le *leurre*, soit en le laissant en présence de l'oiseau courir ou voler, d'abord attaché à une ficelle, puis en liberté.

C'est là la dernière leçon; tant qu'on la juge nécessaire à l'élève, on continue de le retenir par la filière; mais quand il est parfaitement *assuré*, on se confie à lui, on le met en liberté, et c'est ce qu'on appelle *voler pour bon*.

Nous observons de nouveau, que toutes les méthodes pour dresser l'oiseau de proie expliquées jusqu'à ce moment, ne contiennent que les principes généraux; et que quant à l'application particulière, il y a nécessairement une foule de détails et d'exceptions qui admettent des nuances infinies. Plusieurs de ces oiseaux exigent des soins très-particuliers et très-différens, selon l'espèce, l'âge, le sexe, le climat qui les vit aître, et même d'après la dureté ou la souplesse du caractère individuel, enfin d'après la qualité du vol auquel on destine l'élève.

Circonscrits dans des bornes étroites, il nous est sans doute impossible de décrire toutes ces particularités, ni même d'y entrer; mais il est dans l'art de la fauconnerie des éducations remarquables, par les talens nécessaires pour y présider, ou par l'espèce singulière de soins, de patience et de travaux qu'elles demandent: il est juste de s'y arrêter et d'en mettre les divers tableaux sous les yeux du lecteur.

Affaitage des gerfauts de Norvége. — En principe général, un oiseau est d'autant plus difficile à dresser, qu'il appartient à une espèce plus grande, qu'il est plus âgé, et qu'il arrive de contrées plus septentrionales. On a aussi observé que les plus difficiles à *traiter* étoient *les tiercelets hagards des gerfauts de Norvége.*

Il s'agit d'abord de les *essimer* ou maigrir, ce qu'on appelle aussi *baisser le corps;* mais, pour y procéder avec sûreté, il est indispensable de faire une grande attention à la force de leur constitution; au temps qui s'est écoulé depuis qu'on les a pris jusqu'à l'instant où l'on commence à les dresser, loin des lieux qu'ils avoient coutume d'habiter; à l'inaction dans laquelle ils ont vécu, et à la qualité des viandes plus ou moins nourrissantes qu'on leur a données.

Il faut surtout bien se garder de ne rien outrer; un jeûne poussé à l'excès ne produiroit qu'un effet momentané; moins rigoureux, mais trop prolongé, il feroit naître le *marasme*: que l'on se tienne donc dans un juste milieu, et en cherchant à amaigrir l'oiseau pour le dompter, il faut tout combiner de manière que le dépérissement passager que l'on occasione puisse être facilement réparé quand on le voudra, et sans altérer les facultés naturelles, toujours infiniment précieuses, et qu'il est à propos de conserver par tous les moyens possibles.

L'expérience et des observations assidues ont appris que l'on atteint ce but en ne donnant à l'oiseau que la moitié de la nourriture qu'on lui abandonneroit, si on avoit dessein de le faire jouir de toutes ses forces. On pousse même le soin jusqu'à passer à l'eau, et à laver les chairs qu'on lui offre pour les rendre moins nourrissantes et un peu laxatives. Cette double précaution, répétée quelques jours, maigrit, à la vérité, l'oiseau; mais telle est la force de sa constitution, que même après un grand mois de ce traitement, son embonpoint n'est pas encore assez diminué pour le rendre souple, et suffisamment docile; et pour y parvenir, il faut recourir au *pât* suivant.

On réduit, en le battant, un cœur de veau en une espèce de bouillie mucilagineuse. Après avoir laissé l'oiseau jeûner un peu plus qu'à l'ordinaire, pour aiguiser son avidité, on lui donne une pelote arrangée avec cette bouillie, de manière qu'il *fasse gorge* de la pelote entière; deux ou trois jours après cette opération, les forces et le corps étant suffisamment baissés, on revient à la première nourriture de chair lavée, mais à demi-ration seulement; on la continue pendant quinze jours, et, tout ce temps, on fait souvent *la tête* à l'oiseau, c'est-à-dire, qu'on l'accoutume à se laisser mettre le chaperon.

Cette manœuvre particulière exige quelques détails, par rapport au gerfaut, que l'on pourra modifier en *traitant* des oiseaux moins difficiles.

Vers les quinze derniers jours du régime que l'on vient de tracer, on bride une des ailes du gerfaut au moyen d'un fil; on lui mouille le dessus du dos, les côtés et le devant du corps, en lui jetant de l'eau avec une éponge; puis on passe la main devant et derrière la tête qu'on manie, mais sans ôter ni relâcher le chaperon.

Ensuite, avec une aile de pigeon que la fauconnerie nomme *frist-frast*, on le frotte, en appuyant sur le dos, sur les côtés et entre les jambes. Alors la main se reporte vers la tête; si les mouvemens en sont souples, dociles à l'impression de la main, on relâche le chaperon, en découvrant à moitié un des yeux.

Le chaperon se remet en état plus ou moins promptement suivant la contenance de l'oiseau; on renouvelle la friction du *frist-frast;* on découvre un œil, et ainsi de suite, retirant la lumière, et l'ôtant tour à tour; dans les intervalles, frottant avec l'aile de pigeon, on arrive à découvrir les deux yeux, sans cependant ôter entièrement le chaperon, dans lequel on tient toujours le bec engagé.

Cette opération, pratiquée d'abord dans un lieu absolument solitaire, et qui ne reçoit qu'une lumière sombre, est tellement efficace, que si on la commence de grand matin, et qu'on la répète dans la journée, il est très-ordinaire que le gerfaut, ainsi tourmenté sans cesse, se trouve le soir assez doux, quoique découvert, pour qu'on puisse lui faire voir compagnie.

Mais il faut bien observer: 1.° que toutes les personnes qui se trouvent en présence de l'oiseau, soient placées de façon qu'il leur soit présenté en face, et qu'aucune ne passe derrière lui, ce qui ne manqueroit pas de l'effrayer; 2.° d'éviter tout ce qui pourroit l'intimider, car la moindre émotion de crainte au point où il en est, feroit perdre tout le fruit de sa première éducation, et la reculeroit de beaucoup.

Du reste, le gerfaut, dans ce lieu habité, est traité comme il l'étoit dans sa solitude, c'est-à-dire, que l'on continue de le découvrir, de lui remettre le chaperon, de lui faire éprouver le *frist-frast* jusqu'au milieu de la nuit; alors on lui donne un repos dont il a sûrement très-grand besoin.

Tout ce qu'on vient de dire, et qu'on renouvelle sans relâche pendant six semaines, n'est encore que ce qu'on appelle la première éducation du gerfaut et comme son ébauche; et ce n'est qu'au bout de deux nouveaux mois d'apprentissage, qu'on dira qu'elle est achevée. Nous considérerons chacun des exercices qui ont lieu dans cet espace de temps.

Les dix premiers jours sont employés à la fréquente répétition des leçons que l'on vient de décrire, et qui, commencées le matin, se continuent jusqu'au milieu de la nuit; mais à cette époque on laisse peu à peu l'oiseau plus long-temps découvert; on l'accoutume au bruit, au mouvement, à la vue des chiens qu'on tient en laisse, d'abord dans un grand éloignement, et de jour en jour à une moindre distance.

L'oiseau à demi découvert reçoit quelques *bécades*, puis on en permet un plus grand nombre sans mettre le chaperon; enfin on le forme à prendre sa ration entière sans être couvert. L'éducation le perfectionne et s'avance lorsqu'il se montre à la fois empressé à prendre sa nourriture, docile aux autres exercices, paisible à la vue des chiens et des autres objets qui l'entourent: parvenu à ces points capitaux, l'élève passe à d'autres manœuvres.

On le porte dans une chambre où n'entrent que le maître et deux aides, et où se trouve une table sur laquelle est attachée une *queue de bœuf;* les aides sont placés de manière que l'oiseau les aperçoive en face lorsqu'il sera découvert; le maître s'approche ayant à la main une aile de pigeon sanglante, et nouvellement arrachée du corps de l'animal.

Il la fait sentir au gerfaut; au moment où il s'acharne dessus, il est découvert, et permis à lui d'en prendre quelques *bécades;* puis on tire doucement l'aile vers la queue de bœuf, sur laquelle l'oiseau se jette vivement, parce qu'on en a retiré l'aile, qu'on lui représente quelque temps après dans le creux de la main: à mesure que l'oiseau pose sur cette aile l'une ou l'autre de ses serres, on élève doucement la main en faisant le cri du *leurre*, les premiers jours à voix basse, et tandis qu'il s'acharne sur l'aile, on le couvre légèrement du chaperon.

Un moment après, on retire l'aile, et l'exercice recommence. L'oiseau découvert reprend la queue de bœuf; on le relève en lui présentant l'aile de pigeon, avec laquelle on le *leurre*. Un des aides lui donne dans sa main la ration; pendant qu'il la prend, on le recouvre encore aux dernières *bécades*; on l'acharne encore quelques instans sur l'aile, et l'exercice finit par la friction du *frist-frast*.

Le lendemain on recommence, en attirant l'oiseau vers la table, par un appât dont on le tient un peu plus éloigné, en haussant la voix par le cri du *leurre*, en même temps qu'on l'*acharne*.

Le soir du même jour, l'oiseau placé sur sa perche et découvert, on passe devant ses yeux, à quelques pas de distance, une lumière; on la promène doucement, en prenant garde d'abord que l'ombre ne passe derrière lui; ensuite on l'y accoutume peu à peu, et lorsqu'on s'aperçoit que les divers mouvemens qu'on répète ne lui font plus d'impression, on emporte la lumière, après la lui avoir montrée une heure ou deux.

Les quatorzième et quinzième jours suivans, les mêmes leçons se renouvellent; mais *on les rend plus fortes*, et on les donne en plein air sur le gazon.

On tient d'abord l'oiseau fort court, et on le *leurre* de près; puis la longe se lâche insensiblement, et on le *leurre* de plus loin, en sorte que le quinzième ou seizième jour, le *leurre* soit présenté à cent cinquante ou deux cents toises; on ne manque pas, à chacun de ces exercices, de l'accoutumer au cri du *leurre* dans tout son éclat, et tel qu'il l'entendra les jours de chasse. Pendant toute la durée de ces leçons, la ration se diminue d'autant plus qu'on approche davantage du terme des quinze jours, et l'oiseau est vidé deux ou trois fois, par l'usage d'*une cure d'ail et d'absinthe* qu'on lui fait avaler *enveloppés d'étoupes*. Chaque soir on le couche à la lumière, et on s'efforce de le fortifier et de le tranquilliser dans l'habitude des objets qu'il aperçoit, et des mouvemens qu'il voit faire.

Pendant les deux jours qui suivent cette laborieuse quinzaine, on acharne le gerfaut sur une poule; le premier jour, on ne lui ôte le chaperon que lorsqu'on le voit acharné, et on jette la volaille à trois ou quatre pas: le second, on commence par le découvrir; la poule lui est montrée à cinq ou six pas, en l'avertissant par le cri du *leurre*. Ces deux jours la poule est à sa disposition, et pendant qu'il s'en repaît, on affecte de parler, de crier, de se mouvoir autour de lui, pour le fortifier de plus en plus au bruit et à l'agitation.

Le jour suivant on *le tient ferme*, c'est-à-dire que, peu nourri, on le rend plus âpre et plus disposé à la leçon du lendemain: ce jour *on le leurre à deux cents toises, sans filière*.

Les différens exercices décrits jusqu'à ce moment, forment la première partie de l'éducation du gerfaut : ce ne sont encore que de simples préparatoires, et le but unique du chasseur n'a été que de rendre l'oiseau docile en l'affoiblissant, de s'en assurer par les secours qu'on lui donne, de le faire au bruit et à toute espèce de mouvement. Il est actuellement question de le former sérieusement et directement à la pratique de l'état auquel on le destine, c'est-à-dire, à poursuivre une proie qui s'efforce d'échapper, à connoître particulièrement celle à laquelle on veut l'attacher, et à se montrer prompt à l'atteindre, et apte à la saisir : or, pour parcourir toute la série des nouveaux exercices relatifs à cette seconde partie de sa grande éducation, il faut encore à l'oiseau quinze ou vingt jours, et quelquefois davantage, d'après le plus ou le moins de disposition, de patience et de docilité qu'il possède.

Le premier jour on enferme dans une peau de lièvre un poulet, qui passe la tête en dehors par un trou pratiqué à cette enveloppe, et on la fixe sur le plancher, comme si le lièvre étoit en repos sur le ventre.

Dès que ce *leurre* est montré au disciple, à trois ou quatre pas, il s'y porte, et le poulet rentre la tête ; mais ses mouvemens et ses cris animant le gerfaut, il s'acharne sur la peau; on l'excite encore en lui présentant, sur le poil du lièvre, quelques *bécades* ensanglantées ; puis on le relève et on le recouvre. Un moment après on fait la répétition, mais à cinq ou six pas de distance, et même en faisant faire quelque mouvement au *leurre*, qui d'abord s'étoit présenté entièrement immobile.

Dix jours consécutifs sont employés à la même manœuvre, en lui donnant plus d'extension de jour en jour; la peau qui sert de *leurre* se montre toujours de plus loin ; elle reçoit plus de mouvement. Un piqueur, qui d'abord la traînoit fort doucement, peu à peu marche plus vite, enfin l'emporte en courant à toutes jambes; et les derniers jours, monté à cheval, il part au galop le plus rapide, traînant après lui la peau de lièvre.

L'oiseau étonné, ne l'atteint d'abord que le bec ouvert et haletant; mais l'exercice le met bientôt en haleine, et la leçon se répète jusqu'à ce que l'oiseau arrive le bec serré et sans haleter.

En répétant ainsi ce point de l'éducation, l'objet du maître est non-seulement d'apprendre au gerfaut à connoître le *lièvre*, mais de le fortifier par l'exercice même, et le mettre en haleine, ce qui est absolument indispensable, à quelque vol qu'on le destine, en observant de lui donner sa *cure* chaque fois qu'il atteint la peau et qu'il s'y acharne vivement.

L'éducation est finie, si l'oiseau est destiné pour le *lièvre*; mais si l'on a dessein de lui faire voler *le héron*, *la buse*, ou quelque autre habitant de l'air, il y a d'autres choses à ajouter, au moment où il est en haleine par l'exercice de la peau du lièvre, qu'on nomme *traîneau;* on lui fait connoître l'ennemi auquel il doit faire la guerre, et on l'y habitue en le tenant sur une peau de l'espèce pour laquelle on le dresse; en la lui jetant de plus loin en plus loin; en l'accoutumant à la *lier* en l'air, ou saisir dans les serres pendant qu'elle retombe; en lui faisant *manier le vif*, lui donnant, pour l'y acharner, des *bécades* ensanglantées à travers les plumes; en lâchant la proie devant lui, le découvrant au moment qu'elle prend l'essor; la lui faisant *lier* d'abord à une foible hauteur, puis à une plus élevée; car on a remarqué que l'oiseau qui une fois a *lié* la proie à trente pieds d'élévation, la *lie* bientôt à cinquante, puis à cent, enfin, à quelque hauteur qu'elle monte; et alors l'éducation est complète et absolument terminée.

Les détails dans lesquels nous sommes entrés pour réussir à former un des plus fiers et des plus indociles des instrumens de la *fauconnerie*, peuvent donner une idée suffisante des moyens moins sévères et moins longs à employer pour dresser d'autres oiseaux dont le caractère, la constitution et la docilité exigent moins de travaux et présentent moins de difficultés.

Affaitage du sacre. — Le traitement des oiseaux de cette espèce demande encore plus de sévérité que celui des gerfauts, rapport au régime; car comme rien n'égale leur fierté, il est impossible de les abattre que par des privations et un jeûne poussés presque à l'excès.

Lorsque le corps est à moitié *baissé*, on commence à les prendre sur le poing et à leur faire la tête; cependant le jeûne rigoureux continue jusqu'aux approches du marasme, au point qu'ils ne peuvent plus soutenir leurs ailes. Là, va commencer une éducation de près d'un mois et demi.

Les trois premiers jours, comme aux gerfauts, on leur donne leçon dans une chambre, où tout ce qui est nécessaire se trouve préparé; le quatrième, la montre de l'appât leur apprend à sauter du poing sur la table, et à revenir sur le poing, de toute la longueur de la longe, qui doit avoir à peu près trois pieds; c'est ce qui s'appelle *jardiner*. Si l'oiseau se trouve *franc*, on commence à le *remonter*, c'est-à-dire, à lui rendre ses forces par la nourriture; on ne lui en donne cependant d'abord qu'autant qu'il lui en faut pour ne pas mourir d'inanition, et cela jusqu'à ce que sa docilité elle-même demande grâce, et avertisse de l'alimenter plus solidement.

Du cinquième au quinzième jour, on donne les leçons en plein air, de plus en plus loin, les dernières à la distance de cent pas. Celles de la manœuvre qu'on nomme *jardiner*, se donnent aussi en plein air, et consistent à sauter du poing sur une motte de gazon, et du gazon sur le poing; pour cela, le maître pose d'abord un genou en terre, et présente le poing baissé; puis se relevant, il le présente debout, et toujours de plus loin en plus loin. Le seizième jour, la longe s'ôte, et on exerce l'oiseau au *leurre;* cette leçon se répète deux jours, à deux cents pas de distance chaque fois.

Au vingtième jour, on donne au piquet un pigeon vivant; il ne faut pas s'inquiéter si l'oiseau a quelquefois de la peine à s'y acharner d'abord, comme s'il ne connoissoit plus le vif; bientôt il se remet, et s'élance sur la proie.

Le jour suivant, selon le vol auquel on veut appliquer le sacre, on lui donne la peau du lièvre, si on le destine à la chasse de ce gibier, ou une poule d'un plumage obscur, si on le dresse pour la *buse*, ou une volaille d'un plumage roussâtre, si on le forme pour donner chasse au *milan*, ou même à la *buse;* et le lendemain, on donne au piquet le milan ou la buse, après leur avoir émoussé les ongles, et surtout le bec.

Les jours suivans, jusqu'à la fin de l'éducation, les exercices pour la chasse du lièvre consistent à en donner la peau, d'abord sur une table, ensuite à terre, puis entraînée et emportée à la course, précisément comme on l'a dit pour le gerfaut; enfin, à faire chasser le lièvre poursuivi par des chiens en plaine, et retardés dans leur course par la *platelonge.*

Si le *sacre* est destiné au vol de la *buse* ou du *milan*, la leçon se réduit à donner, par degrés, l'*escap* de ces oiseaux; en premier lieu à la filière, puis en liberté, à des distances et à des hauteurs plus ou moins grandes; enfin, d'après l'indication des circonstances, pour animer le sacre et l'acharner, on le *leurre* avec des peaux de *buse* ou de *milan*, et en les lui jetant, on l'accoutume à les *lier*, ainsi qu'on vient de l'expliquer pour le gerfaut.

Affaitage du faucon. — Il s'en faut bien que l'éducation de cet oiseau soit aussi longue et aussi pénible que celle des deux précédens; son régime est beaucoup moins rigoureux, et les soins qu'on lui donne ne demandent guère qu'un mois. Le *faucon niais* est même quelquefois dressé en quinze jours, comme étant presque apprivoisé lorsqu'on le *reprend* pour l'appliquer à l'exercice. La formation du *faucon hagard* est plus longue que celle du *sors*, et celle-ci plus que celle du *niais ;* et cette différence se reproduit chez toutes les espèces dont on dresse les individus.

Lorsque le corps du *faucon* est à demi-baissé, on procède à lui *faire la tête*, et souvent il ne lui faut que trois jours pour y réussir. Viennent ensuite les leçons dans la chambre, et qui consistent à lui apprendre à sauter du poing sur la table, et de la table sur le poing. Le quinzième jour, depuis celui où l'on a commencé à lui *faire la tête*, on donne à l'oiseau, dans un champ, les leçons de l'exercice qu'on appelle *jardiner ;* le vingtième, celle du pigeon vivant au piquet; le vingt-deuxième, celle de la *petite escap*, le pigeon tenu à la filière.

Le vingt-troisième, il est temps de le dresser pour le vol auquel on veut l'employer ; et suivant sa destinée, on lui donne au piquet, pour la *corneille*, une *poule noire;* une *rousse* pour le *milan ;* une *dinde grise* pour le *héron*. Le lendemain on le *tient très-ferme*, c'est-à-dire, qu'on lui donne fort peu de nourriture.

Le vingt-cinquième jour, on donne au piquet la *corneille*, le *milan* ou le *héron*, les ongles émoussés et le bec convenablement pris dans une espèce d'étui ; car il est extrêmement important que ni le faucon, ni aucun autre oiseau dressé pour la chasse, n'éprouvent, avant d'être entièrement au *fait* des dangers, une résistance, peut-être même des blessures considérables qui pourroient les dégoûter pour toujours, ou du moins ralentir de beaucoup l'ardeur qui ne doit jamais les quitter ; les deux jours suivans, une *demi-escap ;* le vingt-huitième, une *escap* en liberté, et bien plus élevée que les précédentes ; enfin, le trentième jour, la grande *escap*.

Nous terminons la description de l'*affaitage* du faucon, en observant quelques particularités dans les mœurs de cet oiseau, relativement à son éducation et aux proies qu'on lui destine.

Quelques faucons, naturellement actifs et courageux, se montrent à découvert dès le commencement de l'*escap ;* et à la vue du héron, ou à sa simple image, on les voit s'animer, et laisser paroître dans l'œil et dans leurs mouvemens, l'inclination hostile qui les porte à le combattre sur-le-champ, et sans délibérer.

Le faucon qui se jette précipitamment sur toute espèce de volaille, dès qu'il est découvert, n'est pas fort estimé ; car on craint que, se livrant toujours à cette proie commune, il ne fasse montre d'aucune propension marquée pour le gibier de distinction, auquel on se propose de former son vol.

Cet oiseau ne fait pas d'abord paroître un courage déterminé pour le *milan*, soit qu'il le craigne avant d'avoir bien éprouvé ses propres ressources, et fait usage, au combat, de la supériorité de ses forces, soit que l'antipathie réciproque soit moins marquée entre ces deux espèces.

En général, il ne faut pas s'impatienter lorsque le faucon est quelquefois paresseux et lent à s'animer dans le temps des exercices. On a même souvent observé que les plus tardifs deviennent dans la suite plus ardens et plus assurés que ceux qui, d'abord, ont fait paroître une ardeur précoce. Il faut seulement ne pas se rebuter dans le cours de leur éducation, leur donner plus de soins, et multiplier ou continuer plus long-temps, à leur égard, les expédiens d'instruction dont on a parlé, comme de *leurrer* dans la peau même de l'animal qu'il doit combattre, et autant qu'il est possible, de le mettre aux prises avec l'animal vivant, après avoir pris la précaution de le priver d'une partie de ses moyens de défense ; sans cela, comme on l'a dit il n'y a qu'un moment, le disciple ne manqueroit pas d'être intimidé à son début, et il deviendroit moins propre au vol qu'il doit fournir.

Comme ce qui a rapport aux *cures* des faucons, et à leur *bain*, regarde beaucoup plus leur santé en général que l'éducation de la chasse, on n'en a rien dit jusqu'ici ; et en ce moment encore, il suffit de remarquer que, durant leur instruction, on doit donner aux élèves deux ou trois cures, et les baigner autant de fois.

Cet article du bain étant essentiel, il faut en décrire la méthode. L'oiseau attaché à une corde, et fixé près du bord de l'eau, a coutume de se baigner lui-même, dès que le maître étant un peu éloigné, il se voit en liberté ; ou s'il s'obstine à ne point entrer dans l'eau, on le relève, en le tenant sur le poing, par la longe, on l'y fait tomber, et on l'y retient jusqu'à ce qu'il se soit convenablement baigné. Au surplus, c'est au maître à déterminer, d'après les circonstances, les forces et l'ardeur de l'oiseau, la fréquence ou la rareté du besoin des cures et du bain, en observant que ce dernier ne doit être mis en usage que lorsqu'on s'aperçoit que le faucon a beaucoup perdu de son indocile fierté, et qu'il commence à se montrer doux et familier.

Affaitage des émerillons. — On épargne la mise et l'usage du chaperon, au plus docile et au plus familier des oiseaux chasseurs, et on abrège de beaucoup pour lui les longs exercices du jeûne ou de l'éducation dont on a parlé jusqu'ici. A peine l'instituteur a-t-il porté les émerillons sur le poing, l'espace de deux ou trois jours, en les *affriandant* de quelques *bécades*, qu'ils se montrent empressés de voler vers lui, dès qu'ils l'aperçoivent.

Alors on les enferme dans une chambre, dont la fenêtre ouverte est tendue d'une toile qui la bouche ; ils y volent, et sautent en toute liberté. Si, à l'aspect du maître, l'oiseau vient sur-le-champ à lui, on le porte en plein air, pour lui apprendre à sauter sur le poing; et c'est ce qui se pratique le cinquième ou sixième jour, depuis le premier moment de l'éducation.

Dès que l'émerillon est habitué à sauter sur le poing, à la distance de vingt à trente pas, on *lui donne le vif*, qu'on lui présente dans le même éloignement; dès qu'un aide à lâché une alouette, retenue par une très-mince ficelle, l'oiseau part, et fond sur la proie. Mais à peine l'a-t-il *liée*, qu'il la prend dans le bec, la passe aux serres, et veut l'emporter. Voilà le grand, le seul défaut des émerillons, et dont il s'agit de les corriger.

Pour y travailler efficacement, il est essentiel, au moment où l'émerillon a saisi l'oiseau du bec, qu'on lui donne une saccade en tirant la ficelle; à ce mouvement, ou la proie échappe au chasseur, ou il ne lui en reste que la tête, dont il fait *curée*. Alors on tire près de soi l'alouette au moyen de la ficelle, et on la passe lestement dans un crochet exprès enfoncé en terre; l'oiseau revient à la proie avec fureur, et ne pouvant l'enlever, la dévore à terre, aux pieds du maître, qui l'*assure* du geste et de la voix. A force de lui donner la même leçon, on lui fait perdre l'habitude d'enlever la proie, et on peut la mettre en usage pour toute la menue volaille.

Affaitage des éperviers. — La douceur et l'instinct de la familiarité ne sont pas des qualités de cette espèce d'oiseau, qui appartient à la classe des voliers. Leur éducation, d'ailleurs, assez semblable à celle de l'autour, exige beaucoup plus de soin que celle de l'émerillon, et le double, au moins, de temps qu'on emploie à dresser l'autour.

Il y a, par rapport aux individus de cette espèce, des différences plus grandes que relativement aux individus des autres espèces. Parmi les *éperviers niais*, on en rencontre quelquefois dont l'éducation est parfaite en cinq ou six jours seulement, tandis que d'autres, moins intelligens ou moins dociles, ne se forment que dans le double de temps. L'instruction des passagers dure souvent trois semaines, et quelquefois elle n'exige qu'une douzaine de jours de soins assidus.

Avant de se servir de l'épervier à la chasse, il est important de lui répéter les leçons dans le verger, et l'y réclamer jusqu'à ce que l'oiseau cherche de lui-même son maître, lors même que celui-ci affecte de se cacher. C'est, en général, un fort bon instrument pour la chasse du vol; mais l'expérience apprend qu'il faut presque continuellement le tenir en haleine; que l'inaction le rappelle à son instinct fier et indocile, et qu'il a besoin d'être souvent entretenu dans la pratique de sa première éducation, par la présence du maître et l'espèce de familiarité qui s'établit nécessairement, par le fréquent usage du vol et de tout ce qui l'accompagne.

Il n'est peut-être pas indifférent de remarquer que, dans toutes les espèces d'oiseaux de proie qui servent aux plaisirs de l'homme, il est des individus si fiers et si fidèles aux premières intentions de la nature à leur égard, que tous les expédiens, toutes les ruses et toute la patience des maîtres en fauconnerie n'ont jamais pu les dompter, bien moins encore les familiariser avec le joug, ni les faire plier sous la volonté de l'instituteur. On a même observé que ces superbes sujets, loin de s'adoucir à la longue, se roidissent de jour en jour, s'aigrissent et redoublent de dureté, de méchanceté même, en proportion des soins adoucis ou sévères par lesquels on essaye de les abattre : lors donc que la continuité des travaux, des ménagemens, du jeûne et de la rigueur, ne peut faire oublier à ces oiseaux absolument intraitables, l'ancienne et chère liberté, ni les accoutumer à la voix d'un maître, il faut s'arrêter, ne plus les tourmenter, et les abandonner entièrement aux mœurs et à l'instinct de leur race.

4.° *Soin de la santé des oiseaux de proie.* — La supériorité que le chasseur exerce sur les instrumens de sa plus vive jouissance, et le joug qu'on est parvenu à leur imposer, ne le dispensent pas d'un mouvement de reconnoissance et d'attachement, que leurs travaux et leur docilité ont si bien mérité. Ce sentiment doit surtout se manifester par les attentions qui veillent à la santé de ces oiseaux, et par les soins que l'on prend de les soulager dans leurs infirmités et dans les accidens presque toujours inséparables de la carrière qu'on les oblige de fournir continuellement dans un état hostile, formés à combattre sans hésitation l'ennemi qu'on leur présente ; ils triomphent presque toujours ; mais il n'est pas extraordinaire de les voir revenir du champ de bataille, couverts de blessures, qui attestent, en caractères de sang, leur courage et leur dévouement.

Indépendamment donc de la perte causée par la mort d'un de ces animaux intéressans, le maître ne peut se refuser à une certaine impression de sensibilité, ni de venir au secours de ces êtres, qui le reconnoissent pour leur instituteur et leur dieu. Voyons d'abord ce qui concerne leur régime ordinaire dans l'état de santé.

Comme dans tous les êtres vivans la constitution s'entretient surtout par la bonne qualité et la juste mesure des alimens, c'est d'abord à ce premier point qu'il faut s'arrêter, avec la plus sensible attention.

De la tranche de bœuf ou du gigot de mouton, dont on a pris grand soin de retrancher toutes les parties grasses et tendineuses, voilà le fond de la nourriture de l'oiseau chasseur. Quelquefois on répand sur leur *pât* du sang de pigeon; mais ce pigeon, ordinairement, sert plus à les reprendre qu'à les nourrir : en pleine santé, on ne leur donne qu'une *gorge*, par jour, mais *bonne;* dans la mue, il convient d'en donner deux, mais modérées.

La veille d'une chasse, l'oiseau reçoit une *gorge* beaucoup moins abondante que les jours précédens, et quelquefois on le *cure ;* une seule bécade de plus rendroit l'oiseau languissant, et nuiroit au grand succès de la *volerie.*

Au mois de mars, à la renaissance de la saison et des impulsions de l'amour, on se hâte de faire avaler au *faucon* des cailloux de la grosseur d'une noisette ; au moins a-t-on imaginé que ce remède étrange, donné aux femelles, fait avorter les œufs, qui prennent alors de l'accroissement, et servent de raffraîchissement aux mâles, à qui on les fait prendre.

« Il se peut, dit l'*Encyclopédie méthodique*, que les cailloux » par leur poids, par leur frottement sur un estomac muscu- « leux et membraneux, beaucoup plus délicat que celui des « oiseaux granivores, nuisent aux fonctions de ce viscère, « troublent et vicient les digestions; il peut arriver, en ren- « dant les oiseaux malades, en appauvrissant leur nutrition, « que les œufs ne se développent pas, ou qu'ils se flétrissent « dans les femelles; et qu'avec les forces, les désirs s'amortis- « sent dans les mâles ; mais, quoi qu'il en soit de l'effet des « cailloux, on convient assez généralement que c'est un re- « mède dangereux, dont il faut n'user que rarement. Il sem- « ble qu'il seroit plus sage d'y substituer un autre moyen, « qui produiroit le même effet, sans entraîner le même dan- « ger ; qu'une viande moins nourrissante, ou la même viande « donnée avec moins d'abondance, rempliroit, sans risquer, « le but qu'on se propose naturellement. »

Le lieu où l'on tient habituellement ces oiseaux, n'est rien moins qu'indifférent. On a coutume, en hiver, de les tenir le jour dehors, et de leur faire passer la nuit dans des chambres échauffées ; la seconde partie de ce traitement n'est pas approuvée par tous les maîtres en fauconnerie, auxquels elle ne paroît qu'un raffinement de domesticité, et qui n'est au fond d'aucune utilité rigoureuse.

En effet, disent-ils, la plus grande partie des oiseaux qu'on chauffe la nuit, sont originaires de contrées où règne un froid excessif, et le berceau des autres étoit dans des pays au moins tempérés. Les premiers habitent les montagnes couvertes de frimas, les autres des forêts souvent blanchies par la neige : tous alors se retirent ou dans quelques fentes de rochers, ou dans le plus épais des bois, où, à l'abri du vent et des premières impressions du froid, ils vivent sans avoir l'air de souffrir, au moins, sans dépérir dans une atmosphère d'un degré bien différent que celle d'une chambre échauffée.

Ne se rapprocheroit-on pas davantage de la nature et des mœurs primitives de l'animal ; ne contribueroit-on pas à le rendre plus agile et plus fort, si en l'abritant tout simplement la nuit, comme la volaille domestique, on soignoit son existence sans altérer son naturel ? Ne doit-on pas, enfin, se conduire par une certaine analogie à son égard, et se souvenir que les moutons qui passent la nuit en plein air, et y supportent toute la rigueur des élémens, jouissent d'une santé plus forte, d'une constitution plus assurée, que ceux de leur espèce qu'on enferme dans une étable ? et dans le fond, une chaleur factice, et qui nécessairement affoiblit les organes, est-elle bien propre à les préparer aux courses et aux travaux auxquels on le destine ?

Le soir, lorsque l'oiseau est sur la perche, on l'y attache, pour qu'il ne puisse pas nuire aux autres, et réciproquement : le chaperon est ôté, bien visité, et soigneusement nettoyé, de peur que quelque ordure ne nuise aux organes de la vue, ou ne les blesse. La lumière qu'on laisse dans la chambre, une heure après la retraite des oiseaux, leur sert à se *repasser*, c'est-à-dire, à nettoyer et à lustrer leur *pennage*.

L'été, l'hospice des oiseaux change de décoration et d'emplacement ; transporté dans le lieu le plus frais, il est garni de gazons, sur lesquels l'oiseau aime à se reposer, et d'un baquet dans lequel il ne manque pas de se baigner. Il faut cependant ici faire encore une grande différence dans le traitement.

Laissez alors en liberté dans les réduits, les oiseaux qui peuvent former une paisible société, ou du moins les partisans de la tolérance. Il n'en est pas de même de ceux dont les races, naturellement ennemies, ne cherchent qu'à se déchirer, dès qu'ils se rencontrent. Ainsi le *gerfaut d'Islande* et celui *de Norwége* ne peuvent vivre ensemble, et même ceux de ce dernier pays ont coutume de se combattre.

Il faut donc fixer par des longes, ces différens ennemis sur des gazons séparés, sans qu'ils puissent s'approcher et se nuire ; mais il faut aussi ne pas oublier de les baigner l'un après l'autre, en été, et au moins tous les huit jours. Cet usage est surtout indispensable dans le temps de la mue, parce qu'amollissant la peau, il rend les nouvelles plumes plus souples, plus faciles à prendre leur accroissement, et favorise en tous sens les nouveaux développemens que la nature a préparés : aussi voit-on toujours les oiseaux de toutes les espèces, à cette époque critique, recourir fréquemment au bain, qui devient le principe de leur santé.

Tous les auteurs qui ont écrit sur l'art de la fauconnerie, ont pris soin de détailler toutes les branches des différentes maladies auxquelles les oiseaux les plus soignés et les plus sagement nourris peuvent être sujets. Le sieur de Franchières, dont il est fait mention au commencement de cet article, a pris un soin particulier de nous instruire de tout ce qui regarde la médecine et la chirurgie relativement aux oiseaux de *vol ;* et l'on trouve dans son ouvrage une pharmacopée complète pour les maladies internes, et un traité de méthodes usitées pour les accidens externes qui peuvent affliger ces espèces d'animaux.

On sent bien qu'il nous est impossible de présenter ici le tableau détaillé de toutes ces recettes, et des justifications qui les accompagnent. Nous allons nous attacher au traitement des maladies des deux genres les plus ordinaires ou les plus fâcheuses. Si le mal survenu à un oiseau ne se trouvoit pas dans ce catalogue, le lecteur intéressé pourra en chercher le remède dans les ecrivains qui ont traité *ex professo* ce point si important de la fauconnerie, et dont on trouvera la notice ci-après.

Maladies des oiseaux de proie, dont le principe est interne. — Le *rhume.* Il se manifeste par un écoulement d'humeur aux naseaux. On y remédie en *acharnant l'oiseau sur le tiroir,* c'est-à-dire, en lui faisant tirer sur le poing des parties tendineuses, telles qu'un bout d'aile de poulet ou le bout d'un manche de gigot, qui l'excitent sans le rassasier; il est aussi à propos de mêler à son *pât* quelques morceaux d'un vieux pigeon ; mais l'exercice du *tiroir* doit être souvent renouvelé, d'autant mieux qu'en pleine santé comme en maladie, il est très-salutaire.

Le *panthis.* C'est une difficulté dans la respiration, causée par quelque effort. Elle se fait remarquer à un battement de la *mulette*, en deux temps, au plus léger mouvement que fait l'oiseau.

Le *crac.* C'est aussi le fruit d'un effort : on le distingue au bruit que fait le vol de l'oiseau.

Portées à un certain point, c'est-à-dire, lorsqu'elles viennent d'un violent effort, ces deux maladies sont absolument incurables; mais si elles ne proviennent que d'un léger effort, on peut espérer de les guérir, en faisant avaler au malade, lein un dé à coudre de *mumie* pulvérisée, et en versant de l'huile sur la viande dont on le nourrit.

Le *chancre*. On en distingue de deux sortes, le *jaune* et le *mouillé*. La partie inférieure du bec est le siége du jaune : le *mouillé* a le sien dans la gorge. Le premier peut se guérir, mais le second est regardé comme incurable, et même contagieux ; dès que l'on aperçoit de l'écoulement d'une mousse blanche par le bec, il faut se hâter de le séparer des autres, de peur qu'il ne leur communique bientôt son mal. On guérit le *chancre jaune* en le touchant et l'extirpant au moyen d'un bâton arrondi, que l'on a garni de filasse imbibée de jus de citron ou de quelque autre liqueur stiptique.

Les *vers* ou *filandres*. Ces vers s'engendrent dans la *mulette*, et se trahissent par une fréquence de bâillement. Une gousse d'ail, ou de l'absinthe hachée très-menue, donnée dans une *cure*, en sont le remède.

Les *taies* sur les yeux. Ces taies, nommées quelquefois, mais improprement, *cataractes*, ont pour principe, ou une cause interne, ou, trop souvent, la négligence à entretenir journellement la grande propreté du chaperon. L'alun calciné ou du blanc de l'*émeu* d'un autour, qu'on a fait sécher, et dont on souffle la poudre dans l'organe malade, remédient à cet accident : j'observe que le blanc de l'*émeu* est préféré comme le souverain spécifique.

Les *mains enflées*. Si c'est par pur accident, elles se guérissent en les trempant dans une liqueur d'eau-de-vie, mêlée avec du persil pilé.

Comme la plupart des autres oiseaux, ceux de proie éprouvent les tourmens de la *goutte*. Quand la maladie se déclare à la suite d'un long travail, et qu'elle s'annonce comme le fruit de la fatigue, on la guérit, dit-on, quelquefois, en plaçant l'oiseau au frais sur un gazon enduit de bouse de vache détrempée dans le vinaigre, ou sur une éponge arrosée de vin aromatique.

« Si ce remède agit, dit l'*Encyclopédie méthodique*, c'est cer-« tainement comme *répercussif* ; l'effet n'en peut être, par « cette raison, que très-dangereux. Laissons donc, pour les « oiseaux de proie, un remède qui peut en apparence guérir « la *goutte*, en en repoussant l'humeur des extrémités vers « le tronc, du dehors à l'intérieur. Peut-être ces animaux « sont-ils assez bien constitués pour que les forces vitales bri-« sent, atténuent et surmontent en eux l'humeur morbifique ; « mais avertissons les personnes qui pourront lire cet arti-« cle, et qui n'auroient pas de connoissances en médecine, de « ne point appliquer à l'homme, chez lequel la *goutte* s'est dé-

« clarée aux extrémités, le remède indiqué pour les oiseaux,
« ni aucun autre médicament qui soit analogue. »

Lorsque, dans les oiseaux de proie, la goutte survient sans cause apparente, il est inutile de chercher à les guérir; on les soulage quelquefois en pratiquant sous la main des incisions, au moyen desquelles on fait évacuer une partie de l'amas *crétacé*, qui forme et entretient l'humeur goutteuse.

Les *apostumes*. « Souvent advient que dedans le corps des « faucons s'engendrent et forment grosses et dangereuses apos- « tumes, dit le seigneur de Franchières, dont nous rapportons « le texte, pour que l'on puisse juger, malgré son vieux style, « combien il avoit étudié les maladies de cet oiseau; il leur « vient ce mal, pour prendre trop les haies et les buissons, « ou pour trop se débattre, soit sur le poing, soit à la perche, « de frapper sur leur proie, en quoi faisant, ils se froissent « et s'échauffent, puis se refroidissent, et ce leur vient l'a- « postume.

« De ce mal vous pourrez prendre indice et démonstra- « tion, quand vous verrez les narines de vostre oiseau sou- « vent s'estouper, et le cœur lui battre fort dans le corps.

« Pour remédier à ce mal... prenez le blanc d'un œuf et « le battez bien fort, et des feuilles de chou que ferez piler « et en espreindre le jus, puis le mêlerez avec le blanc de « l'œuf battu, et en composerez une médecine, laquelle « mettrez dans un boyau de geline, et la ferez, le matin, « prendre à vostre oiseau, que vous ferez, puis après, te- « nir au feu ou au soleil, et ne le paistrez jusqu'après midi, « que lui donnerez d'un cœur de mouton ou d'une jeune pou- « laille.

« Le lendemain, prenez du romarin que ferez brûler et « réduire en cendre et poudre, de laquelle vous lui poudre- « rez sa chair, quand le voudrez paistre à discrétion; puis par « trois jours, lui donnerez du sucre, et le quatrième jour en- « suivant, retournez à lui donner de telle poudre ou cendre « de romarin, changeant ainsi le sucre et la poudre de trois « en trois jours, pour l'espace de quinze jours, pendant les- « quels advisez soigneusement à le tenir chaudement jour et « nuit, et ne le paistre que de bon past à moyenne gorge. »

Mal de foie. — Le mal ou échauffement de foie, survient ordinairement aux oiseaux par la faute de ceux qui sont chargés de les gouverner, c'est-à-dire, en leur donnant pour nourriture de grosses ou mauvaises chairs, souvent vieillies et gâtées, ou parce qu'on néglige de baigner ces oiseaux, qu'on épargne leurs boissons, ou que l'eau n'est pas propre, autant de moyens de leur échauffer le foie. Des pieds fort échauffés, la gorge blanchie par les vapeurs irritantes du foie échauffé, sont les tristes indices du mal intérieur.

Si, lorsque l'on s'en aperçoit, il a déjà fait assez de progrès pour que la langue paroisse noire, l'oiseau est perdu; il est inutile de songer à le soigner.

Mais si ce symptôme mortel ne se manifeste pas, on peut espérer de sauver le malade. On fait usage en pareil cas de limaçons détrempés dans du lait d'ânesse, ou de chèvre, dans un verre couvert, pour que les limaçons n'en puissent sortir. Le lendemain, après avoir rompu les coquilles et lavé les limaçons dans du lait frais, on en fait avaler à l'oiseau quatre ou cinq, selon leur grosseur. Il faut tout de suite le placer au chaud ou au soleil, et l'y laisser jusqu'à ce qu'il se soit vidé quatre ou cinq fois, et même le retenir au soleil plus long-temps s'il en peut endurer l'ardeur. On le paît ensuite de chair de mouton ou de volaille baignée dans le lait, et il faut le tenir à cette nourriture huit à dix jours.

Lorsque les premières purgations auront évacué les mauvaises humeurs, et que la langue aura repris sa couleur fraîche et naturelle, on la lui arrose, ainsi que la gorge, avec de l'huile d'amandes douces, ou d'olives, en se servant d'une plume, deux ou trois fois par jour; ensuite avec un instrument d'argent ou d'or, on lui racle la langue et la gorge jusqu'à parfaite guérison, toujours en continuant de laver son past dans du lait.

Si la maladie étoit telle que l'oiseau ne pût manger, gardez-vous de l'abandonner; c'est tout au contraire le moment de reconnoître ses services et de redoubler vos soins: à l'aide d'une petite fourchette, enfoncez doucement la nourriture à petits morceaux dans la gorge, de manière qu'il puisse l'avaler: car ce n'est que le mal qu'il éprouve de l'enflure de la langue, qui l'empêche de prendre des alimens. La patience et la douceur ne peuvent manquer de triompher au bout de quelques jours.

L'*épilepsie*. — L'*épilepsie* ou le *haut-mal*, qui, quelquefois, tourmente les faucons, a pour principe une certaine ardeur du foie, qui, faisant monter des chaleurs au cerveau, les étourdit et les fait tomber. Il faut en pareil cas, selon l'auteur que je viens de citer, examiner le derrière de la tête de l'oiseau, où l'on trouvera deux *fossettes*, que l'on chauffera avec un fil d'acier; si cette opération ne réussit pas, on aura recours au traitement suivant:

Faites sentir au malade sur la tête un petit fer rond et chaud, en observant de ne point blesser l'animal, et de présenter le fer avec autant de douceur que d'adresse. Puis, mêlez et battez bien ensemble une égale quantité de lentilles rousses séchées au four et réduites en poudre fine, et de la limaille de fer la plus déliée, le tout jeté dans du miel frais. Faites avaler à l'oiseau des pilules de cette matière, grosses comme un pois. Placé ensuite sur le poing au soleil, il doit y demeurer jusqu'après deux évacuations ; alors on lui donne une aile de pigeon, et ce remède se continue sept ou huit jours.

La *pépie.* — Une mauvaise nourriture, mal lavée et mal nettoyée, produit des phlegmes et des humeurs grossières dans le corps, et surtout dans les entrailles des oiseaux chasseurs; les fumées, en montant à la tête, et condensées en pituite, tombent sur la langue, et leur corruption y engendre la pépie. Le fréquent éternuement de l'oiseau, suivi d'un ou deux cris, annonce la maladie, c'est-à-dire, la pépie sur la langue.

On trempe dans de l'eau rose un morceau de coton au bout d'un petit bâton, et on en lave, à plusieurs reprises, la langue. Ensuite, durant quatre ou cinq jours, à deux ou trois fois le jour, on fait la même lotion avec l'huile d'amandes douces ou d'olives. Alors la pépie étant devenue blanche et molle, on la tire doucement dehors avec la pince d'un instrument, comme on le fait à la volaille en pareil cas.

Mal d'oreille. — Le froid et le rhume de tête produisent cet accident. On connoît que l'oiseau en est atteint, lorsqu'il met l'œil de travers, et que son appétit diminue sensiblement, à cause des humeurs qui coulent dans ses oreilles, comme vous pourrez vous en apercevoir en y jetant les yeux.

On prend un petit fer dont le bord est arrondi comme un petit pois ; on le chauffe et on le trempe dans l'huile d'amandes douces, et on en fait dégoutter dans les oreilles de l'oiseau : il seroit bien à propos de pouvoir en même temps, avec l'extrémité de ce fer, insinuer de cette liqueur au fond des oreilles, ce qui hâteroit la guérison, en prenant bien garde de ne pas chauffer trop le fer, et de ne pas le pousser trop avant, de peur de blesser le malade, et de lui causer un nouveau mal pire que le premier.

On répète ce traitement cinq ou six jours, en continuant toujours d'enlever et d'essuyer avec toute la douceur et toute la propreté possibles l'humeur qui découle du siége du mal ; il faut aussi visiter la gorge pour voir si l'humeur ne l'a point attaquée.

La *teigne.* — Ce mal vient le plus souvent de ce que l'oiseau trop ardent ou trop courageux, brave le vent avec trop de force, et s'obstine à lutter contre son souffle impétueux; car alors le sang, par la violence du battement et du vol, se porte aux extrémités, c'est-à-dire, aux ailes et aux mains ; en sorte que la liqueur vitale meurtrie ou *émue*, n'étant pas assez ôt évacuée par la saignée, elle se corrompt et produit les boutons teigneux aux mains, et de petites vessies aux ailes; l'oiseau les crevant avec le bec, le bout de l'aile paroît souillé comme un fer de la rouille. Voici le remède indiqué par le seigneur d'Esparron, dont on a parlé au commencement de cet article.

« Or, pour préserver vos oiseaux de *teigne*, tenez-les en « bon point; et si tant estoit qu'ils s'en trouvassent atteints, « la première chose que vous ferez, c'est de remonter l'oi- « seau, car tant qu'il sera à bas, vous ne le sauriez guérir. « Pour ce, traitez-le bien, et de bonnes viandes, comme pi- « geonneaux, moineaux, et autres petits oiseaux que vous lui « laisserez en vie, s'il est possible, tenant toujours l'oiseau « malade en lieu où le froid n'entre point. Si vous faites tant « qu'il se remonte, il guérira facilement, en faisant comme « s'en suit.

« Faites-lui un onguent de boli armeni, vinaigre, sang de « dragon, et salpestre, et lui en mettez partout où vous ver- « rez qu'il aura cette rouillure, ou des vessies, ou des clous, « comme je vous ai dict.

« Et le lendemain faites un bain de vin blanc et de rosma- « rin, et lui ostez toutes les peaux mortes, et demi-heure « après, baignez l'endroit où vous verrez qu'il sera escorché, « avec du coton trempé dans de l'eau en laquelle vous aurez « mis de la poudre d'aloès et d'alun, autant de l'un que de « l'autre, le laissant comme cela; et si du premier coup, l'oi- « seau ne guérit dans dix jours, vous lui pourrez réitérer ce « remède. Si par tout le mois de mars il ne se trouve mieux, « n'en espérez autre chose ».

La *gravelle*. — C'est le produit d'une humeur sèche qui cuit et endurcit les excrémens de l'oiseau dans les intestins, en sorte qu'il s'en forme des pierres de la grosseur d'un pois, et d'une matière semblable à de la chaux, ce qui quelquefois lui fait sortir le boyau par le fondement; ou d'autres fois il se fait un tel amas de cette craie dans tout le boyau, qu'en peu de jours l'oiseau en périt.

Cette maladie attaque ordinairement les oiseaux de proie dans les trois mois d'hiver, surtout ceux qui ont mué, si on n'a grand soin de les purger quand ils sortent de cet état critique. Pour prévenir tous ces accidens, ne manquez pas de faire de temps en temps attention aux excrémens de l'oiseau, qui, en bonne santé, « sont blancs comme du lait, assez li- « quides et grands, et ont quelques petites taches de noir; et « combien qu'il n'en soit pas besoin, vous ne devez faillir, « de quinze jours en quinze jours, de lui donner quelque « chose pour lui tenir le boyau lâche, principalement au *ger-*

« faut. » Ce durant les trois mois d'hiver, il est à propos de lui donner de ce remède laxatif une fois par semaine ; pour cela :

« Prenez, dit l'auteur cité il n'y a qu'un moment, la glaire « d'un œuf, et la battez fort avec du sucre candi pulvérisé ; « puis, ayant accommodé la chair par morceaux pour la « donner à l'oiseau, mettez-la dans cette glaire ainsi battue, « et l'en paissez ; et continuant à le paistre de cette façon, as- « surément votre oiseau guérira.

« En telle maladie, le lait et le sucre opèrent grandement, « comme fait aussi l'huile battue avec le sucre, et ainsi don- « née à l'oiseau avec la viande par morceaux. Quand le boyau « sort du fondement, surtout le beurre frais, avec le sucre « candy, est bon à ce mal.

« Jamais oiseau gardé par un qui connoisse, ne mourra de « cette maladie, laquelle ne procède que de la négligence du « fauconnier. L'huile de sucre est bonne à ce mal, mais sur- « tout des pilules de manne, données une heure devant la « past, de la grosseur d'un pois ».

Perte de l'appétit. — Lorsque l'oiseau perd l'appétit, il est clair que l'organisation est dérangée, et qu'il a besoin de secours. Faites d'abord attention à la qualité de sa nourriture et de ses déjections : de là, vous pourrez juger d'où procède le vice, et y remédier, d'après les principes généraux de la médecine, c'est-à-dire, de stimuler l'extrême paresse de l'estomac, ou de purger celui qui se trouve surchargé. Une excellente pratique consiste de donner, en hiver, la chair trempée dans l'eau chaude, avec du chiendent, la racine du persil, la chicorée, la scabieuse et autres plantes de la même qualité.

Enflure générale. — Le sieur d'Esparron, dans sa *Lettre dix-neuvième*, parle du mal dont il s'agit ici. Ayant perdu un faucon qui s'étoit égaré à la chasse, il apprit six jours après qu'un paysan l'avoit trouvé et rapporté à un de ses parens. On s'imagine bien, dit-il, comment cet oiseau se débattit pendant les deux lieues de chemin qu'il fut porté, et peut-être par les pieds.

Dès le lendemain, il étoit enflé dans toute l'habitude du corps, et plein de vent entre les deux peaux. Le chasseur attribua cet accident à l'extrême chaleur du jour où l'oiseau s'étoit perdu, et aux efforts des ailes qu'il se donna, dès qu'il se sentit en pleine liberté.

D'après ce raisonnement, il donna au faucon fugitif, un bain de vin blanc, avec moitié d'eau de bouts de chêne. Ensuite il le piqua avec des ciseaux aux endroits qui parurent les plus enflés, et par ce moyen, fit sortir le vent enfermé entre les deux peaux, comme d'une vessie soufflée. Ensuite l'oiseau fut purgé avec des pilules laxatives pendant deux jours; et au troisième, il reçut un bain dans un ruisseau où le faucon a paru se plaire beaucoup; *ce qui me donne espoir*, continue l'auteur, *que ce ne sera rien.*

Le rhume. — C'est la maladie la plus commune des oiseaux de proie. Il se forme dans la tête par l'ascension d'une humeur chaude, des parties du cœur et du foie, vers le cerveau refroidi. Cet accident provient de la diversité de la température des jours, qui se succèdent immédiatement, les uns chauds et les autres froids, laquelle opposition subite ne peut manquer d'agiter le sang et d'occasioner le rhume.

Il peut avoir encore trois autres principes, tous différens. 1.° Lorsque l'oiseau a senti le froid de la nuit, s'il a été touché des rayons de la lune ou des rosées du matin. 2.° Quand, ayant été mouillé du bain ou de la pluie, il a été négligemment ou mal séché. 3.° Pour avoir été frappé d'un coup de soleil trop ardent, soit aux *jardiners* du matin, ou vis-à-vis de quelque fenêtre, surtout si elle est vitrée.

Quelle que soit la source de ce mal, il est dangereux, surtout aux trois mois d'été, et assez ordinairement il produit une infinité d'autres accidens fâcheux. Le remède, dans tous les cas, est de purger l'oiseau avec une pilule de manne, et trois heures après, de le paître de *demi-gorge*. Si le lendemain soir l'oiseau paroît assez robuste, donnez-lui une pilule *de tribus* dans sa curée sèche; si au contraire il se trouve *bas* et maigre, donnez-lui quelque bonne viande avec sa curée, dans laquelle on mettra de la sauge ou de l'absinthe.

Portez ensuite le malade devant le feu ou au soleil, pourvu que sa chaleur soit modérée, de peur que l'oiseau assez alerte de lui-même, ne s'ébatte vivement et ne s'altère encore plus. En le rentrant, placez-le dans un endroit chaud où il n'y ait point de vent coulis. La bétoine dans la cure est excellente pour purger le cerveau des oiseaux attaqués du rhume.

La *phthisie*, que d'autres appellent *mal subit*, se forme des humeurs catarrheuses qui tombent dans la mulette, laquelle refroidie peu à peu par les humeurs froides et gluantes qui s'amassent en cette partie, empêche l'oiseau de faire sa digestion comme il le doit, quoiqu'il soit toujours affamé; d'où il arrive que le malade baisse insensiblement et meurt, n'ayant, comme on dit, que la peau sur les os. Comme cette maladie se manifeste communément en automne, et qu'elle est très-dangereuse, il importe beaucoup d'y porter remède le plus tôt possible, et de l'empêcher de régner en hiver.

Le remède connu et usité en pareil cas, consiste à purger, trois jours de suite, l'oiseau malade avec les pilules douces; au quatrième jour on lui donne une pilule *de tribus*, le soir, dans une cure sèche. Lorsque le mal est invétéré, il ne se guérira qu'en réitérant plusieurs fois cette purgation. Le remède suivant, préconisé par l'expérience et le succès, est aussi en grand crédit dans cette cruelle maladie.

On donne à l'oiseau à son past, de jeunes moineaux s'il se peut, ainsi que des pigeonneaux et de petites souris, tous vifs s'il est possible. On administre ensuite le lait d'ânesse mêlé avec sa nourriture. Dès que les forces et la santé reviennent, il faut donner souvent la purgation dont on vient de parler. Prenez ensuite une poignée de chèvrefeuille, de langue de bœuf et de la caballine, faites-en une décoction, dans laquelle vous jetterez la viande de sa nourriture. Il faut renouveler cette décoction tous les trois jours, la lui donner ni trop coite, ni trop chaude, de peur de lui faire rendre gorge, et la continuer pendant quelque temps.

La purgation des oiseaux. — La plupart de ces traitemens prescrits par l'article de la *fauconnerie*, pour les oiseaux malades, étant appuyés, préparés ou suivis par des purgations, il est bien essentiel de se mettre au fait de la bonne et saine administration de ce remède, pour qu'il réussisse au gré de celui qui le donne. Or, dans cette circonstance, il faut, avant de procéder aux médicamens, considérer attentivement trois points : 1.° quel est cet oiseau qu'il s'agit de traiter; 2.° dans quel état il est; 3.° la saison dans laquelle on veut le purger.

1.° *Quel est l'oiseau.* Est-il formé ou tiercelet, niais ou passager, sors ou mué; *faucon*, lanier, gerfaut, sacre ou bâtard; s'il est pris nouvellement, passager, ou s'il a mué; si vous l'avez récemment tiré de la chambre, ou recouvré de quelqu'un qui l'avoit bien ou mal traité. Or, les maîtres en *fauconnerie* prescrivent, pour tous ces cas, des méthodes très-différentes : il seroit infini de les présenter ici; il suffit d'avertir le lecteur d'avoir recours aux originaux, dans les cas qui lui paroîtront vraiment embarrassans.

2.° *En quel état est l'oiseau.* Ou il s'agit de le purger pour guérir quelque maladie, ou simplement pour la prévenir. Dans le premier cas, c'est-à-dire, dans la nécessité, les auteurs les plus sages et les plus expérimentés dans l'art, veulent que, sans hésiter, l'oiseau soit purgé trois ou quatre jours de suite; et au bout d'une dizaine de jours, si la guérison n'est pas parfaite, ils veulent qu'on réitère les trois ou quatre jours de purgation. Mais si l'oiseau a recouvré la santé, achevez de le purger très-légèrement une seule fois, sans revenir à la charge.

Il faut encore faire attention si alors l'oiseau est trop plein, ou trop bas et décharné, ou s'il est en état *médiocre;* car c'est d'après toutes ces considérations bien appréciées, que vous pourrez le traiter et le purger en diverses manières. Il va sans dire que la complexion plus ou moins délicate, plus ou moins forte, doit faire varier de beaucoup la dose et la fréquence du remède.

3.° On recommande aussi de faire attention à la saison du traitement, surtout à la température froide, chaude ou tempérée de l'atmosphère; car on a remarqué qu'un remède administré fort à propos, dans tel degré du thermomètre, peut devenir nuisible, inutile au moins, dans un degré différent.

Cette variété dans l'air influe aussi nécessairement sur les compositions médicales, à cause du plus ou du moins de force et de saveur que l'influence de la saison et les rayons du soleil leur communiquent. A cet égard, il n'est pas aussi indifférent qu'on pourroit le penser, de voir en quel lieu, dans quel temps et à quelle exposition ont crû les simples, les racines et tous les végétaux que l'on fait entrer dans la cure, ou de l'oiseau malade, ou de celui que l'on veut toujours entretenir en parfaite santé.

Force et qualité des oiseaux pour la purgation. — Pour ne rien laisser à désirer sur un article si essentiel à la conservation des oiseaux de *fauconnerie*, nous plaçons ici une indication rapide de la force respective, de la vigueur de leur constitution, et conséquemment du plus ou moins d'activité à donner aux remèdes purgatifs qu'il est bon ou absolument nécessaire de leur faire prendre.

Le *gerfaut niais* est, sans contredit, l'oiseau le plus robuste de tous ceux qu'on destine à chasser la proie; d'autant mieux que les observations les plus attentives ont démontré que les *niais*, de quelque espèce qu'ils soient, sont toujours de quatre degrés plus forts de complexion, et plus en état de supporter les purgations que les *passagers;* et ceux-ci pris *sors*, plus que ceux qui ont mué dans l'état de liberté; au point que plus un oiseau de proie a vieilli dans cet état de liberté, plus il est délicat et sujet aux infirmités lorsqu'on le forme, à cet âge, aux exercices du vol.

Dans l'ordre de la force et de la bonne constitution, après le *gerfaut*, vient son tiercelet, que l'on peut égaler au *gerfaut passager sors;* s'il a été pris *passager*, il est un peu moins robuste.

Paroît ensuite le *sacre*, qu'il faut traiter comme le tiercelet de *gerfaut* mué. Le *lanier niais* est au même niveau. Quant au *sacret*, il faut l'égaler au *lanier* de passage, et le *laneret* comme le précédent.

Le plus délicat de tous ces oiseaux est le *faucon niais*, qu'il faut mettre précisément au rang du lanier *passager* et du *sacret*. Le *faucon passager*, pris *sors*, est moins robuste, et moins encore lorsqu'il a mué, de même que son tiercelet. En *fauconnerie*, on se croit fondé d'appliquer à ces derniers oiseaux la maxime développée ci-dessus, par rapport au *gerfaut*; savoir, que l'oiseau *niais* est toujours plus fort que le *passager*, et que plus ils ont joui de la liberté, moins ils sont vigoureux; mais ils sont propres à supporter les mixtions qu'on a coutume ou qu'on est forcé de leur faire prendre dans l'état de captivité.

Remède purgatif, léger, ou de précaution. — Dans la nécessité où l'on se trouve assez souvent, de purger légèrement l'oiseau de proie, pour entretenir sa santé, et évacuer les humeurs, dont l'accumulation pourroit occasioner quelque maladie grave, il est bon d'avoir une recette saine et éprouvée. Voici celle que les maîtres en *fauconnerie* ont consacrée, après de longues observations sur le bon effet qu'elle ne manque jamais de produire sur ces animaux.

« Prenez de la conserve de rose en roche, dit le sieur « d'Esparron, et la rendez molle en la maniant; et si elle ne « se peut ramollir, mettez-y une goutte d'eau; et estant deve- « nue maniable comme la cire, aplatissez-la de la grandeur « d'un teston, et y mettez, si c'est pour un *lanier,* dix grains de « poivre, rompus; si c'est pour quelque autre oiseau, selon « ce qu'il sera, et comme il vous a été dit ci-dessus, dans l'ar- « ticle immédiatement précédent, de la qualité des oiseaux: « ajoutez en cela la moitié moins de sel en grain, et non en « poudre; puis enveloppez le tout, et en formez la conserve, « en façon d'une cure, que votre oiseau puisse avaler. Cette « pilule ainsi faite, il vous la faudra garder jusqu'au lende- « main, pour la laisser sécher, afin qu'elle ne se rompe en « la donnant à l'oiseau.

» Et la lui faut faire avaler, en le faisant tenir abattu, « et la conduire, avec le doigt, dans le gosier, le plus avant « qu'il vous sera possible; mais surtout gardez qu'elle « ne se rompe, car elle ne feroit nul effet. Je donne toujours « à nos oiseaux une gorgée d'eau, pour mieux faire avaler « ceste pilule.

» La lui ayant donnée, une heure après, ou deux au plus, « votre oiseau doit rendre sa mulette; et par ce moyen, il « sera fort allégé. Il ne faut oublier de lui donner de l'eau « dans un verre, et lui en faire boire une heure après qu'il aura « vidé sa mulette. Cela fait, ne le paissez de trois heures, et qu'il n'ait premièrement bu comme j'ai dit; car, autrement, il mourroit; et encore ne lui donnez que trois ou quatre morceaux de viande, bien trempés en l'eau.

» Puis le soir ensuite paissez-le sobrement sans lui donner cure; et le lendemain présentez lui le pain sans faillir: que si le temps est couvert, présentez-lui de l'eau dans un verre..... Il ne lui faut donner la conserve, si ce n'est de grand matin, afin d'avoir plus de commodité d'observer ce que j'ai dict; et faut que ce soit en temps frais, s'il est possible: si ce n'est qu'il en fust extrêmement besoin; car alors il faut tout hasarder, quelque temps qu'il fasse.»

Tous ces détails intéressans pour la santé ou le soulagement des oiseaux, sont suivis, dans l'auteur, d'un avertissement qu'il est à propos de transcrire.

« Le fauconnier sera averti, dit-il, qu'il y a des apothicaires qui mettent du jus de limon pour rendre leur conserve plus belle et vendable: telle conserve est fort préjudiciable aux oiseaux, à quoi on doit prendre garde, et y aller considérément..... C'est pourquoi il vaut mieux donner de la manne... C'est chose bien assurée que les oiseaux en leur liberté, d'eux-mesmes se font rendre le double de la mulette, en prenant de la terre ou eau salée, ou de petites pierres au bord de la mer, ou du salpêtre dans la chambre où ils muent.»

Le même auteur termine son traité de médecine en fauconnerie, par des recettes qui doivent ici trouver leur place: d'autant mieux qu'il s'agit de remèdes de diverses qualités, assortis aux circonstances, et qui, se conservant long-temps, se trouvent sous la main lorsqu'on croit en avoir besoin.

Pilules blanches et douces pour les oiseaux de complexion robuste. — On fait les pilules *blanches*, en trempant, quelques jours, du lard dans de l'eau fraîche: on en prend le plus net, avec autant de moelle de bœuf; le tout, fondu peu à peu, est passé dans un linge blanc, de manière qu'il n'y reste aucune crasse. Ce qui reste de bien propre, mêlé avec autant pesant de sucre candi en poudre, est bien battu, en observant que le sucre ne demeure pas au fond; puis on en forme des pilules, déposées dans des boîtes où elles peuvent se garder deux ou trois ans, sans changer de couleur ou se gâter, pourvu qu'elles soient dans un endroit où on ne les touche que pour s'en servir.

Les *pilules douces* se font, en mêlant aux *blanches* un tiers de conserve de rose en roche, faite au sucre; et cette mixtion forme des pilules dont il est à propos, hors le cas de nécessité, de n'user qu'en été, afin qu'elles soient plus fermes à donner. Observez qu'il faut donner de ces pilules douces un tiers moins que des blanches, car elles font beaucoup plus d'effet, quoiqu'elles aient la même vertu et les mêmes propriétés.

Pilules pour les sacres et les laniers passagers. — Il paroît que les oiseaux de cette espèce ont besoin d'un traitement tout particulier. Voici la recette qui leur convient: On prend deux drachmes de sirop fait avec le sucre et le vinaigre; mêlez-y de la poudre de clou de girofle, du poids de *demy-escu*, et autant de sucre candi, dont on fait une masse. Il faut que dans ces pilules il entre les deux tiers de sucre, et même davantage.

Elles sont bonnes en hiver, et il faut les donner à l'oiseau une demi-heure avant le vol, de la grosseur d'un grain de blé, et jamais plus. « Tout *fauconnier* doit estre adverti, « dit le même auteur, de tenir un mortier de marbre; car « j'ai expérimenté que ceux de cuivre et de bronze sont ex- « trêmement contraires aux oiseaux, mesme la rouille ou « moisissure qui s'y engendre.»

Pilules de tribus. — Les pilules communes ou *de tribus*, dont on a souvent parlé dans les recettes précédentes, se font de myrrhe, safran et aloès, mêlés avec du sirop d'absinthe, ou de l'eau de plantain; tous les pharmaciens les connoissent, d'autant mieux qu'on en donne aux hommes: « elles sont « bonnes en tout temps, hors qu'en esté, n'en donnez qu'aux « *laniers* et aux *sacres*.»

Pour faire rendre à l'oiseau qui a trop mangé. — Ce dernier article mérite d'autant plus d'attention, qu'il est assez ordinaire aux oiseaux de proie en captivité, de se livrer à leur voracité naturelle, lorsqu'on n'a pas soin de ne leur donner que le pur nécessaire. Si l'accident contraire arrive, et que la nature seule ne puisse se soulager, on a recours au remède suivant.

Prenez quinze grains de poivre entiers, cassés chacun en deux pièces, et enveloppés dans une peau de poule, ou dans une autre peau. A peine l'oiseau aura-t-il avalé cette mixtion, que vous le verrez rendre sans aucun danger. S'il est délicat, ce sera assez de douze grains, et proportionnant toujours la dose à ses forces, il convient de s'en tenir, en pareille occurrence, à ce remède; car la plupart des autres qui se pratiquent pour faire rendre l'oiseau, ne manquent pas de le dégoûter, étant tous composés d'aloès, d'alun, de chélidoine, d'antimoine et de vitriol.

L'art de la fauconnerie ayant observé tous les accidens et toutes les suites fâcheuses auxquelles la mue, mal absolument inévitable, expose les oiseaux de proie, a pris un soin particulier de veiller à leur soulagement en cet état, et il nous a laissé de savans préceptes pour leur traitement avant, pendant et après la maladie.

Traitement avant la mue.—Lorsque vous vous apercevrez que l'oiseau est arrivé à l'époque de la mue, ou qu'il commence à en éprouver les premiers symptômes, hâtez-vous de l'aider et de favoriser la crise de la nature. Pour cela, allez aux lieux où l'on tue les moutons, au mois de mai ou juin; prenez les glandes que ces animaux ont sous l'oreille, à l'extrémité de la mâchoire, et qui sont à peu près de la grosseur d'une amande; emportez-en dix ou douze; faites-les hacher avec la nourriture de l'oiseau, et tâchez qu'il prenne le tout; si l'amertume naturelle de ces glandes rebutoit l'oiseau, tâchez d'y mêler quelque ingrédient qui adoucisse ce mélange. Observez que quand le malade commencera à muer véritablement, et à perdre ses plumes, il faut bien se garder de continuer le remède, mais le cesser sur-le champ; car il feroit aussi bien perdre les nouvelles plumes que les vieilles.

Un ancien auteur cité par le seigneur de Franchières, donne, à ce même sujet, un autre remède. Faites bouillir les tronçons d'une couleuvre, dans un pot neuf plein d'eau; faites tremper dans cette eau refroidie des grains de froment; nourrissez de grain quelques pigeons ou tourterelles, et semblables oiseaux, et vous en paîtrez l'oiseau, dont la mue, à ce moment, lente et pénible, prendra bientôt un caractère d'amélioration et de salubrité qui sauvera le malade.

Si c'est un faucon dont la mue ait peine à fournir son cours, faites griller au four, jusqu'à la réduction en poudre, des chauve-souris; mêlez cette poudre à la nourriture ordinaire de l'oiseau, qui ne tardera pas à en éprouver le meilleur effet.

Traitement pendant la mue. — « Si vous voulez, dit l'auteur » que l'on vient de citer, avoir bonne entrée et bonne issue » de la mue de votre oiseau, advisez premièrement à ce que, » entrant en la mue, il soit *haut* gras et en bon point, et au » surplus très-bien purgé et curé avant d'y entrer..... Aussi » étant en la mue, il le vous faut paistre de bonnes chairs, » comme de petit poulets, et autres semblables, bon past vif » qui soit laxatif. Ne faillez semblablement de lui bailler l'eau » deux ou trois fois la semaine : pour ce qu'il en pourroit » boire aucune fois, et par ce moyen se descharger des » humeurs du corps et des rhumes de la teste : et s'il s'y » baigne, le pennage en sera meilleur et plus beau. Vous » pourrez aussi, à la fois, faire past de rats et souris grands » et petits, qui sont laxatifs : et surtout les faudra tenir en » lieu propre, honneste et net.»

Traitement après la mue. — Suivant l'ancien auteur cité par de

Franchières, lorsqu'on *lève* les faucons de la mue, s'ils sont hauts et gras, il faut se garder de les porter sans chaperon, car dès qu'ils sentent l'air, le soleil et le vent, ils s'ébattent vivement; s'échauffant et aussitôt se refroidissant, ils risquent de tomber en quelque maladie grave. Gouvernez-les donc doucement, modérez leur ardeur, ne leur donnez pendant quelque temps que de la chair lavée, et à *gorge raisonnable.*

Si après la mue l'oiseau dégoûté ne montroit que peu d'appétit, ou qu'il le perdît entièrement, il faut prendre de l'aloès en poudre, le mêler avec du jus de rhubarbe; et après lui en avoir fait prendre une pilule, le tenir sur le poing jusqu'à ce qu'il soit bien purgé; ne lui donner de nourriture qu'après midi, et alors lui fournir quelque bon past vif s'il est possible. Le lendemain donnez-lui à manger d'une poule, ensuite l'eau et le bain.

Des écrivains également estimés disent que lorsque l'oiseau est hors de mue, il est bien à propos de laver sa chair, et lui en donner petit à petit, plus ou moins, selon l'apparence de son appétit. Il faut, dans les premiers jours, ne le nourrir que d'alimens laxatifs, afin de tenir le ventre libre. Ce procédé est d'ailleurs excellent pour un peu rabattre la fierté que l'oiseau a coutume de manifester, lorsqu'il est heureusement sorti de l'abattement de la mue; on ajoute même qu'il faut continuer à faire usage du chaperon, le porter au poing, ne lui permettre le vol que douze ou quinze jours après la sortie de la mue, et après l'avoir purgé de nouveau à cette époque. La meilleure purgation alors est celle dont il a été parlé plus haut, composée de lard, moelle de bœuf et sucre, en y mêlant pour ce moment un peu d'aloès, en se souvenant de les porter devant le feu ou au soleil, le jour qu'ils auront pris ce remède, et ne les paître que deux ou trois heures après, ensuite les nourrir de volaille ou de mouton.

Observation sur les différentes manières de faire muer les oiseaux. — Tous les oiseaux muent communément de quatre façons: 1.° en liberté dans la chambre, dans laquelle il faut qu'il y ait une fenêtre vers le soleil levant; 2.° sur le billot ou sur la perche, en les tenant couverts durant le jour, et la nuit de même, s'il en est besoin; 3.° dans une chambre avec une toile devant la fenêtre, pour leur dérober la vue de la campagne, dont l'aspect et le désir de la jouissance pourroient les exciter à se débattre; 4.° en les laissant aller aux champs, et revenir toujours prendre le past à la maison à laquelle ils sont accoutumés.

La première façon convient aux oiseaux *niais*, de quelque espèce qu'ils soient; la seconde est pour les oiseaux *passa-*

ers, plus fiers et moins souples; la troisième est pour les oiseaux doués de peu de patience et qui s'agitent trop; la quatrième pour ceux qui sont plus doux, et montrent moins d'ardeur et de courage.

En usant de la première méthode, on doit toujours tenir un bassin d'eau fraîche dans la chambre, et tout auprès élever une masse de gazons de quatre pieds en tous sens, et arroser ce gazon de l'eau du bassin que l'on renouvellera tous les jours; il est même à propos de répandre sur cette terre quelques cailloux, surtout de ceux que l'on trouve dans le sel.

Quant aux oiseaux mués sur le billot ou sur la perche et couverts, il faut, vers les trois heures, au plus chaud du jour, leur mettre un linge mouillé sur les mains, et les asperger d'eau, de huit en huit jours; ce qui doit se pratiquer dans l'obscurité, afin que l'oiseau pense recevoir de l'eau de pluie.

On a remarqué en *fauconnerie*, comme un principe qui ne souffre aucune exception, que les oiseaux qui dès le moment de la naissance sont nourris en pays froid et dans les grandes montagnes, muent de meilleure heure que ne font ceux qui sont pris vers les côtes de la mer, au midi ou au levant; et que plus leur aire est en région froide, plus tôt ils se hâtent de muer, lorsqu'ensuite ils sont élevés en pays chauds.

Aussi voit-on que les montagnards portés en pays chauds, commencent la mue entre mars et avril. La raison en est que dans cette saison ils éprouvent précisément le degré de chaleur qu'ils ressentiroient en leur pays natal, aux mois de juillet et août; et voilà ce qui les fait muer de si bonne heure, comme l'expérience le fait voir: ainsi les *gerfauts* muent bien plus tôt et plus aisément que les *sacres* et tous les oiseaux nés dans les régions chaudes.

Maladies des oiseaux de proie, dont le principe est externe. — Indépendamment des différentes maladies et de la multitude des accidens qui attaquent la santé de ces oiseaux, et dont le germe est intérieur, ils sont continuellement exposés à revenir du vol, victimes trop ardentes d'un essor poussé jusqu'à l'excès, et qui altère l'organisation extérieure, ou, combattans intrépides, couverts de blessures honorables.

L'un et l'autre de ces spectacles doit vivement toucher le maître pour lequel un serviteur zélé n'a pas craint de s'exposer à tous ces dangers; et quand ces oiseaux ne seroient à la fin accablés que sous le poids des ans et des services, invalides vieillis dans la carrière pénible du vol et des combats, ne doivent-ils pas s'attendre à trouver en toutes occasions les secours dont ils ont besoin, chez un maître dont ils ont si souvent procuré l'amusement et les plus vives jouissances? La pratique de ces sentimens de commisération est d'autant plus facile, que les traités de fauconnerie abondent en méthodes curatives, assorties à tous les accidens dont ces animaux peuvent avoir à souffrir.

Sans prétendre ouvrir ici une école de chirurgie, où tous les cas soient prévus, discutés, où l'on trouve l'indication de tous les procédés appropriés à la guérison des blessures de l'oiseau de proie, nous allons parcourir avec intérêt le tableau des opérations les plus essentielles, nécessaires pour remédier aux fractures et aux autres maux provenant d'une cause externe, auxquels il est exposé.

Principes généraux pour la guérison des plaies de l'oiseau de proie. — Avant d'entrer dans les détails, il est extrêmement important de s'arrêter d'abord à la considération d'un principe général. Ne prenez aucun parti sans être bien informé si la blessure de l'oiseau vient ou non des serres de l'aigle, ou du bec d'un héron; car la serre du premier et le bec du second portent toujours du venin dans la plaie, et alors c'est là principalement que le remède doit agir, et c'est vers ce point principal qu'il faut diriger sa vertu; et observez bien que toutes les onctions, toute application des corps gras en pareille occasion, sont très-préjudiciables au plumage de l'oiseau, qu'il est si essentiel de conserver toujours le plus intact que possible, pour favoriser l'action du vol et les moyens de la défense.

Dès que vous êtes instruit qu'un des deux oiseaux dont je viens de parler a blessé le vôtre, et qu'une lotion de vin blanc, surtout, vous a découvert le lieu de la plaie, purifiez-la avec l'eau distillée de bouts de branches de chêne, dont vous devez toujours avoir des fioles préparées au mois de mai; car alors ces extrémités sont tendres et plus propres à la distillation. Cette eau est d'autant plus précieuse, qu'indispensable pour les blessures de la nature de celles dont on vient d'indiquer la cause, elle convient également à toutes, de quelque cause qu'elles puissent procéder. Au défaut de cette eau, la décoction du gland ou la poudre de l'écorce du chêne, peuvent être utilement employées.

Sang dans la gorge ou dans le bec. — Si l'oiseau a reçu quelque coup qui lui fasse rendre le sang par la gorge ou par le bec, prenez une vingtaine de glands de chêne, et une poignée de plantain ou de centinode; faites bouillir le tout dans une pinte d'eau; lorsqu'elle est réduite au tiers, jetez-y deux onces de manne, et la moitié de terre sigillée, et donnez-en à l'oiseau avec son past: ou bien, prenez deux drachmes de corail-rouge, deux d'ambre, et deux de corne de cerf, et autant de terre sigillée, avec deux drachmes de mumie, et mettez de cette poudre sur la nourriture de l'oiseau.

Blessure occasionée par quelque coup. — Voici dans cette occasion la recette du docteur Jean de Franchières, grand-prieur d'Aquitaine, un des plus célèbres fauconniers du seizième siècle : « Prenez de l'herbe vulgairement appelée « *pied de colomb*, autrement *herbe robert*, et l'ayant pilée avec « un mortier, exprimez-en le jus; puis fait, prenez l'oiseau, « et sa plaie visitez; et si le coup est grand et noir à l'en- « tour, et néanmoins il n'y ait pas grand pertuis, en faudra « faire l'ouverture plus grande, ainsi qu'on le verra être « besoin, et dedans ladite plaie mettre du jus de l'herbe sus- « dite, et dessus icelle, puis après en appliquer le marc en for- « me de cataplasme, et le bander bien mignonnement, et puis « n'y toucher de vingt-quatre heures. Aussi doit être le fau- « connier, averti d'arracher les plumes de l'entour de la plaie, « en temps qu'il les verra faire nuance et empêchement à « l'application du médicament. Or a ladite herbe robert « telle vertu que la plaie à laquelle est appliquée en la ma- « nière susdite, n'apostume point, qui est un admirable sou- « lagement pour les oiseaux.

» Toutes fois au défaut de pouvoir recouvrer de cette herbe « de *pied de colomb* en sa verdure, et conséquemment du jus « d'icelle, prendra la peine le fauconnier d'en avoir de la « sèche en poudre, et d'icelle poudre, se pourra aider, ne « plus ne moins que du jus, appliquant l'un et l'autre (*remède*) « à son aisance et commodité à la plaie, par la forme ci-des- « sus indiquée, après avoir néanmoins bien nettoyé et lavé « ladite plaie de vin blanc; car l'un des grands secrets et « moyens de bien guérir l'oiseau blessé, est de bien tenir « toujours la plaie nette.»

Ongle rompu. — Ou l'oiseau a perdu l'ongle entier, ou seulement une partie : dans le premier cas, c'est-à-dire, s'il a tout perdu, et qu'il n'ait que le petit tendon ou cartilage intérieur, il faut prendre du cuir mince, en faire un doigtier à l'oiseau, que l'on emplit de graisse de poule, et le dedans de l'*orteil* au doigt, dont l'ongle est perdu, en attachant adroitement ce doigtier à la jambe de l'oiseau, avec de petites courroies du même cuir, et le renouvelant de deux en deux jours jusqu'à ce qu'il ait fait revenir l'ongle.

Dans le second cas, c'est-à-dire, si l'ongle est seulement rompu et le bout emporté, de manière qu'il en reste encore assez, il faudra oindre ce reste de graisse de serpent, ce qui fera revenir et croître insensiblement cet ongle, au point qu'au bout de quelques jours l'oiseau pourra s'en servir comme des autres.

Lorsque l'ongle est foiblement séparé de la chair, et que plaie est sanglante, prenez du sang-dragon en poudre mettez-le sur la plaie, et sur-le-champ le sang sera étanché à la suite de la blessure il survenoit quelque enflure, il fa l'oindre de graisse de poule, et la tumeur ne tardera pa à disparoître.

Rupture de la cuisse et de la jambe. — Prenez une jeune branche de pin, de la grosseur du petit doigt; fendez-en l'écorce en deux éclisses pour faire tenir droit le membre malade; faites ensuite un emplâtre de bol d'Arménie, de sang-dragon et de glaire d'œuf; appliquez-le sur la partie offensée de manière que le bandage ne soit pas levé avant trente jours. À cette époque on peut relâcher peu à peu ces éclisses, sans les ôter entièrement que dix jours après; alors, c'est-à-dire au bout de cette quarantaine, l'oiseau doit être guéri.

Observez que, pour l'empêcher de se débattre pendant tout ce temps, il est à propos de le tenir en lieu obscur, qui ne soit ni froid ni humide. Si la rupture est au-dessus du genou, et si haut, qu'on ne puisse que difficilement appliquer les éclisses, n'en concevez aucune inquiétude; le cataplasme, fixé du mieux qu'on pourra, fera son effet, et la guérison s'opérera.

Rupture de l'aile. — Si l'oiseau a l'aile rompue à l'une des jointures, elle est perdue, et il n'y a point de remède. Si la blessure est dans une autre partie du membre, on peut la guérir.

« Tondez premièrement tout autour de la blessure, dit le « sieur d'Esparron, et coupez toutes les plumes plus proches; « puis redressant bien l'aile en son lieu, prenez des pièces « d'écorce de pin, des plus jeunes branches, et de celles qui « sont de la grosseur du petit doigt, et accommodez ces deux « pièces d'écorce en liant bien l'aile au milieu d'icelles, le « mieux qu'il se pourra; après appliquez-lui un emplâtre, « (*comme dans l'article immédiatement précédent*); estant « guarry du tout, vous lui ferez une estuve pour ramollir ses « nerfs, comme s'ensuit.

« Remplissez un pot de terre tout neuf, du meilleur vin « que vous pourrez trouver; puis mettez avec ce vin une poi- « gnée de roses sèches, et autant de son de froment, et une « quatrième partie de poudre de myrte; après, couvrez le « pot avec de grosse toile, laquelle vous enduirez de paste ou « d'argile, en façon que ceste toile ne brûle point; puis faites « ainsi bouillir le tout dans ce pot, durant une bonne heure, « après laquelle vous osterez du feu, et y ferez un trou par- « dessus, au milieu de la toile; et en abattant vostre oiseau, « tenez-le en sorte qu'il en reçoive la fumée à l'endroict de la blessure. Cette estuve réitérée ainsi trois fois, lui profitera beaucoup. Cependant, soyez soigneux de le tenir en lieu chaud, attendant que le temps de muer soit venu; car après la mue, il volera comme auparavant. »

L'*aile démise*. — Lorsque l'oiseau se sera démis l'aile, ou en volant avec trop d'efforts, ou en frappant trop vivement sur sa proie, hâtez-vous de le traiter comme il suit : Prenez avec douceur l'oiseau blessé, et remettez légèrement l'aile à sa place; appliquez ensuite à l'endroit malade un cataplasme de sang-dragon, et bol arménien, *comme celui dont on a parlé ci-dessus;* ce cataplasme doit rester appliqué trois ou quatre jours. On doit avoir soin de couper en petits morceaux la chair qu'on lui destine, afin qu'en mangeant il ne fasse aucun effort qui puisse déranger le bandage qui retient l'emplâtre.

Notice de quelques auteurs qui ont écrit sur la fauconnerie.

A la suite de ceux dont on a parlé au commencement de l'article général, et qui se sont rendus célèbres en cette matière, il faut placer:

1.° *Guillaume Tardif*, du Puy en Velai. Ainsi que tous les maîtres de l'art, il défend expressément de donner à aucun oiseau de proie de la chair d'un animal *en rut;* quelque peu vraisemblable que soit le danger d'une pareille nourriture, il seroit curieux d'en vérifier la réalité, et de lever toute espèce de doute à cet égard.

2.° *Arletouche de Alagona*. Ce qui appartient en propre à cet écrivain, c'est qu'il divise les différentes sortes de chairs pour les oiseaux de proie, en bonnes, restauratives, laxatives et pernicieuses; selon lui, les bonnes sont celles de vache, porc, mouton, lièvre, toute chair sauvage, excepté le cerf et le sanglier : les *restaurantes* sont celles d'oies, de canes, de chevreaux, de souris, de faisan, de perdrix, et de volaille en général : la chair de poulet, le poumen et le foie de porc, sont *laxatives;* les *pernicieuses* sont celles de sarcelle, de cormoran, de chouette, de corbeau et de corneille.

3.° M. *Leroi*, lieutenant des chasses du parc de Versailles, et qui a fourni l'article sur l'art de la fauconnerie, dans la première édition de l'*Encyclopédie*. S. et V.)

FAUCONNIER. Celui qui instruit et soigne les *faucons* et les autres oiseaux de proie, que l'on élève pour la chasse. On l'appelle *autoursier*, lorsqu'il est spécialement chargé du soin des *autours*. *V.* FAUCON et ÉPERVIER-AUTOUR. (S.)

FAUFEL. Nom indien de *la noix d'arek* ou *catechu*. *V.* AREC. (B.)

FAULBAUM. Nom donné par les Allemands à la BOURGÈNE, au MERISIER À GRAPPE, à l'OBIER et au TROÈNE. (LN.)

FAULBEERE. *V.* FAULBAUM. (LN.)

FAULE. Nom allemand qui désigne la CARIE qui at que les grains. (LN.)

FAULESCHE. C'est le TREMBLE, en Allemagne. (LN.

FAULGRETHE. La BERLE À FEUILLES EN FAUX (*si falcaria*) et la PETITE CIGUE (*œthusa cynapium*) sont ain nommées en Allemagne. (LN.)

FAULWEIDE. C'est, en Allemagne, une espèce de SAULE (*salix pentandra*). (LN.)

FAULX. Instrument ou grande lame qui sert à FAUCHER (S.)

FAULX. *V.* au mot CÉPOLE. (B.)

FAUNE. C'étoit un dieu champêtre de l'ancienne mythologie. Il habitoit les bois, se plaisoit à fréquenter le rocher solitaire et à se désaltérer dans les fontaines mousseuses. Il étoit fils de Mercure et de la Nuit. Les satyres, les sylvains, les nymphes avoient aussi les mêmes parens. Les faunes étoient représentés comme des hommes avec des pieds de chèvre, un aspect sauvage et approchant du bouc. Il paroît que ces dieux fabuleux avoient été introduits par les Egyptiens qui honoroient les singes et les cercopithèques. Qu'est-ce en effe que les satyres, les égipans, les sphinx, les onocentaures sinon des pithèques, des magots, des chimpanzés, des papions des singes cynocéphales? Aujourd'hui le singe malbrouk port le nom de *simia faunus*, Linn. Comme l'histoire naturelle de plantes d'un pays se nomme une *Flore*, Linnæus appelle un *Faune* l'histoire naturelle de ces animaux. Nous avons de flores d'un grand nombre de contrées, mais peu de faune

Selon les anciens, ces dieux champêtres qu'ils nommoier faunes et satyres, étoient très-lascifs et pétulans. Ils indiquoier sous cette allégorie, la fécondité et les perpétuelles généra tions de la nature. Ces dieux chantoient, exécutoient des fête rustiques, charmoient les bois des accens de leurs flûtes, poursuivoient les naïades dans leurs roseaux, les dryades dan les bocages touffus. C'étoient des emblêmes frappans de l'a mour qu'inspirent les campagnes dans les beaux jours, et de charmes dont elles s'embellissent. C'est ainsi que les ancien étudioient l'histoire naturelle; ils la remplissoient des agréa bles mensonges de la mythologie, et cherchoient moins à dis séquer en détail les objets de la nature, qu'à s'enivrer de sentimens que leur aspect inspiroit à leurs cœurs; ils savoie moins, mais ils jouissoient davantage. (VIREY.)

FAUNE. Nom donné à un *papillon*, par Esper et Fabri cius, et qui paroît être l'*arachné* d'Engramelle (*Papillon d'Europe*). *V.* SATYRE. (L.)

FAUNE, *Faunus*. Genre de coquilles établi par Daudebard, dans le voisinage des Vis. Ses caractères sont : coquille libre, univalve, turriculée ; spire régulière, aiguë ; ouverture semilunaire ; columelle lisse, arquée, soudée, dans le haut, à la lèvre extérieure qui est tranchante et terminée par une légère dentelure ; base échancrée.

La seule espèce qui constitue ce genre a trois pouces de long. Sa couleur est un noir de jayet. Elle paroît fluviatile, mais son pays natal n'est pas connu. (B.)

FAUSSE-AIGUE-MARINE. Variété de chaux fluatée transparente, d'un bleu verdâtre ou d'un vert bleuâtre pâle, cristallisée ou amorphe. (LUC.)

FAUSSE AILE DE PAPILLON. Nom marchand d'un cône (*conus gennanus*). (DESM.)

FAUSSE-AMÉTHYSTE, spath fluor violet. Le spath fluor vert est une *fausse émeraude ;* le bleu, un *faux saphir ;* le jaune, une *fausse topaze*, etc. *V.* Chaux fluatée et Spath fluor. (PAT.)

FAUSSE-BRANC-URSINE. C'est la Berce. (B.)

FAUSSE-CANNELLE. C'est le Laurier cassie. (B.)

FAUSSE - CHÉLIDOINE. Nom très-impropre qu'on donne à de petites calcédoines lenticulaires qu'on trouve dans un ruisseau, près de Sassenage en Dauphiné : on les nomme aussi *pierres d'hirondelles*. (PAT.)

FAUSSE-CHRYSOLITHE. Quarz hyalin de couleur jaune verdâtre, que l'on a nommé aussi *fausse topaze* d'un jaune verdâtre. (LUC.)

FAUSSE-COLOQUINTE. Espèce de Courge. (B.)

FAUSSE-ÉBÈNE. C'est le Cytise des Alpes. (B.)

FAUSSE-GALÈNE. On donne ce nom à une variété de *blende* qui a de la ressemblance avec la galène ; mais on la distingue facilement en soufflant dessus : la blende se ternit, ce que ne fait pas la galène. *V.* Zinc sulfuré. (PAT.)

FAUSSE-GALLE. *V.* au mot Galle. (B.)

FAUSSE-GUIMAUVE. C'est l'Abutilon. (B.)

FAUSSE-HYACINTHE. Quarz transparent, de couleur jaune-roussâtre. (LUC.)

FAUSSE-IRIS. *Voyez* Morée de la Chine. (B.)

FAUSSE-IVETTE. C'est une Germandrée (*teucrium pseudo-chamæpytis*, L.). (LN.)

FAUSSE-LINOTTE. *V.* Fauvette bimbelée. (V.)

FAUSSE - LYSIMACHIE. C'est l'Epilobe à feuilles étroites. (LN.)

FAUSSE-MALACHITE. Nom très-impropre donné au *jaspe vert*. (PAT.)

FAUSSE-MUSIQUE. C'est une variété de la VOLUTE MUSIQUE (*vol. musica*). (DESM.)

FAUSSE-ORANGE. Espèce de COURGE JAUNE. (B.)

FAUSSE ORONGE. C'est un agaric très-vénéneux, qui a beaucoup de ressemblance avec l'AGARIC ORONGE VRAIE. (DESM.)

FAUSSE-OREILLE DE MIDAS. C'est le BULIME BOUCHE ROSE (*bulimus roseus*). (DESM.)

FAUSSE-POIRE ou COUGOURDETTE. Variété de la COURGE. (LN.)

FAUSSE-PRASE. *V.* PRASEM et QUARZ. (LUC.)

FAUSSE-RÉGLISSE. C'est un ASTRAGALE (*Astragalus glyciphyllos*). (LN.)

FAUSSE-RHUBARBE. C'est le PIGAMON DES PRÉS. Dans les colonies françaises, c'est le ROYOC, et le PIGAMON TUBÉREUX, L. (B.)

FAUSSE-ROSE DES SAULES. Des auteurs appellent ainsi une monstruosité que l'on observe quelquefois sur des tiges du saule, ou au bout de ses branches. C'est un assemblage de feuilles imitant grossièrement, par leur nombre et leur disposition, une fleur de rose: cette production, qui ne se voit que dans les endroits où il y a eu un bouton, est probablement occasionée par la piqûre de quelques insectes, qui modifie la direction des sucs de l'arbre et les fait passer en plus grande abondance en cette partie. Elle est pour l'ignorant un présage de malheurs. (B.)

FAUSSE-SAUGE DES BOIS. C'est une GERMANDRÉE (*teucrium scorodonia*, L.). (LN.)

FAUSSE-SCALATA. C'est une coquille univalve du genre *turbo* de Linnæus. C'est son *Turbo clathrus*, qui sert de type à un genre particulier. *V.* SCALAIRE. (DESM.)

FAUSSE-SÉNILLE. C'est la RENOUÉE (*polygonum aviculare*, Linn.). (LN.)

FAUSSE-TEIGNE. Nom donné par Réaumur à des chenilles qui, à la manière de celles des teignes proprement dites, vivent dans des fourreaux qu'elles se sont construits, mais fixes. *V.* TINÉÏTE, AGLOSSE, GALLÉRIE. (L.)

FAUSSE-THIARE. C'est le nom d'une coquille d'eau douce. C'est le *Strombus palustris* Linn. (DESM.)

FAUSSE-TINNE DE BEURRE. C'est un cône (*conus glaucus*). (DESM.)

FAUSSE-TOPAZE. *V.* plus haut FAUSSE-CHRYSOLITHE et QUARZ. (LUC.)

FAUSSES-NAGEOIRES ou NAGEOIRES ADIPEUSES. On donne ce nom à des appendices de la peau remplis de graisse, et non supportés par des arêtes, que l'on remarque r la ligne dorsale de certains poissons, et notamment de eux du genre SALMONE. (DESM.)

FAUSSES-CHENILLES. On a ainsi nommé les larves es *tenthrèdes* de Linnæus, à cause de leur grande ressemblance vec les véritables chenilles : elles diffèrent de celles-ci par urs pattes membraneuses, qui n'ont pas de crochets, et dont nombre est au-dessus de dix, ou qui manquent tout-à-ait. (L.)

FAUSSES-PLANTES MARINES. Ce sont les diverses spèces de productions polypeuses, que les anciens naturaistes prenoient pour des végétaux, à raison de leur forme ranchue. *V.* POLYPIER, CORAIL, GORGONE, ANTIPATHE, CORALLINE, SERTULAIRE, FLUSTRE, etc. (B.)

FAUSSES-PLANTES PARASITES. Ce sont des planes que les circonstances font quelquefois croître sur les arbres, mais qui viennent ordinairement sur la terre: ce sont ncore les plantes grimpantes qui s'attachent au corps des rbres, sans pour cela vivre à leurs dépens, comme le lierre. (B.)

FAUSSES-TRACHÉES. *V.* TRACHÉES et ARBRE. (B.)

FAUVE, BÊTE FAUVE. Dénomination que les chasseurs appliquent au *cerf*, au *daim* et au *chevreuil.* (S.)

FAUVE. Dans l'*Hist. nat. des Antilles*, par Louvilliers de Poincy, on trouve, sous la dénomination de fauve, l'indication d'un oiseau à pieds palmés, qui paroît être le *fou.* (S.)

FAUVE. Poisson du genre LABRE. (B.)

FAUVETTE, *Sylvia*, Lath., *motacilla*, Linn. Genre de l'ordre des oiseaux sylvains, et de la famille des chanteurs. *V.* ces mots. *Caractères:* bec grêle, subulé, à base un peu comprimée chez les uns, un peu déprimée chez les autres, rarement tout-à-fait droit, toujours étroit à son extrémité; mandibule supérieure entière ou échancrée vers le bout, le plus souvent fléchie à la pointe; l'inférieure droite; narines garnies en dessus d'une membrane, à ouverture de diverses formes, oblongue, linéaire ou lunulée; langue cartilagineuse, lacérée à la pointe; bouche ciliée; ailes à penne bâtarde courte chez le plus grand nombre; rémiges les plus longues, variables; les 1.re et 2.e chez les unes, les 2.e et 3.e chez les autres, les 3.e et 4.e chez plusieurs; quatre doigts, trois devant, un derrière; les extérieurs soudés à la base, l'interne totalement libre. Ce genre est divisé en deux sections: la 1.re se compose des espèces dont le bec est échancré et plus ou moins incliné à la pointe de sa partie supérieure; la 2.me de celles qui l'ont droit et aigu. A l'exception du *rouge-gorge*, tous ces oiseaux nous quittent aux approches de cette saison où les arbres dépouillés de feuilles et de fruits, les insectes morts ou engourdis, les privent de leur nourriture habituelle ; mais dès que les fleurs commence à s'épanouir, que les bocages se couvrent d'une naissante verdure, et offrent de tendres alimens à des milliers de petits animaux, la nombreuse famille des *fauvettes* reparoît et se disperse dans nos campagnes; plusieurs se fixent dans nos jardins et nos bosquets; d'autres préfèrent la lisière des taillis ou l'épaisseur des bois; quelques-unes ne se plaisent que dans des lieux aquatiques, où elles établissent leur domicile d'amour; toutes animent les endroits qu'elles habitent, par la gaîté de leurs chansons, la variété, la vivacité de leurs mouvemens, leurs jeux et leurs combats amoureux.

Parmi ces oiseaux, les uns ne vivent que d'insectes ; d'autres y joignent les baies et les fruits succulens. Lorsqu'ils se nourrissent de raisins, de figues, de mûres, ils deviennent gras, et ont la chair presque aussi savoureuse que le *bec-figue*, ce qui les fait confondre avec lui dans nos contrées méridionales. Les bosquets, les buissons, les halliers sont les endroits que la plupart choisissent pour y établir leur nid, tandis que d'autres préfèrent les joncs et les roseaux; les *culs-rouges* confient leur progéniture à des trous de muraille, de rocher ou d'arbre ; les *pouillots* nichent à terre et donnent à leur nid la forme d'un petit four. Leur ponte ne se compose, chez le plus grand nombre, que de quatre à cinq œufs, et de six à huit chez les pouillots.

Tous les ornithologistes se récrient avec raison, contre la difficulté de débrouiller la nomenclature des *fauvettes* et des *pouillots* d'Europe, difficulté bien surprenante quand il s'agit d'oiseaux qui habitent parmi nous; mais elle cesse néanmoins de l'être pour celui qui s'est assuré des erreurs qui fourmillent dans la plupart de leurs descriptions et de leur synonymie. En effet, des auteurs ont divisé ce qu'on devroit réunir, tandis que d'autres ont réuni ce qu'il falloit diviser; presque toutes les figures de ces oiseaux, publiées jusqu'à ce jour, ont encore contribué à l'embarras où l'on se trouve; car, ou elles sont défectueuses, ou il en est parmi les plus fidèles, qu'on ne trouve pas d'accord soit avec le texte, soit avec le synonyme. Linnæus, le guide de presque tous les naturalistes, a quelquefois occasioné des méprises en indiquant des caractères spécifiques d'une manière insuffisante ou susceptible d'être appliqués à des espèces différentes ; aussi Retzius avoue dans son édition de la *Fauna suecica*, qu'il lui est impossible de se reconnoître dans la nomenclature des *motacilla*; en conséquence, il s'est borné à opposer les unes aux autres les descriptions des *fauvettes* auxquelles des auteurs ont donné le même nom. Brisson a très-bien décrit les espèces qu'il a vues en nature ; mais il n'a pas toujours été heureu dans les synonymes. Buffon, qui se flattoit de porter quelques lumières dans le genre, a seulement prouvé que rien n'est plus contagieux que l'erreur appuyée d'un grand nom. En effet, ses méprises, répétées par d'autres naturalistes, sont, pour bien des gens, des vérités incontestables. Cependant il est aisé de s'apercevoir que sur ses planches enluminées, plusieurs figures des fauvettes européennes sont loin de concorder avec le texte; c'est quelquefois au point qu'on ne peut s'empêcher de croire, qu'il n'a pas toujours comparé le portrait de l'oiseau à son signalement. En outre, la partie historique de plusieurs espèces manque d'exactitude; car il transporte à l'une, les mœurs, le chant, le nid et les œufs d'une autre. Je citerai entre autres sa *fauvette* proprement dite, ses *fauvettes de roseaux*, *grisette*, *babillarde*, *roussette*, *tachetée*. *V.* ces mots. Ses rapprochemens présentent aussi quelques erreurs. Latham et Gmelin n'ont que trop contribué aux difficultés qu'on éprouve, en citant souvent des synonymes et des phrases spécifiques nullement analogues. Nous devons à MM. Bechstein et Meyer la connoissance de plusieurs *fauvettes* non décrites ou confondues avec d'autres; mais malheureusement le premier n'a pas mis toute l'exactitude nécessaire dans la synonymie; M. Meyer l'a souvent accompagnée du doute. Je n'ai pas été moi-même à l'abri de ces erreurs dans la première édition de ce Dictionnaire; mais de nouvelles recherches et de nouvelles observations m'ont mis dans le cas de me rectifier dans cette nouvelle édition; ainsi donc, la partie qui concerne nos *fauvettes* et nos *pouillots* y est entièrement refondue.

Les *tachuris* de M. de Azara ayant le bec court, foible, droit, très-légèrement crochu et plus épais que large, je les ai joints aux fauvettes. Il en est de même de quelques-uns de ses *colas agudas* qui ont le bec effilé, comprimé sur les côtés et presque droit. Ses *contramaestres* m'ont paru appartenir à ce genre, d'après la forme de leur bec; cependant, comme je ne puis garantir que tous soient classés convenablement, puisque je ne les connois que par les descriptions que ce naturaliste en fait, ils ne sont ici que pour les signaler à ceux qui auront occasion de les voir. Une astérisque les indique ainsi que les espèces que je n'ai vues ni figurées, ni en nature.

A. *Bec échancré, plus ou moins incliné à la pointe de sa partie supérieure*

§ I. Les Fauvettes.

La **Fauvette** proprement dite, pl. enl. 579, fig. 1. *V.* **Fauvette grise.**

La **Fauvette acutipenne**, *Sylvia oxyura*, Vieill., pl. 133, f. 1—2 des *Oiseaux d'Afrique*. Parties supérieures et dessus de l'aile d'un roux vif; ailes et queue d'un jaune citron en dessous, bas-ventre et couvertures inférieures de la queue blancs; les deux premières pennes primaires, et l'extrémité des sept ou huit suivantes, brunâtres; bec noir; pieds et ongles bruns. La femelle diffère du mâle en ce qu'elle n'a que la gorge jaune, et que les flancs sont roussâtres.

La FAUVETTE ŒDONIE OU BRETONNE, *Sylvia ædonia*, Vieill.; *Sylvia hortensis*, Var.; *Sylvia passerina*, Lath., pl. enl. de Buffon, n.° 579, f. 2. Elle a toutes les parties supérieures d'un gris un peu rembruni et un peu lavé de vert-olive; la gorge, le dessous du cou et du corps d'un gris-blanc, inclinant au brun sur la poitrine, très-clair sur les autres parties, à l'exception des flancs qui sont presque roussâtres; une tache blanchâtre est entre le bec et l'œil et située près du front; le pli de l'aile, les paupières, les couvertures inférieures de la queue sont d'un blanc pur; les pennes alaires d'un gris sombre, frangées en dehors d'une nuance plus claire, et bordées de blanc en dessous; les couvertures inférieures des ailes d'un blanc légèrement teint de jaune; les pennes caudales pareilles aux ailes en dessus et d'un cendré clair en dessous; longueur totale, cinq pouces trois à quatre lignes; bec brun; tarses et ongles d'un gris-brun. La femelle diffère du mâle en ce qu'elle a le dessus du corps d'un gris plus prononcé, sans nulle apparence de vert-olive, et les flancs très-peu ou point marqués de roussâtre; les jeunes ont des couleurs moins vives.

Je divise cette espèce en deux races, dont l'une est un peu plus grosse et un peu plus longue que l'autre; du reste, toutes les deux se ressemblent parfaitement.

Ces fauvettes paroissent dans nos contrées plus tard que les autres; elles habitent dans les taillis, les bosquets, les vergers, et souvent dans les jardins, même au sein des villes les plus populeuses, pourvu qu'il y ait des charmilles avec des arbres d'une certaine élévation. C'est pourquoi le nom d'*hortensis*, que lui ont imposé les ornithologistes allemands, lui convient mieux qu'à toute autre, et surtout qu'à la fauvette que Gmelin et Latham appellent ainsi; car il indique une habitude qui lui est totalement étrangère (*V.* FAUVETTE GRISE.); mais l'épithète d'*hortensis* pouvant donner lieu à des méprises, puisqu'elle est imposée à deux espèces très-distinctes, je l'ai remplacée par celle d'*ædonia* pour l'espèce de cet article, d'après la beauté de son ramage. Les oiseleurs de Paris l'appellent *bretonne;* elle ne fréquente point les buissons; au contraire, elle se plaît à la cime des arbres de moyenne hauteur et des grands taillis. Toujours gaie, sans cesse en mouvement, elle cherche sa pâture en chantant. Sa voix a moins d'éclat que celle de la fauvette à tête noire mais elle est aussi mélodieuse, et ses reprises m'ont paru plus variées. Son cri est le même lorsqu'on l'inquiète, et elle le répète souvent quand elle craint pour sa progéniture.

Son nid est presque à découvert dans les charmilles, sur les grands arbrisseaux, et se trouve rarement ailleurs; il est d'une foible consistance, fait à claire-voie, composé de tiges d'herbes à l'extérieur et garni de crin en dedans. Sa coupe est d'une moyenne grandeur et peu profonde. La ponte se compose ordinairement de quatre œufs marbrés de deux nuances brunes sur un fond d'un blanc sombre et sale. On reconnoît ceux de la grande race en ce qu'ils sont un peu plus gros, et aux taches qui sont d'une couleur plus pâle; du reste, il n'y a point de différence. Je rapproche de cette espèce la *petite fauvette* de Brisson et la *passerinette* de la pl. enl. de Buffon, citée ci-dessus. Il y a, il est vrai, quelques différences dans la description de leur plumage; mais il en existe aussi chez les fauvettes œdonies : des individus n'ont point de vert-olive sur leurs parties supérieures; tel est ordinairement le plumage des femelles et des mâles pendant l'été; cependant le vert-olive reparoît toujours, et la teinte roussâtre est plus étendue et plus chargée immédiatement après la mue. Si je me trompe dans ce rapprochement, une espèce des plus communes auroit donc échappé aux recherches de ces naturalistes, attendu que, de toutes les fauvettes qu'ils ont décrites, aucune ne présente une analogie aussi complète que la passerinette. Je dois cependant remarquer que l'historique de celle-ci, tel que l'a fait Montbelliard, ne peut convenir à la *bretonne;* en effet, son chant, son cri et ses œufs sont très-différens, puisque, dit ce savant, elle fait entendre, à tous momens, un refrain monotone, *tip, tip*, en sautillant dans les buissons après de courtes reprises d'une même phrase de chant... Les œufs ont, sur un fond blanc sale, des taches vertes et verdâtres, en plus grand nombre au gros bout. Mais ne seroit-ce pas encore une méprise telle que j'en indique plusieurs dans l'histoire des fauvettes décrites dans l'Hist. nat. de Buffon?

La Fauvette aux ailes dorées. *V.* Fauvette chrysoptère.

La Fauvette des Alpes. *V.* Pégot.

La Fauvette altiloque, *Sylvia altiloqua*, pl. 38 des *Oiseaux de l'Amérique septentrionale.* Cet oiseau ayant le bec plus comprimé que ne l'ont les moucherolles parmi lesquels je l'ai classé dans cet ouvrage, je le crois mieux placé parmi les fauvettes. Le mâle a le dessus de la tête, du cou et du corps, le bord externe des couvertures supérieures et des pennes alaires et caudales d'un brun olivâtre; ces dernières d'un brun sombre en dessus et d'un gris ardoisé en dessous ; les sourcils d'un blanc roussâtre ; le dessous du corp blanc et tacheté irrégulièrement de jaunâtre pâle ; le bec et les pieds bruns ; longueur totale, cinq pouces un tiers. La femelle diffère du mâle par un sourcil moins marqué et par des couleurs plus ternes. Cette espèce se trouve à Saint-Domingue ainsi qu'à la Jamaïque où elle porte le nom de *wip-tomkelly*, que son ramage semble exprimer.

La FAUVETTE AQUATIQUE, *Sylvia aquatica*, Lath. ; *sylvia schœnobœnus*, Scopoli, doit être rayée de la nomenclature des fauvettes, puisqu'elle n'en est point une, ce dont on peut se convaincre facilement en lisant la description qu'en a faite Scopoli, d'après qui tous les auteurs ont décrit cet oiseau. Elle a, selon cet auteur, les parties supérieures d'un roux pâle, tacheté de brun ; la gorge et la poitrine inclinant au roux ; le ventre et le croupion blancs ; une tache blanche au coin extérieur de l'œil ; une bande de cette couleur à la base des ailes ; les pennes de la queue pointues. Elle niche à terre, et souvent on la voit perchée à la cime des plantes. Il suffit d'avoir sous les yeux une femelle ou un jeune mâle *tarier* après la mue, pour les reconnoître dans cette description en effet, ils ont, comme cette prétendue fauvette, toutes le parties supérieures d'un roux pâle et tachetées de brun ; la gorge et la poitrine roussâtres ; le ventre blanc ; les tache blanches au coin de l'œil et à la base des ailes ; les penne caudales pointues ; la seule différence que je remarque, consiste dans la couleur du croupion qui n'est point blanc ; mai qui est pareil au dos ; cependant, comme les plumes de la queu du tarier sont blanches à la base, ne seroit-ce pas ce qui a donn lieu d'attribuer cette couleur au croupion ? De plus, si l'o consulte le genre de vie de ces deux oiseaux, on voit qu l'un et l'autre se tiennent dans les prairies et se perchent à l cime des plantes. Comme Scopoli a donné la *schœnobœn* pour un oiseau d'Italie, et que je ne l'avois pas vu en nature je me suis adressé à un savant naturaliste de Turin, M. Bonelli, qui m'a répondu d'une manière tout-à-fait confor à l'opinion que j'ai émise ci-dessus.

M. Meyer n'avoit établi la synonymie de sa *sylvia salicar* (ma fauvette des marais) qu'avec le doute, en citant la *schœnobœnus* de Scopoli, l'*aquatica* de Gmelin et de Latham, lesquelles sont le même oiseau sous deux dénominations diffé rentes ; mais M. Themminck, dans son *Manuel*, qui est à p près la traduction du *Taschenbuch Deutschen Vogelkunde* M. Meyer, avec quelques additions tirées des ouvrag de Bechstein et de Leisler, qui le rendent d'autant plus uti à ceux qui ne possèdent pas ces auteurs Allemands ; naturaliste, dis-je, prétend que la *sylvia sulicaria* n' utre que cette *sylvia schœnobænus*. Il me semble qu'avant le prendre une pareille détermination, il auroit dû s'assurer si la description de celle-ci convenoit à l'autre; car il auroit vu que la *salicaria* n'a ni une tache blanche au coin extérieur de l'œil, ni le croupion, ni la base des premières pennes alaires de cette couleur, et qu'enfin elle n'a point le bord des deux pennes extérieures, de la queue blanc, ainsi qu'il le dit, et ce dont ne parle pas M. Meyer.

* La Fauvette ardoisée, *Sylvia ardosiacea*, Vieill., a cinq pouces un quart de longueur totale; le dessus et les côtés de la tête d'une couleur d'ardoise foncée; un petit trait blanchâtre, depuis les narines jusqu'aux côtés de l'occiput; le devant du cou d'un bleu clair d'ardoise; les parties inférieures et le tarse d'un bleu plombé; toutes les supérieures d'un brun verdâtre; les ailes et la queue brunes; le bec noirâtre en dessus, blanchâtre en dessous. On la trouve au Paraguay.

* La Fauvette aurore, *Sylvia aurorea*, Lath. Cet oiseau, que l'on rencontre dans la Tartarie Sibérienne, voisine de la Chine, a la taille du *rossignol de muraille*; la tête grisâtre; le front blanchâtre; la gorge et le devant du cou noirs, ainsi que le dos et les ailes; une marque triangulaire blanche sur ces dernières; le dessous du corps jaune foncé; les deux pennes intermédiaires noires, les autres jaunes.

* La Fauvette awatcha, *Sylvia awatcha*, L. Tel est le nom que les habitans du Kamtschatka donnent à cette fauvette; son plumage est brun en dessus, et blanc en dessous, varié de taches noires sur la poitrine, et de traits longitudinaux sur le ventre; les premières pennes des ailes sont bordées de blanc, et les latérales de la queue rousses à leur origine.

La Fauvette babillarde, *Sylvia garrula*, Bechst.; *Sylvia curruca*, *Sylviella dumetorum*, Lath., pl. enl. 580, fig. 3. Cette fauvette est très-reconnoissable sur la figure que je viens d'indiquer; mais il en est autrement dans la description qu'en donne Buffon, car ce n'est point elle qu'il décrit, mais la *grisette*, et le signalement de la *babillarde* est dans le texte de celle-ci. Le mâle a toutes les parties supérieures d'un joli gris qui incline au brun, et qui est plus sombre sur la tête, en dessous et derrière l'œil; les inférieures sont blanches; cependant cette couleur n'est pas uniforme sur toutes; elle est pure sur la gorge et sur le devant du cou, tend un peu au gris sur les côtés de la poitrine et du ventre, et prend un ton roux vers l'anus; les petites couvertures des ailes sont brunes, ainsi que les grandes, dont le bord est d'un gris roussâtre; les inferieures sont d'un blanc un peu roux; les pennes primaires brunes, frangées à l'extérieur de gris cendré et de blanc en dessous du côté interne ; les secondaires bordées de gris roussâtre en dehors ; les dix pennes intermédiaires de la queue d'un gris brun et d'une nuance plus claire en dehors ; la plus extérieure est blanche en dehors, à la pointe et en dedans le long de la tige, ensuite cendrée ; celle qui suit est terminée par une petite tache blanche qui se fait quelquefois remarquer à l'extrémité de la troisième et de la quatrième, chez l'oiseau peu avancé en âge.

La femelle diffère si peu du mâle qu'on peut aisément les confondre ; cependant celui-ci à la tête d'un gris plus foncé, et de plus inclinant au bleuâtre sur le sommet, lorsqu'il est vieux; telle est la *sylvia dumetorum*; enfin le blanc de la poitrine se rapproche davantage du gris ; le bec est noir; les tarses sont couleur de plomb et d'une nuance plus claire chez les femelles. Longueur totale, quatre pouces six à huit lignes. Les jeunes ont la tête et tout le dessus du corps d'un gris cendré uniforme ; les parties inférieures d'un blanc pur, à l'exception des flancs qui sont d'un gris très-clair.

Cette espèce ne fréquente guère nos jardins, à moins qu'il n'y ait des bosquets très-fourrés ou à proximité. Elle se plaît dans les taillis de trois ou quatre ans, et préfère les endroits les plus épais et les plus solitaires, d'où le mâle, sans sortir de sa retraite favorite, fait entendre un ramage qui a une certaine analogie avec celui de la *fauvette effarvate*. Comme il ne met presque pas d'intervalle entre les reprises, c'est probablement de ce chant continuel qu'est venu le nom *babillard* que Brisson lui a imposé ; en effet il lui convient beaucoup mieux qu'à l'oiseau auquel Buffon l'a appliqué dans le texte de sa *fauvette babillarde*, qui, comme je l'ai dit ailleurs, et ce qu'on ne peut trop répéter, est la grisette de Brisson et de la planche enluminée. Ces deux espèces jettent le même cri *bjie bjie*, ce qui tend encore à les faire confondre.

La fauvette de cet article fait son nid au milieu du buisson le plus touffu, le place à trois ou quatre pieds de terre, emploie beaucoup plus de matériaux et lui donne plus de profondeur et d'épaisseur que ne font les autres. A des tiges d'herbes grossières jetées négligemment à la base et sur les contours, succèdent des herbes plus fines, entrelacées d'un peu de laine. La ponte est de quatre à six œufs blancs, glacés d'un gris très-clair, pointillés d'olivâtre et de noir sur le milieu, avec des taches de la première couleur, nombreuses et irrégulières vers le gros bout. Les œufs indiqués par Buffon et Latham n'appartiennent point à cette fauvette.

La *sylvia sylviella* de Latham, que Sonnini appelle *petite grisette*, est un individu de cette espèce. La *sylvia dumetorum* est un vieux mâle ; Sonnini la décrit sous le nom de *rouge-gorge*

s buissons. Il n'est pas inutile de faire remarquer ici qu'il y a
[u] transposition dans les notes que j'ai communiquées à Sonnini pour son édition de Buffon. La note n.° 1, t. 51, p. 109, [a]ppartient à la babillarde de la pl. enl., et celles du même [to]me n.° 2, p. 116 et 119, regardent la grisette de la pl. enl. [l]a babillarde du texte.)

* La Fauvette barbue, *Sylvia barbata*, Vieill., se trouve [à] la Nouvelle-Hollande. Sa taille est celle du pouillot. Elle a [l]e bec très-garni de soies à la base, et noir; les pieds de cette [c]ouleur; la gorge et les sourcils blancs; le dessus du cou et du [c]orps noirâtre; cette teinte est plus claire sur le dos, et plus [f]oncée sur les ailes et sur la queue; celle-ci a ses deux pen[n]es latérales très-longues et blanches en dedans; toutes les [a]utres larges et égales; les ailes sont conformées comme celles de l'*hirondelle*; la poitrine et le dessous du corps sont d'un [b]lanc sale.

Un autre individu, venant de la même contrée, ne diffère [q]u'en ce qu'il est moitié plus grand et plus gros, en ce que le [n]oirâtre tire sur la couleur d'ardoise, et que le blanc est plus [p]ur. Ces deux oiseaux tiennent aux *gobe-mouches* par les soies qui sont à la base du bec, et aux *fauvettes* par la forme des mandibules.

La Fauvette a bec couleur de buffle. *V.* Fauvette jaunâtre.

* La Fauvette à bec noir, *Syl. nigrirostris*, Lath., a six pouces et demi de longueur; le bec noir, plus pâle à la base; le plumage d'un brun-olive en dessus; le milieu de chaque plume plus foncé; une tache d'un jaune-roux entre le bec et l'œil; la gorge de cette couleur; une strie blanchâtre sur les joues; la poitrine rousse, avec des taches longitudinales noirâtres; le ventre blanc; les côtés tachetés de noir; les couvertures des ailes d'un brun-olive sombre et terminées de blanc rougeâtre; les pennes de la même teinte, mais plus foncée, et bordées de jaunâtre; la queue carrée et les pennes pointues, la plus extérieure de chaque côté blanche; l'extrémité de la plus proche est de cette même couleur; les autres sont brunes, et les pieds d'un brun jaunâtre. Latham, qui le premier a décrit cet oiseau, se tait sur son pays natal.

La Fauvette bicolor, *Sylvia bicolor*, Vieill., pl. 90 *bis des Oiseaux de l'Amérique septentrionale*, se trouve à Cayenne et dans les États-Unis. Elle n'a que deux couleurs principales sur son plumage. Un bleu clair couvre toutes les parties supérieures, et borde en dehors les pennes alaires et caudales dont le côté interne est noirâtre; un joli gris règne sur toutes les parties inférieures, et prend un ton jaunâtre vers l'anus; le bec et les pieds sont bruns. Longueur totale, quatre pouces trois lignes.

Le bec est un peu arqué et sans échancrure apparente. La femelle porte un plumage terne.

La FAUVETTE BIMBELÉ, *Sylvia palmarum*, Lath., pl. 73 des *Oiseaux de l'Amérique septentrionale*. Cet oiseau se trouve à Saint-Domingue; il a le dessous du corps d'un blanc sale teinté de jaune, excepté les flancs qui sont d'un gris sombre; les parties supérieures, d'un brun plus ou moins foncé; les quatre pennes latérales de la queue bordées intérieurement de blanc, vers l'extrémité. Longueur, cinq pouces.

La FAUVETTE BLACKBURNIAN, *Sylvia blackburni*, Lath., pl. 96 des Ois. de l'Amérique septentrionale, est rare au centre des Etats-Unis. Elle y arrive au printemps, et je ne crois pas qu'elle y niche, car je ne l'ai pas rencontrée pendant l'été. Elle a trois bandes longitudinales sur le sommet de la tête; une jaune qui est au milieu et deux noires qui lui servent de bordure; l'occiput, la nuque, le dos, le croupion, les plumes scapulaires, les pennes des ailes et les six intermédiaires de la queue sont de cette couleur; elle forme encore, sur chaque côté de la tête, une bandelette qui part du bec, passe à travers l'œil, et qui est surmontée d'un trait jaune; les autres pennes caudales sont blanches et frangées de jaune; le bord extérieur des moyennes et des grandes couvertures des ailes, les pennes secondaires, les plumes de l'anus et les couvertures inférieures de la queue sont blanches; la gorge et les parties postérieures jusqu'au bas-ventre sont d'un jaune orangé, qui se ternit sur le bord de la poitrine, et qui est mélangé de taches noires sur les côtés; une raie de cette teinte descend des joues jusqu'à l'insertion de l'aile; le bec et les pieds sont noirs; longueur totale, quatre pouces un quart.

La FAUVETTE BLEUE DE MADAGASCAR, *Sylvia livida*, Lath., pl. enl. 705, f. 3, a quatre pouces et demi de longueur totale; les parties supérieures du corps d'un gris-blanc; les inférieures d'une nuance plus pâle, dégénérant jusqu'au blanc sur le bas-ventre; les pennes des ailes noirâtres et bordées de blanc; la queue longue de près d'un pouce et demi, noire, avec les deux pennes extérieures blanches; le bec et les pieds couleur de plomb.

Le *figuier bleu*, pl. enl. 505, f. 1, est donné par Buffon pour la femelle du précédent. Il a trois pouces trois quarts de longueur; le bec noirâtre; le dessus du corps d'un gris-bleu; le dessous blanc; les ailes et les pennes pareilles à celles du mâle; les pieds bleuâtres. Latham et Gmelin font de cette femelle une espèce distincte, sous le nom de *Sylvia mauriciana*.

La FAUVETTE BLEUATRE, *Sylvia cærulescens*, Lath., pl. 8

de l'*Hist. des Ois. de l'Amérique septentrionale.* Cette *fauvette* se rencontre à Saint-Domingue pendant l'hiver, et va nicher dans les contrées septentrionales de l'Amérique ; elle passe à New-Yorck au mois de mai, et ne s'arrête que plus au Nord ; aussi la retrouvons-nous dans le *petit figuier cendré du Canada* de Brisson, ou le *figuier bleu d'Amérique* de Buffon. Lors de son passage dans la Pensylvanie, elle vit solitaire dans les forêts et les grands taillis : c'est aussi la vie qu'elle mène à Saint-Domingue, et partout elle est peu nombreuse.

Longueur, près de cinq pouces ; bec, plumes de sa base, tour des yeux, joues, gorge et côtés de la poitrine, noirs ; dessus, côtés de la tête et du cou, manteau d'un cendré bleu, mélangé d'un peu de brun sur le dos ; plumes des petites et moyennes couvertures des ailes noires, et entourées de gris-bleu ; pennes brunes, et bordées de vert bleuâtre, avec une tache blanche sur le bord des primaires ; queue d'un gris bleuâtre ; les trois pennes extérieures de chaque côté blanches, en dessous, dans une partie de leur longueur ; le reste du corps de cette même couleur ; pieds brunâtres ; le plumage que cette *fauvette* porte à l'arrière-saison diffère du précédent, en ce que les couleurs sont moins pures et ont moins d'éclat. C'est sous ce vêtement qu'on la trouve à Saint-Domingue.

La Fauvette blonde du Sénégal, *Sylvia subflava*, Lath., pl. enl. de Buffon, n.° 584, f. 2 ; a quatre pouces trois quarts de longueur ; le bec noirâtre ; les côtés du corps d'une teinte blonde ; la queue cunéiforme ; les parties supérieures grises ; le croupion d'une nuance plus pâle.

* La Fauvette boréale, *Sylvia borealis*, Lath. Front ferrugineux ; même couleur sur les côtés de la tête et sur la gorge, mais plus pâle ; parties supérieures du corps vertes ; les inférieures d'un jaune inclinant vers l'olive ; queue arrondie à son extrémité ; toutes les pennes, excepté les deux intermédiaires, terminées de blanc ; pieds noirâtres ; bec d'une teinte pâle ; longueur, quatre pouces trois quarts.

La Fauvette bouscarle de Provence, pl. enl. 652, f. 2, a, dans ses couleurs, des rapports avec la *fauvette rousseline* ; c'est sans doute ce qui a décidé M. Meyer à la rapprocher de celle-ci ; d'autres ornithologistes la donnent pour la femelle de la *fauvette cendrée.*

Comme la description qu'en fait Buffon est trop succincte pour la déterminer avec certitude, il paroît que ces naturalistes ne l'ont jugée que d'après la figure indiquée cidessus ; mais comme son image la représente avec une queue unicolore, et que ses prétendues analogues l'ont de deux couleurs, ce ne peut être ni l'une ni l'autre. C'e encore une de ces fauvettes qu'il faut voir en nature pour leur assigner la place qui leur est propre.

La FAUVETTE BRETONNE. *V.* FAUVETTE ŒDONIE.

La FAUVETTE DES BROUSSAILLES, *Sylvia dumicola*, Vieill., se plaît dans les broussailles embarrassées, mais peu feuillées et peu éloignées des rivières et des eaux stagnantes du Paraguay. Elle est d'un bleu d'indigo en dessus, et d'un blanc teint de bleu en dessous; un petit trait d'un gros bleu presque noir, part des narines et passe au-dessus de l'œil et de l'oreille (la femelle n'a point ce trait); les pennes des ailes sont noirâtres et foiblement frangées de blanc; celles de la queue sont noires, excepté les deux extérieures de chaque côté qui sont blanches dans une partie de leur étendue; le bec est noir, l'iris brun, et le tarse d'un noirâtre plombé; longueur totale, quatre pouces deux tiers; queue composée de pennes étroites, foibles et terminées en pointe; les six du milieu ont six lignes de plus que les extérieures; les autres sont étagées. Sonnini rapporte cet oiseau au figuier ou *fauvette gris-de-fer;* il est vrai qu'ils présentent une certaine analogie, mais je pense que ce sont deux races différentes. Au reste, la fauvette de cet article se trouve aussi à la Guyane.

La FAUVETTE BRUNE. *V.* FAUVETTE PIPI.

La FAUVETTE BRUNE de Belon, est rapportée par Buffon à la *fauvette babillarde* de son texte; mais je ne crois pas que ce rapprochement soit juste. En effet, Belon signale la femelle de sa *fauvette brune*, « en disant qu'elle a le dessus de la tête tanné, ayant cela de particulier comme la femelle du *rossignol de muraille*, à qui le dessus de la tête est tout noir. » Certes, la femelle de cette babillarde n'a pas le dessus de la tête couleur de tan. N'est-ce pas plutôt la femelle de la *fauvette à tête noire* dont parle Belon? Je le pense, attendu qu'elle a le dessus de la tête tanné, et d'autant plus que le nom de plombée, qu'il donne à sa *fauvette brune*, ne peut convenir à la *babillarde*, mais caractérise très-bien le mâle de la *fauvette à tête noire*, qui a le cou en entier et le devant de la gorge d'un gris plombé clair, et le dessus de la tête noir. Si cette exposition ne suffit pas pour qu'il en résulte une pleine conviction, consultons dans Belon l'historique de sa *fauvette brune* ou *plombée*: « Peu s'en faut, dit le patriarche de l'ornithologie, qu'elle ne chante aussi bien que le rossignol, tellement qu'en notre France on l'enferme en cage, et la tient-on au lieu du rossignol.... L'on ne sauroit se trouver l'été en quelque lieu ombrageux, le long des eaux, qu'on n'oie ces *fauvettes chantant* à gorge déployée, si haut qu'on les oit d'un grand demi-quart de lieue. Pourquoi, c'est un oiseau jà cogneu en toutes contrées. » Il faut avouer qu'un chant qui se fait entendre d'aussi loin, ne peut être que celui de la *fauvette à tête noire*, dont le gosier est souvent comparé à celui du *rossignol*, et que par ce motif l'on garde en cage, où elle se plaît plus long-temps que toutes les autres *fauvettes*, ce qu'on ne fait pas pour la babillarde (du texte de Buffon) dont la voix a peu d'étendue et n'a aucune analogie avec celle du coryphée des bois. Aussi la tient-on rarement en cage, et l'on a raison, car elle n'y vit que très-peu de temps.

La FAUVETTE BRUN-CANNELLE, *Sylvia caryophyllacea*, Lath., fig.; Brown, *Illust. of zool.*, tab. 33. Cette *fauvette de Ceylan* est de la grandeur du *roitelet*; elle a le bec et les pieds rougeâtres; la couleur générale de son plumage est fauve clair; les ailes et la queue sont noirâtres.

La FAUVETTE BRUNE DU SÉNÉGAL, *Sylvia fuscata*, Lath., pl. enl. 584, fig. 1. Longueur, six pouces; bec noirâtre; le dessus du corps brun; le dessous gris, avec une teinte rougeâtre sur les côtés; les pennes des ailes et de la queue d'un brun plus foncé que le dos; la queue assez longue et égale à son extrémité; les pieds jaunes.

* La FAUVETTE BRUNE DE VIRGINIE, *Sylvia juncorum*, Lath. Plumage brun, plus clair en dessous. Est-ce bien une *fauvette*? Catesby, qui le premier a décrit cet oiseau, le donne pour un *moineau*. C'est aussi l'opinion de Brisson.

* La FAUVETTE BRUN-VERDÂTRE, *Sylvia viridicata*, Vieill., se trouve au Paraguay. Elle a les plumes de la tête d'un jaune vif et d'un brun verdâtre à l'extrémité; toutes les parties supérieures offrent cette teinte, qui borde les pennes alaires et caudales qui sont brunes dans le reste; la gorge est blanchâtre; le devant du cou d'un blanc lavé de jaune; le dessous du corps jaune, teint de blanc; le tarse plombé; le bec noirâtre en dessus, blanchâtre en dessous; les pennes de la queue sont terminées en pointe et à peu près égales. Longueur totale, cinq pouces et demi. On la trouve au Paraguay.

La FAUVETTE BRUNETTE, *Sylvia fuscescens*, Vieill., se trouve dans le Languedoc. Elle est en dessus d'un brun-gris, tirant un peu à la couleur d'ardoise sur la tête; blanche sur la gorge et sur le milieu du ventre; les couvertures supérieures des ailes sont de la teinte du dos; la poitrine, les flancs, le bord extérieur des pennes alaires et caudales sont gris; la queue noire en-dessous, est d'un gris brun en-dessus, ainsi que les pennes des ailes; l'iris d'un rouge jaunâtre; le bec noir, très-fin, couleur de corne sur les bords et à la base de la mandibule inférieure; les orbites sont couleur de chair vive; les pieds jaunâtres; les ailes courtes, outre-passant de très-peu l'origine de la queue, qui est longue de deux pouces trois lignes dont les huit pennes latérales sont étagées, et celles du milieu à peu près égales entre elles. Longueur totale, cinq pouces deux lignes ; grosseur de la *fauvette babillarde.*

Je n'ai vu qu'un individu qui est dans la collection de *M. Baillon ;* je trouve, dans son ensemble, des rapports avec la *fauvette pitchon ;* mais il en diffère particulièrement en ce qu'il n'a aucune trace de ferrugineux dans son plumage, qu'il n'a point de blanc dans l'aile ni dans la queue ; de plus, ses proportions et ses dimensions sont plus fortes. Si c'est une espèce distincte, elle est nouvelle.

* La Fauvette cafre, *Sylvia cafra*, Lath. La taille de cet oiseau est celle de la *lavandière;* la tête et le dos sont olives ; les sourcils blancs; entre le bec et l'œil, il y a une tache noire ; la gorge et le croupion sont ferrugineux ; la poitrine et le ventre blanchâtres ; les pennes des ailes brunes ; celles de la queue sont pareilles à la gorge, terminées de brun et d'égale longueur. Elle habite le Cap de Bonne-Espérance.

La Fauvette capocier, pl. 129 des *Ois.* d'*Afrique*, est la *petite fauvette tachetée* des pl. enl., n.° 130, f. 1. *V.* ce mot. Le nom que M. Levaillant a imposé à cette fauvette, vient de *capoc* (*V.* Oiseau capoc), nom que les Hollandais du Cap de Bonne-Espérance donnent aux oiseaux qui font leur nid avec la bourre des plantes qu'ils nomment *capoc.* Les plumes des parties supérieures du mâle sont d'un jaune-brun et bordées de roussâtre. Toutes les parties inférieures sont d'un blanc jaunâtre ; la femelle diffère en ce qu'elle est d'un brun-roux en-dessus. Dans les deux sexes, le bec est brun, et les pieds sont roux.

La Fauvette caqueteuse, *Sylvia babæcala*, Vieill., pl. 121, f. 1. des *Oiseaux* d'*Afrique.* Elle est d'un blanc rembruni en-dessous du corps ; d'un brun sombre, mêlé d'olivâtre, en-dessus ; grivelée sur le fond blanchâtre de la gorge et du devant du cou. Le bec et les pieds sont d'un brun clair. La femelle diffère du mâle en ce qu'elle est d'un brun foncé, et n'a point de grivelures. Elle niche dans les roseaux : sa ponte est de cinq ou six œufs blancs tachetés de brun.

La Fauvette cendrée ou grisette, *Sylvia cinerea*, Lath., pl. enl. de *Buffon*, n.° 579, f. 3, est très-commune en France. Le mâle a la tête et le dessus du cou cendrés, une tache noirâtre en avant de l'œil ; les tempes et le dessus du corps, d'un gris un peu lavé de ferrugineux ; les paupières et la gorge blanches ; la poitrine nuancée de roussâtre, et quelquefois d'un gris-blanc; le ventre blanchâtre; les flancs roussâtres ; les grandes couvertures supérieures et les pennes secondaires des ailes, largement bordées, en-dehors, de la dernière teinte; la première des primaires, frangée de blanc à l'extérieur, les autres de roussâtre; toutes d'un brun sombre en dessus, et blanches en dessous; les pennes de la queue brunes et bordées de gris roussâtre à l'extérieur, à l'exception de la plus éloignée de chaque côté, qui est blanche en dehors, d'un gris-blanc, le long de la tige en dedans, et ensuite d'un gris-brun frangé de blanc jusqu'à la pointe qui est de cette dernière couleur; la suivante est terminée par une marque cunéiforme blanche, et la troisième, par un petit trait; les couvertures subalaires sont d'un gris-blanc; l'iris est jaunâtre; le bec brun, et le tarse d'un gris-brun.

La femelle a le dessus de la tête d'un gris rembruni, une tache blanchâtre entre le bec et l'œil; le dessus du cou et le dos pareils à la tête; la poitrine roussâtre; les tempes fauves. Les jeunes mâles, au printemps qui suit la première mue, diffèrent alors des femelles en ce que la tête et le dessus du cou sont moins rembrunis; que les tempes sont moins fauves, et que l'iris est d'un brun jaunâtre. Les couleurs de cette espèce varient dans leurs nuances. Pendant les deux premières années, des individus ont la tête, le dessus du cou et du corps d'un gris rembruni, mélangé de fauve; d'autres ont la tête d'un cendré brun clair, sans aucune nuance de fauve. Tous, à cette époque, ont une teinte roussâtre sur la poitrine; mais dans un âge plus avancé, elle est remplacée par du gris-blanc plus prononcé sur les côtés. Je soupçonne que cette espèce est composée de deux races distinctes seulement par leur taille; car des individus n'ont que cinq pouces de longueur, tandis que d'autres ont 7 à 8 lignes de plus. Ces deux races habitent nos bosquets, se plaisent dans les haies et dans les broussailles; elles placent leur nid à deux ou trois pieds de terre dans les buissons, et de préférence dans ceux qui sont isolés, quelquefois dans des champs de vesces et de pois. Elles le composent de tiges d'herbes sèches, en dehors, avec quelques flocons de laine sur les côtés. Un lit de crin est la couche sur laquelle la femelle dépose quatre ou cinq œufs d'un blanc verdâtre, parsemés de petites taches d'un roussâtre clair et de forme irrégulière.

Le mâle chante en volant. Buffon décrit son ramage, dans le texte de sa *fauvette babillarde*, en disant qu'on le voit s'élever fréquemment d'un petit vol droit, au-dessus des haies, pirouetter en l'air, et retomber en chantant une petite reprise fort vive, fort gaie, toujours la même, et qu'il répète à tous momens. Il finit ordinairement sa chansonnette dans l'intérieur du buisson d'où il étoit parti. Si c'est d'après ce chant qu'on a donné à cette *fauvette* l'épithète de BABILLARDE, toujours est-il certain que ce n'est point la *babillarde* fig. 3 de la pl. enlum., n.° 380, ni la *babillarde* de Brisson, citée com synonyme par *Buffon*.

La *babillarde* du texte de *Buffon* n'étant point, com je viens de le dire, celle de la pl. enl. ni celle de *Brisson*, il en est résulté des méprises qui se renouvellent tous les jours; c'est au point que la Grisette de Brisson n'est connue à Paris que sous le nom de *Babillarde*, et que la vraie babillarde ne l'est que sous celui de *Grisette*.

La *mésange cendrée* de Brisson, la *gorge blanche* de Buffon, ne sont point des mésanges; mais ce sont des Fauvettes de cette espèce.

* La Fauvette chinoise (*Sylvia sinensis*, Lath.). Longueur, cinq pouces et demi; bec d'un rouge noirâtre; dessus du corps vert; ligne pâle de l'œil à la nuque; tache sur les oreilles; le dessous du corps de couleur de chair; queue pointue; pieds noirâtres: telle est la courte description donnée par Latham de cette *fauvette* de la Chine.

* La Fauvette chivi, *Sylvia chivi*, Vieill., se trouve au Paraguay. Le ramage du mâle est assez agréable, et si sonore qu'on l'entend de fort loin. L'expression de son chant est difficile à rendre; car tantôt il semble dire *chivi-chivi*, et tantôt *ble-ble-ble*. Il construit son nid à la bifurcation de deux petits rameaux, et le compose de petites feuilles sèches très-déliées, quoique larges, et assujetties avec des toiles d'araignées recouvertes en dehors de quelques brins d'écorce très-flexible des plantes, de sorte que sa surface paroît fort lisse. La couche intérieure se compose de filamens aussi fins que des cheveux et artistement arrangés, et l'intérieur de ces couches est garni de matières cotonneuses. Le tout n'excède pas 3 lignes d'épaisseur; l'ouverture, comme la profondeur, est de 18 lig. Cet oiseau que M. de Azara appelle *gaviero* (gabier) a 5 p. de longueur; un trait noirâtre qui va du bec à l'oreille, surmonté par un arc très-apparent d'un blanc pâle; au-dessous, un autre trait noirâtre; le dessus de la tête d'un bleu d'ardoise clair; le dessus du cou et du corps, les couvertures supérieures et les bords des pennes des ailes et de la queue d'un vert sombre, mêlé de jaune, de même que les côtés de la tête et du cou; les pennes alaires et caudales, le milieu des grandes couvertures, brunes; les parties inférieures blanches jusqu'au bas-ventre, qui est d'un jaune pur, ainsi que les côtés du corps; le bec noir en dessus et à sa pointe, blanchâtre dans le reste; les tarses d'une teinte de plomb clair; l'iris brun foncé; la queue égale.

La Fauvette chrysoptère, *Sylvia chrysoptera*, *Sylvia flavifrons*, Lath., pl. 97 des *Ois. de l'Am. sept.*

Un jaune brillant colore le front et le dessus de la tête de cet oiseau, que l'on trouve en Pensylvanie ; une bande noire, lisérée de blanc sur chaque côté, passe à travers l'œil ; la gorge et le devant du cou sont noirs ; la poitrine et le ventre blancs ; le dessus du cou et du corps, le croupion et les petites couvertures des ailes sont d'un gris bleuâtre clair ; les grandes couvertures et les moyennes d'un jaune éclatant, ce qui forme sur chaque aile une large tache de cette couleur ; les pennes primaires et celles de la queue sont d'un cendré foncé ; les latérales ont une tache blanche sur les barbes extérieures ; le bec et les pieds sont bruns.

La FAUVETTE CITRINE, *Sylvia subflava*, Vieill., pl. 127, f. 1, 2 des *Ois. d'Af.* a un peu moins de grosseur que la *fauvette babillarde* ; la queue aussi grande que tout le corps et étagée ; les ailes courtes, les parties supérieures d'un brun clair teinté de jaune ; les pennes alaires et caudales de couleur isabelle ; la gorge et le devant du cou blanchâtres, avec quelques taches brunes dispersées sur le bas du cou ; les parties postérieures d'un jaune foible ; le bec brun et les pieds jaunâtres. La femelle diffère du mâle en ce qu'elle est privée de la tache au bas du cou, que sa couleur isabelle est plus roussâtre et la teinte jaune plus faible. Son nid est ovale, couvert sur les deux tiers de sa hauteur, composé de la bourre des fleurs, et posé sur un arbrisseau, à une hauteur médiocre. La ponte est de cinq à six œufs d'un blanc roux, tachetés de brun. N'est-ce pas le *figuier à ventre gris* du Sénégal ?

* La FAUVETTE CITRINELLE, *Sylvia citrina*, Lath. La Nouvelle-Zélande est la patrie de cet oiseau, dont la taille est celle du *pouillot*. Il a trois pouces et demi de longueur ; le bec noir ; l'iris d'un bleu très-pâle ; le plumage jaune en dessus et strié de noirâtre ; la tête, au-dessous des yeux, ainsi que le devant du cou et la poitrine sont blancs ; le ventre, le bas-ventre et le croupion très-jaunes ; la queue est courte, n'ayant qu'un demi-pouce de long, de couleur noire et terminée de jaune terne ; les pieds sont noirâtres, et les ongles grands.

La FAUVETTE COL D'OR, *Sylvia auraticollis*, Vieill., pl. 119, f. 1, 2 des *Oiseaux d'Afrique*. La gorge et le devant du cou sont d'un jaune couleur d'or ; la poitrine et les parties postérieures blanches ; les pennes latérales de la queue, le milieu des premières pennes de l'aile et le bord des grandes couvertures supérieures jaunes ; le dessus du corps, les ailes et la queue d'un brun clair ; le bec et les pieds noirs ; les yeux rougeâtres. La femelle se distingue par sa couleur, qui est moins vive que chez le mâle.

La FAUVETTE A COLLIER, *Sylvia torquata*, Vieill. ; *Parus americanus*, Lath., pl. 99 des *Oiseaux de l'Amérique septentrionale*. Latham et Gmelin ont fait de cet oiseau une *mé-*

sange, quoique Buffon et Brisson l'aient mis à sa place. On ignore qui a pu déterminer ces méthodistes à faire cette transposition, puisque cet oiseau n'a point le caractère distinctif des *mésanges*. C'est le *finch creeper* de Catesby (*grimpereau pinson*), et non pas *mésange pinson*. Le mâle a quatre pouces de longueur et quelquefois deux et trois lignes de plus; le bec brun en dessus, jaunâtre en dessous; la tête, le dessus du cou et le croupion gris bleuâtre; le milieu du dos vert-olive; une tache noire entre le bec et l'œil; une petite marque blanche au-dessus des yeux, et une autre en-dessous; les couvertures des ailes, leurs pennes et celles de la queue noires, à l'extérieur, et bordées de gris-bleu; les couvertures terminées de blanc, ce qui forme deux bandes transversales sur chaque aile; les deux pennes latérales de la queue blanches à l'extrémité sur le côté intérieur; la gorge et le devant du cou jaunes; sur la poitrine, un demi-collier d'un brun rouge; chaque plume ayant une petite frange jaune (sur quelques individus il est cendré, et le rouge est par taches sur les côtés); le bas de la poitrine jaune clair, le reste du dessous du corps blanc; les pieds bruns. Tel est le mâle au printemps. La femelle a les couleurs plus rembrunies, moins vives, et est privée de la teinte rouge sur la poitrine; il y a des individus qui ont cette partie pareille à la gorge; chez d'autres, le rouge n'est indiqué que par des taches. Cette espèce se trouve, pendant l'été, dans les États-Unis; et en hiver, aux grandes Antilles.

La Fauvette colombaude de Buffon. Des ornithologistes sont d'opinion que cet oiseau n'est autre que la *fauvette grise*. Buffon, au contraire, la présente comme une variété de la *fauvette à tête noire*, et dit l'avoir vue en nature. Au reste, la description qu'il en donne est trop succincte pour la déterminer avec certitude; et l'on doit, afin d'y parvenir, s'assurer si la *colombaude* a la queue de deux couleurs comme la *fauvette grise*, ou d'une seule, comme la *fauvette à tête noire*.

La Fauvette a cordon noir, *Sylvia melanoleucos*, pl. 150, f. 1, 2 des *Oiseaux d'Afrique*, sous le nom de *gobe-mouche à cordon noir*. Le mâle a la tête, le dessus du cou, le ventre et les parties inférieures blancs; plusieurs plumes scapulaires et les ailes d'un noir lavé de brun; le reste des scapulaires, le milieu des trois premières pennes primaires, le pli de l'aile et une partie du front blancs; les pennes latérales de la queue d'un beau noir et liserées de blanc en dehors; les pennes intermédiaires très-longues, blanches; le bec, les pieds et les ongles noirs. La femelle n'a point de longues plumes à la queue; sa poitrine est d'un roux lavé. Le jeune et le mâle, en hiver, lui ressemblent.

La **Fauvette coryphée**, *Sylvia coryphœus*, Vieill., pl. 120, 1, 2 des *Oiseaux d'Afrique*, a les sourcils blancs, une tache noirâtre entre le bec et l'œil ; la queue un peu étagée ; le milieu de la gorge blanc ; le dessus du cou, les ailes et les pennes intermédiaires de la queue d'un brun uniforme ; les latérales d'un gris-brun à l'origine, ensuite noirâtres et terminées de blanc ; le devant du cou gris de perle ; le dessous du corps d'un brun roussâtre ; le bec et les pieds noirâtres. La femelle est d'un gris-blanc sur la poitrine et sur les flancs. Elle fait son nid dans les buissons et pond de trois à cinq œufs, d'un bleu verdâtre, fort pâle et sali vers le gros bout.

* La **Fauvette a cou bleuâtre**, *Sylvia cyanicollis*, Vieill., a quatre pouces deux lignes de longueur totale ; un trait blanc à la base supérieure du bec ; la tête et le cou en dessus d'une couleur bleue d'ardoise ; le dessus du corps et les petites couvertures supérieures des ailes d'un brun verdâtre ; les grandes de la partie interne sont d'un noirâtre foncé et d'un roux vif à l'extrémité ; la gorge presque blanche ; le devant du cou gris de perle ; la poitrine et le ventre blancs ; les côtés du corps, les couvertures inférieures des ailes et de la queue blanchâtres ; le pli de l'aile jaune ; les tiges et les bords des pennes alaires de couleur blanche ; le tarse d'une couleur de plomb ; le bec noirâtre en dessus et blanchâtre sur le reste ; les coins de la bouche orangés ; la queue égale ; les plumes de la tête longues, brunes et étroites. On la trouve au Paraguay.

La **Fauvette a cou jaune**, *Sylvia pensilis*, Lath., pl. enl. n.º 688. Vivacité, gaîté, ramage agréable, jolie robe, taille dégagée ; tels sont les attributs de cette charmante *fauvette de Saint-Domingue*, où les uns l'appellent *cou jaune*, d'après la couleur de sa gorge, et d'autres, *chardonneret*, sans doute d'après quelques rapports dans le chant, car elle n'en a ni le plumage ni les habitudes. Son gosier la rapproche beaucoup plus du *guit-guit sucrier*, avec lequel elle auroit de l'analogie dans le choix de sa nourriture, dans ses mœurs, dans la manière de construire et de placer son nid, si réellement ils sont tels que le dit Buffon (*V.* Sucrier).

Le *cou jaune* a le sommet de la tête gris-noir, plus clair sur le cou et plus foncé sur le dos ; les sourcils blancs ; une petite tache jaune entre le bec et l'œil ; les couvertures des ailes mouchetées de noir et de blanc par bandes horizontales ; de grandes taches blanches sur les pennes, dont la bordure extérieure est gris-blanc ; les quatre pennes latérales de la queue terminées par une large tache blanche ; la gorge, le devant du cou et la poitrine jaunes ; le ventre blanc ; les flancs grivelés de blanc et de gris-noir ; les pieds d'un gris verdâtre ; longueur, quatre pouces neuf lignes.

La femelle diffère par des couleurs plus ternes et par le jaune du dessous du corps, qui est beaucoup moins vif.

La FAUVETTE COULEUR DE GIROFLE. V. FAUVETTE BRUN CANNELLE.

La FAUVETTE COURONNÉE D'OR, *Sylvia coronata*, Lath.; pl. 77 (le mâle) et pl. 78 (le jeune) des *Oiseaux de l'Amérique sept.* Cette fauvette, que j'ai observée avec la plus grande attention dans le nord de l'Amérique, ne portant pas en toutes saisons ni dans les diverses périodes de son âge un vêtement tout-à-fait pareil, il en est résulté plusieurs espèces purement nominales. Telles sont la FAUVETTE OMBRÉE, *Sylv. umbria*, pl. enl. 709, f. 1, sous le nom de *fauvette tachetée* de la Louisiane qui est une fauvette couronnée d'or, sous son plumage d'automne; le FIGUIER GRASSET, *Sylvia pinguis* et le FIGUIER DU MISSISSIPI, pl. enl. 731, f. 2, que Gm. a donné pour la variété d'une autre espèce, l'un et l'autre sont sous la livrée d'automne; le FIGUIER A CEINTURE, *Sylvia cincta*, qui est un mâle en habit d'été; il n'a réellement point de ceinture, mais bien deux taches jaunes isolées sur chaque côté de la poitrine, lesquelles ont été rapprochées, dans la figure publiée par Brisson, au point de représenter l'ornement dont Buffon a tiré la dénomination de cet oiseau. L'individu indiqué pour la femelle est un jeune.

Le mâle, dans la saison des amours, a le front gris et marqué de noir; ces deux couleurs servent de bordure d'un jaune d'or qui est sur le sommet de la tête; les sourcils sont blancs, ainsi qu'un petit trait qui se trouve au dessous de l'œil; la bande noire qui couvre les tempes s'étend sur les joues; et se prolonge jusqu'au bec; le croupion est jaune, de même que deux taches qui sont sur chaque côté de la poitrine; le dessus du cou est gris; cette teinte est variée de noir sur le dos et la partie antérieure de l'aile; les couvertures supérieures sont noires, bordées et terminées de blanc; le devant du cou, les pennes alaires et caudales sont noires, et celles-ci ont leurs barbes extérieures grises; les trois premières de la queue sont terminées à l'intérieur par une grande tache blanche; le menton et le dessous du corps sont blancs, avec des taches noires sur la poitrine et sur les flancs; le bec et les pieds sont noirs. Longueur totale, cinq pouces. La femelle a une bande noire et étroite sur les côtés de la tête, du gris brun varié de noirâtre sur les parties supérieures; les taches des flancs moins grandes et moins prononcées que celles du mâle, et un jaune moins étendu, moins brillant sur la tête le croupion et les côtés de la poitrine. Le jeune, après sa première mue, a la gorge et le dessous du corps d'un gris blanc avec des taches brunes, longitudinales; sur l'estomac e ventre et les flancs ; le sommet de la tête, les côtés de la oitrine et le croupion d'un jaune pâle ; le dessus du cou, e dos d'un gris brun, plus foncé sur le milieu de la plume ; es couvertures et les pennes des ailes noirâtres. Enfin, le nême, dans son premier âge, est d'un gris-brun sur toutes es parties supérieures, d'un blanc sale varié de brun somre sur les inférieures, et il n'a point de taches jaunes sur les ôtés de la poitrine et sur la tête.

Ces *fauvettes* paroissent en troupes assez nombreuses dans l'état de New-Yorck aux mois d'avril et de mai, époques où lles sont sous leur habit de noces ; mais elles y restent peu de emps, et se rendent dans le Nord, où elles nichent; elles y reviennent en automne, ne font que passer, et se retirent dans e Sud pendant l'hiver. Elles portent à la Louisiane le nom de *rasset*, parce qu'à l'automne elles y viennent avec beaucoup le graisse, ainsi que toutes les *fauvettes* et tous les figuiers ui s'y trouvent pendant cette saison.

* La FAUVETTE COURONNÉE DE ROUX, *Sylvia ruficapillus*, Vieill., habite dans le Paraguay. Longueur totale, 4 pouces 4 lignes ; plumes du sommet de la tête d'un roux vif et terminées de brun; dessus du cou et du corps d'un brun foiblement teinté de vert ; ailes et queue d'un brun foncé ; yeux entourés de roussâtre clair; gorge blanchâtre ; devant du cou et dessous du corps blancs; couvertures et bord inférieur des ailes d'un jaune clair ; tarses violets ; bec noirâtre ; intérieur de la bouche jaune paille.

La FAUVETTE COUTURIÈRE, *Sylvia sutoria*, Lath., *Zoologia indica*, pl. 17, tab. 8, n'a que trois pouces de longueur, ne pèse pas plus de quatre-vingt-dix grains, et est totalement d'un jaune clair. Cet oiseau qu'on appelle aussi *tati*, est doué d'une industrie remarquable pour mettre sa famille à l'abri de la voracité des serpens et des singes ; il choisit une feuille d'arbre vers l'extrémité d'une branche, à laquelle il en adapte une morte qu'il a l'adresse d'attacher à la première; de manière que le nid est en forme de hotte. Il en tapisse l'intérieur de duvet et de coton, et y dépose trois ou quatre œufs blancs, un peu plus gros, dit Pennant, qu'une chrysalide de fourmi. Cette espèce se trouve dans l'Inde.

La FAUVETTE A CRAVATE NOIRE, *Sylvia virens*, Lath., pl. 93 des *Oiseaux de l'Amérique septentrionale*, est de passage en Pensylvanie; elle y paroît au printemps et l'automne, et n'y reste que peu de jours. Son bec est noir; le sommet de la tête, tout le dessus du corps et les petites couvertures supérieures des ailes sont d'un vert d'olive ; les côtés de la tête et du cou d'un beau jaune ; la gorge et le dessous du cou noirs;

la poitrine est jaunâtre ; le reste du dessous du corps bla avec quelques taches noirâtres sur les flancs ; les grandes co vertures supérieures des ailes sont d'un brun foncé et te minées de blanc, ce qui forme sur chaque aile deux ban transversales blanches ; les pennes alaires et caudal sont d'un cendré foncé ; les trois pennes extérieures de ch que côté de la queue, ont des taches blanches sur leur côte térieur ; les pieds sont bruns ; longueur totale, 4 pouces un tie La femelle diffère du mâle par des couleurs plus claires, n'a point de plaque noire sur le devant du cou.

La FAUVETTE À CROUPION JAUNE, *Sylvia xanthorhoa*, Vieill *Parus virginianus*, Lath., figurée par Catesby, pl. 57 a le de sus de la tête, le dessus du cou et le dos d'un brun-olive : croupion jaune ; le dessous du corps gris ; les pieds et le ongles noirs. On la trouve dans la Virginie.

La FAUVETTE A CROUPION NOIR, *Sylvia melanorhoa*, Vieill se trouve à la Martinique. Elle a quatre pouces environ longueur totale ; le bec noir en dessus et jaunâtre à la ba de sa partie inférieure ; les pieds bruns ; les plumes du de sous de la tête, jaunes à l'origine et ensuite noirâtres ; cell du dos noires et blanches ; le dessus du cou d'un gris-brun le croupion totalement noir ; les couvertures supérieures de ailes de cette couleur, et terminées de blanc ; les penn noirâtres ; la queue pareille au croupion ; les trois premièr pennes de chaque côté blanches à l'extérieur vers le bout, les sourcils, la gorge, le devant du cou, jaunes, et les co vertures inférieures de la queue blanches.

La FAUVETTE A CROUPION ROUGE, *Sylvia peregrina*, Vieill *Parus peregrinus*, Lath., Sparmann, Mus. carsl. fasc. 2, t. 48 et 49 ; *Parus peregrinus, coccineus*, Gmelin ; c'est un double emploi. Le mâle a la tête, le cou et le dos cendrés une tache noire entre le bec et l'œil, qui s'étend au-dessou de celui-ci ; le devant du cou, la poitrine et le croupion d'un orangé foncé ; le bec et le ventre blanchâtres ; le dessus des ailes noir et le dessous de couleur de soufre ; quelques-unes des pennes primaires orangées à leur base ; les quatre intermédiaires de la queue, noires, les autres de cette couleur jusqu'au milieu, et le reste orangé. Grosseur de la *mésange charbonnière.*

La femelle a le dessus du corps de la même couleur que le mâle, mais d'une nuance plus pâle ; tout le dessous d'un blanc sombre ; le croupion moins orangé, ainsi que la base des pennes primaires et une partie de celles de la queue ; le bec et les pieds noirs. C'est d'après les figures publiées par Sparmann, que j'ai jugé que cette espèce étoit plutôt une *fauvette* qu'une mésange. Son pays est inconnu.

* La Fauvette de la Daourie, *Sylvia cyane*, Lath. Nous de-
ons à Pallas la découverte de cette jolie fauvette, qu'il a vue à
extrémité de la Daourie, entre les rivières d'Anot et d'Argun;
lle y paroît au printemps, mais y est rare. Sa taille égale celle
u *rossignol de muraille*; un bleu foncé est la couleur de la tête
des parties supérieures du corps; un beau blanc celle des
arties inférieures et des deux pennes latérales de la queue;
nfin, un trait noir part du bec, et s'étend jusqu'aux ailes.

* La Fauvette a demi-collier, *Sylvia semi-torquata*, Lath.
e petit oiseau se trouve à la Louisiane; il a quatre pouces
demi de longueur; le bec noirâtre en dessus et blanchâtre
n dessous; le dessus de la tête olivâtre, tirant au jaune; une
ande cendrée derrière les yeux; la gorge et tout le dessous
u corps d'un cendré très-clair, avec un demi-collier jaunâtre
ur la partie inférieure du cou. Cette couleur nuance aussi le
ris du ventre; les couvertures supérieures et les pennes des
iles sont brunes; les premières bordées de jaune, les rémi-
es primaires bordées de blanchâtre; les secondaires d'olivâtre
t terminées de blanc; les pennes de la queue cendrées, et
es quatre latérales de chaque côté bordées de blanc à l'inté-
ieur; toutes les dix, dit Buffon, sont pointues par le bout.
N'y auroit-il pas erreur? car tous les *figuiers* ou fauvettes connus ont douze pennes à la queue.

La Fauvette discolor, *Sylvia discolor*, Vieill., pl. 98 des *Oiseaux de l'Amér. sept.*, se trouve aux Grandes Antilles et dans les États-Unis. Elle a au-dessous de chaque œil une tache noire en forme de croissant; le dessus de la tête d'un vert-olive; une raie jaune sur les côtés, laquelle s'étend de la mandibule supérieure au-delà des yeux qui sont placés au milieu d'une tache noire; une bandelette de cette dernière couleur est sur les côtés du cou, et des taches semblables se remarquent sur les côtés du corps, qui sont d'un très-beau jaune, ainsi que la partie antérieure de l'aile, la gorge et la poitrine; cette teinte se dégrade sur le ventre et sur les parties postérieures; le dessus du cou, le dos et le croupion sont du même vert que la tête; les couvertures supérieures de la queue sont grises; les pennes noirâtres et bordées de gris-jaune en dehors; les pennes extérieures blanches en dessous et sur le bord interne; les moyennes couvertures, les grandes et les pennes des ailes noirâtres; le bec est de cette dernière teinte et les pieds sont bruns; longueur totale, quatre pouces et demi. La femelle diffère du mâle en ce qu'elle n'a point de croissant sur chaque côté de la tête; ce croissant est remplacé par des points d'un brun obscur, semés sur un fond vert-olive; les taches des côtés de la gorge et de la poitrine sont brunes et répandues sur un fond jaune, le vert-olive des parties supérieures est un peu rembruni sur le dos.

La Fauvette a double sourcil, *Sylvia diophrys*, Vieill., pl. 128, fig. 2 des *Oiseaux d'Afrique*, a les yeux placés entre deux traits noirs; le dessus de la tête d'un roux foncé; le dessus du corps d'un brun-roux; le dessous d'un blanc sali de roussâtre sur les flancs et sous la queue; celle-ci longue et étagée. Taille de la *fauvette citrine*. La femelle n'a point de sourcils noirs, et est d'un brun plus terne en dessus.

La Fauvette effarvatte, *Sylvia strepera*, Vieill. Buffon parle très-succinctement de cet oiseau, à l'article de la *rousserolle*. Je crois le reconnoître dans le *sylvia palustris* de Meyer qui ne l'a décrit que d'après Nauman. Cette *fauvette*, une des plus communes en France, a été confondue avec celle des roseaux de Buffon; en effet, l'historique de cette dernière espèce lui convient parfaitement, mais non pas la figure de la pl. enl., qui est celle d'une espèce bien distincte. Elle a la tête, le dessus du cou et du corps, d'un gris tirant à l'olivâtre, principalement sur le croupion; les sourcils, les paupières, les côtés de la poitrine et du ventre roussâtres; la gorge et le milieu de l'abdomen d'un blanc un peu sali; cette teinte foiblement lavée de roux sur les bords des couvertures inférieures de la queue; les petites couvertures des ailes sont de la couleur du dos; les grandes et les pennes d'un gris rembruni, bordées en dehors de fauve, et de blanc en dedans; la queue est arrondie, pareille aux ailes en dessus et grise en dessous; les plumes des jambes sont rousses; le front est allongé et aplati. Longueur totale, quatre pouces, six à sept lignes, et quelquefois, cinq pouces; bec brun, d'un blanc jaunâtre en dessous et sur les bords de sa partie inférieure; pieds et ongles d'un gris-brun. Les différences que j'ai remarquées entre le mâle et la femelle, consistent en ce que celle-ci a les sourcils et les paupières d'un blanc sale; les parties inférieures d'un blanc plus pur, et en général, des couleurs moins prononcées.

J'ai lieu de croire que cette espèce est composée de deux races, mais qui ne diffèrent guère que par des dimensions et des proportions plus fortes chez l'une que chez l'autre; car j'ai vu plusieurs individus, communiqués par M. Bonelli, lesquels sont plus grands que ceux qui se trouvent dans nos contrées; ils en diffèrent encore en ce qu'ils ont le bec et les ailes plus allongés et les deux premières rémiges d'égale longueur, tandis que chez nos *effarvattes*, la première est plus courte que la deuxième. Ces individus habitent dans le Piémont.

Les uns et les autres fréquentent le bord des rivières,

des lacs et des étangs, où ils se tiennent dans les roseaux, et généralement dans les lieux arrosés où croissent ces plantes; ils en saisissent la tige par le travers avec leurs doigts, et les parcourent en sautillant. Le mâle fait entendre pendant le jour, et souvent, pendant les nuits calmes, un ramage qui semble exprimer les syllabes *tran*, *tran*, *tran*, répétées douze à quinze fois de suite. Le nid se trouve dans les mêmes endroits, ordinairement à un pied de l'eau. Il est construit des mêmes matériaux que celui de la rousserolle (*turdus arundinaceus*). Des feuilles et de petites tiges de plantes aquatiques tapissent la couche sur laquelle la femelle dépose quatre ou cinq œufs verdâtres et tachetés irrégulièrement de vert-olive; ces taches sont confluentes vers le gros bout. Ce nid est attaché à plusieurs roseaux, de manière qu'il est suspendu en l'air. On prétend que, par le moyen de trois ou quatre anneaux assez lâches et composés de mousse et de crin, il peut s'élever et se baisser suivant la hauteur de l'eau. Cette assertion est combattue par des naturalistes qui m'ont assuré que ces nids, quoique suspendus de cette manière, ne peuvent s'élever tout au plus qu'à deux ou trois pouces, les anneaux se trouvant arrêtés par les nœuds des roseaux; alors ils se trouvent submergés si la crue des eaux est un peu forte.

L'*effarvate* présente de si grands rapports avec la *rousserolle* par la forme et la position du nid, par les couleurs des œufs, par son plumage et son genre de vie, qu'en certains cantons on ne la distingue que par l'épithète de *petite*. Une si grande analogie ne permet guère d'éloigner génériquement ces deux oiseaux; ainsi donc M. Cuvier me paroît très-fondé à les classer à la suite l'un de l'autre. Les habitans des campagnes de la Lorraine jugent par la hauteur où se trouve le nid de la rousserolle, l'élévation où parviendront les eaux pendant l'été. (Note communiquée par M. le comte de Riocourt.)

J'ai donné pour synonyme de l'*effarvatte*, le *sylvia palustris* fig. pl. 46, n.° 105 des Oiseaux de Nauman, parce que la description qu'en fait M. Meyer me paroît lui convenir, sauf quelques foibles dissemblances qui me semblent être le résultat d'un âge plus ou moins avancé. Ces *palustris* se rapprochent de la grande race signalée ci-dessus, mais je ne crois pas, comme M. Meyer, que ce soit une espèce purement nominale; car il est bon de remarquer que ce savant ornithologiste ne connoît pas notre effarvatte; du moins je n'ai trouvé dans son ouvrage, aucune fauvette à laquelle on puisse la rapporter, si ce n'est peut-être celle qu'il appelle fauvette de roseaux, qui néanmoins en diffère par un plumage autrement coloré, ou plutôt par des couleurs plus vives et plus prononcées ; car, du reste, elles ont l'une et l'autre les mêmes habitudes, un nid pareil, et elles se tiennent dans les mêmes endroits. *V. Fauvette de roseaux* de Meyer. Je transcris ici la description de la *sylvia palustris*, pour ceux qui ne possèdent pas les ouvrages des auteurs allemands cités ci-dessus. Elle a le dessus du corps d'un gris verdâtre, une grande raie d'un blanc sale au-dessus de l'œil ; le dessous du corps de cette couleur, mais tirant au roussâtre sur les côtés. Longueur, cinq pouces. Queue un peu arrondie en forme de coin.

La FAUVETTE ÉPERVIÈRE, *Sylvia nisoria*, Bechstein; a la tête et le dessus du corps d'un gris-brun cendré; la gorge et les parties postérieures d'un blanc ondulé de gris, rembruni sur les flancs et lavé de roux sur les côtés de la poitrine; les petites couvertures des ailes sont entourées d'un blanc un peu roussâtre ; les inférieures de la queue marquées de gris-brun ; les pennes d'un gris cendré, et les deux intermédiaires marquées de raies transversales d'une nuance un peu plus foncée, et visibles seulement sous un certain aspect ; toutes les latérales sont terminées par une tache blanche, qui est en forme de coin sur les deux premières; les pennes des ailes sont d'un gris cendré ; le bec est brun et d'une teinte plus claire à la base de sa partie inférieure ; l'iris est d'un beau jaune ardent ; les pieds sont bruns. Grosseur du rossignol ; longueur totale, six pouces et demi.

La femelle diffère du mâle en ce qu'elle est d'une couleur plus sombre sur le dos, blanchâtre en dessous avec des raies transversales d'une teinte de rouille brunâtre et des lunules d'un gris-brun éteint sur les côtés ; la tache cunéiforme des deux rectrices extérieures est chez elle plus petite et d'un blanc sale ; les taches des autres sont d'une couleur ferrugineuse claire. Les jeunes, avant leur première mue, sont couverts de taches en forme d'écailles; d'un gris cendré brun sur la gorge, le devant du cou, le haut de la poitrine et les flancs.

Cette espèce se trouve en Allemagne, et est de passage dans le Piémont. Elle fréquente les taillis des plaines, les haies et les bosquets qui entourent ou bordent les prairies. On trouve son nid dans les buissons les plus fourrés ; il est composé à l'extérieur, d'herbes et de petites racines, et à l'intérieur, de crins et de bourre. La ponte est composée de quatre œufs d'un gris blanchâtre, parsemés de taches irrégulières, confluentes, d'un cendré roussâtre et d'un gris de plomb. Le cri de cette fauvette ressemble au son que le rossignol fait entendre lorsqu'il prélude, et son chant a de grands rapports avec celui de la *fauvette cendrée* ou *grisette*. C'est de toutes les fauvettes la moins agile ; ses mouvemens sont gauches et pesans ; mais son vol est très-rapide. On la voit souvent, dans la saison des amours, s'élever droit en l'air jusqu'à quinze ou vingt pieds, la tête en haut et la queue perpendiculaire. Elle s'arrête alors ; descend ensuite lentement en battant des ailes comme le *pipi des arbres*, et voltige encore un instant au dessus du buisson qu'elle vient de quitter.

* La FAUVETTE FERRUGINEUSE, *Sylvia ferruginea*, Lath., se trouve en Russie. Elle est cendrée en dessus, blanchâtre en dessous, et elle a la gorge et le cou ferrugineux.

* La FAUVETTE FITERT, *Sylvia sybilla*, Lath. *Fitert* est le nom que porte cet oiseau à Madagascar ; il habite les bois touffus, qu'il fait retentir d'un chant très-agréable. Il est un peu plus gros que notre *traquet;* il a cinq pouces quatre lignes de longueur ; la tête et tout le dessus du corps jusqu'au bout de la queue, noirs, avec quelques ondes roussâtres sur le dos et les épaules ; le devant du cou, l'estomac et le ventre blancs ; la poitrine rousse ; la gorge noire ; les grandes couvertures de l'aile les plus proches du corps, blanches; cette couleur termine aussi les pennes du côté intérieur, et est plus étendu à proportion qu'elles sont plus près du corps; les pennes sont noirâtres dans la moitié de leur longueur, et celles de la queue noires, ainsi que les pieds, les ongles et le bec.

La FAUVETTE FLAVÉOLE, *Sylvia flaveola*, Vieill., se trouve, en France, quelquefois en Lorraine d'où m'ont été envoyés les individus que j'ai observés. Elle a le dessus de la tête, du cou et du corps d'un vert-olive ; les sourcils, le tour de l'œil, le pli et les couvertures inférieures des ailes, la gorge, le devant du cou et le dessous du corps d'un beau jaune ; les couvertures supérieures et les pennes des ailes, ainsi que celles de la queue d'un gris rembruni et bordées d'une teinte olivâtre, qui incline au jaune sur le bord externe des pennes secondaires, lesquelles sont, ainsi que les primaires, blanches en dedans; le bec comprimé en entier latéralement, d'un brun bleuâtre en dessus, tirant au jaunâtre sur les bords et en dessous, aussi large que haut à la base, ensuite plus haut que large et finissant en pointe aiguë ; les pieds d'un gris-brun ; longueur totale, quatre pouces trois lignes. La femelle se distingue du mâle par des couleurs moins vives. Le jeune, avant sa première mue, ne diffère de l'adulte qu'en ce que la couleur jaune est encore plus pâle que chez la femelle. En comparant le bec de la *flavéole* à celui de la fauvette *lusciniole*, l'on apercevra aisément les différences qui les caractérisent, et qui sont suffisantes pour ne pas les réunir ; d'ailleurs, la *flavéole* est un peu plus petite que l'autre, et la première penne de son aile est un peu plus longue que la quatrième et plus courte que la troisième, tandis que chez la *lusciniole*, la première penne n'est jamais plus longue que la quatrième, et quelquefois un peu plus courte. Cette espèce se tient dans les roseaux, au milieu des étangs et des lacs.

La FAUVETTE FLUVIATILE, *Sylvia fluviatilis*, Meyer, se trouve en Autriche sur les bords du Danube, où elle se tient dans les broussailles et dans les roseaux. Son chant, dit-on, semble exprimer *zi zi zi zi zi zi zi zi zi zi i i i*. Son nid et ses œufs sont inconnus; on soupçonne cependant qu'elle niche sur les rivages à terre, ou dans un trou entre les racines des saules. Le mâle a la tête, le dessus du cou et toutes les parties supérieures d'un vert-olive sombre ; les sourcils blanchâtres; la gorge et le devant du cou de cette même teinte avec des taches longitudinales d'un vert-olive rembruni; ces taches descendent jusque sur le haut de la poitrine, qui est dans le milieu, ainsi que le ventre, d'un blanc sale, nuancé de brun olivâtre sur les côtés, sur les plumes de l'anus et sur les couvertures inférieures de la queue; celle-ci et les ailes inclinent plus au brun et le dos plus au vert; les pennes caudales, vues sous un certain aspect, présentent des bandes transversales d'un ton plus prononcé que la teinte du fond; longueur totale, cinq pouces environ; bec grêle, d'un brun-clair; pieds couleur de chair terne, queue arrondie. La femelle ne diffère du mâle qu'en ce que les taches de sa gorge sont très-pâles et ne se prolongent pas aussi loin.

* La FAUVETTE FOUDI-ZALA, *Sylvia madagascariensis*, Lath. Elle a six pouces cinq lignes de longueur; la tête rousse; le dessus du cou et du corps, les ailes et la queue d'un brun olive; le dessous du cou et la poitrine d'un roux clair; la gorge blanche; le ventre d'un brun-olive et roux; le bec et les pieds d'un brun foncé. Cet oiseau porte à Madagascar le nom de *foudi zala*.

La FAUVETTE DES FRAGONS, *Sylvia ruscicola*, Vieill., a la tête noire jusques au-dessous des yeux et jusqu'à la nuque; le dessus du cou, le dos et le croupion, les couvertures supérieures des ailes et de la queue d'un gris plombé; le pli de l'aile, la gorge, le milieu du ventre, l'extérieur de la première penne caudale et la pointe des trois suivantes, blancs; le devant du cou, la poitrine, les flancs et les couvertures inférieures de la queue d'un gris bleuâtre un peu plus foncé sur les côtés du ventre; les pennes des ailes d'un gris sombre; celles de la queue noirâtres, dont les quatre intermédiaires sont d'une teinte uniforme; longueur totale, 5 pouces 6 à 7 lignes; grosseur de la *fauvette babillarde*; bec noir et couleur de chair à la base de sa partie inférieure; iris d'un rouge un peu orangé; paupières jaunes; pieds d'un gris rembruni; ailes courtes et outre-passant un peu l'origine de la queue, laquelle a deux pouces et demi de longueur; ses huit premières pennes étagées et les autres à peu près égales, et les plus longues. La femelle, le jeune, le nid et les œufs sont inconnus. On trouve cette espèce en Provence, en Sardaigne et aux Canaries, elle se tient de préférence dans les fragons.

* La **Fauvette a gorge brune de Cayenne**, *Sylvia fuscicollis*, Lath. Sa taille est celle du *pouillot;* un brun verdâtre couvre la gorge, le dessus de la tête et du corps, les couvertures des ailes, les pennes et celles de la queue; les premières sont bordées de roussâtre, et les dernières de verdâtre; un jaune ombré de fauve est répandu sur la poitrine et le ventre; lorsqu'on connoîtra les habitudes et les mœurs de cet oiseau, peut-être le classera-t-on parmi les *gobe-mouches*, dont le rapproche la conformation de son bec large et aplati à sa base.

* La **Fauvette a gorge dorée**, *Sylvia ochroleuca* Vieill. *muscicapa ochrol.*, L.; se trouve aux Etats-Unis elle n'est que de passage, ainsi que la plupart des *fauvettes* ou *figuiers* qui nichent dans le nord de l'Amérique. La couleur olive sale qui couvre la tête et toutes les parties supérieures de cet oiseau, est remplacée par un beau jaune doré sur la gorge et sur le bord de l'œil; par du blanc nuancé de jaunâtre sur la poitrine et sur les parties postérieures; les pennes alaires et caudales bordées d'un vert-olive brillant; le bec et les pieds sont noirâtres.

La **Fauvette a gorge grise**, *Sylvia griseicollis*, Vieill., pl. 87 des *Oiseaux de l'Amérique Septentrionale*, se trouve à Saint-Domingue, à Porto Rico et à la Louisiane. Elle a le bec brun; la tête, le manteau et le croupion, d'un brun verdâtre; une tache blanche entre le bec et l'œil; les paupières de cette couleur; les couvertures et les pennes des ailes brunes et bordées de vert à l'extérieur; le dessus de la queue pareil au dos, le dessous d'un gris ardoisé et bordé de vert; ses deux pennes latérales de chaque côté blanches vers leur extrémité et sur leur côté interne; la gorge d'un gris-blanc; la poitrine, les flancs et les couvertures inférieures de la queue, jaunes; le milieu du ventre blanc et les pieds bruns. Longueur totale, quatre pouces sept lignes.

La femelle, décrite sous la dénomination de **Figuier brun-olive**, *Sylvia fusca*, Lath., a le dessus de la tête, du cou et du corps d'un brun olivâtre; les couvertures de la queue de couleur d'olive; le devant du cou, la poitrine, blanchâtres et variés de traits gris; le ventre blanc; les couvertures inférieures de la queue jaunes; les couvertures des ailes et les pennes secondaires brunes, frangées de la même teinte, mais plus claire, et terminées de blanchâtre; les primaires bordées de gris clair, avec une tache blanche à l'extrémité du côté intérieur des deux latérales. Les pennes de la queue pareilles;

la plus extérieure est bordée de blanc ; le bec brun en dessus, plus clair en dessous ; les pieds bruns.

* La FAUVETTE A GORGE JAUNE, *Sylvia fulva*, Lath. Tête et dessus du corps d'un olivâtre brun ; gorge, cou et haut de la poitrine jaunes; cette teinte un peu rembrunie sur la dernière partie ; le reste du dessous du corps roussâtre, tirant au jaune sur les couvertures inférieures de la queue; les petites couvertures supérieures des ailes d'un jaune varié de brun ; le jaune forme une bordure assez apparente; les pennes des ailes et de la queue, brunes ; les primaires bordées de gris clair qui, s'éclaircissant de plus en plus, devient blanc sur la première penne ; les secondaires bordées d'olivâtre ; celles de la queue brunes, bordées de même que les secondaires ; bec brun en dessus, plus clair en dessous; pieds d'un brun jaunâtre. Elle se trouve à la Louisiane et à Saint-Domingue.

* La FAUVETTE A GORGE ORANGÉE, *Sylvia auricollis*, Lath. La tête, le dessous du cou, le haut du dos et les petites couvertures du dessus des ailes sont de couleur olive (Buffon dit que ces parties sont cendrées ; n'est-ce pas une faute de copiste, puisqu'il ne la décrit que d'après Brisson, qui les désigne comme nous ?) ; la partie inférieure du dos et le croupion sont cendrés, ainsi que les couvertures du dessus de la queue et les grandes des ailes ; cette teinte borde à l'extérieur les pennes alaires, qui sont brunes, et couvre les intermédiaires de la queue ; les latérales sont blanches sur leur côté intérieur, noirâtres du côté extérieur et à l'extrémité ; la gorge, le devant du cou et la poitrine sont d'un jaune orangé ; le ventre est d'un jaune pâle, qui, sur les flancs, tire au vert-olive ; le bas-ventre et les couvertures inférieures de la queue sont d'un blanc sale ; longueur, cinq pouces une ligne ; grosseur de la *fauvette à tête noire ;* bec brun ; pieds couleur de chair ; la femelle a les couleurs moins vives ; ces oiseaux se plaisent dans les buissons qui sont arrosés d'eau vive. Ils passent l'été dans le Canada et la Nouvelle-Écosse.

La FAUVETTE GRIGNETTE, *Sylvia subcœrulea*, Vieill., pl. 126, f. 1 des *Oiseaux d'Afrique*, est d'un gris ardoisé en dessus, sur les couvertures supérieures et sur le bord externe des pennes de l'aile; cendrée sur la gorge avec de petites taches noires, oblongues, deux taches sur les parties postérieures d'un roux foncé sur le bas-ventre et sur les couvertures inférieures de la queue, dont les pennes intermédiaires sont noirâtres et les latérales en partie blanches. L'individu fig. 2 de la pl. citée ci dessus, est une variété accidentelle, entièrement blanche, à l'exception du bas-ventre et des couvertures inférieures de la queue.

La FAUVETTE GRISE, *Sylvia grisea*, Vieill. ; *Sylvia hortensis*, Lath., est d'un gris cendré en dessus (tirant au noirâtre sur la tête et derrière l'œil du mâle), la gorge est d'un blanc pur, un peu sali sur les parties postérieures, et inclinant au roussâtre vers l'anus; un trait blanchâtre est en avant de l'œil; les grandes couvertures des ailes sont bordées de gris roussâtre; les pennes d'un cendré sombre, noires sur la tige, bordées de gris en dehors et d'un blanc sale en dessous; celles de la queue pareilles à celles-ci en dessus et sur les barbes extérieures; un blanc pur est sur le pli de l'aile et il tire au gris sur ses couvertures inférieures; la première penne de la queue est blanche en dehors dans la plus grande partie de sa longueur, et en dedans le long de la tige, et des deux côtés seulement à sa pointe; la deuxième terminée par une tache échancrée de la même couleur qui se fait remarquer à l'extrémité de la troisième; le bec se courbe un peu en arc chez quelques individus, mais il est ordinairement droit; il est noirâtre et d'une nuance plus claire à la base de sa partie inférieure; les pieds et les ongles sont bruns; longueur totale, six pouces. La femelle a la tête du même gris que le dos: la teinte rousse des couvertures de l'aile plus étendue et le bec d'une teinte plus pâle que chez le mâle. Les jeunes lui ressemblent.

Cette espèce ne se trouve point dans nos provinces septentrionales; mais on la rencontre en Hollande, en Lorraine, en Piémont, en Provence, et probablement en Allemagne, quoique MM. Bechstein et Meyer n'en fassent pas mention. Son genre de vie tient aux localités, car en Hollande elle habite, selon Nozemann, les lieux humides, et elle construit son nid dans les roseaux avec des herbes sèches et des feuilles de plantes aquatiques; sa ponte est de quatre ou cinq œufs tachetés de brun-roux sur un fond blanc. En Provence, au contraire, elle préfère les lieux arides près les forêts de pins au haut desquels le mâle se plaît dans la saison des amours, et d'où il fait entendre une voix forte, sonore, et un chant qui ne manque pas d'agrément.

Je n'ai point cité la *fig.* 1 de la pl. enl. de Buffon, n.° 576, parce que n'étant pas correcte, elle donne une fausse idée de cette fauvette à laquelle Buffon a rapporté les habitudes des *fauvettes grisette* et *babillarde*, en disant qu'elle habite dans nos jardins, nos bosquets et dans les champs semés de légumes, comme fèves et pois. Sonnini a encore contribué à la confondre avec d'autres fauvettes, en ajoutant qu'elle construit son nid à découvert sur des arbrisseaux, et quelquefois même sur les rosiers des jardins. Ce nid est celui de la *fauvette œdonie* ou *bretonne*.

* La Fauvette grise et blanche, *Sylvia leucophæa*, se trouve à la Nouvelle-Hollande. Elle a le dessus de la tête,

le dessus du cou et du corps d'un joli gris clair : les sourcils, les joues, la gorge, le devant du cou et toutes les parties postérieures blancs; cette couleur borde largement les couvertures supérieures des ailes et à peu près un tiers des pennes latérales de la queue jusqu'à leur pointe ; ces pennes sont noirâtres ainsi que les couvertures et les pennes alaires, et un trait qui traverse l'œil ; le bec est de cette teinte en dessus, jaune en dessous, si ce n'est à la pointe; les pieds sont bruns; taille de la *fauvette épervière.*

La Fauvette grise des États-Unis, *Sylvia gilva*, Vieill., pl. 34 des *Oiseaux de l'Amérique septentrionale*, sous le nom de *moucherolle gris.* J'avois d'abord placé cet oiseau parmi les moucherolles dont il se rapproche par la base déprimée de son bec ; comme ce caractère n'est pas étranger à beaucoup de fauvettes, je crois qu'il est mieux classé parmi elles. Il a un chant analogue à celui de la *fauvette œdonie* ou *bretonne* et ses mêmes habitudes. C'est par erreur que je l'ai comparé alors à celui de la fauvette rousse (*motacilla rufa*, Gm.). Cette espèce a le bec et les pieds bruns; la tête, le dessus du cou et du corps d'un gris légèrement nuancé de verdâtre sur le dos ; les pennes des ailes et de la queue brunes et bordées d'une teinte plus claire ; toutes les parties inférieures d'un blanc sale qui tire au gris sur les flancs et sur les couvertures inférieures de la queue; les pennes caudales blanches en dessous. Longueur totale, quatre pouces neuf lignes.

La Fauvette gris-de-fer, *Sylvia cœrulea*, Lath., pl. 88 des *Oiseaux de l'Amérique septentrionale.* Le mâle de cette espèce se distingue de la femelle par un trait noir situé sur le front et au-dessus des yeux ; l'un et l'autre ont la tête et tout le corps d'un joli gris bleuâtre qui s'éclaircit sur les parties inférieures ; les pennes des ailes d'un brun foncé et bordées en dehors du même gris ; cette teinte devient presque blanche sur les secondaires les plus proches du dos; les pennes caudales sont noires, à l'exception de la première de chaque côté qui est blanche, si ce n'est sur la tige; la deuxième est de cette couleur dans moitié de sa longueur, et la troisième seulement à son extrémité; le bec et les pieds sont noirs; longueur totale, quatre pouces quatre lignes. Le Figuier à gorge cendrée, *Sylvia cana*, est un jeune individu de cette espèce. Le chant de cette fauvette, que l'on trouve dans les Etats-Unis pendant l'été, est foible et court. Elle fréquente les taillis et les bosquets, où elle construit son nid avec beaucoup d'art. Elle le place à la cime d'un buisson ou d'un arbrisseau et lui donne une forme cylindrique; le compose de mousse à l'extérieur, ensuite de crins, et en garnit l'intérieur d'une sorte de bourre qui enveloppe les boutons de certains arbres et du duvet des plantes ; le tout est recouvert d'un lichen grisâtre. Sa ponte est de cinq œufs blancs tachetés de gris.

La **Fauvette gris-de-fer a tête noire**, *Sylvia cœrulea*, var., Lath., pl. enl. de Buff., n.° 704, fig. 1, est donnée par Buffon pour une variété de la précédente; en effet, tout son plumage offre les mêmes couleurs, à l'exception de la tête, des pennes des ailes et des six intermédiaires de la queue, qui sont d'un beau noir. Je pense que c'est une espèce distincte.

* La **Fauvette gris de souris**, *Sylvia murina*, Lath. Son pays est inconnu. Elle a la grandeur du *moineau;* la tête et le cou noirs ; le corps et les ailes gris de souris ; une strie blanche sur chaque côté de la tête, qui part du bec, passe à travers l'œil et descend sur chaque côté du cou ; le ventre est blanc sur les côtés et noir dans son milieu ; cette dernière couleur teint la queue, dont les plumes les plus extérieures sont les plus courtes et frangées de blanc.

* La **Fauvette grise a gorge jaune**, *Sylvia flavicollis*, Lath. J'ai peine à croire que cet oiseau soit une espèce distincte de la *fauvette à poitrine jaune de la Louisiane*, tant il y a d'analogie entre eux. Mais il est certain que ce n'est point une *mésange*, quoique Catesby l'ait ainsi dénommée. C'est d'après la figure qu'il en a publiée qu'on l'a décrite. Elle a cinq pouces un quart de longueur; le bec noir; la gorge et le devant du cou, jaunes; une petite tache de cette couleur de chaque côté de la tête vers la base de la mandibule supérieure, le reste du dessous du corps blanc, avec quelques mouchetures noires sur les flancs ; toutes les parties supérieures d'un joli gris ; un bandeau noir sur le front, qui s'étend sur les yeux, descend des deux côtés du cou, et borde la couleur jaune ; les ailes d'un gris-brun ; les couvertures supérieures terminées de blanc, ce qui forme deux bandes transversales sur l'aile ; la queue noire et un peu fourchue ; toutes les pennes, excepté les deux intermédiaires, ont leur bord intérieur blanchâtre ; enfin, les pieds sont bruns. La femelle n'a sur son plumage ni noir ni jaune, et se distingue très-facilement du mâle.

Une variété décrite par Latham, diffère par son bec de couleur de corne, par la privation de la bande noire dans la partie où elle borde la couleur jaune de la gorge ; par la bordure blanche des couvertures et des pennes des ailes ; par son ventre blanc, sans taches, et par sa queue d'une couleur uniforme, et dont toutes les pennes sont égales entre elles.

Catesby dit que cette espèce est commune à la Caroline.

La **Fauvette grisette**. *V*. **Fauvette cendrée.**

La **Fauvette grivetine**, *Sylvia leucophrys*, Vieill., pl. 118, fig. 1 et 2, *des Oiseaux d'Afrique*, sous le nom de *gri-*

vetine. Elle fait son nid dans les buissons ; sa ponte est de quatre ou cinq œufs d'un vert-d'eau très-pâle et barbouillés de brun. Elle est un peu plus petite que le *rossignol commun*; d'un gris-brun en dessus ; de couleur de rouille sur le croupion et sur les couvertures supérieures de la queue; d'un blanc sali de brunâtre en dessous du corps; d'un blanc pur, avec quelques traits noirâtres sur la gorge et le devant du cou; blanche sur le bord du front et sur les sourcils; les scapulaires et les couvertures supérieures des ailes sont d'un brun grisâtre et bordées de blanc ; les yeux grands et d'un brun clair. La femelle diffère du mâle par un brun plus lavé ; un blanc plus roussâtre, et un roux moins foncé sur le croupion.

La FAUVETTE GRISE TACHETÉE, de Brisson. *V.* FAUVETTE LOCUSTELLE.

*La FAUVETTE HABIT-UNI, *Sylvia campestris*, Lath., pl. 121, fig. 7 *des Oiseaux d'Edwards*. Montbeillard a placé cet oiseau avec ses *demi-fins*, parce qu'il a le bec plus fort et plus gros que ne l'ont ordinairement les fauvettes. Edwards, à qui l'on doit la connoissance de cette espèce, la décrit ainsi : son bec est assez fort, mais pas autant que celui d'un oiseau qui vit de graines; il est pointu vers le bout, un peu recourbé en bas, et de couleur noire ; la tête et le cou sont d'un cendré tirant un peu sur le vert ; le dos, les ailes et la queue sont bruns; le dessous des pennes est presque cendré; la poitrine, le ventre, les cuisses, les couvertures inférieures des ailes et de la queue sont d'un blanc nuancé de brunâtre ; les pieds et les ongles sont bruns. Cet oiseau se trouve à la Jamaïque.

C'est d'après ce plumage, presque uniforme, que Montbeillard a désigné cet oiseau de la Jamaïque par la dénomination d'*habit-uni*.

La FAUVETTE DES HAIES. *V.* MOUCHET.

*La FAUVETTE DES HERBES, *Sylvia herbicola*, Vieill. C'est un oiseau solitaire qui se trouve dans les terrains inondés du Paraguay, ainsi que dans les campagnes couvertes de grandes herbes et de buissons dans lesquels il se cache ; cependant il se montre quelquefois au haut des branches. Il a sept pouces cinq lignes de longueur, dont la queue tient trois pouces cinq lignes ; ses pennes sont pointues et fort usées à leur extrémité, surtout les deux du milieu qui n'ont que la tige à leur bout et dépassent la penne extérieure de cinq lignes ; les autres sont étagées; le bec et les pieds sont de la même force que ceux de la *fauvette des broussailles* ; les plumes de toutes les parties supérieures sont noirâtres sur leur milieu et d'un brun verdâtre sur leurs bords ; le vert est plus apparent aux ailes; les pennes de la queue sont à barbes décomposées, noirâtres et bordées de brun; les côtés de la tête de cette derlière couleur ; le pli de l'aile est d'un jaune pur ; la gorge, le devant du cou et la poitrine sont blanchâtres, et le ventre est d'un brun-roux ; les couvertures inférieures des ailes sont d'un gris de perle ainsi que les tarses ; le bec est noir à sa base et jaune dans le reste.

La FAUVETTE HIPPOLAIS, *Motacilla hippolais*, Linn. ; *Fauna suecica*, me semble, d'après sa description, appartenir à l'espèce du *pouillot fitis*, comme une des variétés que j'ai indiquées à son article ; mais ce n'est plus ce pouillot, si l'on s'en rapporte aux auteurs, chez qui cet *hippolaïs* est tantôt le synonyme de fauvettes très-différentes de celui-ci et aussi très-différentes entr'elles, tantôt le nom spécifique de quelques-unes. Consultez Brisson et Buffon, ils vous diront que c'est leur fauvette proprement dite (*V.* FAUVETTE GRISE.), quoiqu'elle n'ait aucune trace de jaune dans son plumage, et qu'elle soit d'une taille très-supérieure. Pennant assure que c'est cette même fauvette et son *pettychaps* qui diffèrent plus de celle-ci que de l'hippolaïs de Linnæus ; c'est, selon Bechstein et Meyer, ma *fauvette lusciniole*, dont non-seulement les sourcils sont jaunes, mais encore tout le dessous du corps, et de plus le *pettychaps* de Latham, de Pennant, et la fauvette proprement dite, dont il vient d'être question ; synonymie bien contradictoire, surtout de la part de Bechstein, qui ne sachant que faire de la dernière, la rapproche aussi mal à propos de sa *Sylvia hortensis* (ma fauvette ædonie). Au moins M. Meyer accompagne cette synonymie du doute. Cet hippolaïs est donné par Retzius comme le même oiseau que l'hippolaïs de Latham et la *fauvette de roseaux* de Brisson et de Buffon, deux espèces très-différentes. Si l'on s'en rapporte à Lewin, ce sera son *lesser pettychaps* et la *petite fauvette* de Brisson, qui en diffèrent autant que de la fauvette proprement dite.

D'autres ornithologues ont aussi leur hippolaïs ; mais ce n'est plus celui de Linnæus et des auteurs ci-dessus. Aldrovande appelle ainsi la *fauvette babillarde* ; Tengmalm donne ce nom à une espèce que je soupçonne être ma *fauvette ædonie* ou *bretonne* ; enfin l'hippolaïs de Belon est la *fauvette à tête noire*. Il résulte de cette diversité d'opinions, qu'une pareille dénomination devroit être bannie de la nomenclature des fauvettes, puisqu'elle ne tend qu'à l'embrouiller davantage. En outre, l'hippolais, ou plutôt l'*hypolais* des Grecs, étant un oiseau qui cherche les vermisseaux sous les pierres (*avis sub lapidibus vermiculos inquirens*), ne peut être une fauvette ni un *pouillot*.

La FAUVETTE D'HIVER. *V.* MOUCHET.

* La FAUVETTE À HUPPE NOIRE *Sylvia nigricollis*, Lath., habite les Indes orientales ; elle a une petite huppe noire ;

les ailes et la queue de cette couleur; le dessous du corps incarnat, le dessus d'un gris pâle; les pieds et le bec jaunes.

La **Fauvette ictérine**, *Sylvia icterina*, Vieill., se trouve en France. Jusqu'à présent je n'ai encore vu que deux individus de cette espèce dont l'un est au Muséum d'Hist. nat., et l'autre à Nancy, dans la collection de M. le comte de Riocourt. Cette fauvette a beaucoup de rapport, dans son plumage, avec les *fauvettes lusciniole* et *flavéole;* mais elle présente d'ailleurs des dissemblances qui m'ont paru spécifiques, et que j'indiquerai ci-après. Toutes les parties supérieures sont d'un gris olivâtre; les sourcils, les paupières, la gorge et le dessous du corps jaunes; les couvertures inférieures des ailes d'un blanc un peu lavé de jaune, avec quelques taches brunes vers le pli de l'aile; les pennes d'un gris-brun, bordées en dehors d'olivâtre, blanches en dessous et sur le côté interne; les pennes secondaires les plus proches du dos largement frangées, à l'extérieur, d'un blanc jaunâtre; les pennes caudales pareilles aux primaires en dessus, grises en dessous. Longueur totale, 4 pouces 9 lignes. Le bec est d'un brun clair en dessus, jaunâtre en dessous, très-fendu, un peu plus large que haut à la base, ensuite aussi haut que large et à pointe arrondie. La première rémige est plus longue que la quatrième, et presque égale à la troisième; les pieds sont d'un brun glacé de jaune, et les doigts de cette dernière couleur en dessous.

Les *fauvettes lusciniole*, *flavéole* et *ictérine* ayant dans les couleurs une grande analogie, il est nécessaire de les rapprocher pour saisir les différences qui les caractérisent: la *lusciniole* a le bec déprimé depuis la base jusqu'au-delà du milieu; la première rémige plus courte que la quatrième: la *flavéole* a le bec comprimé latéralement dès la base, grêle, effilé et aigu; la première rémige un peu plus longue que la quatrième, et sensiblement plus courte que la troisième; une taille plus petite et des couleurs plus vives et plus prononcées que les deux autres: l'*ictérine* a le bec un peu déprimé, seulement à l'origine; la première rémige sensiblement plus longue que la quatrième, et presque égale à la troisième; le plumage à peu près pareil à celui de la *flavéole;* mais elle est plus grande que celle-ci, et plus petite que la *lusciniole*. Si l'on s'attache à ces différences caractéristiques et spécifiques, il sera facile de distinguer ces oiseaux; autrement on les confondra toujours, surtout si on les voit isolément.

* La **Fauvette de l'île de Noel**, *Sylvia æquinoctialis*, Lath. Taille de notre *moineau;* chant très-foible, et cependant très-agréable; plumage d'un brun terreux sur le dos, presque blanc sous le corps, et pâle sur le croupion; bandes irrégulières sur la queue.

La Fauvette isabelle, *Sylvia bœticata*, Vieill., pl. 121, fig. 2 des *Oiseaux d'Afrique*, a le bec d'une couleur jaunâtre; le dessus du corps d'un brun tirant à la couleur fauve ou isabelle; le dessous d'un blanc un peu roussâtre; le bec et les pieds d'un brun clair. Elle niche dans les roseaux. Sa ponte est de cinq à six œufs blancs et tachetés de brun.

La grande Fauvette de la Jamaïque, *Sylvia calidris*, Lath., pl. 121 des *Oiseaux d'Edwards*, qui la nomme *rossignol d'Amérique*; elle a le dessus du bec noirâtre, le dessous de couleur de chair; le sommet de la tête, le dessus du cou, le dos, les couvertures des ailes et de la queue, d'un brun verdâtre obscur; cette teinte tire au jaune sur le croupion et les bords extérieurs des pennes des ailes; les côtés de la tête ont deux bandes d'un brun noirâtre sur un fond orangé sale; l'une passe au-dessus des yeux, et l'autre au-dessous; les pennes de la queue sont pareilles aux ailes; enfin les pieds sont couleur de chair: taille du *rouge-gorge*.

La Fauvette jaune, *Sylvia flava*, Vieill., pl. 89 des *Ois. de l'Amér. sept.* Buffon s'est mépris en donnant cet oiseau pour une variété de son figuier tacheté, décrit ci-après sous le nom de *fauvette tachetée*; car ayant observé avec attention ces deux oiseaux dans leur pays natal, je me suis assuré que ce sont deux espèces distinctes. L'un et l'autre arrivent au centre des États-Unis à la même époque, lors de leur retour du Sud; mais la *fauvette jaune* n'y reste que peu de temps, tandis que l'autre y passe toute la belle saison. Le mâle a le front et les côtés de la tête d'un beau jaune; le dessus de la tête, l'occiput, le dessus du cou et du corps d'un beau vert-olive; les petites couvertures des ailes grises, les autres et les pennes secondaires d'un brun clair; les primaires d'un brun foncé; toutes les couvertures et les rémiges d'un vert jaune à l'extérieur; les pennes de la queue pareilles aux primaires des ailes, et toutes les latérales jaunes en dessous et en dedans; cette couleur, mais plus brillante, règne sur toutes les parties inférieures; quelques individus ont sur les flancs plusieurs taches effacées; le bec est brun, et le tarse d'un gris-roux; longueur totale, quatre pouces deux lignes. La femelle a le dessus de la tête et du corps d'un brun verdâtre, et le dessous d'un fauve pâle.

Le *figuier vert et blanc* mâle, de Buffon, *Sylvia chroroleuca*, Lath., a une grande ressemblance avec cette fauvette; il en diffère néanmoins par une nuance moins pure sur la tête, sur le devant du cou et sur les parties inférieures. Peut-être est-ce un jeune oiseau.

La Fauvette jaunâtre. *V.* Fauvette a gorge d'or.

* La Fauvette jaunâtre à front jaune, *Sylvia lutescens*, Lath., a cinq pouces et demi de longueur; le bec noirâtre; le

front et le haut de la gorge d'un fauve sombre ; une grande tache d'un brun rouge sur les oreilles ; le dessus du corps et les couvertures supérieures de la queue d'un brun ferrugineux ; le dessous du corps d'un blanc rougeâtre, plus sombre sur la poitrine ; les pieds bruns. Son pays natal est inconnu.

La FAUVETTE DES JONCS, *Motacilla schœnobænus*, Linn.; *Sylvia phragmitis*, Meyer, pl. 107 des *Oiseaux* de Lewin. Elle a le dessus de la tête et du corps testacé, avec des taches d'un brun sombre sur la première partie, et presque éteintes sur le dos; la gorge blanchâtre ; les sourcils, la poitrine et les parties postérieures d'un blanc légèrement teint de jaune ; le croupion et les couvertures supérieures de la queue sont d'une couleur de tan foncée chez les vieux mâles; le haut de la poitrine est tacheté de brun chez les adultes mâle et femelle, et ils ont les sourcils et le dessous du corps blancs; mais cette couleur est un peu sale sur la poitrine ; lavée de roussâtre sur les flancs et sur les couvertures inférieures de la queue. Les taches du dos sont prononcées chez les jeunes femelles, effacées chez les vieilles. Tous ont le pli de l'aile et ses couvertures inférieures blanchâtres ; les supérieures, les pennes, ainsi que celles de la queue, sont brunes et bordées de roussâtre ; la queue 10 à 12 bandes transversales d'un brun plus sombre que le fond, apparentes vues obliquement, invisibles dans toute autre direction. Longueur totale, 4 pouces 6 à 7 lignes ; bec très-fin, brun en dessus, pâle en dessous ; pieds d'un brun rougeâtre clair; queue arrondie. Le plumage de cette espèce est très-sujet à varier ; car, outre les différences indiquées ci-dessus, quelques individus ont toutes les parties inférieures et les sourcils d'un blanc pur; d'autres ont ceux-ci jaunâtres, tandis que chez d'autres encore ils sont totalement blancs quoiqu'ayant le dessous du corps jaunâtre. Il en est, selon M. Meyer, dont le dessus du corps a plus de brun olive plus de taches d'un brun sombre. On rencontre cette fauvette en France, sur les bords des étangs et dans les marais inondés, où elle se tient dans les joncs, les roseaux et les broussailles épaisses qui les entourent. Elle construit son nid près de terre, au centre d'un buisson ou entre les racines des saules, avec des herbes sèches en dehors et en dedans. Je n'ai point vu ses œufs, et les auteurs ne sont pas d'accord sur leurs couleurs : ils ont, selon M. Meyer, des taches isolées noires et d'un brun jaunâtre, sur un fond d'un blanc sale; Lewin les présente avec des taches d'un verdâtre foncé quelques grands zigzags sur un fond couleur de bistre. Ils sont, suivant Latham, d'un blanc sale et marbré de brun. Nozeman les a fait dessiner sur la pl. 53 de son ouvrage avec de petites taches brunes sur du blanc verdâtre ; enfin un de mes amis m'a assuré qu'ils ressembloient beaucoup à ufs de la *fauvette effarvatte* C'est à ceux qui les examineront ar la suite, à nous faire connoître la vérité; car il est très-probable que l'on décrit les œufs de plusieurs espèces.

Comme il est facile de confondre cette fauvette avec celle des marais, je vais indiquer ce qui les distingue parfaitement. Les couleurs de la dernière sont plus tranchées et d'une nuance plus décidée; les taches de sa tête forment deux bandes noires longitudinales très-prononcées; les pennes de sa queue sont étroites, terminées un peu en pointe et d'une couleur uniforme. Les teintes de la fauvette des joncs sont plus ternes, ses taches plus petites, isolées, et formant sur la tête cinq raies longitudinales, distinctes seulement quand les plumes sont serrées et couchées; les pennes caudales ont plus de largeur que celles de la fauvette de marais, et offrent les bandelettes transversales indiquées ci-dessus; ce qui lui est commun avec les *fauvettes locustelle* et *fluviatile*.

J'ai donné le *Motacilla schœnobænus* de Linnæus pour être le même oiseau que ma *fauvette des joncs*, non pas d'après la phrase spécifique prise isolément, telle qu'on la voit dans Latham et Gmelin, car elle ne la caractérise point assez, et elle pourroit en quelque sorte être appliquée, peut-être avec autant de fondement, à la *fauvette de marais*, mais d'après la description qu'en fait Retzius, qui, selon moi, ne laisse rien à désirer, en ce qu'elle n'indique des taches que sur la tête et sur le dos, principalement sur la tête (*caput, dorsum et uropygium spadicea, maculis nigris in capite dorsuque, imprimis in capite*). En effet, les taches sont prononcées sur la tête, peu nombreuses ou presque nulles sur le dos.

* La FAUVETTE AUX JOUES NOIRES *Sylvia crhysops*, Lath. On retrouve, dans cette fauvette de la Nouvelle Galles du Sud, la vivacité et la gaîté de son aimable famille; elle est plus grosse qu'un *moineau;* son bec et ses pieds sont noirs; une tache noire couvre les joues, et entoure l'œil, au-dessous duquel passe une raie irrégulière d'un beau jaune; la tête, le manteau, les ailes et la queue sont d'un brun rougeâtre; le dessous du corps est d'un blanc sombre, excepté le menton qui est d'un gris-bleu. Cette fauvette a la langue ciliée à son extrémité, attribut qui se trouve chez un grand nombre des oiseaux de l'Australasie, quoique de genres très-différens, d'après la forme du bec.

* La FAUVETTE LANCIFÈRE, *Sylvia nitida,* tel est le nom imposé par M. Themminck, à une espèce qui se trouve à la Nouvelle-Galles méridionale. Elle a quatre pouces et demi de longueur totale; les plumes de la tête allongées en forme de huppe, d'un brun de bistre, plus clair vers leur bout; les sourcils d'un roux éclatant; le dos tacheté de brun,

sur un fond vert-olive; la gorge, le devant du cou, la poitrine et le ventre d'un blanc foiblement teint de jaunâtre avec une tache noire, en forme de fer de lance, le long de la tige; la queue de cette couleur; le bec et les pieds bruns.

La Fauvette locustelle ou a queue en éventail, *Sylvia locustella*, Lath., Meyer, pl. 98 des Oiseaux de Lewin. La locustelle est d'un brun olivâtre, tachetée de brun en dessus; les taches sont petites sur la tête, où elles forment six raies longitudinales, lorsque les plumes sont couchées. Ces taches sont plus grandes sur le dos et sur les parties postérieures; une ligne fauve et fort étroite est au-dessus de l'œil; les paupières, la gorge et les parties inférieures sont de cette teinte, qui est claire sur le milieu du ventre, moins sur la poitrine, foncée sur les côtés avec des marques sagittées sur quelques plumes des couvertures inférieures de la queue. Les couvertures supérieures et les pennes des ailes sont brunes et bordées d'olivâtre sombre; le pli et les couvertures subalaires roussâtres; les pennes caudales larges, un peu étagées, d'un brun foncé, avec des raies transversales, d'une nuance plus sombre, qu'on ne distingue bien que lorsque la queue est posée obliquement; les deux intermédiaires longues de deux pouces un quart, et un peu pointues; la plus extérieure de chaque côté est longue d'un pouce, un peu arrondie à l'extrémité; et les autres étagées, et d'autant moins arrondies qu'elles sont plus proches des deux du milieu. Longueur totale, cinq pouces trois à six lignes. Bec brun en dessus, d'une couleur plus claire en dessous; pieds d'un brun olivâtre.

Le jeune diffère de l'adulte, en ce qu'il a les paupières, la gorge et le dessous du corps d'un blanc sale, plus chargé sur les côtés, varié de petites taches brunes sur le devant du cou, et en ce que les taches des couvertures inférieures de la queue sont plus larges et plus nombreuses.

Cette espèce, qui est assez rare en France, fréquente ordinairement les pâturages, se tient dans l'épaisseur des haies, dans les buissons les plus touffus, les genêts épineux, et dans les bruyères. On la rencontre, mais peu fréquemment en Lorraine et en Picardie, où elle habite tantôt les forêts et les taillis les plus fourrés, tantôt au milieu des roseaux qui bordent les étangs et les marais situés au centre des grands bois. Le mâle arrive le premier au printemps, se perche alors à l'extrémité des branches, et fait entendre une sorte de ramage pareil au bruit que le grain fait sous la meule. Ce ramage est clair, aigu, et semble exprimer en commençant, *sr*, *sr*, *sr*, *sr*, *sr*, *sr*. En d'autres temps, il gazouille d'une manière très-agréable, et il chante pendant la nuit, lorsque le ciel est serein.

Le nid est d'une élégante structure, et les œufs sont aussi

gros que ceux de la fauvette cendrée ou grisette ; mais plus allongés et d'un bleu pâle ou d'un blanc bleuâtre. Cette fauvette devient si grasse à l'automne, qu'après deux ou trois vols, on peut la prendre à la main.

Je n'ai point cité la fig. 3, de la *pl. enl.* de *Buffon*, n.° 581, parce qu'elle manque d'exactitude, et que celle qui a été publiée par Lewin est plus correcte ; en outre, la description qu'en fait le Pline français, n'est le signalement ni de la locustelle, ni de l'oiseau figuré ; car aucun des deux n'a de blanc dans les ailes ni à la queue, comme l'indique cette description. Cette fauvette du texte, que Brisson et Buffon ont nommée *tachetée*, étant, comme ils disent, la *boarina* d'Aldrovande, n'appartient point à cette famille, puisque cette boarina est une jeune femelle de la *bergeronnette de printemps*, avant la première mue. *V.* Fauvette tachetée.

Il en est tout autrement de la *Fauvette grise tachetée*, décrite et figurée dans le supplément de l'Ornithologie de Brisson, et dont Buffon ne parle point, mais que Latham a eu raison de rapporter à son *Grusshooper Warbler* du 2.me supplément de son synopsis ; cet oiseau est bien ma fauvette locustelle ; mais celle-ci n'est point la *locustelle* de Buffon, décrite d'après Willughby, qui a, selon cet auteur anglais, l'ongle postérieur très-long. Cependant M. Meyer dit qu'on a tort de la séparer de la locustelle de Latham ; et je le crois fondé, si réellement Willughby s'est trompé, comme l'assurent les ornithologistes anglais modernes. Dans tous les cas, cette locustelle n'est certainement pas l'*alouette pipi* de Buffon, ni celle de *buisson* de Brisson, que lui rapporte Latham, puisque ces *Pipis* ont la queue bicolore et fourchue, l'ongle postérieur très-long et presque droit, tandis que la fauvette locustelle a la queue arrondie, uniforme, et cet ongle court et crochu.

* La Fauvette a long bec du Kamtschatka, *Sylvia Kamtschatkensis*, Lath. La partie supérieure du corps de cet oiseau est d'un brun-olive ; le front, les joues et le menton sont d'un ferrugineux pâle ; le milieu du ventre est blanc. On le trouve dans le nord de l'Asie.

* La Fauvette a longs pieds, *Sylvia longipes*, Lath. Cette espèce de la Nouvelle-Zélande a les tarses plus longs que ne les ont ordinairement ses congénères ; ils ont plus d'un pouce de longueur ; elle a le bec noir, l'iris d'un cendré bleuâtre ; le dessus du corps, les ailes et la queue d'un joli vert clair ; le front, les côtés de la tête et du cou et le dessous de l'œil cendrés ; au-dessus des yeux on remarque une tache noire demi-circulaire ; le dessous du corps est d'un gris cendré très-pâle ; les jambes et le bas-ventre sont jaunâtres, et les pieds de couleur de chair.

Cet oiseau porte, à la baie Duski, le nom d'*e teelee te poinom.*

* La Fauvette a longue queue de la Chine, *Sylvia longicauda*, Lath. Cette aimable fauvette, qui joint un chant agréable a un instinct doux et familier, se plaît dans les arbres qui ombragent la demeure des Chinois. Un roux pâle couvre le sommet de sa tête ; un vert-olive teint le dessus du cou, le dos, le croupion, les couvertures des ailes et de la queue; les pennes alaires sont d'un brun-olive, et celles de la queue longues et étroites.

* La Fauvette a longue queue du Guzurat, *Sylvia asiatica*, Lath. Cet oiseau égale notre *rossignol* en grandeur; son bec est noir, et garni de quelques soies à la base; la tête et le cou sont de la même couleur; le menton est blanc; le dessus du corps brun, le dessous jaunâtre, avec quelques taches blanches sur la poitrine ; la queue longue de trois pouces trois quarts, et cunéiforme; toutes ses pennes, excepté les deux intermédiaires, sont, du milieu à l'extrémité, d'une teinte pâle. Une variété de cette espèce a le front, une strie au-dessous des yeux, et toutes les parties inférieures blanches; les pennes de la queue, dans la partie où l'autre les a d'une teinte pâle, sont de la couleur du ventre.

Ces deux oiseaux se trouvent dans la même contrée.

La Fauvette lusciniole ou Polyglotte, *Sylvia polyglotta*, Vieill. ; *Sylvia hippolaïs*, Bechst., a le dessus de la tête, du cou et du corps d'un gris-cendré olivâtre, inclinant au vert sur le croupion ; les parties inférieures d'un jaune pâle, tendant au gris sur les flancs ; les sourcils, les paupières et le pli de l'aile, jaunes ; les grandes couvertures des ailes gris-brun, et bordées de gris-olivâtre ; les pennes offrant les mêmes couleurs, avec une large bordure blanche en dessous ; les dernières secondaires frangées d'une teinte blonde à l'extérieur ; les pennes caudales pareilles aux primaires de l'aile en dessus et grises en dessous ; la première, de chaque côté, d'une nuance plus claire et bordée de blanchâtre ; les couvertures inférieures des ailes d'un blanc lavé de jaune ; les plumes des jambes grises et jaunes. La femelle diffère du mâle par un jaune plus pâle, presque blanc sur la gorge et sur le milieu du ventre, par une teinte plus terne sur le dessus du corps. Les jeunes mâles lui ressemblent avant leur première mue, et les jeunes femelles sont, à la même époque, grises en dessus, blanches en dessous, avec une foible nuance de jaune sur les côtés de la gorge et sur les joues. Le dessus du bec est d'un gris un peu bleuâtre, le dessous d'un jaune tirant à la couleur de chair, aplati jusqu'au-delà du milieu comme celui du gobe-mouche ; la langue jaune, coupée carrément à la pointe et terminée par trois soies roides et courtes ; la bouche large et couleur de citron ; l'œil grand, d'un brun obscur, entouré d'un cercle jaunâtre très-étroit ; le front un peu aplati et pointu ; les pieds d'une couleur de plomb, glacé d'un gris orangé ; les doigts jaunes en dessous.

On rencontre cette espèce dans les taillis, les bosquets, et quelquefois dans les roseaux. Le ramage du mâle a une sorte d'analogie avec celui de l'effarvate ; mais il est plus varié, plus aigu dans des reprises, et dans d'autres à peu près semblable au chant de l'*hirondelle de cheminée*.

Bechstein le dit plus suivi, plus continuel que celui du rossignol, ce qui est vrai ; c'est pourquoi il nomme cet oiseau *bastard nachtigall* (rossignol bâtard). Quand il chante, il se perche ordinairement sur une branche sèche, isolée, tend le cou en avant, et enfle considérablement la gorge. Ses cris d'amour et de colère semblent exprimer *dague*, *dague*, *fidhoi*, *fidhoi* ; et celui de l'inquiétude peut se rendre par les syllabes *gre*, *re*, *re*, *re*, *re*, *re*, prononcées d'un ton aigre. Cette espèce donne à son nid une forme élégante ; elle le construit dans les buissons élevés, le place à l'angle des branches, et souvent à six ou sept pieds de terre. Les matériaux qu'elle emploie sont, des écorces de bouleau blanc, ou des herbes de cette couleur, quelques coques de chrysalides, de la laine, du duvet des plantes sur les bords, et des herbes fines à l'intérieur. Sa ponte est de quatre ou cinq œufs de couleur de chair, avec des taches rares, noires ou d'un rouge sombre. Le mâle, comme tous ceux de ce genre, partage l'incubation, mais il couve plus long-temps que les autres ; savoir, depuis midi jusqu'au soir. Si l'on visite son nid plusieurs fois, cette fauvette l'abandonne, même lorsqu'elle a des petits. Ceux-ci ne le quittent que très-couverts de plumes, et naissent avec un léger duvet.

Je rapproche de la *lusciniole* la *fauvette de roseaux* de Brisson et de Buffon, attendu que la description du plumage, que ces naturalistes en font, lui convient parfaitement; et c'est d'après cette convenance que la lusciniole n'est connue à Paris que sous le nom de *fauvette de roseaux* : mais il n'en est pas de même de la figure pl. enl. n.° 581 ; car elle représente un autre oiseau décrit ci-dessus, sous le nom de *flavéole*.

On trouve en France trois fauvettes à plumage jaune, qui sont des espèces différentes, les deux dont il vient d'être question, et celle que j'appelle *ictérine* ; mais il en est de ces oiseaux comme des fauvettes à plumage gris, et à plumage tacheté ; on les confondra toujours dès qu'on ne les déterminera que d'après un vêtement dont les couleurs n'offrent, au premier aperçu, que de très-foibles dissemblances. Il en sera tout autrement pour celui qui les étudiera dans la nature vivante, parce qu'en remarquant que chacune a des mœurs, des habitudes, un instinct, un chant et un cri particuliers, il cherchera alors, et il trouvera les caractères spécifiques qui les distinguent à l'extérieur. C'est en me conduisant de cette manière que je suis parvenu à une connoissance que je crois complète de ces oiseaux d'Europe; c'est aussi par les mêmes moyens que je suis venu à bout de distinguer quatre *pouillots* présentés par des naturalistes, comme ne composant que deux espèces, et par d'autres comme des individus d'une seule. *V.* ci-après l'article des POUILLOTS.

* La FAUVETTE DE MAGELLAN, *Sylvia magellanica*, Lath. C'est au détroit de Magellan que l'on rencontre cet oiseau, dont l'iris est rougeâtre; le dessus du corps d'un jaune rembruni, ondé de noir et de rougeâtre, surtout vers le dos; le dessous du corps d'un jaune cendré, rayé transversalement de noirâtre; la queue, arrondie à son extrémité, d'un brun jaunâtre, mélangé de rouge et rayé de noir; les pieds de couleur jaune.

La FAUVETTE DE MARAIS, *Sylvia paludicola*, Vieill.; *Sylvia salicaria*, Meyer, a trois bandes longitudinales sur le sommet de la tête, dont deux noires et l'autre d'un blanc jaunâtre; les sourcils de cette dernière teinte, ainsi que toutes les parties inférieures, mais plus claire sur la gorge; le dessus du corps roussâtre, avec des taches allongées d'un brun-noir sur le milieu de la plume, larges sur le dos, étroites, et seulement le long de la tige sur le croupion et sur les couvertures supérieures de la queue; les couvertures et les pennes des ailes sont brunes et bordées de roux foncé; des individus ont un trait noir sur le milieu des plumes pectorales, et d'autres en ont sur celles des flancs et du dessous de la queue, dont les pennes sont étroites, un peu pointues et pareilles aux rémiges. Longueur totale, quatre pouces et demi. La femelle est plutôt grise que roussâtre sur les parties supérieures, sur les ailes et sur le bord des couvertures de la queue; d'une couleur plus claire que celle du mâle en dessous du corps, avec une teinte jaunâtre sur les côtés et sur le haut de la poitrine; bec très-fin, brun en dessus, plus pâle à la base de sa partie inférieure, très-fendu; pieds couleur de chair pâle.

Cette espèce se trouve sur le bord des fleuves et des étangs, ainsi que dans les marais inondés et remplis de roseaux. Elle les quitte après les couvées pour chercher sa nourriture dans les champs de pois et de vesces. Elle prend alors beaucoup de graisse, souvent au point de ne pouvoir presque pas voler, et d'être quelquefois la proie des chiens de chasse. Son nid et ses œufs sont inconnus. On trouve cette espèce en Lorraine et en Picardie, mais elle y est rare et semble n'y être que de passage.

J'ai donné une autre épithète à cette fauvette, quoique celle qui lui a été imposée par M. Meyer lui convienne très-bien, parce qu'ayant déjà été appliquée à deux espèces très-distinctes de celle-ci, il pourroit en résulter des méprises de la part de ceux qui ne consultent que la nomenclature. Ces espèces sont les *salicaria* de Linnæus, de Gmelin et de Tengmalm.

La Fauvette de la mer Caspienne. *V.* Fauvette de rivage.

La Fauvette mitrée, *Sylvia mitrata*, Lath., pl. 75 des *Oiseaux de l'Amérique septentrionale*, a été décrite par Buffon, sous le nom de *gobe-mouche citrin* et de *mésange à collier*; mais elle n'appartient point à ces genres; c'est une vraie fauvette, ainsi que l'a jugé Latham. Le mâle a l'occiput et la nuque noirs; cette couleur remonte en avant jusque sous le bec, forme un plastron arrondi sur le devant de la poitrine, et sert de bordure au jaune brillant qui colore le sinciput et les côtés de la tête; ce même jaune couvre aussi le reste de la poitrine et les parties postérieures, à l'exception des flancs qui sont d'un vert-olive foncé, ainsi que tout le dessus du corps; il borde en dehors, mais avec une nuance plus claire, les couvertures supérieures, les pennes des ailes et celles de la queue; le bec et les pieds sont noirs. Longueur totale, quatre pouces neuf lignes. La femelle a le dos et les épaules olivâtres; les pennes des ailes frangées de cendré; toutes les parties inférieures d'un jaune pâle. Cette espèce ne se plaît que dans les lieux solitaires, et est rare dans le nord des États-Unis, où elle ne passe que la belle saison.

* La Fauvette mordorée, *Sylvia rubida*, Vieill., a les plumes du dessus de la tête noirâtres dans le milieu, d'un brun roussâtre sur le reste; les côtés de la tête, le dessus du cou et du corps, la bordure des pennes caudales et les petites couvertures supérieures des ailes, mordorés; la queue, les pennes et les grandes couvertures supérieures des ailes brunes; les couvertures subulaires jaunâtres; les parties inférieures d'un jaune pur et vif; le tarse noirâtre; le bec noir en dessus et blanchâtre en dessous; l'iris d'un brun rougeâtre; les pennes des ailes pointues, ainsi que celles de la queue qui sont étagées. Elle se trouve au Paraguay.

La Fauvette mosquite. *V.* l'article de la Fauvette a tête noire.

La Fauvette naine. *V.* ci-après Pouillot nain.

La Fauvette naine de la Nouvelle-Galles du Sud. *V.* Mérion brun.

La Fauvette nébuleuse, *Sylvia nebulosa*, Vieill., pl. 149, fig. 1, 2 des *Oiseaux d'Afrique*, sous le nom de *gobe-mouche nébuleux*. Le mâle est totalement blanc, à l'exception des ailes et de la queue qui sont noires; le bec et les pieds sont de cette couleur. La femelle est d'un brun terreux où le mâle est noir, et n'a point la longue queue qui distingue celui-ci et qu'il ne porte que pendant la saison des amours. Cette fauvette place son nid à l'extrémité des branches qui pendent sur l'eau. Ses œufs sont d'un vert pâle, pointillé de brun. Son cri exprime les syllabes *tchirit*.

J'ai rangé cette espèce ainsi que celle à *cordon noir* parmi les fauvettes, parce que M. Levaillant, qui nous les a fait connoître et qui les a décrites comme des *gobe-mouches*, nous dit qu'elles doivent être plutôt parmi celles-là.

* La Fauvette noirâtre (grande), *Sylvia sylvestris*, Vieill. Elle ressemble tellement à la *petite fauvette noirâtre*, que l'on pourroit croire, dit M. de Azara, que ces deux oiseaux sont de la même espèce; cependant, comme il y a quelques différences dans leurs dimensions et de plus grandes encore dans la nature des terrains qu'ils fréquentent, il pense qu'ils forment deux espèces distinctes. En effet, la petite habite au milieu des plantes aquatiques et des buissons qui sont sur les bords des eaux stagnantes, et la grande se tient sur les branches médiocrement élevées des grands bois du Paraguay. Celle-ci diffère de l'autre en ce qu'elle a, 1.° cinq pouces et demi de longueur totale (trois quarts de pouce plus que la petite), et les autres dimensions dans la même proportion; 2.° la teinte des parties supérieures d'un brun plus clair et le gris des inférieures plus foncé, à l'exception du ventre qui est blanchâtre; 3.° le bec noirâtre en dessus et d'un orangé clair en dessous. Queue étagée

* La Fauvette noiratre (petite), *Sylvia nigricans*, Vieill., se trouve dans le Paraguay et aux environs de la rivière de la Plata; elle se tient au bord des eaux stagnantes, dans les buissons et sur les plantes aquatiques; longueur totale, quatre pouces trois quarts; tête et parties supérieures d'un brun sombre mêlé de vert; queue presque noire, étagée; pennes des ailes et couvertures noirâtres; celles-ci avec un liseré brun; gorge, devant du cou et ventre d'un gris de perle; le reste des parties inférieures d'un brun sombre; bec et tarses noirs; iris brun.

La Fauvette noire, *Sylvia multicolor*, Lath., pl. enl. de Buffon, n.° 391, fig. 2. On trouve cet oiseau à Cayenne, mais il y est rare; la tête, la gorge, le haut et les côtés du cou, les ailes et le dos jusqu'à l'origine de la queue, sont noirs; cette même teinte reparoît encore vers l'extrémité des pennes caudales, qui sont d'un roux bai dans leur première moitié; un trait assez court de cette même couleur est tracé sur les six ou sept pennes de l'aile vers leur origine, et les côtés du cou et de la poitrine; le devant du corps est gris blanchâtre; le bec et les pieds sont d'un brun jaunâtre; longueur, près de cinq pouces.

La FAUVETTE NOIRE ET BLANCHE. *V.* FAUVETTE A TÊTE NOIRE.

* La FAUVETTE NOIRE DE CAMBAYE, *Sylvia cambaiensis*, Lath. Cette espèce a la taille du *rossignol*; le bec noir; le corps brun noirâtre en dessus, noir brillant en dessous, d'un roux ferrugineux sur la partie inférieure du ventre et vers l'anus; les couvertures des ailes blanches; la queue longue de trois pouces, et égale à son extrémité; les pieds bruns. Elle habite le royaume de Guzurat.

La FAUVETTE NOIRATRE, *Sylvia atrata*, Lath., est un individu de l'espèce du ROUGE-QUEUE TITHYS. *V.* ce mot.

La FAUVETTE OLIVATRE DES INDES, *Sylvia olivacea*, Lath. *Illust. of zool.* tab. 14. Cet oiseau, qui se trouve dans l'île de Ceylan, a le bec blanchâtre, et environné à sa base de plumes d'un jaune pâle; la tête, le dessus du corps, les ailes et la queue couleur d'olive; la poitrine et le ventre blancs. Il a l'habitude de relever sa queue en angle aigu avec le corps, et la renverse sur le dos.

La FAUVETTE OLIVE, *Sylvia æquinoctialis*, Lath., pl. 82 des *Oiseaux de l'Amérique sept.* Cette espèce est répandue à Cayenne et dans l'Amérique septentrionale; mais elle est sédentaire à la Guyane, et ne paroît que pendant l'été dans le nord de cette partie du monde. Longueur, quatre pouces neuf lignes; trait jaune sur l'œil; dessus de la tête et du corps, bord extérieur des pennes des ailes et de la queue d'un vert d'olive; dessous du corps d'un jaune clair, inclinant au vert sur les côtés; bec brun; pieds noirs. La femelle, pl. enl. de Buffon, n.° 685, fig. 1, diffère du mâle en ce que le vert-olive est répandu sur un fond brun, et que le ventre est jaunâtre.

La FAUVETTE OLIVERT, *Sylvia olivacea*, Vieill., pl. 125, fig. 1, 2 des *Oiseaux d'Afrique*, a la queue fort courte; les ailes longues; le dessus de la tête, du cou, le manteau, les ailes et la queue d'un beau vert jaunâtre; le dessous de la queue blanchâtre; les ailes noirâtres à l'intérieur; la gorge et les parties postérieures blanches; le bec grisâtre et les pieds d'un jaune pâle. La femelle est d'un vert d'olive en dessus et d'un blanc sali d'olivâtre en dessous.

La FAUVETTE OMBRÉE est une femelle de l'espèce de la FAUVETTE COURONNÉE D'OR, en habit d'automne.

La Fauvette orangée, *Sylvia chrysocephala*, Lath. Cette espèce, que l'on trouve à la Guyane, a le sommet et les côtés de la tête, la gorge, les côtés et le dessus du cou d'une belle couleur orangée, avec deux petites bandes brunes de chaque côté de la tête; le dessus du corps et les pennes des ailes d'un brun rougeâtre; les couvertures supérieures des ailes variées de noir et de blanc; la poitrine et le ventre jaunâtres; les pennes de la queue noires et bordées de jaunâtre; le bec noir, et les pieds jaunes.

* La Fauvette patagone, *Sylvia patagonica*, Lath. Cet oiseau habite la Terre-de-Feu, à l'extrémité de l'Amérique méridionale; il vit de coquillages et de vermisseaux qu'il cherche sur les bords de la mer. C'est bien la plus grande des *fauvettes*, si réellement c'en est une; son bec est long de seize lignes; un peu courbé vers la pointe; noir et bordé de cendré; le dessus du corps et le dessous depuis la poitrine, sont de cette même teinte, mais plus claire sur les parties inférieures; la gorge est blanche, ainsi qu'un trait qui passe au-dessus des yeux et les pennes latérales de la queue; les ailes sont d'un brun cendré et traversées par une bande brunâtre; les pieds noirs avec les doigts très-longs. Longueur totale, huit pouces trois lignes.

* La Fauvette aux paupières blanches, *Sylvia leucoblephara*, Vieill., a un petit sifflement doux et expressif, sans autre variation que de hausser ou baisser de ton, d'en presser plus ou moins les notes et de les allonger ou de les abréger. Elle habite les grands bois et se tient ordinairement sur les arbres. Elle descend quelquefois à terre, et il cherche les insectes dans les feuilles tombées. Les paupières sont blanches; l'espace entre le bec et l'œil est noir; un trait blanc part de la narine et se perd à l'occiput, près duquel il prend une teinte plombée; en dessous est un autre trait parallèle et noir, et un troisième d'un blanc plombé commence à la base de la mandibule supérieure, et divise en deux portions égales le sommet de la tête; l'occiput et les côtés de la tête sont d'une couleur d'ardoise; les parties inférieures blanches jusqu'au bas-ventre qui est jaune. Bec noirâtre; tarses d'un blanc pâle; longueur totale, cinq pouces sept lignes; pennes de la queue terminées en pointe et étagées.

La Fauvette dite le Pavaneur, *Sylvia brachyptera*, Vieill., pl. 122, fig. 1, 2, des *Ois. d'Afrique*, est d'un brun très-sombre en dessus, sur les ailes et la queue; d'un brun plus clair sur la gorge et sur le bas-ventre; le bec est noir en dessus, jaunâtre en dessous; la queue arrondie; les ailes sont très-courtes. La femelle diffère du mâle, en ce qu'elle est d'un brun moins foncé, et en ce qu'elle a quelques lignes brunâtres sur la gorge et sur le devant du cou. Elle niche dans les marais ; sa ponte est de quatre ou cinq œufs. Cet oiseau a une certaine analogie avec notre *fauvette locustelle*.

La Fauvette petit-simon, *Sylvia borbonica*, Lath.; elle a trois pouces huit lignes de longueur totale ; le dessus du corps d'une couleur d'ardoise claire; le dessous gris-blanc; la gorge blanche; les grandes pennes des ailes et de la queue d'un brun foncé, bordées d'un côté de couleur d'ardoise ; le bec brun, pointu et effilé ; les pieds gris et l'œil noir. La femelle et les petits ont à peu près le même plumage que le mâle. Nid sur les arbres isolés, composé d'herbes sèches et de crin à l'intérieur ; ponte de trois œufs bleus.

La petite Fauvette. *V*. Fauvette œdonie.

La petite Fauvette de l'île de la Trinité a un plumage très-analogue à celui de la Fauvette a collier ; mais ses couleurs sont plus vives ; elle n'a point de collier, et sa taille est encore plus petite.

La petite Fauvette a poitrine jaune. *V*. ci-après Pouillot sylvicole.

La petite Fauvette tachetée du Cap de Bonne-Espérance. *V*. Fauvette capocière.

* La petite Fauvette verte et brune, *Sylvia guzurata*, Lath. Grosseur du *pouillot;* longueur, quatre pouces trois lignes; bec et pieds d'un brun pâle ; dessus du corps d'un vert sale ; dessous blanc; sommet de la tête marron; ailes et queue brunes, frangées de vert ; celle-ci arrondie; on trouve cette espèce dans le royaume de Guzurat.

* La Fauvette phryganophile, *Sylvia phryganophila*, Vieill., a huit pouces trois quarts, dont la queue en tient quatre et demi; celle-ci est composée de pennes extrêmement étroites, foibles, terminées en pointe et étagées ; les ailes foibles et concaves ; le bec noirâtre en dessus, blanchâtre en dessous, fort pointu et presque droit ; les pieds et les doigts robustes. De petites plumes brunes et noirâtres dans leur milieu, couvrent le front de cet oiseau ; celles du dessus de la tête sont couleur de carmin, et marquées dans le milieu par un trait longitudinal et noirâtre; un trait blanc part des narines et entoure à peu près les yeux; les plumes des côtés, du derrière de la tête et de la partie postérieure du cou, sont brunes avec une légère teinte de noirâtre sur leur milieu; celles du haut du dos sont d'un brun clair, avec un trait noir sur leur tige ; les grandes couvertures supérieures et les pennes secondaires des ailes sont pareilles aux plumes du haut du dos, et les autres, d'un rouge carmin; le bas du dos et le croupion sont d'un brun roussâtre ; la queue est brune et bordée de roux près de l'origine des pennes ; la gorge est d'un jaune pur ; au-dessous est

une tache d'un noir velouté, accompagné de chaque côté par une marque blanche ; toutes trois ne dépassent pas le bas de la gorge ; le devant du cou est roux, de même que les côtés du corps dont le dessous est blanc, ainsi que les couvertures inférieures de l'aile ; le tarse est d'un bleu rougeâtre, et le bec noirâtre. On la trouve au Paraguay, où elle se tient dans les broussailles élevées.

* La FAUVETTE AUX PIEDS DORÉS, *Sylvia chrysopus*, a quatre pouces de longueur totale; le bec brun en dessus, jaune en dessous; le tarse long et d'un jaune doré; les ongles bruns; la tête et le haut du dos tachetés de brun et de roux; les ailes brunes; ses grandes couvertures entourées de blanc; ses pennes et ses petites couvertures bordées de roux en dehors; le croupion de cette couleur; la queue courte, arrondie et terminée de blanc; la poitrine et le ventre irrégulièrement tachetés de brun. Cet oiseau se trouve à la Guyane, et fait partie de la collection de M. Themminck.

* La FAUVETTE AUX PIEDS JAUNES, *Sylvia rubricata*, Lath. Cet oiseau, un peu plus grand que le *rouge-gorge*, se trouve dans la Nouvelle-Galles du Sud. Son bec est noirâtre; l'iris couleur noisette; le dessus du corps d'un cendré brunâtre; le dessous d'un ferrugineux qui incline au jaune; les ailes et la queue sont brunes; cette dernière est un peu arrondie à son bout; les pieds sont jaunes.

La FAUVETTE PINC-PINC, *Sylvia textrix*, Vieill., pl. 131 des *Oiseaux d'Afrique*, est de deux nuances brunes en dessus, l'une noirâtre sur le milieu de la plume et l'autre plus claire sur les bords; le dessous du corps est d'un blanc roussâtre grivelé de brun; la queue très-courte, noirâtre à l'extérieur, terminée de blanc et étagée; le croupion et le bas-ventre sont roussâtres; le bec est brun et le tarse d'un jaune pâle. Cette espèce construit son nid très-artistement; il est rond, composé de bourres de plantes, avec une entrée en forme de gorge en haut. M. Levaillant nous assure que Sonnerat a eu tort d'indiquer ce nid pour celui de sa *mésange petit deuil*.

La FAUVETTE PIPI, *Sylvia anthoïdes*, Vieill.; *Sylvia noveboracensis* et *tigrina*, var., Lath., pl. 82 des *Oiseaux de l'Amérique septentrionale*, sous le nom de *fauvette brune*. Elle se trouve à Saint-Domingue pendant l'hiver, et dans le nord de l'Amérique pendant l'été. Le dessus de la tête et toutes les parties supérieures, les ailes et la queue sont d'un brun nuancé de vert; deux traits d'un blanc jaunâtre se font remarquer sur les côtés de la tête, l'un au-dessus de l'œil et l'autre au-dessous; une moucheture noirâtre les sépare près du bec; la gorge et les parties postérieures sont d'un blanc nuancé de jaunâtre et tacheté de brun-noir sur le devant du cou, la poitrine et les flancs ; le dessous de la queue est gris ; le bec brun foncé en dessus, plus clair en dessous ; les pieds d'un brun jaunâtre. Longueur, quatre pouces quatre lignes. Cet oiseau est décrit deux fois dans Latham et Gmelin, d'abord comme espèce, ensuite comme variété d'une fauvette qui n'a avec lui aucun rapport. *V.* Fauvette tigrée.

Cette fauvette paroît dans l'état de New-Yorck vers la fin de mars, y reste quelque temps et se retire ensuite dans des contrées plus boréales. A son arrivée, elle se tient sur les arbres en fleurs, particulièrement les pommiers et les poiriers, où elle fait la chasse aux insectes ailés. Ses habitudes ne sont plus les mêmes à son retour, vers les mois de septembre et d'octobre ; alors je ne l'ai trouvée qu'au pied des haies, sur le revers des fossés humides et presque toujours à terre. Cette manière de vivre à l'automne, et son plumage, la rapprochent du *pipi* des arbres, ce qui m'a décidé à lui en donner le nom. M. Dufresne, naturaliste du Jardin du Roi, possède un individu qui a été trouvé dans le nord de l'Europe ; c'est pourquoi je l'ai rangé parmi les fauvettes de cette partie du monde.

La Fauvette pitchou, *Sylvia ferruginea*, Vieill. ; *Sylvia dartfordiensis*, Lath. ; *Motacilla provincialis*, Gm., pl. enl. de Buff. 655, fig. 1. Lewin a publié, pl. 108, une figure plus correcte du mâle. Cette espèce habite dans nos contrées méridionales, dans quelques provinces de l'Angleterre, et se trouve quelquefois en Bretagne. Elle construit son nid au haut des genêts épineux et à l'endroit le plus fourré ; elle le compose, à l'extérieur, de tiges d'herbes sèches avec quelques petites branches mortes de ces arbrisseaux, et en garnit l'intérieur de laine et de plume. Sa ponte est de quatre ou cinq œufs d'un blanc un peu verdâtre, couverts de petits points irréguliers d'un brun olivâtre et cendré, très-nombreux et denses au gros bout sur lequel leur réunion prend la forme d'une zone.

Le pitchou est d'une extrême mobilité et se présente sous diverses attitudes et gesticulations ; il vit d'insectes, surtout de mouches. Quand il les chasse, il se cache dans l'épaisseur d'un buisson, les guette au passage, les saisit au vol et revient aussitôt à son poste favori. Son cri semble exprimer *cha, cha, cha*. Il paroît peu sensible au froid, car il passe quelquefois l'hiver en Angleterre, et souvent on l'y voit encore à Noël.

Le mâle a la tête et le dessus du corps d'un cendré foncé ; les parties inférieures ferrugineuses, avec de petits traits blancs, presque imperceptibles chez l'oiseau avancé en âge ; le pli des ailes, le bord de l'aile bâtarde et le milieu du ventre blancs ; les couvertures supérieures pareilles au dos ; les pennes et celles de la queue noirâtres et frangées de gris obscur, à l'exception des deux pennes les plus extérieures de celle-ci, qui sont blanches en dehors et à l'extrémité, chez des individus, tandis que chez d'autres c'est seulement la première de chaque côté qui est de cette couleur; les paupières sont orangées et l'iris est d'un rouge jaunâtre dans les deux sexes; bec noir couleur de corne à la base de sa partie inférieure; pieds jaunâtres; ailes courtes, dépassant à peine l'origine de la queue qui est longue de deux pouces, et dont les huit pennes latérales sont étagées, et les quatre intermédiaires égales entre elles et les plus longues de toutes. Longueur totale, quatre pouces et demi. La femelle diffère du mâle en ce qu'elle est en dessus d'un gris rembruni, plus foncé sur la tête, et d'un roux clair en dessous.

* La FAUVETTE PIVOTE DE LA CHINE, *Sylvia albicapilla*, Lath. Sept pouces font la longueur de cet oiseau; on remarque des taches blanches sur sa tête et vers ses yeux; le dessus de son corps est noir; le dessous et la gorge sont blanchâtres.

La FAUVETTE A PLASTRON NOIR, *Sylvia lunulata*, Vieill., pl. 123, fig. 1, 2 des *Oiseaux d'Afrique*, a un croissant noir au bas du cou sur un fond blanc; le dessus du corps d'un gris olivâtre; les pennes des ailes noirâtres et bordées d'olivâtre; les pennes du milieu de la queue pareilles; les latérales en partie blanches; le dessous du corps d'un blanc jaunâtre; une tache noire autour de l'œil, laquelle couvre une partie des joues; le bec de cette couleur et les pieds jaunâtres. Taille de la *fauvette œdonie*. La femelle n'a point de croissant sur le cou; elle niche dans les buissons, les herbes et les plantes basses. Sa ponte est de six œufs d'un blanc roussâtre.

La FAUVETTE PLOMBÉE. *V.* MOUCHET.

La FAUVETTE A POITRINE BLANCHE, *Sylvia dumetorum*, est un mâle, dans l'âge avancé, de la FAUVETTE BABILLARDE.

La FAUVETTE A POITRINE JAUNE. *V.* FAUVETTE TRICHAS.

* La FAUVETTE A POITRINE JAUNE DU PARAGUAY, *Sylvia pectoralis*, Vieill., a un trait blanchâtre à travers l'œil; le dessus de la tête noirâtre seulement à l'extrémité, et blanc dans le reste; l'occiput, le dessus du cou et du corps d'un brun teinté de roux; cette couleur termine les couvertures des ailes qui sont noirâtres; les pennes de cette dernière teinte et finement bordées de roussâtre; la queue liserée de blanchâtre sur un fond brun; les parties inférieures couleur de jaune d'œuf un peu pâle; les tarses noirâtres; le bec noir, garni à sa base de quelques poils également noirs. Longueur, quatre pouces un tiers environ; queue égale.

* La FAUVETTE A POITRINE ROUGE, *Sylvia rubricollis*, Lath. Cet oiseau, dont on ne connoît pas la taille, a le bec et les pieds bruns; le dessus du corps bleu; le dessous blanc; le devant du cou et la poitrine rouges. On le trouve dans la Nouvelle-Galles du Sud.

D . 22 .

Desève del *Fr Tardieu Sculp*

1 . *Mouchet* 2 *Fauvette protonotaire* .

3 *Fauvette superbe* . 4 *Foulque* .

La FAUVETTE PROTONOTAIRE, *Sylvia protonotarius*, L., pl. D. 22, n.° 2 de ce *Dictionnaire*. Tel est le nom que porte cet oiseau à la Louisiane. Il ne s'avance pas au-delà de la Géorgie dans l'Amérique septentrionale, encore y est-il rare. Il a quatre pouces dix lignes de longueur; le bec d'un brun jaunâtre en dessus et plus clair en dessous (quelques individus l'ont noir); la tête, le cou, la poitrine, le ventre, d'un beau jaune; le dos d'un vert sale; le croupion et les couvertures supérieures de la queue d'un gris ardoisé; les inférieures blanches; les plumes qui recouvrent l'aile et les pennes noirâtres à l'intérieur et grises à l'extérieur; les petites couvertures bordées de vert jaune; les pennes de la queue pareilles aux ailes, à l'exception des deux plus extérieures de chaque côté, qui sont blanches à l'intérieur jusqu'aux deux tiers de leur longueur, et terminées de gris; les pieds bruns.

* La FAUVETTE A QUEUE BLANCHE, *Sylvia leucophæa*, Lath., se trouve en Australasie; elle est brune en dessus, d'un blanc bleuâtre en dessous; les pennes des ailes sont noires, avec une marque transversale blanche sur le milieu; la queue est assez longue et de cette même couleur, à l'exception des deux intermédiaires; les pieds sont de couleur de plomb.

La FAUVETTE A QUEUE BLEUE. *V.* TRAQUET A QUEUE BLEUE.

La FAUVETTE A QUEUE EN ÉVENTAIL. *V.* FAUVETTE LOCUSTELLE.

La FAUVETTE A QUEUE GAZÉE des *Oiseaux d'Afrique*, pl. 130, fig. 2, a dans son plumage de tels rapports avec le *mérion binnion*, que je ne doute pas qu'elle soit de la même espèce, quoiqu'on dise qu'elle se trouve à Java, tandis que l'autre habite dans la Nouvelle-Hollande, mais sa demeure dans l'île de Java n'est pas certaine. *V.* MÉRION BINION.

* La FAUVETTE A QUEUE JAUNE, *Sylvia casta*, Lath., habite l'Australasie; elle a le plumage des parties supérieures d'un brun ferrugineux; le dessous du corps d'un blanc jaunâtre, nuancé de bleu-clair sur la poitrine, et d'un jaune de rouille sur les côtés; au-dessus de l'œil un trait irrégulier d'un brun noirâtre; la queue d'un jaune terne et marquée de brun dans son milieu.

* La FAUVETTE DE RIVAGE, *Sylvia littorea*, Lath. C'est sur les bords de la mer Caspienne que l'on rencontre cet oiseau remarquable par l'agrément de son chant. Son plumage est en dessus d'un vert obscur, et en dessous d'un blanc lavé de jaune; les ailes et la queue sont noirâtres.

* FAUVETTE RAYÉE, *Sylvia sagittata*, Lath. Parmi les fauvettes de la Nouvelle-Galles du Sud, l'on a distingué celle-ci par la beauté de sa voix; elle a la taille et la grosseur de notre fauvette d'hiver; son plumage même est assez analogue, principalement sur les parties supérieures, excepté le croupion,

qui est teinté d'une couleur de rouille; elles sont parsemées de raies noires, en forme de fer de lance, ainsi que les inférieures, dont le fond est blanc; on retrouve encore ces raies sur la tête; mais là, elles sont blanches sur un fond noir; un trait ferrugineux part des narines, et se perd derrière l'œil; enfin, les pennes de la queue ont leurs barbes lâches et flottantes; le bec est noir; les pieds sont noirâtres. Cet oiseau habite la Nouvelle-Hollande.

La Fauvette de roseaux de Buffon. Tout l'historique de cet oiseau appartient à la *fauvette effarvatte*; et la description de son plumage est celui de ma *fauvette lusciniole* (*V.* leur article). Si l'on consulte les synonymes de plusieurs autres fauvettes, on la trouve déplacée dans toutes. En effet, ce n'est point, comme le disent Latham et Gmelin, le *motacilla schœnobænus* de Linnæus, qui a la tête tachetée et qui est d'un brun testacé (Consultez l'article de la *fauvette des joncs*). Ce n'est pas non plus le *motacilla salicaria* de la *Fauna suecica*, comme le prétendent Retzius, Gmelin et Latham, laquelle est cendrée en dessus, blanche en dessous ainsi que sur les sourcils (*cinerea*, *subtùs alba*, *superciliis albis*, dit Linnæus). Brisson et Buffon ont probablement donné lieu à cette erreur en faisant de cette *salicaria* le synonyme de leur fauvette de roseaux. M. Meyer rapporte celle-ci à sa fauvette de roseaux; en effet, elles ont des rapports dans leur plumage; mais ce n'est plus le même oiseau, si l'on s'en rapporte à la figure de la pl. enl., et à la description de Buffon. Enfin Retzius la rapproche une seconde fois du *motacilla hippolais* de Linnæus, mais elle n'a pas, comme celui-ci, les sourcils blanchâtres et l'abdomen argenté (*superciliis albidis*, *abdomine argenteo*); de plus, elle est plus grande que cet *hippolais*. Au reste, on peut dire qu'il n'y a pas de synonymie plus confuse, qui porte plus à faux que celle des fauvettes et des pouillots d'Europe; ce que je prouverai dans un ouvrage uniquement consacré à ces oiseaux, et dont je ne puis donner qu'une esquisse dans un dictionnaire.

La Fauvette de roseaux de Meyer, *Sylvia arundinacea*, Mey., pl. 13 des *Oiseaux* de Lewin, sous le nom de *reed-wren*. Cette fauvette est d'un vert-olive sur la tête, le cou, le dos, les scapulaires et le croupion; d'un roux jaunâtre sur les sourcils et sur toutes les parties supérieures; cette teinte est presque blanche sur la gorge, et sur le milieu du ventre, plus chargée sur les côtés de la poitrine. Les couvertures inférieures des ailes sont du même roux; les supérieures et les pennes d'un gris rembruni et bordées d'olivâtre; ces pennes blanchâtres à l'intérieur en dessous; les pennes de la queue pareilles à celles des ailes; longueur totale, cinq pouces environ ; le bec brun en dessus, d'un blanc jaunâtre en dessous, long de sept lignes, large de trois lignes à la base ; la bouche et la langue couleur d'orange ; l'iris d'un jaune rembruni ; les pieds couleur de chair jaunâtre ; les doigts verdâtres en dessous ; la queue arrondie.

La femelle, suivant M. Meyer, ne diffère du mâle qu'en ce qu'elle a le dos d'une couleur moins foncée, et que les côtés des parties inférieures sont d'une nuance plus claire. La demeure, le genre de vie, le chant, le nid et les œufs de cette fauvette sont les mêmes que ceux de la FAUVETTE EFFARVATTE. Consultez son article.

Je n'ai point cité le *Sylvia arundinacea* de Latham, parce que cet auteur donne au mâle sept pouces et demi de long, et à la femelle six pouces trois quarts, mesure qui ne peut convenir à cette fauvette. Lewin répète la même mesure pour son *reed wren ;* mais il a fait figurer le mâle avec deux pouces de moins. Les premières mesures se retrouvent encore dans les *Philos. Trans.*, tome 75, p. 8, f. 1 ; mais le portrait de l'oiseau convient en tous points à l'*effarvatte ;* ce qui me fait soupçonner que ces mesures sont fautives quoique admises par les auteurs cités ci-dessus, et par Gmelin. M. Meyer rapporte encore à sa fauvette celle des roseaux de Buffon ; en effet, tout son historique lui est propre ; mais la description de son plumage ne me paroît pas lui convenir parfaitement, et encore moins la figure pl. enl., n.° 581, qui représente un autre oiseau. (*V.* FAUVETTE FLAVÉOLE. Des ornithologistes donnent aux jeunes de la fauvette de cet article un plumage qui a les plus grands rapports avec celui de l'*effarvatte.* N'y auroit-il pas confusion ? Je le soupçonne ; car, malgré toutes les recherches que j'ai faites depuis plusieurs années, ainsi que MM. Baillon et de Riocourt qui s'en sont chargés, à ma considération, l'un en Picardie et l'autre en Lorraine, nous n'avons jamais pu rencontrer la *fauvette des roseaux* de M. Meyer, et, pas une des cinquante effarvates mâles et femelles adultes, que nous avons vues dans la même année depuis le mois d'avril jusqu'au mois d'octobre, ne lui ressembloit. Cependant elle existe telle qu'elle est signalée ; car je l'ai vue en nature, et elle est présentement dans la collection de M. Baillon à qui M. Meyer l'a envoyée. Malgré les différences qui existent entre ces deux oiseaux, sont-ce deux espèces distinctes ?

La FAUVETTE ROUSSE, *Sylvia rufa*, Lath. Il n'est pas aisé de déterminer quel est cet oiseau, son signalement et son historique ne sont pas complets, et les figures qu'on en a publiées sont très-incorrectes. En effet, on ne peut la déterminer dans Belon, cité par Buffon, tant son image est mauvaise, ni dans Buffon, puisque la pl. enl., n.° 581, f. 1, représente un oiseau totalement différent de celui du texte, qui est plus grand, qui a des plumes blanchâtres à la queue, et que je décris ci-après sous le nom de *fauvette rousseline*. Ce naturaliste rapproche, ainsi que Brisson, de la fauvette rousse le *muscicapa minima*, tab. 24, de Frisch; si ce rapprochement est exact, je ne doute plus alors que celle-ci ne soit mon *pouillot collybite*, puisque ce *muscicapa* a avec lui une très-grande ressemblance, et très-peu avec le *pouillot fitis*, auquel M. Meyer le rapporte. En tout cas, la description du nid et des œufs, que Buffon a prise dans Belon, seroit factice; car ce ne sont point ceux du *collybite*, ni du *fitis*, ni de l'oiseau figuré sur la pl. enluminée; et je crois reconnoître dans la forme et la composition de ce nid, celui de la *fauvette ædonie*.

La *fauvette rousse* de la pl. enl. de Buffon, 581, f. 1, est ma *fauvette rousseline*. (*V.* ce mot.) Je dois remarquer que cette figure ne représente point la Fauvette rousse du texte. *V.* ci-dessus.

La Fauvette rousseline, *Sylvia fruticeti*, Bechst.; pl. enl. de Buffon, n.° 581, f. 1, sous le nom de Fauvette rousse. Cette fauvette a toutes les parties supérieures d'un léger gris-fauve, un peu plus foncé sur la tête; une ligne étroite d'un blanc fauve, qui part des narines et plane au-dessus de l'œil; les paupières de la même teinte; la gorge d'un blanc pur, ainsi que le milieu du ventre; la poitrine et les flancs d'un roux blanchâtre; les couvertures supérieures et les pennes des ailes d'un brun foncé, avec une large bordure d'un gris roussâtre à l'extérieur des grandes couvertures et des pennes secondaires, mais étroites sur les primaires; les couvertures inférieures d'un gris blanchâtre; les pennes de la queue d'un brun clair, les dix intermédiaires bordées de roux en dehors; la première de chaque côté blanche à l'origine, ensuite roussâtre du côté extérieur; d'un gris-brun depuis la base jusqu'au-delà du milieu, d'un roux très-clair le long de la tige et totalement de cette couleur jusqu'au bout sur le côté interne; la deuxième d'un blanc roussâtre, plus foncé à la pointe où cette teinte forme une espèce de triangle; elle se présente encore comme un trait à l'extrémité de la troisième; les quatre du milieu de la queue sont terminées en pointe, d'égale longueur et dépassant les autres qui sont un peu étagées; le bec est brun en dessus, jaunâtre en dessous; l'iris d'un brun foncé; le tarse d'une couleur de plomb, glacée de jaunâtre; les doigts sont jaunes en dessous, et les coins de la bouche de cette couleur; longueur totale, quatre pouces trois quarts. On trouvera peut-être que les descriptions que je fais de nos fauvettes sont minutieuses ; mais tous les détails sont de première nécessité pour les bien reconnoître, puisqu'il en est beaucoup que l'on confond dans tous nos ouvrages d'ornithologie. La femelle diffère fort peu du mâle ; j'ai seulement remarqué que sa couleur rousse est moins vive ; les jeunes mâles lui ressemblent. Je n'ai jamais rencontré cette espèce dans la saison des amours, mais quelquefois au commencement du printemps, et souvent à l'automne, lors du passage et du départ des *fauvettes*, *rossignols*, etc. ; ce qui me fait présumer qu'elle ne niche point dans nos contrées. Il en est autrement en Allemagne, où, selon Bechstein, elle habite, pendant l'été, les endroits montagneux couverts de broussailles et de buissons; elle place son nid dans une touffe de framboisiers ou d'épines noires les plus sombres. Sa ponte est de quatre ou cinq œufs blancs, jaspés de bleu rembruni avec des points d'un roux foncé. On peut, dit cet ornithologiste allemand, ranger cette fauvette parmi nos meilleurs chanteurs, quoique sa voix ne soit pas aussi flûtée, aussi pure que celle de la *grauc*, *grasmücke* (ma fauvette œdonie), cependant à l'aide de quelques coups de gosier très-éclatans, son chant d'amour est varié d'une manière fort agréable.

Cet oiseau a été confondu avec la *fauvette cendrée* ou *grisette*, et présenté, tantôt comme sa femelle, tantôt comme un jeune : ce n'est, selon moi, ni l'une ni l'autre ; il est vrai que ces deux fauvettes ont, au premier aperçu, une grande ressemblance ; mais lorsqu'on les examine scrupuleusement, ainsi que je l'ai fait, on s'aperçoit que la rousseline se distingue de l'autre, 1.° par la nuance roussâtre répandue sur la plus grande partie de son plumage ; 2.° par une taille moins longue; 3.° par les yeux d'un brun foncé ; 4.° par la teinte des trois premières rectrices ; 5.° par la proportion de la première et de la quatrieme rémige qui, chez elle, sont égales ; tandis que chez les autres la première est plus longue que la quatrième. Qu'on ajoute à ces faits ; que ses œufs et son chant diffèrent essentiellement, alors on ne pourra disconvenir qu'on est fondé à l'isoler, d'autant plus encore que tous les individus présentent ces mêmes dissemblances et ne varient entre eux que par un peu plus ou un peu moins de roux dans leur plumage, ce qui caractérise la différence des sexes ; enfin, la fauvette *cendrée* niche dans nos contrées et y est très-commune, et l'autre au contraire n'y fait que passer. Pour qu'elle fût la femelle de la cendrée, il faudroit qu'elle eût un vêtement pareil, ce qui n'est pas; ainsi que je m'en suis assuré sur un grand nombre de ces femelles à quelque âge que ce soit. M. Meyer avoit d'abord donné le *sylvia fruticeti* pour une espèce particulière; mais il s'est rétracté depuis, et le présente comme une variété du *sylvia cinerea*. Nous sommes d'accord, s'il appelle *variétés* ces races constantes qui se perpétuent et se conservent pures par la génération, les causes qui les déterminent étant toujours subsistantes; ces races, que Buffon appelle espèces très-voisines, qui diffèrent seulement par une taille plus ou moins grande, par des couleurs d'une nuance plus ou moins prononcée, plus ou moins étendue; enfin, par quelques caractères particuliers, mais qui tiennent à la même souche par un grand nombre de ressemblances communes. Enfin M. Themminck, dans son *Manuel d'ornithologie*, présente le *sylvia fruticeti* comme une jeune grisette. Il faut, pour se permettre ce rapprochement, n'avoir jamais vu de grisettes dans leur jeunesse, car pas une n'a un plumage semblable à celui de la *rousseline;* au contraire, ils ressemblent à leur mère qui, comme je viens de le dire, n'est pas celle-ci. Je ne suis pas le seul qui ait vérifié ces faits; d'autres ornithologistes, MM. de Riocourt et Baillon, très-bons observateurs, ont, à ma demande, réitéré leurs recherches, et il est résulté de leurs nouvelles observations sur la *fauvette grisette*, que nous sommes parfaitement d'accord. C'est au point que l'un de ces naturalistes n'a pu, jusqu'à présent, trouver qu'une seule rousseline, et que l'autre n'en a encore recontré que deux; et si celle-ci étoit réellement une jeune grisette, ils en auroient rencontré cent pour une, tant l'espèce de la grisette est nombreuse.

La Fauvette roussette de Belon, *Curruca sylvestris*, Briss. J'ai dit dans la première édition de ce Dictionnaire, article de la *fauvette des bois*, que je ne balançois pas à croire que cet oiseau etoit une femelle de l'espèce de la *fauvette d'hiver*, mais un peu moins colorée qu'elle ne l'est ordinairement; et je me fondois sur ce qu'il me paroissoit bien extraordinaire que ces deux oiseaux fussent les types de deux espèces distinctes, si, comme dit Buffon, ils ont un plumage analogue, la même taille, un chant, un cri et un genre de vie semblables; s'ils vivent dans les mêmes lieux, passent la mauvaise saison avec nous (saison dans laquelle nous ne rencontrons que la seule *fauvette d'hiver*); s'ils font un nid pareil et pondent des œufs de la même couleur. Mais depuis ayant remarqué que Buffon avouoit ne l'avoir pas connue, et que tout son historique n'étoit point extrait de l'ouvrage de Belon, le seul auteur qui l'a vue en nature, je crois aujourd'hui m'être trompé. En effet, la figure de la *roussette*, publiée par Belon, présente dans la queue des attributs qui ne se trouvent nullement dans celle de la *fauvette d'hiver* ou *mouchet;* car elle a la queue large, arrondie et rayée en travers, caractères qu'aucun auteur n'a indiqués, tandis que celle du mouchet est un peu fourchue et sans raies transversales.

Tous les ornithologistes donnent la roussette pour le synonyme du *motacilla schœnobœnus* de la *Fauna suecica* (ma fauvette des joncs); mais je ne puis adopter leur opinion, parce que celle-ci est beaucoup plus petite et n'habite que les joncs (*modulari multò minor... inter scapos habitat*, dit Retzius, *Faun. suec.*); au contraire, la roussette vit dans les bois et est, disent Buffon et Brisson, de la taille de leur fauvette proprement dite, ce qui est un peu exagéré, si on en juge d'après la figure citée ci-dessus; cependant elle est certainement plus grande que le *schœnobœnus*. Mais, dira-t-on, quelle est donc cette *roussette?* quant à moi, je suis tenté de croire que c'est ma *fauvette locustelle;* en effet, celle-ci est de la même taille, elle a le plumage en dessus, varié des mêmes couleurs; la gorge et les parties postérieures roussâtres; avec des taches sur la poitrine, avant sa première mue; la queue conformée de même et de deux nuances brunes, dont l'une forme des bandes transversales. Comme la roussette, elle se tient dans les bois et vient, pendant les chaleurs, boire aux mares. Mais tout l'historique de la roussette ne lui convient nullement, et je pense qu'on doit le rapporter à la fauvette d'hiver. Ce n'est pas la première transposition qu'on remarque dans l'histoire des *fauvettes* de Buffon.

* La Fauvette roussine, *Sylvia russeola*, Vieill., n'est pas fort rare au Paraguay, où elle se cache dans les buissons et les plantes aquatiques; elle vole peu et bas. Son chant d'amour est une espèce de fredon monotone, peu agréable, et qu'elle répète souvent; elle a six pouces de longueur totale; les six pennes intermédiaires de la queue, à barbe finissant tout-à-coup, comme si on les avoit coupées à deux lignes du bout des pennes; les deux du milieu, longues de dix-huit lignes de plus que l'extérieure; les autres étagées; les parties supérieures d'un roussâtre clair; cette couleur prend celle du tabac d'Espagne, sur la tête, les ailes et la queue; le bout des pennes alaires est noirâtre; une petite tache de cette teinte se trouve entre le bec et l'œil; les côtés de la tête, le dessous du cou et du corps sont d'un blanc sale; les plumes de la gorge d'un jaune pur; les convertures inférieures des ailes et de la queue d'un roux très-clair; les tarses d'une teinte mêlée de bleu et de blanc; l'iris est noirâtre; le bec noir en dessus, et bleu de ciel en dessous.

La Fauvette rousse tête, *Sylvia fulvicapilla*, Vieill., pl. 124, f. 1, 2 des *Ois. d'Afrique*, a le sommet de la tête couleur de tan; l'occiput d'un brun-roux; le dessus du corps, les ailes et la queue d'un gris brunâtre ; le dessous cendré ; les pieds jaunâtres. La femelle n'a point de roux à la tête. Il fait son nid dans les buissons; sa ponte est de cinq ou six œufs blancs, avec de petites taches vineuses. Il se trouve en Afrique.

La Fauvette des sapins, *Sylvia pinus*, Lath. Brisson a fait de cet oiseau sa *mésange américaine*, d'après Catesby, et ensuite son *figuier de la Louisiane*, d'après la figure qu'en a publiée Edwards, pl. 277, f. 2. Linnæus l'a rangé parmi les *grimpereaux* (*certhia pinus*); mais il n'a ni le bec des mésanges, ni, comme elles, les narines couvertes de plumes ; ce n'est pas non plus un grimpereau, puisque son bec n'est pas courbé en forme de faucille; c'est une vraie *fauvette*, d'après ses caractères ; mais il a, des mésanges et des grimpereaux, quelques habitudes; comme les premières, il s'accroche à l'extrémité des branches pour en becqueter les bourgeons, et y chercher les petits insectes qui s'y nichent, et il grimpe quelquefois sur les arbres comme font les grimpereaux. J'ai remarqué que plusieurs fauvettes de l'Amérique septentrionale ont ces mêmes habitudes.

La *fauvette des sapins* a quatre pouces trois quarts de longueur; le bec noir ; la tête, la gorge et tout le dessous du corps d'un très-beau jaune ; une petite bande noire sur les côtés de la tête ; la partie supérieure du cou et tout le dessus du corps d'un vert-jaune, plus vif sur le croupion ; les ailes et la queue d'un gris-de-fer bleuâtre, selon Buffon, et brunes, selon Latham ; les couvertures supérieures terminées de blanc, ce qui forme sur chaque aile deux bandes transversales blanches ; les pennes latérales de la queue blanches à l'extérieur ; les pieds d'un brun jaunâtre.

La femelle est entièrement brune. Catesby dit que cette espèce passe toute l'année à la Caroline. L'on assure qu'elle arrive en Pensylvanie au mois d'avril, où elle reste tout l'été. Il faut qu'elle y soit rare, car je ne l'y ai jamais rencontrée.

La Fauvette du Sénégal, *Sylvia flavescens*, Lath., pl. enl. de *Buff.*, n.° 582, f. 1. Tout son plumage est à peu près le même que celui de la *fauvette du Sénégal à ventre jaune*, à l'exception du devant du corps qui n'est pas d'un jaune clair, mais d'un rouge aurore. Elle n'a pas la queue étagée; c'est pourquoi Latham en fait avec raison une espèce distincte de la *fauvette tachetée du Sénégal*.

* La Fauvette de Sibérie, *Sylvia longirostris*, Lath. Cet oiseau habite les montagnes qui bordent la mer Caspienne. Il a le dessus du corps d'une teinte cendrée, le dessous noir et le bec long.

* La Fauvette a sourcils jaunes, *Sylvia superciliosa*,

Lath. La Russie est le pays qu'habite cet oiseau, qui est verdâtre en dessus, de la même teinte, mais plus pâle, en dessous et sur le milieu de la tête.

* La FAUVETTE A SOURCILS ROUX, *Sylvia pyrrophrys*, Vieill. Elle habite dans la Nouvelle-Galles du Sud. Elle a les plumes de la tête allongées en forme de huppe, et d'un brun de bistre, plus clair vers le bout; les sourcils roux; le dos tacheté de brun, sur un fond olive; la gorge, le cou et les parties postérieures, d'un blanc jaunâtre, avec des taches en forme de fer de lance, le long de la tige et vers le bout; le bec et les pieds bruns. Longueur totale, quatre pouces et demi.

La FAUVETTE STRIÉE, *Sylvia striata*, Vieill.; *Muscicapa striata*, Lath., etc. F. Miller, tab. 15, A. B. *Various, Subject.* Elle passe la belle saison à la baie d'Hudson. Le mâle a le bec noirâtre en dessus, et jaunâtre à la base de sa partie inférieure; le sommet de la tête noir; les joues blanches; la gorge jaune et tachetée de brun; la poitrine et le ventre blancs; les côtés variés de noir; le dos d'un cendré verdâtre, et rayé en travers de noir; deux bandes transversales sur l'aile, dont l'une est d'un blanc pur, et l'autre d'un blanc jaunâtre; les pennes alaires et celles de la queue brunes; les rectrices extérieures tachetées de blanc; les pieds jaunâtres et les ongles bruns; la femelle a la tête rayée de noir, sur un fond verdâtre; les sourcils jaunes, la gorge et la poitrine d'un jaune pâle, avec des taches oblongues brunes; les stries du dos longitudinales et moins nombreuses; le reste du plumage pareil à celui du mâle.

* La FAUVETTE SUNAMISIQUE, *Sylvia sunamisica*, Lath. La taille de cet oiseau est celle de la *gorge bleue;* sa teinte dominante est un cendré roux; la gorge est noire; la poitrine et le ventre sont d'un roux pâle; chaque plume est terminée de blanc; cette couleur borde les pennes des ailes et de la queue, dont les deux intermédiaires sont brunes, et les autres fauves; le bas-ventre est blanc, ainsi qu'une ligne qui passe au-dessus des yeux, et s'étend jusqu'à la nuque; le bec et les pieds sont noirs.

On rencontre cette espèce sur les rochers des Alpes de la Perse.

La FAUVETTE TACHETÉE, *Sylvia nœvia*, Lath., n'est point une fauvette; mais c'est une *jeune bergeronnette de printemps.* Comme il ne suffit pas que je sois convaincu de ce fait, il faut mettre le lecteur à portée de juger par lui-même que mon sentiment est fonde sur des preuves incontestables. Pour parvenir à cette fin, je vais transcrire ici la description copiée dans Aldrovande, d'après lequel tous les auteurs ont signalé cette prétendue fauvette. Ce naturaliste italien, qui l'appelle *boarola* ou *boarina*, parce qu'elle a l'habitude de suivre les bœufs dans les prairies et les pâturages, la décrit ainsi : *Avicula est oblonga; rostro etiam oblongo, ex fusco rubescenti ; colore per totum dorsum et caput ex plombeo cinereo, et subluteo mixto ; gula et venter totus caudicant ; pectus verò nigris maculis distinguitur; alœ ex nigro lutescente alboque variœ ; cauda longiuscula, nigra, à latere alba; tibiœ et pedes nigricant.* Quiconque a vu une femelle de la bergeronnette de printemps dans son premier âge (*motacilla flava*, Gm.), ne peut disconvenir que cette description la signale complètement; en effet sa taille est oblongue ; le dos et la tête présentent un mélange de gris-de-plomb et de jaunâtre ; ces deux couleurs se fondent ensemble de manière qu'au premier aperçu elles semblent ne former qu'une seule teinte ; la gorge et le ventre sont blanchâtres ; la poitrine est jaunâtre et tachetée de noir; les ailes en entier, sont variées de noirâtre, de jaunâtre et de blanchâtre ; la première teinte occupe le milieu des plumes ; la deuxième est sur le bord des pennes secondaires, et la troisième à l'extrémité des petites et des grandes couvertures ; la queue est allongée et noire, avec ses deux pennes les plus extérieures blanches de chaque côté. De plus, si l'on consulte les habitudes et le nid de la *boarina*, on voit que ce sont les mêmes que ceux de la bergeronnette jaune, puisque celle-ci se tient toujours de préférence dans les prés et les paturages, y niche et se plaît à la suite des bestiaux.

Brisson, qui n'a pas vu en nature sa *fauvette tachetée*, s'est un peu écarté de la description faite par Aldrovande, quoiqu'il ne la décrive que d'après cet auteur, en disant que les parties supérieures sont variées de brun roussâtre, de jaunâtre et de cendré, et s'est mépris en ajoutant que les pennes des ailes sont bordées de blanc ; mais si, comme moi, il eût pu comparer au signalement, le dessin en couleur qu'a fait de cet oiseau l'ornithologiste italien, il se seroit aperçu de sa méprise. Ce dessin représente la boarina telle qu'Aldrovande l'a décrite, et est la fidèle image d'une jeune bergeronnette avec tous les caractères qui distinguent son espèce, comme d'avoir l'ongle postérieur allongé et droit, si ce n'est à la pointe où il est un peu incliné ; la queue longue, égale, et non pas fourchue, ainsi que le dit Brisson; les dernières pennes secondaires presque aussi longues que les premières rémiges, attributs, ainsi que celui de l'ongle, qui sont étrangers à toutes les fauvettes, dont aucune n'accompagne les bestiaux dans les pâturages.

Buffon s'est conformé en tous points à ce qu'a dit Brisson, et n'a certainement pas comparé sa description à la figure 3 de la planche enluminée 581 ; car il se seroit aperçu que l'une et l'autre présentent un contraste parfait. Cependant cette figure est l'image d'une *fauvette tachetée;* mais ce n'est point la boarina des Italiens, ni la *fauvette tachetée* du texte ; c'est celle de la *fauvette grise tachetée* du Supplément de l'Ornithologie de Brisson, et conséquemment ma *fauvette locustelle.* Je ne parlerai point des autres auteurs, qui n'ayant fait que copier les ornithologistes français, sont tombés dans les mêmes fautes. Cette *motacilla nævia* est à présent dans la Collection publique, sous le nom d'une autre fauvette qui n'a aucun rapport ni avec la figure citée ci-dessus, ni avec le texte de Brisson et de Buffon; car c'est ma FAUVETTE DES JONCS. (*V.* ce mot et le *motacilla schœnobœnus* de Linn.)

La FAUVETTE TACHETÉE DU CAP DE BONNE-ESPÉRANCE, *Sylvia africana.* C'est le merle fluteur de Levaillant. *V.* MERLE.

La FAUVETTE TACHETÉE DE LA LOUISIANE. pl. enl. 709, f. 1. *V.* FAUVETTE COURONNÉE d'or.

La FAUVETTE TACHETÉE DE LA LOUISIANE du *texte de Buffon. V.* FAUVETTE PIPI.

La FAUVETTE TACHETÉE DE ROUGEÂTRE, *Sylvia æstiva*, Lath, pl. 95 des Oiseaux de l'Amérique septentrionale. C'est non-seulement en Canada que l'on voit cet oiseau pendant l'été, mais encore dans la Pensylvanie et les Etats voisins : il y arrive au printemps, y niche, et les quitte à l'automne. C'est donc par erreur que Buffon dit qu'il n'y niche pas, erreur répétée par Latham et autres : il est vrai qu'on le trouve aussi à Cayenne et à Saint-Domingue. Il a à peu près quatre pouces et demi de longueur ; la tête et le dessous du corps d'un beau jaune, avec des taches rougeâtres sur la partie inférieure du cou, sur la poitrine et les flancs ; le dessus du corps, les couvertures des ailes et le bord des pennes d'un vert-olive ; celles-ci sont brunes ainsi que les plumes de la queue dont le bord est jaune ; bec et pieds noirâtres.

La femelle a un plumage peu différent ; les taches sont moins nombreuses et d'une nuance moins vive, et le dessus de la tête est vert-olive. Les jeunes mâles, après leur première mue, diffèrent des vieux, en ce qu'ils ont le dessus de la tête d'un vert-olive ; du blanc jaunâtre sur les côtés et sur la gorge ; du jaune pâle sur la poitrine et sur le ventre ; de l'olivâtre à l'extérieur des couvertures et des pennes alaires ; du jaune brun au-dessous des pennes caudales. Avant la première mue, ils ont la gorge blanche ; les parties supérieures vertes et mélangées de gris.

Les *figuiers à gorge blanche de Buffon* (*Sylvia albicolis*), mâle et femelle, ne sont que des mâles de cette espèce après et avant leur première mue. Le *figuier du Canada* de Brisson et le *figuier tacheté* de Buffon, sont aussi des mâles.

Cette fauvette, encore la MÉSANGE JAUNE de Catesby, pl. 65, rapportée mal à propos, par Gmelin et Latham, comme variété, au *sylvia trochilus*, et au ROITELET JAUNE d'Edwards, pl. 278, f. 2.

La fauvette de cet article niche sur des arbrisseaux de moyenne hauteur ; sa ponte est de quatre ou cinq œufs blancs, tachetés de brun verdâtre.

La FAUVETTE TACHETÉE DU SÉNÉGAL, *Sylvia rufigastra*, Lath., pl. enl. 162, fig. 2, n'a guère que quatre pouces de longueur, sur quoi sa queue, qui est étagée, en prend deux ; toutes ses pennes sont brunes et frangées de blanc roussâtre, ainsi que les primaires de l'aile ; les secondaires et les couvertures, les plumes du dessus de la tête et du dos sont noires et bordées d'un roux clair; le croupion est d'un roux plus foncé, et le devant du corps blanc. Buffon soupçonne que cet oiseau est un mâle de l'espèce de la fauvette du Sénégal ou de celle à *ventre jaune*, et que celles-ci ne sont que des variétés d'âge.

La FAUVETTE TAILOR, *Sylvia striata*, Lath., pl. 75 et 76 des Oiseaux de l'Amérique septentrionale. On ne voit cet oiseau à New-Yorck qu'au printemps ; encore n'y reste-t-il que huit à dix jours : il niche à Terre-Neuve. Dessus de la tête noir; joues blanches; dessus du cou, dessous du corps blancs et rayés de noir ; dos gris et tacheté de noir ; ailes et queue noirâtres; deux bandes transversales blanches sur les ailes; les pennes secondaires et les pennes latérales de la queue bordées de cette dernière couleur; les primaires frangées de gris ; le bec noir en dessus, blanchâtre en dessous ; les pieds d'un brun clair. Longueur, quatre pouces cinq lignes. La femelle a le sommet de la tête pareil au dos du mâle ; les deux bandes transversales des ailes moins apparentes, et le blanc des pennes latérales de la queue moins étendu.

La FAUVETTE TCHERIC, *Sylvia leucops*, Vieill. ; *Sylvia madagascariensis*, Lath., pl. 13, f. 1 et 2 des Oiseaux d'Afrique, est remarquable par une petite membrane blanche qui entoure les yeux, ce qui lui fait donner, par les habitans de l'Ile-de-France, le nom d'*œil blanc*. Elle a la tête, le dessus du cou, le dos et les couvertures supérieures des ailes d'un vert d'olive ; la gorge et les couvertures inférieures de la queue jaunes ; le dessous du corps blanchâtre ; les pennes des ailes bordées à l'extérieur d'un vert olive ; les deux pennes intermédiaires de la queue brunes et bordées comme celles des ailes ; les autres brunes avec la même bordure ; le bec gris-brun et les pieds cendrés. La femelle a des couleurs plus ternes que celles du mâle. Le jeune diffère des adultes en ce qu'il n'a point les paupières blanches. Le *Tcheric* construit son nid sur les arbustes ou branches basses des arbres, et lui donne la forme de celui de notre *pinson*. Sa ponte est de quatre à cinq œufs. On le trouve à Madagascar et dans l'Ile-de-France. Ces oiseaux sont peu craintifs, ne s'approchent pas souvent des lieux habités, et volent en troupes.

* La Fauvette de la Terre de Diémen, *Sylvia canescens*, Lath. Cet oiseau a six pouces et demi anglais de longueur; la tête noire; le front blanc; le dessus du corps d'un brun blanchâtre; le dessous d'une teinte plus claire, avec des stries noires sur la poitrine et vers l'anus; les pennes de la queue sont rousses à la base, et les ailes tachetées de la même couleur.

La Fauvette de la Terre de Feu. *V.* le genre Grimpereau.

La Fauvette a tête cendrée, *Sylvia maculosa*, Lath., pl. 93 des Oiseaux de l'Amérique septentrionale, se montre au printemps et à l'automne au centre des Etats-Unis, et passe l'été dans des contrées plus septentrionales. Elle niche à la baie d'Hudson, où le mâle fait entendre une voix perçante, surtout lorsqu'il pleut et tant que la pluie dure; c'est d'après cette particularité que les aborigènes lui ont imposé le nom de *kimmevan apaykuteschish*. Le mâle a le dessus de la tête d'un gris cendré, bordé par une bande noire qui, du front, s'étend sur les côtés, et se perd à l'occiput; une tache blanche est à l'extérieur de l'œil; les paupières sont de cette couleur, et l'iris est noirâtre; le dessus du cou, le dos et les couvertures supérieures de la queue sont d'un brun-vert, tacheté de noir; le croupion est jaune; la partie antérieure de l'aile grise et variée de noir; les moyennes et grandes couvertures des ailes ont les mêmes couleurs à leur origine, et sont blanches dans le reste; les pennes noirâtres et bordées de gris; la queue a ses deux pennes intermédiaires totalement noires, et les autres blanches dans le milieu; la gorge et toutes les parties postérieures, jusqu'au bas-ventre, sont d'un beau jaune, tacheté de noir sur le devant du cou, la poitrine et sur les flancs; les plumes de l'anus blanches; le bec et les pieds noirâtres. Longueur totale, quatre pouces trois lignes. La tête de la femelle est cendrée partout où celle du mâle a du noir et du blanc; du reste, elle lui ressemble. Cette femelle est figurée dans les Oiseaux d'Edwards, pl. 226.

Le Figuier cendré à gorge jaune, *Sylvia dominica*, est une variété d'âge de cette espèce. Il diffère des précédens, en ce qu'il a le croupion du même cendré que le dessus de la tête, et une petite bande longitudinale jaune entre le bec et l'œil.

La Fauvette a tête jaune, *Sylvia icterocephala*, Lath.;

pl. 90 des Oiseaux de l'Amérique septentrionale. Cet oiseau est le même que le FIGUIER A POITRINE ROUGE, *Sylvia pensylvanica.* Il arrive au centre des Etats-Unis au mois d'avril, y reste peu de jours, se montre au Canada dans le mois de mai, et plus tard à la baie d'Hudson, et comme ses congénères d'Amérique il en quitte le nord à l'automne. Le beau jaune dont la tête du mâle est parée, a pour bordure un liseré noir qui part du bec, passe au-dessus des yeux, et s'étend un peu en arrière; une bandelette pareille descend sur les côtés de la gorge; le dessus du cou est gris et varié de noir jusqu'à l'occiput; le dos et le croupion ont, sur un fond jaune, des taches noires et longitudinales; les petites couvertures des ailes sont grises et bordées de verdâtre; les moyennes et les grandes sont noires et terminées de jaune; les pennes primaires brunes et grises en dehors; celles de la queue pareilles à celles-ci en dessus, et les trois plus extérieures blanches en dedans, depuis le milieu jusqu'à la pointe; toutes les parties inférieures sont de cette couleur, à l'exception des côtés de la poitrine et du ventre où règne une teinte d'un brun rougeâtre; le bec est noir; le tarse d'un brun clair. Longueur totale, quatre pouces. La femelle diffère du mâle en ce qu'il n'y a point de noir sur ses parties supérieures, ni de brun rougeâtre à la poitrine; en outre ses couleurs ont moins d'éclat.

Le figuier de Mississipi, pl. enl. n.° 731, fig. 2, n'appartient point à cette espèce comme une variété d'âge ou de sexe, ainsi que l'a pensé Buffon; c'est une jeune *fauvette couronnée d'or* après sa première mue.

* La FAUVETTE A TÊTE GRISE, *Sylvia incana*, Lath., se trouve à New-Yorck, au printemps seulement. Elle a la tête, les côtés du cou et les couvertures supérieures de la queue d'un joli gris; les couvertures des ailes terminées de blanc; les pennes primaires et celles de la queue bordées de gris; la gorge orangée; le menton et la poitrine d'un beau jaune; le ventre d'un cendré blanchâtre.

La FAUVETTE A TÊTE NOIRE, *Sylvia atricapilla*, Lath., pl. enl. 580, mâle et femelle, de l'*Histoire naturelle de Buffon.* De toutes les fauvettes, il n'en est point qui affectionne plus sa femelle que le mâle de cette espèce, qui montre autant de tendresse pour ses petits, et dont le chant soit aussi agréable et aussi continu. C'est sans doute cet aimable oiseau qu'a peint l'immortel Buffon, lorsqu'il dit: « La fauvette fut l'emblème des amours volages, comme la tourterelle de l'amour fidèle. Cependant la fauvette, vive et gaie, n'en est ni moins aimante, ni moins fidèlement attachée, et la tourterelle triste et plaintive, n'en est que plus scandaleusement libertine; le mâle prodigue à sa femelle mille petits soins pendant qu'elle couve; il partage sa sollicitude pour les petits qui viennent d'éclore, et ne la quitte point après l'éducation de sa famille; son amour semble durer encore après ses désirs satisfaits.» Rien ne peut altérer sa tendre affection, pas même la perte de sa liberté, à l'époque où les oiseaux en sont si jaloux, si c'est avec sa famille qu'il en est privé; il nourrit alors ses petits et sa femelle, la force à manger, lorsque le chagrin que lui cause la captivité la porte à refuser la nourriture qu'on lui présente.

Les mâles de cette espèce arrivent dans les premiers jours d'avril; mais les femelles ne paroissent que vers le 15. Si, à cette époque, quelque retour de froid les prive d'insectes, ils se nourrissent des baies de la lauréole, du lierre, du troëne et de l'aubépine; il en est de même pour ceux que des pontes retardées ou d'autres accidens forcent de passer l'hiver chez nous, ce qui est très-rare. Aussitôt après l'arrivée des femelles ces oiseaux s'occupent de la construction du nid; le mâle cherche la position la plus favorable, et lorsque son choix est fait, il semble l'annoncer à sa femelle par un ramage plus doux et plus tendre: c'est presque toujours dans les petits buissons d'églantier et d'aubépine, à la hauteur de deux ou trois pieds de terre, sur le bord des chemins riverains des bois, dans les bois même et dans les haies, que la femelle l'établit; elle lui donne une forme petite et peu profonde, le compose d'herbes sèches à l'extérieur, et de beaucoup de crin à l'intérieur. Sa ponte est de quatre à cinq œufs, marbrés de couleur marron foncé sur un fond marron clair; si l'on touche à ses œufs elle les abandonne, mais moins souvent que la plupart des autres fauvettes. Le mâle la soulage dans le travail de l'incubation, depuis dix heures du matin jusqu'à quatre et cinq heures du soir. Les petits naissent sans aucun duvet, se couvrent de plumes en peu de jours, et quittent le nid de très-bonne heure, surtout si on les inquiète; souvent il suffit de les approcher; ils suivent alors leurs parens en sautillant de branche en branche, et se réunissent le soir pour passer la nuit ensemble; toute la famille se perche sur la même branche, le mâle à un bout, la femelle à l'autre et les petits dans le milieu, tous serrés les uns contre les autres. Après cette première couvée, ces fauvettes en font une seconde, et même davantage, si elles sont interrompues.

Le mâle de cette espèce ayant un chant qui tient de celui du rossignol, dont les modulations, quoique peu étendues, sont agréables, flexibles, variées, et les sons purs et légers, est de toutes les fauvettes le plus recherché pour la cage ; il joint à cela une amabilité peu commune ; il affectionne d'une manière touchante celui qui en a soin, et il a pour l'accueillir un accent particulier ; à son approche sa voix devient plus affectueuse ; il s'élance vers lui contre les mailles de sa cage, comme pour s'efforcer de rompre cet obstacle afin de le joindre, et par un continuel battement d'ailes, accompagné de petits cris, il semble exprimer l'empressement et la reconnoissance : tel est le vrai tableau que nous en a fait Olina, et c'est de cette fauvette que mademoiselle Descartes a dit :

N'en déplaise à mon oncle, elle a du sentiment.

On se procure ces oiseaux de diverses manières : Ordinairement on préfère les jeunes qu'on attrape aux abreuvoirs vers les mois d'août et de septembre ; leur chant a, dit-on, plus de mélodie, et plus de rapport avec celui des mâles en liberté. Pour les accoutumer à la cage, on leur lie les extrémités des ailes, et on leur donne la nourriture du rossignol, avec des fruits tendres, même des poires et des pommes. Quand on veut élever les petits, il faut les prendre lorsqu'ils sont déjà à moitié couverts de plumes, c'est-à-dire, huit à neuf jours après leur naissance, et on les nourrit comme les jeunes rossignols ; mais pour une parfaite réussite il faut les tenir très-proprement sur de la mousse sèche et renouvelée deux fois par jour : on peut encore leur donner une pâte liquide, composée de jaune d'œuf, de chènevis broyé et de mie de pain. Lorsqu'ils mangent seuls, on y joint du persil haché très-menu, et on donne à cette nourriture la consistance de la pâte ; comme elle les engraisse promptement, ce qui souvent leur occasione la mort, on en corrige la malignité, surtout celle du chènevis, en leur donnant des poires ou des pommes coupées en deux, des figues et des raisins, et autres petits fruits dont ils sont toujours très-friands. Pendant l'hiver on les tient dans un endroit chaud ; il suffit que leur boire et leur manger ne puissent geler. L'on assure qu'ils peuvent perfectionner leur chant, si on les tient à portée d'entendre le rossignol. A l'époque du départ, qui est à l'automne, les fauvettes de volière s'agitent pendant la nuit, et surtout au clair de la lune, ce qui en fait périr un grand nombre ; ce tourment leur dure jusqu'en novembre, et après ce temps elles sont tranquilles jusqu'à la même époque de l'année suivante : cette envie de voyager ne les quitte qu'après plusieurs années de captivité. L'on en a conservé en cage pendant dix ans ; mais le cours de leur vie est ordinairement de cinq à six. Avec des soins, on parvient à les faire nicher en captivité ; il faut pour cela les tenir dans un jardin, et que la volière soit garnie d'arbustes toujours verts ; et on les tient dans un appartement pour les conserver pendant l'hiver.

Cette fauvette, que l'on trouve communément en Europe, soit au midi, soit au nord, est rare, dit-on, en Angleterre.

Le mâle a le derrière et le sommet de la tête jusqu'aux yeux couverts d'une calotte noire ; un gris ardoisé colore le reste de cette partie et le tour du cou ; il est plus clair sur la gorge, et s'étend sur le gris-blanc de la poitrine ; les flancs sont ombrés de noirâtre ; le ventre et les couvertures inférieures de la queue sont pareils à la poitrine ; le dos est d'un gris-brun tirant sur l'olivâtre, ainsi que le croupion, les couvertures supérieures de la queue, les petites des ailes et le bord extérieur des pennes, dont l'intérieur est d'une teinte plus foncée; le bec est brun, et les pieds sont couleur de plomb : longueur totale, cinq pouces cinq à six lignes. La femelle qui a été donnée par quelques ornithologistes pour une espèce particulière, diffère en ce que le dessus de la tête est d'un roux-brun, et que le gris qui couvre le cou n'est point ardoisé. Les jeunes lui ressemblent jusqu'à la mue ; cependant on distingue les mâles de cet âge par la teinte de la tête, qui est d'un roux noirâtre.

On remarque plusieurs variétés de la *fauvette à tête noire ;* savoir, la *fauvette noire et blanche*, dont tout le plumage est varié de noir et de blanc, et la *fauvette à dos noir* de Frisch.

La Fauvette a tête noire de Sardaigne, *Sylvia melanocephala*, Lath., est donnée par Sonnini, dans son édition de l'*Histoire naturelle de Buffon*, pour une variété de la nôtre, et comme une espèce distincte par Latham et par Gmelin ; elle en diffère par sa taille un peu plus petite; par la couleur verdâtre des parties supérieures, et par un trait rougeâtre au-dessus des yeux. Cetti, qui l'a fait connoître, dit qu'elle chante peu. Cela suffit, je pense, pour en faire une espèce particulière, qui peut-être est la même que ma *fauvette des fragons*, qui se trouve aussi en Sardaigne.

La Fauvette moschite, *Sylvia moschita*, Lath., se trouve dans la même île. Cetti en fait encore une espèce particulière, et Sonnini la regarde comme la femelle de la précédente. Elle en diffère par la teinte rousse de sa tête, et son plumage couleur de plomb.

Enfin, Latham et Gmelin ont donné encore pour une variété la *fauvette verdâtre de la Louisiane ;* mais c'est une espèce très-distincte. *Voy*. Fauvette verdatre.

La Fauvette a tête noire et collier blanc de Sibérie. *V.* Fauvette tschegantschiki.

La Fauvette a tête rouge, *Sylvia petechia*, Latham, pl. 92 des *Ois. de l'Amér. sept.* La très-grande rareté de cet oiseau dans la Pensylvanie, me fait soupçonner que c'est une variété de la *fauvette tachetée de rougeâtre*, avec laquelle il a la plus grande analogie, d'autant plus que j'ai vu des mâles de cette dernière espèce, dont la teinte jaune de la tête étoit orangée; au reste, il n'en diffère que par le beau rouge qui couvre le sommet de sa tête.

L'oiseau désigné par Edwards, pour la femelle, est cette *fauvette tachetée de rougeâtre.*

La Fauvette a tête rousse, *Sylvia ruficapilla*, Lath., a la tête, la gorge et le haut du cou roux; les parties inférieures et le dessous des ailes d'un beau jaune, avec des taches longitudinales d'un roux vif sur le bas du cou, la poitrine et les flancs, pur sur le reste; le dessus du cou et du dos est d'un vert-olive foncé; le croupion, d'un vert-jaune; les pennes des ailes et les couvertures sont d'un verdâtre foncé bordées en dehors d'un vert-olive, à l'exception des moyennes, qui le sont de jaune; les deux pennes intermédiaires de la queue, sont pareilles à celles des ailes; toutes les latérales frangées en dehors de verdâtre, et jaunes à l'intérieur en dessus et en dessous; les pieds bruns; longueur totale, quatre pouces quatre lignes. La femelle diffère du mâle en ce qu'elle a la tête pareille au dos, et la gorge jaune; les taches des parties inférieures peu apparentes, et la couleur jaune plus pâle. Ces descriptions sont d'après nature.

On trouve cette *fauvette* à la Martinique. L'oiseau de la même île, indiqué par le P. Feuillée, sous la dénomination de *chloris erithachorides* (*Observations physiques*), a paru à Buffon être le même que le précédent. « Il a, dit Feuillée, le bec noir et pointu, avec un tant soit peu de bleu à la racine de la mandibule inférieure; son œil est d'un beau noir luisant, et son couronnement, jusqu'à son parement, est couleur de feuille morte ou roux-jaune; tout son parement est jaune, moucheté à la façon de nos *grives* d'Europe, par de petites taches de même couleur que le couronnement; tout son dos est verdâtre; mais son vol est noir, de même que son manteau; les plumes qui les composent ont une bordure verte; les jambes et le dessus de ses pieds sont gris, mais le dessous est tout-à-fait blanc, mêlé d'un peu de jaune, et ses doigts sont armés de petits ongles noirs fort pointus.

« Cet oiseau voltige incessamment, et il ne se repose que lorsqu'il mange. Son chant est fort petit, mais mélodieux. »

La Fauvette tigrée, *Sylvia tigrina*, Lath., pl. 94 des

Oiseaux de l'Amérique septentrionale, est le *figuier tacheté de jaune* de Buffon, il seroit mieux de le dire tacheté de noir puisque ce sont des taches noires qui sont répandues sur un fond jaune. Au reste, il se trouve au printemps dans la Pensylvanie. Il a quatre pouces et demi de longueur; le bec et les pieds noirâtres; la tête et le dessus du corps d'un vert-olive; une bande jaune passe au-dessus des yeux; la gorge, la partie inférieure du cou, la poitrine et les couvertures inférieures de la queue sont d'un beau jaune, avec de petites taches noires; le ventre et les jambes d'un jaune pâle, sans taches; les ailes et la queue d'un vert-olive obscur; les grandes couvertures des ailes terminées de blanc, ce qui forme une bande transversale; les deux pennes latérales de la queue sont blanches à l'extérieur sur la moitié de leur longueur.

La femelle diffère du mâle en ce qu'elle a des taches brunes sur les parties inférieures; le bord extérieur des couvertures et des pennes alaires et caudales d'un gris-blanc; les parties supérieures d'un vert-olive un peu rembruni, et le dessous du corps d'un jaune moins vif.

* La FAUVETTE A TOUPET, *Sylvia subcristata*, Vieill., fréquente les broussailles du Paraguay, les parcourt en tous sens avec beaucoup de légèreté. Elle a sur le sommet de la tête quelques petites plumes étroites et pointues qui forment un toupet ou une huppe de cinq lignes de long, que l'oiseau relève plus ou moins. Ces plumes sont noirâtres et blanches à la base; le reste du dessus de la tête, ses côtés et sa partie postérieure sont d'un brun clair, foiblement mélangé de bleuâtre; le dessus du cou et du corps est brun, et mélangé plus ou moins de verdâtre; les pennes des ailes et leurs grandes couvertures sont noirâtres, et ces dernières terminées de blanc; les pennes de la queue étroites, étagées et brunes, et le côté externe de la première est blanc; la gorge et le devant du cou sont d'un blanc légèrement nuancé de gris de plomb; le reste des parties inférieures est d'un beau jaune; l'iris brun; le bec noir, ainsi que le tarse: longueur totale, quatre pouces deux lignes. Sonnini rapporte cet oiseau au *roitelet mésange* (*sylvia elata*); mais je crois que c'est une espèce distincte. Ce roitelet est plus petit, n'ayant que trois pouces et demi de longueur; en outre, il en diffère par les plumes de sa tête, qui sont couleur de citron; il y a encore d'autres différences dans son plumage. *V.* TYRANNEAU.

La FAUVETTE TRICHAS, *Sylvia trichas*, Lath.; *turdus trichas*, Linn., pl. 85 et 86 *des Oiseaux de l'Am. sept.* (mâle et femelle).

Cet oiseau a été donné pour une *grive* dans le *Systema naturæ* de Linnæus. On le retrouve parmi les *figuiers*, sous la dénomination de *figuier du Maryland* ou *aux joues noires*.

Cette charmante *fauvette* est, pour le chant et les habitudes, le pendant de notre *grisette*; même pétulance, même gaîté; mais à ces qualités, elle joint de jolies et brillantes couleurs; un demi-masque noir, surmonté d'un bord ardoisé clair, lui couvre le front, les tempes jusqu'au-delà de l'œil, et descend sur les côtés du cou; l'occiput et le manteau sont d'un vert-olive, plus foncé sur les ailes et la queue; un beau jaune domine sur la gorge, la poitrine, le ventre et les couvertures inférieures de la queue; le bas-ventre est blanc; le bec noir; les pieds sont jaunâtres: longueur, quatre pouces trois lignes; queue un peu arrondie. La femelle diffère en ce que le noir est remplacé sur la tête et les tempes par un brun verdâtre, qui est la couleur du manteau, des ailes et de la queue; le jaune des parties inférieures du corps est moins vif, et s'affoiblit en gris jaunâtre sur le ventre; le bec et les pieds sont d'une teinte brune, mais plus claire sur les derniers. Cette espèce se trouve dans l'Amérique septentrionale.

* La Fauvette tschecantschiki, *Sylvia tschecantschia*, Lath. Cette espèce a une partie du dessus du corps noirâtre; le dessous ferrugineux; la tête noire; la nuque blanchâtre; le dos noir; un collier blanc; une tache blanche et oblongue, sur chaque aile. On la trouve en Sibérie.

La Fauvette a ventre gris du Sénégal, *Sylvia subflava*, Var., Lath., pl. enl. de Buffon, n.° 584, f. 3, ne diffère de la *fauvette blonde* qu'en ce que la teinte grise est plus claire.

* La Fauvette a ventre jaune doré, *Sylvia flavigastra*, Lath. Cette jolie espèce se trouve à la Nouvelle-Galles du Sud. Un jaune doré règne sur les parties inférieures du corps, mais il est plus foncé sur le menton et la poitrine; une tache noire est entre le bec et l'œil, et entoure celui-ci; une couleur d'un cendré ardoisé couvre la tête, le dessus du cou, le dos, et prend un ton plus foncé sur les ailes et la queue; un beau jaune est sur le croupion; le bec est fin et d'un noir sombre, ainsi que les pieds. Taille de la *fauvette à ventre roux*.

La Fauvette a ventre jaune du Sénégal, *Sylvia flavescens*, Var., Lath., pl. enl. 582, fig. 3, a le haut de la tête, le dessus du corps et la queue bruns; l'aile d'un brun noirâtre, frangée sur ses pennes et ondée sur ses couvertures de brun roussâtre; le devant du corps est d'un jaune clair, et il y a un peu de blanc sous les yeux. Elle n'a pas la queue étagée comme le *figuier tacheté du Sénégal*.

* La Fauvette a ventre et queue jaunes, *Sylvia ochrura*, Lath. Taille du *rossignol;* bec brun; paupières nues; sommet de la tête et nuque d'un brun cendré; cou et dos noirs; croupion et couvertures inférieures de la queue mélangés de blanc et de cendré; gorge et poitrine d'un noir brillant; ventre blanc; pieds noirâtres. Cette espèce habite les montagnes de la Perse. Je soupçonne que c'est un *motteux*.

* La Fauvette a ventre rouge, *Sylvia erythrogastra*, Lath., se trouve dans les monts Caucasiens. On la voit pendant l'été sur le gravier du lit des torrens qui descendent de ces monts. Elle fait sa nourriture ordinaire des semences de l'hippophaë (*hippophae rhamnoïdes*, Linn.), et place son nid sur les branches de cet arbrisseau. Le mâle est noir en dessus, à l'exception du croupion et de la queue, qui sont, ainsi que les parties inférieures, d'un marron clair, et du sommet de la tête, qui est cendré; une tache blanche est sur les ailes; le bec et les pieds sont noirs, et l'iris est brun: longueur totale, sept pouces. La femelle diffère du mâle en ce que son plumage est cendré, qu'elle a du roux seulement au milieu du ventre, et que les deux pennes intermédiaires de la queue sont toutes brunes.

* La Fauvette a ventre roux, *Sylvia rufiventris*, Lath. On remarque quelque analogie dans les couleurs de cette *fauvette de la Nouvelle-Galles du Sud*, avec celles de notre *gorge bleue;* mais cette espèce est près d'un tiers plus grosse; son bec et ses pieds sont noirâtres; sa langue est bifide à son extrémité et plumeuse sur les bords; un gris ardoisé couvre le dessus du corps, s'avance sur les côtés du cou, se colore de bleu sur la poitrine, où il forme une sorte de croissant, sur le fond roux qui s'étend sur le ventre, les jambes et les couvertures inférieures de la queue; la gorge et le devant du cou sont blancs, et les pennes caudales d'égale longueur.

La Fauvette verdâtre, *Sylvia viridicans*, Vieill., *Sylvia atricapilla*, Var.; Lath. Il est difficile de deviner quel est le motif qui a pu décider Latham et Gmelin à faire de cet oiseau une variété de la *fauvette à tête noire;* car la forme de son bec, qui diffère même de celui des fauvettes, comme on peut le voir dans la figure que j'en donne dans mon *Histoire des Oiseaux de l'Amérique sept.*, pl. 1, et ses couleurs sont très-différentes; le seul rapprochement qui existe entre ces deux oiseaux, est la teinte du sommet de la tête, qui est d'un gris un peu noirâtre dans la *fauvette verdâtre*; une raie blanche sale passe au-dessus des yeux, et part de la mandibule supérieure: le tour de l'œil est gris; le dessus du corps verdâtre; cette teinte borde les couvertures, les pennes des ailes et de la queue, qui sont brunes, et couvre les flancs;

le dessous du corps est d'un gris-blanc ; les couvertures inférieures de la queue jaunâtres ; les pieds noirâtres ; le bec est brun en dessus, et de couleur de corne en dessous et sur les côtés. Longueur, quatre pouces sept lignes. L'on ne voit pas de différence entre le mâle et la femelle.

* La FAUVETTE VERSICOLORE, *Sylvia versicolor*, Lath. Bec noir ; pieds d'un brun pâle ; dessus du corps brun, nuancé d'un rouge pourpré ; dessous blanc bleuâtre ; les deux pennes intermédiaires de la queue brunes ; les autres rouges et terminées de blanc. Latham ne fait pas mention de la taille de cet oiseau de la Nouvelle-Galles du Sud.

* La FAUVETTE VERTE DE CEYLAN, *Sylvia cingalensis*, Lath. Un vert à reflets couvre le dessus du corps de cet oiseau ; le devant du cou est orangé ; la poitrine et le ventre sont jaunes ; le bec est brun.

On le trouve à Ceylan.

La FAUVETTE VOILÉE, *Sylvia velata*, Vieill., pl. 74 des *Oiseaux de l'Amérique septentrionale*, passe l'été dans l'Amérique du nord. La face de cette fauvette est à demi-voilée par un bandeau noir qui part des coins du bec, couvre les joues, et qui est attaché sur le front par un liseré d'un brun noirâtre ; le reste de la tête est d'un gris ardoisé, nuancé de vert sur le dessus du cou, sur le dos, le croupion, les couvertures supérieures, les pennes des ailes et celles de la queue, dont le bord externe est d'un vert plus clair ; la gorge et les parties postérieures sont d'un jaune brillant, qui se rembrunit sur les flancs, et qui se salit sur les couvertures inférieures de la queue ; le bec est brun en dessus, jaunâtre en dessous, et le tarse est de cette dernière teinte. Longueur totale, cinq pouces. La femelle a la tête et toutes les parties supérieures d'un vert-olive sombre ; les inférieures d'un jaune pâle. Les jeunes lui ressemblent.

Cette espèce, et particulièrement le mâle, a dans son plumage des rapports avec la *fauvette trichas*, qui se trouve dans le même pays ; mais il en diffère par ses dimensions plus fortes, par la teinte verte des parties supérieures, qui est d'une autre nuance, et en ce que son bandeau n'est point bordé de gris-blanc, et ne s'étend pas autant sur le sommet de la tête. En outre, elle n'en a ni le chant ni les habitudes ; son ramage est aussi agréable et aussi expressif que celui de notre chardonneret. On trouve aussi cette fauvette au Paraguay.

* La FAUVETTE AUX YEUX NOIRS, *Sylvia melanops*, Vieill., se trouve au Paraguay. Elle a cinq pouces et demi de longueur ; l'œil noir ; le bec noirâtre ; le tarse de couleur de plomb ; le derrière de la tête, le bas du dos, le croupion et toutes

les parties inférieures d'un roux foible ; une bande de la même couleur qui part des narines, passe au-dessus des yeux et se termine à la nuque ; une tache noirâtre couvre la paupière inférieure et l'oreille; les plumes du dessus du cou et du haut du dos sont blanches sur la tige, noires à l'intérieur, et d'un plombé clair en dehors ; les petites couvertures supérieures des parties internes de l'aile d'un brun roussâtre ; les grandes des mêmes parties, d'un rouge de carmin à leur origine et à leur bout, et noires sur le milieu ; les autres couvertures brunes ; les pennes secondaires d'un brun noirâtre dans une moitié, d'un rouge de carmin dans l'autre : cette dernière teinte s'étend encore sur le milieu des pennes primaires, qui dans le reste sont d'un brun foncé ; la queue a sa penne extérieure, de chaque côté, et l'extrémité des autres, d'un roux sombre, le reste noir ; le tarse est d'une couleur de plomb, et le bec noirâtre.

* La Fauvette aux yeux rouges, *Sylvia anilis*, Lath., se trouve à la Nouvelle-Galles du Sud, où elle paroît au mois de janvier ; elle a le dessus du corps brun clair ; le dessous blanc terne, excepté les couvertures inférieures de la queue, qui sont jaunes ; l'iris rouge ; le bec et les pieds bruns.

Chasse aux fauvettes. — On les prend aux *gluaux* sur les cerisiers et dans les abreuvoirs (*Voy.* au mot Hochequeue Lavandière, la *chasse aux abreuvoirs.*), aux *raquettes* ou *sauterelles*, et au *collet*. De tous les piéges, celui-ci est le plus généralement connu et pratiqué; c'est le fléau des oiseaux. Il y a différentes espèces de *collets* : les *collets piqués* ou *à piquet* sont ceux qui sont tenus dans des piquets que l'on fiche en terre; les *collets pendus* sont suspendus par un fil comme les suivans ; les *collets traînans* sont attachés à une ficelle qui traîne à terre; tels sont ceux qu'on tend ordinairement aux Alouettes (*V.* ce mot); les *collets à ressort* ont un ressort pour mobile. Pour bien faire un *collet*, on prend quatre crins blancs d'un pied et demi de long à peu près ; on met les extrémités supérieures de deux crins avec les inférieures de deux autres, qu'on noue dans le milieu d'un nœud simple. Ces crins doivent être tors en manière de corde, de façon que quand le nœud fixe est fait, ils ne se détordent plus. Le vrai moyen de réussir à les bien tordre, est de prendre de la main gauche les quatre crins séparés par un nœud dans le milieu, de sorte que les doigts de la même main fassent la séparation de ces crins, que la main droite torde jusqu'à ce qu'on ait rencontré quelque extrémité, qu'on arrête d'un nœud fixe : on coupe, après cela, les extrémités des crins qu'on n'a pas mises en œuvre. Il faut au *collet à piquet* tendu, une distance entre lui et la terre, au moins de deux bons doigts d'intervalle ; on fiche ces *piquets* dans des sentiers de quinze à quinze pas de distance, et l'on forme de chaque côté du *piquet* de petites haies avec de petites branches que l'on nomme *garniture*; cette petite haie empêche les oiseaux, et surtout les *grives*, de passer à côté du *collet* : quand c'est pour prendre ces dernières, il est bon de semer au bas de chacun quelques baies de genièvre pour les amorcer et les amener au piége. Quand les *collets* prennent un mauvais pli, il suffit de les faire tremper pendant quelque temps dans l'eau, pour qu'ils reprennent la disposition à bien faire le cercle. Pour attacher le *collet* au *piquet*, on fait à une baguette de coudre, ou d'autre bois vert, longue d'environ un pied et même plus, une fente avec un couteau, et on fait passer dans cette fente, tandis que le couteau la tient ouverte, l'extrémité d'un *collet* dont le nœud fixe en empêche le retour; l'autre extrémité du *piquet* est aiguisée en pointe, afin de pouvoir être fichée solidement en terre jusqu'à ce que le *collet tendu* n'en soit plus distant que de deux bons travers de doigt. L'autre espèce de *collet*, qu'on pourroit prendre pour un *collet pendu*, s'attache à la cime des buissons de distance en distance. L'on s'en sert ordinairement lorsque les fruits commencent à devenir rares, et on les amorce avec ceux dont les oiseaux se nourrissent communément. Il faut amasser, autant qu'on peut, de ces fruits et de ces baies, et les conserver, afin de s'en servir aussitôt que la disette commencera à se faire sentir. Si l'on n'a pas eu cette précaution, on peut y suppléer avec de fausses baies; mais on ne réussit pas également; cependant c'est toujours un appât pour les grives, si l'on imite celles du buisson ardent.

Le *collet pendu* est celui qui n'est point tenu dans une fente faite à un *piquet* ; une baguette de bois vert, qu'on appelle *volant*, est pliée de cette manière ⊔ au moyen de deux crans qu'on y fait, et liée à ses deux extrémités par un fil qui sert d'attache à plusieurs collets. Il doit y avoir depuis le bas des *collets* jusqu'au *volant*, deux travers de doigt d'intervalle, et on amorce ce piége avec des fruits attachés au fil en face des collets; on fixe le piége contre une branche d'arbre, en le liant par un des côtés du *volant* : pour le placer avantageusement, on cherche quelques buissons isolés et en face des sentiers; les oiseaux apercevant les fruits qui servent d'amorce, donnent dans le piége, et quoiqu'il y en ait de pris, les autres subissent le même sort, tant que les autres *collets* ne sont pas dérangés. Cette chasse est assez lucrative à la fin de l'automne, dans les lieux où les oiseaux frugivores abondent, et surtout après les venanges, si on les amorce avec du raisin; pour les petites espèces, on les amorce avec diverses baies.

Enfin, une autre espèce de *collet pendu* dont on se sert beaucoup en Lorraine, consiste à faire deux fentes à une branche d'arbre, dans chacune desquelles on fixe les deux extrémités d'une baguette, à laquelle on fait prendre une forme demi-circulaire, et l'on attache à sa partie supérieure un *collet* amorcé comme la saison l'exige. Parmi ces différens *collets*, ceux que l'on emploie pour les petits oiseaux, sont les *collets pendus*. Ils ne sont faits que de deux crins, et la distance qui doit se trouver entre eux et le *volant*, ne doit pas être moindre d'un demi-pouce; il arrive souvent de prendre sur le même *volant* deux oiseaux, mais rarement trois. On prend encore des *fauvettes* au *lacet*. *V*. Merle.

§ II. Les Pouillots.

Ce nom imposé à un des plus petits oiseaux d'Europe, paroît venir, comme celui de *poul*, donné au roitelet, de *pullus*, *pusilus*, et désigne également un oiseau très-petit. M. Meyer classe les pouillots dans la quatrième famille de ses *sylvia*, et leur assigne, pour attributs, d'avoir le corps petit, les pieds longs, le plumage en général verdâtre et jaunâtre. M. Cuvier les place dans son genre Figuier. *V*. ce mot. Quant à moi, ne leur trouvant pas des caractères assez tranchés pour les retirer du genre *fauvette*, si ce n'est d'avoir le bec plus foible et plus effilé, je les laisse à leur suite. On trouve des *pouillots* dans toutes les parties du monde. J'ai décrit tous les nôtres d'après nature; leurs mœurs, leurs habitudes et leur chant, m'ont prouvé que M. Meyer étoit très-fondé à en faire des espèces particulières.

Le Pouillot de l'Australasie, *Sylvia Australasiæ*, Vieill., est d'un vert-olive tirant au jaune sur la tête; de cette dernière couleur sur le bord du front, la gorge et le devant du cou; blanc sur les parties postérieures; noirâtre sur les pennes des ailes et de la queue, dont les bords sont d'un vert-jaune; le bec brun; les pieds couleur de chair rembrunie. Taille du *pouillot fitis*.

Le Pouillot collybite, *Sylvia collybita*, Vieill.; *Sylvia rufa*, Bechst. et Meyer. Le mâle a toutes les parties supérieures d'un vert-olive sombre, plus foncé sur la tête; les sourcils et les paupières jaunes; une tache brunâtre en avant et à l'arrière de l'œil; la gorge, le devant du cou et la poitrine d'un jaune roussâtre, avec des ondes jaunes et oblongues; le milieu du ventre d'un blanc sali (d'un jaune roussâtre chez les vieux); les flancs roussâtres; les plumes des jambes d'un gris verdâtre; le pli et les couvertures inférieures des ailes d'un beau jaune; les couvertures supérieures et les pennes d'un gris rembruni et frangées d'olivâtre en dehors ; ces dernières largement bordées de blanc en dessous ; les couvertures inférieures de la queue d'un jaune clair ; ses pennes pareilles à celles des ailes ; le bec brun, jaune sur les bords et en dedans ; les pieds d'un brun noirâtre ; la première penne de l'aile plus courte que la cinquième. Longueur totale, quatre pouces un quart. La femelle diffère du mâle en ce qu'elle est en dessus d'un vert olivâtre clair, et en dessous d'un roux blanchâtre où celui-ci est d'un roux plus prononcé. Les jeunes mâles lui ressemblent après leur première mue. Quelque analogie que ces oiseaux présentent dans leur plumage avec le *pouillot fitis*, la proportion relative de la première et de la cinquième rémiges suffit pour qu'on ne puisse les confondre.

Ce pouillot est, de nos oiseaux printaniers, celui qui se montre le premier. Il revient dans nos régions septentrionales au commencement de mars, et y reste jusqu'à la fin d'octobre. On le voit souvent avec le *fitis* à la cime des arbres dans les forêts et les bosquets ; alors on les confond toujours, tant leur vêtement et leur taille ont d'analogie à une certaine distance ; mais on ne peut s'y méprendre quand ils chantent, leur ramage étant fort différent ; l'un et l'autre préludent par leur cri *tuit*, répété trois ou quatre fois de suite sur un ton bas; ensuite le collybite fait entendre un petit gloussement entrecoupé et des sons argentins détachés, semblables au tintement d'écus qui tomberoient l'un sur l'autre. Quant à la seconde partie du chant que Buffon attribue au même pouillot, elle appartient au *fitis*, ce dont je me suis assuré lorsqu'ils ramageoient l'un et l'autre sur le même arbre et en même temps ou alternativement. Le chant du *collybite* lui a valu, dans divers cantons de la Normandie, le nom de *compteur d'argent*. On l'entend de très-loin, et il m'a paru exprimer les syllabes *typ*, *tap*, répétées sept à huit fois de suite ; la premiere d'un ton élevé. Bechstein le note ainsi en allemand, *zip*, *zap*, *zip*, *zap*, *zip*, *zap*, précédé du cri *throid*. Lorsque les oiseaux sont près de muer, ils se taisent; mais celui-ci chante encore, et souvent jusqu'à la mi-septembre, époque à laquelle il quitte les bois, sa demeure favorite pendant toute la belle saison, pour visiter nos jardins ; alors il ne jette plus que son cri plaintif *tuit*, *tuit*, cri qui, étant pareil à celui des *pouillots à ventre jaune* et *fitis*, a donné lieu de les prendre pour des individus d'une même espèce.

Les *collybites* habitent non-seulement les bocages qui sont sur la lisière des grands bois, mais ils se plaisent aussi dans l'intérieur des forêts épaisses et sombres, et sur les grands arbres qui, dans la Haute-Normandie, entourent les habitations rurales; partout ils préfèrent les endroits les plus frais. Ils placent leur nid sous des feuilles tombées, soit dans un vieux trou de taupes, soit dans les crevasses que laissent entre elles les grosses racines qui s'étendent à fleur de terre. La ponte est de quatre à six œufs blancs, avec des points isolés d'un rouge noirâtre et pourpré, nombreux et confluens vers le gros bout.

J'ai rapporté ce *pouillot* au *sylvia rufa* des auteurs Allemands, quoique la description qu'ils en font offre quelques différences dans les teintes du plumage supérieur qui, selon eux, est d'un gris roux chez le mâle et d'un gris roussâtre chez la *femelle*, laquelle, ajoutent-ils, se distingue encore, en ce qu'elle a le dessous du corps ondé de jaune, ce qui semble indiquer que le mâle est privé de ces ondes: cependant tous les mâles que j'ai examinés et en grand nombre, sont pareils à celui que j'ai décrit ci-dessus. Comme, du reste, leur description dépeint bien le collybite, et que l'historique du *sylvia rufa* de Bechstein lui convient totalement, je ne doute pas que c'est du même oiseau que nous parlons l'un et l'autre.

* Le POUILLOT D'ESPAGNE, *Sylvia mediterranea*, Lath. Cette espèce, décrite par le voyageur Hasselquitz est de la taille du *pouillot commun;* elle en diffère principalement en ce que la partie supérieure du bec est un peu crochue à son extrémité; tout le dessus du corps et la tête sont d'un brun verdâtre; le devant du cou et le haut de la poitrine fauves; le dessous du corps et l'extrémité des couvertures supérieures des ailes ferrugineux. Cet oiseau a été pris à bord d'un navire sur les côtes d'Espagne.

Le POUILLOT FITIS, *Sylvia fitis*, Meyer, a les parties supérieures d'un gris verdâtre. Un trait de la même teinte traverse l'œil; les sourcils, le pli de l'aile et ses couvertures inférieures sont jaunes; les joues, la gorge, la poitrine et les couvertures du dessous de la queue, sont d'un blanc nuancé de jaune; le ventre est d'un blanc argentin pur; les pennes alaires et caudales d'un gris-brun, bordées d'un vert-jaune en dehors, et de blanc en dessous; le bec est brun en dessus, jaunâtre sur les bords, en dedans, et à la base de sa partie inférieure; les pieds sont jaunâtres; la première rémige est plus longue que la cinquième et plus courte que la quatrième; longueur totale quatre pouces trois à quatre lignes. Le plumage de cette espèce varie: des individus ont les sourcils d'un blanc jaunâtre, d'autres les ont blancs, du côté du bec, jaunâtres en dessus et au-delà de l'œil, quelques-uns les ont totalement d'un blanc sale; plusieurs ont la gorge blanche, et seulement quelques taches jaunes oblongues sur le haut de la poitrine. Il en est qui ont toutes les parties supérieures d'un verdâtre rembruni, les joues et le dessous du corps blancs, mais lavé de jaune sur la poitrine. Cette variation dans les nuances, de vert, de jaune et de blanc, ne caractérise point particulièrement l'un ou l'autre sexe; car on la trouve chez les mâles et chez les femelles ; mais les teintes foibles sont toujours l'attribut de celles-ci. Le vert est rembruni, et le dessous du corps est d'un blanc sale chez les jeunes.

Le *fitis* arrive plus tard dans nos contrées que le *collybite;* des mâles se montrent quelquefois vers la fin de mars; mais le plus grand nombre ne paroît que dans les premiers jours d'avril. Il construit son nid à terre, au pied d'un buisson, sur le revers d'un fossé, dans une touffe d'herbes; lui donne une forme ovale, et en place l'entrée sur le devant près du sommet. De la mousse, des herbes grossières sont les matériaux qu'il emploie à l'extérieur ; des plumes, de la laine, du crin, en garnissent l'intérieur. La ponte est de cinq à sept œufs blancs, avec de petites taches roussâtres ou violettes, isolées, quelquefois plus fréquentes vers le gros bout.

Ce pouillot jette le même cri (*thuit*) que le collybite; mais son ramage est très-différent. On ne peut le décrire uniformément; car son expression dépend de la manière dont on l'entend. Suivant Latham, il prononce les syllabes *twit*, *twit*, *twit*, *twit*, *twit*, *twit*, répétées vivement et délicatement; Bechstein le note ainsi en allemand, *didi*, *dihu*, *dehi*, *zia*, *zia*, et lui donne le nom de *fitis* d'après son cri *fit*. Quant à moi, j'ai cru entendre *thuit*, *thuit*, *thuit*, *hiwoen hiwoen whia*, les trois premières syllabes prononcées vivement, les suivantes lentement et la dernière d'un ton plaintif. Je ne doute pas qu'on ne signale encore son ramage d'une autre manière; car il est plus aisé d'imiter le langage des oiseaux que d'en donner une description suffisante.

* Le GRAND POUILLOT de Buffon, *Sylvia trochilus major*, Lath. ; *trochilus lotharingicus*, var., Gm. Oiseau peu connu, d'un quart plus grand que le *pouillot fitis*, et qui a la gorge blanche, un trait blanchâtre sur l'œil ; une teinte roussâtre sur un fond blanchâtre, qui couvre la poitrine et le ventre; la même teinte formant une large frange sur les couvertures et les pennes de l'aile, dont le fond est de couleur noirâtre ; un mélange de ces deux couleurs se montrant sur le dos et la tête.

Le GRAND POUILLOT de Brisson, qui a le double de la grandeur du *pouillot fitis*, est encore un oiseau qu'on ne peut déterminer; Buffon croit que Willughby, d'après lequel Brisson en fait mention, aura pris pour un *pouillot sa fauvette de roseaux* qui lui ressemble assez; enfin, le GRAND POUILLOT de

M. Cuvier est la *motacilla hippolais* de Bechstein, laquelle, cependant, n'a pas le ventre argenté, ainsi qu'il le dit. *V.* ma FAUVETTE LUSCINIOLE.

Le POUILLOT NAIN, *Sylvia pumilia*, *sylvia trochilus*, var. Lath., pl. 100 des *Ois. de l'Amérique septentrionale*, sous le nom de *fauvette naine*. Cet oiseau, le plus petit des pouillots, a trois pouces cinq lignes de longueur totale ; toutes les parties supérieures d'un beau vert, plus clair sur la tête ; toutes les inférieures d'un vert-jaune ainsi que le bord extérieur des pennes alaires et caudales qui sont noirâtres dans le reste. La femelle diffère du mâle en ce qu'elle a le dessus de la tête et du corps d'un brun verdâtre; une bande brune sur les côtés de la tête ; tout le dessous du corps jaune, de même que le bord extérieur des pennes des ailes et de la queue où cette couleur est plus pâle. Le jeune lui ressemble. Ce *pouillot* fait un nid à claire-voie, assez profond, composé seulement d'herbes fines, et artistement construit à la bifurcation de trois petites branches auxquelles il est attaché, de manière qu'il paroît suspendu en l'air. On trouve cette espèce dans le Sud des Etats-Unis, aux Grandes-Antilles et à Cayenne.

Le POUILLOT SYLVICOLE, *Sylvia sylvicola*, Lath. ; *sylvia sibilatrix*, Meyer, est d'un beau vert-jaune en dessus, depuis le front jusqu'à la queue ; d'un jaune clair sur les sourcils, le devant du front, les joues, la gorge et sur la poitrine ; d'un blanc de neige sur les parties postérieures ; un trait jaune est au-dessus de l'œil, et un autre, brun, passe à travers, lequel se prolonge au-delà et part des coins de la bouche. Les pennes alaires et caudales sont d'un gris un peu sombre, frangées de blanc en dessous, bordées en dehors d'un jaune verdâtre, qui est moins vif et plus étendu sur les dernières pennes secondaires ; les couvertures supérieures des ailes sont du même gris, avec une bordure d'un vert-olive ; les inférieures jaunes ; le pli de l'aile est de cette couleur, qui, en dessous, est tacheté de brun ; les plumes des jambes sont pareilles à celles du dos; la queue est grise en dessous et échancrée ; l'iris noisette ; le bec brun en dessus, jaunâtre à la base de sa partie inférieure, sur les bords et en dedans ; le tarse d'un brun jaunâtre; la première penne de l'aile plus longue que la quatrième et égale à la troisième ; la deuxième la plus longue de toutes; longueur totale, quatre pouces deux à quatre lignes; grosseur de la *fauvette babillarde*. La femelle diffère du mâle en ce qu'elle est un peu plus petite et qu'elle a les parties supérieures d'un vert-olive; le jaune des sourcils et de la gorge plus pâle ; cette couleur est très-peu apparente, sur le fond blanc du milieu de la poitrine, et plus terne sur le bord des ailes et sur les couvertures inférieures. Dans cette espèce, comme chez la plupart de nos *fauvettes* et *pouillots*, les mâles arrivent au printemps, huit à dix jours avant les femelles. Ils se montrent dans nos contrées vers la fin d'avril, époque à laquelle on les voit à la cime des arbres, dans les taillis de sept à huit ans, particulièrement sur les bouleaux, d'où ils font entendre leur ramage, qu'accompagne toujours un mouvement d'aile précipité. Leur chant m'a paru approcher de celui du bruant vulgaire (*emberiza citrinella*); mais il est moins fort, moins étendu, et les sons ont plus d'aigreur. Bechstein le note ainsi en allemand, *s*, *s*, *s*, *s*, *r*, *r*, *r*, *r*, *fid*, *fid*, *fid*. Je l'ai indiqué un peu différemment dans la première édition de ce Dictionnaire, à l'article de la *petite fauvette à poitrine jaune;* mais cela dépend de la manière dont il frappe l'oreille, et j'avoue qu'il est difficile d'en fixer l'expression. Leur cri, ainsi que celui des femelles, surtout quand ils ont de l'inquiétude pour leurs petits, est sonore, plaintif, et si fort qu'on a peine à croire qu'il vient d'un si petit oiseau. Ce cri m'a semblé avoir quelque analogie avec le premier son du chant de notre sittelle.

Ce *pouillot* se tenant toujours dans les bois, dans les taillis, et ne fréquentant pas les haies ni les buissons, les personnes qui étudient les mœurs des oiseaux dans leur état de liberté, le reconnoîtront aisément à ce genre de vie ; mais il n'en est pas de même quand on le voit dans les collections, où on le confond avec d'autres pouillots, et surtout le *motacilla hippolais* de Linnæus. Il construit, de même que ceux-ci, son nid à terre, lui donne la forme d'un petit four, et le place sous les arbres des forêts qui portent le plus d'ombrage, entre des racines exhaussées ou au pied d'un petit buisson. L'entrée de ce nid est sur le devant près du sommet ; des tiges d'herbes, séchées sur pied, et de la mousse, sont à l'extérieur ; des herbes fines et de longs crins en tapissent le dedans. La ponte est de cinq à sept œufs blancs, couverts de taches et de points d'un roux foncé, confluens et formant une sorte de couronne vers le gros bout.

Je viens de dire que ce pouillot a été confondu avec le *motacilla hippolais* de Linnæus ; en effet, il est ainsi nommé au Muséum d'Histoire naturelle ; cependant il est certain qu'il n'a pas, comme l'indique la phrase spécifique de cet *hippolais*, les parties supérieures d'un cendré verdâtre, ni les sourcils blanchâtres, et que l'épithète *albidus* ne peut convenir à son ventre qui est d'un blanc de neige. Gmelin, après avoir répété la phrase spécifique de Linnæus, a changé dans la description la couleur du ventre et des sourcils, en disant : *suprà oculos flavicans, abdomen argenteum.* Latham en agit de même pour le *sylvia hippolais ;* mais il a fait de sa *fauvette syl-*

vicole une espèce distincte de son *hippolais ;* c'est en quoi il me paroît très-fondé ; car ces deux oiseaux diffèrent par la couleur des parties supérieures, par la taille, le chant, les œufs et les proportions des premières rémiges. La synonymie de Bechstein porte à faux, car ce n'est ni le *pouillot* ou *chantre* de Buffon, ni le *motacilla trochilus mas.* de Linnæus. Il y a variété de grandeur chez les sylvicoles ou erreur de la part de Latham qui leur donne cinq pouces et demi anglais, tandis que leur taille n'est que de quatre pouces et demi au plus dans les auteurs allemands et chez tous les individus que j'ai eu occasion de voir.

Le Pouillot a ventre jaune, *Sylvia flaviventris*, Vieill. ; *sylvia trochilus*, Lath., a la tête et toutes les parties supérieures d'un vert-olive un peu cendré ; les sourcils, les paupières, la gorge, toutes les parties postérieures, et les plumes des jambes jaunes, les couvertures supérieures et les pennes des ailes, d'un cendré rembruni et bordées de vert-olive à l'extérieur ; les primaires terminées par une petite tache d'un blanc presque jaunâtre, peu apparente sur les quatre premières ; toutes sont frangées de blanc en dessous ; le pli de l'aile et ses couvertures inférieures d'un beau jaune, avec deux petites taches brunes sur le bord interne de la première partie ; les pennes caudales pareilles à celles des ailes ; le bec brun, jaune en dedans, sur les bords et à l'origine de la mandibule inférieure ; le tarse d'un jaunâtre rembruni ; la première rémige plus courte que la quatrième et plus longue que la cinquième ; longueur totale, quatre pouces quatre lignes. La femelle et le jeune diffèrent en ce qu'ils ont les sourcils moins apparens ; toutes les parties inférieures d'un blanc lavé de jaune ; cette teinte est très-foible sur le ventre et sur les couvertures inférieures de la queue. Ce pouillot reste dans nos contrées septentrionales jusqu'à la mi-octobre, quelquefois plus tard, et passe l'hiver dans nos pays méridionaux, où je l'ai vu au mois de décembre. Il habite les bois pendant l'été, et les quitte en septembre pour fréquenter les jardins et les bosquets. Son cri est alors le même que celui des *pouillots collybite et fitis*, et m'a paru exprimer le mot *tuit.* Il le fait entendre souvent à l'automne. Son chant, son nid et ses œufs me sont inconnus ; cependant il niche aux environs de Paris ; car j'ai vu des jeunes au mois de mai. Les œufs, selon Latham, ont des taches rougeâtres sur un fond blanc sale, et le nid est fait en forme de four. Comme le nid et ses œufs ressemblent beaucoup à ceux du *pouillot fitis*, n'y auroit-il pas confusion ?

Je rapproche de ce pouillot le *motacilla trochilus acridula* de Linnæus, et je me fonde sur ce que le peu qu'il en dit lui est applicable, et surtout la tache blanchâtre qui est à la pointe des septième, huitième et neuvième rémiges.

Presque tous les auteurs confondent plusieurs pouillots, quand ils disent qu'il n'y en a qu'une seule espèce en Europe, dont le mâle et la femelle varient dans divers périodes de leur âge ; qu'à une certaine époque ils ont le ventre d'un jaune brillant, à une autre d'un jaune presque blanc, à une autre encore d'un blanc sale ou d'un blanc éclatant. Mais comme je me suis assuré des quatre espèces que je signale, je persiste à dire qu'elles existent réellement dans la nature, et qu'elles se distinguent entre elles, non-seulement par des teintes autrement nuancées, mais encore par leur chant et par les différences que j'ai indiquées à leur article. On ne peut néanmoins disconvenir qu'étant toutes à peu près de la même taille, et couvertes d'un plumage assez analogue, ne différant que par des nuances, qu'ayant un genre de vie à peu près pareil, que toutes construisant leur nid à terre, lui donnant la même forme il est très-difficile de les classer spécifiquement, si on ne les étudie dans la nature vivante, et si l'on ne cherche sur leur extérieur ces caractères distinctifs qui, échappant toujours au premier aperçu, demandent un examen scrupuleux.

Je n'ai rapporté à aucun des pouillots d'Europe le *chantre* de Buffon, parce que n'ayant décrit qu'un seul pouillot avec un plumage variable, il donne comme individus de la même espèce celui-ci, le *collybite* et le *fitis*.

§ III. Des Rossignols.

Un peu plus, ou un peu moins de grosseur ou de longueur dans les oiseaux, ne me paroît pas suffisant pour en faire des espèces particulières, quand leur vêtement est pareil ; mais bien pour indiquer des races, telles qu'on en voit réellement chez nos *bouvreuils*, nos *fauvettes grisette*, *bretonne*, *effarvate*, etc. Il n'en est pas de même, si, outre une dissemblance dans la taille, les oiseaux présentent encore des différences dans le plumage, si peu prononcées qu'elles soient, dans les habitudes, dans le langage et dans les couleurs des œufs ; alors on ne peut disconvenir qu'ils constituent des espèces distinctes, quelque analogie qu'ils présentent d'ailleurs avec d'autres. C'est d'après cet exposé que j'ai cru devoir adopter le sentiment de MM. Bechstein et Meyer, qui ont isolé spécifiquement le *grand rossignol* dont Frisch seul a publié la figure, pl. 2, f. 2, B., et que tous les auteurs ont indiqué comme une simple variété de notre rossignol commun ; sans doute, parce qu'ils n'ont pas connu cet oiseau en nature et qu'ils n'ont eu aucun renseignement sur sa partie historique. Outre qu'il est constamment plus grand que celui-ci, qu'il a la tête plus grosse, que ses couleurs sont plus sombres, il s'en éloigne encore par son ramage, la teinte de ses œufs et les proportions de ses premières rémiges. *V.* son article ci-après. On a donné le nom de *rossignol* à plusieurs oiseaux étrangers, d'après leur chant; mais ce nom n'est propre qu'à deux espèces qui ne se trouvent qu'en Europe, et dont le bec a la forme de celui des fauvettes ; mais qui diffèrent de celles-ci en ce qu'ils ont l'ouverture des narines elliptique, et les tarses couverts d'une écaille d'une seule pièce, prolongée presque jusqu'au métatarse, tandis que chez tous leurs congénères, elle est composée de cinq ou six anneaux. Ils ont, de même que les *bergeronnettes*, les *pipis* et les *rouge-gorges*, un mouvement de queue de bas en haut, très-remarquable quand ils se posent à terre ou qu'ils se perchent.

Le Rossignol commun, *Sylvia luscinia*, Lath., pl enlum. 615, fig. 2 de l'*Hist. nat. de Buffon*, a six pouces de long ; le dessus de la tête et du cou, le dos, le croupion et les plumes scapulaires, les couvertures supérieures des ailes et de la queue, d'un brun tirant sur le roux ; la gorge, le devant du cou, la poitrine, le ventre, d'un gris-blanc ; les flancs gris, ainsi que les jambes ; les couvertures inférieures de la queue d'un blanc roussâtre; les pennes caudales d'un brun-roux; celles des ailes tirant sur le roux en dehors, d'un cendré brun, bordé de roussâtre du côté interne ; les pieds et les ongles de couleur de chair; le bec brun foncé en dessus et gris-brun en dessous ; la queue arrondie, et la première rémige plus courte que la troisième.

La femelle ressemble tellement au mâle, qu'il est très-difficile de la distinguer ; cependant les uns lui donnent l'œil moins grand, la tête moins ronde, le bec moins long et moins large à sa base, surtout étant vu par-dessous ; le plumage moins foncé en couleur ; le ventre plus blanc ; la queue moins touffue et moins large, lorsqu'elle la déploie; elle court, dit-on, çà et là dans la cage, tandis que le mâle se soutient long-temps en la même place, posé sur un seul pied. D'autres prétendent que le mâle a deux ou trois pennes à chaque aile, dont le côté extérieur est noir, et que ses pieds, lorsqu'on les met [illegible] soi et la lumière, et qu'on regarde au travers, paroissent rougeâtres, tandis que ceux de la femelle paroissent blanchâtres. Tous ces signes sont très-équivoques. Quoique j'aie élevé et possédé pendant plus de vingt ans des rossignols mâles et femelles, j'avoue que, malgré l'examen le plus sévère, et souvent répété, je n'ai pu trouver dans le plumage et la taille des différences qui puissent caractériser les sexes d'une manière certaine.

Le jeune mâle se fait connoître par son gazouillement presque aussitôt qu'il mange seul, et le vieux en ce qu'il a l'anus plus gonflé et plus allongé, ce qui forme un tubercule élevé, au moins, de deux lignes au-dessus du niveau de la peau; ce tubercule est très-apparent au printemps, et l'est beaucoup moins dans les autres saisons; c'est dans la plupart des oiseaux, surtout les petits, ce qui indique la différence des sexes. On ne peut admettre un peu plus, un peu moins de grandeur dans la taille pour caractère distinctif, puisqu'il y a des mâles plus petits que des femelles, et des femelles plus petites que des mâles. Avant la mue, le jeune est moucheté de roux clair sur la tête, le dos, les scapulaires et à l'extrémité des couvertures supérieures des ailes; ondé de cette couleur sur le devant du cou et sur la poitrine; d'un blanc nuancé de gris-brun sur les flancs, et il est pareil aux adultes sur les pennes des ailes et de la queue.

On désigne plusieurs races dans cette espèce : mais sont-elles réelles? c'est ce que j'ai peine à croire; quoi qu'il en soit, on les divise d'après les lieux qu'elles habitent, en *rossignols de montagne*, qui sont les plus petits, en *rossignols de campagne*, qui sont de moyenne grandeur, et en *rossignols aquatiques;* ceux-ci ont plus de grosseur, sont plus robustes et meilleurs pour le chant; quelques-uns prétendent qu'ils ont le gosier plus humide et moins éclatant que ceux qui vivent dans les lieux secs. Enfin, d'autres assurent que ces rossignols aquatiques sont des ROUSSEROLLES (*V.* ce mot). J'ai pris des rossignols sur les montagnes, dans les plaines et au bord des eaux; je n'ai vu entre eux d'autres différences que celles qu'on aperçoit dans tous les oiseaux de la même espèce; savoir, un plumage dont les nuances sont plus ou moins foncées; une taille plus ou moins forte; un chant plus ou moins parfait. Parmi les variétés accidentelles, on remarque le *rossignol blanc.*

Quant aux oiseaux étrangers à l'Europe, auxquels on a donné le nom de rossignol, parce que leur chant surpasse en mélodie celui des autres volatiles de leur pays, ce ne sont point de vrais rossignols. Celui des Antilles est une espèce de *moqueur;* celui du Canada est un *troglodite;* celui de Virginie est un *gros-bec*, etc.

L'espèce du rossignol appartient à l'ancien continent; elle habite l'Europe depuis l'Italie et l'Espagne jusqu'à la Suède; elle se trouve aussi en Sibérie et dans une partie de l'Asie; on assure même qu'on la voit au Japon et à la Chine; mais il est des pays où elle se plaît plus que dans d'autres. Il en est même où elle ne s'arrête point; l'on cite, en France, le Bugey, jusqu'à la hauteur de Nantua; une partie de la Hollande, l'Ecosse, l'Irlande, et quelques contrées du nord de l'Angleterre.

Les rossignols nous quittent en automne; on n'en trouve

même pas en hiver dans nos contrées méridionales. Comme l'on n'avoit pas de certitude qu'il y en eût en Afrique, on a jugé qu'ils se retiroient en Asie ; mais l'on sait présentement que ceux d'Europe s'y réfugient pour y passer la mauvaise saison. Sonnini, à qui nous devons des observations suivies et judicieuses sur les oiseaux voyageurs, nous assure qu'il y a des rossignols dans la contrée la plus orientale de l'Afrique, et qu'ils arrivent en automne dans la Basse-Egypte. « J'en ai vu plusieurs pendant l'hiver, dit ce savant voyageur, sur les plaines fraîches et riantes du Delta ; j'ai été aussi témoin de leur passage dans les îles de l'Archipel. Dans quelques parties de l'Asie Mineure, comme la Natolie, ajoute-t il, le rossignol est commun, et ne quitte point les forêts ni les bosquets qu'il s'est choisis. Au reste, pendant leur passage dans les îles du Levant et leur séjour sur les plages qui leur sont étrangères, puisqu'ils ne se livrent point à la reproduction de leur espèce, les rossignols ne déploient pas leur chant mélodieux. » Il n'y a pas de doute qu'il en est qui se retirent dans la Barbarie ; car, lorsqu'au printemps et à l'automne on observe leur marche en France, on voit qu'ils sont plus nombreux à l'arrière-saison dans nos contrées voisines de la Méditerranée, qu'en tout autre temps ; on les y rencontre lorsqu'ils ont totalement disparu de nos pays septentrionaux, et près d'un mois plus tôt; je les ai entendus, au commencement de mars, chanter dans les bosquets qui sont aux environs de Bayonne ; ce n'est qu'à mesure que les frimas s'éloignent, qu'ils s'avancent vers le Nord; ils partent et reviennent avec les fauvettes, les figuiers, les bec-figues et les autres insectivores. L'habitude de voyager les maîtrise tellement, que ceux qu'on tient en cage s'agitent beaucoup, surtout la nuit, aux époques ordinaires marquées pour leur émigration. Ils fuient non-seulement les grands froids, mais ils cherchent un pays où ils puissent trouver une nourriture convenable.

Le rossignol, d'un naturel timide et solitaire, voyage, arrive et part seul ; il paroît dans nos provinces à la fin de mars, se tient alors le long des haies qui bordent les terrains cultivés et les jardins, où il trouve une nourriture plus abondante que partout ailleurs; mais il y reste peu de temps, car dès que les forêts commencent à se couvrir de verdure, il se retire dans les bois et les bosquets, où il se plaît sous le plus épais feuillage ; l'abri d'une colline, le voisinage d'un ruisseau, la proximité d'un écho, sont les endroits qu'il préfère ; le mâle a toujours deux ou trois arbres favoris, sur lesquels il se plaît à chanter, et ce n'est guère que là qu'il donne à son ramage toute l'étendue dont il est susceptible ; il en est cependant un plus préféré que les autres, c'est celui qui est le plus proche du nid sur lequel il ne cesse d'avoir l'œil. Une fois apparié, il ne souffre aucun de ses pareils dans le canton qu'il a choisi ; l'étendue de son arrondissement semble dépendre du plus ou du moins d'abondance dans la subsistance nécessaire à sa famille ; mais où la nourriture abonde, la distance des nids est beaucoup moindre ; cependant la jalousie y entre pour quelque chose, puisque les mâles se battent à outrance pour le choix d'une compagne ; ces combats se répètent souvent à leur arrivée ; car, dans cette espèce, les femelles sont beaucoup moins nombreuses que les mâles.

Vers la fin d'avril ou au commencement de mai, chaque couple travaille à la construction de son nid ; des herbes grossières, des feuilles de chêne sèches, et en grande quantité, sont employées en dehors ; des crins, des petites racines, de la bourre, garnissent le dedans ; le tout est lié ensemble, mais d'une manière si fragile, que, dès qu'on déplace le nid, tout l'édifice s'écroule. Il le construit ordinairement près de terre, dans les broussailles, au pied d'une haie, d'une charmille, ou sur les branches les plus basses de quelque arbuste touffu. La ponte est de quatre à cinq œufs, d'un brun verdâtre. Le mâle, dit-on, n'en partage pas l'incubation, ce qui seroit une exception à l'ordre établi pour les insectivores, qui soulagent leurs femelles dans ce travail vers le milieu du jour ; mais une telle exception demande, pour être confirmée, de nouvelles observations, puisque tous ceux qui en parlent, paroissent ne le faire que d'après un ouï-dire.

La femelle, ajoute-t-on, ne quitte le nid qu'une fois le jour, sur le soir, pour chercher sa nourriture ; d'après cela, elle ne prendroit sa subsistance que toutes les vingt-quatre heures, ce qui seroit bien long pour un oiseau qui ne vit que d'insectes ; mais, ce qu'on ne dit pas, c'est que le mâle y supplée dans le courant de la journée. Dès que les petits sont éclos, le père et la mère en prennent un soin égal ; mais ils ne leur dégorgent pas la nourriture, comme font les *serins*, ainsi que le disent Montbeillard et Mauduyt ; en cela ils ne diffèrent pas des autres insectivores ; ainsi que ceux-ci, ils n'ont point de jabot ; ils remplissent leur bec jusqu'à l'æsophage de vermisseaux, de petites chenilles non velues, d'œufs de fourmis, et d'autres insectes qu'ils distribuent également à leurs petits ; et même, lorsque la nourriture est en abondance près de leur nid, ils se contentent de la porter au bout de leur bec, ainsi qu'ils le font lorsqu'ils nourrissent leurs petits en volière. Ceux-ci ont le corps couvert de plumes en moins de quinze jours, et quittent le nid avant de pouvoir voler ; on les voit alors suivre leurs parens en sautillant de branche en branche ; dès qu'ils peuvent voltiger, le mâle se charge seul du reste de l'éducation, tandis que la femelle s'occupe d'un nouveau nid pour sa seconde ponte. Elle en fait ordinairement deux par an, rarement trois, du moins dans nos contrées, à moins que les premières n'aient été détruites, ce qui arrive souvent d'après la position du nid.

Dès que le rossignol a des petits, il cesse de chanter, et rarement on l'entend pendant la deuxième couvée, pour peu qu'elle soit tardive; mais il jette souvent, et surtout le soir, un cri perçant qui s'entend de loin, *whit*, *whit*, et une sorte de croassement *errrre*, qui ne s'entend que de près, et que le père et la mère répètent sans cesse lorsqu'on approche du nid ou des petits envolés : cris d'inquiétude et d'alarme, qui, bien loin de les sauver, les décèlent, et les exposent au danger; cependant, à ce signal, la jeune famille reste immobile, se blottit sur les branches ou se cache dans les broussailles, et garde surtout le plus profond silence.

Vers la fin d'août, et même plus tôt, si leur nourriture habituelle devient rare dans les bois, tous, vieux et jeunes, les quittent pour se rapprocher des haies vives, des terres nouvellement labourées, des jardins, lieux où elle est plus abondante, et à laquelle ils joignent les baies tendres, les fruits du sureau, etc. Alors leur chair, prenant beaucoup de graisse, acquiert cette délicatesse qui les fait rechercher, surtout en Gascogne; mais ni là ni ailleurs, on ne les engraisse pour la table, comme le disent quelques naturalistes; ils le sont naturellement, ainsi que les *fauvettes*, les *bec-figues*, et la plupart des oiseaux à bec fin; on les prend alors le long des haies, avec des crins et des lacets.

De tous les oiseaux, le rossignol est celui qui a le chant le plus harmonieux, le plus varié et le plus éclatant; je n'en puis excepter le *moqueur*, qu'on a mis beaucoup au-dessus, mais qui doit descendre au second rang; du moins telle est mon opinion, basée sur la comparaison. Il n'est pas un seul oiseau chanteur que le rossignol n'efface; il réunit les talens de tous; il réussit dans tous les genres. On compte, dans son ramage, seize reprises différentes, bien déterminées par leurs premières et dernières notes; il le soutient pendant vingt secondes, et la sphère que remplit sa voix a au moins un mille de diamètre. Le chant est tellement l'attribut de cette espèce, que la femelle, assure Montbeillard, a un ramage moins fort, il est vrai, et moins varié que celui du mâle, mais qui, du reste, lui ressemble; enfin, le rêve du rossignol est un gazouillement; aussi l'a-t-on nommé le *coryphée des bois*. Ce qui charme dans cet oiseau, c'est qu'il ne se répète pas comme les autres; il crée à chaque reprise; du moins, s'il redit quelque passage, c'est avec un accent nouveau, embelli de nouveaux agrémens. Qui peut l'écouter sans ravissement, dans ces belles nuits du printemps, dans ces temps calmes, où sa voix n'est offusquée par aucune autre? C'est alors qu'il déploie, dans leur plénitude, toutes les ressources de son incomparable organe, dont l'éloquent coopérateur de Buffon nous fait une peinture aussi brillante que fidèle. (*Voyez* l'article du ROSSIGNOL, dans son *Histoire naturelle.*) Mais, avare des beautés de son flexible gosier, il n'est plus le même dès le solstice d'été, et s'il se fait encore entendre, ses sons n'ont ni ardeur ni constance, et quelques jours après, *le chantre de la nature* se tait. Ce ramage inimitable est alors remplacé par des cris rauques et une sorte de croassement, où l'on ne reconnoit point du tout la mélodieuse Philomèle; ce qui autrefois a donné lieu de lui imposer en Italie un autre nom dans cette circonstance.

Bechstein étant le seul auteur qui ait exprimé d'une manière exacte le ramage de ce rossignol, je vais transcrire ici ce qu'il en dit, pour ceux qui ne possèdent pas son ornithologie, en rapprochant, autant qu'il me sera possible, la prononciation allemande de la nôtre, soit en changeant ou en ajoutant quelques lettres. Je crois que ceux qui sont un peu familiarisés avec le chant de cet oiseau, jugeront comme moi, qu'on ne peut guère en donner une meilleure idée:

Tiouou, tiouou, tiouou, tiouou,
Schpe tiou tokoua,
Tio, tio, tio, tio, tiotia,
Kououtio, kououtio, kououtio, kououtio, kououtio:
Tskouo, tskouo, tskouo, tskouo,
Tsii, tsii, tsii, tsii, tsii, tsii, tsii, tsii, tsii, tsi.
Kouorror tiou tskoua pipitskouisi.
Tso tso tso tso tso tso tso tso tso tso tso tso tsirrhading!
Tsisisi tosisisisisisisi,
Tsorre tsorre tsorre tsorrehi;
Tsatn tsatn tsatn tsatn tsatn tsatn tsatn tsi.
Dlo dlo dlo dlo dlo dlo dlo dlo dlo:
Kouioo trrrrrrr itzt.
Lu lu lu ly ly ly ly li li li li,
Kouio didl li loulyli.
Ha guour guour koui kouio!
Kouio kououi kououi kououi koui koui koui koui, ghi ghi ghi;
Gholl gholl gholl gholl ghia hadudoi.
Koui koui horr ha dia dia dillhi!
Hets hets hets hets hets hets hets hets hets hets hets hets hets hets hets kwarrho hostehoi;
Kouia kouia kouia kouia kouia kouia kouia kouiati;
Koui koui koui io io io io io io io koui.
Lu ly li le la lo lo didi io kouia.
Higuai guai guai guai guai guai guai guai guai tsiotsiopi kouior.

On a cherché les moyens de jouir long-temps du ramage

de cet oiseau ; mais pour conserver à sa voix le charme qui, dans l'oiseau libre, disparoît avec ses amours, il faut le tenir en captivité ; ce n'est pas assez ; il exige de la patience, des attentions ; il faut lui prodiguer des soins que ne demandent pas les autres, car c'est un captif d'une humeur difficile, qui ne rend le service desiré, qu'autant qu'il est bien traité.

Manière d'élever et de conserver les rossignols en volière. — On se procure des rossignols de trois manières ; dans le nid, en automne, et au printemps à leur arrivée. Pour trouver un nid de rossignol où il y a des petits, il faut aller le matin au lever du soleil, et le soir au soleil couchant, près du lieu où l'on a toujours entendu chanter le mâle, ce qu'il ne fait ordinairement que peu éloigné du nid ; on s'y tient tranquille sans faire de bruit ; les allées et venues du père et de la mère, les cris des petits indiqueront certainement l'endroit où il est; ce moyen est presque immanquable. Il faut se garder, dès qu'on veut les élever à la brochette, de les tirer hors du nid avant qu'ils ne soient bien couverts de plumes. On doit préférer ceux de la première ponte; ils sont toujours plus vigoureux, et ils chanteront plus tôt ; en outre, la mue qui en fait périr une partie, les prend dans les chaleurs, et ils sont plus en état de la supporter. On les met avec le nid et de la mousse, dans un panier dont le couvercle est à claire-voie, et que l'on couvre, pendant la nuit, d'une étoffe chaude; il faut surtout prendre garde qu'ils ne sortent du panier après leur avoir donné la becquée, de peur qu'ils ne prennent dans le moment la goutte, qui est pour eux un mal incurable. On les tient dans ce panier très-proprement jusqu'à ce qu'ils puissent bien se soutenir sur leurs jambes; alors on les mettra dans une cage dont le fond est garni de mousse. Il faut savoir leur donner la nourriture et la leur refuser à propos ; ils sont si délicats que le moindre excès peut les étouffer. On ne doit pas avoir égard à leur demande réitérée, car ils ouvrent le bec à tout moment, soit qu'on les approche, soit qu'on touche au nid ; il faut donc, pour réussir, ne pas s'écarter du régime suivant. On leur donne la première becquée une demi-heure après le lever du soleil, la seconde une heure après, et ainsi d'heure en heure jusqu'à la dernière, qui est vers le soleil couchant ; après il faut les refuser, quoiqu'ils demandent ; mais la dernière doit être plus forte que les autres, à cause de la nuit. On se sert pour cela d'une petite brochette de bois, bien unie, un peu mince par le bout, et de la largeur d'environ le petit doigt, et on ne leur donne à chaque fois que quatre becquées ; après trois semaines ou un mois au plus, ils mangent seuls, et les mâles commencent à gazouiller; alors on les sépare et on les met dans différentes cages, car ces oiseaux aiment à vivre seuls. La nourriture qui leur convient est celle indiquée pour les vieux, à laquelle on donne la consistance nécessaire pour pouvoir la prendre avec la brochette. Quelques curieux font des boulettes du diamètre d'une plume à écrire, et composées de cœur de mouton ou de veau cru, dont on a enlevé exactement les membranes, les tendons et la graisse ; ils leur en donnent deux ou trois, à huit ou dix reprises différentes par jour; on peut remplacer ces boulettes avec du jaune d'œuf dur, coupé par petits morceaux ; il les font boire deux ou trois fois par jour, avec un peu de coton trempé dans l'eau; enfin, une pâte faite de mie de pain, de chènevis broyé, de bœuf bouilli et de persil haché, est employée avec succès; mais la première indiquée est la meilleure de toutes.

Comme ces oiseaux sont très-délicats, on ne réussit pas toujours complétement; c'est pourquoi on doit, si on le peut, les faire soigner par le père et la mère : pour y parvenir, on tend près du nid le filet, *rets sillant*, ou deux nappes à petites mailles, si le terrain le permet, on les garnit de vers de farine attachés à des piquets, et l'on a bientôt pris le mâle et la femelle. Aussitôt qu'on est de retour, on les met avec le nid et les petits dans un cabinet très-peu éclairé. On leur donne à boire et à manger dans trois pots de faïence peu profonds; dans l'un est l'eau, dans un autre sont cinquante à soixante vers de farine, et dans le troisième la nourriture indiquée, à laquelle on joint des œufs de fourmis : pour les décider plus tôt à manger, on jette de ces derniers en abondance sur le plancher; on les traite enfin, quant à la nourriture, ainsi que les rossignols nouvellement pris, dont je parlerai ci-après. J'ajouterai à cela qu'on doit les familiariser avec leur nouveau domicile, y mettre des paquets de branches garnies de feuilles, et couvrir le plancher de mousse. Les arbres en caisse, toujours verts et touffus, comme lauriers, buissons ardens, etc., conviendroient encore mieux, d'autant plus qu'il en résulte un avantage très-grand pour leur tranquillité, puisqu'on ne seroit pas obligé d'entrer dans leur prison pour changer la verdure. En opérant ainsi, on a bientôt la satisfaction de voir le père et la mère prendre des vers de farine, des œufs de fourmis et de la pâtée pour les donner à leurs petits; cette pâtée sera composée comme la première indiquée ci-dessus. Ces oiseaux ont une telle affection pour leurs petits, qu'ils oublient promptement la perte de leur liberté, leur prodiguent les mêmes soins que dans les bois, et montrent pour eux la même sollicitude ; ils jettent aussi le cri d'alarme si quelque chose les offusque; et à ce cri, leur jeune famille se cache aussitôt dans la mousse et la feuillée. Ceux qui veulent les faire nicher au printemps suivant (*Voyez* ci-après la manière de le faire), conservent les vieux, et ont soin de les séparer en les mettant dans des cages particulières ; autrement, on doit donner la liberté à la femelle, ainsi qu'aux jeunes de son sexe, qu'on reconnoît facilement à leur silence ; au contraire les jeunes mâles, ainsi que je l'ai déjà dit, commencent leur ramage dès qu'ils mangent seuls : ainsi donc on peut être certain qu'un jeune qui, un mois après, ne gazouille pas, est une femelle. Il y a encore d'autres moyens pour s'épargner la peine de soigner soi-même des petits, comme celui de les faire élever par des vieux accoutumés à la cage. Si l'on désire les connoître, on peut consulter le *Traité du Rossignol*, pag. 78 et suivantes.

Les jeunes qu'on doit préférer, sont ceux de la première ponte ; on peut leur donner tels instituteurs que l'on voudra ; mais les meilleurs, si l'on ne désire que leur ramage, sont les vieux rossignols, et l'on choisit celui qui a la plus belle voix, car tous ne chantent pas également bien. A mesure que le jeune mâle avance en âge, sa voix se forme par degrés, et est dans toute sa force sur la fin de décembre ; il apprend facilement des airs étrangers, sifflés à la bouche, ou des airs de flageolet, si on les lui fait entendre assidument pendant quelques mois ; il apprend même, dit-on, à chanter alternativement avec un chœur, à répéter ses couplets à propos, et même à parler la langue que l'on voudra ; mais il faut faire le sacrifice de son chant naturel, ou il le perd en entier, ou il est en partie gâté par ces sons étrangers, et souvent on finit par le regretter ; puisque sa variété qui en fait le principal mérite, est remplacée par une monotonie qui, à la longue, devient ennuyeuse ; enfin, un autre inconvénient qui n'arrive que trop souvent, c'est qu'il oublie une partie du premier, et n'apprend qu'une partie du second ; d'où il résulte un chant coupé et très-imparfait. Cependant, si l'on veut lui apprendre quelques airs, on s'y prend de cette manière : on le met, dès qu'il commence à gazouiller, dans une cage couverte de serge verte, que l'on place dans une chambre écartée de tous oiseaux quelconques, jeunes ou vieux, afin qu'il n'entende pas leur ramage ; de plus, toute personne, autre que celle qui en a soin, doit s'abstenir d'y entrer ; car une très-grande tranquillité lui est nécessaire. On accroche cette cage près de la fenêtre, dans les premiers huit jours, après quoi on l'en éloigne peu à peu, jusqu'à ce qu'elle soit dans l'endroit de la chambre le plus sombre, où l'oiseau doit rester tout le temps qu'on sera à l'instruire. Six leçons par jour suffiront ; deux le matin, en se levant, deux dans le milieu de la journée, et deux le soir en se couchant ; celles du matin et du soir seront les plus longues, parce que c'est l'instant qu'il est plus attentif ; on répète à chaque leçon, dix fois, au moins, l'air qu'on lui apprend ; on le siffle, on le joue tout de suite, sans répéter deux fois le commencement et la fin. Il peut exécuter deux airs avec facilité ; mais si on lui en apprend plus, il arrive souvent qu'il les confond, et ne sait rien parfaitement.

L'instrument dont on se sert doit être plus moelleux et plus bas que le petit flageolet ordinaire ou les serinettes propres à siffler les serins ; un gros flageolet fait en flûte à bec, dont le ton est grave et plein, convient mieux au gosier du rossignol; mais celui qui me paroît remplir le but désiré, est une serinette à bouvreuil que l'on nomme *bouvrette* ou *pione* ; il se fabrique à Mirecourt, où il est connu sous ces noms. Cependant on doit avertir l'instituteur de ne pas se rebuter et abandonner son écolier, parce qu'il l'entend toujours gazouiller comme à son ordinaire, sans donner aucun signe d'instruction après sa mue et même pendant l'hiver, car ce n'est souvent qu'au printemps que plusieurs répètent les airs qu'ils ont appris. On ne doit pas espérer de réparer la faute qu'on a faite en cessant de l'instruire, car à cet âge il n'est plus susceptible d'éducation. Parmi les jeunes qu'on élève, il s'en trouve qui chantent la nuit, mais la plupart commencent à se faire entendre le matin sur les huit à neuf heures dans les jours courts, et toujours plus matin à mesure que les jours croissent.

Les jeunes pris vers l'automne doivent être traités de la même manière que les vieux ; ils n'ont sur ceux-ci que l'avantage de chanter pendant l'hiver, dès la première année, et de se familiariser plus volontiers.

Si l'on veut faire chanter le rossignol captif, il faut, comme je l'ai dit, le bien traiter dans sa prison, tâcher de lui rendre sa captivité aussi douce que la liberté, en l'environnant des couleurs de ses bosquets, en étendant la mousse sous ses pieds, en le garantissant du froid et des visites importunes, en lui donnant surtout une nourriture abondante et qui lui plaise ; à ces conditions il chantera au bout de huit jours, et même plus tôt s'il est pris avant d'être apparié, c'est-à-dire, avant le 25 avril ; autrement il est très-rare qu'il ne succombe à la perte de sa femelle ; mais il ne chante plus ou très-peu s'il est pris après le 15 de mai.

Il y a trois sortes de cages qui conviennent aux rossignols : la première sert à mettre l'oiseau aussitôt qu'il est pris ; elle est couverte en dessus d'une serge verte, construite en planches, en forme de caisse carrée de seize pouces de longueur sur quatorze de hauteur et dix de profondeur, fermée par-devant d'une grille de fer ou de bois couverte comme le dessus ; la porte est sur le côté dans le bas, et assez grande pour que la main puisse y entrer et sortir aisément, et pouvoir donner à manger et à boire au rossignol sans l'effaroucher. Au-dessus du pot destiné à mettre la mangeaille, on pratique au haut de la cage un petit trou auquel on adapte un entonnoir de fer blanc, par lequel l'on fait tomber la pâtée et les vers de farine dans le vase qui est au-dessous, ce qui évite de troubler l'oiseau plusieurs fois par jour, ce à quoi l'on seroit forcé sans cela, vu qu'il lui faut donner des vers au moins à trois reprises. Le pot à boire est de l'autre côté de la porte, et placé de manière qu'on puisse le prendre et le remettre sans déranger la cage, et sans bruit. On fixera cette cage sous un petit auvent au-dehors d'une fenêtre, de manière qu'on puisse atteindre à la porte sans rien déranger. L'exposition du Levant étant la meilleure, doit être préférée ; celle du Midi fatigue l'oiseau, l'empêche de chanter, le dessèche, et souvent le rend aveugle au bout de quelques mois. La cage doit y rester pendant toute la saison du chant, et il ne faut pas la nettoyer tant qu'il sera dans cette prison, de peur de l'effaroucher ; il n'en résulte aucun inconvénient pour ses pieds, car il ne quitte les juchoirs que pour boire et manger. Lorsqu'il a cessé de chanter, on la retire et on la tient dans la chambre ; et pour l'accoutumer peu à peu au grand jour, on élève insensiblement la serge qui est devant le grillage.

La seconde est celle où il doit toujours rester, et dans laquelle on le met lorsqu'il est moins sauvage. Cette cage a la même forme que la précédente, est ouverte sur le devant, et a une seconde porte au milieu des barreaux, afin de pouvoir donner la liberté au rossignol quand on le veut ; on place les pots au boire et au manger de chaque côté de cette porte à la hauteur d'un doigt, près des bâtons, en dedans de la cage et dans un petit cercle de fer : elle doit avoir un double fond qui se tire quand on veut la nettoyer ; on peut même s'éviter l'embarras de le faire souvent, en mettant dans le fond de la mousse, sur laquelle la fiente de l'oiseau se dessèche promptement, et ses pieds, par ce moyen, restent toujours propres. L'entonnoir devient inutile, puisqu'en lui présentant des vers de farine, on l'accoutume facilement à venir les prendre à la main ; il faut lui en donner peu, car ce mets, qui est pour lui une friandise, le fait maigrir ; on doit aussi éviter d'en mettre dans la pâtée, à moins qu'ils ne soient coupés, vu que se réfugiant dans le fond du pot, le rossignol jette toute sa mangeaille pour les avoir, et la jette souvent dans la suite pour les chercher, quoiqu'il n'y en ait pas.

Enfin, la troisième sert pour mettre un rossignol aveugle, ou aveuglé exprès pour en tirer un chant plus continu ; elle doit être petite et n'avoir que trois juchoirs, un pour le boire, un autre pour le manger, et le troisième au milieu de la cage. Elle doit être faite de sapin ou de hêtre bien sec et bien sain ; les planches doivent être très-minces ; l'ouverture est, comme dans les précédentes, sur le devant ; sa longueur est de sept pouces et demi, sa hauteur d'un pouce de plus, et sa profondeur de quatre et demi ; les deux premiers juchoirs sont éloignés des pots de seize lignes tout au plus ; ces pots sont placés dans de petits cercles de fil-de-fer sur chaque côté en dedans de la cage, et couverts en dehors d'une grille de fer voûtée. Cette cage doit aussi avoir son tiroir pour la nettoyer.

Le GRAND ROSSIGNOL, *Sylvia philomela*, Meyer, t. 21, f. 1. B. de Frisch, sous le nom du *sprossvogel*. Il a toutes les parties supérieures d'un brun sale ; la gorge blanche et bordée de brunâtre ; la poitrine d'un gris clair, ondé de gris-brun ; le ventre d'un blanc sale ; les ailes d'un brun foncé ; les petites couvertures bordées de roux ; les pennes et les couvertures supérieures de la queue, larges et d'un brun-roux, mais plus foncé que chez le précédent ; le bec d'un brun de corne en dessus, d'un blanc jaunâtre en dessous ; les pieds d'un gris blanchâtre ; les ongles bruns ; la queue arrondie, et la première rémige plus longue que la troisième. Longueur totale, six pouces et demi.

Le *grand rossignol* niche dans les buissons aquatiques ; sa ponte est composée de quatre ou cinq œufs, plus gros que ceux du *rossignol commun*, d'un brun-olive, ondé d'un brun sombre. On ne le rencontre point en France, mais bien dans diverses contrées de l'Allemagne, notamment dans la Poméranie où se trouve aussi l'espèce précédente, dont il diffère non-seulement par des couleurs plus sombres, par les ondes de sa poitrine, par des dimensions et des proportions plus fortes, mais encore par son ramage. Sa voix est d'une telle force qu'on ne peut guère le garder dans un appartement. Il chante avec plus de lenteur que l'autre ; ses airs, ses coups de gosier sont moins variés, ses sons moins flûtés ; son timbre est moins agréable, point de cadence, point d'accords finaux ; phrases sans liaison, ramage coupé et composé de couplets isolés comme celui de la grive ou de la draine, mais plus agréables et plus variés. On l'entend de plus loin que le *rossignol commun*, surtout pendant la nuit.

Chasse aux Rossignols.—On les prend à la *pipée*, aux *gluaux*, avec le *trébuchet à mésanges*, notamment le *trébuchet ædonologique*, qui est le plus commode et le plus en usage, parce qu'il est très-subtil et peut se mettre à la poche. Je ferai observer que les petits piéges qu'on emploie pour prendre les rossignols destinés à la cage, doivent être couverts d'un taffetas vert, au lieu d'un filet dans lequel leurs plumes peuvent s'embarrasser, et où ils pourroient perdre les pennes de la queue, ce qui retarderoit leur chant, car j'ai remarqué qu'un rossignol qui en est privé garde le silence; comme ces pennes ne repoussent qu'à la mue, ils ne chanteroient pas de toute la saison. Cette particularité dans les rossignols n'est pas connue de beaucoup d'amateurs, qui leur arrachent la queue lorsqu'elle est gâtée, croyant qu'elle repousse promptement, ainsi que fait celle des autres oiseaux. Cette suppression qui, au printemps, les prive de leur chant, s'ils sont captifs, l'avance, au contraire, au temps de la mue, si on devance l'époque où elles doivent tomber naturellement.

Le trébuchet œdonologique se fait de deux demi-cercles de fer, dont on se sert pour les cages des perroquets, et de huit pouces de diamètre, dont un est du double au moins plus fort que l'autre : le premier sert de ressort, et l'autre de battant. Il y a un trou à chaque bout du plus gros, par lequel on passe de la ficelle double, menue et très-forte ; dans les ficelles, on arrête le second par les deux bouts, au moyen de deux petits morceaux de bois plats. Aux deux demi-cercles sera attaché le filet de soie, ou plutôt le taffetas, qui doit être un peu large, afin que le rossignol y étant pris, ne se trouve pas trop à l'étroit. On tend ce piége par le moyen d'un piton de bois pointu ; on le passe au milieu des ficelles doubles ; on le tourne assez pour que le trébuchet soit bien bandé, et on l'enfonce ensuite en terre jusqu'à la tête, au moyen de quoi le trébuchet se trouve fermé et posé contre terre. On a un autre piton de bois à crochet pour mieux fixer le premier demi-cercle, et afin qu'il ne s'élève point du derrière lorsque l'autre se ferme.

Pour tendre ce piége, il faut lever le demi-cercle, ouvrir le trebuchet et l'arrêter, ce qui se fait avec un crochet ou une petite machine de bois à qui l'on fait deux coches avec un canif, dans lesquelles s'arrêtent les deux demi-cercles. Aux crochets sont attachés les vers de farine avec des épingles ; ensuite on retire le filet de soie du milieu du trébuchet, en le plaçant entre les deux demi-cercles, et le reculant en arrière autant qu'il peut se faire, afin de ne pas l'accrocher dans les coches du crochet du bois qui tient le piége ouvert. On a soin, lorsqu'il est tendu, que le demi-cercle soit élevé de terre d'environ deux pouces, ce qui empêche le rossignol de venir prendre les vers de farine par derrière, et de passer le bec par-dessus les demi-cercles sans entrer en dedans du trébuchet. On a encore attention qu'il puisse tomber facilement, et qu'il ne soit point arrêté dans sa détente par quelque pierre, ou de la terre qui se trouveroit sous les deux petits morceaux de bois ou sous la partie inférieure du crochet où sont attachés les vers de farine.

Pour bien comprendre la manière dont ce piége est construit, et qu'une description présente toujours imparfaitement, on doit en consulter les figures dans la *Nouvelle Maison rustique*, le *Traité du Rossignol* et l'*Aviceptologie française*. De plus on trouve à Paris de ces trébuchets tout faits chez les marchands de filets ; ils en ont même d'un nouveau genre, moins compliqués, et qui offrent les mêmes avantages.

Peu de chasses offrent autant d'agrémens que celle-ci ; elle se fait dans les belles matinées du mois d'avril ; l'on est toujours à l'ombre des bosquets, l'on jouit de la fraîcheur des bois sans essuyer aucune fatigue, et l'on est toujours sûr de rapporter son gibier, pour peu qu'on ait de l'adresse, car le rossignol est si friand des vers de farine, qu'il se jette sans aucune défiance sur l'amorce trompeuse qui doit lui ravir sa liberté. On a encore l'avantage de pouvoir choisir dans le bois celui qui est doué du plus bel organe, sans craindre de se tromper, puisque, comme je l'ai dit, cet oiseau n'en souffre point d'autre dans son arrondissement.

Le vrai temps de chasse est depuis le lever du soleil jusqu'à dix heures du matin, parce que c'est à cette époque du jour que le rossignol cherche sa pâture et se jette avec plus d'avidité sur les vers de farine. La veille du jour destiné pour la chasse, on se rend le soir dans le bois où l'on aura entendu chanter un rossignol ; on remarque ses arbres favoris, et l'endroit le plus propre pour tendre le filet ; après y avoir remué la terre, on y enfonce plusieurs petites baguettes longues d'un pied, à l'extrémité supérieure desquelles on attache quelques vers de farine ; les plaçant de manière que le rossignol puisse aisément les apercevoir de dessus son arbre. Si on trouve le lendemain les vers mangés, on y place le piége, en remuant de nouveau la terre, ce qui attire cet oiseau ; en outre, étant naturellement curieux, il est rare qu'il n'y vienne aussitôt qu'on s'est retiré ; on ne doit pas s'inquiéter s'il s'en écarte pendant qu'on tend le filet, et va chanter ailleurs, on l'y attire en imitant le cri d'appel de la femelle qui est le même que celui du mâle, mais sur un ton plus foible et plus doux ; enfin s'il s'obstine à rester éloigné, on l'effraye en lui jetant une pierre ; cependant il faut observer qu'à leur arrivée les rossignols n'ont pas encore de canton choisi, n'ont pas d'arbre favori, et se tiennent le long des haies ; mais s'en écartant peu, il suffit de les tourner pour les faire venir où le piége est tendu. Pour s'assurer si c'est un mâle ou une femelle qu'on a pris, on reste environ une demi-heure dans l'endroit, et dès que l'on n'entend plus rien pendant un espace de temps, on peut être certain de tenir l'oiseau désiré ; si au contraire on entend chanter un rossignol dans le même lieu, c'est une marque que c'est une femelle qu'on a prise ; alors on tend le piége de nouveau pour prendre le mâle ; d'ailleurs on peut s'en assurer par les marques indiquées ci-dessus : mais comme elles n'existent pas chez les jeunes mâles pris au mois d'août, on s'assure de leur sèxe, par le gazouillement qu'ils font entendre ordinairement huit à dix jours après la perte de leur liberté. Pour le retirer du piége, on le prend d'une main en dessous du filet, de l'autre on ouvre le trébuchet, et on le saisit par les pieds en le dégageant doucement des mailles dans lesquelles il pourroit être embarrassé. Dès qu'il en est retiré, on le met dans un petit sac de taffetas fait exprès et dont on doit être toujours muni, et en avoir un pour chaque rossignol que l'on prend. Cette poche doit avoir au moins six pouces de longueur sur deux ou trois de largeur, et s'ouvrir par les deux bouts comme une bourse ; l'un reste fermé, et par l'autre on fait couler l'oiseau dans le petit sac, ayant soin de ne pas déranger les plumes, surtout celles des ailes et de la queue, ce qui retarderoit son chant si elles étoient endommagées.

La cage étant d'avance préparée et placée comme je l'ai dit, le premier soin qu'on doit avoir au retour de la chasse, est de mettre le rossignol dans sa prison. A cet effet, on ouvre le petit sac du côté qui répond à la tête de l'oiseau, qu'on laisse couler doucement ; et dès qu'il a la tête passée hors du sachet, on lui fait avaler quelques gouttes d'eau pour le rafraîchir, ce qu'on fait en trempant le bec à plusieurs reprises dans un petit pot plein de ce liquide ; on le laisse ensuite sortir du sac dans la cage, dont on ferme aussitôt la porte. Il reste quelque temps tranquille ; mais les vers de farine réveillent bientôt son appétit, et lui font oublier sa liberté.

Quatre heures après que le rossignol est en cage, on doit le visiter, entr'ouvrir légèrement la porte de la cage, tirer avec deux doigts le pot aux vers de farine, et en remettre vingt-cinq nouveaux ; on couvrira en même temps le fond du pot d'un peu de pâte décrite ci-après, et qui doit être sa nourriture ordinaire. Sur les sept heures du soir, on lui fait une troisième visite, pour lui donner encore vingt-cinq vers, dont on coupera quelques-uns en deux avec des ciseaux, afin que la pâte s'y attache, et que le prisonnier puisse en avaler insensiblement et en prendre le goût. On doit en mettre aussi quelques-uns dans l'abreuvoir, afin qu'en les voyant remuer, il s'aperçoive qu'il y a de l'eau. Le second jour, on lui donne la même quantité de vers en trois fois, savoir, vingt-cinq à huit heures du matin, autant à midi, et autant à sept heures du soir, ayant soin de couper tous les vers en deux et de les mêler un peu avec la pâte. On fait la même chose le troisième jour ; mais l'on doit alors couper les vers en trois ou quatre parties, et faire le même mélange. On suit cette marche pendant trois semaines, après quoi l'on diminue peu à peu le nombre des vers, en augmentant à proportion la quantité de la pâte, afin qu'il ne manque pas de nourriture : plus il mange de cet aliment, plus il devient vigoureux et plus il chante. Si l'on peut se procurer des vers avec facilité, on peut continuer de lui en donner dix à quinze par jour, tant qu'il chante.

Cet oiseau timide et solitaire est capable, à la longue, d'attachement pour la personne qui le soigne; on en a vu, dit-on, mourir de regret en changeant de maître, et d'autres qui, ayant été lâchés dans les bois, sont revenus chez lui. Ce qu'il y a de certain, c'est qu'il n'aime pas le changement ; il devient triste, inquiet et cesse de chanter, si on le transporte d'un local dans un autre ; si même on le change de place, quoique dans la même chambre ; c'est pourquoi l'on doit, pour ne pas interrompre son chant, le laisser au même endroit pendant toute la saison.

Les rossignols qu'on tient en cage ont coutume de se baigner après qu'ils ont chanté; c'est pourquoi on doit leur donner tous les jours de l'eau fraîche. Enfin cet oiseau, d'un naturel très-craintif, lorsqu'il n'est pas apprivoisé, s'effarouche à la vue du moindre objet qui lui est étranger. Il périt immanquablement, si, comme les autres oiseaux, on le met dans une cage à jour de tous côtés ; il s'y débat comme un furieux, jusqu'à ce qu'il se soit tué ; au contraire, lorsque le jour lui est interdit, il est tranquille, se console en chantant et en mangeant des vers de farine.

Moyen pour se procurer le chant des Rossignols pendant toute l'année. —On a vu que ces prisonniers avoient deux saisons pour chanter, le mois de mai et celui de décembre ; mais on peut en changer l'ordre à son gré. Pour cela, on met au commencement du mois de décembre un vieux mâle dans une des cages faites pour cet objet, et décrite ci-dessus pour les rossignols aveugles. On l'enferme dans un cabinet rendu obscur par degrés, on l'y tient jusqu'à la fin de mai, et l'on ménage le retour de la lumière comme on l'a retirée. Ce retour fait sur lui les effets du printemps ; et il chante en juin, époque où l'on agit de la même manière pour un autre jusqu'à la fin de novembre. Ainsi avec deux vieux mâles, on en a toujours un qui chante pendant tout le temps que l'autre se tait ; mais pour une parfaite réussite, il faut que celui qui est dans la chambre obscure n'entende pas le chant de l'autre, et que pendant l'hiver le froid ne puisse entrer dans son cachot. Des personnes les aveuglent pour en tirer un chant presque continuel. *Voyez* la manière de les aveugler au mot FRINGILLE, article du PINSON.

Appariement et ponte des Rossignols en captivité. — Malgré le plus grand obstacle, l'amour de la liberté qui est plus vif dans ces oiseaux que dans les autres, on a trouvé des moyens pour les faire nicher dans leur prison et y soigner leur géniture. Les meilleurs sont ceux qu'on a pris au printemps précédent, à qui on a fait élever leurs petits, qu'on a conservés, avec la précaution de tenir pendant l'hiver le mâle et la femelle dans une cage particulière, et l'attention de les placer d'abord, s'il se peut, dans le cabinet destiné à cet objet, afin qu'ils s'y accoutument peu à peu. On leur en facilite les moyens en les laissant sortir de leur cage de temps à autre. Cette alliance est d'autant meilleure, qu'elle est due à la nature, et qu'on ne réussit pas toujours en les appariant de force. Au commencement d'avril, on leur ouvre la cage pour ne la plus refermer; alors on leur fournit les matériaux qu'ils ont coutume d'employer pour leur nid, tels que feuilles de chêne, mousses, chiendent épluché, bourre de cerf et crins; trois ou quatre fagots de bois sec et menu sont dans un coin de la chambre, près de la fenêtre, l'un contre l'autre, liés ensemble, mais lâchement, et fixés par le gros bout; on les garnit de feuilles de chêne dans le haut, sur les côtés et entre les branches, ne laissant d'ouverture, pour leur en faciliter l'entrée, que celle par où l'on aura passé la main; on y met en outre un petit baquet de bois de deux pouces de profondeur, de trois pieds de diamètre et rempli de terre, et un vase d'un pouce de profondeur, rempli d'eau, afin qu'ils puissent s'y baigner; elle doit être renouvelée tous les jours; mais il faut retirer ce vase lorsque la femelle couve. Ce cabinet doit être exposé au midi, bien clos et garanti du vent de nord. Des curieux se procurent une jouissance plus agréable, en mettant le couple dans une grande volière plantée d'ifs, de charmilles, lilas, etc., ou plutôt dans un coin de jardin garni de ces arbrisseaux, et dont on fait une volière en l'environnant de filets; cette manière est plus favorable et plus sûre pour les faire couver. On a observé plusieurs fois qu'on pouvoit lâcher le père et la mère tant et si long-temps que les petits ne sont pas en état de voler, sans craindre de les perdre; il suffit seulement d'avoir l'attention, dans les premiers jours, de ne pas les laisser sortir tous deux à la fois, mais de lâcher d'abord le mâle seul, ensuite la femelle encore seule, après quoi tous les deux ensemble; mais il faut surtout que l'ouverture par laquelle ils sortent et rentrent, soit proche de leur nid; ils profiteront de cette liberté pour attraper beaucoup d'insectes qu'on ne peut leur procurer, et très-nécessaires pour élever leurs petits. Enfin, il faut se garder d'entrer souvent dans la volière tandis que le père et la mère ont la liberté de sortir, et n'y laisser entrer ni chien ni chat, etc.; ce qui suffiroit pour la leur faire abandonner.

Il n'est pas d'homme qui ne désire posséder, dans un jardin orné de bosquets, un oiseau dont le chant, toujours différent de lui-même, varie sans cesse nos jouissances sans jamais nous lasser ; un oiseau qui, au milieu de la nuit la plus sombre, fait retentir les bois et les échos de ses accens les plus éclatans. Nous allons donc lui indiquer les moyens de fixer près de sa demeure le *chantre des bois*. Pour cela, l'on se procure le père et la mère lorsqu'ils ont des petits éclos depuis environ huit jours, avec un rets saillant, ainsi que je l'ai dit pour les rossignols auxquels on veut les faire élever en volière. Il faut les prendre de grand matin, ce qui se fait en moins d'une heure. Aussitôt qu'ils sont pris, on les enferme, séparés l'un de l'autre, dans un petit sac de soie ; après quoi on enlève le nid sans toucher aux petits, et l'on coupe toutes les branches sur lesquelles il est posé ; si c'est un arbrisseau, on doit l'enlever tout entier. On transporte le tout à l'endroit destiné, et on le place dans un site qu'on choisit le plus semblable à celui d'où on l'a enlevé; ensuite on met le mâle dans une cage particulière, et la femelle dans une autre. Ces cages doivent être couvertes d'une serge verte et assez épaisse, avec une porte sur le devant, arrangée de manière qu'étant éloigné, on la puisse ouvrir avec une ficelle qui y sera attachée. Le nid posé, on place les cages, une de chaque côté, à la distance de vingt-cinq à trente pas, de manière que les petits se trouvent à peu près dans la même ligne et entre les deux : les portes doivent leur faire face. Le tout ainsi préparé, on les laisse crier pendant un certain temps, jusqu'à ce que leur cri d'appel ait été bien entendu par les père et mère; alors on ouvre la cage de la femelle, sans se montrer; ensuite celle du mâle, lorsque celle-ci est sortie : le mouvement de la nature les portera droit au lieu où ils ont entendu crier leurs petits, auxquels ils donnent de suite la becquée, et ils leur continueront ces mêmes soins jusqu'à ce qu'ils soient élevés. La jeune famille, assure-t-on, y reviendra l'année suivante et peuplera les bosquets ; car ils ont l'habitude de revenir tous les ans dans les lieux où ils ont été élevés, sans doute s'ils y trouvent une nourriture convenable et les commodités pour y nicher; car sans cela tout ce qu'on auroit fait seroit à pure perte.

Nourriture du rossignol. — Cet oiseau, d'un naturel vorace, s'accommode volontiers de tout aliment, pourvu qu'il soit mélangé de viande. Les uns les nourrissent avec parties égales de chènevis pilé, de mie de pain fraisée, de persil et de chair de bœuf bouilli, le tout haché menu et mêlé ensemble; d'autres prennent parties égales de pain d'œillette et de colifichet réduits en poudre, auxquels on ajoute du cœur de bœuf ou de mouton cuit, haché bien menu. Ces deux pâtes ont un inconvénient, quoiqu'elles maintiennent cet oiseau en bon état; c'est qu'il faut les renouveler tous les jours en été, sans quoi la viande se corrompt promptement, dégoûte l'oiseau, le fait maigrir et lui fait garder le silence. Il a donc fallu lui chercher une nourriture qui réunît tous ces avantages, sans avoir ce désagrément : telles sont celles indiquées ci-après; elles se conservent des années entières sans se corrompre, et avec elles l'on n'éprouve pas plus d'embarras à soigner un rossignol qu'un *serin*. Ces pâtes sont suffisantes pour l'entretenir en embonpoint; cependant en y mêlant de temps à autre, à parties égales, du cœur de mouton haché fin, il chante beaucoup plus fort et plus long-temps; c'est pourquoi on doit lui en donner souvent dans la saison du chant.

Pour composer cette pâte, on prend deux livres de rouelle de bœuf, une livre de pois chiches, une livre d'amandes douces, un gros et demi de safran du Gâtinais en poudre et douze œufs frais. Les pois doivent être pilés et tamisés; les amandes pelées dans l'eau chaude et pilées le plus fin qu'il sera possible; la rouelle de bœuf doit être hachée bien fin, et nettoyée avec soin de ses peaux, graisse et filets; le safran infuse dans un demi-gobelet d'eau bouillante. Le tout disposé de cette manière, on casse dans un plat les douze œufs, et l'on y mêle successivement tous ces ingrédiens, en finissant par le safran. On forme du tout des gâteaux ronds, de l'épaisseur du doigt, qu'on fait sécher au four, après que le pain en aura été tiré, ou dans une grande tourtière, frottée avec du beurre frais et mise a un feu très-doux. Ces gâteaux ont atteint la cuisson nécessaire, lorsqu'ils ont la consistance des biscuits nouvellement faits, ou du pain d'épice de Reims. On en rompt un morceau, qu'on émiette dans la main pour le donner au rossignol.

Deuxième pâte. — On y met de plus qu'à la première, une demi-livre de semence de pavot, autant de millet jaune ou écorché, deux onces de fleur de farine, une livre de miel blanc et deux ou trois onces de beurre frais. On pulvérise et tamise les pois et le millet jaune; on pile bien la semence de pavot, ainsi que les amandes douces; il faut que celles-ci soient bien réduites en pâte et qu'on ne sente point de grumeaux sous les doigts, car les rossignols ne les digéreroient pas; la viande doit être préparée comme il est dit pour la première pâte; ensuite on casse les œufs, dont on met seulement les jaunes dans un grand plat de terre, en y ajoutant ensuite le miel et le safran. Lorsque ces trois ingrédiens sont bien mélangés, on y incorpore successivement la viande, les amandes douces et les farines, ayant soin de remuer le tout avec une spatule de bois pour n'en faire qu'une espèce de bouillie égale et sans grumeaux. Ensuite on verse le tout dans un autre grand plat de terre vernissée, dont on aura soin de graisser le fond avec le beurre, et on le met sur un feu très-doux, en remuant toujours, surtout dans le fond, de peur que la pâte ne s'y attache; et pour qu'elle se dessèche doucement, on continue ainsi jusqu'à ce qu'elle soit cuite, ce qui se connoît lorsqu'elle ne s'attache plus aux doigts et qu'elle a la mollesse d'un biscuit nouvellement fait. Alors on la retire de dessus le feu pour la laisser refroidir entièrement dans le plat; après quoi on la met dans une boîte de fer blanc fermée de son couvercle, et on la conserve pour l'usage dans un endroit sec. Si, lorsqu'elle est refroidie, il y a beaucoup de morceaux dans la pâte, il la faudra piler de nouveau, afin de la rendre égale dans toutes ses parties, parce que les rossignols les préfèrent, et jettent les autres pour les chercher jusque dans le fond du pot; au contraire, si ces morceaux sont d'égale grosseur, ils les mangent tous.

Cette pâte, difficile à préparer, si on ne l'a vu faire, ou si on n'en a pas un échantillon, dépend d'un degré de dessèchement qu'on ne peut trouver qu'au hasard. Quand elle est trop sèche, elle perd de sa substance, et l'on est obligé d'y joindre souvent du cœur de mouton pour maintenir les rossignols en embonpoint; si au contraire elle n'est pas assez cuite, elle se moisit, et il faut l'employer promptement. Ces deux pâtes conviennent au rossignol, parce qu'elles sont échauffantes; l'on a reconnu qu'elles l'excitoient à chanter, ainsi que les parfums; mais elles ne conviennent point aux fauvettes et autres petits oiseaux à bec tendre et délicat, quoiqu'ils s'en trouvent bien dans les premiers mois et qu'elles les engraissent; elles les dessèchent par la suite et les font périr d'étisie. On ne doit leur donner que la première nourriture indiquée ci-dessus.

Ver de farine. — C'est ainsi que l'on désigne la larve d'un ténébrion (*tenebrio molitor*, Linn.) qui se trouve en abondance chez les meuniers et les boulangers. Cette sorte de nourriture est très-essentielle pour prendre les rossignols au filet et pour les fortifier pendant la saison du chant; c'est pourquoi on doit toujours en avoir une provision; comme l'on en trouve difficilement au commencement du printemps, il faut s'en approvisionner l'été. On les conserve dans des vases de faïence ou de terre vernissée, à fond large, en leur donnant du son pour nourriture, et y mettant quelques morceaux de liége ou de bois pourri où ils se retirent et engraissent promptement. Les pots doivent être de faïence ou de terre vernissée, parce que ces insectes s'échapperoient si on les mettoit dans une boîte ou un vase contre lequel ils puissent grimper; c'est par cette raison qu'on laisse deux à trois pouces au moins de distance entre le son et les bords de l'ouverture: cette précaution est indispensable, tant parce qu'ils s'échapperoient tous, que parce qu'étant très-voraces, ils gâteroient les meubles et les livres. Le vase doit être placé dans un endroit sec. Il faut avoir soin de renouveler de temps en temps leur nourriture; on reconnoît que le son est usé, lorsqu'il est réduit en une sorte de poussière grise: on le crible deux fois par an, époque où on le renouvelle entièrement; sans cette précaution, il contracte une mauvaise odeur, et prend une humidité occasionée par le mélange des excrémens de ces insectes, ce qui les fait maigrir et dépérir.

Maladies des rossignols, et remèdes.—Pour savoir si un rossignol est malade, il faut connoître les signes qui indiquent sa bonne santé. Il se porte bien, s'il chante souvent dans la saison, qui est depuis décembre jusqu'à la fin de juin; il faut en excepter la première année de sa captivité, où il ne se fait guère entendre avant le mois de février; s'il s'épluche fréquemment, surtout au dos; s'il est gai, alerte, s'agite dans sa cage, secoue beaucoup les ailes et se pare de tous côtés; enfin s'il dort sur un pied, mange bien et est avide de vers de farine.

Lorsque le rossignol reste pendant la nuit dans le bas de sa cage, c'est un signe de maladie, à moins que ses doigts ne soient embarrassés par la fiente qui s'y attache, si on ne le tient pas proprement, et s'y durcit au point qu'il lui est impossible de se tenir sur son juchoir. En ce cas, on met l'oiseau dans sa main, et on trempe ses pieds dans de l'eau tiède, afin de les nettoyer; il éprouvera aussi beaucoup de difficulté à se percher si ses ongles sont trop longs, mais il suffit de les rogner de temps en temps.

S'il est attaqué d'un mal au croupion, qui le fait languir, on fendra l'abcès avec la pointe des ciseaux, on le pressera un peu avec le bout du doigt, et on rétablira l'oiseau avec quelques vers de farine, des cloportes et des araignées. On lui évite cette maladie en le purgeant quelquefois, surtout au mois de mars, avec une demi-douzaine de ces dernières.

Quand à force de chanter il dessèche et maigrit, la graine de pavot est excellente dans sa pâte pour le tranquilliser, le rafraîchir et lui procurer du sommeil. Le cœur de mouton, purgé de ses peaux, fibres et veines, haché très-menu et mélangé avec sa pâte, l'engraisse promptement, ainsi que les figues et les baies de sureau. On doit supprimer la graine de pavot après la mue, époque où il prend beaucoup de graisse et est exposé à mourir de gras-fondure.

On guérit un rossignol constipé avec quatre ou cinq vers de farine donnés à la fois, ou une grosse araignée noire de cave et de grenier; ce remède est le plus efficace.

Lorsqu'il est incommodé du flux de ventre, ce qu'on voit à sa fiente plus liquide qu'à l'ordinaire, au remuement continu de sa queue et à ses plumes hérissées, il faut lui donner du cœur de mouton, arrangé comme j'ai dit ci-dessus.

Ces oiseaux sont sujets à la goutte, surtout les jeunes élevés à la brochette: ceux qui l'ont avant de manger seuls, en périssent infailliblement; et dès qu'ils boitent, c'est perdre son temps que de les élever. Lorsque les vieux pris au filet en sont attaqués, ce qui est assez rare, cela vient de ce que la cage se trouve exposée à quelque vent coulis dont l'oiseau n'a pu se garantir; il suffit de le mettre dans un endroit chaud pour le guérir. On doit, afin de leur éviter cette maladie, garnir le fond de la cage de mousse et de sable. De tous ces maux, que cet oiseau ne connoît pas en liberté, le plus dangereux est le *mal caduc;* car il en périt, si, dès qu'il en est attaqué, on ne vient promptement à son secours. *V.* le remède au mot Oiseau.

Lorsque les rossignols ont avalé quelque chose d'indigeste, ils le rejettent sous la forme de pilules ou de petites pelotes, comme font les oiseaux de proie; mais ce n'est point une maladie, cela vient de ce qu'ils n'ont point de jabot, et qu'ils n'ont qu'un seul canal ou œsophage qui conduit à l'estomac. Enfin, on visite deux fois par an son rossignol, au mois de mars et au mois d'octobre, pour voir s'il n'est pas trop gras ou trop maigre, car son air extérieur est souvent trompeur; quelquefois il est malade sans le paroître; quelquefois il ne l'est pas, quoiqu'il le paroisse, soit en portant mal ses plumes, soit en dormant le jour, ce qui arrive souvent aux deux époques du voyage, parce qu'il s'est fatigué à se débattre pendant la nuit.

§ IV. les Rouge-queues.

Le nom de Rouge-queues est imposé à de petits oiseaux à bec fin, d'après la couleur rousse qui domine dans leur queue. L'étude de l'ornithologie dans les musées, peut paroître à peu près suffisante pour établir des méthodes; mais il en est tout autrement si l'on cherche à déterminer les individus d'une même espèce, lorsqu'on ne les a pas observés dans la nature vivante; car la différence des couleurs, entre le mâle et la femelle, entre le jeune et l'adulte, entre ceux-ci et le vieux, occasione des méprises que nos plus habiles naturalistes n'ont pas toujours évitées. Leurs traités sur les rouge-queues d'Europe nous donnent la preuve de cette assertion. En effet, Brisson en présente quatre espèces, quoiqu'il n'en existe réellement que deux ; savoir, son *rossignol de muraille* et celui de *Gibraltar* ou le *tithys* ; son rouge-queue proprement dit étant la femelle de celui-ci et son *rouge-queue a collier* un jeune mâle de l'autre espèce. Gmelin et Latham ont fait la même erreur, et ont, en outre, fait un double emploi en donnant le *tithys* sous deux dénominations spécifiques (*atrata* et *gibraltariensis*) ; Buffon s'est trompé en prenant pour des variétés du *rossignol de muraille*, celui de Gibraltar ; de plus, il s'est mépris, ainsi que Gmelin et Latham, en présentant le rouge-queue proprement dit et celui à collier de Brisson, pour le mâle et la femelle d'une même espece, le premier étant, comme je l'ai dit ci-dessus, la femelle du tithys, et l'autre un jeune mâle rossignol de muraille ; de plus, tout l'historique de cette prétendue espèce lui est totalement étranger. *V. Rouge-queue tithys.* M. Meyer a très-bien distingué le *tithys*, et lui rapporte avec raison les *motacilla gibraltariensis* et *atrata*, ainsi que les variétés du *phœnicurus* de Gmelin. Ce naturaliste a divisé son genre *sylvia* en quatre familles, et a classé les rouge-queues dans la troisième avec les *gorge-bleues* et *rouge-gorges*, à laquelle il donne pour caractères: le bec peu large à la base, cylindrique et fort pointu.

Les rouge-queues arrivent en France du 1.er au 20 avril, et y restent jusqu'au mois d'octobre; celui que l'on est convenu d'appeler *rossignol de muraille* se trouve dans toutes les contrées de ce royaume ; il n'en est pas de même du *tithys;* on ne le voit ni aux environs de Paris, ni dans nos régions septentrionales ; il faut le chercher en Bourgogne et en Lorraine, où il porte le nom de *rossignol de muraille*, tandis que l'autre porte celui de rouge-queue, ce qui contribue encore à la confusion qui règne entre ces deux espèces, lesquelles diffèrent par un caractère constant et qui ne permet pas de les confondre, quelque rapport qu'il y ait d'ailleurs entre eux. Notre *rossignol de muraille* a la première rémige aussi longue que la cinquième, et le *tithys* l'a plus courte. Le premier dont nous connoissons très-bien le genre de vie, habite dans les lieux élevés, nichent dans des trous de muraille, de rocher et d'arbre; il se plaît dans nos habitations rurales et même au milieu de nos villes. C'est un oiseau solitaire, qui, hors le temps des amours, vit isolé secoue incessamment la queue par un trémoussement, non de bas en haut, mais horizontalement et de droite à gauche. Cette famille est répandue dans les quatre parties du monde.

Le Rouge-queue, *Sylvia erythacus*, Lath., est une femelle

de l'espèce du *rouge-queue tithys*; et celui à collier est un jeune mâle après la mue, de l'espèce du *rouge-queue de muraille*.

Le Rouge-queue de Cayenne, *Sylvia Guyanensis*, Lath., pl. enl. n.° 686, fig. 2. a six pouces et demi de longueur; le bec noirâtre; les parties supérieures grises; les ailes et la queue d'un roux très-vif; la gorge, le devant du cou et tout le dessous du corps blanchâtres; les pieds gris-bruns; les ongles noirs.

Le Rouge-queue de Ceylan, *Sylvia cinnamomea*, Lath., a les parties supérieures du corps grisâtres; la gorge noire; la poitrine, le ventre et le croupion rouges; les pennes des ailes noires; les quatre premières rouges à la base; une tache de cette couleur sur la sixième; la queue noire; les quatre pennes du milieu tachetées de roux obliquement sur les côtés; taille de notre *rouge-queue tithys*.

Le Rouge-queue à collier, mâle, est un jeune mâle de l'espèce du *rouge-queue de muraille*.

Le Rouge-queue des États-Unis, *Sylvia russeicauda*, Vieill., pl. 71 des *Ois. de l'Amér. sept.* Je soupçonne que cet oiseau est une femelle dont le mâle m'est inconnu. Il est d'un gris-brun sur la tête, le dessus du cou et du corps, sur la gorge et sur toutes les parties postérieures où cette teinte est plus claire; les plumes intermédiaires de la queue sont de la couleur du dos; toutes les autres sont rousses; le bec et les pieds noirs; taille du *rouge-queue tithys* femelle.

* Le Rouge-queue a gorge blanche, *Sylvia ruficauda*, Lath. Longueur totale, cinq pouces et un quart; du sommet de la tête à la queue; le plumage est brun, avec une teinte de roux sur le dos, les couvertures des ailes, les pennes et celles de la queue; la gorge est blanche, et entourée de roussâtre pointillé de brun; la poitrine d'un brun clair; le reste du dessous du corps blanc, avec une teinte de roussâtre aux couvertures inférieures de la queue. C'est à quoi se bornent les détails que nous avons sur cet oiseau, que je soupçonne être une variété de sexe ou d'âge de l'espèce du *rouge-queue de Cayenne*.

* Le Rouge-queue a gorge rousse, *Sylvia ruficollis*, Vieill., a cinq pouces et demi de longueur; toutes les parties supérieures d'un brun roussâtre, les inférieures d'un roux qui blanchit à mesure qu'il approche du ventre; cette couleur, mais pure, règne sur les couvertures inférieures des ailes, sur celles de la queue et sur ses huit pennes latérales; les quatre intermédiaires sont d'un brun noirâtre; les pieds olivâtres; le bec est noirâtre en dessus et d'un bleu de ciel en dessous. On trouve cet oiseau au Paraguay.

Le Rouge-queue de la Guyane. *V.* Rouge-queue de Cayenne.

Le Rouge-queue des Indes, *Sylvia indica*, Vieill. Cet oiseau des Indes, qu'a fait connoître Sonnerat, sous le nom de *rossignol de muraille*, a le sommet de la tête, le dessus du cou, le dos, les ailes et la queue d'un bleu d'indigo clair; une bande blanche qui part du front et passe au-dessous de l'œil, et une autre noire en dessous; la gorge blanche; le devant du cou, la poitrine, le ventre et les couvertures inférieures de la queue rousses; le bec noir; l'iris et les pieds d'un roux jaunâtre.

Latham fait de cet oiseau un grimpereau (*indigo crepeer*), sans nous en donner les motifs; c'est pourquoi je le laisse sous la dénomination que lui a appliquée Sonnerat, et dans le genre qu'il a indiqué en le nommant *rossignol de muraille.*

Le Rouge-queue ou le Rossignol de muraille, *Sylvia phœnicurus*, Lath., pl. enl., n.° 351, f. 1 et 2. Le mâle a le front, le *lorum*, les joues, la gorge et le devant du cou noirs; le sinciput et les sourcils d'un blanc pur; le reste de la tête, le dessus du cou, le dos et les scapulaires d'un cendré bleuâtre foncé; le croupion, les couvertures supérieures de la queue, la poitrine, le haut du ventre et les jambes d'un roux vif; le milieu du ventre blanc; les couvertures supérieures des ailes et leurs pennes ainsi que les deux intermédiaires de la queue d'un cendré noirâtre; les dix autres pennes caudales rousses; le bec et les pieds noirs. Longueur totale, cinq pouces une à trois lignes. Le même, à l'automne, a les plumes du sinciput d'un gris cendré vers la pointe et blanches dans le milieu; les joues et le *lorum* de la première teinte, ainsi que le reste de la tête, le dessus du cou et le manteau; les plumes de la gorge et du devant du cou noires et terminées de gris blanchâtre, ce qui fait paroître ces parties tachetées de ces deux couleurs; la poitrine et les flancs mélangés de blanc et de roussâtre, mais où le roux domine; les pennes secondaires bordées et terminées de gris. Le *rossignol de muraille cendré* de Brisson, ne diffère du précédent que par un trait blanc sur le devant de la tête, ce qui indique que ses couleurs commencent à s'épurer.

La femelle n'a pas de noir dans son plumage; elle est grise sur la tête, les joues, le dessus du cou, le dos et les scapulaires; d'une nuance plus claire sur la gorge et sur le devant du cou, d'un roux terne sur la poitrine, sur les flancs, et mélangé de blanc sur les parties postérieures; les jeunes, avant leur première mue, mâles et femelles, sont mouchetés de roussâtre sur un fond gris sale.

Quoiqu'on ait donné à ces oiseaux le nom du *rossignol*, d'après quelques rapports dans le ramage, cependant très-éloignés, ils n'en ont ni les mœurs, ni les habitudes, ni le plumage. Ils arrivent dans nos cantons vers les premiers jours d'avril, se fixent sur les tours, les combles des édifices, et préfèrent ceux qui sont inhabités ; il en est qui se retirent dans les forêts, mais ils choisissent les plus épaisses ; c'est toujours des endroits les plus élevés qu'ils font entendre, principalement le matin et le soir, un chant mêlé d'accens tristes. Ils volent légèrement, et lorsqu'ils sont perchés, ils jettent un petit cri, toujours accompagné d'un secouement de queue. Les trous de muraille et des vieux arbres sont les endroits qu'ils choisissent pour nicher. Pendant tout le temps de la couvée, le mâle se tient à la pointe d'une roche, sur une cheminée au haut d'un édifice isolé, ou d'un arbre voisin du nid. La demeure des rossignols de muraille dans nos habitations, n'est pas exclusive de toute autre; car ils se plaisent aussi dans l'intérieur des bois, surtout en Lorraine ; et ils se tiennent en Normandie dans les vergers. On prétend que ces oiseaux, d'un naturel craintif et farouche, abandonneroient leur nid si l'on en approchoit, et qu'ils quitteroient leurs œufs si on les touchoit. On ajoute même qu'ils affameroient leurs petits, ou les jetteroient hors du nid. Ces faits n'ont lieu que lorsqu'ils sont trop inquiétés.

Le mâle et la femelle travaillent à la construction du nid, le font assez négligemment, comme le sont ceux de tous les oiseaux qui nichent dans des trous; ils le composent de mousse, de plumes, de laine et de bourre ; la ponte est de quatre à cinq œufs bleus. Les petits naissent couverts de duvet. En les prenant dans le nid, on peut les élever en cage ; mais l'adulte cède à son instinct sauvage, refuse de manger et se laisse mourir : si par hasard il survit à la perte de sa liberté, il annoncera par son silence obstiné sa tristesse et ses regrets : on ne peut donc jouir de son ramage qu'en liberté ; il le fait entendre même pendant la nuit. On assure qu'il le perfectionne en imitant celui des oiseaux qu'il est à portée d'écouter, et qu'il est susceptible d'éducation. On le nourrit de la pâte indiquée pour le rossignol, mais il est plus difficile à élever : ainsi que lui, il est très-friand de vers de farine ; aussi le prend-on aux mêmes piéges. Sa subsistance, dans son état de liberté, consiste en mouches, araignées, chrysalides, fourmis et petites baies ou fruits tendres ; il becquète aussi les figues. Il disparoît de nos contrées à l'automne, fréquente les regions méridionales jusqu'en novembre, et les quitte à cette époque, sans doute pour se retirer en Afrique, comme font la plupart de nos oiseaux d'été.

Le ROUGE-QUEUE TITHYS, *Sylvia tithys*, Lath., pl. 29 des *Oiseaux d'Edwards*, est noir sur le front, le *lorum*, les joues, la gorge, le devant du cou et la poitrine ; blanc sur le sinciput, les sourcils et le bord extérieur des pennes secondaires ; d'un cendré bleuâtre sur le dessus de la tête et du cou, sur le dos et les scapulaires ; d'un beau roux sur le croupion, les couvertures supérieures de la queue et ses dix pennes latérales, les deux intermédiaires sont d'un brun noirâtre et à bords roux ; les couvertures supérieures et les pennes des ailes noirâtres et frangées de cendré en dehors ; le ventre est blanc ; le bec noir ainsi que les pieds et les ongles. Longueur totale, cinq pouces quatre à six lignes. Tel est le mâle sous son plumage d'été. Le même, après la mue, a les plumes des joues et de la gorge terminées de gris-blanc.

La femelle a la tête, le cou, le dos, les scapulaires et toutes les parties inférieures, à l'exception du ventre, d'un gris cendré sale, blanchâtre sur le haut de la gorge, tirant au roussâtre sur le front et sur la poitrine ; les couvertures supérieures et les pennes des ailes brunes et bordées de gris clair à l'extérieur ; le croupion et les dix pennes latérales de la queue comme le mâle ; les deux du milieu d'un brun sombre.

Le *rossignol de muraille* de Gibraltar, est un mâle de cette espèce, et non pas, comme l'a pensé Buffon, une variété du *rouge-queue de muraille ;* il en est encore de même de l'oiseau que lui a donné Dorcy, dans lequel, dit-il, la couleur noire de la gorge s'étend sur la poitrine et les côtés, qui avoit une tache blanche dans l'aile, et le cendré du corps plus foncé que dans le *rossignol de muraille.* Son *rouge-queue* (*Sylvia erythacus*) est une femelle de cette espèce, comme je crois l'avoir dit précédemment; le *tithys* est en triple emploi dans Gmelin et Latham, sous les noms de *motacilla gibraltariensis*, *atrata* et *tithys.* Le *motacilla tithys*, de la *Fauna suecica*, est un jeune mâle, ainsi que la variété du *phœnicurus* de Gmelin ; enfin, il est décrit dans l'édition de Sonnini, sous la dénomination de *bec-figue noirâtre.* Si l'on en croyoit Buffon, le nid du rouge-queue seroit au pied d'un petit buisson, près de terre, de forme sphérique, avec une ouverture au côté du levant, composé de mousse en dehors, de laine et de plumes en dedans, dans lequel on trouveroit cinq à six œufs blancs, variés de gris ; mais il a été induit en erreur ; ce nid et ces œufs sont ceux d'un *pouillot.* Le rouge-queue, au contraire, place son nid dans les rochers les plus élevés, ou sur les solives de la partie la plus haute des églises et des vieux châteaux, le fait avec art, et le compose de brins d'herbe et de poils. La ponte est de quatre ou cinq œufs d'un beau blanc. Son ramage semble exprimer les syllabes *fit*, *fit*, *fit*, *tza*, prononcées sur trois tons différens, et ne manque pas d'agrément. Le *tithys* est timide et ombrageux, vole avec beaucoup de légèreté, et jette, lorsqu'il se pose, un cri qu'on exprime par *fitqatratratsa*. On trouve cette espèce en Bourgogne, en Lorraine et dans le Languedoc. On ne la voit point aux environs de Paris, ni dans les provinces voisines.

§ V. Le Rouge-Gorge.

Le Rouge-gorge. *Sylvia rubecula*, Lath., pl. enl., n.° 361, fig. 1, est à peu près de la grosseur du rossignol; il a cinq pouces neuf lignes de longueur; le bec noirâtre; le dessus de la tête, du cou et du corps d'un gris-brun; le front, le tour des yeux, la gorge, le devant du cou et le haut de la poitrine d'un rouge orangé; le bas de la poitrine cendré sur les côtés, blanc dans le milieu; le ventre de cette dernière couleur; les flancs d'un brun olivâtre terne; les pennes des ailes d'un gris-brun et olivâtres à l'extérieur; les grandes couvertures terminées par une petite tache rousse; les pennes de la queue d'un gris-brun, avec une teinte olivâtre sur les deux intermédiaires; le bec noirâtre; les pieds et les ongles bruns.

La femelle diffère peu du mâle; le rouge orangé tire plus au jaune, et descend moins loin sur la poitrine.

Les jeunes ne prennent la couleur rouge qu'après la mue; ils ont, dans leur premier âge, le plumage généralement brun, moucheté de roux sale.

De l'Espagne et de l'Italie à la Suède, on rencontre des *rouge-gorges*. En France, ils sont plus nombreux dans la Lorraine et la Bourgogne qu'ailleurs; c'est là que se font les plus grandes chasses, et où leur chair prend cette graisse exquise qui en fait un mets très-délicat, sans doute parce qu'ils y trouvent en abondance les fruits et les baies tendres dont à l'automne tous les insectivores font leur principale nourriture. Il n'en est pas de même dans les autres provinces; aussi leur chair y est peu recherchée. Des oiseaux de cette espèce, les uns ne quittent pas leur pays natal, tandis que les autres, et c'est le plus grand nombre, se préparent au départ à l'époque où la couleur rouge commence à pointiller sur la gorge des jeunes, dont le plumage, pendant la mue, présente une bigarrure agréable par le mélange des teintes de l'enfance et des couleurs de l'âge avancé. Dans toutes les saisons, le rouge-gorge conserve son naturel solitaire; il voyage seul, lorsque presque tous les autres oiseaux se recherchent et se réunissent en troupes plus ou moins nombreuses. Dans les beaux jours, les bois, les bocages les plus ombragés et les endroits humides sont sa demeure favorite. Ils ont pour lui tant d'attraits, qu'il semble les quitter à regret lorsque les frimas y détruisent sa pâture. Ce n'est qu'alors qu'il s'approche des habitations, où il se tient dans les haies, les jardins et les vergers, et les égaie, quand tous les autres oiseaux se taisent, par un chant qui n'est pas sans agrément. Plus la saison devient rigoureuse, plus il devient familier; et lorsque la neige le prive de toute nourriture au-dehors, ou lui en rend la recherche trop pénible, il vient presque dans les maisons chercher les miettes de la table, les fibres des viandes, et même diverses graines, car à cette époque il se nourrit presque de tout. Il manifeste alors tellement l'envie d'y pénétrer, que, si toute entrée lui est fermée, il frappe du bec contre les vitres pour demander un asile qu'on lui donne volontiers; il se familiarise au point que, s'il n'est pas inquiété, il y reste pendant l'hiver sans montrer la moindre envie d'en sortir. C'est aussi par le même signal que, aux approches du printemps, il indique le désir de retourner dans sa solitude.

Le *rouge-gorge* qui reste dans les forêts devient le compagnon du bûcheron, se réchauffe à son feu, becquète son pain, et ne cesse toute la journée de voltiger autour de lui. Il montre en tout temps de l'affection pour l'homme, et semble se plaire à lui faire compagnie; il suit ou précède les voyageurs dans les forêts, et cela pendant assez long-temps. Moins sauvage que les autres oiseaux, il se laisse approcher de si près, que l'on croiroit pouvoir le prendre à la main; mais, dès qu'on est à portée, il va se poser plus loin, où il se laisse encore approcher pour encore s'éloigner. Au printemps, époque du retour de ceux qui voyagent, on les voit en plus grand nombre dans les vergers et dans les jardins, mais c'est pour peu de temps; ils se hâtent d'entrer dans les bois pour y retrouver, sous le feuillage, leur solitude et leurs amours. Les forêts d'une grande étendue, surtout lorsqu'elles sont arrosées d'eau vive, sont celles qu'ils préfèrent; aussi y sont-ils en plus grande quantité. De tous les oiseaux, le rouge-gorge est le plus matinal; il fait entendre son ramage dès l'aube du jour: c'est aussi le dernier qu'on voit voltiger après le coucher du soleil. Son chant, composé de sons déliés, légers et tendres, n'est qu'un gazouillement pendant l'hiver; mais dans le temps des amours, il lui donne toute son étendue, le termine par des modulations plus éclatantes, et le coupe par des accens gracieux et touchans. Il a différens cris : l'un qu'on entend de loin, *tirit, tiritit, tirititit*, surtout le matin et le soir, et lorsqu'il est ému par quelque objet nouveau. Il le jette aussi, soit qu'il s'échappe de quelque piége, soit qu'on approche de son nid. Il en fait entendre un autre, *uip*, *uip*, qui paroît être celui d'appel ; car il suffit de l'imiter, en suçant le doigt, pour mettre en mouvement tous les rouge-gorges des environs. Cet ami de la solitude choisit les endroits obscurs pour placer son nid; il le cache plus ou moins près de terre, dans les racines des arbres, dans des touffes de lierre ou dans un buisson très-fourré ; il le compose de mousse à l'extérieur, y entremêle du crin et des feuilles de chêne, et en garnit l'intérieur de bourre et de plumes. Il en est, dit Willughby, qui, après l'avoir construit, le comblent de feuilles accumulées, ne laissent sous cet amas qu'une entrée étroite, oblique, qu'ils bouchent encore d'une feuille en sortant. La ponte est de cinq à sept œufs blanchâtres, tachetés de roussâtre. Le mâle les couve dans le milieu du jour, époque où la femelle cherche sa nourriture. Ainsi que le *rossignol*, le rouge-gorge mâle ne peut souffrir un autre oiseau de son espèce dans l'arrondissement qu'il a choisi; il le poursuit vivement dès qu'il s'y montre, et le force de s'en éloigner. La femelle fait deux et trois couvées par an; l'un et l'autre nourrissent leurs petits de vermisseaux, d'insectes qu'ils chassent avec adresse et légèreté. Pris adulte, à l'arrière-saison et dans l'hiver, le rouge-gorge supporte volontiers la captivité, et chante même peu de temps après la perte de sa liberté. On peut le conserver en lui donnant la même nourriture qu'au *rossignol*, et à son défaut il vit de pain émietté, de chènevis écrasé et de petites graines qu'il trouve dans la volière ; mais cette nourriture le soutenant moins que la première, il n'y vit pas aussi long-temps.

A l'arrière-saison, cet oiseau joint aux insectes, sa pâture ordinaire, les baies tendres, les fruits des ronces, les alises, et même le raisin ; c'est alors que sa chair acquiert toute cette délicatesse qui en fait vraiment un mets délicieux. Il en est tellement friand, qu'il donne dans les piéges qu'on amorce avec ces fruits. Peu défiant et naturellement curieux, il donne dans tous ceux qu'on lui tend. On le prend aux collets, à la sauterelle, et surtout aux gluaux presque aussitôt qu'on les a exposés. On les tend à la rive des bois sur des perches, qu'on garantit de la chute ; mais on fait une chasse plus abondante avec les rejets et les sauterelles ; il n'est pas même besoin d'amorcer ces petits piéges ; il suffit de les tendre au bord des clairières ou dans le milieu des sentiers, de remuer un peu la terre, et sa curiosité l'y porte aussitôt. Ce sont aussi les premiers oiseaux qu'on prend à la pipée ; la seule voix du pipeur ou le bruit qu'il fait en taillant les branches, suffit pour les attirer. Ils y viennent en faisant entendre de loin leur cri, *tiritit*, d'un timbre sonore, et voltigent partout avec agitation jusqu'à ce qu'ils soient arrêtés par les gluaux sur quelques-unes des avenues ou perches qu'on a taillées basses exprès pour les mettre à portée de leur vol ordinaire, qui ne s'élève guère au-dessus de quatre ou cinq pieds de terre. Le rouge-gorge est le premier qui réponde à l'appeau de la *chouette* ou au son de la feuille de lierre percée, ce que les pipeurs appellent *frouer*. *Voyez* pour cette chasse le mot PIPÉE.

Le ROUGE-GORGE BLEU. Ayant remarqué que cet oiseau a les caractères du genre MOTTEUX, je l'ai classé dans cette division. *V.* MOTTEUX BLEU.

Le ROUGE-GORGE DES BUISSONS, *Sylvia dumetorum*, Lath., est un mâle avancé en âge, de l'espèce de la FAUVETTE BABILLARDE. *V.* ce mot.

Le ROUGE-GORGE DE LA CAROLINE. *V.* MOTTEUX BLEU.

Le ROUGE-GORGE JAUNÂTRE. *V.* FAUVETTE JAUNÂTRE.

Le ROUGE-GORGE AUX JOUES NOIRES. *V.* FAUVETTE A BEC NOIR.

Le ROUGE-GORGE DU KAMTSCHATKA. *V.* FAUVETTE BORÉALE.

La GORGE-BLEUE, *Sylvia suecica*, Lath., pl. enl. de Buff., n.ºs 361 et 610. Ce bel oiseau a la forme, la grandeur et la figure entière du rouge-gorge ; leur manière de vivre est la même, et ils ont aussi le même sentiment de familiarité ; mais ils diffèrent dans quelques-unes de leurs habitudes. Le rouge-gorge cherche pendant l'été la solitude au fond des bois. La gorge-bleue se tient à leur lisière, cherche les marais, les prés humides, les oseraies, et même les roseaux. Elle les quitte après la belle saison, visite avant son départ les jardins et les haies, et se laisse approcher assez pour que l'on puisse la tirer à la sarbacane. Ainsi que les rouge-gorges, on ne rencontre point les gorge-bleues en troupes, et rarement on en voit plus de deux ensemble. Dès la fin de l'été, dit Lottinger, elles se jettent dans les champs semés de gros grains, et préfèrent, selon Frisch, les champs de pois, où les attire sans doute un plus grand nombre d'insectes qui sont le fond de leur nourriture habituelle ; mais à l'automne, époque de leur voyage au Sud, elles mangent diverses baies, surtout celles de sureau. Lorsque cet oiseau est à terre, *il* porte sa queue relevée, surtout le mâle au cri de sa femelle, vrai ou imité ; son chant est très-doux, selon Frisch, et n'a rien de remarquable, dit Hermann ; mais peut-être ces deux observateurs ne l'ont ils pas entendu dans la même saison: c'est ordinairement en s'élevant droit en l'air que le mâle le fait entendre; il pirouette et retombe sur son rameau de la même manière et aussi gaîment que la fauvette grisette.

L'espèce est beaucoup moins nombreuse que celle du rouge-gorge: elle est rare et même inconnue dans une partie de la France. On la voit dans la partie basse des Vosges, vers Sarrebourg. Elle est plus commune en Alsace. On la trouve en Allemagne, en Prusse et en Suède. On la rencontre dans les Pyrénées, en Espagne, et jusqu'à Gibraltar. On l'appelle en Provence *cul-rousset bleu.* Il paroît qu'elle choisit ces contrées méridionales pour y passer l'hiver, car elle quitte le Nord à l'automne, comme font tous les insectivores et les oiseaux mangeurs de fruits tendres. Ainsi qu'eux, elle devient grasse à l'automne, alors on lui fait la chasse: on la prend au filet comme le rossignol et avec le même appât (le *ver de farine*); elle est aussi l'objet des grandes pipées.

La gorge-bleue place plus communément son nid sur les saules, les osiers et les autres arbustes qui bordent les lieux humides; il est construit d'herbes entrelacées à l'origine des branches ou des rameaux.

Les plumes du sommet de sa tête sont d'un brun très-foncé dans le milieu, et d'un cendré brun sur les bords; celles des joues, mêlées d'un peu de roussâtre; une bande d'un blanc sale passe au-dessus des yeux, et une tache noire couvre l'espace qui sépare le bec de l'œil; l'occiput, le dessus du corps et les couvertures des ailes sont d'un brun cendré qui est bordé de gris sur les grandes couvertures à l'extérieur, varié de cendré et de roux sur les supérieures de la queue; la gorge et le devant du cou sont d'un très-beau bleu, coupé par une grande marque d'un blanc argenté (cette marque n'existe pas chez tous les individus). Au-dessous de celle-ci est une large bande transversale d'un noir de velours qui occupe le haut de la poitrine, dont quelques plumes sont terminées de blanc; le bas de la poitrine est roux, et le reste du dessous du corps blanc roussâtre; les pennes des ailes sont d'un cendré brun et bordées extérieurement de gris; les deux intermédiaires de la queue sont d'un brun noirâtre, frangé de gris; les autres, rousses depuis leur origine jusque vers les deux tiers de leur longueur, ensuite noirâtres; le bec est de cette même couleur, et les pieds sont bruns. Longueur, cinq pouces et demi. On remarque quelques dissemblances dans les mâles adultes: les uns ont toute la gorge bleue (on soupçonne que ce sont les vieux); ils ont de plus la bande rouge ou rousse plus foncée; les autres ont la gorge comme celui décrit ci-dessus. Ces belles couleurs disparoissent en captivité ; et cet oiseau, mis en cage, commence à les perdre dès la première mue.

La femelle diffère en ce que le bleu ne forme qu'une espèce de croissant qui tranche sur le fond blanc de la gorge et du devant du cou, et que le brun des parties supérieures est plus sombre.

Les petits sont d'un brun noirâtre, et n'ont pas de bleu sur la gorge. Parmi eux on reconnoît les jeunes mâles, en ce qu'ils ont sur cette partie des plumes brunes.

La GORGE-BLEUE DE GIBRALTAR, de Brisson, est une femelle de cette espèce.

B. *Bec totalement droit, aigu.*

§ VI. Les PITPITS.

Les Pitpits diffèrent de tous les précédens par leur bec un peu conique et à pointe aiguë, ce qui a décidé M. Cuvier à les placer auprès de ses *carouges* (mes *troupiales*), et à en faire un sous-genre sous le nom latin *dacnis* ; mais comme ils m'ont paru se rapprocher au moins autant des fauvettes ou des figuiers, ils se trouvent rangés à leur suite dans ma méthode. J'ai généralisé leur nom français à quelques oiseaux de l'Amérique méridionale, parce que, suivant la description qu'en donne M. de Azara, ils ont le bec conformé à peu près de la même manière, c'est-à-dire, droit et aigu. Cependant il faut les voir en nature pour s'assurer s'ils ne seroient pas mieux classés ailleurs.

Le PITPIT BLEU, *Sylvia cayana*, Lath., pl. enl. n.º 669, fig. 2., se trouve à la Guyane où il est commun, et au Paraguay où il est rare. Le mâle a le front, les côtés de la tête, le haut du dos, les ailes et la queue noirs ; le reste du plumage d'un beau bleu ; le bec noirâtre et les pieds gris ; longueur totale, quatre à cinq pouces. Le plumage de cette espèce variant dans les deux premières années, il en est résulté plusieurs variétés, dont l'une, le PITPIT VERT, *Sylvia cyanocephala*, Lath., pl. enl. n.º 669, a été présentée comme une espèce particulière, laquelle diffère du précédent en ce qu'elle n'a pas de noir sur le front ni sur les côtés de la tête ; en ce que la gorge est d'un gris bleuâtre : que les grandes couvertures des ailes et tout le corps sont d'un vert brillant ; les pennes alaires brunes et bordées de vert ; celles de la queue d'un vert obscur : on croit que c'est la femelle du précédent. Edwards a publié la figure d'une autre variété sous le nom de *manakin bleu ;* elle a la gorge noire, le front ainsi que les côtés de la tête du même bleu que le reste du corps ; on pense que c'est le mâle sous son plumage parfait. Quand ce pitpit est dans son premier âge, il n'a sur son vêtement aucune trace de blanc et de noir. Les pitpits sont sédentaires entre les tropiques, demeurent dans les bois, se tiennent sur les grands arbres, particulièrement à leur cime, et vivent en troupes plus ou moins nombreuses.

* Le PITPIT BRUN ET ROUX, *Pyrrhonotos*, se trouve au Paraguay. Il a le bec droit, noirâtre, et blanchâtre en dessous; la queue égale; deux pouces quatre lignes de long; les plumes du dessus de la tête noirâtres et bordées de brun; une petite tache rousse sur les côtés de la tête; le dessus du cou et le haut du dos d'un brun lavé de roux; le dos, le croupion, le bord des pennes de la queue, des couvertures supérieures et des pennes secondaires des ailes, d'un roux vif; ces pennes et ces couvertures d'un brun noirâtre; le ventre blanc, ainsi que toutes les parties inférieures.

* Le PITPIT A COIFFE BLEUE, *Sylvia lineata*, Lath, a une espèce de coiffe d'un beau bleu brillant et foncé, qui prend au front, passe sur les yeux et s'étend jusqu'au milieu du dos; une tache bleue longitudinale est sur le sommet de la tête; une raie blanche de même forme commence au milieu de la poitrine et va en s'élargissant jusque dessous la queue; le reste des parties inférieures est bleu; le bec et les pieds sont noirs. On le trouve à Cayenne.

* Le PITPIT A FRONT BLANC, *Sylvia albifrons*, Vieill., a les plumes de la queue pointues, noirâtres, et bordées de brun clair, ainsi que les grandes couvertures et les pennes des ailes, dont les petites couvertures supérieures sont d'une teinte plombée; un petit trait blanchâtre va de la narine à l'occiput, et fait presque le tour de l'œil; toutes les parties inférieures sont d'un roussâtre clair; le front est blanc et pointillé presque insensiblement de noirâtre; les côtés de la tête ont une nuance composée de brun, de noirâtre et de bleu; les plumes du bas du cou, et celles du haut du dos, sont noirâtres dans le milieu et d'un brun verdâtre sur les bords; le reste du dos et du croupion est d'un mordoré clair; les pieds sont olivâtres; le bec est droit et pyramidal, noir en dessus et noirâtre en dessous; longueur totale, cinq pouces un quart. On le trouve au Paraguay.

* Le PITPIT NOIR ET ROUX, *Sylvia bonariensis*, Latham. Commerson a vu cet oiseau à Buénos-Aires : il a le dessus de la tête et du corps d'un noir décidé; la gorge, le devant du cou et les flancs d'une couleur de rouille; du blanc entre le front et les yeux, à la naissance de la gorge, au milieu du ventre, à la base des ailes et à l'extrémité des pennes extérieures de la queue; le bec noirâtre; l'iris couleur marron : longueur totale, cinq pouces deux tiers; grosseur de la linotte.

*Le PITPIT PITIAYUMI, *S. pitiayumi*, Vieill. Le nom conservé à cet oiseau, est celui qu'il porte au Paraguay, lequel veut dire *petite poitrine jaune*. Il a quatre pouces de longueur totale; le *capistrum* d'un noir qui s'étend jusques au-dessus de l'œil; le dessus de la tête, du cou et du corps d'un bleu de ciel un peu foncé; une grande tache d'un vert jaunâtre sur le haut du dos; une autre tache blanche sur les barbes extérieures des grandes couvertures supérieures du milieu de l'aile, lesquelles sont noirâtres du côté interne; cette couleur domine aussi sur la queue et les pennes alaires, qui sont bordées d'un bleu de ciel; une riche couleur d'or couvre la gorge, le devant du cou et de la poitrine, à laquelle succède une couleur blanche sur le ventre, les jambes et le dessous des ailes, et sur le côté intérieur des deux premières pennes de la queue; le tarse est brun; le bec noir en dessus et jaune en dessous. La femelle ressemble au mâle. Les jeunes, dit M. d'Azara, ne diffèrent des vieux, qu'en ce qu'ils ont la gorge du même bleu que le dessus du cou.

* Le Pitpit roux et blanc, *Sylvia pyrrholeuca*, habite dans le Paraguay. Il a la tête et le dessus du cou bruns; le dos, le croupion et les couvertures supérieures des ailes d'un brun rougeâtre; les pennes d'un brun noirâtre, avec une large tache rouge de carmin qui occupe le tiers de la largeur des quatre premières pennes vers leur origine; les quatre du milieu de la queue d'un brun foncé, et les autres d'un rouge de carmin; toutes sont étagées et garnies de barbes jusqu'au bout; la gorge est jaune; le dessus du cou et du corps d'un blanc sale; les côtés du corps et les couvertures inférieures des ailes sont d'un brun roussâtre; les tarses noirâtres; le bec est très-droit, noir en dessus et bleu de ciel en dessous.

* Le Pitpit a ventre rouge, *Sylvia rubrigastra*, Vieill., fréquente les terrains couverts d'eau où il se tient dans les joncs. Longueur totale, quatre pouces; queue étagée; bec droit, noir; iris de même couleur; bouche orangée; tarses noirâtres; menton blanc; parties postérieures d'un beau jaune pur; une bande d'un noir velouté, qui s'étend depuis l'origine de l'aile jusque sur les côtés de la poitrine; bas-ventre d'un rouge de feu; couvertures supérieures des ailes variées de noir et de blanc; côtés et derrière de la tête d'un bleu-noir; trait d'un jaune vif qui, depuis les narines, s'étend jusqu'à l'occiput; dessus de la tête noir, quelquefois pointillé de roussâtre, et d'un rouge de feu le plus vif sur le milieu; dessus du cou et du corps d'un vert obscur; ailes noires, quelquefois brunes, à l'exception des grandes couvertures inférieures qui sont blanches et terminées de jaune foible (quelques individus ont aussi du blanc à la pointe et à la naissance des pennes de cette même partie); queue noire

avec la penne la plus extérieure blanche, aussi bien que les bords et la pointe de la seconde, et l'extrémité de la troisième. Cette espèce se trouve au Paraguay et à Buénos-Ayres.

* Le PITPIT VERMIVORE, *Sylvia vermivora*, Lath., pl. 305 des Oiseaux d'Edwards, se trouve dans la Pensylvanie pendant l'été: son bec, assez pointu, est brun en dessus et couleur de chair en dessous; une bande noire et étroite part des coins de la bouhce et traverse l'œil; au-dessus d'elle il y a une ligne jaunâtre, surmontée d'un croissant noir; le reste de la tête, la gorge et la poitrine sont d'un jaune rougeâtre, qui se dégrade sur les parties postérieures, finit par être blanchâtre sur l'anus et les couvertures inférieures de la queue; le dessus du corps, les ailes et la queue sont d'un vert-olive foncé; les couvertures sous-alaires sont d'un vert jaunâtre; le dessous des pennes caudales est cendré; les pieds sont couleur de chair; longueur, environ cinq pouces; grosseur un peu au-dessus de celle de la *fauvette à tête noire;* c'est le DÉMI-FIN MANGEUR DE VERS de Buffon. Il paroît qu'il se trouve aussi au Paraguay, ou plutôt qu'il y existe une race voisine à laquelle M. de Azara rapporte le *mangeur de vers*, qu'il appelle *contre-maître couronné.* Il le décrit ainsi : le sommet de la tête est partagé en longueur par une bandelette noire et large de trois lignes; sur les côtés de la tête, on remarque quatre autres lignes parallèles, dont la première est presque noire; la seconde, qui forme le sourcil, blanchâtre; la troisième, qui traverse l'œil, noirâtre, de même que la quatrième; une plaque d'un brun clair couvre l'oreille; un jaune pur s'étend sur toutes les parties inférieures, et il est lavé de blanc sur les couvertures des ailes; tout le dessus du corps ainsi que le tarse sont olivâtres; les pennes alaires et caudales sont brunes et bordées d'olivâtre, de même que les couvertures supérieures des ailes; le bec est noirâtre en dessus et d'un brun clair en dessous; longueur, cinq pouces. La femelle a des couleurs, et particulièrement celles de la couronne, moins vives et moins pures. Cette espèce vit dans les forêts et les grands halliers. La défiance et l'inquiétude sont les traits principaux de son caractère. On la voit souvent sautillant de branche en branche, les pieds en haut, la tête en bas pour saisir les insectes qui se cachent dans les feuilles. Elle est solitaire; son ramage est peu varié, mais agréable : il semble exprimer les syllabes *chi*, *chi*, *chi*, *chi*, *chica*, en appuyant sur la dernière. (V.)

FAUVE, BÊTE FAUVE. Dénomination que les chasseurs appliquent au *cerf*, au *daim* et au *chevreuil.* (S.)

FAUVIX. Le REDOUL et le SUMAC portent ce nom dans quelques parties du midi de la France. (LN.)

FAUX ou RENARD, *Squalus vulpes*. C'est un poisson du genre SQUALE, figuré par Rondelet, pl. 387. (DESM.)

FAUX-ACACIA. *V.* aux mots ACACIE et ROBINIER. (B.)

FAUX ACORUS. C'est l'IRIS DES MARAIS (*iris pseudo-acorus*). (LN.)

FAUX ALBATRE ou ALABASTRITE. *V.* ALBATRE GYPSEUX. (PAT.)

FAUX ALUN DE PLUME. On donne ce nom à des substances minérales blanches et fibreuses, telles que l'*amiante*, l'*asbeste*, le *gypse fibreux*, etc., qu'on fait passer pour l'*alun de plume*. *V.* ce mot. (PAT.)

FAUX-ARBOUSIER. C'est la CUNONE. (LN.)

FAUX-ARGENT ou ARGENT DE CHAT. Variété de mica d'un blanc argentin. (LUC.)

FAUX-ASBESTE. Amphibole fibreux, blanchâtre. *Voy.* t. 1, p. 163. (LUC.)

FAUX BAUME DU PÉROU. Nom vulgaire du MÉLILOT ODORANT. (B.)

FAUX BENJOIN. *V.* BADAMIER DE BOURBON. (B.)

FAUX BOIS. Terme d'agriculture qui désigne les branches des arbres qui ne doivent pas donner de fruits, ou bien qui sont incapables de devenir belles. (LN.)

FAUX BOIS DE CAMPHRE. C'est le SELAGE EN CORYMBE dont les habitans du Cap de Bonne-Espérance se servent pour faire du feu, et qui répand une odeur forte, approchant de celle du camphre. (B.)

FAUX-BOMBIX, *Noctuo-Bombycites*. Tribu d'insectes, de l'ordre des lépidoptères, famille des nocturnes, très-semblables aux *bombix*, aux *hépiales*, aux *cossus* et autres bombycites, mais qui ont une langue très-distincte et plus longue que la tête. Les ailes sont toujours inclinées en forme de toit. Cette tribu comprend les genres : ARCTIE et CALLIMORPHE. Celui des LITHÉSIES et quelques *tinéites* paroissent aussi, dans un ordre naturel, devoir lui appartenir. (L.)

FAUX-BOURDON. Nom vulgaire de l'ABEILLE MALE. (DESM.)

FAUX BRESILLOT. C'est le BRÉSILLOT DE SAINT-DOMINGUE. (B.)

FAUX-BUIS. Nom donné au GALE, *Myrica gale*, à la FERNELIE, et au FRAGON-EPINEUX, *ruscus aculeatus*. (LN.)

FAUX CABESTAN. Nom marchand du ROCHER CUTACÉ. *V.* AQUILLE. (B.)

FAUX CAFÉ. Les nègres de Saint-Domingue donnent ce nom au fruit du RICIN. (B.)

FAUX CALAMENT. C'est l'Iris *faux-acore* (LN.)

FAUX CHAMARAS. C'est la Germandrée des bois, *Teucrium scorodonia.* (LN.)

FAUX CHERVI. Nom de la Carotte sauvage. (B.)

FAUX CHOUAN. C'est la graine du Myagre oriental. On s'en sert dans la teinture. (B.)

FAUX CISTE. C'est la Turnère a fleur de ciste, *Turnera cistoïdes.* (LN.)

FAUX CORAIL. On donne ce nom aux Madrépores, aux Isis, et même aux Corallines qui ont des affinités avec le Corail. (B.)

FAUX CUMIN. Graine de la Nielle romaine, *Nigella. Voy.* Nielle. (B.)

FAUX CYTISE. L'Anthillide à Feuilles de cytise porte ce nom. (B.)

FAUX DIAMANT ou Jargon. On a donné ces noms et celui de *Diamant brut*, au zircon limpide. *V.* Diamant brut et Zircon. (LUC.)

FAUX DICTAME. Espèce de *dictame*, différente de celle de Crète. *V.* Dictame. (B.)

FAUX EBÉNIER. C'est le Cytise des Alpes. (B.)

FAUX ÉBÉNIER D'AMÉRIQUE. *V.* Ebenus. (LN.)

FAUX ESPARGOUTTE. *V.* Mollugo. (LN.)

FAUX FROMENT. C'est l'Avoine élevée. (B.)

FAUX-FUYANT. En terme de vénerie, c'est un sentier dans les bois. (S.)

FAUX GRENAT. Suivant Bomare, c'est un cristal d'un rouge obscur, tirant sur le noir. (LUC.)

FAUX HELLÉBORE. *V.* au mot Hellébore. (B.)

FAUX HERMODACTYLE. C'est une espèce d'Iris, *Iris tuberosa*, Linn. (LN.)

FAUX INDIGO. C'est le Galéga officinal en Europe, le Galéga des teinturiers dans l'Inde, et l'Amorpha dans nos jardins. (B.)

FAUX IPÉCACUANHA. Les racines d'une espèce de Crustole et d'une espèce d'Asclépiade, qui croissent dans les Antilles, et qui servent aux mêmes usages que l'Ipécacuanha, portent ce nom. (B.)

FAUX JALAP. C'est un des noms de la Belle-de-nuit, *Mirabilis jalapa.* (LN.)

FAUX LAPIS. On donne ce nom à la *pierre d'Arménie*, qui est un bleu de montagne, ou carbonate de cuivre mêlé avec des matières terreuses durcies, qui lui donnent la consistance d'une pierre susceptible d'un certain poli. (PAT.)

FAUX LOTIER. C'est la GLINOLE, *Glinus lotoides*. (LN.)

FAUX LOTIER D'ATHÈNES. C'est le PLAQUEMINIER, *Diospyros lotus*. (LN.)

FAUX LUPIN. C'est une espèce de TRÈFLE, *Trifolium lupinaster*. (LN.)

FAUX MARQUÉ. Inégalité des *cors* sur la *tête* du *cerf*, quand elle en a six d'un côté et sept de l'autre : ce que les veneurs expriment en disant que le *cerf porte quatorze faux marqués*. (S.)

FAUX MÉLÈZE. C'est l'*Aspalathus chenopoda*. (LN.)

FAUX NARCISSE. C'est une espèce de NARCISSE, *N. pseudo narcissus*. (LN.)

FAUX NARD. C'est la racine de l'AIL SERPENTIN, *Allium victoriale*, Linn. (B.)

FAUX-NÉFLIER. C'est une jolie petite espèce du genre des NÉFLIERS, *Mespilus chamœmespilus*. (LN.)

FAUX OR ou OR DE CHAT. Mica d'un beau jaune. (LUC.)

FAUX PERDRIEUX. *V.* FAUPERDRIER. (DESM.)

FAUX PIMENT. C'est le *Schinus molle* et un *solanum*. (LN.)

FAUX PISTACHIER. *V.* STAPHYLIER A FEUILLES PINNÉES. (B.)

FAUX PISTACHIER D'AMÉRIQUE. C'est le *Royena lucida*, L. (LN.)

FAUX POIVRE. Ce sont le PIMENT, *Capsicum*, et le *Solanum pseudo-capsicum*. *V.* MORELLE. (LN.)

FAUX PRASE, ou plutôt FAUSSE PRASE ou PSEUDO-PRASE. Quelques naturalistes donnent ce nom à un quarz *agathe* verdâtre. *V.* au mot PRASE. (PAT.)

FAUX PUCERONS. *V.* CHERMÈS. (DESM.)

FAUX QUINQUINA. C'est l'*iva frutescens* et le *senecio pseudo-china*. (LN.)

FAUX RAIFORT. Nom du CRANSON RUSTIQUE. (B.)

FAUX RUBIS ou CRISTAL ROUGE. *V.* QUARZ. (LUC.)

FAUX SANTAL DU BRESIL. Le BRÉSILLET porte quelquefois ce nom. (B.)

FAUX SANTAL DE CANDIE. C'est le bois de l'*alaterne*. *V.* NERPRUN. (B.)

FAUX SAPHIR, QUARZ-HYALIN. Ce nom a été donné au *Saphir d'eau* des lapidaires, que l'on regarde aujourd'hui comme une variété du *Cordiérite*. *V.* ce mot. On l'a aussi appliqué à la chaux fluatée d'une couleur bleue, au quarz. (LUC.)

FAUX SAPIN. C'est la PESSE, *Hippuris vulgaris*. (LN.)

FAUX SCORDIUM. *V.* au mot GERMANDRÉE. (B.)

FAUX SCORPION, *Phalangium cancroïdes*, L. *V.* l'article PINCE, *Chelifer.* (DESM.)

FAUX SEIGLE. C'est, dans quelques cantons, le *fromental. V.* au mot AVOINE ÉLEVÉE. (B.)

FAUX SENÉ. *V.* BAGUENAUDIER. (B.)

FAUX SIMAROUBA. Racine de la *bignone coupaya. V.* aux mots BIGNONE et COUPAYA. (B.)

FAUX SOUCHET. C'est le *carex pseudo-cyperus* de Linnæus. *V.* au mot LAICHE. (B.)

FAUX SPATH, Bomare. C'est un des noms du *Feldspath. V.* ce mot.

FAUX SYCOMORE. C'est l'AZÉDÉRACH. (B.)

FAUX TABAC. C'est la NICOTIANE rustique, *nicotiana rustica*, L. (LN.)

FAUX TÉLESCOPE. C'est une coquille du genre STROMBE, *Str. palustris.* (DESM.)

FAUX THÉ. C'est l'*Alstonia thea.* (LN.)

FAUX THUYA. Espèce de CYPRÈS, *cupressus thuyoïdes.*

FAUX THLAPSI. *V.* LUNAIRE ANNUELLE. (B.)

FAUX TREFLE. C'est la PAULLINIE ASIATIQUE. (LN.)

FAUX TREMBLE. Espèce de PEUPLIER. (B.)

FAUX TURBITH. On croit que c'est la racine de la THAPSIE GARGANIQUE, dont on se sert en place du véritable turbith, qui est la racine d'une espèce de LISERON, pour purger les humeurs goutteuses et autres. (B.)

FAVA. En Italie, c'est la FÈVE, *vicia Faba.* (LN.)

FAVAGELLA. C'est, en Italie, le nom de la GRANDE CHÉLIDOINE, *Chelidonium majus.* (LN.)

FAVAGELLO. C'est, en Italie, le nom de l'ORPIN DES VIGNES, *Sedum telephium*, L. (LN.)

FAVAGITE. Nom que quelques oryctographes ont donné à des MADRÉPORES fossiles dont les étoiles sont un peu semblables aux alvéoles des rayons d'abeilles. (B.)

FAVAL. C'est la VIS MACULÉE. (B.)

FAVARIO. *V.* FAVAGELLO. (LN.)

FAVAS D'AYA des Portugais. *V.* SALKEN. (LN.)

FAVAS DO RATO des Portugais. *V.* MOULLAVA. (LN.)

FAVAS DE TRES HUMAS des Portugais. *V.* PONGELION. (LN.)

FAVASEI. En Italie, on donne ce nom au BECCABUNGA, espèce de VÉRONIQUE. (LN.)

FAVE et FAVETOS. Noms languedociens de la FÈVE et de la FÉVEROLE. (LN.)

FAVEIRA. Nom de la FÈVE, en Portugal. (LN.)

FAVELOTTE. Synonyme de Fève. (B.)

FAVELOU. C'est le Laurier-thym, *viburnum tinus*, L., en Languedoc. (LN.)

FAVETOS. *V.* Fave. (LN.)

FAVIOOUS. Nom languedocien des Haricots verts, *Phaseolus vulgaris*, ceux qu'on mange avec la cosse. (LN.)

FAVONIE, *Favonium*. Genre de plantes qui diffère très-peu du Didelta de Lhéritier, et du Choristée de Thunberg *V.* le premier de ces mots et le mot Polymnie épineuse. (B.)

FAVONITE. On donne ce nom à l'Astroïte, rayon d'abeille fossile. *V.* Favagite. (PAT.)

FAVORITE. Nom d'une Poule sultane de Cayenne. (V.)

FAVOSCELLO. Un des noms italiens de la Ficaire. (LN.)

FAVOSITE, *Favosites*. Genre de polypiers foraminés établi par Lamarck. Il se rapproche des Tubipores et des Alvéolites. Ses caractères sont : polypier pierreux, simple, de forme variable et composé de tubes parallèles, prismatiques disposés en faisceaux; tubes contigus, pentagones ou hexagones, plus ou moins réguliers, rarement articulés.

Ce genre renferme deux fossiles fort rares. Il me semble qu'il a besoin d'être discuté. (B.)

FAVOUETTE. C'est la Gesse tubéreuse dans les Alpes méridionales. (B.)

FAXE. Nom du Brome seiglin, *Bromus secalinus*, en Suède et en Danemarck. (LN.)

FAYA. Nom portugais du Hêtre. (LN.)

FAYAN. *V.* Fan. (S.)

FAYON. On nomme ainsi les Haricots, dans le midi de la France. (B.)

FE. Nom donné au Japon à une espèce de Lentille d'eau. (*lemna minor*). (LN.)

FEABERRIES et FEABERS. Noms anglais des Groseilles a maquereau. (LN.)

FEATHERFOIL et WATER VIOLET. Noms anglais du Plumeau aquatique (*Hottonia palustris*). (LN.)

FEATHERGRASS. C'est, en Angleterre, le Stipa pennata. (LN.)

FEBERBOD. Nom danois des Benoites (*Geum*). (LN.)

FEBERURT. Nom danois de la Scutellaire commune (*Scutellaria galericulata*). (LN.)

FEBRIFUGA. Nom sous lequel on a indiqué deux plantes, la petite CENTAURÉE (*Gentiana centaurium*; et la grande GENTIANE (*G. lutea*). Gaza le donnoit à la première; il paroîtroit que le *febrifuga* ou *febrifugia* d'Apuleus désigneroit la MATRICAIRE. *V.* aussi SCUTELLAIRE. (LN.)

FÉCONDATION. Opération naturelle par laquelle les étamines portent, au moyen du pistil, jusqu'à l'ovaire, le principe de vie nécessaire au développement et à la maturité des semences. *Voyez* les articles FLEUR, FRUIT, SEMENCE. (D.)

FÉCONDATION et FÉCONDITÉ, viennent de *fovere*, réchauffer, fomenter, ainsi que le mot *fœtus* qui en est le produit.

La *fécondation* est une qualité propre à tous les animaux et les végétaux pourvus de sexes, soit visibles et séparés, soit réunis et peu ou point visibles. (*V.* SEXES.) Les animaux sans sexes, et les végétaux agames ou cryptogames, ne laissent pas de se reproduire, quoique sans accouplement, sans fécondation préliminaires; ils possèdent en eux-mêmes les élémens de la génération; quelques-uns se reproduisent de bouture, ou par division; de sorte que leur fécondation ou leur génération est une suite de leur accroissement ou de la surabondance de leur nutrition, comme chez les polypes qui bourgeonnent, les arbres qu'on reproduit de bouture, de surgeons, etc. *V.* GÉNÉRATION.

Les organes de la *fécondation* chez les animaux et les végétaux à sexes distincts, sont l'étamine ou plutôt l'anthère et son pollen pour les plantes; les testicules chez les mammifères, les oiseaux, les reptiles; la laite chez les poissons; les canaux déférens du sperme ou élaborateurs de ce fluide chez les mollusques, les insectes, les annélides ou helmintides, etc. Telles sont les *parties mâles* proprement dites, ou qui donnent le principe excitateur de la vie.

Les organes de la *fécondité* sont les *parties femelles*, qui reçoivent, nourrissent, fomentent, élèvent le jeune être, l'embryon animal ou végétal. (*V.* EMBRYON et FŒTUS.) Tels sont l'*ovaire* contenant la *graine* des plantes ou l'*œuf* des animaux, ou les *germes*, les petits êtres organisés qui paroissent être prédisposés d'avance. En effet, l'œuf de la poule qui n'a point été cochée, et qui ne produit rien par l'incubation, n'en contient pas moins tous les élémens du poulet, toutes ses membranes, quoique peu ou point visibles à l'œil non armé du microscope. On observe de même, dans l'œuf de la grenouille, les parties du têtard, quoique le sperme du mâle ne lui ait pas encore communiqué cette excitation vitale, sans laquelle il ne peut se développer.

La fécondation consiste donc dans cette transmission de

l'excitation vitale, au moyen du sperme mâle (*V.* Semence), et cette excitation vitale n'est pas seulement le résultat d'un principe stimulant, tel que seroit de l'alcool qui solliciteroit l'énergie de notre système nerveux ; mais le sperme a la faculté de modifier l'embryon, d'altérer sa forme, si ce sperme vient d'une espèce différente de la femelle. Ainsi le sperme d'âne, dans l'ovaire d'une cavale, va déformer le germe ou l'embryon du jeune cheval pour lui donner les longues oreilles, la queue et d'autres traits de figure de l'âne, et pour former un mulet. Il y a des mulets ou métis analogues chez d'autres mammifères et chez les oiseaux, les insectes, et surtout dans les plantes. (*V.* Métis.) Cependant les graines des plantes, les œufs de plusieurs animaux existoient déjà tout formés avant cette fécondation, et avoient, en principe, la figure de l'espèce maternelle ; ce qui a fait dire à Harvey que tout être vivant sortoit primitivement d'un œuf : *omne vivum ex ovo.* (Gul. Harvey, *de Generat. animal: exercit. anatom.*)

Ordinairement les fécondations s'opèrent par l'accouplement des sexes chez les mammifères, les oiseaux, les reptiles (excepté quelques batraciens), les poissons sélaques (raies, squales), et quelques autres; les mollusques, les gastéropodes androgynes (quoique ayant chacun les deux sexes, ceux-ci sont disposés de sorte que l'animal a besoin d'accouplement mutuel), les crustacés, les insectes proprement dits, sous leur dernière forme, plusieurs helminthides ou annélides, des entozoaires ou vers intestinaux, etc.

Il n'y a point d'intromission de sperme, mais cependant il existe une vraie fécondation extérieure ou une irroration du sperme sur les œufs, chez les reptiles batraciens, grenouilles et salamandres, chez la plupart des poissons qui frayent (*V.* Frai), et les mollusques céphalopodes. Les animaux et les végétaux hermaphrodites ont aussi des fécondations; par exemple, Méry a vu que dans l'huître, les embryons sortant de l'ovaire pour se répandre dans les branchies, étoient fécondés par les vaisseaux spermatiques ou déférens. On prétend que chez quelques insectes, les hémérobes, la fécondation a lieu après la ponte des œufs, qui sont portés sur un pédicule long, sur des feuilles, le mâle venant les féconder de son sperme. Les étamines fécondent l'ovaire en déposant sur le stigmate des pistils un pollen fécondateur, soit que la fleur soit hermaphrodite, ou qu'elle soit monoïque ou dioïque (*V.* Fleur).

Outre ces fécondations naturelles, on en peut faire encore d'artificielles, et l'on a produit ainsi des métis à volonté. C'est ici un triomphe de l'art pour scruter les lois de la nature.

Dans les végétaux, un palmier dattier femelle fleurissoit en vain chaque année dans les serres de Berlin; le botaniste Gleditsch fit venir de Dresde, par la poste, du pollen d'un dattier mâle qui fleurissoit alors, et féconda la femelle qui porta du fruit. Les plantes dioïques se fécondent ainsi par le moyen des vents qui apportent le pollen du mâle sur les fleurs femelles éloignées ; exemple facile à répéter dans le chanvre, le houblon, etc. Koëlreuter, d'après ces faits, essaya de féconder plusieurs fleurs femelles ou les pistils, avec le pollen d'autres espèces de plantes; et il obtint de cette manière un grand nombre de métis de toute espèce voisine. Linnæus, frappé de ce fait merveilleux, fut disposé à conclure que toutes les espèces si variées des plantes pourroient bien n'être primitivement que des hybrides ou produits mélangés d'un petit nombre de genres primitifs de végétaux. (*V.* la discussion de cette hypothèse à nos articles DÉGÉNÉRATION et ESPÈCE).

Quant aux fécondations artificielles des animaux, elles peuvent s'opérer facilement chez ceux qui ne s'accouplent pas. Ainsi, en mettant des culottes de taffetas à des grenouilles mâles en leurs amours, ils ne fécondent pas les œufs de la femelle, ou son frai; si l'on prend, comme l'a fait encore Spallanzani, très-peu de ce sperme de mâle, qu'on le délaie dans l'eau, on pourra féconder un grand nombre d'œufs de grenouille avec cette eau spermatifiée. Le même abbé Spallanzani a expérimenté que ce n'étoit pas la vapeur ou la prétendue *aura seminalis* du sperme qui pouvoit féconder les œufs de grenouille, mais qu'il falloit de la substance même de ce sperme, quoiqu'en extrêmement petite quantité. Il a remarqué, de plus, au microscope, que ce n'étoient pas les animalcules spermatiques qui fécondoient, selon l'hypothèse d'Hartsoëker et de Leuwenhoëck, puisque les parties du sperme bien privées de ces animalcules microscopiques n'en ont pas moins fécondé les œufs de grenouille. Ensuite Jacobi a répété les mêmes faits avec la laite des poissons mâles sur les œufs de poissons. Il a obtenu des métis en fécondant ainsi artificiellement les œufs d'une espèce, au moyen du sperme d'une autre espèce. Il a même constaté que la laite d'un poisson mort depuis trois jours, mais qui n'étoit pas gâté, pouvoit féconder encore les œufs d'une femelle. Spallanzani avoit vu qu'une goutte d'eau ne contenant qu'un 2,994,687,500.e de grain de sperme de grenouille, suffisoit neanmoins pour féconder des œufs.

Enfin, on a produit des fécondations artificielles dans les quadrupèdes. Du sperme de chien, délayé dans un peu d'eau chaude, fut injecté par Spallanzani dans le vagin d'une chienne en chaleur, laquelle avoit été et fût séparée de tout chien; elle porta trois petits, après un terme ordinaire, et ces chiens ressembloient à celui dont on avoit obtenu le sperme. Cette expérience répétée par d'autres savans italiens, a également réussi.

Mais il y a un autre phénomène à considérer dans les fécondations; ce sont celles qui se conservent pour plusieurs générations. Une poule cochée une seule fois, pond des œufs féconds pendant vingt jours.

Une araignée dont les espèces sont ennemies les unes des autres et s'entre-dévorent souvent dans leurs approches, (à moins qu'un amour très-violent ne les force à faire trève à leur férocité), l'araignée une fois fécondée, l'est, dit-on, pour deux ans, sorte de prévoyance dans la nature à cause de la difficulté des accouplemens de ces espèces.

Un autre mode de fécondation plus merveilleux, est celui des pucerons, de quelques daphnies (*monoculus pulex*, L.), ou puces aquatiques, qui, s'étant une seule fois accouplées, produisent des individus uniquement femelles pendant cinq ou six générations, sans accouplemens postérieurs; ainsi une femelle imprégnée par le mâle, produit des femelles, lesquelles, sans-accouplement, font une seconde génération, celles-ci une autre et ainsi de suite, jusqu'à ce que l'hiver arrivant, la dernière génération contient des mâles et des femelles. Ici se fait l'accouplement une fois pour toutes les générations subséquentes de l'année qui doit suivre.

Pour expliquer ce fait, il faut considérer que la femelle puceron ou puce aquatique, par son imprégnation avec le mâle, devient, en quelque façon, mâle et femelle, ou reçoit toute la vertu fécondante masculine. Elle transmet cette sorte de faculté mâle aux individus femelles dont elle accouche; ces femelles se fécondant d'elles-mêmes, accouchent également d'autres femelles qu'on peut considérer comme androgynes, et enfin, ce n'est qu'à la dernière génération que la vertu fécondante mâle se sépare des individus femelles, et produit des individus masculins, pour procéder à un nouvel accouplement.

Il y a quelque effet semblable dans des plantes dioïques, comme nous l'avons remarqué. Ainsi le *juniperus canadensis* et quelques *salix* sont une année chargés de fleurs femelles, une autre année, de fleurs mâles; ils sont ainsi, quoique dioïques, essentiellement imprégnés des deux sexes et capables de se reproduire. C'est peut-être ainsi que l'on peut expliquer comment Spallanzani a vu des épinards, des pieds de chanvre femelles, bien séparés de tout mâle, porter cependant des graines fécondes. Ne sait-on pas, d'ailleurs, que sur les plantes dioïques, ou mâles ou femelles, on peut trouver, parfois, des fleurs d'un autre sexe, qui fécondent *incognito* et comme furtivement les femelles, et font rentrer ces végétaux dans l'empire général de l'hermaphrodisme qui semble naturel à ce règne ? *V*. HERMAPHRODISME.

A l'égard des circonstances de la fécondation, nous renvoyons à l'art. GÉNÉRATION, et au mot SEXE. On sait, par exemple, que chez les plantes, les organes femelles ou pistils sont ordinairement moins nombreux que les mâles ou étamines. Chez les animaux, au contraire, un mâle suffit quelquefois à plusieurs femelles ; il en est ainsi sans doute des anguilles et d'autres poissons chez lesquels on trouve si rarement des mâles, que des naturalistes ont cru qu'il n'en existoit pas dans ces espèces. Parmi les insectes à métamorphoses, les mâles meurent après la fécondation, comme s'ils transmettoient toute leur vie à leur progéniture. Les femelles persistent jusqu'après la ponte.

La FÉCONDITÉ ou la puissance procréatrice se développe diversement dans les végétaux et les animaux. Dans toutes les familles des plantes agames (ou sans sexe connu), comme les truffes, les algues, de même que chez les animaux radiaires, les polypes hydres, les méduses, les actinies, les holothuries, etc., la reproduction s'opère par la simple division de l'individu qui reforme ainsi des individus complets, ou par des bourgeons, des germes, des expansions de la substance de l'être procréateur, lorsqu'il éprouve une surabondance de nutrition et de vie. La plupart des plantes les plus parfaites et à sexes très-apparens, ou les phanérogames, sont aussi susceptibles de se multiplier, outre la voie des graines ou semences, par des bourgeons, des caïeux, des drageons, des portions même de racines, de tiges, de feuilles prolifères, etc. Il n'en est pas ainsi des animaux pourvus de sexes; car ils ont besoin alors d'engendrer, soit par accouplement, comme toutes les espèces dioïques, soit par eux-mêmes, comme chez les monoïques, tels que les mollusques bivalves, les helminthides, etc.

Parmi les espèces pourvues de sexes, il existe encore beaucoup de différence entre les végétaux et les animaux relativement à la fécondité. Chez les plantes, le sexe féminin paroît être le plus capable de multiplier, même sans l'intervention du mâle. Ainsi l'on voit des femelles de végétaux dioïques cultivées seules en Europe, comme le mûrier à papier (*broussonetia papyrifera*, Lhérit.), qui vient de Chine; le tacamaque (*populus balsamifera*, L.) apporté du nord de l'Amérique, se propager de bouture; tandis que les individus mâles de toutes les espèces dioïques sont plus foibles, et refusent même quelquefois de se perpétuer par cette voie. De plus, des *clutia* femelles, cultivées dans nos terres, sans mâles, ont développé plusieurs fois des fleurs mâles aussi, et se sont rendues monoïques, ainsi que G. Forster l'a remarqué pour diverses plantes des îles des mers australes. Spallanzani a vu un pied femelle de chanvre, bien isolé, produire des graines fécondes. D'ailleurs les étamines avortent ou se changent souvent en pétales dans les fleurs, tandis que les organes femelles sont presque toujours constans, immuables.

Dans le règne animal, au contraire, les individus mâles paroissent être, en général, plus robustes, plus capables de féconder que les femelles, et, chez quantité d'espèces même, un seul mâle, le taureau, le coq, suffit à beaucoup de femelles; ce qui est l'inverse des plantes, où les étamines surpassent presque toujours le nombre des pistils. La reine abeille est dans ce cas; elle a un sérail de mâles.

Quant à la multiplication relative des végétaux et des animaux, elle paroît être également prodigieuse; et je ne sais même si le règne animal n'a pas la supériorité. Qu'une tige de maïs produise deux mille graines; qu'un soleil en ait le double; qu'un pied de pavot donne jusqu'à trente-deux mille semences; qu'une tige de tabac en fournisse plus de quarante mille; qu'un orme, un platane, fournissent jusqu'à cent mille graines par an; qu'un giroflier produise plus de sept cent vingt mille clous de girofle; qu'en comptant les bourgeons qu'il peut donner en outre, on double le nombre de ces moyens de reproduction chaque année, ils sont immenses sans doute; et si toute l'énergie procréatrice d'un seul végétal se développoit en autant de nouveaux êtres, la terre et les sphères célestes même ne suffiroient plus bientôt pour les nourrir tous. Mais tout cela est peu encore en comparaison des animaux. Je ne parlerai pas de la multiplication innombrable des insectes, et des cinq à six mille œufs qu'une reine d'abeille pond chaque année; je ne parlerai ni des moucherons, ni des sauterelles qui s'avancent dans les champs de la Tartarie, en nuées assez épaisses pour obscurcir le soleil, et dévorer, en quelques heures, toutes les productions végétales; mais je ne citerai en exemple que les animaux aquatiques, et particulièrement les poissons. Le moindre hareng a près de dix mille œufs. Bloch en a trouvé cent mille dans une carpe de demi-livre. Une autre, longue de quatorze pouces, avoit, de calcul fait suivant P. Petit, deux cent soixante-deux mille deux cent vingt-quatre œufs; et une autre, de seize pouces, trois cent quarante-deux mille cent quarante-quatre. Une perche avoit deux cent quatre-vingt mille œufs; une autre, trois cent quatre-vingt mille six cent quarante. Cela n'est rien encore. Une femelle d'esturgeon pondit cent dix-neuf livres pesant d'œufs, et comme sept de ces œufs pesoient un grain, il en résulte que le tout devoit être évalué à sept millions six cent cinquante-trois mille deux cents œufs. Leuwenhoëck a calculé, par ce procédé, jusqu'à neuf millions trois cent quarante-quatre mille œufs dans une seule morue. Or, si l'on considère que ce seul poisson en peut donner autant pendant beaucoup d'années ; que l'Océan nourrit bien des millions de ces mêmes morues ; que tous leurs œufs peuvent donner autant de poissons, qui en produiroient des milliards de milliards à leur tour, l'on sera effrayé de l'épouvantable fécondité de la nature. Les bornes de l'univers même deviendroient à la fin trop étroites, si l'on suppose cette puissance productive agissant de tous ses moyens sans que rien l'arrête ; car la nature se porte d'ailleurs avec impétuosité vers la reproduction, par l'attrait inconcevable du plaisir ; de sorte que l'équilibre de l'univers ne pourroit pas subsister sans la puissance de destruction qui rétablit le niveau parmi tous les êtres.

Mais, dans l'espèce humaine, la puissance de reproduction est heureusement plus limitée, quoique l'union sexuelle y soit plus fréquente que chez les autres espèces, et l'on ne peut méconnoître en cela une faveur de la nature.

§ I. *Des causes générales de la fécondité et de la stérilité.—Croissez et multipliez,* dit la Genèse à l'homme ; mais quelquefois ce but n'est pas atteint : les causes de la fécondité et de la stérilité étant variées, nous devons les parcourir toutes pour les reconnoître. En général il y a moins d'hommes impuissans que de femmes stériles, et il semble que le sexe le plus foible soit aussi le plus exposé aux imperfections naturelles.

L'homme, pour être fécond, doit avoir les organes sexuels bien conformés. Si les testicules sont atrophiés ou oblitérés (ceux qui demeurent toute la vie dans l'abdomen, ne sont pas moins actifs pour cela ; il paroît même que la chaleur du lieu excite davantage en eux la sécrétion du sperme), si l'épididyme est obstrué ainsi que les canaux déférens, s'il manque de vésicules séminales, si l'émission du sperme ne s'opère pas convenablement, si ce sperme n'est pas suffisamment élaboré, etc., l'imprégnation n'aura pas lieu. De même, si l'érection ne peut se faire, s'il y a un hypospadias ou autre vice de structure, il existe un empêchement dirimant pour le mariage.

Mais, quoique bien conformé, l'homme peut être plus ou moins fécond, et il y a tel tempérament très-lymphatique, telle complexion trop grasse, surtout tel état d'épuisement, de foiblesse nerveuse, de froideur, d'hébétation physique ou morale, qui peuvent rendre le coït infécond ou même impossible. Il existe de grandes variétés dans la puissance sexuelle, suivant les constitutions. Celui en qui prédomine le système sanguin artériel, est fort fécond d'ordinaire, quoiqu'il n'ait ni l'ardeur, ni la force du tempérament bilieux, brun, sec et velu; car le développement des poils annonce surtout la vigueur. Celui-ci s'accommode mieux d'une femme de constitution molle et humide, afin de tempérer son excès de vivacité, et une telle union est ordinairement très-féconde. Ne seroit-ce point à cause de ces rapports que certains mélanges de races, par exemple d'un nègre avec une femme blanche, produisent quelquefois beaucoup d'individus?

Quant à la femme, la stérilité peut reconnoître bien des causes de conformation, tantôt par l'absence ou l'altération morbifique des ovaires, tantôt par une obstruction, une direction vicieuse des trompes de Fallope, tantôt par l'obliquité de l'ouverture de l'utérus ou par des carnosités, une mauvaise situation du col de la matrice, etc. Outre ces vices naturels, l'utérus peut avoir, dans sa substance, telle altération qui le rende incapable de s'imprégner de sperme, comme un état spasmodique, une disposition cancéreuse, une humidité surabondante qui le relâche, par exemple, dans les flueurs blanches excessives, ou une sorte d'aridité et d'inaction, ayant, comme chez les femmes non menstruées ou mal réglées, des hydatides, une mole, et beaucoup d'autres causes semblables. Quoique l'étroitesse excessive du vagin, sa clôture par une épaisse membrane d'hymen, ou sa constriction spasmodique maladive (affection rare, mais dont nous connoissons un exemple), rende la cohabitation impossible quelquefois, l'imprégnation peut cependant avoir lieu encore sans intromission, pourvu que la semence parvienne à l'utérus. On peut ainsi être enceinte et paroître vierge.

L'absence des règles, pendant toute la vie même, n'est point un caractère suffisant pour faire présumer la stérilité, absolument parlant; beaucoup d'expériences la démentent, surtout dans les pays chauds. La cessation des menstrues ne met pas toujours une limite, non plus, à la fécondité de la femme, et on cite plusieurs sexagénaires devenues mères.

Mais plusieurs dispositions de constitution augmentent ou diminuent la faculté fécondante de la femme. Telle qui est trop ardente, trop vive, trop nerveuse et sèche, ne retiendra pas mieux le sperme qu'une autre d'une complexion trop grasse, trop molle, trop indolente, trop humide. Ainsi la poule grasse pond peu d'œufs; ainsi la castration, l'âge de retour qui accompagne la mort des fonctions sexuelles, augmentent l'embonpoint; ainsi les parties sexuelles relâchées, béantes dans les femmes lymphatiques, retiennent difficilement. Voyez ces personnes d'une constitution modérément sanguine et lymphatique, d'un caractère porté à la gaîté et aux affections tendres, d'une sensibilité douce, d'un tempérament calme sans trop de froideur; voilà les meilleures mères, les femmes les plus fécondes, surtout lorsqu'elles sont bien faites, d'un teint plutôt intermédiaire que trop blond ou trop brun, qu'elles ont un sein bien développé (caractère d'une bonne complexion utérine), et des passions plutôt aimables que violentes. Mais une femme à peau aride et velue, d'une chair sèche et très-irritable, d'un caractère impétueux, avec des passions irascibles de haine, de vengeance surtout, avec un tempérament très-érotique et de la disposition aux ménorrhagies, une complexion brune et bilieuse principalement, ne sera imprégnée qu'avec peine, ou avortera plutôt que toute autre.

Toutefois il est des rapports encore peu connus entre les sexes, qui font qu'une femme et un homme, très-capables d'engendrer chacun séparément, ne peuvent cependant produire ensemble; et voici ce qu'on peut observer sur ce point.

1.° Il faut, pour un mariage fécond, une certaine harmonie entre les deux sexes, soit au physique, soit au moral; cette harmonie se manifeste dans les sympathies d'instinct, qui nous font préférer telle personne à telle autre, indépendamment du charme de la beauté. Les sexes sentent secrètement leur unisson par une impulsion naturelle qu'on ne peut trop expliquer; c'est pourquoi nous sommes machinalement entraînés, dans une société nombreuse, plutôt vers une personne que vers toute autre; la nature nous inspirant mieux à cet égard que la raison.

2.° Cette harmonie consiste moins en une similitude de tempérament, d'âge, etc., que dans un rapport de diversité; car, si l'on y prend garde, l'homme violent et bilieux préférera une compagne douce et modeste, tandis que la femme passionnée, impétueuse, trouvera plus de charme dans un homme modéré et tranquille, soit que l'un ait besoin de se tempérer par l'autre, soit que deux complexions ou trop froides ou trop chaudes se choquent entre elles, sans pouvoir se joindre parfaitement. On sait que le congrès fut aboli, au dix-septième siècle, au sujet du marquis de Langeais, qui, ne pouvant remplir avec sa femme le devoir conjugal, montra une grande fécondité avec une autre, plus en rapport avec lui.

3.° Des caractères cependant trop disparates, ne pouvant pas entrer en relation d'harmonie, demeurent stériles, comme une femme trop lente et un homme trop vif dans l'acte, jusqu'à ce que l'âge ou l'habitude amènent quelquefois un rapport convenable; c'est ainsi que des époux ayant passé quinze ou vingt ans sans enfans, malgré leur désir, en font quelquefois dans un âge avancé. Abraham et Sara, ainsi que Rachel avec Jacob, en offrent l'exemple dans la Bible. S'il y a d'ailleurs antipathie, dégoût, haine ou colère, il est bien difficile que l'union sexuelle soit féconde ; il nous semble que la femme qui, se prétendant violée, devient enceinte, ment par cela seul qu'elle a conçu; elle a nécessairement acquiescé au plaisir ; il ne paroît pas que l'imprégnation puisse s'opérer dans une haine bien prononcée. On a des exemples de femmes qui ont conçu étant endormies, même profondément : il existe certainement des femmes qui engendrent, quoique rarement, sans volupté (toutefois elles ne sont pas toujours véridiques sur ce point), mais c'est sans répugnance ; car la volupté, ou du moins l'absence d'antipathie, paroît indispensable pour former un nouvel être. On peut dire à la vérité que telle qui commence avec haine, finit avec amour quand le transport du plaisir ravit sa volonté.

Il ne faut pas présumer pourtant que plus la volupté est vive, plus la conception soit prompte et facile ; trop de preuves démontrent au contraire que l'utérus, dans un état d'extrême excitation vénérienne, s'ouvre à de nouvelles jouissances, et recommençant toujours l'ouvrage, n'en finit aucun ; c'est le tissu de Pénélope. Les animaux, comme les cavales, les ânesses trop en chaleur, ne retiendroient point le sperme du mâle, si l'on ne jetoit pas de l'eau froide sur leur croupe, ou si on ne les frappoit pas rudement après l'accouplement, afin d'amortir leur ardeur. Les Arabes ont soin de fatiguer, à la course, leurs cavales, avant de les soumettre à l'étalon ; c'est afin qu'elles soient moins lascives et plus foibles. Toutes les courtisanes, toutes ces prêtresses de la Vénus *vulgivaga*, qui abusent continuellement de l'incontinence publique, ces luxurieuses Messalines, loin d'en être plus fécondes, ne produisent presque jamais, si ce n'est avec quelques personnes qu'elles préfèrent par goût. En effet, un utérus sans cesse ouvert, sans cesse stimulé au plaisir, tend plutôt à se dégorger ; car le coït trop multiplié dispose aux ménorrhagies, comme aux avortemens ; ou bien la sensibilité s'émousse, se distrait par tant de jouissances diverses ; de sorte que la conception ne peut avoir lieu que lorsque tout le sentiment se concentre uniquement sur une personne et dans un seul amour. Il en existe une expérience manifeste. Les Anglais voulant peupler Botany-Bay, ont déporté, dans cette colonie, avec des malfaiteurs, beaucoup de prostituées. Celles-ci, qui étoient stériles dans leurs commerces vagues, sont devenues mères fécondes lorsqu'elles ont été astreintes à un mariage sévère (Péron, *Voyag.*, tom. I). De même, l'homme qui exerce trop le coït n'engendre point, parce qu'il produit un sperme trop peu élaboré et trop foible, ou bien agit avec trop de froideur et de mollesse. En général, il est prouvé que la polygamie, toute favorable qu'elle paroisse être à la population, ne propage cependant guère plus que la monogamie, parce que l'homme s'épuise trop par des jouissances illimitées. La chasteté, au contraire, augmentant la vigueur des organes et l'ardeur amoureuse, est l'un des plus sûrs moyens de fécondité. C'est pour cela que les animaux, ne se livrant à la copulation qu'à l'époque du rut, une ou deux fois par année (excepté les espèces domestiques mieux nourries), s'imprègnent facilement par un seul acte.

Il suit encore de cette cause une chaîne très-importante de conséquences pour la société et les gouvernemens ; c'est que l'etat des mœurs influe prodigieusement sur la population des empires. Que l on considère la reproduction relative des grandes villes de luxe et des campagnes les plus pauvres. Qui ne croiroit que les premières s'augmentent, se peuplent sans cesse à cause de l'abondance des nourritures, de l'aisance et de la richesse des familles, tandis que le misérable agriculteur, pressuré par l'indigence et harassé de travaux, doit à peine se réconcilier avec l'amour et se remplacer dans la vie? Tout au contraire, le citadin souvent se marie tard, passe une jeunesse ardente au milieu des voluptés qu'il dérobe aisément à la connoissance publique. Il ne se marie enfin que par des convenances d'intérêt qui sacrifient d'ordinaire tout le reste. La nécessité du luxe fait redouter la multitude des enfans, et au peu d'amour des époux se joignent les moyens sacriléges d'éluder les plus saintes lois de la nature dans la reproduction. Le célibat devient dans les villes un état forcé pour beaucoup de personnes mal partagées en fortune. Mais, dans les campagnes, l'on ne peut dérober au grand jour des liaisons illégitimes, parce que chacun se connoît dans un petit lieu où la médisance même est un frein : on se marie plus jeune, on a moins de besoin de luxe, et les enfans, qui s'élèvent presque d'eux seuls, deviennent d'utiles auxiliaires dans les travaux. On consulte moins les rapports d'intérêt, dans des conditions également pauvres ; on s'unit plus par choix, on s'aime plus naïvement, par nécessité même.

§ II. *De la fécondité relativement aux climats, aux saisons, etc.* On compte, dans nos contrées tempérées, une naissance par vingt-cinq personnes en général ; mais il est des circonstances où une naissance a lieu sur dix-huit personnes seulement, ou même sur quatorze dans les campagnes, tandis qu'elle n'a lieu que sur trente personne ou même plus, en plusieurs villes. Toutefois, les naissances surpassent le nombre des morts ;

car il meurt ordinairement un individu sur trente-cinq dans les villages, et un sur trente-deux dans les villes, généralement. En France, on comptoit, avant la révolution, deux mariages féconds par année sur treize; et dans la durée entière de deux mariages, il y avoit de sept à neuf enfans à attendre, quoiqu'on ne pût pas espérer de les voir vivre tous l'âge d'homme. Dans le nombre de mille personnes des deux sexes, cent soixante-quatre couples contractoient le lien conjugal. La population ne peut guère s'accroître aussi rapidement en Europe qu'elle le fait aux États-Unis d'Amérique, où elle s'est doublée en vingt-cinq ans, tandis qu'il faudroit plus de deux ou trois siècles à la France, en supposant, par impossible, que les maladies, les fléaux, la guerre, la famine et d'autres causes de dévastation n'aient jamais lieu. De plus, le territoire partagé et cultivé presque partout, ne fournit qu'une quantité bornée de nourritures, au lieu qu'en Amérique, il existe d'immenses terrains susceptibles de colonisation. L'on ne doit donc pas supposer, avec quelques écrivains, que l'Europe peut nourrir le double de ses habitans, ni même qu'elle a été infiniment plus peuplée jadis qu'elle ne l'est de notre temps. La Russie, la Pologne, l'Espagne, ont à la vérité bien plus de terrain qu'il n'en faut à leurs habitans; et si leur population ne s'y accroît pas en proportion de l'étendue, c'est par des causes peu difficiles à trouver.

Les pays modérément froids présentent généralement une plus grande fécondité que les régions chaudes. On a de tout temps célébré la fécondité des Suédoises, par exemple (Olai Rudbeck, *Atlantica*, Upsal, 1684, fol. 2 vol.); elles font d'ordinaire, dit-on, de huit à douze enfans; plusieurs en ont jusqu'à dix-huit ou vingt, même vingt-cinq ou trente, si l'on en croit les observateurs de ces mêmes contrées. On voit des Islandaises avoir quinze à vingt enfans communément; en 1707, l'Islande étant dépeuplée par une contagion, le roi de Danemarck déclara, par une ordonnance, que toute fille qui feroit six enfans ne seroit pas déshonorée. Les Islandaises furent, dit-on, si jalouses de concourir à la population de leur patrie, qu'il fallut bientôt arrêter par une loi ce débordement d'enfans (Lord Kaimes, *Sketches of the hist. of man. book* I. Sk. VI, p. 180). Si l'on en croyoit les relevés annuels de naissances en Russie, celles-ci s'éleveroient d'une manière effrayante et menaceroient l'Europe australe d'un nouveau flux de hordes barbares, comme au temps des troisième au sixième siècles, à l'époque de la décadence de l'empire romain. D'où venoient en effet ces Cimbres et Teutons défaits par Marius, ces multitudes de Goths, d'Ostrogoths et de Wisigoths, ces Huns, ces Alains, ces Vandales, ces Hérules, ces Lombards, ces Francs, ces Saxons, ces Normands qui, tour à tour, se jetoient sur les Gaules, l'Italie, l'Espagne, passoient même jusqu'en Afrique, ravageant tout sur leur passage, élevant et détruisant de nouveaux royaumes, renouvelant ainsi la face du monde asservi sous le joug des Romains? C'étoit des antres et des forêts du Nord, de cette *officina gentium*, comme l'appelle Saxo Grammaticus. Les colonies d'Amérique et des Indes ont été un utile cautère, un exutoire nécessaire à cette pléthore du genre humain chez les Anglais, les Suédois, les Danois, les Allemands, et même les Français, depuis la découverte du Nouveau-Monde; auparavant les croisades avoient également diminué cette population surabondante qui affameroit l'Europe si cette partie de l'univers étoit trop long-temps pacifique ou concentrée en elle-même.

Au contraire, les régions équatoriales, malgré la richesse, la profusion de leurs productions alimentaires, malgré l'ardeur et la beauté de leur climat, qui favorisent tant l'amour, malgré la surabondance des femmes, la polygamie, la facilité des jouissances, sont moins fécondes par plusieurs causes.

1.° La grande chaleur dissipe beaucoup les fluides, relâche les parties solides et les rend très-flasques; de là vient que les habitans des pays entre les tropiques sont toujours mous et en sueur, état très-peu favorable à l'acte vénérien; aussi se plaignent-ils d'anaphrodisie, et ont souvent recours à des médicamens aphrodisiaques.

2.° L'usage, ou plutôt l'abus des bains, en ces mêmes contrées, concourt à rendre les organes flasques; il relâche surtout ceux des femmes tellement que la conception s'opère peu, puisque la coutume de se mettre au bain après le coït dilate leurs parties sexuelles.

3.° Les femmes méridionales sont plus ardentes que les hommes, parce qu'étant en plus grand nombre, elles ont moins d'occasions de satisfaire leurs désirs qu'eux; et de plus, la chaleur du climat détermine en elles des menstrues plus abondantes que sous des cieux froids ou tempérés; il en résulte une tendance aux ménorrhagies, à des hémorragies capables de décoller le placenta, d'exciter l'avortement. C'est ce que prouve l'expérience; et si l'on voit la femme froide, stérile en Europe, devenir féconde dans les colonies du midi, l'on remarque aussi que la femme nerveuse et stérile des pays chauds acquiert un tempérament plus calme et plus fécond sous nos cieux tempérés.

4.° Enfin, l'abus des jouissances chez les hommes, les rend bientôt inhabiles ou impuissans, tandis que l'amour sage et modéré dans les pays froids, maintient les forces génitales dans toute leur vigueur.

La race nègre conserve, seule, une plus grande fécondité sous les cieux ardens que sous des températures froides. Nous pensons que la cause en est dans la constitution même de cette espèce d'hommes, moins affectée que les blancs par la chaleur, moins exposée aux ménorrhagies, plus simple et plus animale dans sa vie et ses affections qui contrarient moins le but de la nature. Un climat froid paroît trop abattre la complexion du nègre, formée pour une température chaude et sèche.

On voit ainsi diminuer, dans les autres races humaines, la fécondité, à mesure qu'on s'avance des pôles vers l'équateur. Si l'Islandaise a jusqu'à quinze ou vingt enfans, la Flamande en aura dix à douze, l'Allemande six à huit, la Française quatre à cinq, l'Italienne, l'Espagnole deux à trois; et un prolétaire romain qui avoit trois enfans, jouissoit de droits civils particuliers. En Ecosse, dans les îles Orcades, selon Martyn; en Suède, au rapport de Rudbeck; dans le nord de l'Angleterre, suivant Thoresby, l'on voit beaucoup de femmes enfanter des jumeaux; il y a même des familles gemellipares (Morton, *Nat. hist. of Northamptonshire*, pag. 454, et *Sclanoo.*, pag. 64), et des femmes qui font plusieurs fois de suite des jumeaux. Dans la Pensylvanie tempérée, ces exemples sont fréquens, d'après Acrell, et les vaches, les autres bestiaux partagent même cette fécondité. En Allemagne, Süssmilch (*Gottlich. ordn.*, tom. 1, pag. 195. édit. II), a trouvé un accouchement de jumeaux sur soixante-dix accouchemens ordinaires. La proportion, quoique très-variable, paroît d'un sur quatre-vingt, en France. Dans les Indes orientales sous les tropiques, les jumeaux sont extrêmement rares, suivant les recherches de Daklemans (*Gebouw.*, pag. 142). Le Chili, qui est assez tempéré à cause de ses montagnes, voit naître beaucoup de jumeaux (Molina, *Saggio sulla stor. nat. di Chili*, pag. 333). Les exemples de trois enfans, d'un seul part, ne se montrent guère, en Europe, qu'une fois sur six mille cinq cents; et ceux de quatre enfans, qu'une fois sur vingt mille; enfin il n'arrive peut-être pas un accouchement de cinq enfans sur un million de fois.

Comme la nature proportionne d'ordinaire le nombre des mamelles à celui des petits, ainsi que le prouve l'exemple des chiens, des chats, des cochons, des brebis et chèvres, etc., il s'ensuit que la femme est tout au plus *bipare* naturellement; en général, les animaux multipares produisent plus souvent en nombre pair qu'impair, par l'effet de l'action symétrique des ovaires, ou des autres organes doubles du corps.

Mais si une froidure modérée raffermissant les solides, empêchant la dissipation des forces, conserve la fécondité même jusqu'à un âge avancé (comme nous le montrons à l'article *femme*), l'excessive froidure s'oppose à son développement, ainsi qu'à la floraison des plantes. Les Lapons, les Samoïèdes, les Ostiakes, les Jakutes, les Kamtschadales, et en Amérique, les Esquimaux, les Groënlandais sont très-peu féconds; l'on ne voit presque jamais de jumeaux parmi ces derniers, (Eggède, *Histor. von Groenland.*, p. 112, et Otho Fabric., *Faun. Groenl.*, p. 1). La plupart des peuplades sauvages errantes dans le nord de l'Amérique se multiplient fort peu. Ces nations ne sentent presque pas l'amour, et les femmes y sont par cela même très-maltraitées.

Sous le même parallèle, la fécondité est souvent fort différente parmi diverses contrées. De tout temps l'Egypte, par exemple, a été plus fertile en toute production que les régions voisines, ce qu'on attribue au limon fertilisant du Nil; et même on prétendoit que l'eau de ce fleuve rendoit les femmes fécondes (pour les animaux, *V.* Aristot. *Hist. anim.*, l. VII, c. IV). La Chine passe encore pour un climat extraordinairement fécond. En Europe, nous voyons les Pays-Bas, la Hollande, les plaines de la Lombardie, et divers lieux en France, comme les côtes fertiles de la Normandie, la Sologne, la riche Limagne, etc., offrir un plus grand nombre de naissances, à proportion de la population, que les territoires voisins. Pareillement, le canton de Lucerne est plus fécond que la Haute-Suisse et l'Underwald.

Il nous semble que la cause en est dans l'humidité; car tous les lieux très-arides, élevés, venteux, sont et moins peuplés, et moins fertiles en productions, tandis que dans les bas-fonds gras, dans les vallons plantureux où s'amasse le terreau, et où des ruisseaux arrosent toute la végétation, les êtres vivans y pullulent avec abondance. Une humidité médiocre paroît donc rendre les êtres plus féconds; aussi les mollusques, les poissons, les reptiles qui vivent dans l'humidité, sont plus féconds que les oiseaux, ou les quadrupèdes vivans dans les lieux secs. Le cochon, les oies et canards qui cherchent l'humidité, font même beaucoup plus de petits que les autres espèces qui fuient l'eau. La femme aime l'humidité; une complexion molle et lymphatique, sans excès, paroît la plus favorable à l'imprégnation; il s'ensuit donc que les pays les plus féconds seront les lieux bas et plutôt humides que trop secs. Les lieux maritimes sont ordinairement féconds par la même cause.

Les saisons qui sont des climats passagers doivent influer également sur la fécondité. Selon les tables des naissances, en France, il vient au monde un plus grand nombre d'enfans aux mois de janvier, février, et surtout mars, qu'en tout autre temps; c'est-à-dire, que la copulation est plus prolifique dans les mois d'avril, mai et juin, ou dans le printemps, *geniale tempus*, lorsque toute la nature, entrant en ardeur, devient enceinte de nouvelles créations : *zephyrique, tepentibus auris, laxant arva sinus.* Messance a trouvé que les mois d'été étoient les plus favorables à l'imprégnation; mais les mois de juin, de novembre et décembre voyent moins de naissances, c'est-à-dire, que les mois d'automne sont les moins favorables à l'imprégnation. Dans des climats plus froids, tels que la Suède, les saisons n'étant pas les mêmes que dans l'Europe australe, les époques de la grande fécondité diffèrent à plusieurs égards; ainsi Wargentin (*Swensk. Vetensk. Acad., Handlingar*, an 1767, tom. XXVIII, pag. 249 et seq.) observe que le mois de septembre est le plus abondant en naissances; ce qui répond à décembre précédent pour l'époque des imprégnations. En effet, l'hiver, sous les cieux froids, est le temps où les habitans vivent le plus réunis ensemble dans leurs chaudes habitations, et où les sexes sont le plus rapprochés. A Marseille, les femmes conçoivent davantage en automne et en hiver, que dans l'été; le mois le plus prolifique est octobre, et le moins est mars (Raymond, *Topograph. de Marseille dans les Mém. de la soc. méd.*, tom. II, pag. 128 et seq.). En général, l'ardeur de l'été est moins favorable à la conception, que les saisons tempérées; les équinoxes le sont plus que les solstices; de même les régions tempérées sont plus fertiles que les contrées trop froides ou trop brûlantes.

On croit avoir observé que les années d'une constitution australe ou chaude et humide, donnoient naissance à une plus grande quantité de filles que de garçons, tandis que les années froides et sèches, ou de constitution boréale, produisoient le contraire (Raymond, *Mars. ib.*, pag. 126, et Hippocrate, *De aer. loc. et aq.* et *de sterilib.*, § II). Il est certain, par divers relevés de naissances, qu'on peut voir dans Moheau, Mourgues, et les aperçus statistiques de plusieurs départemens de France, des années plus fécondes en femmes qu'en hommes, quoique la surabondance de ceux-ci soit la plus ordinaire; les années femelles ont été remarquées soit de deux en deux ans, soit de quatre en quatre ans, avant la révolution, quoique cela n'ait pas lieu constamment, et ne se rapporte pas toujours exactement à la constitution de l'année.

Comme la durée du jour représente en petit celle de l'année, selon la remarque d'Hippocrate, on peut demander s'il est une *hora genitalis*, un temps plus favorable à la conception, ainsi que l'ont cru les anciens. Dans les hôpitaux des femmes en couche, le plus grand nombre des accouchemens arrive la nuit; il en est de même pour toutes les femmes, sans doute parce que pendant ce temps la plus grande partie des imprégnations s'opère (l'accouchement, selon sa période naturelle, doit avoir lieu après une révolution complète de la gestation). Mais de plus, il paroît que le matin est le moment le plus propre à la génération ; alors le corps fortifié par le repos du sommeil, jouit de la plénitude de son énergie ; le réveil est souvent accompagné du signe de sa vigueur, et c'est dans le sommeil matinal qu'ont lieu le plus communément des illusions nocturnes de la volupté. Les oiseaux, le coq par exemple, coche ses poules, surtout le matin ; c'est dans ce printemps de la journée que les fleurs s'épanouissent et se fécondent (*Voyez* cette question dans Plutarque, *Propos de table*, liv. III, quest. VI). L'agitation et les travaux du jour, les repas, les objets de distractions, les études ou les affaires doivent rendre les conjonctions moins fécondes aux autres époques.

Il est encore, pour la femme, un temps plus favorable à la fécondation que tout autre. On sait qu'elle appète davantage l'acte vénérien à l'approche et à la fin de l'écoulement des règles, parce que ses organes utérins éprouvent vers ce temps une turgescence considérable de sang et d'humeurs. C'est immédiatement après que les règles cessent, que le coït est surtout fécond (Galien, *Dissect. vulv.*, cap. ult.; Paul Æginet., *lib.* III, *c.* LXXIV ; Harvey, *Gener. anim.*, pag. 273 ; Mauriceau, *Accouch.*, tom. II, pag. 205, etc.). C'est en suivant ce conseil indiqué par Fernel, que Catherine de Médicis devint enceinte. On prétend qu'alors l'utérus est encore ouvert et admet plus facilement le sperme ; mais il paroît que l'imprégnation est plutôt due à l'état d'excitation modérée dans lequel se trouve cet organe à cette époque.

§ III. *De l'influence des nourritures, des habitudes*, etc., *sur la fécondité.*—Il n'est point de plus grande source de reproduction que l'abondance des nourritures. En tout pays, le nombre des consommateurs augmente ou diminue en proportion des alimens qu'ils trouvent. Voyez les années d'opulence et de fertilité, tout pullule, hommes, bestiaux, insectes ; tout multiplie et remplit la terre ; mais les tristes périodes d'indigence et de misère, les saisons de calamité ne voient naître que des individus rares et chétifs, de foibles rejetons qui accusent les rigueurs de la nature. C'est ainsi que les années de disette sont constamment accompagnées d'un grand déficit dans la reproduction, comme le prouvent les tables de naissance. C'est faute de subsistances assurées, et par défaut de toute culture, que les peuplades sauvages s'accroissent extrêmement peu, tandis que les nations agricoles qui recueillent chaque été d'abondantes moissons, s'étendent et se multiplient ; tels sont les peuples des États-Unis comparés aux sauvages leurs voisins. Nous remarquons de même que les chiens, les chats, etc., produisent bien plus dans l'état de domesticité où la nourriture ne leur manque pas, qu'en l'état sauvage où ils sont forcés à de longues abstinences. De là est venu l'adage : *sine Cerere et Baccho friget Venus.* Le plus puissant moyen d'amortir l'aiguillon de la chair, selon les moralistes, est le jeûne. On observe aussi que le coït produit la faim, ou un besoin de restauration, comme une réfection abondante engendre le besoin du coït.

Ce n'est pas que toute nourriture soit égale ; avec quelque profusion qu'un individu fasse usage de fruits, de légumes, et d'autres alimens végétaux, il n'atteindra ni la vigueur de corps, ni l'ardeur amoureuse de celui qui vivra de chairs succulentes, ou même de poissons. Certainement on nourrit assez abondamment la plupart des bestiaux ruminans, mais avec l'herbe ou le foin, et même des semences et des racines ; ils ne produisent guère qu'un ou deux petits, tandis que les animaux carnivores, moins abondamment nourris, créent d'ordinaire une nombreuse lignée. C'est que la chair donne, comme on sait, bien plus de substance nutritive que les végétaux. L'expérience a fait voir aussi que la nourriture de poissons étoit en général très-prolifique, et l'on a remarqué, en effet, que les peuples maritimes ichthyophages étoient très-féconds et très-nombreux. L'illustre Montesquieu (*Esprit des Lois*, liv. XXIII, chap. XIII) attribue cet effet aux *parties huileuses* des poissons; mais il nous paroît plutôt dépendre de plusieurs autres causes : 1.° la pêche fournit presque toujours une grande quantité de poissons qui remplacent même le pain et d'autres alimens végétaux ; il s'ensuit une abondante alimentation ; 2.° le sel ou les salaisons que l'on emploie si souvent pour les poissons, porte dans l'économie vivante un principe d'âcreté ou d'irritation qui se manifeste par des maladies de peau, si communes chez les ichthyophages ; or ces affections rendent *salace*, et ce mot annonce même que cette disposition est due à des alimens salés et épicés ; 3.° l'on sait que la chair des poissons, et en particulier leur laite, contient beaucoup de phosphore, substance dont la qualité excitante est reconnue. Telles sont donc les raisons qui peuvent rendre l'emploi des poissons en aliment très-propre à stimuler la luxure et la fécondité ; si quelques ordres religieux ont été décriés sous ce rapport, ne seroit-ce pas à cause de leur régime en poissons, suivant l'institution de leurs fondateurs trop peu instruits en physique ?

Plusieurs substances végétales paroissent stimuler d'ailleurs les organes sexuels : ainsi l'on a dit (*Mém. de la soc. roy. méd.* en 1776, part. II, pag. 70) que le blé sarrasin dont on se nourrit dans la Sologne, excite tellement la luxure, que des enfans de sept à huit ans ont déjà commerce ensemble, et que les femmes y sont également lascives et fécondes. Les racines des ombellifères, les bulbes des alliacées, les crucifères, les orchidées, etc., passent aussi pour porter a l'amour. (*Voyez* notre *Dissertation sur les Aphrodisiaques dans le Bulletin de pharmacie*, mai 1813).

Si l'emploi modéré des boissons spiritueuses, du vin, du cidre, etc., contribue à la fécondité, leur abus ne peut être que très-pernicieux, ainsi que les boissons chaudes de thé et de café (mais non le chocolat qui, de même que toutes les substances très-restaurantes, oléagineuses, comme l'œuf, les amandes, etc., ranime la vigueur épuisée). L'on a dit que les ivrognes de profession, ou ceux qui engendroient dans l'ivresse, ne produisoient que des filles, soit que la palestre vénérienne s'exerce alors avec moins d'énergie, ou que l'amour ne soit pas aussi ardent, ou que le sperme soit moins élaboré que dans l'état naturel. Il est certain que dans une extrême plénitude d'estomac, le coït, non-seulement doit s'opérer mal, mais encore il en résulte souvent de funestes indigestions; car rien ne débilite davantage l'estomac que l'excrétion de la liqueur séminale, comme rien n'affoiblit plus la puissance génératrice que la débilité de l'estomac. L'ivresse qui détend l'appareil musculaire et engourdit le système nerveux, rend quelquefois ainsi le coït impossible, ou du moins imparfait. On remarque dans les Pays-Bas et la Hollande, que les grands buveurs d'eau-de-vie, qui sont *blasés*, deviennent impuissans; et l'on a cru reconnoître une diminution très-sensible dans la reproduction, depuis que les abus des liqueurs spiritueuses se sont tant multipliés parmi les nations du Nord, comme Danois, Suédois, Allemands, Anglais, etc. D'ailleurs, l'acidité du vin et du cidre resserre, astreint les diverses parties du système glanduleux, diminue les sécrétions, comme le prouve l'expérience; aussi l'on a remarqué plusieurs fois que les buveurs d'eau étoient plus vaillans même que les suppôts de Bacchus dans les combats de l'amour, et plus libéraux. Tels sont les Egyptiens, les Syriens et Chaldéens hydropotes, desquels un prophête juif a dit : *Eorum carnes sunt ut carnes asinorum, et sicut fluxus equorum, fluxus eorum* (Ezéchiel, cap. XXIII, v. 20).

Il est une remarque importante pour ceux qui font usage de boissons ou de remèdes narcotiques, en qualité de stimulans ou d'aphrodisiaques; c'est que l'opium, par exemple, uni à des aromates, excite, à la vérité, assez vivement d'abord à l'amour, mais bientôt affoiblit tellement la faculté génitale, qu'il fait tomber dans une impuissance absolue. Les applications indiscrètes de stupéfians, tels que l'opium, les plantes solanées ou vireuses sur les organes sexuels, apportent bientôt une inertie presque complète, produisent l'éviration, et une sorte d'*eunuchisme*. M. Larrey (*Mémoire de chirurgie et Campagnes*, Paris, 1812, in-8.°, 2.e vol.) cite des soldats habitués à des boissons enivrantes et à l'abus de ces stupéfians, chez lesquels les testicules se sont peu à peu oblitérés, avec le cordon spermatique; l'estomac s'affoiblit ainsi que le corps, et la barbe tombe, l'effémination devient bientôt universelle. C'est surtout en Egypte que ces exemples sont plus fréquens, comme dans tous les pays chauds et humides; car une température semblable concourt à produire cette effémination, principalement dans les constitutions lymphatiques et molles. Thurnbull (*Voyage autour du monde*, traduction française, 1807, Paris, in-8.°, pag. 344, *note*), en a vu des exemples singuliers à l'île d'Otahiti; ces individus efféminés, réduits à la condition des femmes, et nommés *mahoos*, s'abandonnent à des actes honteux que nous ne pouvons exprimer qu'en latin : *penem adrigentem aliorum virorum exsugunt ità ut in ejaculatione, semen avidè deglutient. Putant enim, per hanc spermatis absorptionem, robur virile vigoremque sexûs quo privati sunt, recipere.*

Au reste, les médicamens aphrodisiaques échauffans peuvent servir utilement à rendre plus fécondes les complexions lymphatiques et inactives, sous des cieux humides et froids; mais dans les contrées arides et ardentes, les remèdes humectans et rafraîchissans doivent être de meilleurs aphrodisiaques. Les constitutions sèches et tendues des habitans des pays chauds ont besoin de bains, de calmans; et si plusieurs femmes de l'Orient, de la Turquie, de la Moscovie, *perdent* souvent, au lieu de concevoir, c'est parce qu'elles font abus de ces bains chauds, et parce qu'elles s'y plongent immédiatement après les approches de l'homme.

Enfin il est des conditions et des états plus ou moins favorables à la fécondité. Les anciens ont observé que les hommes et les femmes qui tissent la toile, exerçant divers mouvemens du bassin et des membres inférieurs, étoient plus portés que d'autres à l'acte conjugal. La posture des tailleurs paroît contribuer, selon quelques observateurs, au même effet, tandis que les cavaliers, d'après Hippocrate, deviennent quelquefois stériles, parce que leurs organes sexuels sont comprimés et comme froissés par l'habitude de l'équitation. Si l'on ne remarque pas un pareil effet aujourd'hui, c'est que nos cavaliers ne montent point à cru et les jambes pendantes, sans étriers, comme faisoient la plupart des Scythes dont Hippocrate a parlé. D'autres auteurs ont pensé que l'habitude de porter des haut-de-chausses très-serrés, diminuoit le volume et l'activité des organes sexuels; ils citent en preuve de leur opinion les Nègres, les Ecossais, et d'autres nations qui, ne portant point de culottes, conservent, dit-on, des parties génitales plus volumineuses. Il paroît, au contraire, que la culotte faisant l'effet d'un suspensoir, prévient beaucoup de hernies inguinales. Le pagne des Nègres et des Sauvages leur est de la même utilité, surtout lorsqu'ils courent. Les boiteux, et principalement les personnes privées de quelque extrémité inférieure, paroissent être évidemment plus fécondes et plus luxurieuses; car il semble que le superflu de la nourriture, non employée dans ces membres mutilés, se reporte sur les organes voisins. En effet, on voit beaucoup d'amputés acquérir plus d'embonpoint, de fleur de santé qu'ils n'en avoient avant leur mutilation; car pouvant manger autant que s'ils avoient tous leurs membres, ils jouissent d'une surabondance de nutrition et de vie. L'état le moins favorable à la propagation, est celui du travail de l'esprit. Il est rare que les hommes d'un grand génie soient très-féconds; aussi les anciens ont dit que les Muses étoient vierges, et ils ne donnoient que de petites parties sexuelles aux statues de leurs grands hommes. On sait combien les plaisirs de l'amour éteignent le feu de l'imagination, abattent le génie et le courage: mille preuves l'attestent, et les eunuques en sont des exemples incontestables. Quand Horace veut que le poëte entre en verve, il lui recommande l'abstinence de Vénus: *Abstinuit Venere et vino, sudavit et alsit.* Les athlètes mêmes s'en privoient pour être plus robustes. Les hommes, au contraire, les plus bruts, et tous ceux qui soignent plus le corps que l'esprit, sont beaucoup plus propres à la génération que tout autre. (VIREY.)

FÉCONDITÉ. *V.* Fécondation.

FÉCULE. Toute matière colorée, suspendue dans une grande quantité de véhicule aqueux, et qui, par le repos, se précipite insensiblement sous forme sèche et pulvérulente, portoit autrefois le nom de *fécule*. Or, la partie verte qui revêt la surface des plantes, l'indigo, les pastels, le bleu de Prusse, les carmins, étoient autant de fécules. Mais aujourd'hui on ne donne plus cette dénomination qu'à la *fécule amilacée*, substance spécialement blanche, reconnue pour être un des principes immédiats des végétaux.

Il seroit déplacé d'exposer ici la variété d'opinions que la fécule amilacée a fait naître, et le résultat des expériences entreprises pour examiner sa nature. On sait qu'elle est, comme le sucre, un corps identique, à quelque plante qu'elle ait appartenu; que si elle en diffère, ce n'est que par quelques nuances. On peut la définir une gomme particulière, une gelée sèche, s'il est permis de s'exprimer ainsi, répandue dans une infinité de végétaux, et dans la plupart de leurs organes, indépendamment de leur couleur, de leur saveur et de leur odeur, jouissant d'un très-grand degré de blancheur, de ténuité et d'insipidité, inaltérable à l'air, indissoluble à froid dans tous les fluides, et se convertissant, par la chaleur, en une gelée transparente, couleur d'opale.

Comme l'amidon, la fécule peut se transformer en sucre, presque en totalité, par le procédé de M. Kirchoff, simplifié. *V.* Sucre.

Long-temps la fécule amilacée a été regardée comme réunissant les propriétés des plantes d'où on la retiroit; mais il est démontré maintenant que cette matière, épuisée de parenchymes, des sucs âcres et caustiques, au milieu desquels elle se forme, est trop fade pour exercer l'effet d'un médicament. La fécule de marron d'Inde n'a point d'amertume; celle de gouet n'est point caustique; la fécule de bryone n'est pas purgative; celle des glaïeuls est inodore; celle de filipendule est sans couleur: toutes ces différentes fécules, en un mot, bien lavées, ne conservent plus que la faculté nutritive. C'est sous ce dernier point de vue que nous allons les considérer. Nous dirons ensuite un mot sur leur usage dans les arts et les manufactures.

En considérant la fécule du côté de ses propriétés physiques, on ne peut disconvenir qu'elle ne réunisse, à un très-haut degré, toutes les qualités qui caractérisent la vertu alimentaire; le froment parmi les semences graminées, les pommes-de-terre parmi les racines potagères, sont, sans contredit, les végétaux qui en contiennent le plus: il n'en faut qu'une très-petite quantité pour donner à beaucoup de fluide aqueux, aidé de la chaleur, la consistance d'une gelée semblable en tout point à celle que nous obtenons des substances végétales et animales les plus substantielles. La faculté éminemment nutritive de la fécule amilacée, bien déterminée, il restoit à connoître si, quelle qu'en fût la source, elle pouvoit entrer dans la composition du pain, et augmenter la masse de nos alimens. Toutes les expériences faites dans cette vue, n'ont abouti qu'à prouver que cette matière ne contractant avec l'eau ni liaison ni ductilité, elle n'est pas susceptible de se panifier; qu'employée dans la moindre proportion avec la farine de froment, elle rend le pain qui en résulte fade, compacte, sec et dispendieux: c'est donc sous forme de gelée ou de bouillie, qu'il faut de préférence consommer la fécule amilacée; les services que celle de pommes-de-terre a déjà rendus, et rend journellement à tous les âges et à toutes les constitutions, sont incalculables.

Je m'applaudis d'avoir long-temps insisté sur les avantages d'une préparation qui offre au public une ressource importante dans la plupart des maladies, et pour l'homme en santé un aliment aussi agréable et aussi sain qu'il est peu coûteux.

Le luxe de nos tables a tiré aussi un bon parti de la fécule de pommes-de-terre : nos pâtissiers les plus renommés en font la base des biscuits de Savoie, et d'une crème surtout dont les hommes auxquels on interdit les farineux font usage sans aucun inconvénient pour leur santé ; en voici la préparation.

On prend une chopine de lait, dont la moitié est mise sur le feu avec un quarteron de sucre ; dans l'autre on délaye trois jaunes d'œufs et une cuillerée à bouche de fécule de pommes-de-terre, qu'on jette dans le lait prêt à bouillir ; on remue le tout, et après deux ou trois bouillons, on ajoute un peu d'eau de fleur d'orange, et la crème est faite. Il seroit possible de donner à cette crème toutes les couleurs et les saveurs qu'on désireroit.

En substituant la fécule à la farine, et s'en servant dans nos ragoûts, elle rend les sauces blanches moins visqueuses, moins collantes, et plus légères à l'estomac. Peu de ménages dans les campagnes sont assez pauvres pour ne pouvoir se procurer du lait de beurre ou écrémé ; ils prépareroient avec cette fécule et un peu de sel, la bouillie la plus agréable et la plus substantielle qui soit à la portée de leurs facultés.

Le sagou est, comme l'on sait, la *fécule* que l'on sépare par les tamis et le lavage, d'une moelle farineuse contenue dans le tronc de certains palmiers, principalement du SAGOUTIER. (*Voyez* ce mot, et le mot PALMIER.) La figure de petits grains sous laquelle on nous l'apporte, et sa couleur rousse, viennent du degré de chaleur que les Indiens lui ont fait subir pour la sécher ; il seroit possible de donner à la *fécule de pommes-de-terre* cette apparence extérieure du sagou, si on croyoit qu'une dessiccation un peu vive pût avoir de l'influence sur ses propriétés économiques ; mais cette forme granulée est absolument inutile, puisque le sagou la perd dans le véhicule employé à sa cuisson, et qu'il ne présente plus ensuite qu'un magma gélatineux, comparable, en tout point, pour la saveur et les propriétés, à la *fécule de pommes-de-terre* ; celle-ci peut donc complétement remplacer le sagou, d'autant mieux qu'elle peut être extraite sous nos yeux, et que l'autre, apportée de loin, peut, par cette seule circonstance, faire soupçonner des mélanges infidèles.

On peut préparer le sagou de pommes-de-terre avec de l'eau de veau, de poulet, ou du bouillon ordinaire, de la même manière que l'on cuit la semoule ou le riz au gras, et le tenir plus ou moins épais, suivant le besoin et le goût de ceux pour lesquels on le prépare. Combien d'estomacs foibles de constitution, ou fatigués par les excès de la table ou par les maladies, qui ne peuvent digérer d'alimens solides, se trouveroient soulagés et même guéris par l'usage de cette *fécule*, qui remplira les mêmes indications que celui produit par le palmier sagoutier. C'est un restaurant pour les convalescens, le premier âge et la décrépitude. Le *tapioca* des Américains, qui n'est que l'amidon le plus blanc et le plus pur du *magnoc*, donne des bouillies excellentes et très-salutaires dans les maladies d'épuisement et de consomption.

Si le sagou est réellement, comme beaucoup de médecins le croient, un spécifique dans les maladies dont il s'agit, le prix auquel il se vend communément ne permet point à l'indigence d'y atteindre et de profiter de ce bienfait. Le substitut que je propose ne coûteroit presque rien; il faut six livres de pommes-de-terre pour obtenir une livre de *fécule*.

La préparation pour amener ces racines à l'état de sagou ne sauroit entraîner dans de grandes dépenses. Il suffit de les râper crues, de les passer à travers un tamis et de les laver. Faudra-t-il donc toujours mettre à contribution les deux Indes, pour satisfaire à grands frais nos principaux besoins!

Dans tous les temps on a été révolté de penser que la farine de nos meilleurs grains pouvoit être consacrée à des arts de luxe; aussi est-il arrivé souvent que, menacés de cherté ou de disette, plusieurs souverains de l'Europe se sont vus forcés les uns de défendre aux troupes de se poudrer, les autres d'ordonner qu'on leur coupât les cheveux.

On ne sauroit douter que les ouvriers qui par état consomment de la farine pour en préparer de la colle, ne trouvassent une grande économie à se servir de préférence de celle fabriquée avec de la farine contenue dans une foule de végétaux sauvages, et associée à des sucs âcres et vénéneux, parce qu'elle s'altéreroit moins aisément, et que d'ailleurs il n'est pas possible d'en tirer un autre parti; mais il est nécessaire de convenir que ces végétaux ne sont pas toujours assez abondans pour fournir à une grande consommation, et que les frais pour s'en procurer, conformément au besoin, excéderoient souvent ceux que demanderoit leur culture. On a indiqué et on indique encore journellement, pour suppléer l'amidon du blé, une foule de substances dont la plupart n'en contiennent pas un atome.

Mais dans le nombre des plantes qui pourroient fournir à la consommation de la colle farineuse, je proposerai encore les pommes-de-terre; ces racines divisées par tranches, séchées au four ou à l'étuve, et broyées au moulin, donnent une poudre propre à remplir cet objet. L'économie qui en résulteroit n'est certainement pas à dédaigner dans les cantons qui, ne récoltant pas assez de grains pour leur subsistance journalière, sont contraints de recourir à l'étranger, souvent à grands frais, pour se la procurer.

Les diverses recherches que j'ai faites pour m'assurer si la *fécule de pomme-de-terre* étoit comparable en tout point à l'*amidon de blé*, et si elle pouvoit soutenir les épreuves de comparaison dans les arts pour lesquels ce dernier est ordinairement employé, m'ont prouvé d'abord que l'empois qu'on en préparoit étoit bien conditionné, que l'émail bleu s'y mêloit aussi uniformément, aussi parfaitement, et qu'il communiquoit au linge, aux blondes et à la dentelle, beaucoup de roideur et d'éclat.

Cependant comme cette fécule semble composée de lames cristallines, brillantes, et qu'elle est spécifiquement plus pesante que l'amidon de grains, il m'a paru que l'objet d'économie, la poudre à poudrer, pour lequel on avoit proposé l'usage des pommes-de-terre, étoit précisément celui que ces racines ne pouvoient remplir : elle ne se répand pas d'une manière assez divisée ; la houppe de cygne ou de soie ne l'enlève ni ne la distribue uniformément ; elle tombe par plaques sur les cheveux, et n'y adhère que très-foiblement, quoiqu'ils soient recouverts de pommade. Il est donc impossible de la faire servir de poudre à poudrer, et par conséquent de supplément à l'amidon de froment ou d'orge.

On a dit autrefois que la vanité et le luxe des grandes villes enlevoient aux pauvres leur subsistance principale pour la faire voler sur les têtes évaporées des coquettes et des petits-maîtres : Rousseau a ajouté à ce reproche qu'il falloit de la poudre pour poudrer; voilà pourquoi tant de malheureux n'avoient pas de pain : il convient cependant de faire remarquer que les accommodages exigent infiniment moins de poudre, depuis que les perruquiers se servent de la houppe de cygne ; invention qui, si elle eût été imaginée dans la vue d'être utile, auroit dû mériter une récompense à son auteur. D'ailleurs les coiffures à la Titus, l'usage où sont les femmes de porter les cheveux d'autrui avec la couleur qui leur est naturelle, le parti extrême qu'ont pris les Anglais de renoncer à admettre l'amidon dans leur toilette, non pas avec l'intention de nous imiter, mais pour échapper à un impôt qui leur a déplu ; ces considérations doivent avoir infiniment restreint la consommation de l'amidon, et relégué son usage dans les ateliers des confiseurs, des cartonniers, des papetiers et des blanchisseuses ; les amidonniers n'enlèvent donc pas autant de ressources à la subsistance publique qu'on a cherché à le faire croire. J'ajouterai que quand des mesures de sagesse et de prévoyance détermineront le gouvernement à suppléer le commerce dans les approvisionnemens de grains, les fabricans dont il s'agit trouveront amplement dans les blés avariés, de quoi se passer des grains de bonne qualité.

Les règlemens qui prescrivoient autrefois aux amidonniers de n'employer dans leurs fabriques que des gruaux, réputés alors n'être à peu près que du son, c'est-à-dire, la partie la plus grossière du froment, ne sauroient plus leur être applicables, parce que la mouture économique est parvenue à en retirer la plus belle et la meilleure farine. Ces gruaux sont même aujourd'hui presque aussi chers que le grain lui-même d'où ils proviennent. Or, en supposant qu'on voulût renouveler ces règlemens, il faudroit se borner à permettre l'usage des blés gâtés; et à leur défaut, celui de l'orge qui, après le froment, est celui qui fournit le plus d'amidon ; le seigle, l'avoine et le maïs n'en contiennent que très-peu ou point. Mes tentatives pour remplacer ces dernières matières par des productions d'une moindre valeur, dans la vue unique de ménager notre subsistance habituelle, se trouvent consignées dans un ouvrage sur les moyens d'écarter de nos foyers les disettes. Mais ce ne sont que des vues générales que j'ai présentées, et dont une nombreuse population ne peut guère tirer qu'un parti médiocre.

Mon dessein, en rappelant ici le résultat de mes expériences et de mes observations sur l'utilité de la fécule de pomme-de-terre, a été de fixer irrévocablement l'opinion à l'égard de la proposition qu'on fait tous les jours de la substituer à l'amidon des grains. Il est bon que les hommes placés à la tête des grandes administrations se prémunissent contre ces têtes exaltées ou ces gens à projets qui sollicitent, sous le prétexte du bien public, des permissions d'élever des fabriques de ce genre, dans l'espérance d'y trouver d'immenses bénéfices, ou qui viennent éveiller leur sollicitude en assurant qu'on fait passer nos grains à l'étranger sous forme d'amidon, parce qu'on a ensuite la faculté de rendre celui-ci apte à la panification.

Je déclare donc, en terminant ces observations, que la fécule amilacée, une fois débarrassée des substances muqueuses et extractives, auxquelles elle est toujours unie dans l'état farineux, ne peut subir l'action du pétrissage ni le mouvement de la fermentation panaire, et que quand bien même l'art viendroit un jour à bout de lui rendre ces substances pour la faire servir ensuite à la boulangerie, ce ne seroit tout au plus qu'un tour de force, d'où il ne résulteroit qu'un pain mauvais et excessivement cher. J'ajoute que s'il est possible d'employer des pommes-de-terre en substance dans les fabriques de colle, leur fécule ne sauroit suppléer la poudre. Les propriétés qu'elle a réellement n'offrent-elles pas déjà assez d'avantages, sans lui en prêter encore d'autres qu'elle ne peut posséder à cause de sa constitution physique? (PARM.)

FEDE. C'est la BREBIS, dans le midi de la France. (B.)

FEDEBOK. Nom de l'ORPIN (*sedum telephium*), en Norwége. (LN.)

FEDERACKELEY. L'un des noms allemands des PIGAMONS (*thalictrum*). (LN.)

FEDERBALL. Les MYRIOPHYLLUM portent, en Allemagne, ce nom et celui de FEDERKRAUT. (LN.)

FEDERBAUM. Nom allemand de l'IBÉRIDE toujours verte (*iberis sempervirens*). (LN.)

FEDERBINSEN. C'est la LINAIGRETTE (*eriophorum*), en Allemagne. (LN.)

FEDERBUSCH. Nom que les jardiniers allemands donnent à la FRITILLAIRE de Perse (*Fritillaria persica*). (LN.)

FÉDÉRERTZ. Mine d'antimoine en filets extrêmement déliés, qu'on nomme aussi *antimoine en plumes;* quand ce minéral contient de l'argent, on l'appelle *mine d'argent en plumes. V.* ANTIMOINE SULFURÉ. (LUC.)

FEDERGARBE. C'est, en Allemagne, cette plante marécageuse nommée PLUMEAU et MILLEFEUILLE AQUATIQUE (*hottonia palustris*). (LN.)

FEDERGRASS. Plusieurs graminées portent ce nom en Allemagne, et notamment le *stipa pennata*. (LN.)

FEDERKNOPF. Nom allemand de la LAGOÉCIE CUMINOÏDE. (LN.)

FEDERKOHL. Nom allemand d'une variété du CHOU (*brassica oleracea*, var. *selenisia*). (LN.)

FEDERKRAUT. Nom allemand de la VERGE D'OR et des MYRIOPHYLLES. (LN.)

FEDERMÜTZE. Nom allemand de la MITELLE. (LN.)

FEDERWINDEL. Synonyme du QUAMOCLIT en Allemagne. C'est une espèce du genre IPOMEA. (LN.)

FÉDIE, *Fedia.* Genre de plantes établi par Adanson, pour séparer la *mâche* des jardiniers, et quelques espèces voisines, du genre des VALÉRIANES. Ses caractères sont d'avoir un calice à trois ou six dents; une corolle monopétale, à tube court, à limbe à cinq divisions régulieres ou irrégulieres; deux ou cinq étamines; un ou trois stigmates; une capsule couronnée par le calice, triloculaire, monosperme; seule loge étant ordinairement fertile.

Ce genre n'a pas été adopté par tous les botanistes. Les genres *Fédie* de Gærtner et de Moench sont différens de celuici, quoique faits aussi aux dépens des VALÉRIANES. C'est à celui qui a pour type la *valériane corne d'abondance*, que Jussieu pense qu'il faut donner ce nom. (B.)

FEDO (la). C'est la BREBIS dans le Languedoc, et surtout particulièrement aux environs de Carcassonne. (DESM.)

FEESTBLOEM. Nom donné par les Hollandais de l'Inde, à la ROSE-DE-CHINE (*hibiscus rosa-sinensis*, L.). (LN.)

FÉFÉ. Singe des provinces méridionales de la Chine, qu'on ne sauroit rapporter avec exactitude à aucune espèce connue. Quelques naturalistes croient que c'est le grand gibbon (*simia lar*, Linn.), parce qu'il a les bras très-longs, et qu'en marchant debout il s'en sert comme de balanciers pour se tenir en équilibre; mais ce caractère appartiendroit également au PONGO ou singe de Wurmb, de l'île de Borneo, dont les habitudes sont sans doute plus en rapport avec celles qu'on attribue au *Féfé*, qui, dit-on, mange des hommes. (DESM.)

FEGARO. Nom italien de la SCIÈNE UMBRE. (B.)

FEGATELLA des Italiens. C'est l'ANÉMONE HÉPATIQUE (*Césalpin*); c'est aussi une espèce de LICHEN. (LN.)

FEGOS. *V.* PHEGOS. (LN.)

FEGOULÉ. C'est le nom d'une espèce de rongeur du genre des campagnols. *V.* CAMPAGNOL ÉCONOME. (DESM.)

FEGUIÈRES. Altération de FIGUIER. (B.)

FEHNBEERE. Nom allemand de la CANNEBERGE (*vaccinium oxycoccos*). (LN.)

FEICHTE. Nom allemand de l'EPICIA (*pinus abies*). (LN.)

FEIDBOK. C'est, en Norwége, la VERMICULAIRE ÂCRE (*sedum acre*). (LN.)

FEIFURS-KADSURA. C'est, au Japon, le *pæderia fœtida*. *V.* DANAÏDE. (LN.)

FEIGBLATTERKRAUT. C'est la LINAIRE, en Allemagne. (LN.)

FEIGBLATTERNEPPICH. Nom allemand de la RENONCULE SCÉLÉRATE. (LN.)

FEIGBONE. Nom des LUPINS, en Allemagne. (LN.)

FEIGE. Nom du FIGUIER en Allemagne. (LN.)

FEIGENBAUM. C'est le FIGUIER, en Allemagne. Dans quelques parties de cette vaste contrée, on donne ce même nom à l'ERABLE et à l'ORME. (LN.)

FEIGENKRAUT. C'est, en Allemagne, la SCROPHULAIRE DES BOIS. (*scrophularia nodosa*, Linn.). (LN.)

FEIGENWARZENKRAUT. Plusieurs LINAIRES et la TORMENTILLE portent ce nom, en Allemagne. (LN.)

FEIGENWARZENWURZ. *V.* FEIGENKRAUT. (LN.)

FEIJO. Nom portugais des HARICOTS. (LN.)

FEILE. Nom allemand de l'ALPISTE RUDE (*phalaris aspera*). (LN.)

FEINAH. Nom arabe de la PHÈNE. *V.* ce mot. (V.)

FEINE. *V.* FAINE. (DESM.)

FEINE. *V.* FEINTE. (DESM.)

FEINSCHKRAUT. C'est, en Allemagne, le nom du STŒCHAS (*gnaphalium stœchas*). (LN.)

FEINTE. Nom vulgaire d'une CLUPÉE qui se trouve dans la Seine, et qui a beaucoup de rapports avec l'ALOSE, avec laquelle on la confond. (B.)

FEJER ARVA. L'un des noms hongrois du *stipa pennata*. (LN.)

FEJER PESZERTZE et FEJER PEMET-FU. Noms hongrois du MARRUBE BLANC (*marrubium vulgare*, L.). (LN.)

FEJER-PEMET-FU. *V.* FEJER PESZERTZE. (LN.)

FEJER-PIPATS. C'est, en Hongrie, le nom de l'ANÉMONE DES BOIS (*anemone nemorosa*, L.). (LN.)

FEJER-TAVASZIKA. L'un des noms du GALANTHUS NIVALIS, en Hongrie.

FEKETE-NADALY. C'est, en Hongrie, le nom de la GRANDE CONSOUDE (*symphytum officinale*). (LN.)

FEJER-UROM. C'est l'ABSINTHE des boutiques, en Hongrie. (LN.)

FEKETE-GYOPAR. L'un des noms de l'ORIGAN, en Hongrie.

FEKETE-TSALLYAN. Nom de la SCROPHULAIRE DES BOIS (*scrophularia nodosa*, L.), en Hongrie. (LN.)

FEKETE-UROM. Nom hongrois de l'ARMOISE VULGAIRE. (LN.)

FEKOFATS. Nom japonais d'un LYCIET (*lycium barbarum*). (LN.)

FELAN. C'est la VÉNUS DIAPHANE. (B.)

FELANDORN. Ce nom désigne, en Allemagne, plusieurs espèces d'EPIAIRES (*stachys*) et une espèce d'AGRIPAUME (*leonurus marrubiastrum*, Linn.). (LN.)

FELAT. A Nice c'est le nom de la MURÈNE CONGRE. (DESM.)

FELBAUM. L'un des noms allemands du PEUPLIER (*populus nigra*). (LN.)

FELBE, FELBER, FELBINGER. Le SAULE BLANC, l'OSIER JAUNE et le SAULE FRAGILE portent ces noms en Allemagne. (LN.)

FELBEERE. On désigne par ce nom, en Allemagne,

le NERPRUN CATHARTIQUE (*rhamnus catharticus*, L.). (LN.)

FELBER. *V.* FELBE. (LN.)

FELBINGER. *V.* FEBBE. (LN.)

FELCHEN. *V.* FERRA. (DESM.)

FELDBACILLEN. Nom allemand d'une espèce de BERLE (*sium falcaria*). (LN.)

FELDBEERE. *V.* FELBEERE. (LN.)

FELDBLUME. Nom vulgaire allemand de l'ARGENTINE (*potentilla anserina*, L.). (LN.)

FELDDARM. Nom qui désigne, en Allemagne, les espèces de CÉRAISTES (*cerastium*) qui croissent dans les champs.

FELDEISENKRAUT. C'est, en Allemagne, le GALEOPE, *Ladanum*. (LN.)

FELDEYPES. Nom allemand du GENÉVRIER COMMUN. (LN.)

FELDCYPRESSE. En Allemagne on donne ce nom à trois plantes: à la PETITE-IVETTE (*teucrium chamæpithys*), au PETIT-CHÊNE (*teucrium chamædrys*), et au GENÉVRIER (*juniperus communis*). (LN.)

FELDGARBE. Nom de la MILLEFEUILLE (*achillea millefolium*), en Allemagne. (LN.)

FELDHIRSE. Nom allemand du GREMIL DES CHAMPS (*lithospermum arvense*). (LN.)

FELDHOPFEN. C'est, en allemand, l'un des noms du HOUBLON et du MILLEPERTUIS PERFORÉ. (LN.)

FELDHUHN. Nom allemand et générique des PERDRIX. (V.)

FELDKAPP et FELDKROPF. Deux noms de la MÂCHE (*valeriana locusta*, Linn.), en Allemagne. (LN.)

FELDKERZE. Nom du BOUILLON BLANC, *Verbascum thapsus*, en Allemagne. (LN.)

FELDKICHERN. La GESSE DES PRÉS (*lathyrus pratensis*, L.) porte ce nom en Allemagne. (LN.)

FELDKLETTEN. Nom vulgaire allemand des TORYDILES et des CAUCALIDES. (LN.)

FELDKOHL. Nom que les Allemands donnent au *Raphanistrum*, espèce du genre RADIS, crucifère excessivement commune dans les moissons. (LN.)

FELDKRAUT. C'est la FUMETERRE, en Allemagne. (LN.)

FELDKROPF. L'un des noms de la MÂCHE, en Allemagne. (LN.)

FELDKUMMEL. En Allemagne, c'est l'un des noms du SERPOLET. (LN.)

FELDLILIE. (*Lis des champs*) Nom allemand du LIS MARTAGON. (LN.)

FELDMAUS. Nom allemand du MULOT, du CAMPAGNOL, et en général des RATS des champs. (DESM.)

FELDMOHN. L'un des noms du COQUELICOT, en Allemagne (*papaver rhœas*). (LN.)

FELDMUNZE. Nom donné quelquefois, dans le Nord, à la *mélisse de Crète*. (LN.)

FELDNELKE. Nom allemand du QUAMOCLIT (*ipomœa quamoclit*, L.). (LN.)

FELDPAPPEL. L'un des noms allemands de la MAUVE COMMUNE (*malva rotundifolia*, L.). (LN.)

FELDPOLEY et **FELDQUENDEL.** *V.* FELDKUMMEL. (LN.)

FELDQUENDEL. *V.* FELDKUMMEL. (LN.)

FELDRAUTE. *V.* FELDKRAUTE. (LN.)

FELDRINGELBLUME. Nom allemand du SOUCI DES CHAMPS (*cal endula arvensis*, Linn.). (LN.)

FELDROSCHEN. L'un des noms qui désignent, en Allemagne, l'ADONIDE ESTIVAL. (LN.)

FELDRYPERS. L'un des noms allemands du GENÉVRIER (*juniperus communis*) appelé également *feldcypresse.* (LN.)

FELDSALAT. *V.* FELDKAPP. (LN.)

FELD-SPATH. Espèce minérale de la classe des pierres. Le feld-spath est particulier aux anciennes formations et à celles qu'on nomme de transition. Il ne constitue pas à lui seul les montagnes, mais il en fait la base. Il entre dans la composition d'une multitude de roches; c'est la partie dominante de beaucoup de laves. Avec le quarz, l'amphibole, etc., etc., il constitue des roches quelquefois très-compactes, tant ses principes sont en partie fermes; mais à l'aide du microscope, on reconnoît le feld-spath; il jouit en effet d'un caractère particulier très-remarquable, donné par sa structure cristalline. Elle est lamelleuse et les fragmens sont des parallélipipèdes obliquangles à faces brillantes, excepté deux opposées qui sont d'un éclat différent, ternes ou même raboteuses.

Indépendamment de ce caractère, le feld-spath en présente d'autres qui sont d'une grande importance.

Il est beaucoup plus dur que le verre; il raye la diallage, mais il est rayé par le quarz; il fait feu au briquet. Cette propriété et sa structure lamelleuse l'avoient fait nommer *spath étincelant* ou *scintillant*.

Au chalumeau, le feld-spath fond en un émail blanc. Celui des laves est plus difficile à fondre que celui des roches volcaniques. Sa pesanteur spécifique varie entre 2,437 et 2,704. Les acides n'ont point d'action sur le feld-spath.

A ces propriétés, qu'on peut regarder comme essentielles, il faut ajouter le caractère offert par la figure du noyau primitif des cristaux : c'est un parallélipipède obliquangle irrégulier, dans lequel l'incidence des pans entre eux est de 120° et 60°, et de ces mêmes pans sur la base, de 90 et 111° 28' 17'' L'on observe en outre des joints naturels, également nets dans deux sens perpendiculaires l'un sur l'autre. La forme irrégulière de ce noyau donne aux formes secondaires une apparence d'irrégularité qui les rend extrêmement remarquables et assez difficiles à définir. Ces formes sont souvent des hémitropies, c'est-à dire, deux moitiés d'une même forme tournées l'une sur l'autre, ce qui occasione des angles rentrans d'une part, et de l'autre un ensemble de facettes difficiles à reconnoître. L'on remarque assez généralement que les cristaux de feld-spath hémitropes se partagent aisément dans le plan de jonction des deux demi-cristaux, et que la suture est le plus souvent apparente. On pourroit supposer que ces cristaux-là doivent leur naissance à deux noyaux primitifs accolés sur une de leurs faces analogue en sens inverse, et que chacun d'eux produit un cristal dont la croissance a été arrêtée dans les points où il se trouvoit en contact avec le cristal voisin.

Les formes cristallines de feld-spath sont en petit nombre, et ne se retrouvent dans aucune autre substance minérale.

Les cristaux de feld-spath sont généralement des prismes à quatre, six ou dix pans, terminés par deux faces en biseaux sur les bords ou sur les angles, dès qu'elles naissent des facettes qui ne sont correspondantes que d'un sommet à l'autre et dans un plan oblique à l'axe des cristaux. Dans les cristaux hémitropes, ces faces analogues se trouvent en opposition sur le même sommet et sur la même moitié de ce sommet, en le supposant divisé par un plan milieu, qui couperoit le plan de jonction des deux demi-cristaux. A l'aide de ces considérations, on peut aisément reconnoître les formes du feld-spath qui s'élèvent, d'après M. Haüy, à 21. Voici les plus remarquables.

1.° *Feld-spath binaire*, prisme oblique à base rhombe.
2.° *F. prismatique*, prisme hexaèdre oblique.
3.° *F. ditétraèdre*, prisme quadrangulaire à sommets dièdres.
4.° *F. bibinaire*, prisme hexaèdre à sommets dièdres.
5.° *F. quadridécimal*, prisme décaèdre à sommets dièdres.
.° *F. dihexaèdre*, prisme à six pans, sommets trièdres.
7.° *F. sexdécimal*, prisme à six pans, sommets à cinq faces.
8.° *F. didécaèdre*, la précédente, mais le prisme à dix pans.
9.° *F. hémitrope*, dont une moitié est censée retournée sur l'autre.

Le feld-spath présente trois sortes d'hémitropies ; dans la *première*, le plan de jonction est parallèle à la diagonale qui va de I en *a* et son opposé ; dans la *deuxième*, le plan de jonction est parallèle à la face M du prisme ; et dans la *troisième*, le plan de jonction est parallèle à la face de la base P. *Voy*. le traité de M. Hauy.

10.° *F. croisé*, cristaux se pénétrant deux à deux ou quatre à quatre, en forme de rose ou de croix.

Le feld-spath offre les principes suivans :

	Vauquelin.	Fabroni.	Hassenfratz.
Silice.	62,83.	55.	70.
Alumine . . .	17,02.	36.	12.
Chaux.	3.	0.	0.
Oxyde de fer.	1.	3.	0.
Potasse. . . .	13.	0.	0.
Baryte. . . .	0.	2.	8.
Magnésie. . .	0.	4.	9.
	96,85.	100.	99.

Le célèbre Kirwan a pareillement analysé le feld-spath ; il en a retiré précisément les mêmes principes qu'Hassenfratz, et à peu de chose près, dans les mêmes proportions.

Le feld-spath dont on voit l'analyse faite par Vauquelin, est le *feld-spath vert de Sibérie* ; et l'*adulaire*, qu'on regarde comme le feld-spath le plus pur, le feld-spath par excellence, lui a donné précisément le même résultat, à l'exception de la très-petite quantité de fer que contient le feld-spath vert, et qui est probablement son principe colorant. Il a retiré de l'adulaire : sur 100 parties, 64 de silice, 20 d'alumine, 2 de chaux et 14 de potasse.

Westrumb a retiré de l'adulaire des principes différens ; il y a trouvé : 62 de silice, 17,50 d'alumine, 6,50 de chaux, 6 de magnésie, 2,50 de baryte, 1,40 de fer, 0,25 d'eau, avec une perte de 3,85.

Il est remarquable que la potasse que Vauquelin a trouvée en si grande quantité dans deux variétés de feld-spath, ne se soit point du tout rencontrée dans les variétés analysées par les autres savans.

L'on voit, par les analyses rapportées ci-dessus, que c'est la *silice* et l'*alumine* qui sont les seuls principes essentiels du feld-spath, et que les autres substances ne s'y rencontrent qu'accidentellement ; cependant ces deux principes essentiels diffèrent eux-mêmes prodigieusement en quantité, dans les diverses variétés de feld-spath ; on seroit donc bien fondé, ce me semble, à demander à quoi tient la forme invariable qu'on suppose à la *molécule intégrante* des minéraux, puisqu'elle est indépendante, et des matières qui les composent, et de la proportion où elles s'y trouvent. (*Patr.*)

Le feld-spath se décompose naturellement à l'air, mais très-lentement, et se réduit en matière terreuse. Cette action décomposante est à peine sensible, ou même nulle sur les feld-spaths adulaire et opalin.

Le feld-spath, dont le vrai nom est *fels-spath*, *spath des roches*, parce qu'en effet il se trouve dans une infinité de roches et non pas dans les champs, est une des substances les plus intéressantes du règne minéral, et celle qui prête le plus à de nombreuses considérations géologiques qui seront développées aux articles *géognosie*, *roches*, *terrains* et *volcans*. Le feld-spath est la base de plusieurs roches différentes, dont à lui seul il forme quelques-unes. *V.* pour les autres qui sont des associations : *Pegmatite*, *thonporphyre* (argilophyre, Brong.), *syénite*, *euphotide*, *leptynite* (weisstein), *pyromeride*, *diorite* (grunstein); *granite*, *gneiss*, *laves*, *phonolithe* (Klingstein), etc. Dans cet article, nous ne considérerons que le feld-spath qui a conservé en tout ou en partie son tissu lamelleux. Car autrement si l'on veut que le pétrosilex, le jade, les rétinites soient des feld-spaths en masse ou compactes, cette espèce deviendroit beaucoup plus étendue, plus difficile à étudier, et très-ambiguë. L'on peut diviser les nombreuses variétés du feld-spath en plusieurs groupes; cette marche est celle adoptée par presque tous les minéralogistes, plutôt pour leur commodité que pour toute autre raison; car il existe un grand nombre de transitions qui tendent à détruire ces divisions. Les voici dans leur ordre minéralogique.

1.° *Feld-spath* adulaire.
2.° *Feld-spath* opalin.
3.° *Feld-spath* aventuriné.
4.° *Feld-spath* commun.
5.° *Feld-spath* petuntzé.
6.° *Feld-spath* vert.
7.° *Feld-spath* kaolin.
8.° *Feld-spath* bleu.

Nous renvoyons aux mots Pétrosilex et Jade, pour traiter du *feld-spath compacte* et du *feld-spath ténace* (*V.* aussi Euphotide et Eurite). Quant au *feld-spath apyre* qui n'est plus un feld-spath, puisqu'il en diffère par sa dureté plus grande, par son infusibilité et par ses formes cristallines, il en sera question à l'article Jamesonite, nom que nous proposons de donner à l'espèce, de préférence à celui d'andalousitè qui ne convient pas, puisque cette substance a été retrouvée dans un grand nombre de lieux hors de l'Andalousie; ce changement sera encore plus nécessaire si, avec MM. Bernhardi, Fitton et Stephens, on unit la mâcle à l'andalousite, comme il est presque certain que cela doit être.

1.° FELD-SPATH ADULAIRE, Adulaire; le *feld-spath limpide et nacré*, Haüy. Ce qui distingue ce feld-spath des autres variétés, c'est l'éclat brillant et vitreux de ses cristaux; il est généralement limpide, transparent ou demi-transparent, rarement demi-opaque ou laiteux. Il jouit aussi, dans certains cas, d'un reflet nacré, blanc, argentin, que l'on a comparé à l'éclat de la lune. L'adulaire est tant soit peu plus dur que les autres feld-spaths, il est aussi moins facilement fusible au chalumeau, et il est, pour ainsi dire, inaltérable à l'air, n'éprouvant pas d'action décomposante comme beaucoup de variétés de feld-spath. On peut reconnoître deux sortes d'adulaires : la première seroit l'*adulaire lamelleux*, et la deuxième l'*adulaire vitreux*.

1.° L'*adulaire lamelleux* est caractérisé par sa structure lamelleuse; il appartient aux terrains anciens; ses couleurs sont le blanc, le blanc nacré, le blanc grisâtre ou verdâtre ou rougeâtre, ou le blanc laiteux. Ses formes cristallines sont très-variées, simples ou compliquées et souvent hémitropes. Ses cristaux varient considérablement en volume, depuis une ligne de diamètre jusqu'à celui d'un pied; sa pesanteur spécifique est de 2,564 au plus. D'après Vauquelin, ses principes constituans sont : silice, 64; alumine, 20; chaux, 2; potasse, 14.

L'adulaire lamelleux se trouve dans les fentes et les cavités des roches de diabases, associé avec le quarz, l'amiante, la chaux carbonatée, la chlorite, l'épidote, le fer oligiste, les titane oxydé et anatase, la prehnite, la laumonite, etc.

C'est au Saint-Gothard qu'on trouve les cristaux les plus volumineux, les mieux caractérisés de ce feld-spath. Ils y furent découverts par le père Pini, il y a une quarantaine d'années, dans les monts Adula et de la Stella. Ce naturaliste en prit occasion de leur donner le nom d'*adulaire* qui leur est resté spécialement. Leur éclat nacré les rendit à cette époque, où l'on ne connoissoit pas le feldspath du Labrador, des objets remarquables. On les trouve accompagnés de cristaux magnifiques de fer oligiste, avec du mica, de jolies cristallisations de titane oxydé réticulaire ou en cristaux parfaits, du titane-anatase, du titane-silicéo-calcaire, du zircon. Ceux du Mexique sont avec de la chaux carbonatée magnésienne.

L'adulaire du Dauphiné est blanchâtre; ses formes sont plus simples; il n'a pas l'éclat de l'adulaire du Saint-Gothard, mais il est accompagné des mêmes substances; ses cristaux sont généralement petits. On en retrouve de semblables dans toutes les chaînes de montagnes, où la chlorite, le quarz et l'amiante abondent ; on en trouve dans les Alpes, les Pyrénées (près Barèges), à Sainte-Lucie et Sainte-Marie, en Corse; dans l'île d'Elbe, etc. Nous rapportons à cette variété les beaux cristaux de feld-spath de la mine d'argent de Guanaxnato (Mexique), qui font aussi partie de ce groupe ; de même que le feld-spath nommé *schorl blanc* par Romé-Delisle, si commun en Dauphiné, aux Pyrénées, en Corse, dans le Tyrol, etc., dont les cristaux accolés ou hémitropes (agrégés), sont ordinairement petits, forment des tapis serrés ou des druses à la surface des roches d'amiante ou amphiboliques. Les cristaux de feld-spath qu'on voit dans le calcaire compacte du col du Bon-Homme (mont Blanc) sont encore de l'adulaire.

C'est à l'adulaire qu'il faut rapporter la *pierre de lune* des lapidaires, appelée aussi *argentine*, *œil de poisson*, *œil de chat*, et quelquefois *girasol*. Cette jolie variété se trouve à Ceylan en cailloux roulés qui excèdent rarement la grosseur d'une noix; ils sont limpides ; mais lorsqu'on les fait jouer à la lumière, ils donnent le reflet de la lune ou de la perle, sans iris et sans qu'on puisse saisir à l'œil les joints qui le produisent. Une Pierre de lune de la grandeur de l'ongle du petit doigt, et parfaite, va au prix de cinq cents fr. et plus.

L'on a essayé d'obtenir des *pierres de lune* avec l'adulaire du Saint-Gothard; mais elles sont toujours filandreuses, ordinairement petites, inégales ou blafardes dans leur jeu. La taille des pierres de lune est le cabochon rond. On les monte sur noir, et on les entoure d'un anneau de même couleur.

Il paroît que les anciens ont connu la *pierre de lune* de Ceylan ; on veut que Pline l'ait désignée sous les noms d'*asteria*, d'*astrios* et d'*androdamas*. Il paroît plus certain qu'ils ont connu l'adulaire du Saint-Gothard, ou une variété analogue. Dolomieu possédoit un morceau de cette substance, gros comme une petite pomme, trouvé à Rome dans des ruines fort anciennes ; la surface vitrifiée du morceau prouve qu'il a été la proie d'un incendie violent. Plusieurs naturalistes ont rapproché la *pierre de lune* de l'opale et des diverses substances dites *œil de chat*. Nous pouvons assurer que c'est un vrai feld-spath, remarquable par la netteté de son clivage.

2.° *L'adulaire vitreux* diffère du premier par un coup d'œil vitreux particulier, parce qu'il n'est point chatoyant et parce qu'il appartient aux terrains volcaniques ou présumés tels. Il est quelquefois d'une limpidité et d'une transparence parfaites

Le plus souvent, il est comme fritté, c'est-à-dire, que ses lames sont désunies, remplies de gerçures et fragiles. Il est presque toujours en très-petits grains ou cristaux qui excèdent rarement le volume d'une fève ; encore est-ce rare. Cet adulaire est souvent en cristaux très-nets et limpides dans les sables volcaniques et les matières rejetées intactes par les volcans. On en trouve au Vésuve, sur les bords des lacs de Nemi, Albano, Bolsena, du Vicentin, des environs d'Andernach; celui-ci est le sanidin de M. Nose, etc.; il se rencontre aussi dans les laves lithoïdes soit modernes, soit anciennes, où il se fait remarquer par son coup d'œil vitreux, et souvent par sa difficulté à fondre au chalumeau. Dolomieu est le premier qui l'ait signalé, et cet habile géologue a le premier aussi remarqué que les laves porphyritiques, surtout celles qui fondent en blanc, offroient à la fois des cristaux de feld-spath de deux sortes, les uns blancs opaques qui se décomposent promptement : ceux-ci paroissent avoir plus d'analogie avec la pâte; les autres vitreux et transparens : ceux-ci résistent aux causes qui produisent la destruction de la lave dont ils font partie. Ces deux sortes de cristaux s'observent dans les laves pétrosiliceuses des îles Ponces, des monts Euganéens, du Cantal, de Catalogne, du royaume de Grenade, des bords du Rhin, etc. Nous avons vu des laves de la Solfatarra près de Pouzzoles, totalement décomposées par les vapeurs acido-sulfureuses, contenant des cristaux de feld-spath vitreux encore intacts.

Quelques naturalistes, frappés des caractères particuliers de ce feld-spath volcanique, ont proposé d'en faire une espèce distincte de celle du feld-spath. L'*eis-spath* de Werner paroît être dans ce cas; le *sanidin* de M. Nose est moins douteux.

Quoique ce feld-spath soit commun partout dans les volcans, nous devons citer celui de Monterosso et Montpéliéri à l'Etna, dont les cristaux qui couvrent le sol ont été détachés de leur pâte dans l'acte même des éruptions qui les ont mis au jour. Nous citerons ceux des laves granitiques de Santa-Fiora en Toscane, ceux des environs de la baie Patrix-Fiord en Islande, encore enchâssés dans leurs laves, et qui paroissent être ce que Deluc nomme amphigène dans les laves d'Islande. Nous n'omettrons pas non plus ceux des Monts d'Or que l'on trouve aussi isolés dans leur propre lave réduite en pouzzolanes, ceux du Drachenfels (*Sanidin* de M. Nose), remarquables quelquefois par leur grandeur, et qui sont accompagnés aussi d'autres cristaux de feld-spath opaque. Analysés par Klaproth, ils ont donné pour principes : silice, 68; alumine, 15; fer, 0,5; potasse, 14,5; perte, 2.

Il est plus que probable que c'est cette variété de feld-spath qui entre dans la composition de la pâte des laves, soit en coulée, soit basaltique. Mais il faut bien se rappeler que le caractère de la fusion en verre blanc n'appartient pas aux laves feld-spathiques seulement; la lave de Capo-di-Bove en est un exemple, car elle paroît un composé pâteux de nephéline, de pyroxène, de mellilite, de fer titané, d'amphigène, et elle fond en verre gris ou blanchâtre, etc.

II. Feld-spath opalin. *Feld-spath chatoyant*, Labrador. *Pierre de Labrador*, *Labradorstein des Allemands*; *Labradorite*, Delam.

Le labrador se rapproche de l'adulaire plus que des autres variétés du feld-spath. Klaproth a reconnu qu'il est moins fusible que le feld-spath commun. Il se brise facilement. Ses fragmens sont des portions du noyau primitif. Il a l'aspect brillant et le tissu lamelleux de l'adulaire, et une demi-transparence analogue lorsqu'on examine cette propriété sur de petits fragmens. Le caractère essentiel de cette pierre, qui a naturellement une couleur grise obscure ou rougeâtre, c'est de donner, quand on la fait jouer à la lumière, des reflets très-éclatans, de jaune, de vert, de rouge cuivreux, de blanc d'argent, de bleu d'azur ou d'indigo, de brun, etc.; reflets qui sont tantôt seuls et tantôt par taches ou par zones qui font le plus bel effet possible, ordinairement marqués de nombreuses stries parallèles et croisées qui ne sont autre chose que les indices des joints naturels. Ces joints mêmes occasionent quelquefois une double couleur en sens opposé. Ainsi l'on a des échantillons bleus dans un sens, et bronzés dans l'autre, absolument comme dans certains papillons, tels que le Ménélas et le Mars.

Sa pesanteur spécifique est de 2,59 à 2,69. Ses principes sont : silice, 66,5; alumine, 13,6; chaux, 12,5; fer, 3; perte, 3,9; cuivre, 0,7. (Analyse du labrador d'Amérique, par Bindhein.)

Le labrador appartient essentiellement à ces sortes de granits qu'on a nommés Syénite. Il s'y rencontre avec les diverses substances particulières à la syénite. On sait que la syénite est regardée maintenant, par des minéralogistes du plus grand mérite, comme étant une formation récente et postérieure à celle des anciennes couches calcaires coquillères.

On a trouvé cette pierre, pour la première fois, en cailloux roulés dans la petite île Saint-Paul sur la côte de Labrador, dans l'Amérique septentrionale, d'où lui est venu le nom vulgaire qu'elle porte. Elle y est accompagnée d'amphibole et d'hyperstène, etc. La découverte en fut faite par des missionnaires moraves; mais on en a trouvé ensuite dans d'autres contrées, notamment dans l'Ingrie, sur les bords de la Néva, en Finlande, et dans le voisinage même de Pétersbourg; à Memmelsgrund en Bohême; près de Halle en Saxe, en Norwége avec les zircons; au Groënland; sur les bords du lac Champlain, etc.

Des minéralogistes allemands disent aussi qu'on en trouve en Sibérie près du lac Baïkal. M. Rampasse a rapporté de la montagne de l'Esterelle, dans le midi de la France, des porphyres bruns, dont les cristaux de *felds-path* jouissent de l'éclat et du brillant du labrador.

Quant à l'origine de cette pierre, en général, je pense, dit Patrin, « qu'elle provient d'un feld-spath commun, à lames « fines et plus ou moins transparentes, qui, ayant été roulé « par les eaux, a long-temps séjourné *dans la vase des marais*, « où le gaz hydrogène sulfuré et d'autres gaz analogues ont « pénétré dans l'interstice de ses lames, et y ont produit les « couleurs métalliques qu'on y admire. » Cette manière de voir n'est pas applicable au feld-spath chatoyant des granites de Norwége.)

« Je possède, ajoute-t-il, un échantillon de *labrador* d'A- « mérique, qui n'a point été roulé, et qui présente évidem- « ment les formes cristallines du feld-spath ordinaire; quoi- « qu'on en ait abattu les parties latérales, pour faire paroître « les reflets, il reste encore deux grandes faces parallèles et « un sommet dièdre, qui sont intacts. » Lorsqu'on polit du labrador, on met souvent au jour des sections très-nettes de cristaux formés de plusieurs zones de couleurs différentes. On connoît des cristaux parfaits du labrador de Norwége.

Le plus beau labrador vient encore de la côte de ce nom: il offre toutes les couleurs. C'est aussi le seul qui soit employé quelquefois dans la bijouterie, et pour faire des objets curieux. Les variétés des autres contrées sont communément blanc d'argent, bleu céleste, bleu saphir et bleu foncé. Les masses de labrador sont rarement considérables. Les deux plus grosses que nous ayons vues, existoient dans la collection de M. de Drée. L'une d'Amérique, formoit à elle seule un rocher ajusté en pendule de 17 pouces de longueur, sur 12 pouces de hauteur, et 5 pouces de largeur. La deuxième de Norwége, coupée en tablettes, avoit 13 pouces de large sur pouces d'épaisseur. On en a fait une jolie table de deux pièces, qui a été vendue récemment 1800 francs; la pendule ci-dessus, fut vendue 3,000. Dans la nouveauté, le labrador a eu du prix; maintenant, il est peu recherché, malgré la vivacité de ses reflets qui, par leur feu, jouent l'opale. Ce qui lui nuit extrêmement, ce sont les fils gris qui l'altèrent; sa fragilité, lorsqu'il est en petit bijou, et surtout sa propriété de ne jouer que dans un sens. La taille à plat ou le cabochon peu élevé, sont les seuls que souffre cette pierre généralement admirée, mais peu estimée.

III. **Feld-spath aventuriné.** Ce qui caractérise ce joli feld-spath, ce sont les paillettes qui brillent comme un sable couleur d'or ou de cuivre rouge, lorsqu'on fait jouer la pierre naturellement translucide, et même quelquefois transparente. Il y a des aventurines de feld-spath d'un très-bel effet, et d'une richesse d'éclat qui les rend fort précieuses dans la joaillerie. Elles y sont connues sous le nom de *pierres du soleil*, parce que c'est surtout à la vive clarté de cet astre, qu'on peut juger du mérite et de la perfection de ce feld-spath dont il existe plusieurs variétés remarquables, mais qui toutes ont plus d'affinité avec les feld-spath adulaires, qu'avec tous autres. Voici ses variétés :

1.° Limpide blanche, paillettes cuivrées, extrêmement fines, sur un plan ondoyant mobile. — 2.° Limpide verdâtre, paillettes moins fines. — 3.° Trouble, roussâtre; paillettes dorées ou blanchâtres, extrêmement vives.

Les pierres du soleil, généralement rares et d'un petit volume, sont fort chères lorsqu'elles sont parfaites ; on en a vendu dans ces derniers temps, qui n'avoient que la grandeur de l'ongle, jusqu'à mille francs la pièce. On nomme aussi *pierre du soleil*, des quarz aventurinés qui offrent les mêmes effets à un degré plus foible. On ignore d'où proviennent les feld-spath aventurinés du commerce. On présume qu'ils viennent de Russie ou de Sibérie. Effectivement, Rome découvrit, vers l'année 1780, dans une île (Cedlowatoi) de la mer Blanche, près d'Archangel, un feld-spath demi-transparent, de couleur de miel ou roussâtre, qui présente une infinité de points brillants couleur d'or.

Le feld-spath aventuriné-vert à reflets blancs, n'est qu'une variété du **Feld-spath vert.** *V.* cet article, p. 326.

IV. **Feld-spath commun**, *Gemeiner feld-spath*, Werner. Il est opaque ou un peu translucide. Ses cristaux sont raboteux ou ternes ; il présente à peine les stries qui sillonnent si fréquemment les cristaux d'**Adulaire**, et les joints naturels y sont moins marqués. Il affecte toutes les couleurs, excepté le vert-pomme et le bleu. Il est communément rouge, ou incarnat, ou gris. Les cristaux ont des formes composées; ils offrent souvent des hémitropies et des mâcles. Cette pierre est un peu plus fusible et un peu moins dure que l'adulaire; ses principes varient dans leurs proportions (*V.* plus haut, pag. .) M. Rose a trouvé dans un feld-spath rouge : silice, 66,75; alumine, 17,50; chaux, 1,25; potasse, 12 ; oxide de fer, 0,75. Sa pesanteur spécifique est de 2,55 à 2,59.

Le feld-spath commun entre dans la composition des granites, des porphyres et de beaucoup d'autres roches même calcaires; telle est la roche de Sainte-Maurice, près d'Autun.

Les débris de ces roches, entraînés par les torrens et les rivières, couvrent les plaines d'un sable feld-spathique, en sorte que l'on peut dire que le feld-spath se rencontre partout. Il est disséminé en cristaux dans les roches (car il ne constitue pas de roche à lui seul rigoureusement parlant); sa désagrégation entraîne la destruction de ces roches. C'est dans les fentes des granits qu'on trouve quelquefois des cristaux de feld-spath d'une perfection rare. Le gisement de Baveno, près du bord du lac Majeur, est le plus remarquable; il fut découvert, en 1779, par le Père Pini, professeur d'histoire naturelle à Milan. Les cristaux de feld-spath y sont d'une belle couleur de chair ou de blanc-d'ivoire; quelques-uns ont deux à trois pouces de longueur, et sont très-nettement prononcés, quoique mâclés. Ils y sont accompagnés de cristaux de quarz, de laumonite, de chaux fluatée verte ou rose, de cette variété de fer que les Allemands nomment *eisenrham*, etc. Les beaux groupes de ces feld-spaths ornent presque tous les cabinets de l'Europe. On trouve encore des cristaux de cette pierre, à Carlsbad, en Bohème; à Vic-le-Comte près de Clermont, en Auvergne. Ils proviennent de la décomposition des syénites porphyriques, et sont gris; à la Claytte, département de Saône-et-Loire, dans le porphyre décomposé, ils sont rouge de brique; en Corse, d'un blanc de lait; en Norwége, verdâtres et roses, etc.

Les porphyres ou plutôt les roches à structure porphyritique, présentent de nombreux cristaux de feld-spath, ordinairement très-petits et qui forment des polygones de diverses formes, suivant le plan dans lequel ces cristaux ont été tranchés. Leur couleur est généralement différente de la pâte; c'est ce qui fait la beauté des porphyres employés dans les arts.

Le feld-spath commun paroît être le premier qui ait porté le nom de Feld-spath, ou plutôt celui de Fels-spath; *spath des roches* en allemand, et non pas *spath des champs*, comme l'exprime le mot feld-spath. En effet, cette substance est excessivement répandue dans les roches, et ne se trouve qu'accidentellement dans les champs.

V. Feld-spath-petunt-zé, (Feld-spath laminaire, Haüy.) Les Chinois donnent le nom de *Petunt-zé*, à un feld-spath blanc et solide, qui forme avec le kaolin la base de leur porcelaine. Le véritable *petunt-zé* se trouve en grandes masses confusément cristallisées comme les marbres primitifs; mais il est infiniment rare d'en rencontrer.

[Il existe une colline composée d'une matière à peu près semblable, en Daourie, au bord de la Chilka ou fleuve

Amour, à 57 verstes, au-dessous de la fonderie d'argent. Cette pierre a été exploitée par les Chinois, lorsqu'ils possédoient cette contrée. J'en ai rapporté des échantillons pris à la surface même de la roche. La matière est blanche comme la neige, toute composée de petites lames confusément groupées, et ressemble parfaitement à un marbre salin; elle est parsemée de petites particules de mica blanc et brillant.

Quelques minéralogistes ont prétendu que les Chinois donnoient indistinctement le nom de petunt-zé à toute espèce de feld-spath; mais il est plus probable qu'ils n'ont dénommé ainsi que celui qu'ils employoient dans les arts.

Comme autrefois l'on confondoit le feld-spath avec le spath-fluor, on a quelquefois donné à ce dernier le nom de petunt-zé vert, violet, etc. (PAT.)]

Minéralogiquement parlant, on peut étendre davantage les caractères de ce feld-spath, qui constitue dans la nature une sorte de roche granitique bien caractérisée. Il est généralement laminaire, blanc, gris ou jaunâtre et même rosé, associé au mica et au quarz. Ces trois substances varient dans leurs proportions : tantôt elles sont en très-petites parties et forment une roche de feld-spath granulaire, ou une roche lamellaire qu'on emploie comme fondant dans la composition de la porcelaine, et qui parfois est feuilletée; tantôt elles sont en morceaux de plusieurs pouces de diamètre et forment ainsi des granites à très-grands élémens. Quelquefois, par une sorte de cristallisation confuse, le feld-spath et le quarz forment ce qu'on nomme le granite graphique, parce qu'à la coupe, le quarz présente des lignes semblables à des caractères arabes. La même roche offre tous ces états, soit en veines, en couches, en amas ou nids. Ce feld-spath a quelquefois des formes régulières; elles sont ordinairement ou simples ou mâclées dans un sens particulier. Les plus beaux cristaux se trouvent à Alençon, en Corse, et surtout à Nertschinski, en Sibérie. Ce qui caractérise encore cette roche, et ce qui fait reconnoître le feld-spath petunt-zé, c'est qu'elle contient dans son sein; 1.° Des nids de grosses tourmalines noires à Tarascon, dans les Pyrénées, en Tyrol, etc. 2.° Des tourmalines apyres rouges et vertes; Sibérie, Connecticut. 3.° Presque toujours des aigue-marines; Daourie, Nertschinski, Ekatérinbourg, Bavière, Limoges; ou de la chaux phosphatée, à Vic dans les Pyrénées; 4.° De l'urane oxydé vert-serin (Limousin, Autun, Bourgogne, Sibérie; et 5.° surtout des veines ou des couches de FELD-SPATH KAOLIN (*V.* ce mot), terre blanche employée dans la fabrication de la porcelaine, et qui paroît due à la roche petunt-zé elle-même décomposée.

Cette roche maintenant appelée SEGMATITE (*V.* ce mot), il faut y rapporter le feld-spath commun désagrégé des minéralogistes allemands.

Le feld-spath de Passau, et celui de Mossossella, en Piémont, qui contient les corindons, et probablement celui du Carnate qui renferme les corindons, appartiennent au petunt-ze; ils ont donné à l'analyse :

1.° Celui de Passau : silice, 60,25; alumine, 22; chaux, 75; potasse, 14; oxyde de fer, une trace; eau, 1 (Rose);

2.° Celui du Piémont : silice, 62,4; alumine, 24; chaux, 1,2; fer, 4; eaux et potasse, 15,4 (Vauquelin);

3.° Celui du Carnate : silice, 64; alumine, 24; chaux, 6,25; fer, 2; perte, 3,75 (Chenevix).

Réaumur et Guettard ont remarqué que quelques petunt-ze ont le goût salin, à l'exception du *petunt-ze* proprement dit, qui entre dans la composition de la porcelaine comme fondant; ce feld-spath n'est pas employé dans les arts; la manufacture de porcelaine de Sèves tire sont petunt-ze du Limousin, comme son kaolin; l'on emploie quelquefois, mais comme curiosité, le granite graphique. Les plus beaux se trouvent en Corse, en Bourgogne et en Sibérie. On en fait des clefs de montres, des boîtes, des vases, etc.

[VI. FELD-SPATH VERT. Il est d'un vert-pomme, rarement uniforme, et presque toujours panaché de blanc. Ses lames sont souvent de plusieurs pouces d'étendue en tous sens, ordinairement planes, et quelquefois légèrement ondoyantes; dans ce cas, elles ont un éclat nacré, et dans quelques parties elles offrent des points brillans et argentés, qui en font une jolie espèce d'aventurine, ainsi que je l'ai observé ci-dessus en parlant du *feld-spath aventuriné vert*, qui n'est autre chose qu'une variété accidentelle de celui-ci; mais dans les cabinets, on pourroit les prendre pour deux substances distinctes.

Le *feld-spath vert* se trouve dans une colline de la base orientale des monts *Oural* en Sibérie, à 70 lieues environ au sud d'Ekatérinbourg, sur la rivière *Ouï* qui descend de ces montagnes, et qui bientôt après se jette dans le *Tobol*.

Près de cette colline se trouve la forteresse de *Troïtzk* ou *Troïtzkaïa;* et celle de *Tchébarkoul* n'en est pas fort éloignée. Je rappelle ces indications pour faire disparoître la confusion qui règne sur la localité de ce feld-spath vert; car je vois que le même auteur le place dans quatre lieux différens : 1.° sur le rivage de la mer Blanche; 2.° à cinq cents lieues de là, près de la forteresse de Troïtz; 3.° dans un autre endroit de la Sibérie, qui n'est pas désigné; 4.° enfin, dans l'Amérique méridionale, sous le nom de *pierre des Amazones*.

A l'égard de cette dernière indication, il paroît qu'elle n'a *été* donnée que d'après une simple conjecture de M. Deborn; mais il est aisé de faire voir combien cette conjecture est dénuée de fondement.

M. Deborn trouva dans la collection de mademoiselle de Raab, deux échantillons de *feld-spath vert chatoyant;* l'un dont le lieu natal étoit indiqué en Sibérie, dans une montagne à quelques lieues de la forteresse de *Tchébarkoul*, ce qui est exact; l'autre étoit désigné comme venant de la *rivière des Amazones* en Amérique; sur quoi Deborn ajoute cette note: « C'est *probablement* cette pierre qu'on désignoit autrefois sous « le nom de *pierre des Amazones.*]

Nous devons faire remarquer ici qu'il vient du Brésil des quarz aventurinés verts, qui ressemblent beaucoup au feld-spath vert de Sibérie. Jameson indique aussi le feld-spath vert, en petits cailloux roulés, sur les bords de la rivière des Amazones.

[La colline qui renferme les filons de ce feld-spath vert, avoit déjà été observée par Pallas en 1770; mais comme probablement on avoit enlevé tout ce qu'on avoit trouvé de cette pierre, il jugea, d'après les rapports qui lui furent faits, que ce pouvoit être une espèce de serpentine. Voici comment le traducteur a rendu ce passage: « La forteresse de Troïtzkaïa « est située sur la rive gauche de l'*Ouï*, qui sort des monts « Oural.... On découvre sur son rivage.... une montagne unie, « composée de rochers qui présentent de hauts escarpemens, « surtout au-dessous de la forteresse. Ces rocs sont un schiste « corné, dont les couches dressées (ou relevées) s'étendent « de l'est à l'ouest. Dans plusieurs places, cette roche est sus- « ceptible de poli; on peut la regarder comme une espèce « de serpentine d'une couleur verdâtre, imprégnée de taches « noires ». (*Voyage*, t. II, p. 417, in-4.°)

Il y a en effet des échantillons de ce feld-spath vert qui sont tachetés de noir par un oxyde de fer; j'en ai rapporté moi-même qui présentent cet accident.

L'analyse de ce minéral a été faite par M. Vauquelin. Cet habile chimiste a fait voir que le feld-spath vert de Sibérie étoit composé des principes suivans: silice, 62,83; alumine, 17,02; chaux, 3,00; potasse, 13,00; fer oxydé, 1,00. (PAT.)

Depuis la rédaction de cet article, par M. Patrin, l'on a découvert en Sibérie des cristaux d'un volume considérable de feld-spath vert, et une variété graphique très-jolie. Cette substance a été retrouvée dans les granites des bords du lac Onéga au Brésil et encore au Groënland, du moins c'est l'opinion de M. Neergaard, qui possédoit un cristal de feld-spath vert de huit pouces de longueur, rapporté de cette contrée boréale par le voyageur Giseeke. Ce feld-spath vert, absolument semblable à celui de Sibérie, est maintenant dans la collection de M. le marquis de Drée, dans laquelle on voyoit aussi un vase très-beau avec son piédestal en feld-spath vert de Sibérie. On a encore indiqué du feld-spath vert en Bavière, mais nous pouvons assurer que ce n'est qu'une variété vert-poreau du feld-spath commun. Elle a été nommée *amazonenstein*. Le feld-spath vert appartient à la formation du feld-spath petunt-zé.

Les arts emploient quelquefois le feld-spath vert. Sa couleur aimable et un reflet pailleté argentin lui donnent du prix dans la bijouterie. Il y porte le nom impropre de *pierre des amazones de Sibérie*.

VII. [FELD-SPATH KAOLIN, ou ARGILIFORME, *feld-spath décomposé*, Haüy; *Porzellanerd*, Wer., vulg. *terre à porcelaine*. C'est un feld-spath ordinairement blanchâtre, qui paroît être dans un état de décomposition qui le fait plus ou moins ressembler à de l'argile, dont il n'a pourtant pas l'onctuosité. Cette terre, au moyen des lavages et de quelques autres préparations, devient un des principaux ingrédiens de la porcelaine.

On trouve du *kaolin* dans plusieurs parties de la France. Le plus connu est celui de *Saint-Yriex-la-Perche*, près de Limoges, qu'on fait entrer dans la pâte de la belle porcelaine de Sèvres.

Celui de *Château-Dun*, à 10 lieues au N. O. d'Orléans, est employé dans la manufacture de porcelaine de cette dernière ville.

Il existe depuis quelques années, à Valogne, en Normandie, une manufacture de porcelaine qui est alimentée par un *kaolin* qui se trouve au *Bourg-des-Pieux*, près de la mer, dans la partie occidentale du Cotentin.

Bosc a trouvé du *kaolin* dans plusieurs cantons de l'Auvergne, notamment dans la forêt de *Montel-de-Gelat*, entre Clermont et Limoges; à *Malzieu*, près Saint-Flour; à *Javougue*, près de Brioude; à *Sauxillanges*, près d'Issoire; à *Marsac*, près de Riom; à *Bord-Pré*, entre Clermont et Thiers; au *Bordet*, sur la route de Clermont à Brioude. Le *kaolin* de cette dernière qualité est une argile absolument pure et sans mélange. Les autres contiennent du sable quarzeux et des paillettes de mica, de même que ceux de *Port-Louis* en Bretagne, de *Maupertuis* et de *Chavigny*, près d'Alençon, de Bayonne, etc.

Aux environs de *Gannat*, dans le Bourbonnais, on trouve un *kaolin* de la plus grande finesse, et qui est exempt de mélange, de même que celui de Bordet.

La manufacture impériale de porcelaine de Pétersbourg

tire son kaolin de Sibérie, de la partie orientale des monts Oural, à 60 lieues au midi d'Ekatérinbourg, où l'on en trouve des couches considérables qui sont d'alluvion, et dont on fait le lavage dans la forteresse de Tchébarkoul.

La base orientale des monts Oural peut fournir une quantité incalculable de kaolin. J'ai vu à 25 ou 30 lieues au nord d'Ekatérinbourg, des plateaux granitiques de plusieurs lieues d'étendue, entièrement composés de couches presque verticales de granite, d'environ un pied d'épaisseur, dirigées du nord au sud comme l'Oural, parfaitement parallèles entre elles, et alternant avec des couches de kaolin d'une épaisseur à peu près semblable. Le granite est de l'espèce qu'on nomme *graphique* (*V.* FELD-SPATH PETUNT-ZÉ, p. 324), mais il est friable et grossier. Il renferme çà et là quelques nids de topazes et de petites aigue-marines, et une prodigieuse quantité de cristaux de roche blancs, jaunes, fumés et améthystés, qui se trouvent aussi disséminés en groupes isolés dans le kaolin; mais ils sont rarement d'une belle eau. (PAT.)]

Le kaolin est friable, terreux, rude au toucher, happant à la langue; il est infusible au chalumeau et au feu des fours à porcelaine. Il fait difficilement pâte avec l'eau. Ses couleurs sont: le beau blanc, le jaunâtre, le gris et le rougeâtre. Il est communément mélangé de paillettes de mica; il est essentiellement composé d'alumine et de silice. M. Rose a trouvé dans le kaolin de Ave, près de Schneeberg en Saxe: silice, 52; alumine, 47, et fer, 6,33. Mais il s'en faut que toutes les variétés de kaolin offrent les mêmes nombres dans les proportions de leurs parties composantes. On observe beaucoup de différence à cet égard. Il ne renferme pas de potasse. Sa pesanteur spécifique est de 2,216 environ. Le kaolin se trouve en bancs dans les granits dont nous avons parlé à l'art. FELD-SPATH PETUNT-ZÉ, et dans les gneiss qui l'accompagnent. La Chine et le Japon sont riches en cette substance, qui n'est pas rare non plus en Europe. La Saxe fait entrer dans la composition de sa porcelaine le kaolin de Schneeberg. Le kaolin de Passau est la base de la porcelaine d'Autriche. On trouve du kaolin en Irlande, en Écosse, en Angleterre, etc.

VIII. FELD-SPATH BLEU (*Blauspath*, Wern.; *Blue-spar*, Jameson; *Felsite*, Kirw.). Il est d'un bleu pâle ou d'un bleu céleste, et accidentellement verdâtre ou d'un blanc laiteux. Il se trouve en masse ou disséminé dans sa roche; son aspect est peu brillant et son tissu serré; sa cassure est imparfaitement lamelleuse, translucide sur les bords. Sa pesanteur spécifique est de 3,046, par conséquent moindre que celle du feld-spath en général. Au chalumeau, il se fond moins facilement que les autres variétés. Il devient blanc opaque, et puis se change en une sorte d'émail blanc. Il colore le borax en noir.

Klaproth a trouvé qu'il se composoit de :

Silice.	14,00	Potasse	0,25
Alumine.	71,00	Oxide de fer. . . .	0,75
Magnésie.	5,00	Eau	5,00
Chaux.	3,00	Perte.	1,00
			100,00

Ce feld-spath n'a été trouvé jusqu'à présent que dans la vallée de Murz, près de Kriegläch, dans les hautes montagnes de Stirie, à 15 lieues S. S. O. de Vienne. Il se rencontre dans une roche composée de quarz, de mica et de grenat, qui forment sans doute des lits ou des montagnes. Ses caractères le font aisément reconnoître du *lazulit* de Werner (*klaprothite* de Drée, *azurite* de Jameson), et des autres substances bleues avec lesquelles on l'a confondu.

Feld-spath agrégé (*schorl blanc*, Romé-Delisle). *Voyez* Feld-spath adulaire, pag.

Feld-spath apyre (*Andalousite*, Lamarck) *V.* Jamesonite.

Feld-spath argiliforme. *V.* Feld-spath kaolin, p. 328.

Feld-spath chatoyant. *V.* Feld-spath adulaire, Feld-spath opalin et Feld-spath aventuriné.

Feld-spath calcarifère. *V.* Spath en table.

Feld-spath compacte. *V.* Pétrosilex.

Feld-spath cubique. [Cette variété se trouve en Saxe, près d'Ehrenfriedersdorf ; elle ne diffère du feld-spath commun, qu'en ce qu'elle se divise en lames beaucoup plus facilement, et qu'elle se délite en fragmens à peu près cubiques. Kirwan lui donne le nom de *pétrilite.* (pat.)

Feld-spath décomposé (Haüy). *Porzellanerde*, vulg. *Terre à porcelaine.* *V.* Feld-spath kaolin, pag. 328.

Feld-spath déodalite. C'est un feld-spath volcanique extrêmement fusible, que Nose a observé dans les anciens volcans des bords du Rhin ; et comme il forme une variété remarquable, il lui a donné le nom de *déodalite*, en l'honneur de l'illustre Déodat de Dolomieu, l'un des plus grands observateurs des volcans.

Feld-spath désagrégé. *V* Feld-spath petunt-ze, p. 325.

Feld-spath diaphane, quelquefois nacré.

On peut rapporter à cette variété l'Argentine de quelques lapidaires, qui est un feld-spath blanc, d'un tissu plus égal que celui de l'*adulaire* commune, et qui réfléchit la lumière à peu près comme une plaque d'argent polie. Elle se trouve à Ceylan. *V.* Feld-spath adulaire.

Feld-spath globuleux. C'est le granite globulaire (*V.* Diorite) trouvé en Corse, dans le vallon qui conduit de la montagne du Niolo à Santa-Maria-la-Stella. M. Faujas possède un noyau de ce granite, qui est un véritable cristal de feld-spath.

Feld-spath gras. [Dolomieu donnoit ce nom à une variété de feld-spath commun des granites, qui présente un aspect un peu gras et un tissu lamelleux moins distinct que le feld-spath ordinaire; il m'a paru quelquefois que cet accident étoit dû à un commencement de décomposition; il peut provenir aussi du mélange d'une petite quantité de stéatite, comme dans celui dont parle Saussure, § 1974. Ce feld-spath est particulier à plusieurs roches, notamment aux *granistein* des Allemands, et à quelques *klingsteins*. (pat.)

Feld-spath grenu. [Il n'est pas rare de trouver dans les schistes primitifs des couches blanchâtres qui ont l'aspect du grès; c'est un mélange de grains de feld-spath, de grains quarzeux et de parcelles de mica. Les proportions de ces substances varient à l'infini; quand c'est le feld-spath qui domine, on appelle cette pierre *feld-spath grenu:* quand ce sont les grains quarzeux, on pourroit l'appeler *grès primitif.* L'on peut citer encore le *weistein* des Allemands comme un exemple de cette variété. (pat.)

Feld-spath indianite. *V.* Indianite.

Feld-spath nacré. *V.* F. adulaire, pag.

Feld-spath petuntse. *V.* Feld-spath petunt-ze, p. 325. Ne seroit-il pas plus conforme à la langue chinoise d'écrire *Petuntse ?*

Feld-spath ténace. *V.* Jade. (ln.)

FELDSTABWURZ. C'est, en Allemagne, l'Armoise champêtre. (ln.)

FELDTASCHE. Nom allemand du Thlaspi des champs (*thlaspi arvense*). (ln.)

FELDWEIGEN. Nom des Roses sauvages, en Allemagne. (ln.)

FELDZWIEBEL. Ce nom allemand désigne plusieurs Liliacées; savoir, l'Ornithogale jaune, des Scilles et des Iris. (ln.)

FELFEL-AHMAR. Nom arabe du Piment frutescent (*capsicum frutescens*, Linn.), cultivé dans les jardins du Caire. (ln.)

FELFEL-TAVIL. Selon Prosper Alpin, c'est le nom égyptien de l'Euphorbe effilée (*E. tirucalli*). (ln.)

FEL-FUTO. Nom qu'on donne, en Hongrie, au Liseron des haies (*convolvulus sepium*, L.). (ln.)

FELINS. Famille de mammifères carnassiers, que j'ai

établie dans le Tableau méthodique des mammifères, inséré dans le 24.e volume de la première édition de ce Dictionnaire, et qui renferme les genres CHAT et CIVETTE. (DESM.)

FELIS. Nom latin du CHAT, qui est aussi celui d'un genre de quadrupèdes, dans les ouvrages systématiques. V. CHAT. (S.)

FELONGÈNE. C'est la CHÉLIDOINE. (LN.)

FELLOS. V. PHELLOS. (LN.)

FELLRISS, FELRIS ou FELRIS WURZEL. Noms qui, dans différentes parties de l'Allemagne, désignent la MAUVE ALCÉE, la ROSE THÉMIÈRE (*alcea rosea*), le PISSENLIT et le PETIT PAVOT CORNU (*hypecoon*). (LN.)

FELOUGNE. Nom vulgaire de la CHÉLIDOINE. (B.)

FELOUVE. V. FLOUVE. (LN.)

FELRIS. V. FELLRISS. (LN.)

FELRIS WURZEL. V. FELLRISSIET. (LN.)

FELSEN ROSE. Nom allemand de quelques CISTES à fleurs roses. (LN.)

FELSENSTRAUCH. Les montagnards allemands donnent indifféremment ce nom à la CAMARINE (*empetrum nigrum*) et à l'AZALÉE COUCHÉE. (LN.)

FELSITE de Kirwan. V. FELD-SPATH BLEU, pag. 329.

FELS-SPATH (*spath des roches* en allemand). C'est le véritable nom de la substance minérale appelée feld-spath par les minéralogistes. Quelques naturalistes ont rétabli l'ancienne dénomination. Si l'usage n'avoit pas consacré le nom de feld-spath, on auroit pu adopter celui d'orthose, qui a été proposé par M. Haüy. (LN.)

FELTERRÆ. Nom donné à la PETITE CENTAURÉE (*gentiana centaurium*, Linn.). (LN.)

FELVER. Nom du MERLE, en Turquie. (V.)

FELWINDE. C'est le LISERON DES CHAMPS (*convolvulus arvensis*, L.), en Allemagne. (LN.)

FELWORT. C'est un nom que la GENTIANE AMARELLE porte en Angleterre. (LN.)

FELZE. V. FEOUZE. (DESM.)

FEMBEEREN. V. FEHNBEERE. (LN.)

FEMELLE, FEMME, FÉMININ, *Fœmina.* Ce terme vient de *fovere*, *fœtare*, *fotus*, qui désignent la qualité de couver, d'échauffer, de fomenter un nouvel être, un jeune individu, parce qu'en effet les femelles sont spécialement chargées par la nature de former, nourrir et faire croître les fœtus, les embryons engendrés dans leur sein.

Pour cette respectable fonction, la nature a créé, en général, les femelles tendres, sensibles, ou affectueuses pour les petits; elle leur a donné un sein ample pour les contenir dans la gestation, et aux mammifères, des mamelles pleines de lait pour la première nourriture de ces petits. Dans les didelphes, les kanguroos, et autres animaux marsupiaux, les femelles portent vers le bas-ventre un sac de peau dans lequel les petits naissans avant le terme ordinaire, sont recueillis chaudement. Les oiseaux couvent leurs œufs et dégorgent la becquée à leurs petits; si ce sont des oiseaux de proie, les femelles sont nées plus fortes et d'un tiers plus grosses que les mâles, afin de pouvoir chasser et apporter une proie suffisante à leurs petits, ce qu'on observe chez les faucons et les tiercelets.

Parmi les reptiles, quoique la plupart des femelles abandonnent les petits ou les œufs, on voit cependant celle du crapaud pipa chargée de ces œufs sur son dos, où les petits éclosent et se nichent; et d'autres espèces de crapauds portent leurs chapelets d'œufs gluans autour de leurs pattes.

Chez plusieurs poissons, les petits éclosent dans le ventre de la mère, ainsi que chez les serpens vénimeux, quoique ce soient des animaux, en général, ovipares. Chez certaines espèces, comme la *fistularia paradoxa*, on n'a pas vu de mâles; Pallas suppose qu'elle se suffit seule.

Parmi les insectes, les femelles, souvent plus volumineuses que les mâles et plus sédentaires, déploient les instincts les plus merveilleux pour la conservation de leurs petits. (*Voyez* Abeille, Araignée, Fourmi, Guêpes, Ichneumons, etc.) Elles manquent souvent des crochets aux pattes qu'on voit aux mâles pour retenir ces femelles pendant l'accouplement.

Dans les plantes dioïques, les pieds femellés paroissent plus propres que les mâles à se propager de bouture, comme si elles contenoient plus spécialement l'espèce. D'ailleurs, dans les végétaux, les pistils ou les organes femelles sont placés au centre de la fleur, et les parties mâles ou étamines, à la circonférence; donc la nature a considéré les parties femelles comme les plus importantes.

En histoire naturelle, la distinction des femelles et des mâles devient d'une importance extrême, pour ne pas multiplier inutilement les espèces, ce qui n'a lieu que trop souvent dans l'ornithologie, l'erpétologie, l'ichthyologie et l'entomologie, faute de pouvoir observer les organes sexuels. Cherchons donc les autres différences.

Caractères des femelles. 1.° Les femelles des animaux de toutes les classes dioïques, ou à sexes séparés, ont, en général, des couleurs plus pâles, plus lavées, ou moins brunes, moins vives, moins foncées que les individus mâles;

elles conservent quelques nuances de l'enfance ou de la robe du premier âge. Ce n'est qu'en devenant très-vieilles ou hors d'âge d'engendrer, que l'on voit quelques femelles chez les oiseaux prendre des couleurs plus approchantes de celles des mâles.

2.° Les femelles ont d'ordinaire la tête plus petite, les ailes, les nageoires, les pieds et autres membres plus grêles ou plus foibles, ou plus courts que les mâles; mais un ventre ou un abdomen plus gros, plus long, et même cette partie armée quelquefois; ce qui n'a pas lieu chez les mâles. Ainsi, des femelles de bombyx, de lampyres, de kermès et coccus, etc., d'une foule d'autres insectes, ne développent pas d'ailes assez pour voler; les seules femelles d'hyménoptères ont un aiguillon venimeux à l'anus: les cynips, les ichneumons, les tenthrèdes femelles, une scie, une tarière, etc.; les taupes-grillons, les sauterelles, une espèce de sabre ou de tuyau pour déposer leur œufs en terre. Parmi les mammifères marsupiaux, les femelles seules ont une bourse inguinale.

3.° Les organes qui servent d'ornement ou de défense, ou de moyens de tact, etc., à la tête, chez les mâles, manquent très-souvent chez les femelles. Ainsi plusieurs femelles de ruminans manquent de cornes, comme la biche, la chevrette; les femelles d'éléphans et de babyroussas, n'ont que de petites défenses, ce qui a même lieu chez des scarabées femelles; la lionne manque de crinière, ainsi que les femelles de l'ouanderou et d'autres singes à crinière; parmi les oiseaux, on voit rarement aux femelles, ces crêtes, ces aigrettes brillantes, ces huppes, ces queues en roue du paon, du coq, de la lyre, etc. Aucune femelle de gallinacé n'a des ergots aux pattes comme les mâles, ni d'aiguillons aux ailes comme les pluviers (*charadrius*), ni des collerettes comme le *tringa pugnax*, L., ni ce pinceau de poils à la gorge comme le dindon, ni ces grandes caroncules d'autour de la gorge, des yeux et du bec, comme plusieurs mâles de vautours, de gallinacés, ni ces plumes hypocondriacales et humérales des oiseaux de paradis, etc., tous attributs masculins.

Parmi les reptiles, plusieurs femelles de lézards, de tupinambis, etc., manquent de crêtes, de goîtres et autres organes analogues. Les femelles des batraciens n'ont point non plus de verrues aux pouces pour retenir, comme les mâles, un individu. De même, les femelles de poissons sélaques, raies et squales, manquent des deux appendices inguinaux des mâles, destinés à retenir les femelles dans l'accouplement. Les *blennius phycis* ou coquillades, et autres espèces portant des appendices sur la tête ou certains barbillons, ou des crochets, des piquans, des défenses, n'en montrent point chez les femelles, ainsi que des taches, des raies, des peintures qui sont toujours moins vives chez les femelles. Les femelles de criquets, de grillons, de cigales manquent d'instrumens bruyans; des guêpes, des libellules femelles n'ont aucun crochet.

4.° Les femelles des oiseaux de proie, celles des quadrupèdes féroces sont ou plus volumineuses de corps, ou plus hardies et plus violentes dans la faim et la nécessité que les mâles eux-mêmes, pour nourrir leurs petits. Elles affrontent, ou plutôt ne connoissent pas le danger, tant elles sont transportées alors d'audace et de fureur. Les cavales aussi courent mieux que les chevaux entiers; car les lourds testicules de ceux-ci les gênent dans ce violent mouvement.

En général, la femelle comme plus foible de muscles, et plus timide ou craintive, est forcée de recourir à la ruse; elle est plus traître, dit-on, et plus cruelle que le mâle, parce qu'elle doit être plus tendre, plus dévouée à ses petits. Elle a moins de voix ou donne moins de bruit et de chant parmi les animaux pourvus de poumons.

Il y a des espèces d'insectes, comme les termites, les *coccus*, où les femelles portant dans leur sein une énorme progéniture, elles acquièrent par l'imprégnation un volume extraordinaire et bien plus grand que celui du mâle. En des espèces, les petits éclosant dans le sein maternel, le distendent tellement, comme dans le silure ascite, le syngnathe, et des insectes, tels que les cloportes, les gallinsectes, qu'ils le contraignent de se fendre ou de se déchirer. Les femelles d'écrevisses ont sous l'abdomen ou la queue, des filamens pour retenir leurs œufs.

5.° Enfin, la femelle est plus humide, plus molle que le mâle; c'est pourquoi elle a le ventre plus gros, et les organes secs ou chauds, tels que la tête, l'épine dorsale, etc., plus foibles. L'humidité de la femelle lui donne plus de moyens de nourrir les petits dans son sein, ou de les allaiter de ses mamelles; ou elle a des menstrues, ou elle rend plus d'urine que les mâles. Elle ne transpire pas autant que ceux-ci, c'est pourquoi elle est moins fournie de poils ou de plumes, d'excroissances, d'écailles, etc. Elle a ses parties plus renfermées au-dedans, non-seulement ses organes sexuels qui sont toujours intérieurs (*V.* Sexe), tandis que ceux des mâles sont saillans au-dehors; mais, en général, toutes les parties externes sont moins développées, moins fortes que chez les mâles. Ceux-ci ont, au contraire, le ventre ou l'abdomen ordinairement resserré, petit, et les membres extérieurs, la tête, les épaules, le cou, l'épine du dos plus robustes et plus épais. Aussi dans les produits métis, ou de deux espèces différentes, le père influe davantage sur les membres extérieurs et antérieurs du corps, comme sur la laine, la tête des beliers mérinos, et la mère sur les organes intérieurs. On peut donc dire qu'en général, les femelles sont plus volumineuses et développées par les hanches et les régions inférieures ou postérieures; les mâles, au contraire, par les organes antérieurs ou supérieurs. Nous exposerons ces vues importantes avec plus de détail, en traitant des *sexes*.

Les femelles parviennent encore plus tôt que les mâles à l'époque de la puberté, parce qu'elles sont d'ordinaire d'une moindre taille au total que les mâles, et ainsi sont plus tôt arrivées au faîte de leur croissance; mais comme elles sont plus humides, plus molles, et vivent avec moins d'intensité et d'action que les mâles, elles poussent plus loin leur carrière de vie; la nature les ayant chargées de veiller à la progéniture, les mères subsistent plus long-temps que les pères qui, dans beaucoup d'espèces d'animaux et de végétaux, succombent après la génération.

La femelle est le dépositaire, la matrice originelle des germes et des œufs. Tout individu femelle est uniquement créé pour la propagation; ses organes sexuels sont la racine et la base de toute sa structure: *Mulier propter uterum condita est;* tout émane de ce foyer de l'organisation; tout y conspire dans elle. Le principe de sa vie, qui réside dans ses organes utérins, influe sur tout le reste de l'économie vivante. Le sexe masculin est en effet plus extérieur ou plus excentrique dans la génération. La femelle est donc, pour ainsi dire, l'âme de la reproduction, parmi tous les êtres animés, soit chez les pucerons, soit chez d'autres animaux qui engendrent d'eux seuls. Source féconde et sacrée de la vie, la mère est la créature la plus respectable de la nature; c'est d'elle que découlent les générations sur la terre; c'est *Eve* ou l'être vivifiant qui nous réchauffe dans son sein, qui nous allaite de ses mamelles, nous recueille entre ses bras et protége notre enfance dans le giron de son inépuisable tendresse. Femme! mère! honneur de la création! quels hommages éternels ne vous sont pas dus dans tout l'univers?

Parmi les grandes familles des animaux, le sexe féminin, dans les espèces dioïques, est en général le plus foible; il l'est davantage surtout chez les animaux, dont les mâles sont polygames, comme parmi les quadrupèdes ruminans et les oiseaux gallinacés. La différence des forces et de la taille est moindre dans les sexes des monogames, tels que les singes, les perroquets, etc., mais sans qu'il y ait jamais égalité. De même, quelles que soient les raisons alléguées par les partisans de l'égalité des deux sexes, et bien qu'une éducation plus mâle, des exercices plus forts puissent augmenter la vigueur physique et morale de la femme, elle ne peut pas être assimilée à l'homme sous ce rapport, malgré le divin Platon (*Resp.*, lib. v). Jamais les filles andromanes de Sparte, luttant sur le mont Taygète, ou dansant la pyrrhique guerrière sur les rives de l'Eurotas, n'ont égalé la vigueur du spartiate. Jamais femme ne s'est élevée par la culture de son intelligence, à ces hautes conceptions du génie dans les sciences et la littérature, qui semblent être la plus sublime conquête de l'esprit humain ; celles qui se sont le plus distinguées dans cette carrière, ont souvent mérité l'épithète *mascula*, qu'Horace donne à Sapho ; car l'on a remarqué d'ordinaire, chez plusieurs femmes de lettres, une constitution plus érotique que celle des autres femmes (Muret, *variar. lection.*, lib. VIII, cap. 21. Il cite aussi Juvénal, sat. VI, et Euripide, *Hippolyt.*, act. 3, etc.). Les lois les ont exclues et du sacerdoce, des emplois civils, de la magistrature, et des ordres de chevalerie; l'ancienne *loi salique* des Francs les excluoit du trône. On nomme, il est vrai, plusieurs femmes qui ont régné avec gloire, depuis la fameuse Sémiramis, jusqu'à Elisabeth d'Angleterre et Catherine II de Russie ; mais, indépendamment de la raison qu'on en a donnée, que les hommes gouvernent quand les femmes règnent, jamais la Russie, par exemple, n'a subi plus de révolutions, n'a vu plus de guerres et de calamités fondre sur elle, que sous les six règnes de femmes qu'elle a eus pendant le cours du dix-huitième siècle (Masson, *Mémoires secrets sur la Russie*, tom. II, pag. 113).

De ce que l'homme, par toute la terre, est plus robuste que la femme, il ne s'ensuit pas que la nature ait accordé exclusivement l'empire au plus fort sur le plus foible. La violence ne fait qu'un esclave ; c'est le consentement qui donne une compagne, et les lois mêmes de la guerre se plient devant la captive qu'on épouse. L'amour est le règne de la femme ; c'est par lui qu'elle devient souveraine arbitre de son vainqueur ; en se réservant le droit de succomber, elle l'asservit par sa foiblesse, autant qu'elle le révolteroit par sa force ; et lorsqu'elle paroît céder, ce n'est que pour commander bientôt avec plus d'empire. Sa douceur, voilà sa puissance ; ses charmes, voilà sa gloire : précieux joyaux dont la nature voulut l'orner dans toute sa magnificence.

Tel est le véritable rapport naturel des sexes entre eux. Il faut donc éloigner cette idée extravagante qui n'a pu se soutenir que dans un siècle barbare, que la femme n'appartenoit pas au genre humain (*Mulieres, homines non esse*, Dissert.

anonyme d'Acidalius), et dont nous ne parlerions pas si elle n'avoit été discutée dans un concile à Mâcon (*Gregor. Turonens. Hist.*). C'est par suite de l'avilissement dans lequel les Orientaux ont toujours tenu les femmes, que le *koran* attribue une si grande supériorité à l'homme, et qu'il exclut celles-ci du paradis. D'anciens philosophes et des médecins, tels qu'Hippocrate, Aristote, ont même regardé la femme comme un être imparfait, un demi-homme. Elle n'étoit jamais ambidextre, selon Hippocrate, et ses organes sexuels étoient, à l'intérieur, ce que sont les nôtres à l'extérieur; mais comme la chaleur les faisoit sortir dans le sexe mâle, la froideur les retiroit au-dedans chez le sexe femelle. On voit combien ces opinions sont éloignées de la vraie physiologie, puisque la femme est, par sa nature, aussi parfaite que l'homme l'est par la sienne.

En la comparant aux autres femelles d'animaux, la femme s'en distingue par des caractères spécifiques et des attributs qui n'appartiennent qu'à elle. Sans doute les singes, les makis, les chauve-souris et même l'éléphant, qui sont, d'ordinaire, unipares comme elle, portent deux mamelles pectorales; et cette disposition que des philosophes ont cru être l'apanage de la femme seule, afin qu'elle pût mieux embrasser ses enfans en les allaitant, n'est pas une prérogative accordée à notre seule espèce. Pline approche davantage de la vérité, en nommant la femme *un animal menstruel;* car, bien que plusieurs femelles de singes (des jockos et des gibbons surtout), éprouvent un écoulement sanguinolent par la vulve, sans époque déterminée, mais principalement quand elles sont en chaleur; si l'on a vu quelque suintement analogue chez les vaches, les chiennes et d'autres femelles en rut, aucune cependant n'est soumise à une évacuation menstruelle périodique. La présence de la membrane de l'hymen chez la femme vierge, n'est pas le seul exemple de cette conformation qui soit connu parmi les animaux, comme le croit Haller (*Physiol.*, tom. VII, lib. 28, pag. 91). Ce savant physiologiste soupçonne que cette membrane dont on n'a pu, jusqu'à ce jour, deviner l'utilité, n'existe que pour un but moral, que pour indiquer la pureté originelle du sexe; opinion qui a paru peu fondée à Blumenbach (*De Gener. hum. var. nat.*, ed. 3, pag 20). D'ailleurs, M. Cuvier a fait voir que les femelles des mammifères avoient une sorte de membrane de l'hymen (*Lec. d'anat. comparée*, tom. V, pag. 132). Steller et d'autres observateurs l'avoient déjà remarqué dans le lamantin du Nord, la cavale et quelques singes.

La station naturellement droite dans notre espèce, produit encore chez la femme des effets différens de ceux qui résultent de la situation transversale du corps des autres animaux. Si l'on doit attribuer la disposition hémorroïdaire, ou la stase fréquente du sang dans les rameaux abdominaux de la veine porte, à notre situation droite, puisqu'on n'observe aucune disposition semblable chez les autres espèces, il est probable que le flux cataménial reçoit aussi plus d'activité de cette situation habituelle, dont on n'a pas assez apprécié l'influence. Elle est si réelle, que les organes sexuels en reçoivent un plus grand afflux de sang et de vitalité, et acquièrent par-là une activité plus intense que chez les animaux à situation transversale; car les singes dont la station se rapproche de la perpendiculaire, sont très-lubriques, et leurs femelles ont, sinon des menstrues, au moins des écoulemens irréguliers. De plus, la femme doit à cette station la funeste prérogative d'être plus exposée que les autres animaux à l'avortement, à la chute de la matrice et aux ménorrhagies. La nature a cependant prévenu une partie de ces inconvéniens, en donnant au vagin une direction oblique en devant à la femme, tandis qu'il est parallèle au bassin chez les quadrupèdes. Il en résulte que l'enfant ne pèse pas directement sur la vulve, lorsque la femme enceinte est debout; il s'ensuit encore que les urines s'écoulent en devant, et non en arrière comme dans les quadrupèdes; et cette même obliquité rend moins naturelle l'union sexuelle, *more ferarum, quadrupedumque ritu*, que conseillent Lucrèce et quelques médecins, tels que Varole, comme plus prolifique (Kæmpf, *Enchirid. med.*, pag. 181).

Enfin, si la femme doit à la station droite plusieurs maladies, et par suite peut-être aussi l'hystérie que n'éprouvent point les autres animaux, elle doit sans doute encore à la direction oblique du vagin, des accouchemens plus laborieux que n'en ont les quadrupèdes, indépendamment de la grosseur de la tête du fœtus, laquelle est plus considérable que chez les autres espèces. C'est ainsi que la situation longtemps couchée devient un secours indispensable dans plusieurs maladies des femmes. (*V*. au mot HOMME, et notre article FEMME, du Dict. des Sciences médicales, et SEXE.)

(VIREY.)

FEMME-MARINE ou **POISSON-FEMME**. C'est le *pesce mulier* des Portugais, ou le MANATI. *V*. ce mot et celui de LAMANTIN.

On a cru jadis qu'il existoit des *hommes marins* et des *femmes marines*. Tout le monde a entendu parler des *syrènes* qui charmoient par leurs chansons flatteuses les navigateurs, et les faisoient échouer. Cette belle allégorie de l'Odyssée a été prise à la lettre par quelques auteurs crédules et peu instruits. Ces syrènes étoient femmes jusqu'à la ceinture, et le reste étoit poisson.

> Desinit in piscem mulier formosa superne.
>
> HORACE.

Nous examinerons à l'article HOMME MARIN, d'où proviennent ces idées. On peut consulter à ce sujet un Mémoire que nous avons donné dans le *Magasin Encycloped.* an 6 de la république, mois de messidor. (VIREY.)

FEMELLE (*Fleur*). On appelle ainsi toute fleur non hermaphrodite, qui, étant dépourvue d'étamines, ne porte que le pistil. (D.)

FEMKNOP. Nom de l'ORPIN DES ROCHERS, *Sedum rupestre*, en Norwége. (LN.)

FEN. Nom de la FÈVE, *Vicia faba*, au Japon. (LN.)

FENABREGNE. C'est le MICOCOULIER, *Celtis australis*, en Provence. (LN.)

FENAISON. Temps de faucher. *Voyez* PRAIRIES. (TOL.)

FENASSE. Le SAINFOIN, *Hedysarum onobrychis*, L., est ainsi désigné dans quelques départemens. (LN.)

FENCHEL des Allemands. C'est le FENOUIL. (LN.)

FENCH, FENCHELHIRSE. Noms allemands du *panis* cultivé, *Panicum italicum*, vulgairement appelé *millet en épi*. (LN.)

FENCHELBLUME. Nom donné à la GARIDELLE par les Allemands. (LN.)

FENCHELGARBE. C'est le PLUMEAU D'EAU, *Hottonia palustris*, en Allemagne. (LN.)

FENCHELHOLZ. (*Bois de fenouil*). Les Allemands donnent ce nom au LAURIER SASSAFRAS. (LN.)

FENCHELKIRSE. C'est, en Allemagne, un des noms du PANIS D'ITALIE, ou MILLET EN ÉPI. (LN.)

FEN-CHOU. Quadrupède des contrées hyperboréennes, auquel les Chinois ont prêté des attributs imaginaires; mais en éloignant ceux de ces attributs qui sont évidemment fabuleux, il restera peut-être l'indication d'un animal encore inconnu aux naturalistes, ou dont la race s'est éteinte comme celle de quelques autres grands quadrupèdes du Nord. Cette considération m'a engagé à consigner ici ce qu'on lit au sujet du fen-chou, dans les Observations de Physique de l'empereur Kang-Hi, traduites dans les *Mémoires des Missionnaires de la Chine*, tome 4, pag. 481.

« Le froid est extrême et presque continuel sur la côte de « la mer du Nord, au-delà du Tai-Tong-Kiang; c'est sur

« cette côte qu'on trouve l'animal fen-chou, dont la figure « ressemble à celle du *rat*, mais qui est gros comme un *élé-* « *phant* : il habite dans des cavernes obscures, et fuit sans « cesse la lumière. On en tire un ivoire qui est aussi blanc « que celui de l'éléphant, mais plus aisé à travailler, et qui « ne se fend pas. Sa chair est très-froide et excellente pour « rafraîchir le sang. L'ancien livre Chin-y-King parle de cet « animal en ces termes : Il y a dans le fond du Nord, parmi « les neiges et la glace qui couvrent ce pays, un *chou* (rat) « qui pèse jusqu'à mille livres; sa chair est très-bonne pour « ceux qui sont échauffés. Le Tsée-Chou le nomme fen-chou, « et parle d'une autre espèce qui n'est pas aussi grande : il « n'est grand, dit-il, que comme un *buffle*, s'enterre comme « les *taupes*, fuit la lumière, et reste presque toujours dans « ses souterrains. On dit qu'il mourroit s'il voyoit la lumière « du soleil, ou même celle de la lune. » (S.)

FENDERA-CLANDI. Nom malabare d'une espèce de LISERON (*convolvulus tridentatus*). (LN.)

FENDULE, *Fissidens*, Hedw. Genre de plantes de la famille des mousses, deuxième tribu ou section des ECTOPOGONES, munies d'un seul péristome.

Ses caractères sont : coiffe cuculliforme; opercule mamillaire; huit ou seize dents fendues jusque vers la moitié de leur longueur, chaque division terminée par une soie pliée en-dedans à sa base et légèrement renversée au sommet.

Les feuilles sont pour l'ordinaire imbriquées, de chaque côté, et paraissent distiques. C'est un port particulier aux espèces de ce genre. (P. B.)

FENÉ ROTET. C'est, en Bourgogne et dans le Midi, le nom des POUILLOTS FITIS et COLLYBITE. *V.* l'art. FAUVETTE. (V.)

FENESTRELLE. C'est la GIROFLÉE DES FENÊTRES. (B.)

FENICE. C'est l'IVRAIE VIVACE, en Italie. (LN.)

FENICULUM. *V.* FŒNICULUM. (LN.)

FENIKELROD. C'est, en Danemarck, le nom du SASSAFRAS, espèce de laurier. (LN.)

FENION. *V.* PHENION. (LN.)

FENNEC, *Fennecus*. Genre de mammifère que j'ai établi dans le 24me vol de la première édition de ce Dictionnaire, et qui depuis a été adopté par Illiger, sous le nom de *mégalotis*.

Ce genre n'a pas encore de caractères bien établis; mais, selon le témoignage de Bruce, il paroît se rapprocher de celui des chiens. Il en diffère cependant par les ongles, qui sont courts et rétractiles, par les oreilles excessivement allongées, et par les habitudes, puisque les animaux qu'il renferme, vivent sur les arbres, notamment sur les palmiers, et sont nocturnes. (DESM.)

Espèce unique. — Le FENNEC D'ARABIE (*fennecus arabicus*, Nob); (*canis cerdo*, Gmel.).

C'est le même animal que Buffon a appelé l'*anonyme*, *Hist. Nat.*, tom. pl. ; en attendant que l'on pût connoître le nom qu'il porte dans les pays où il se trouve. Bruce, qui avoit communiqué le dessin de ce quadrupède à Buffon, sans lui en dire le nom, nous a appris dans son voyage, que les Arabes le connoissent sous la dénomination de *fennec.*

Avec une petite taille, le fennec a de très-grandes oreilles; elles ont presque la moitié de la longueur du corps, qui n'a que neuf à dix pouces de long, et elles sont larges à proportion; elles ont un pli au-dehors à leur base; un poil très-doux, blanc et touffu vers les bords, les tapisse dans l'intérieur, à l'exception du milieu, dont le poil est rare, et couleur de rose; à l'extérieur elles sont couvertes d'un petit poil brun mêlé de fauve. L'animal les porte toujours droites, si ce n'est quand il est effrayé; alors il les couche en arrière.

Le bout du museau est noir, aussi bien que celui de la queue, dont la longueur est d'environ six pouces, et la couleur fauve; le reste du pelage est d'un blanc mêlé d'un peu de gris et de fauve clair; le poil en est très-fin, et forme une assez jolie fourrure.

Ce singulier animal, qui est, pour ainsi dire, tout oreilles, a la physionomie de la finesse et de la ruse; mais il n'est pas méchant, et il se prive assez aisément; il est également frugivore et carnivore; il fait la chasse aux petits oiseaux, aime beaucoup les œufs, et mange les fruits, particulièrement les dattes. Ce n'est que vers le soir qu'il cherche à satisfaire son appétit, et il dort la plus grande partie de la journée.

L'on trouve le fennec dans une partie de la Barbarie, chez les Arabes Béni-Mezzabs et Verglas, anciens pays des Mélano-Gétules; en Nubie et en Abyssinie. M. Bruce dit que les Arabes chassent les fennecs pour en avoir la fourrure, qu'ils envoient vendre à la Mecque, d'où elle passe dans l'Inde. (S.)

FENNBEERE. *V.* FEHNBEERE. (LN.)

FENNICH. *V.* HENDELFENICH. (LN.)

FENNIG. *V.* FENCH. (LN.)

FENOUIL. Espèce d'ANET. (B.)

FENOUIL ANNUEL. *V.* au mot CAROTTE VISNAGE. (B.)

FENOUIL DE CHINE. C'est la BADIANE (*illicium*). (LN.)

FENOUIL MARIN. C'est la Baccile. (b.)

FENOUIL DE PORC. C'est le Peucedan des prés, dont la racine tubéreuse est recherchée par les cochons. (b.)

FENOUIL TORTU. C'est le Seseli tortu. (b.)

FENOUILLET ou FENOUILLETTE. Trois variétés de pommes reçoivent ce nom, à cause de la douceur de leur chair qui approche de celle du Fenouil. Il y a le *Fenouillet gris*, le *Fenouillet rouge* et le *Fenouillet jaune*. Ce sont de petites pommes. (ln.)

FENOUILLETTE. *V.* Fenouillet. (ln.)

FENTE. Solution de continuité ou scissure que l'on observe dans les couches qui constituent les divers terrains. Ces solutions de continuité ne doivent pas être confondues avec celles qui séparent les couches ou les parties de ces couches entre elles. Celles-ci sont les indices des divers dépôts qui ont formé la masse des terrains ; les *fentes*, au contraire, sont le résultat de causes qui ont agi postérieurement à cette formation. Il est quelquefois difficile, à l'inspection d'une masse de rocher, de distinguer l'un de l'autre ces deux genres de séparation dans les parties de cette masse ; il faut recourir, dans ce cas, à l'observation en grand, à l'examen des rochers voisins, des montagnes voisines de même nature. On reconnoît alors la disposition générale des couches du terrain, et celle des fissures qui les séparent. Les autres fissures qui coupent celles-ci, sous tel angle que ce soit, sont des *fentes*.

Les fentes sont de deux espèces. Les unes sont propres à une seule couche, ou à un seul assemblage de couches de même nature ; les autres traversent des terrains entiers, et souvent plusieurs formations de terrains.

Les premières sont, en général, nombreuses dans les mêmes couches et affectent une ou plusieurs directions parallèles entre elles ; elles sont très-minces, et même ordinairement leurs parois sont juxtaposées l'une à l'autre. Ce sont elles que l'on pourroit souvent confondre avec les indices de la structure des terrains : elles paroissent quelquefois si régulièrement disposées, qu'on seroit aussi tenté de les prendre pour le résultat d'une sorte de cristallisation : cependant, l'observation exacte fait voir que les angles qu'elles forment entre elles ne sont pas constamment les mêmes, et qu'on ne peut, en conséquence, les attribuer qu'à un retrait produit par le desséchement ou par quelque autre cause de nature analogue. Mais il seroit difficile de croire que la forme des molécules n'influe pas sur la manière dont agit ce retrait, et sur la disposition si uniforme des fentes qu'il occasione. Saussure pense que *la retraite déterminée par la cristallisation peut contribuer à la régularité des fissures* (§ 1049) ; il dit ailleurs que *la forme des cristaux de feld-spath peut être cause de celle que prennent les fragmens des roches dont il fait partie* (§ 610).

Dolomieu est d'une opinion analogue. « Assez souvent, « dit-il, le pétrosilex en masse se divise naturellement en « rhombes si semblables entre eux, qu'on seroit tenté de « les prendre pour l'effet de la cristallisation, plutôt que « pour celui du retrait ; et il ajoute en note : Cette forme « rhomboïdale qu'affectent les masses d'un grand nombre de « substances qui n'ont aucune contexture régulière dans leur « intérieur, paroît sans doute étrangère à la cristallisation, « et dépendre du retrait; cependant elle doit être déterminée « par quelque cause constante, et qui agit sur des pierres de « toute espèce ; car il n'en est presque aucune à qui je n'aie « vu prendre cette configuration, soit lorsque les masses se « brisent par les effets des éboulemens en grand, soit lors- « qu'elles se rompent spontanément par une action plus « lente qui dégrade les bancs en les faisant fendiller. » (*Journ. de Phys.*, germinal an 2, avril 1794, p. 247.)

Cette opinion a été poussée plus loin par Grignon et par M. Patrin (*voy.* la première édition du Dictionnaire), qui pensent que toutes ces fentes, ainsi que la forme générale des rochers, sont dues à une véritable cristallisation; idée réfutée par Romé-Delisle et repoussée par tous les minéralogistes qui ont étudié la structure des cristaux.

On nomme structure *pseudo-régulière*, celles qu'affectent les roches divisées ainsi par des fentes. Les formespseudo-régulières sont rhomboïdales ou prismatiques.

La forme rhomboïdale est propre particulièrement au schiste, au pétrosilex, à quelques porphyres, à des grès, des quarz, etc.; elle est surtout fréquente dans presque toutes les montagnes schisteuses. M. Patrin cite une montagne de schiste argileux éboulée, au bord du fleuve *Irtiche*, en Sibérie. Les blocs étoient rhomboïdaux et d'une régularité remarquable. La plupart n'avoient pas plus de deux pieds d'un angle aigu à l'autre; ils étoient en général marqués de trois lignes parallèles entre elles, dont l'une étoit la petite diagonale des rhombes, et les deux autres placées à égale distance de cette diagonale et de l'angle aigu. Les blocs se divisoient facilement parallèlement à ces lignes, en quatre portions, dont deux trapézoïdes, et deux prismes triangulaires à base équilatérale.

La structure pseudo-régulière prismatique appartient au basalte, à quelques porphyres, à des marnes, au gypse, etc.

Les fentes de ce genre facilitent souvent l'extraction des blocs, dans le travail des carrières.

Il n'existe pas de ligne de séparation tranchée entre les

deux espèces de fente. Celles de la première espèce sont quelquefois très-étendues, un peu ouvertes, et elles se lient ainsi à celles de la seconde.

Dans celles-ci, en effet, les parois ne sont presque jamais juxtaposées, et leur ouverture se prolonge quelquefois sur une longueur considérable. Souvent ces fentes sont vides, souvent aussi elles sont remplies en partie ou en totalité. Dans ce dernier cas, ce sont de véritables filons. Les fentes qui traversent plusieurs couches ou plusieurs terrains, avec ou sans écartement, occasionent souvent l'abaissement de toute la masse de terrains situés d'un côté. Cet abaissement doit toujours avoir lieu dans la masse supérieure, ou du côté du *toit* de la fente, à moins que la fente n'ait été l'effet d'un soulèvement causé par une force d'expansion intérieure. *V.* Filon et Faille.

Dans les terrains de pétrosilex et de porphyre des environs des Verrières, dans le Valais, Saussure a observé un grand nombre de fentes parallèles entre elles, les unes vides, les autres remplies et formant des filons; les roches en étoient divisées en fragmens rhomboïdaux réguliers; mais ce qu'elles offraient de plus singulier, étoit leur position presque horizontale, perpendiculaire aux couches très-inclinées du terrain. Saussure en conclut que ces couches ont éprouvé de très-grands bouleversemens, puisqu'il est impossible de supposer qu'elles aient été déposées dans une situation aussi approchée de la verticale, et que les fentes se soient formées avec le foible degré d'inclinaison qu'elles présentent aujourd'hui (30 à 35 degrés à l'horizon).

Il existe un grand nombre de ces fentes dans tous les genres de terrains, mais particulièrement dans les terrains secondaires.

Près de Servoz en Savoie, une fente ouverte, de plus de cent mètres de longueur et de 4–8 décimètres de largeur, se remarque dans le granite, près du chemin de Chamouny.

A Zinnwald, sur les limites de la Saxe et de la Bohème, on a rencontré, dans le granit, une fente, ou un filon ouvert, de trois centimètres seulement de large.

Dans les montagnes de gneiss des environs d'Ehrenfriedersdorf en Saxe, dans celles de schiste de Saalfeld en Thuringe, existent un grand nombre de fentes de 2–3 décimètres d'ouverture, dont on tire un grand parti dans l'exploitation des mines, soit pour y faire écouler les eaux intérieures, soit comme offrant des moyens naturels de rendre la circulation de l'air plus active.

Au sommet du Rammelsberg au Hartz, on observe plusieurs fentes qui ont jusqu'à deux mètres de large, deux cents mètres de longueur, et dont la profondeur est très-grande.

Dans les poudingues des environs de Tharandt en Saxe, et dans le grès rouge de Kifhaüser et de Weissenfels en Thuringe, on voit des fentes semblables. Dans ce dernier endroit, elles servent à écouler les eaux d'une carrière souterraine.

Les terrains calcaires des Alpes, du Jura, du Derbyshire, du Hartz, des monts Oural, des monts Altai, des environs d'Alep, etc., offrent une grande quantité de fentes de ce genre. Dans les Alpes calcaires de la Suisse, il sort de ces fentes, pendant l'été, un vent frais, dont les variations indiquent aux montagnards celles qui vont arriver dans l'état de l'atmosphère.

Les fentes des montagnes calcaires sont quelquefois très-larges et très-profondes; elles représentent clairement le commencement de la formation des vallées transversales, qui souvent ne paroissent être que de semblables fentes de grande dimension. Beaucoup d'exemples de ce genre sont à observer en Suisse; ils ne sont pas tous dans le calcaire. Entre Martigny et la cascade de Pissevache dans le Valais, le torrent du Trient débouche dans la vallée du Rhône par une fente, de quatre mètres de largeur environ et de cent cinquante mètres de hauteur qui paroît être dans le gneiss. En Derbyshire, près de Matlock, une fente analogue forme une vallée resserrée dans laquelle coule le Derwent.

Bergmann cite, dans les terrains calcaires des monts Oural, des fentes larges de quinze à vingt mètres, dont les parois portent tellement l'empreinte de leur ancienne jonction qu'on voit encore sur chacune d'elles la moitié de la même pétrification.

Dans les terrains de gypse, les fentes sont très-communes: on en voit beaucoup en Thuringe; on en cite une considérable au sommet du Karaulnayagore, gouvernement d'Orenbourg en Sibérie.

La formation des fentes peut être due au desséchement, à l'affaissement des parties de montagnes qui perdent leur appui, soit pour avoir été minées par des courans d'eau souterrains, soit pour toute autre cause, à l'ébranlement occasioné dans les terrains par quelque commotion intérieure, etc. Il s'en est formé un grand nombre en Calabre, lors des tremblemens de terre de 1784. Dans le terrain houiller de Haynichen en Saxe, dans le grès de Wehrau et de Tiefenfurth en Lusace, près d'Aussig en Bohème, on a vu aussi des fentes se former en 1767, après une année extrêmement humide. Il s'en forme de temps en temps en Tyrol, en Suisse, en Savoie, par suite des éboulemens de rochers ou de parties de montagnes qui ont souvent lieu.

Saussure pense que la seule inclinaison de la base qui porte des masses d'une matière fragile et homogène, peut produire dans ces masses des fentes verticales et parallèles entre elles. Les fentes qui affectent des directions différentes les unes des autres, peuvent provenir, dit-il, de ce que la masse porte à faux sur une base convexe. Si la base étoit convexe dans tous les sens, comme un segment de sphère, les fentes seroient disposées comme les rayons d'un cercle. On en voit des exemples dans les glaciers, dont l'observation peut mettre sur la voie, pour comprendre tous les cas possibles de formation de fentes sans causes extraordinaires.

On peut dire qu'il existe des passages gradués et non interrompus des fentes aux filons, et des fentes aux vallées, au moins aux vallées transversales. *V.* Filon et Vallée. (BD.)

FENTE des arbres. *V.* Arbre (*maladie des arbres*). (TOL.)

FENTIGY. Nom donné, en Nubie, au Dattier (*Phœnix dactylifera*, L.). *Benty* ou *Betty* est celui de la Datte. (LN.)

FENUGRÆCUM. Adanson nomme ainsi, avec Tournefort, un genre de légumineuse qui est le trigonella de Linnæus; il comprend le Fenu-grec. Cette plante se mange en Egypte. *V.* Trigonelle. (LN.)

FEO et FINANGO. Noms que la Calebasse (*Cucurbita lagenaria*) porte au Japon. (LN.)

FÊOUZE, Frelze ou Alâjho. Noms languedociens des Fougères. (DESM.)

FER. Ce métal, tel que la nature l'a produit en immense quantité, dit M. Haüy, est bien différent de celui dont l'aspect et l'usage nous sont si familiers. Ce n'est presque partout qu'une masse terreuse, une rouille sale et impure; et lors même que le fer se présente dans la mine avec l'éclat métallique, il est encore très-éloigné d'avoir les qualités qu'exigent les services multipliés qu'il nous rend. L'homme n'a eu guère besoin que d'épurer l'or, il a fallu, pour ainsi dire, qu'il créât le fer; et lorsque l'on considère que l'art de travailler ce métal, qui réunit tant de procédés industrieux, qui triomphe de tant de difficultés et d'obstacles, et qui emploie si ingénieusement le feu et le fer même, pour dompter le fer, remonte jusqu'à la plus haute antiquité et au-delà du déluge (*Gen.*, *ch.* 4, *v.* 22), on est porté à regarder la première idée de cet art admirable comme une sorte d'inspiration, et à croire que le même Dieu, dont la main bienfaisante avoit fait naître avec tant de profusion dans le sein de la terre, le plus utile des métaux, a daigné encore suggérer à l'esprit humain les moyens de l'assortir à nos besoins et de nous faire jouir de tous les avantages qu'il recèle (*Traité de Minéralogie*, tom. 4, p. 2).

Tout le monde connoît les services multipliés que nous tirons du fer forgé et de l'acier, qui n'est lui-même qu'une modification du fer, susceptible d'acquérir par la trempe un haut degré de dureté et une élasticité prodigieuse (*V.* Acier) Ses oxydes, et plusieurs des sels qu'ils forment avec les acides, fournissent encore à nos arts et à la médecine elle-même des matériaux non moins utiles.

Les anciens ont travaillé ce métal, mais moins communément que le cuivre, quoiqu'ils en fissent beaucoup de cas. C'est ce que l'on peut voir dans Homère, et surtout dans Pline, qui le regarde à juste titre comme l'instrument le meilleur et le plus dangereux qui ait été mis dans la main de l'homme (*liv.* 32, *chap.* 14). Leurs arts chimiques, il est vrai, étoient moins parfaits que les nôtres, et d'ailleurs ils tiroient du cuivre, en l'alliant à l'étain, une partie des services que nous rend aujourd'hui le fer. *V.* Airain. Les Grecs nommoient le fer *sideros*, et les Latins *ferrum*; les astrologues et les alchimistes l'ont appelé *Mars*, parce qu'ils ont prétendu que ce métal recevoit des influences de la planète du même nom. (LUC.)

Caractères et propriétés. — Le fer est, après l'étain, le plus léger des métaux; sa pesanteur spécifique est 7,788; un pied cube de fer forgé ne pèse que 545 livres.

Sa dureté est assez considérable, et lorsqu'il est à l'état d'acier trempé, elle surpasse celle de tous les autres métaux.

Frappé contre une pierre quarzeuse ou silicée, il donne des étincelles qui sont dues à la combustion subite des parcelles de ce métal qui ont été détachées par le choc.

Sa ténacité est si grande, qu'un fil de fer d'un dixième de pouce d'épaisseur peut supporter, sans se rompre, un poids de 450 livres.

Sa ductilité permet de le réduire en plaques minces sous le marteau, et de le tirer par la filière en fils presque aussi fins que des cheveux.

Il est très-difficile à fondre; mais à l'aide de la chaleur, on peut lui donner toutes les formes imaginables, et le rendre propre à une infinité d'usages : c'est de tous les métaux le plus important par les services qu'il rend à la société, et il n'est pas moins beau qu'utile, par le brillant poli dont il est susceptible.

Sa couleur est le gris, avec une nuance de bleuâtre.

Il est soluble par tous les acides, et susceptible de trois degrés particuliers d'oxydation : il brûle à une haute température.

Le fer est attiré par l'aimant, qui lui communique ses propriétés : il devient aimant lui-même ; il acquiert la *polarité*, et nous devons à cette admirable propriété l'invention de la boussole : le fer n'eût-il que ce seul avantage, il mériteroit la réconnoissance du genre humain.

Ce métal est abondamment répandu dans la nature : presque toutes les substances minérales en sont colorées ; et ses diverses altérations produisent une étonnante variété de couleurs, depuis le bleu jusqu'au rouge et au brun le plus foncé. On observe même qu'il est formé journellement dans les corps organisés. On le trouve dans la cendre des végétaux qui n'ont été nourris que d'air et d'eau.

On donne le nom de *mine* ou *minerai de fer* aux diverses espèces de ce genre qui font l'objet d'une exploitation.

La nature n'offre que très-rarement ce métal dans un état de pureté, et il est plus ou moins mêlé, dans le sein de la terre, à diverses substances hétérogènes.

Pour convertir le fer à nos divers usages, on le fait passer par trois états différens :

1.° On le retire du minerai par une simple fusion, et il porte alors le nom de *fonte* ou de *gueuse*.

2.° On le fait recuire dans le fourneau d'affinage, et on l'étire sous le marteau : c'est le *fer forgé*.

3.° On le convertit en *acier*, en le traitant avec des matières charbonneuses.

Avant d'exploiter en grand une mine de fer, on en fait l'essai, et pour cela, je me suis servi avec succès du flux suivant : je mêle 400 grains de borax calciné, 40 grains de chaux éteinte, 200 grains de nitre, et 200 grains de la mine à essayer. Je mets ce mélange pulvérisé dans un creuset brasqué et couvert ; en demi-heure d'un feu de forge, la réduction est opérée, et l'on trouve le bouton de métal au fond du creuset sous le flux vitrifié.

Le procédé pour le traitement des mines de fer, varie suivant la nature du minerai. Quand le métal y est très-abondant et peu altéré, il suffit de le mêler avec du charbon et de le faire fondre ; ce procédé simple fait la base de la méthode catalane. Elle réussit fort bien avec la mine de *fer spathique*, celle de l'île d'Elbe, les hématites et autres mines riches et pures ; mais elle ne saurait être employée pour celles qui contiennent beaucoup de matières hétérogènes susceptibles de se convertir en *laitier*.

La méthode ordinaire est celle des hauts fourneaux qui ont jusqu'à dix-huit pieds de hauteur, et même davantage. Leur cavité représente deux pyramides à quatre pans, jointes base à base. Pour faciliter la fonte du minerai, s'il est argileux, on y ajoute de la pierre calcaire qu'on nomme *castine*; s'il est calcaire, on y ajoute de l'argile, à laquelle on donne le nom d'*herbue*.

On charge le fourneau par le haut; il est animé par des soufflets ou par des trompes; le minerai se fond en passant à travers le charbon : il se ramasse dans le fond, où il est tenu en bain liquide; et on le fait couler de huit heures en huit heures, dans les moules disposés pour le recevoir. On en forme des pièces d'artillerie, des canons, des mortiers, des bombes, des boulets, etc.; différens ustensiles, tels que chaudières, marmites, tuyaux, plaques de cheminée, et une infinité d'outils et de vases qu'on n'obtiendroit que difficilement et à grands frais avec le fer forgé.

Quand on laisse refroidir lentement la fonte, elle cristallise en octaèdres implantés les uns sur les autres : c'est à Grignon que nous devons cette observation. Je possède un morceau de fer fondu, tout hérissé de petites pyramides à quatre faces, aplaties et tronquées; quelques-unes ont une ligne de diamètre à la base. Ce morceau provient des fonderies du pays de Foix.

La fonte n'est point un fer pur, mais une combinaison de fer, d'oxygène et de carbone, et sa couleur varie suivant la proportion de ces principes : elle est *blanche*, *grise* ou *noire*. La fonte blanche est celle qui est le plus chargée d'oxygène, et la noire, celle qui contient le plus de carbone.

Pour corriger l'excès d'oxygène d'une fonte, on modère le jeu des soufflets, et l'on pénètre autant qu'il est possible le métal de charbon, afin qu'en se combinant avec l'oxygène, l'un et l'autre se dissipent sous la forme de gaz.

Pour diminuer l'excès du carbone, on remue la fonte à mesure qu'elle coule, on la tient plus long-temps exposée à l'action des soufflets, et l'on emploie le moins de charbon possible.

Quant à la fonte grise, où le carbone et l'oxygène sont dans de justes proportions, la seule chaleur suffit pour les volatiliser.

Le fer de fonte est cassant, et pour le rendre malléable, on le fait fondre dans un creuset au fourneau d'affinage, on le pétrit, et on porte la *loupe* sous le gros marteau, où, à force d'être battu, le fer devient enfin ductile, prend du nerf, et peut être converti en barres et en tôle pour l'usage du commerce.

Dans cet état, on le nomme *fer forgé*. Il est employé dans les outils d'agriculture, dans les constructions, dans les ouvrages de serrurerie, et dans une infinité de produits des arts.

Le fer forgé se distingue en *fer doux* et en *fer aigre* ou *rouverin* : celui-ci a le grain plus grossier, il est *cassant à chaud* ou *cassant à froid*. Cet inconvénient résulte du mélange d'une substance qu'on a d'abord nommée *sidérite*, et qu'on sait aujourd'hui être un phosphate de fer. C'est à quoi sont particulièrement sujettes les mines de fer appelées *limoneuses*, telles que nos mines de Champagne.

Comme le fer a la propriété de s'unir intimement avec l'étain, on en emploie une immense quantité à faire du *fer-blanc.*

On choisit pour cela le fer le plus doux : on le réduit en feuilles très-minces, qu'on a soin de bien décaper, c'est-à-dire, d'en polir la surface. On commence à les frotter avec du grès ; on les fait ensuite tremper pendant trois jours dans une eau devenue acidule par la fermentation de la farine de seigle ; on les nettoie de nouveau, on les essuie, et elles sont prêtes à être étamées de la manière suivante.

On les plonge verticalement dans un bain d'étain dont la surface est couverte de suif ou de poix résine ; on les retourne dans le bain, et en les retirant, on les essuie avec du son ou de la sciure de bois.

Le *fer forgé* est susceptible d'acquérir encore un degré de perfection, qu'on lui donne, en le mettant en contact avec des matières charbonneuses, et en le ramollissant par la chaleur pour qu'il puisse s'en pénétrer : il est alors converti en *acier.* Dans cette opération, il augmente de poids d'un cent-soixante-dixième.

L'*acier*, au moyen de la trempe, devient d'une dureté prodigieuse : on en fait toutes sortes d'outils tranchans et autres, avec lesquels on peut entamer et façonner à volonté tous les autres métaux et le fer lui-même. Il acquiert en même temps une élasticité admirable ; et c'est avec l'acier que sont faits les plus excellens ressorts.

Ce n'est pas seulement dans ses trois états de *fonte*, d'*acier* et de *fer doux* que ce métal est d'une utilité majeure ; ses *oxydes* fournissent encore des préparations importantes, soit en médecine, soit dans les arts.

Le fer oxydé, par le moyen du feu, donne l'oxyde brun connu en pharmacie sous le nom de *safran de mars astringent.*

Lorsqu'on le fait oxyder avec le concours de l'air et de l'eau, il se convertit en rouille, qui est le *safran de mars apéritif.*

La limaille de *fer*, couverte d'eau, décompose peu à peu ce liquide, et se convertit en oxyde noir ou *éthiops martial.*

Le fer, dissous dans l'acide nitrique et précipité par le carbonate de potasse, donne la *teinture martiale alcaline de Stahl.*

Combiné avec la crème de tartre à différentes doses, le fer donne, ou le *tartre martial soluble*, ou *l'extrait de mars apéritif*; et l'excellent vulnéraire connu sous le nom de *boule d'acier* ou de *boule de Nancy*.

Dans les arts, les préparations de fer les plus employées sont la *couperose verte* et le *bleu de Prusse.*

La *couperose verte*, ou *sulfate de fer*, est la base de l'encre et de toutes les teintures noires. J'en décrirai ci-après la fabrication, en parlant de la mine de *fer sulfureuse. Voyez* FER SULFURÉ.

L'encre se forme par la précipitation du fer, au moyen du principe astringent de la noix de galle. Pour faire de bonne encre, prenez une livre de noix de galle, six onces de couperose et six onces de gomme arabique : mettez infuser la noix de galle concassée dans quatre pintes d'eau pendant vingt-quatre heures sans bouillir ; ajoutez-y la gomme concassée, et lorsqu'elle sera dissoute, mettez la couperose qui donnera aussitôt la couleur noire. On peut ajouter un peu de sucre pour rendre l'encre luisante.

La préparation du bleu de Prusse est une découverte due au hasard comme tant d'autres. Au commencement du siècle dernier, Diesbach, chimiste de Berlin, voulant précipiter une décoction de laque de cochenille, employa un alkali sur lequel Dippel avoit plusieurs fois distillé l'huile animale; et, comme il y avoit du sulfate de fer dans la décoction de laque, la liqueur donna sur-le-champ un beau bleu. L'expérience répétée fut suivie du même résultat ; et cette couleur devint bientôt un objet de commerce, sous le nom de *bleu de Prusse.*

Pour préparer cette couleur, on mêle quatre onces d'alkali avec autant de sang de bœuf desséché : on expose au feu ce mélange dans un creuset couvert, jusqu'à ce qu'il soit réduit en charbon. On jette ce charbon pulvérisé dans de l'eau; on filtre et l'on concentre cette dissolution, qui étoit appelée autrefois *alkali phlogistique.* On fait dissoudre d'un autre côté deux onces de sulfate de fer et quatre onces de sulfate d'alumine dans une pinte d'eau ; on mêle les deux dissolutions, et il se précipite un dépôt bleuâtre qu'on avive en y passant de l'acide muriatique.

Tel est le procédé usité dans les laboratoires ; mais dans les ateliers en grand, on suit une autre marche : on prend parties égales de râpures de cornes, de rognures de cuir ou autres substances animales ; on les réduit en charbon; on en mêle ensuite dix livres avec trente livres de potasse ; on calcine ce mélange dans une chaudière de fer; après douze heures de feu, le mélange est en pâte molle ; on le verse dans des cuves pleines d'eau, on filtre, et on mêle cette dissolution avec une autre faite avec trois parties d'*alun* et une partie de *sulfate de fer*.

Aujourd'hui, dans les fabriques de Paris, où l'on prépare du bleu de Prusse de qualité supérieure, et à meilleur marché que partout ailleurs, on rapproche la lessive de prussiate de potasse, et l'on obtient le sel en beaux cristaux, qu'on mêle ensuite à diverses proportions avec le *sulfate de fer* et celui d'*alumine*, pour obtenir tous les degrés de bleu qu'on peut désirer.

J'ai fait aussi du *bleu de Prusse*, en calcinant dans la même chaudière, parties égales de tartre et de râclures de cornes. On reçoit l'huile animale et l'ammoniaque fournies par la calcination de ces substances, dans de grands tonneaux qui communiquent entre eux et forment un appareil de Woulf. (*V.* la Chimie des arts.)

La nature présente quelquefois des oxydes de *fer* qui sont purs et sans mélange, et n'ont besoin que de quelques légères préparations pour être employés. Ce sont ces terres jaunes ou rouges, connues sous le nom d'*ochres*, et dont la formation est attribuée à la décomposition des pyrites.

J'ai trouvé, dans les environs d'Uzès, des bancs d'ochre d'une telle finesse et d'une si grande pureté, que la simple calcination les convertit en un *brun-rouge*, supérieur à tout ce qui étoit connu dans le commerce. L'établissement qui en a été formé par mes soins, a acquis cette célébrité que la supériorité de ses produits devoit nécessairement lui donner. On peut consulter mon travail sur ces ochres, et le parti qu'on peut en tirer dans les arts, dans l'ouvrage que j'ai publié à ce sujet, chez Didot l'aîné, à Paris.

J'ai trouvé au Mas-Dieu, près d'Alais, une couche d'ochre rouge d'une si belle couleur, que l'on pourroit à peine l'imiter. (CHAPTAL.)

MINES et USINES A FER. Les mines qui fournissent le fer forgé le plus estimé dans le commerce, sont celles de la Suède et de la Norwége.

L'Espagne et la Russie en fournissent aussi d'une excellente qualité. Nous en avons également en France de très-bon, mais pas en assez grande quantité. Il résulte, dit M. Héron de Villefosse, des renseignemens recueillis par l'administration des mines (en les réduisant à l'état actuel du royaume), qu'il y existe environ douze cents usines à traiter le fer. Ces établissemens sont en activité dans soixante départemens ; ils renferment à peu près cinq cents hauts-fourneaux destinés à fondre le minerai, et treize à quatorze cents feux d'affinerie. Dans ce dernier nombre sont comprises les forges à la Catalane, genre d'établissement très-répandu dans les départemens méridionaux, où l'on obtient le fer des minerais en une seule opération. D'après les produits connus d'un grand nombre de hauts-fourneaux, on estime que chacun d'eux fournit annuellement 9000 quintaux, tant de fonte moulée que de fonte brute destinée aux affineries. Cette production moyenne est encore foible si on la compare à celle de plusieurs usines françaises, et surtout à celle de plusieurs usines étrangères. La quantité totale de fer, soit en barre, soit en fonte moulée, qu'ils produisent, est d'environ 4,000,000 de quintaux.

Les principales usines du royaume sont situées dans les vingt-six départemens ci-après désignés, et à côté du nom de chacun desquels est indiqué le nombre des hauts-fourneaux où l'on opère la fusion des mines de fer; savoir : Ardennes, 11; Charente, 4; Cher, 12; Côte-d'Or, 30; Côtes-du-Nord, 3; Dordogne, 29; Doubs, 6; Eure, 8; Eure-et-Loir, 2; Indre, 8; Indre-et-Loire, 2; Isère, 12; Jura, 6; Loire-Inférieure, 2; Haute-Marne, 43; Mayenne, 3; Meuse, 21; Moselle, 14; Nièvre, 30; Nord, 3; Orne, 21; Haut-Rhin, 6; Bas-Rhin, 3; Haute-Saône, 38; Saône-et-Loire, 9; Sarthe, 3, et Vosges, 4 : total des hauts-fourneaux, 334.

Dans plusieurs autres départemens on trouve en outre, des forges ou sans haut-fourneau, ou du moins avec un petit nombre d'établissemens propres à fondre le minerai de fer. Il existe, par exemple, dans l'Aude, 16 forges à la Catalane; dans les Pyrénées-Orientales, 21; dans l'Arriège, 39; dans la Haute-Vienne, 20 forges et un haut-fourneau; enfin, les départemens des Pyrénées (Hautes et Basses), de l'Hérault, de la Drôme, des Landes, du Loir-et-Cher, du Morbihan, de la Gironde, de Lot-et-Garonne, du Lot, de la Haute-Garonne, du Tarn, de l'Aveyron, de la Corrèze, du Puy-de-Dôme, de la Loire, de la Vienne, de l'Yonne, d'Ille-et-Vilaine et de la Manche, présentent chacun quelques établissemens relatifs, soit au traitement du minerai, soit à la fabrication en grand du fer et de l'acier, soit à l'un et à l'autre objet.

Quelques faits suffiront pour donner une idée de l'influence que les usines à fer du royaume exercent sur l'activité de l'industrie, et sur l'entretien de la population. L'ensemble des usines de la Nièvre présente cent trois feux d'affinerie; il en existe quatre-vingts dans la Haute-Marne; trente-deux dans la Moselle, etc. On pourra juger à peu près, d'après le nombre des hauts-fourneaux, combien de feux d'affinerie possède chaque département, pour la fabrication du fer en barres. Le département de la Moselle compte, dans l'intérieur de ses usines à fer, cent vingt-neuf maîtres ouvriers, et deux cent vingt-deux manœuvres; total, trois cent cinquante-un hommes occupés devant les fourneaux : si on ajoute à ce nombre celui des mineurs, bûcherons et charbonniers, le total s'élève à deux mille six cent trois hommes. Dans le département de la Haute-Marne, six cent vingt-quatre ouvriers sont en activité dans l'intérieur des usines, et trois mille cent cinquante-six hommes sont occupés pour le service de ces établissemens dans les mines et dans les forêts. On peut admettre que dans le royaume quinze à dix-huit mille hommes environ sont en activité devant le feu des usines à fer, et que plus de cent trente mille sont employés, soit pour leur procurer les minerais et les charbons, en un mot, les matériaux de leur travail, soit pour transporter les marchandises qui en résultent.

Malgré l'activité dont jouissent les mines à fer de la France, dit encore M. Héron de Villefosse, le plus grand nombre d'entre elles est cependant susceptible d'améliorations qui ont déjà été indiquées dans plusieurs ouvrages. La principale consisteroit dans l'emploi de la houille par une partie des hauts-fourneaux. Il est à regretter que, jusqu'à présent, il n'y ait dans le royaume qu'une fonderie de fer, celle du Creusot, qui ait fait usage de ce combustible, si avantageusement employé pour le traitement des minerais dans plusieurs usines de l'Angleterre et de la Prusse (1).

Il résulte des observations faites par M. Hassenfratz, sur l'avantage de remplacer le bois au moyen de la houille dans les opérations métallurgiques et les verreries seulement, que sans la quantité de ce combustible fossile qui y est employée annuellement en France et lui est fournie par ses mines,

(1) C'est ici le lieu de rappeler à l'attention de ceux qui voudroient former quelque établissement relatif à ce métal, ou seulement connoître à fond toutes les opérations métallurgiques dont il est l'objet, l'ouvrage publié, en 1812, par M. Hassenfratz, sous le titre de *Sidérotechnie;* ouvrage dont les commissaires nommés par l'Institut (MM. Lelièvre, Monge et Vauquelin), ont fait un si bel éloge, en disant : que c'est assurément le plus complet, le plus utile à tous égards, qui ait jamais été fait en ce genre, et qu'on pouvoit le regarder comme le répertoire général de tout ce qui est connu, soit par des écrits, soit par la tradition, sur le fer. Il est accompagné d'un grand nombre de planches, représentant les instrumens, les coupes, profils et élévations des divers furneaux, pompes, soufflets, etc. employés dans ce genre de travail. (LUC.)

le royaume consommeroit, tous les ans, de plus qu'il ne fait, treize millions de cordes de bois (chacune de 128 pieds cubes). Ce nombre correspond à une valeur de cent quatre millions de francs, et à l'exploitation de trois cent soixante mille arpens de bois taillis (J. des M., t. 12, p. 439 et suiv.). Combien d'autres avantages un emploi plus répandu de la houille, ne seroit-il pas susceptible de procurer à l'économie des forêts, à l'industrie et au commerce! *Voy.* à ce sujet l'important mémoire de M. Lefebvre d'Hellancourt, sur les mines de houille exploitées en France, dans lequel tous ces avantages sont indiqués. (J. des M., t. 12, p. 325 à 458.)

Tout ce qui précède, au sujet des usines à fer de la France, est extrait de l'important ouvrage de M. Héron de Villefosse, *de la Richesse minérale* (tom. 1, pag. 407 à 412), auquel nous renvoyons ceux de nos lecteurs qui desireroient connoître, d'une manière précise, le produit des exploitations de ce métal, et en général de toutes les substances minérales, dans les différens États de l'Europe, et suivre les progrès que l'art de traiter ce métal y a faits dans ces derniers temps. On y verra, par exemple, que la Grande-Bretagne, qui renferme aujourd'hui des usines à fer en si grand nombre, a tiré de la Russie, en 1781, cinquante mille tonnes de fer, chacune de vingt quintaux; mais qu'en 1784, cette importation ne s'est pas élevée à six mille tonnes, tant l'Angleterre a fait de progrès, grâces à ses mines de houille, dans l'emploi de ses propres mines de fer! Cependant elle ne peut encore se passer du fer de Suède, principalement pour la fabrication de l'acier. La Grande-Bretagne a produit, en 1797, cent trente mille tonnes de fer; et en 1805, deux cent cinquante mille, ou cinq millions de quintaux de ce métal. On estime que le travail du fer fait vivre, dans ce royaume, trois à quatre cent mille hommes (ouvrage cité, pag. 288.)

Les mines de fer de l'Angleterre sont de deux espèces: les unes appartiennent aux terrains primitifs et sont ou du fer hydraté brun, ou du fer spathique: on les nomme *mines d'acier;* elles se trouvent principalement dans le Cumberland: les autres accompagnent constamment la houille; ce sont des variétés de *fer argileux*. Elles sont sous la forme de rognons assez volumineux dans les couches d'argile schisteuse sur lesquelles reposent les couches de houille. Ces rognons sont souvent fendillés et leurs fissures renferment quelquefois des sulfures de zinc et de plomb, du fer sulfuré et de la chaux carbonatée, quelquefois du bitume. On trouve aussi ce minerai de fer en couches de 6 à 50 centimètres (2 à 18 pouces) d'épaisseur, divisées par des fentes perpendiculaires en fragmens prismatiques. Telle est la disposition des mines des comtés de Glanmorgan et de Monmouth, de celles du Staffordshire, du Shropshire, et de celles de Carron, près de Falkirck, en Ecosse. (*Brongniart*, Minéralogie, t. 2, p. 186.) Ces mines de fer et de houille sont répandues sur une surface de terrain de plus de 100 milles anglais de longueur, sur une largeur moyenne de 18 à 20 milles, dans les comtés de Monmouth, Glanmorgan, Caermarthen et une partie de celui de Brecknock, et de 3 à 5 milles seulement dans le comté de Pembrock. (*Edouard Martin*, Transactions philosophiques de 1806.)

Les mines de fer de la France sont également de deux sortes, les minerais d'alluvions y sont beaucoup plus communs que ceux des terrains primitifs ou de transition. Les départemens de la Nièvre, de la Côte-d'Or, de la Haute-Saône, de la Moselle, de l'Eure, de l'Orne, etc., renferment les premières, et les départemens de l'Arriège, de l'Ardèche et de l'Isère, les secondes. Ces différentes mines ont fourni le sujet d'un grand nombre de mémoires, insérés dans le *Journal des Mines*; nous y renvoyons.

Quant aux mines si renommées de la Suède, de la Norwége et de l'île d'Elbe, elles appartiennent aux terrains d'ancienne formation. *V.* Fer oxydé et Fer oligiste.

Celles de la Russie et de l'Autriche se rencontrent dans des terrains très-variés; cependant la plus grande partie d'entre elles sont aussi d'une origine ancienne. *V.* l'ouvrage de M. Héron de Villefosse.

La quantité de fer extraite chaque année du sein de la terre, en différentes contrées, s'élève à plus de quinze millions de quintaux; en voici le tableau :

	quintaux.
Grande-Bretagne.	5,000,000
France.	4,500,000
Russie.	1,675,679
Suède.	1,500,000
Autriche.	1,010,400
Etats-Unis d'Amérique.	480,000
Prusse, après le traité de Tilsit.	322,053
Royaume de Westphalie, en 1808. . . .	187,411
Espagne.	180,000
Etats danois.	135,000
Bavière, y compris le Tyrol.	110,000
Royaume de Saxe.	80,000
Total.	15,180,543

Il existe des mines de fer exploitées dans d'autres parties du globe, et notamment en Chine, à Siam et au Pégu, dans les Indes orientales, etc.; mais on ne connoît pas bien leur nature, et on ignore leur importance.

Revenons à ce qui concerne l'HISTOIRE NATURELLE de ce métal.

Le fer se trouve dans le sein de la terre, ou à sa surface, sous un grand nombre d'états différens. Il est très-rare de l'y rencontrer *natif*; mais ses *oxydes*, au contraire, sont extrêmement communs. Il abonde également à l'état de *sulfures*. Ses combinaisons avec les acides, quoique variées, ne jouent qu'un rôle peu important, le sulfate de fer excepté.

C'est un des genres qui renferment le plus d'espèces, en n'accordant ce nom qu'à celles des combinaisons de ce métal, soit avec l'oxygène, soit avec d'autres corps, qui offrent des caractères essentiellement distincts.

Elles sont au nombre de treize; savoir: le fer *natif*, le fer *oxydulé*, le fer *oligiste*, le fer *arsenical*, le fer *sulfuré ordinaire*, le fer *sulfuré blanc*, le fer *oxydé* ou *hydraté*, le fer *phosphaté*, le fer *chromaté*, le fer *arseniaté*, le fer *carbonaté* ou *spathique*, le fer *muriaté* et le fer *sulfaté*.

Les minéralogistes étrangers en admettent plusieurs autres, indépendamment de nombreuses sous-espèces, qui ne sont que des variétés plus ou moins remarquables des espèces indiquées ci-dessus, comme nous le verrons à l'article de chacune d'elles.

FER AÉRÉ. Bergman donnoit ce nom à l'oxyde de fer tenu en dissolution dans certaines eaux gazeuses acidulées, comme celles de Spa, au moyen de l'acide carbonique. *V.* EAUX MINÉRALES. On l'a aussi appliqué au *fer spathique*. *V.* FER OXYDÉ CARBONATÉ.

FER ARGILEUX, MINE DE FER ARGILEUSE. On comprend sous ce nom des minerais ferrugineux qui appartiennent à deux espèces très-différentes; les uns donnent par la raclure une poudre rouge plus ou moins foncée, et les autres une poussière jaunâtre ou roussâtre: ces couleurs sont aussi celles de leur masse. Les premières sont des variétés du *fer oligiste* ou *oxydé rouge*, et les secondes du *fer oxydé* ou *hidraté*. *Voyez* FER OLIGISTE ARGILIFÈRE et FER HYDRATE ARGILIFÈRE.

FER ARSENIATÉ. (Arseniate de fer, Bournon; *Wurfelerz*, Werner; *id.*, Karsten; *Pharmakosiderit*, Haussman.) Cette espèce, décrite pour la première fois, par M. le comte de Bournon (*Transactions philosophiques* de 1801 et J. des *M.* t. 11, pag. 35 et suiv.), est l'une des plus rares du genre FER. Elle a pour caractère essentiel d'être fusible à la simple flamme d'une bougie ; et de donner abondamment des vapeurs arsenicales, lorsqu'on la chauffe au chalumeau sur un charbon ardent.

Sa pesanteur spécifique est 3 ; elle raye la chaux carbonatée ; sa cassure est raboteuse et un peu grasse.

Elle a pour forme primitive le *cube*. C'est aussi sous cette forme qu'elle se présente le plus ordinairement. La couleur des cristaux varie du vert clair au vert-olive, au brun verdâtre et au brun noirâtre ; ceux d'une couleur claire sont translucides : ils sont petits et striés diagonalement.

M. Jameson en décrit plusieurs modifications qui peuvent se rapporter au *cubo-octaèdre* et au *cubo-dodécaèdre* : elle est aussi quelquefois *concrétionnée* ou *drusillaire* et d'un jaune verdâtre.

D'après l'analyse de M. Vauquelin, 100 parties de ce minéral contiennent : oxyde de fer, 48 ; acide arsénique 18 à 20 ; eau, 32 ; chaux carbonatée, 2 ou 3 : cette dernière a été fournie par la gangue.

Le fer arseniaté se trouve en veines, dans le granite, avec le cuivre arseniaté, le fer arsenical, le quarz, le cuivre pyriteux, le fer oxydé, etc., dans les mines de Tincroft et de Karrarach, ainsi que dans celles de Muttrel, de Huel-Gorland et de Gwênap, dans le comté de Cornouailles, en Angleterre. Il a été observé depuis, par M. de Cressac, ingénieur en chef des mines, à Saint-Léonhard, département de la Haute-Vienne. On l'a trouvé aussi dans le comté de Nassau-Usingen, où il a pour gangue un fer oxydé brun compacte, et sur les laves décomposées de la Solfatara de Pouzzolles près de Naples.

M. Thomson considère comme deux espèces à part les cristaux de fer arseniaté d'un vert-olive et ceux qui sont d'un brun jaunâtre ; les premiers sous le nom d'*arseniate de fer*, et les seconds sous celui d'*ox-arseniate de fer*.

Cette distinction avoit déjà été faite par M. Proust (J. de Ph., t. 63, p. 437), qui regarde le premier comme un arseniate au *minimum*. Ce savant a observé de plus que le fer arseniaté se trouve sous la forme d'une poussière blanche, à Viana, en Galice, et dans la Manche en Espagne, ainsi qu'au Chili. Cet arseniate exposé à une chaleur rouge, dans un tube de porcelaine, reste inaltérable. (Mémoire cité.)

FER ARSENICAL, Haüy, Brongniart : vulgairement Mispickel. (Mine d'arsenic blanche ; pyrite blanche arsenicale ; Romé de l'Isle ; Fer natif mêlé d'arsenic, Bergman ; Arsenic pyriteux, De Born ; Arsenic avec fer, minéralisé par le soufre, Fer sulfuré arsenié ou Fer arsenical, Delamétherie ; Arsenic ferro-sulfuré, Tondi ; *Gemeiner arsenikkies*, Werner et Karsten; la Pyrite arsenicale commune, Brochant.) La couleur de sa cassure récente est le blanc d'argent, tirant sur le blanc jaunâtre; la surface des cristaux est lisse ou finement striée et éclatante. Il étincelle sous le choc du briquet, en exhalant une odeur d'ail très-sensible. Cette odeur est bien plus forte si on essaye de le fondre au chalumeau, où il se convertit en un globule cassant : fondu avec le borax, il le colore en noirâtre.

Sa pesanteur spécifique et de 6,5223, suivant Brisson, et seulement de 5,600, d'après M. Delamétherie. Sa cassure est granuleuse, à grains fins, et peu brillante.

Suivant de nouvelles observations de M. Haüy, la forme primitive du fer arsenical est celle d'un prisme droit rhomboïdal; dont les bases ont leurs angles de 111° 18' et 68° 42', et dans lequel le côté de la base est à peu près égal à la hauteur. (*Annales du Muséum*, t. 12, p. 304; ou J. des M. t. 24, p. 261 et suiv.)

Ce savant en connoît actuellement cinq variétés de formes déterminables. Celles qu'il a décrites, dans son Traité, sous les noms de *diétraèdre* et de *quadrioctonale*, sont les plus communes : on les trouve en Saxe, en Angleterre, en France, en Suède et ailleurs.

Il y en a aussi de *bacillaire*, d'*aciculaire* et de *massif*.

Ce minéral a été regardé par les minéralogistes (ce qui est déjà indiqué par la diversité de ses noms), tantôt comme un fer sulfuré mélangé d'arsenic, tantôt comme une combinaison triple de fer, d'arsenic et de soufre, et tantôt enfin comme un alliage de fer et d'arsenic; aussi a-t-il été rangé, par le plus grand nombre d'entre eux, dans le genre de ce dernier métal.

M. Chevreul, auquel on doit une nouvelle analyse de cette substance, faite sur des cristaux nettement prononcés, penche à croire qu'elle résulte de la combinaison de l'arsenic avec le sulfure de fer au minimum. Il a exposé les raisons sur lesquelles il fonde son opinion, dans un mémoire à ce sujet, (*Ann. du Mus.* t. 19, p. 166). La plupart des chimistes qui ont analysé le *mispickel* y ont trouvé du soufre, en assez grande proportion; mais ce principe ne s'est pas rencontré dans celui que MM. Lampadius et Berzelius ont examiné : d'où il résulte que le fer arsenical existe bien réellement dans la nature, et que le minéral que M. Haüy décrit sous ce nom, et qui a sa forme particulière, est le plus souvent mélangé de fer sulfuré. Il est bien certain d'ailleurs, d'après les observations cristallographiques de M. Haüy, que ce n'est pas un fer sulfuré mélangé d'arsenic, quoiqu'il se puisse rencontrer aussi de véritable fer sulfuré arsenifère, comme il s'en rencontre d'aurifère, et d'argentifère; ces deux minéraux, en outre le fer sulfuré ordinaire et le fer arsenical, se trouvent souvent ensemble. Le dernier est aussi quelquefois argentifère. *Voy*. plus bas.

Analyses comparées de différentes variétés de mispickel, *par*, MM. Chevreul, Thomson, Lampadius et Berzelius:

Arsenic......	43,418	48,100	42,100	54,550
Fer...........	34,938	36,500	57,900	45,460
Soufre......	20,132	15,400	0, 0	0, 0
Perte........	0,512	0, 0	0, 0	0, 0
	100,000	100,000	100,000	100,000

Le minéral décrit par M. Haüy, dans son Traité, sous le nom de fer arsenical *pyriteux* (Mine d'arsenic grise ou Pyrite d'orpiment de Romé de l'Isle), n'est autre chose, suivant ce savant, qu'un mélange de fer arsenical et de fer sulfuré, dans lequel l'une ou l'autre de ces espèces domine alternativement.

Le fer arsenical se trouve en lits dans la serpentine, à Reichersdorf en Silésie; et dans différens lieux de la Bohème, dans le gneiss, le schiste micacé, le talc chlorite, etc. Il est dans le granite, aux environs de Boston, province de Massachussets (*Warden*). On le rencontre aussi dans les veines des montagnes primitives, avec l'étain oxydé, le schéelin ferruginé, le plomb sulfuré, le zinc sulfuré, le fer spathique, le fer sulfuré ordinaire, etc.; comme à Joachimstal en Bohème et à Johangeorgenstadt en Saxe. A Freyberg, dans le même pays, ses cristaux sont engagés dans un talc terreux. Il s'en trouve également dans le quarz, à Saint-Léonhard, département de la Haute-Vienne, avec le schéelin ferruginé; avec l'émeraude, en Sibérie, etc. On ne l'a pas encore observé en association avec le fer sulfuré blanc (*Haüy*). Suivant Jameson, il est très-abondant en Cornouailles et dans le Devonshire, où il accompagne les mines de cuivre et d'étain; et se rencontre aussi à Kongsberg, en Norwége; à Sahlberg, en Suède; dans le pays de Salzbourg, et en Hongrie.

Fer arsenical argentifère, *Weisserz* de Werner (Pyrite blanche argentifère, Romé de l'Isle; Mine d'argent blanche arsenicale ou Pyrite d'argent, Bomare; Pyrite arsenicale tenant argent, De Born). Ce minéral diffère peu, quant à ses caractères, du fer arsenical ordinaire; seulement sa surface est plus ordinairement jaunâtre; il est aussi beaucoup plus rare, et contient depuis un jusqu'à dix centièmes d'argent.

On le trouve en veine à Freyberg et à Braunsdorf en Saxe, où il est exploité comme mine d'argent, ainsi qu'au Chili. Il est communément accompagné de fer arsenical ordinaire, d'argent rouge, de plomb sulfuré, de cuivre pyriteux et de quarz. Il se rencontre encore à Rathhausberg, dans le pays de Salzbourg.

Fer arsenié, Fer arsenié sulfuré. Noms donnés précédemment au *fer arsenical ordinaire* et au *fer arsenical pyriteux*. *V.* plus haut.

Fer azuré ou Bleu de Prusse natif. *V.* Fer phosphaté.

Fer bacillaire. *V.* Fer oligiste argilifère.

Fer basaltique (Mine de). Le docteur Demeste a désigné sous ce nom, dans ses lettres au docteur Bernard, la substance connue des mineurs sous celui de Wolfram. *V.* Schéelin ferruginé.

Fer blanc. C'est le nom qu'on donne au fer réduit en plaques minces et enduites d'étain (*V.* plus haut, p. 351), dont on fabrique une foule d'ustensiles de ménage, tels que cafetières, casseroles, lampes, goutières, etc.

Nous sommes parvenus en ce genre, à un degré de perfection que nos voisins n'ont pas surpassé; nous n'avons rien non plus à leur envier relativement à la fabrication du fer-blanc lui-même; seulement il est à désirer que les établissemens de ce genre soient plus multipliés chez nous. Dans certains pays, et notamment en Suisse et en Savoie, on se sert de fer-blanc pour la couverture des édifices.

Fer brun ou Mine de fer brune, aussi nommée *Mine de fer hépatique; Braun eisenstein* de Werner. *V.* Fer hydraté.

FER CARBONATÉ, ou Mine de Fer spathique, *Spathigereisenstein* de Werner. Ce minéral qui a reçu aussi les noms de *mine de fer blanche* et de *mine d'acier* à cause de la facilité avec laquelle on en obtient cette combinaison de fer à la première fonte, est regardé comme une espèce particulière par la plupart des minéralogistes; et, en effet, il diffère de toutes les autres mines de ce genre. Mais ses caractères extérieurs et sa composition chimique varient beaucoup. Il y en a de translucide et d'un blanc jaunâtre, de jaune brunâtre, de brun et de noirâtre; certains échantillons ne renferment uniquement que de l'oxyde de fer et de l'acide carbonique, tandis que d'autres contiennent une quantité considérable de chaux et de la magnésie.

Son tissu est lamelleux et sa division mécanique est la même que celle de la chaux carbonatée ferrifère ou *spath brunissant*, à laquelle il se réunit par des nuances insensibles; de sorte qu'il devient très-difficile de dire à quel terme de la série tel morceau cesse d'appartenir à la chaux carbonatée, pour appartenir au fer spathique, et réciproquement.

Selon M. Wollaston, il y a une différence de quelques degrés entre les incidences respectives des faces du rhomboïde dans les deux substances, et cette légère différence suffit pour établir la distinction des deux espèces : le rhomboïde du fer spathique seroit un peu plus obtus.

La dureté de ce minéral est aussi plus grande que celle de la chaux carbonatée, ainsi que sa pesanteur spécifique qui est de 3,7 environ. Toutes deux varient d'après l'état d'agrégation. Il s'altère facilement par l'action de l'air, qui le fait passer au jaune brunâtre et au brun, en même temps qu'il perd sa transparence et devient terreux. L'acide muriatique le dissout avec effervescence, et il colore en vert-olivâtre le verre de borax.

Tout nous porte à croire, dit M. Haüy, qu'il existe dans la nature, depuis la chaux carbonatée sans fer et sans manganèse, jusqu'au fer spathique privé de chaux carbonatée, une succession de passages intermédiaires, qui présentent dans des proportions variées, la réunion des deux substances. C'est la conséquence à laquelle conduisent les résultats obtenus par les chimistes; mais il ne paroît pas rigoureusement démontré qu'il existe une combinaison directe de fer et d'acide carbonique, dont la molécule soit semblable à celle de la chaux carbonatée.

Plusieurs minéralogistes, et entre autres Romé de l'Isle et Demeste ont pensé que la chaux carbonatée se transformoit peu à peu en mine de fer spathique, par une substitution des molécules ferrugineuses aux molécules calcaires. Cette transformation n'ayant eu lieu que molécule à molécule, auroit laissé subsister le mécanisme de la structure et expliqueroit comment le fer spathique copie les formes de la chaux carbonatée. Il faudroit alors le considérer comme une pseudomorphose. Dans tous les cas, comme l'observe M. Haüy, qui place la substance dont il s'agit à la suite du FER OXYDÉ, sous le nom de *fer oxydé carbonaté,* s'il existe une combinaison directe de fer et d'acide carbonique, on sera toujours forcé d'en séparer la chaux carbonatée mélangée de fer. *V.* le *Tabl. compar.* de ce savant, p. 278 et suiv. Il seroit démontré d'ailleurs, dit-il, que ces deux espèces ont une forme primitive semblable, que la méthode n'en seroit point ébranlée, puisqu'elle ne repose pas sur le principe qu'une même molécule ne peut même appartenir à des minéraux différens; mais bien sur celui que le même minéral ne peut pas offrir deux formes de molécules différentes. (*Cours de Minéralogie*, 1812.)

Le fer carbonaté considéré sous le rapport de sa composition et de la manière de le traiter métallurgiquement, a fourni le sujet de plusieurs mémoires très-intéressans qui ont pour auteurs, MM. Drappier, Hassenfratz, Bucholz, Descotils et Thénard; ils sont insérés dans les tomes 18, 21, 27 et 32 du Journal des Mines, et nous y renvoyons. M. Descotils pense que la résistance que ce minéral éprouve quelquefois à se fondre, est due à la présence de la magnésie (*J. des Min.*, t. 21). Il regarde aussi comme appartenant au fer carbonaté, le minerai ferrugineux compacte et d'apparence terreuse, qui se rencontre en masses sphéroïdales dans le terrain houiller de l'Angleterre, et notamment dans les comtés de Monmouth, de Glanmorgan et de Pembrock, en Ecosse, où il est exploité avec avantage, et donne d'excellent fer. On regarde communément cette variété comme un fer oxydé mélangé de silice et d'alumine ou *fer argileux;* mais à tort, d'après ce chimiste. *Voy. J. des Min.*, t. 32, p. 361 et suiv.

La mine de fer spathique renferme presque toujours de l'oxyde de manganèse, et quelquefois jusqu'à 10 pour 100; telle est en particulier celle de Neuendorf près de Hartzgerode, analysée par Bucholz. Elle contient aussi des proportions variables de chaux et de magnésie. Une variété concrétionnée fibreuse de Steinheim en Hanau, a donné à Klaproth : oxyde de fer, 63,75; acide carbonique, 34; oxyde de manganèse, 0,75; magnésie, 0,25; eau, 1,25. Le plus pur qui ait été analysé jusqu'ici est le fer carbonaté fibreux ligniforme des environs de Saint-Vincent, dans le Cantal. M. Berthier en a retiré 59 centièmes d'oxyde de fer, et 33 d'acide carbonique, avec 4 de manganèse, 1 de silice, etc. (*Journ. des Min.*, t. 27, p. 477.)

Ce minéral a un aspect tout particulier qui empêche de le confondre avec la chaux carbonatée laminaire, qui seroit simplement mélangée de fer. Son éclat est plus vif; il se dissout dans les acides avec moins d'effervescence, et devient très-facilement attirable à l'aimant après avoir été chauffé; c'est une des mines de fer les plus estimées. Il n'existe en grandes masses que dans un assez petit nombre de lieux. Ses cavités renferment, soit des cristaux de sa propre substance, soit de fer sulfuré, ou de quarz. Mais on le trouve disséminé et associé aux substances qui se rencontrent dans les veines, et notamment au cuivre pyriteux et au cuivre gris, en une multitude d'endroits.

Ses formes cristallines ne sont pas très-variées; le plus ordinairement il est *laminaire* et renferme des cristaux arrondis, *lenticulaires* ou en crête de coq, comme à Baygorry en Basse-Navarre, à Clausthal au Hartz et à Kremnitz en Honrie; quelquefois *concrétionné*, ou *incrustant*, ou *compacte*, et plus rarement *pseudomorphique*, c'est-à-dire, modelé sur d'autres corps : la variété ligniforme analysée par M. Berthier, offre un exemple de cette dernière modification. *V*. plus haut.

Le fer oxydé carbonaté se trouve en veines dans les montagnes anciennes, et surtout dans le gneiss, en France et en Styrie. Il est ordinairement associé au fer hydraté brun, à la chaux carbonatée, pure ou brunissante, au quarz, au fer sulfuré, *etc.* On le rencontre aussi en couches dans la chaux carbonatée compacte de première formation à Henneberg en Franconie, et dans la Grauwacke au Hartz, où il est très-abondant. Ce minéral abonde en différens lieux de l'Autriche, à Eisenerz et à Schladming en Styrie, à Huttenberg en Carinthie, à Schwartz dans le Tyrol, et à Jauberling en Carniole ; à Traverselle en Piémont, et à Sommorostro en Biscaye. Il existe également en quantité assez considérable à Allevard et à Vizille, département de l'Isère; à Cascatel, près de Narbonne, et à Baygorry, dans les Pyrénées. Dans ces différens pays, il est exploité comme mine de fer; il est peu de filons qui n'en contiennent. Aussi les mines de la Saxe, de la Bohême, de la Hongrie, de la France, de l'Angleterre, de la Suède et de la Norwége, en fournissent-elles presque toutes. Il en vient aussi de celles de la Sibérie et de l'Amérique méridionale.

Il tapisse quelquefois des cavités dans le basalte, comme à Steinheim en Hanau, où il est en mamelons à texture fibreuse. C'est sous la même forme, et quelquefois cristallisé, qu'on le rencontre dans les veines de mercure du Palatinat et du duché de Deux-Ponts.

Nous avons cité, en parlant du cuivre pyriteux, le fer spathique lamellaire de Groscamdorf en Thuringe. *V*. t. 8, p. 587.

FER CARBONIFÈRE. *V*. ACIER.

FER CARBURÉ. *V*. GRAPHITE et PLOMBAGINE.

FER CHROMATÉ, Haüy. (Chromate de fer, Tassaert; Chrome oxydé ferrifère, Godon-de-Saint-Memin; Fer chromé, Laugier ; *Eisenchrom*, Karsten ; *Chromeisenstein*, Haussmann). Ce minéral est ordinairement en masses granulaires ou un peu lamelleuses, d'un gris d'acier, tirant sur le noir de fer. Il est assez dur pour rayer le verre, non attirable à l'aimant et infusible sans addition : fondu avec le borax, il le colore en beau vert. Sa pesanteur spécifique est de 4,0326.

L'analyse que M. Laugier a faite du fer chromaté de Sibérie (*Ann. du Mus.*, *t.* 6, *p.* 330), lui a donné : oxyde de chrome, 53; oxyde de fer, 34; alumine, 11; silice, 1 : résultat analogue à celui de M. Lowitz qui l'a également analysé, et à celui que M. Klaproth a obtenu pour le fer chromaté de Styrie.

M. Godon-Saint-Memin et M. Laugier sont portés à croire que le chrome existe à l'état d'oxyde dans cette combinaison; il faudroit alors la nommer *fer chromé.*

Le fer chromaté a été découvert, en 1799, à la Bastide de la Carrade, près de Gassin, département du Var, par M. Pontier. Il y existe en lits dans la serpentine commune. On le trouve en couches entre le porphyre argileux et la wacke, en Sibérie, aux environs des mines de Polakof, dans la partie S. O. des Monts-Ourals (*Léonhard,* Handbuch, etc., t. 3, p. 40). Il est disséminé dans un talc schisteux dans la partie boréale des mêmes montagnes. Celui de Krieglach en Styrie est dans une roche semblable. Le même minéral a été trouvé depuis aux environs de Nantes, dans une serpentine qui renferme aussi de la diallage (*Dubuisson.*), et à Baltimore dans l'état de Maryland; ce dernier est en petites masses sub-métalloïdes, de couleur noire, à tissu en partie lamelleux et en partie conchoïde, entremêlées de lames de talc nacré, colorées par l'acide chromique, en rose nuancé de violet comme celui de Krieglach, et il renferme en outre des cristaux octaèdres réguliers, que M. Haüy regarde comme étant la forme primitive de ce minéral.

Fer chromé. *Voyez* ci-dessus.

Fer gris ou Mine de fer grise et Mine de fer spéculaire. *V.* Fer oligiste.

Fer de hache. Nom donné anciennement à l'Axinite, par Daubenton, à cause de la forme aplatie et tranchante de ses cristaux.

Fer hépatique. *V.* Fer hydraté épigène.

FER HYDRATÉ, Daubuisson; Fer oxydé, Haüy.

On savoit depuis long-temps qu'une partie des mines de fer brunes contenoient de l'eau. M. Sage avoit observé, dès 1777, que l'*hématite brune* distillée en fournissoit un huitième de son poids, et que l'*Ocre jaune* du Berry, en donnoit un dixième; mais on la regardoit alors comme simplement interposée. Il étoit réservé à M. Proust de faire voir que l'eau formoit, avec les oxydes, de véritables combinaisons. L'analyse que M. Berthier, ingénieur des mines, a faite, en 1810, d'une suite de minerais de fer oxydé des Arques, département du Lot, lui ayant démontré que ce principe se rencontroit constamment dans la proportion de 12 à 15 centièmes dans toutes les mines de ce métal, qui donnent une poussière jaunâtre par la trituration, il en a conclu que ces sortes de mines étoient de véritables hydrates.

M. Daubuisson est arrivé au même résultat dans le mémoire très-étendu qu'il a publié à ce sujet, la même année, (*Annales de chimie*, *t.* 75, *et Journal des mines*; *t.* 28), et qui renferme en outre un grand nombre d'observations intéressantes sur les diverses variétés de cette espèce qu'il nomme *Fer hydraté*, pour se conformer à la nomenclature minéralogique, et sur ses gisemens qui l'isolent des autres mines de ce genre. M. de Bournon a adopté depuis pour l'espèce dont il s'agit, la dénomination du *Fer hydro-oxydé.*

Le caractère essentiel du fer hydraté est de donner, par la râclure, une poussière d'un jaune roussâtre, qui devient rouge par la calcination. Il fait mouvoir le barreau aimanté après avoir été chauffé au chalumeau, ou même à la simple flamme d'une bougie. Sa pesanteur spécifique varie de 3,4 à 4. Il est demi-dur, c'est-à-dire, qu'il n'étincelle pas par le choc du briquet : les variétés compactes rayent le verre.

D'après les analyses de MM. Berthier, Descotils et Daubuisson, ce minéral, quand il est pur, est uniquement composé de fer oxydé au *maximum* ou peroxydé et d'eau; dans le rapport de 85 du premier à 15 de la seconde. Il renferme accidentellement de la silice, de l'oxyde, du manganèse, de l'alumine, et quelquefois aussi du phosphate de fer; ce sont principalement les variétés dites *limoneuses* qui donnent ces résultats. (*V.* plus bas.)

Il est infiniment probable que la forme primitive de ce minéral est le *cube.* Les échantillons, cités par M. Haüy, (Tabl. comp., p. 274), et le morceau que nous avons décrit dans notre tableau des espèces minérales (t. 2, p. 405), paroissent le prouver. La cassure des cristaux de ce dernier, dont la surface est lisse, est conchoïde, luisante et d'un noir de fer; ce ne sont ni des pseudomorphoses, ni des altérations du fer sulfuré cubique. Cependant M. Bournon est plus porté à croire que la forme primitive du fer hydraté est le prisme droit à bases carrées. Il a été conduit à cette opinion, qu'il ne présente pourtant que comme un doute, par l'examen qu'il a fait de différentes variétés cristallines de fer hydro-oxydé venant des environs de Bristol. (*V.* son Catalogue, pag. 285). Le fer hydraté est très-rarement *cristallisé;* mais on le rencontre fréquemment sous la forme de masses concrétionnées-fibreuses, de géodes, de globules, ou enfin en masses compactes ou terreuses, et plus ou moins friables.

Ces variétés ont reçu des noms particuliers, et plusieurs d'entre elles ont été décrites comme des espèces différentes; nous allons indiquer les principales.

1. Fer hydraté, *concrétionné-fibreux* ou *hématite* (Hématite ou Terre martiale en stalactites, Romé de l'Isle; Mine de

chaux de fer en hématite ; Hématite brune et jaune, Delamétherie ; *Brauner Glaskopf*, Werner ; *Fasriger Brauneisenstein*, Karsten ; Hématite brune, Brochant). Il est d'un brun noirâtre ou d'un noir brillant à la surface, et seulement brun châtain à l'intérieur ; sa cassure est esquilleuse, et son tissu fibreux ; ses formes sont mamelonnées ou cylindriques : il est quelquefois *irisé*.

Cette variété est facile à traiter ; on en obtient communément par la fonte 40 à 50 pour 100 d'un fer doux et nerveux qui se convertit aisément en acier. Elle abonde dans les mines de fer des environs de Sommo-Rostro en Biscaye, qui en fournissent des morceaux de formes très-variées, et dans celles de Rancié et de Vicdessos, dont M. Picot de la Peyrouse a donné la description dans son traité sur les mines de fer et les forges du comté de Foix, publié en 1786. Les mines de fer du Palatinat et du comté de Nassau, en fournissent aussi beaucoup, ainsi que celles du Hartz, de la Styrie, de la Carinthie et de quelques autres parties de l'empire d'Autriche. Il s'en trouve aussi en Saxe, dans l'Erzgebirge ; à Cumberhead, dans le Lanscashire, en Angleterre ; près d'Edimbourg, en Ecosse et à Mainland, l'une des îles Zethland ; dans la Haute-Italie et dans plusieurs parties de la France. Ce qui est très-remarquable, c'est que la Suède et la Norwége, qui sont si riches en fer oxydulé, ne fournissent que très-peu de fer hydraté.

2. Fer hydraté *géodique* (mine de fer terreuse ou limoneuse, en géodes nommées *Aétites* et *Pierres d'aigle*, des anciens minéralogistes ; *Eisenniere*, Werner, *Schaaliger Thoneisenstein*, Karsten ; Fer réniforme, Brochant ; Fer oxydé brun, aetite Brongniart) ; en géode d'une figure tantôt sphérique ou ovoïde, tantôt en partie curviligne et en partie plane, et quelquefois imitant un parallélipipède émoussé à l'endroit de ses arêtes. Couches concentriques jaunâtres, ordinairement entremêlées de couches brunes, et laissant vers le centre une cavité quelquefois vide, et plus souvent occupée par un noyau mobile ou une matière pulvérulente, que l'on entend résonner, lorsqu'on agite la géode.

Le fer hydraté géodique est assez commun dans quelques parties des déserts qui avoisinent l'Egypte. La variété compacte, en petites masses, se trouve dans les fentes des montagnes calcaires du même pays et dans les grès. (*Rozière*).

On trouve fréquemment dans les couches calcaires des environs de Bettole, de Torrita et de Monte Follonico, dans le Siennois, du Fer limoneux en couches feuilletées et en masses arrondies à noyau mobile, particulièrement dans un grand précipice de tuf, sur le lieu appelé l'Orbègne et vers le fosso del acqua, où il est en gros morceaux arrondis, que le vulgaire nomme PAINS DU DIABLE, *Pani del Diavolo* (*Santi*). La montagne Noire, aux environs de Castelnaudary, renferme une immense quantité de rognons de minerai de fer calciforme dont les lits, sur 8, 9 et 10 pieds de puissance, suivent rigoureusement le parallélisme des pentes légèrement inclinées. (*Dodun*.)

M. Ménard de la Groie a trouvé dans les mines des Bérions, commune de Montreuil-le-Chétif, dans la partie N. O. du département de la Sarthe, une variété très-intéressante de fer hydraté géodique. Elle est en boules libres, de 6 à 10 lignes de diamètre, sur une épaisseur d'une à deux lignes seulement, et leur cavité est remplie de fer oxydé terreux jaune. Il a également observé dans le même département, une couche peu épaisse de fer hydraté globuliforme, en très-petits grains arrondis et réunis par un ciment argilo-ferrugineux brun-verdâtre. Elle est située sous la terre végétale près du chemin qui passe entre les bourgs de Milesse et d'Aigné, à sept kilomètres environ et au N. O. du Mans.

Il existe près de Trévoux en Dombes (département de l'Ain), un banc entier de *pierres d'aigle*, dont les unes renferment de l'eau et les autres ont un noyau mobile ou adhérent, tandis que d'autres sont, ou remplies de terre ferrugineuse, ou entièrement vides. (J. de Ph. 1771, p. 131.)

On en trouve également à Wehrau dans la Haute-Lusace; à Tarnowitz en Silésie; en Sibérie, en Pologne, et à Colebrookedale en Angleterre (*Jameson*); en France, près de Trévoux, etc. *V.* AÉTITE.

3. Fer hydraté *globuliforme* ou *pisiforme* (Mine de fer limoneuse, en pois, en amandes, en oolites, etc., Romé de l'Isle; *Bohnerz*, Werner; Fer pisiforme, Brochant; Fer oxydé brun granuleux, Brongniart), en globules, les uns solides et compactes, les autres feuilletés et composés de couches concentriques, tantôt isolés et tantôt réunis en masse; leur grosseur varie depuis celle d'un grain de millet jusqu'à celle d'un pois et au-delà. Leur surface est communément terne et d'un brun jaunâtre; quelquefois aussi elle est lisse et d'un brun noirâtre. Les globules compactes ont ordinairement la cassure mate; celle des globules testacés est souvent luisante.

C'est une des mines de fer que l'on exploite le plus fréquemment en France, où elle abonde, et notamment dans les départemens de la Nièvre, de la Côte-d'Or, de la Haute-Saône, de la Moselle, de l'Eure et de l'Orne. On trouve fréquemment dans les amas de fer granuleux de ces terrains, des coquilles fossiles très-nombreuses qui sont pénétrées d'oxyde de fer, et même entièrement remplies de petits globules de fer oxydé..... (*Brongniart*, t. 2, p. 171.) Cette variété se trouve aussi en Hesse et dans la Franconie; à Arau, près de Berne; dans le pays de Salzbourg; en Dalmatie, et en Angleterre dans le district d'Ayrshire.

Il résulte, entre autres choses, du grand travail que M. Vauquelin a fait sur les mines de fer de la Bourgogne et de la Franche-Comté (An. du Mus., t. 8, p. 435 à 460), que les mines de ce genre exploitées à Drambon et à Châtillon-sur-Seine, département de la Côte-d'Or, et à Champfort et Grosbois, département de la Haute-Saône, contiennent, outre le fer, du manganèse, de l'acide phosphorique, du chrome, de la magnésie, de la silice, de l'alumine et de la chaux; qu'il est vraisemblable que les mêmes mines des autres pays renferment les mêmes substances, etc., p. 448.

M. Leschevin a reconnu depuis dans les mêmes minerais traités en grand (J. des M., t. 31, p. 43 à 54), la présence du zinc et du plomb. Plusieurs maîtres de forges pensent que ce dernier métal, en s'alliant au fer, lui donne plus de nerf et de ductilité? Quant au zinc, on le retrouve en concrétions sur les parois des hauts fourneaux. Buffon avoit déjà consigné cette observation dans l'article *Zinc* de son Histoire naturelle des Minéraux, t. 3, p. 303, édit. in-4.°

Ces minerais rendent de 30 à 40 pour 100 de fer; ils renferment quelquefois une grande quantité d'argile.

4. Fer hydraté *massif* ou *compacte* (Hématite compacte brune, de Born; *Dichter Brauneisenstein*, Werner; *Gemeiner Brauneisenstein*, K.; Mine de fer brune compacte, Broch.), en masses solides d'une couleur brune; cassure terreuse et à grain fin; tissu plus ou moins serré, quelquefois jaspoïde et d'une assez grande dureté; poussière jaune comme celle de toutes les variétés précédentes.

On le rencontre presque toujours avec la variété fibreuse. *Voyez* plus haut.

5. Fer hydraté *terreux*, brun; Ocre martiale brune, R. D.; *Ochriger Brauneisenstein*, *Brauneisenocher*, W.; l'Ocre de fer brune, Broch.; F. ox. brun ocreux, Brong.), en masses friables, tachant les doigts, et dont la couleur brune varie pour son intensité du brun au jaune roussâtre.

M. Cordier a décrit sous le nom de *Terre brune*, dans sa statistique des Apennins (J. des M., t. 30, p. 112), un fer hydraté terreux, dont la découverte est due à M. l'abbé Angelo Vinciguerra, qui l'a observé sur la montagne de jaspe et de schiste argileux de Montenero, dans le voisinage de la mine de manganèse de la Rochetta. « Cette terre, dit M. Cordier, se rencontre principalement vers le sommet de la montagne, en affleurement sur la tête de plusieurs bancs de jaspe, ayant deux à six décimètres d'épaisseur ; il paroît qu'elle s'enfonce à plusieurs mètres de profondeur, et finit là où la décomposition n'a pu pénétrer. Elle est extrêmement fine et douce au toucher. Elle forme des masses compactes, légères, friables et tachantes. Sa couleur est d'un brun jaunâtre très-riche et très-éclatant. Elle est de la même qualité que la terre *de Sienne* ou *d'Italie*. »

La *terre d'ombre* ne diffère pas essentiellement de cette variété ; seulement on la regarde comme étant mélangée d'argile. *Voyez* plus bas.

6. Fer hydraté *pseudomorphique*, ou modelé sur des corps organisés, tels que des bois, des madrépores, etc.

On exploite en Sibérie, près de Ribenskoï, entre Oudinsk et Krasnoïk, une mine qui est entièrement composée de bois fossile ferrugineux. On y trouve des troncs d'arbres entiers enfouis dans un terrain sablonneux et argileux (*Pallas*).

Fer oxydé *terreux*, jaune roussâtre, servant de ciment à des grains de quarz (*Eisensanderz*, W.), et formant des espèces de tuyaux comprimés, de plusieurs pouces de diamètre ; cette variété a été trouvée aux environs du Mans.

De Born a décrit, dans sa Minéralogie (t. 2, p. 282), des morceaux semblables venant d'Espagne.

On rencontre assez communément dans les bancs de sablon qui recouvrent les couches d'argile commune, et dans les grès friables, en Picardie, et dans beaucoup d'autres lieux, des masses concrétionnées ou informes de fer hydraté sablonneux, que les ouvriers nomment *roussier*.

Indépendamment des variétés décrites, on doit réunir à l'espèce du FER HYDRATÉ les minerais connus sous les noms de *fer argileux* et de *fer limoneux*, ainsi que l'*ocre jaune* et la *terre d'ombre*. Leurs caractères sont à peu près les mêmes que ceux des variétés précédentes ; seulement elles renferment communément une plus grande quantité d'argile.

Leur consistance et leur couleur varient ; ainsi, par exemple, le fer argileux commun est plutôt roux ou jaunâtre que brun ; c'est aussi la teinte de la *terre d'ombre*, que M. Haüy nomme *fer oxydé* (hydraté) *cirrographique*, c'est-à-dire, qui peint en roux. Cette dernière est employée dans les arts ; mais elle est d'un ton moins chaud que la *terre de Sienne* ou *d'Italie*, surtout quand celle-ci a été brûlée.

Certains fers argileux compactes, tels que celui d'Ecosse, contiennent aussi de l'acide carbonique, d'après l'analyse de M. Descotils, et seroient alors des fers hydro-carbonatés. *V.* p. 364.

L'*ocre jaune* se trouve dans le Berry, en bancs de l'épaisseur de quatre à huit pouces, et qui peuvent être fouillés jusqu'à cent cinquante et même deux cents pieds de profondeur, entre des bancs de sablon quarzeux blanc et de terre argileuse jaunâtre. (Bomare, *Minéralogie*, t. 1, p. 117.)

Les mines de fer hydraté, d'un jaune-roussâtre, des terrains marécageux, désignées particulièrement sous les noms de *fer limoneux* des lacs (*Morasterz*, W.); des marais (*Sumpferz*, W.); des prairies (*Weisenerz*, W.), sont très-difficiles à distinguer minéralogiquement, et se trouvent dans une foule d'endroits. On les traite aussi comme mines de fer pauvre; leur fondant le plus ordinaire est la pierre calcaire.

Le fer hydraté occupe un rang très-remarquable parmi les mines de ce genre. Il appartient à la fois aux montagnes anciennes et aux terrains de la plus nouvelle formation. C'est une des mines de fer les plus abondantes et le plus communément exploitées. — Le fer hydraté compacte se trouve en lits entre le granite et le porphyre dans les montagnes de la Forêt noire (*Tondi*). Il est ordinairement accompagné de fer hématite et de fer hydraté terreux, auxquels il sert de gangue, de fer spathique, de quarz, de chaux carbonatée, de fer sulfuré, etc. Il est en couches subordonnées à la chaux carbonatée compacte, de première formation, en Styrie, et en veines dans la même roche à Glückstein, dans le Henneberg en Franconie. Il est également en veines dans le gneiss, à Articol, département de l'Isère (*Brongniart*). On l'exploite assez fréquemment en Allemagne. La Saxe, la Hongrie, la Souabe, le Tyrol, la Hesse, le Hartz, la Sibérie, l'Espagne, l'Angleterre et la France en renferment des mines. La variété terreuse brune sert de gangue à plusieurs substances métalliques, et notamment à l'argent natif, en Norwége et au Pérou (*V.* t. 2, p. 471); la jaune accompagne souvent les mines de plomb. Le fer hydraté *argilifère*, soit massif, soit géodique ou en globules, forme des bancs plus ou moins considérables, ou remplit des veines, dans les montagnes à couches, et notamment dans la pierre sablonneuse de seconde formation, la pierre calcaire coquillière, l'argile, etc. Il se rencontre aussi dans certaines formations carbonifères, surtout en Angleterre; dans les montagnes trappéennes et dans les terrains d'alluvion où il existe en très-grande abondance. Plusieurs endroits de la Bohème et de la Saxe, la Westphalie, la Pologne, la Prusse, la Russie, l'Italie et la France, tirent de ces sortes de terrains une grande partie de leur fer. — Le fer hydraté est aussi pseudomorphique ou modelé en bois, en madrépores, en coquilles, etc.

Fer hydraté épigène, c'est-à-dire, *produit comme après coup*, Haüy. (Mine de fer brune, ou hépatique, Romé-de l'Isle; Pyrite brune martiale, Bomare; Fer hépatique, de Born; Fer sulfuré décomposé, Fer sulfuré hépatique, Brongniart.) Cette synonymie est commune au *fer hydraté* provenant de l'altération du fer sulfuré ordinaire, et à celui qui tire son origine du fer sulfuré blanc dont nous parlerons plus bas. Cette altération est quelquefois complète; très-souvent aussi elle n'est que partielle, ou même superficielle; les masses globuleuses surtout sont dans ce dernier cas. La mine de fer hépatique, en crête de coq, de Romé de l'Isle, et la plupart des variétés de la même substance décrites par ce savant (*Cristallographie*, t. 3, p. 273 et suiv.), comme des modifications, soit de l'octaèdre, soit du rhomboïde, appartiennent au fer sulfuré blanc passé à l'état de fer oxydé.

Quant aux caractères du fer hydraté épigène, ils sont les mêmes que ceux du fer hydraté commun. *V.* ce mot.

Le fer hydraté épigène, originaire du fer sulfuré cubique, se trouve en cristaux d'une forme très-nette dans beaucoup de lieux différens de la Bohème, de la Saxe, de la Hongrie, de la Silésie, de l'Angleterre, de l'Italie, de la France, etc. Celui de Bérésof, en Sibérie, est associé au quarz, au fer oxydé terreux brun et au plomb rouge; il est exploité pour l'or qu'il renferme. Il en existe de tout à fait semblable au Brésil. Cronstedt, cité par Romé de l'Isle (t. 3, p. 270), parle d'un fer hépatique argentifère de Konsberg en Norwége: on en trouve aussi en Saxe.

Le fer hydraté épigène, cristallisé, originaire du fer sulfuré blanc, se trouve en Bohème, en France, en Espagne, en Angleterre, etc., dans les mêmes endroits que le fer sulfuré blanc intact.

La mine de Hop-Dail en Staffordshire, et quelques autres du Derbyshire et du comté de Nottingham, ont fourni de très-beaux échantillons de cette mine de fer hépatique en lames dentelées ou en cristaux cunéiformes, semblables, à la couleur près, aux pyrites martiales en crête de coq qui se rencontrent dans les mêmes mines. (*Romé de l'Isle.*)

Les masses globuleuses radiées ou compactes qui sont assez communes, paroissent également lui appartenir, et se trouvent assez ordinairement dans les mêmes pays.

Ce minéral se rencontre également sous la forme de concrétions. Il est aussi pseudomorphique ou modelé en coquilles, en madrépores, en bois, etc. Les ci-devant provinces de la Bourgogne, de la Franche-Comté, de l'Alsace et de la Champagne en fournissent beaucoup d'exemples. Quelquefois même il est entièrement terreux comme en Sibérie. Un exemple très-remarquable en ce genre est celui de la mine de dépôt d'un lac du gouvernement d'Olonetz, décrite par M. Nicolas Ozertskovsky, et qui provient évidemment de la décomposition des pyrites que renferment les schistes argileux qui l'entourent. (Acad. de Pétersb. *nova acta*, t. 8, p. 370)

Le fer hydraté épigène aurifère, de Bérésof en Sibérie, présente assez souvent dans son intérieur des portions de fer sulfuré d'un beau jaune non encore décomposé.

Fer hydraté résinoïde ou piciforme, noir. Certains morceaux de fer hydraté concrétionné présentent dans leur cassure, au lieu de fibres radiées, des couches concentriques d'un beau noir luisant, le plus souvent placées à la surface d'autres couches brunes compactes, ou entremêlées avec elles, et revêtues de fer hydraté brun-noirâtre. C'est à cette modification du fer hydraté que nous donnons l'épithète de *résinoïde;* elle ne diffère pas essentiellement du fer hydraté ordinaire. Sa râclure est jaune-roussâtre; elle devient, comme lui, magnétique par l'action du feu, raye légèrement le verre, et pèse environ 3,2; mais sa cassure est conchoïde lisse et très-éclatante.

M. Vauquelin en a analysé un échantillon venant de Soultz, département du Bas-Rhin, où il a été découvert par M. Deleros, ingénieur géographe en chef au département de la guerre; il adhéroit au fer oxydé brun. Cent parties ont donné: fer oxydé, 80,25; eau, 15, et silice, 3,75. C'est le même qui a été décrit par M. Haüy, dans son Tableau comparatif, p. 98, sous le nom de *fer oxydé noir vitreux.*

Nous en possédons un échantillon qui vient de Siegen en Wettéravie; la surface de ses mamelons est légèrement irisée.

M. le comte de Bournon a décrit dans son catalogue un minerai de ce genre qu'il nomme *fer oxydé piciforme*, mais qui diffère du précédent en ce qu'il ne devient pas magnétique par l'action de la chaleur, ne raye pas le verre, et que son aspect est plutôt celui de la poix ou du bitume que celui du verre; il n'a pas été analysé.

Sa forme primitive, dit ce savant, est un cube ou un parallélipipède rectangulaire très-voisin du cube; la surface des cristaux est d'un noir foncé, et les échantillons amorphes présentent l'aspect du bitume solide noir (*asphalte*); leur cassure est conchoïde et très-éclatante. La poussière obtenue par la trituration est d'un jaune-brun très-foncé, un peu rougeâtre.

Ce minéral est très-fragile et facile à entamer avec le couteau. Sa pesanteur spécifique est de 4 environ. Il diminue de volume par l'action du feu du chalumeau, sans éprouver de fusion, et se change en une scorie légère, qui n'exerce aucune action sur le barreau aimanté : fondu avec le borax, il donne un verre d'un jaune sale.

Il est *cristallisé* ou *mamelonné*, et en couches concentriques à la manière des hématites, mais jamais strié ; ou enfin en masses compactes. Les échantillons cristallisés observés par M. le comte de Bournon venoient d'Allemagne ; la plupart des autres étoient d'Angleterre.

Fer hydrato - sulfate résinoïde, ou Fer piciforme, jaunatre; Fer oxyde résinite, Haüy. Bleinde véritable ou blende legère, Monnet; *Eisen Pecherz* ou Fer piciforme, Ferber ; Fer sulfaté avec excès de base, Gillet-de-Laumont; pecherz ferrugineux, Delamétherie ; *Pittizit*, Haussmann ; Fer hydro-oxydé sulfaté, de Bournon.

Le minéral qui fait le sujet de cet article est très-rare, et n'existe que dans un petit nombre de collections.

Il a été découvert en 1770, par M. Monnet, dans une veine de la mine de Braunsdorf, à deux lieues de Freyberg. Les mineurs lui donnoient le nom de *Faul Blende*.

Son aspect est absolument le même que celui de la colophane ; il est jaune, tirant sur le rougeâtre, facile à écraser, et pèse seulement 2,3 ; mis dans l'eau, ses fragmens s'y divisent ; l'acide muriatique et même le vinaigre le dissolvent sans effervescence. Exposé brusquement à la flamme d'une bougie, il décrépite ; mais avec précaution il se fond, quoique difficilement, et devient magnétique.

M. Haüy a observé qu'étant isolé et frotté, il acquiert l'électricité résineuse. Il est composé, d'après l'analyse de Klaproth, de fer oxydé, 17 ; eau, 25 ; et acide sulfurique sec, 8.

Le fer hydrato-sulfaté résinoïde, analysé par M. Klaproth, provenoit, d'après l'indication de Ferber, de la mine de Kust-Beschurung, près de Freyberg. Ce minéral a beaucoup de rapports avec une substance trouvée en 1786, par M. Gillet-de-Laumont, dans la mine de plomb d'Huelgoet, départem. du Finistère, et désignée par lui sous le nom de *sel acide phosphorique martial*, laquelle contient aussi de l'acide sulfurique, comme M. Descotils s'en est assuré. (*Gillet-de-Laumont*, J. des M., t. 23, p. 221 et suiv.)

Fer hydro-oxydé. *V.* Fer hydraté.

Fer hydro-oxydé sulfaté. *V.* Fer hydrato-sulfaté résinoïde.

Fer hyperoxydé. M. Tondi a désigné, sous ce nom, les minerais de fer oxydé à raclure jaune. *V.* Fer hydraté.

Il conviendroit mieux au fer oxydé au *maximum*, de M. de Bournon, si, comme le pense ce savant, il diffère en effet du *fer oligiste*. *V.* Fer oxydé au maximum.

FER LENTICULAIRE. *V*. FER OLIGISTE et FER CARBONATÉ.

FER DE L'ILE D'ELBE (MINE DE). *V*. FER OLIGISTE.

FER LIMONEUX, ou MINE DE FER LIMONEUSE. Variété de *Fer hydraté* mélangé de substances terreuses, et notamment d'alumine et de silice, à laquelle appartiennent les *aétites* ou *pierres d'aigle*, le *Fer pisiforme*, etc. *V*. FER HYDRATÉ.

FER MAGNÉTIQUE, *Magneteisenstein* des minéralogistes allemands. *V*. FER OXYDULÉ.

FER MALLÉABLE NATIF. *V*. FER NATIF.

FER MÉTÉORIQUE. *V*. aux mots FER NATIF et MÉTÉOROLITHES.

FER MICACÉ ou ÉCAILLEUX, *Eisenglimmer* des Allemands. *V*. FER OLIGISTE et FER OXYDÉ AU MAXIMUM.

FER MINÉRALISÉ PAR LE SOUFRE, PYRITE. *V*. FER SULFURÉ.

FER MURIATÉ, *Pyrodmalith* de Haussmann; *Pyrosmalith*, Karsten; *Muriate de fer natif*, Jameson. Le nom de *Pyrodmalith*, donné d'abord à ce minéral, signifie *odorant par l'action du feu;* il rappelle une de ses propriétés les plus remarquables, qui est d'exhaler une très-forte odeur de chlore (acide muriatique oxygéné), par le feu du chalumeau, sous l'action duquel il se réduit en une matière brune attirable à l'aimant, qui est de l'oxyde de fer presque pur.

Pour se conformer aux progrès de la chimie, il faudroit aujourd'hui nommer le composé ferrugineux dont il s'agit, FER CHLORURÉ.

Le fer muriaté ou chloruré cristallise en prismes à six pans, quelquefois très-courts, et ressemblant alors à des lames hexaèdres, ou en prismes hexaèdres, dont les arêtes des bases sont remplacées par des facettes. Ces prismes se divisent très-nettement dans le sens de leurs bases. Leur couleur est le brun clair ou le gris-verdâtre, avec un éclat un peu nacré; ils sont translucides sur les bords.

On le trouve aussi en petites masses laminaires.

Sa dureté n'est pas très-grande, et il est facile à briser; sa poussière est blanche, nuancée de brun. Sa pesanteur spécifique est de 3,081.

Il est insoluble dans l'eau. L'acide hydro-chlorique (muriatique) le dissout en laissant un résidu siliceux peu abondant. Il devient attirable à l'aimant par l'action du feu. *Voyez* plus haut.

Cette nouvelle espèce du genre FER a été découverte par MM. Henry, Gahn et Clason, dans la mine de Bjelke, à Nordmark, près de Philipstadt, dans le Wermanland, province de Suède, où elle accompagne le fer oxydulé, avec le spath calcaire et l'amphibole, tantôt laminaire et tantôt cristallisé.

M. Haussmann en a publié le premier la description dans les *Ephémérides* de Moll, t. 4, p. 390. *Voy.* la *Minéralogie* de Jameson, t. 3, p. 311.

Lors de l'éruption du Vésuve de 1805, M. Robinson a recueilli à la surface de la lave vomie par ce volcan, et surtout dans le voisinage des *Fumeroles* (voyez ce mot), des concrétions salines d'un jaune roussâtre, qui étoient imprégnées de muriate de fer.

Le célèbre Davy a obtenu un produit qui a de l'analogie avec le fer muriaté natif, en soumettant du fer à l'action du gaz muriatique oxygéné, dans une cornue de verre vert, de trois à six pouces cubes de capacité, chauffée par une lampe à esprit-de-vin. *Voyez* le Bulletin des Sciences, t. 2, p. 345, ou les Annales de Chimie, n.os 234 et 235.

FER NATIF. L'existence de ce métal à l'état natif a été long-temps révoquée en doute ; mais les témoignages sur lesquels elle s'appuie sont si respectables, qu'elle est aujourd'hui généralement admise. Seulement on distingue parmi les échantillons de ce minéral, ceux qui ont été trouvés enfouis dans le sein de la terre et qui appartiennent au *fer natif* proprement dit, de ceux d'origine problématique que l'on a rencontrés à sa surface, en masses plus ou moins considérables. (Nous parlerons de ces derniers en traitant du *fer natif météorique*). Le *fer natif volcanique*, l'*acier pseudo-volcanique* et le *fer natif météorique* sont aussi considérés à part.

Les caractères de ces différens fers sont à peu près les mêmes que ceux du fer forgé, rapportés plus haut, p. 348.

On a remarqué cependant qu'ils étoient, en général, moins oxydables que lui, un peu plus malléables et d'une couleur plus claire. Ceci a particulièrement lieu pour le fer météorique, et paroît dû à la présence du nickel qu'il renferme constamment.

FER NATIF proprement dit. (Fer malléable natif, Romé de l'Isle ; *Gediegen Eisen*, Lehman ; *Tellur Eisen*, Werner ; Fer natif terrestre, Jameson ; Fer natif, Brochant). Les échantillons en sont fort rares.

M. Karsten a décrit, dans le Muséum de Leske, celui de Kamsdorf, qui a été trouvé au milieu d'une masse de mine de fer brune (fer hydraté), mélangée de fer spathique et de baryte sulfatée. Suivant Klaproth, il contient six centièmes de plomb et un centième et demi de cuivre.

Nous devons à M. Schreiber la connoissance de celui de la montagne appelée le Grand-Galbert, dans la paroisse d'Oulle, à deux lieues d'Allemont, département de l'Isère, et qui a été trouvé par lui à quatre mètres (environ 12 pieds) de profondeur, dans un filon composé de mine de fer hépatique, de fer oxydé fibreux, de quarz, et de terre argileuse, le tout encaissé dans le gneiss. (*V.* le Journal de Physique, t. 42, pag. 3 et suiv.)

Lehman, dans son *Traité de la formation des métaux*, t. 2, p. 131, cite, en parlant de ce métal, un morceau considérable de fer natif trouvé, par Margraff, dans les mines d'étain situées entre Eibenstock et Johann-Georgenstadt en Saxe. Il en est également question dans les notes de Diétrich sur les lettres de Ferber, p. 19.

Les anciens minéralogistes, et Vallérius en particulier, font mention d'un fer natif cubique trouvé au Sénégal, et dont les Maures fabriquent divers instrumens.

Une observation très-curieuse est celle de M. Wollaston, qui a reconnu dans le fer natif du Brésil une tendance à se briser suivant les faces de l'octaèdre et du tétraèdre réguliers, ou suivant celles du rhomboïde résultant de la combinaison de ces deux formes. (*Annales de Chimie et de Physique*, tom. 2, pag. 379.)

Enfin, M. Proust a trouvé ce métal disséminé en très-petites parcelles dans plusieurs échantillons de fer sulfuré d'Amérique.

On dit aussi en avoir rencontré dans l'île de Bourbon, enveloppé, comme celui d'Oulle, de fer hydraté brun. (*Brongniart.*)

II. Fer natif volcanique. Le fer natif volcanique a été découvert par M. Mossier, vers 1770, dans le fond d'un ravin creusé par les pluies sur la face méridionale de la montagne de Graveneire, à travers les laves scorifiées dont elle est composée en grande partie. Cette montagne est distante de Clermont-Ferrand d'environ une lieue au sud-est. La masse de fer, après avoir été dépouillée d'une croûte d'oxyde rouge de plusieurs pouces d'épaisseur, pesoit encore huit livres et quelques onces. Elle étoit cellulaire comme la lave la plus scorifiée. (*Extrait d'une lettre de M. Mossier.*)

M. J.-B. Roch, ancien chirurgien-major de légion à l'Ile-de-France, auquel nous devons la connoissance du fer phosphaté de cette même île, nous apprend, dans une note, que l'on trouve des morceaux de fer malléable dans l'île de Madagascar, notamment dans le pays des Avas et des Amboilambes, et que les naturels les forgent et en fabriquent des fers pour les noirs. Il tient ce fait de M. Mayeur, ancien officier de la compagnie de Binowski à Madagascar, qui a fait pendant vingt-six ans de nombreux voyages dans l'intérieur de l'île, où il alloit en traite chez les Avas et les Amboilambes. Les parties de l'île où se trouve ce fer malléable paroissent avoir été volcanisées.

III. Fer natif météorique, *Meteoreisen*, Karsten. Le fer natif météorique est disseminé ordinairement sous la forme de globules ou de grains, dans les masses pierreuses, nommées *céraunites*, *pierres de tonnerre*, *aërolithes*, *bolides*, *météorolithes*, etc., qui tombent de temps en temps de l'atmosphère et proviennent d'un globe enflammé dont l'apparition a précédé leur chute. Plusieurs savans, à la tête desquels on doit placer le celèbre Chladni, rangent parmi les aërolithes la masse de fer trouvée en Sibérie, dont Pallas a parlé le premier, et celle qui a été observée dans l'Amérique méridionale par dom Michel Rubin de Celis. (Haüy, *Tab. compar.*, p. 269.)

« C'est dans les environs de Durango ou Guadiana (Nouvelle-Biscaye), que se trouve isolée dans la plaine, cette énorme masse de fer malléable et de nickel, qui, dans sa composition, est identique avec l'aërolithe tombé, en 1751, à Hraschina, près d'Agram en Hongrie. On assure que cette masse de Durango pèse près de 1900 myriagrammes, ce qui est 400 de plus que l'aërolithe découvert à Olumpa dans le Tucuman, par M. Rubin de Celis. Un minéralogiste distingué, M. Sonnenschmidt, qui a parcouru une bien plus grande partie du Mexique que moi, a aussi reconnu en 1792, dans l'intérieur de la ville de Zacatecas, une masse de fer malléable d'un poids de 97 myriagrammes Il l'a trouvée, dans ses caractères extérieurs et physiques, entièrement analogue au fer malléable décrit par le célèbre Pallas. » (*Humboldt*, t. 1, p. 293.)

IV. Acier natif pseudo-volcanique. Nous en avons donné la description à la suite du mot Acier, tom. 1, pag. 148.

Nous possédons un échantillon de la matière pierreuse pseudo-volcanique, d'un gris-bleuâtre, de la Bouiche, dans laquelle est enchatonné un globule de cet *acier natif*, dont la surface, un peu oxydée, est chargée de stries entre-croisées, comme on en observe sur les culots de la même matière qui ont été obtenus par des procédés métallurgiques.

La masse de fer de Sibérie, indiquée ci-dessus, a été trouvée dans la contrée de Kranznajark sur la cime d'une haute montagne, entre l Oubei et le Sisim, et dans le voisinage d'un filon de mine de fer noire compacte; elle étoit entièrement isolée. Ce bloc, au rapport de Pallas, paroissoit avoir eu une croûte rude et ferrugineuse, qui en a été détachée pour en enlever des fragmens. Cette croûte ôtée, le reste de la masse est un fer doux, blanc dans ses brisures et plein de trous comme une éponge grossière. Ces trous sont remplis par une matière vitreuse d'un jaune brunâtre ou verdâtre et transparente. On ne parvient qu'avec beaucoup de peine à en détacher des morceaux un peu volumineux. Le cabinet de l'Académie impériale de Saint-Pétersbourg en possède un qui pèse environ un pound ou quarante livres. La masse totale pesoit, quand elle fut découverte en 1749, par le cosaque Medvedef, environ 1600 livres russes. Suivant les Tartares du voisinage, elle étoit tombée du ciel. (*Voyages de Pallas*, t. 6, p. 349 et suiv.)

Il a été émis sur l'origine de cette masse de fer plusieurs opinions très-différentes, que nous nous contenterons d'indiquer. La première est celle de Pallas, qui la regardoit comme un fer naturel, très-doux, sorti de l'atelier de la nature (ce sont ses expressions), et qui a été mis à découvert et dégagé de ce qui l'entouroit par la décomposition de la roche qui la renfermoit. Patrin, qui a visité la montagne où a été trouvée ladite masse, pense que pour expliquer le phénomène de cette mine de fer convertie en fer malléable, on pourroit supposer qu'une portion du filon se trouvant à découvert et isolée du reste de sa masse par des veines de quarz, a reçu la décharge entière d'une nuée électrique, et qu'elle a été fondue par la foudre. Selon M. Deluc (*Journ. des Min.*, t. 11, p. 219), on ne peut douter que cette masse ne soit un produit des fourneaux employés aux anciennes exploitations de la mine ; enfin M. Chladni croit, comme nous l'avons vu plus haut, que le bloc de Sibérie est réellement tombé du ciel, comme les Tartares l'ont dit à Pallas. (*V. Journal des Mines*, t. 15.) En effet, le fer de cette masse contient, comme celui des *météorolithes*, une certaine quantité de nickel ; M. Laugier vient d'y reconnoître la présence de 5 pour 100 de soufre qui avoit échappé jusqu'ici aux recherches des chimistes les plus exercés aux analyses. D'après une analyse ancienne de Meyer, et d'après d'autres analyses plus récentes, la matière vitreuse qui garnit ses cavités a beaucoup d'analogie avec le péridot dont elle présente presque tous les caractères ; d'où il résulte que cette masse célèbre est bien réellement le produit de la fusion, mais n'a pu être produite (malgré l'assertion d'un naturaliste célèbre) par le feu de nos fourneaux.

M. Klaproth n'a trouvé qu'un et demi pour cent de nickel dans le fer de Sibérie, et environ trois un quart du même métal dans les masses d'Agram et de Mexico.

La présence de ce corps a été également reconnue dans une masse de fer conservée depuis plusieurs siècles dans la maison-de-ville d'Elbogen en Bohême, et qui est aujourd'hui déposée dans le Muséum impérial de Vienne. Elle pesoit, quand elle fut découverte, environ 190 livres. M. le docteur Reuss, de Bilin, qui l'a examinée en 1811, la regarde comme un météorolithe. Sa description et son analyse ont été publiées dans le *Journ. de Chimie* de Schweigger, et dans la *Bibliothèque Britannique*.

Le savant directeur du Musée impérial de Vienne, M. le chevalier de Schreibers, a fait une observation très-curieuse sur ce même fer, et à laquelle se rapporte celle de M. Wollaston citée plus haut; c'est que si, après avoir fait agir l'acide nitrique sur une de ses faces, après qu'elle a été polie, et qu'on l'examine ensuite, ou qu'on en tire une empreinte avec de l'encre d'imprimerie, cette surface ou le papier sont couverts de stries qui s'entre-croisent en laissant entre elles des intervalles rhomboïdaux ou tétraèdres, et qui indiquent la structure de la masse.

Cette structure se remarque à la surface même de la masse de fer. Il en existe un échantillon dans le Cabinet du Roi : c'est un présent de S. M. l'Empereur d'Autriche.

L'une des plus remarquables des masses de fer, parmi toutes celles que l'on a citées, est celle dont parle le docteur Bruce dans son Journal minéral américain. Elle pèse 3000 livres, et a été observée près de la rivière Rouge, dans la Louisiane. La pesanteur spécifique de ce fer est de 7,4 ; il contient du nickel, d'après les expériences de M. le professeur Silliman et du colonel Gibbs.

Fer natif de Sibérie. *V.* plus haut.

FER OLIGISTE, Haüy. Nous continuerons de comprendre sous ce nom tous les minerais de fer qui donnent une poussière rouge par la raclure, quoiqu'il soit très-probable qu'ils appartiennent à deux espèces distinctes, et dont les formes sont incompatibles dans un même système de cristallisation.

Suivant M. le comte de Bournon, le nombre des minerais qui dépendroient du Fer oligiste seroit extrêmement circonscrit; il comprendroit seulement *la mine de fer grise*, de l'île d'Elbe, *celle de Framont* et le *fer spéculaire* des volcans ; le *fer micacé*, l'*hématite rouge*, et les autres minerais de cette couleur feroient partie de la seconde espèce. *V.* Fer oxydé au maximum.

Les cristaux ou les masses métalloïdes de fer oligiste sont légèrement attirables à l'aimant, et ont une pesanteur spécifique d'environ 5. Leur cassure est conchoïde et éclatante, surtout dans les variétés dites spéculaires; leur couleur est le gris d'acier, tirant sur le noir de fer, quand elle n'est pas masquée par un enduit irisé, ce qui a lieu assez communément. La poussière obtenue par la raclure ou la trituration est d'un brun-rougeâtre. Ils rayent le verre et se cassent assez facilement.

La forme primitive de cette espèce est un rhomboïde un peu aigu de 87° et 93°.

Les joints naturels des cristaux ne sont guère sensibles qu'à la lumière d'une bougie ; mais il y a des masses laminaires qui se divisent avec assez de facilité. (*Haüy.*)

Les variétés *fibreuses* ou *compactes* ne font point mouvoir le barreau aimanté ; mais toutes en deviennent susceptibles après avoir été échauffées, même les variétés argilifères ; leur couleur est le brun-rougeâtre ou le rouge. Elles prennent un aspect métalloïde à l'endroit où elles ont été limées, et leur poussière est plus rouge que celle des cristaux.

Le nombre des variétés de formes que présentent les cristaux de fer oligiste est assez considérable; les plus communs sont ceux de l'île d'Elbe, dont la surface est presque toujours irisée, et dont les groupes sont recherchés depuis longtemps pour l'ornement des collections. Il y en a de très-nets et d'un volume remarquable : ce sont des modifications du rhomboïde primitif dans lesquelles l'empreinte de ce solide subsiste toujours ; en quoi ils diffèrent de ceux de Framont et du Saint-Gothard qui se présentent sous la forme de tables hexaèdres à biseaux, et de ceux du Stromboli et de l'Auvergne qui ressemblent à des segmens d'octaèdres, et sont le plus communément en lames minces et étendues à surface miroitante, d'où leur est venu le nom particulier de *fer spéculaire.*

A Viel-Sam, département de l'Ourthe, on le trouve très-bien cristallisé sous la forme *basée*; il y est en parties assez considérables, d'un gris d'acier très-brillant, qui rappelle les beaux échantillons de Suède. A Bihin, canton de Houffalize, département des Forêts, il est en masses laminaires. (*J.-J. Omalius d'Halloy.*)

Le fer oligiste de l'île d'Elbe affecte aussi la forme *lenticulaire;* quelquefois encore il est en petites lames minces entre-croisées et posées de champ sur la masse.

C'est en Suède que se trouve la variété *laminaire* dont la surface est chargée de stries, suivant lesquelles la division mécanique s'opère avec beaucoup de netteté.

Il y a aussi du fer oligiste *écailleux* ou *micacé,* faisant agir le barreau aimanté, et qui n'appartient pas au fer micacé ordinaire dont la raclure est très-rouge; et de *compacte* ou à grain très-fin ; tel est celui de Framont.

Toutes ces modifications du fer oligiste métalloïde sont des variétés du *Fer éclatant* ordinaire, *Gemeiner Eisenglanz* de

Werner et de Karsten, à l'exception de l'écailleuse qui dépend du fer micacé, *Eisenglimmer* des mêmes.

Parmi les autres sortes de mines de fer rapportées au fer oligiste par M. Haüy, on distingue principalement :

1.° L'*hématite rouge* (*Rother Glaskopf*, Wern.; *Fasriger Roth Eisenstein* ou *mine de fer rouge fibreuse* de Karsten); en masses concrétionnées, tantôt cylindriques et tantôt mamelonnées, d'un brun rougeâtre, à textures fibreuses, et composées de couches concentriques assez facilement séparables; elle est plus pesante que l'*hématite brune* qui est une variété du *fer hydraté*.

Cette variété existe en quantité considérable en Saxe; elle est encore assez commune en Bohème, dans la Silésie, au Hartz et dans le Palatinat. On en a trouvé aussi dans plusieurs parties de l'Angleterre et de l'Ecosse, en Sibérie et au Mexique.

2.° La *mine de fer micacé* (*Eisenglimmer* de Werner: *Schuppiger Eisenglanz* de Karsten), en lames plus ou moins étendues, très-minces, ordinairement ondulées et comme plissées, éclatantes et d'un gris d'acier. Les plus minces, vues par réfraction, sont d'un beau rouge; c'est aussi la couleur de leur poussière.

L'*Eisenrahm rouge* de Werner (fer oligiste *luisant*, Haüy; *Schuppiger Rotheisenstein*, Karsten) paroît n'en être qu'une modification. M. le comte de Bournon lui rapporte également l'*Eisenrahm brun*, dont les parcelles isolées sont rougeâtres, mais qui est souvent mélangé de fer hydraté terreux.

3.° Le *fer rouge terreux* (*Rothe Eisenoker*, W.; *Ochriger Roth-Eisenstein*, K.) en masses terreuses, plus ou moins friables, salissant les doigts en rouge ou en brun rougeâtre, mais beaucoup moins que la variété de fer argileux rouge, connue vulgairement sous le nom de *sanguine* ou *crayon rouge*.

Cet oxyde rouge de fer, est assez rare, et se trouve principalement à Irgang près de Platten, en Bohème.

Relativement aux gisemens généraux de l'espèce, *V.* à la fin de l'article qui suit.

Fer oligiste ou oxydé rouge, argilifère. Cette sous-division de l'espèce précédente rassemble plusieurs sortes de minerais ferrugineux, réunies sous la dénomination de *fer argileux*, *Thoneisenstein*, dans la Minéralogie allemande, mais les variétés d'une couleur rouge seulement.

La première est la *sanguine* ou *crayon rouge* (*Roëthel*, W.; *Ochriger Thoneisenstein*, K.). Sa pesanteur spécifique est seulement de 3 à 3,6; elle est douce au toucher, tendre et facile à tailler avec le couteau ; son grain est très-fin, et sa poussière s'attache aux doigts, qu'elle tache fortement : elle n'a pas d'action sur l'aiguille aimantée, avant d'avoir été chauffée.

On exploite cette substance, qui est l'objet d'une branche importante de commerce dans plusieurs parties de l'Allemagne, et notamment en Hesse, en Thuringe, en Silésie, dans le pays de Salzbourg, et à Tholey, canton de Saint-Vendel, dans le pays de Trèves.

La seconde, le *fer argileux lenticulaire rouge* (*Linsenformiger Thoneisenstein*, W.; *Koerniger Thoneisenstein*, K.; *Korniger Blutstein*, Haussman), est en masses, toutes composées de grains aplatis ou de petites lentilles, et présente la plupart des caractères de la variété précédente. Le fer hydraté argilifère affecte quelquefois la même forme ; mais il ne se trouve pas dans les mêmes circonstances géologiques que la variété rouge qui appartient à des terrains plus anciens.

Cette seconde variété se trouve principalement en Bohème.

Enfin, la troisième ou le *fer bacillaire* (*Stanglicher Thoneisenstein*, W. et K., *Stanglicher Blutstein*, Haussman; fer argileux scapiforme, Brochant), est d'une couleur terne, tirant tantôt sur le rouge de brique, et tantôt sur le brun rougeâtre. Sa masse est fendillée et composée de prismes déliés parallèles, droits ou courbes, plus ou moins faciles à séparer, et qui imitent la disposition de certaines masses basaltiques.

Cette variété, qui est rare, paroît due à l'action du feu des pseudo-volcans qui auroit agi sur des masses terreuses de fer argileux commun. Elle est magnétique. On la trouve en Bohème et près de Dutweiler, et dans le Palatinat du Rhin, avec le jaspe porcelaine et l'argile brûlée. Elle existe aussi dans l'île d'Arran. (*Jameson.*)

Les variétés de fer oxydé rouge argilifère que nous venons d'examiner, contiennent toutes une certaine quantité d'eau, comme le prouvent les analyses de MM. Lampadius et Brocchi, mais qui probablement n'est pas intimement combinée, puisqu'elle n'influe pas sur la couleur de l'oxyde.

Le premier de ces savans a trouvé dans la variété *lenticulaire* rouge de Radnitz, en Bohème : oxyde de fer, 64 ; alumine, 23 ; silice, 7,5 ; eau, 5. Le second a retiré d'un échantillon de *fer bacillaire*, du même pays : oxyde de fer, 50 ; silice, 32,50 ; alumine, 7 ; eau, 13.

Le fer oligiste *métalloïde* (*Eisenglanz*, W.) se rencontre en lits subordonnés à ceux du schiste micacé, à Jawernik en Silésie. Il forme aussi des montagnes particulières, comme à l'île d'Elbe où il recouvre le granite. On le trouve dans les veines, à Irgang en Bohème. Il accompagne le fer spathique et le titane oxydé fibreux, à Pesay. Le quarz et la chaux carbonatée sont les substances auxquelles il est le plus communément associé. Il est fréquemment en cristaux de la plus grande beauté avec l'anatase et le feld-spath, à la gorge de la Selle près de Saint-Christophe en Oisans (*Héricart.*) Ses différentes variétés appartiennent pour la plupart aux montagnes anciennes. On le trouve dans la Nouvelle-Espagne, en Norwège, en Suède, en Espagne, en Sardaigne, en France, etc., etc. Il existe encore sous la forme de cristaux et de lames parmi les produits volcaniques et notamment au Stromboli, et en France, dans le département du Puy-de-Dôme. — Le fer oligiste *rouge* (*Rotheisenstein*, W.), soit massif, soit concrétionné, se trouve en beaucoup d'endroits de la Saxe et de la Bohême, au Hartz, dans la Hesse, en Sibérie, en France et en Angleterre dans le Lancashire, au Mexique, etc.; tantôt dans les filons, et tantôt dans des couches; ordinairement dans des terrains primitifs (notamment dans le schiste micacé, *Tondi*). Il est quelquefois accompagné de fer oligiste écailleux et très-communément de fer oligiste *terreux* (*Brochant*, t. II, p. 253, 256 et 257.) — Le fer oligiste *argilifère*, compacte ou globuliforme, appartient aux montagnes stratiformes dans lesquelles il se trouve en couches dans le schiste argileux de cette époque, avec l'ocre de fer, et quelquefois avec le plomb sulfuré, le zinc oxydé, etc. (*Id.*, *ibid.*, p. 278.) — La variété *bacillaire* existe dans le voisinage des pseudo-volcans. *V.* plus haut.

Les minerais de ce genre fournissent d'excellent fer et en grande quantité. Tout le monde connoît la célèbre mine de l'île d'Elbe, féconde, suivant l'expression de Virgile, en veines inépuisables d'acier. Le savant Père Pini en a donné la description dans un ouvrage publié en italien sous le titre d'*Observations minéralogiques sur la mine de fer de Rio*, etc., Milan, 1777. M. de Vialis, en a donné une traduction dans le J. de Phys. de 1778, t. 12, p. 413 à 438. Celle de Framont dans les Vosges est de la même nature. On en trouve également en Suède et en Norwège où les mines de fer oxydulé abondent plus particulièrement. Ces dernières rendent aussi une plus grande quantité de fer par quintal, 80 et jusqu'à 85 pour 100. C'est par comparaison avec elles que M. Haüy a donné à l'espèce qui vient de nous occuper l'épithète d'*oligiste*, laquelle signifie, *peu abondant en métal*, quoiqu'elle soit susceptible de fournir de 60 à 70 pour 100. Les minerais argileux rouges de la Bohême produisent environ 60 pour 100, et les bruns ou hydrates, seulement 30 à 40.

FER OXYDÉ. On comprenoit autrefois sous ce titre plusieurs sortes de minerais de fer très-différentes, et notamment ceux qui donnent par la raclure une poussière jaune-roussâtre et ceux qui en donnent une d'un rouge plus ou moins vif. Les premiers appartiennent au FER HYDRATÉ, et les seconds au FER OLIGISTE. *V.* ces mots.

Ce nom ne se rapporte aujourd'hui à aucune espèce déterminée, depuis qu'on a reconnu que l'eau formoit un des principes essentiels des mines de fer brunes, soit fibreuses, soit compactes, et qu'on devoit les considérer comme de véritables hydrates; à moins qu'on ne l'applique au *fer oligiste*, comme l'a fait M. Tondi.

Le fer oxydé au *maximum* de M. de Bournon, constituant une nouvelle espèce, pourroit être appelé *fer hyperoxydé.*

FER OXYDÉ (AU MAXIMUM) ou FER HYPEROXYDÉ, de Bournon; *Rotheisenstein*, de Werner; Fer oxydé rouge, Brongniart.

Karsten et la plupart des minéralogistes étrangers avoient indiqué, depuis long-temps, le *cube* et plusieurs de ses modifications parmi les variétés de formes de la *mine de fer rouge compacte*, *Dichter Rotheisenstein* de Werner; mais on avoit cru que c'étoient des pseudo-cristaux. M. le comte de Bournon pense que la forme cubique caractérise essentiellement l'*oxyde rouge de fer*, qui présente d'ailleurs des caractères différens du *fer oligiste.* Celui-ci est attirable à l'aimant et sa forme primitive est un rhomboïde aigu; il est aussi spécifiquement plus léger et d'une plus grande dureté.

Le *fer hyperoxidé* n'agit pas sur le barreau aimanté, dans l'état ordinaire; sa cassure est conchoïde et à l'éclat métallique quand il est cristallisé; communément elle est granulaire ou terreuse : sa poussière est d'un rouge bien plus décidé que celle du fer oligiste qui tire sur le brun rougeâtre. L'éclat de la surface des cristaux est demi-métallique.

Le savant minéralogiste que nous avons cité, rapporte à cette nouvelle espèce les minerais de fer à raclure rouge, que M. Haüy place encore à la suite du fer oligiste, et notamment l'*hématite rouge*, l'*Eisenrham*, le *fer micacé*, le *fer rouge terreux*, etc. *V.* son *catalogue*, p. 271 et suiv.

Nous avons décrit ces diverses variétés à la suite du fer oligiste *métalloïde*. *V.* plus haut FER OLIGISTE.

M. Bucholz ayant analysé des cristaux cubiques de fer rouge compacte de Toeschnitz en Thuringe, en a retiré : fer, 70,5; oxygène, 29,5. *Journ. des Min.*, t. 22, p. 435.

FER OXYDÉ ARGILIFÈRE. *V.* FER HYDRATÉ ARGILIFÈRE.

FER OXYDÉ CIRROGRAPHIQUE. Nom donné par M. Haüy à la *Terre-d'Ombre*. *V.* plus haut, pag. 371.

FER OXYDÉ, des lacs, des marais, des prairies, etc. *V.* FER HYDRATÉ ARGILIFÈRE.

FER OXYDÉ-ÉPIGÈNE. V. FER HYDRATÉ ÉPIGÈNE.

FER OXYDÉ RÉSINITE. V. FER HYDRATO - SULFATÉ RÉSINOÏDE.

FER OXYDÉ NOIR VITREUX. V. FER HYDRATÉ RÉSINOÏDE.

FER OXYDÉ ROUGE, *Rotheisenstein* des Allemands, V. FER OLIGISTE et FER OXYDÉ AU MAXIMUM.

FER OXYDÉ TERREUX VERT, *Grün eisenerde* de Werner et de Karsten. Ce minéral, qu'il ne faut pas confondre avec le *talc terreux vert*, *Grünerde* des mêmes minéralogistes, est d'un jaune nuancé de verdâtre et a été souvent pris pour du nickel ou du bismuth oxydés.

Il a encore beaucoup de ressemblance avec le *cuivre vert terreux;* mais il ne contient pas de cuivre.

L'action du feu le fait devenir brun; il colore en jaune verdâtre le verre de borax.

On le trouve à Braunsdorf et à Schneeberg en Saxe, où il accompagne le quarz, le fer sulfuré et le bismuth natif; et suivant M. Flurl dans le Palatinat.

FER OXYDULÉ, Haüy, *Magneteisenstein*, Werner; (Fer à l'état métallique non-malléable, ou Ethiops natif, Fer noirâtre phlogistiqué, Aimant, Romé de l'Isle; Fer noir, De Born; Mine de fer noirâtre attirable à l'aimant, Fer oxydé noir magnétique, Fer oxydé au minimum, Delamétherie; le Fer magnétique, Brochant; Deutoxyde de fer, Thenard.)

Les différentes variétés du fer oxydulé exercent une action très-marquée sur le barreau aimanté, et donnent par la raclure ou la trituration une poussière noire; ces caractères suffisent pour les faire distinguer de tous les autres minerais de ce genre.

Elles sont insolubles dans l'acide nitrique, et infusibles au chalumeau, sans addition. Leur pesanteur spécifique varie de 4,2437 à 4,9394, suivant Haüy, et jusqu'à 5,4, selon Ullmann.

Cent parties de fer oxydulé sont composées de 71,86 de peroxyde de fer, et de 28,14 de protoxyde. (*Berzelius*).

Le fer oxydulé en cristaux ou en masses granulaires est d'un noir de fer tirant sur le gris d'acier; la surface de ce dernier est quelquefois irisée.

Il est assez dur; mais facile à briser. Sa cassure est inégale, à grains fins, et plus rarement unie ou conchoïde; ceci a lieu particulièrement pour les cristaux.

Sa forme primitive est l'*octaèdre régulier*, dont ses cristaux présentent plusieurs modifications.

Ils sont ordinairement petits et disséminés dans diverses gangues pierreuses, dont on les extrait plus ou mois facilement. La forme *primitive*, simple ou cunéiforme, est la plus commune ; les autres, telles que l'*octaèdre*, dont les arêtes sont remplacées par des facettes, et le *dodécaèdre*, sont plus rares, et adhèrent presque toujours au fer oxydulé compacte. Ces derniers ont beaucoup de ressemblance avec certains grenats ; leur surface est striée ; celle des cristaux octaèdres est lisse.

Certains morceaux de fer oligiste métalloïde granulaire, de Suède, renferment des cristaux ou de petites masses lamellaires de fer oxydulé, qui s'en distinguent facilement par leur couleur plus obscure, et surtout par leur poussière.

D'autres échantillons de fer oxydulé à gros grains, du même pays, contiennent des cristaux de corindon basé, de la chaux phosphatée, des grenats, etc.

Ce minéral est quelquefois en masses fibreuses; tel est celui du royaume d'Oaxaca, dans la Nouvelle-Espagne, décrit par M. de Humboldt, et qui s'y trouve en association avec le fer sulfuré magnétique, dans des veines qui traversent le gneiss.

Le fer oxydulé, à grains très-fins ou *compacte*, affecte quelquefois une forme prismatique ; il est en masses considérables en Suède, et dans la montagne de Cogne, en Piémont. Cette dernière mine, dit M. d'Aubuisson, est peut-être la plus riche de l'univers ; elle présente l'image d'une carrière de fer qu'on exploite à ciel ouvert. Le minerai est du fer oxydulé entièrement pur à quelques endroits : il y est à très-petits grains, quelquefois entièrement compacte. Il y forme une masse qui m'a paru être une couche courte et fort épaisse ; elle a plus de vingt-cinq mètres (soixante-quinze pieds) de puissance dans l'endroit où est l'exploitation. Cette sorte de gîte de minerai est désignée par les Allemands sous le nom de *Liegendes Stock*, *Bloc couché*. (*D'Aubuisson*, J. des M. t. 22, p. 162.)

L'une des variétés les plus intéressantes de cette espèce, est celle qui porte particulièrement le nom d'*aimant*, et qui est connue de tout le monde par l'énergie avec laquelle elle attire le fer. Elle est noire ou d'un brun-noirâtre très-foncé ; sa cassure est granulaire et peu brillante ou terne. Certaines *pierres d'aimant*, garnies de leur armure, supportent des poids considérables relativement à la petitesse de leur volume. Bomare en cite une du poids de douze onces, que l'on montroit en Hollande, en 1702, et qui tenoit en suspension un poids de vingt-huit livres; et une autre, de son propre cabinet, ne pesant, avec son armure, que trois gros et demi, et qui enlevoit facilement neuf onces. La plupart des traités de physique renferment des exemples de ce genre encore plus surprenans.

L'*aimant*, en latin *Magnes*, a porté des noms très-différens. Il a été nommé anciennement *Pierre de Lydie* ou d'*Héraclée*, parce qu'on le trouvoit en Lydie; *Pierre herculienne* et *Pierre nautique*, à cause de son usage dans la navigation; *Siderites*, etc. On en a aussi indiqué de couleur très-variée, parmi lesquels plusieurs ne sont pas de véritables aimans. En général, les morceaux bien purs et d'un volume un peu remarquable sont rares; l'un des plus grands que nous connoissions, et peut-être le plus grand, existe dans le cabinet du roi des Pays-Bas, il pèse environ cent livres.

Nous ne nous étendrons pas davantage sur cette substance, dont il a déjà été parlé dans ce Dictionnaire. *Voyez* AIMANT.

L'on en connoît aussi de *terreux*, d'un brun-noirâtre, et dont le magnétisme polaire est très-énergique. (*Haüy*.)

M. Fuchs a découvert, il y a quelques années, dans les mines de Nassau-Siegen, en Franconie, une autre variété très-curieuse de fer oxydulé. Elle est en petites masses terreuses et friables, légères et d'un noir-bleuâtre, tachant les doigts, et à raclure terne. Elle se trouve aussi à Arendal, suivant Jameson, qui la regarde comme un état particulier de décomposition de fer magnétique ordinaire: c'est l'*Eisenschwarze* de Schumacher; le Fer oxydulé *fuligineux* de Haüy, et l'*Erdiger* ou *Ochriger Magneteisenstein* de Haussmann. Elle pèse seulement 2,2, d'après M. Schumacher.

Le fer oxydulé se trouve en lits entiers dans les montagnes d'ancienne formation; dans le schiste micacé à Neustadt en Bohème et dans l'amphibole lamellaire, avec le grenat, le cuivre pyriteux et le fer sulfuré magnétique, au Kugferberg, non loin de Presnitz, dans le même pays.

Il est en lits subordonnés à la serpentine, entre les couches du schiste micacé à Cogne, dans le Piémont (*D'Aubuisson*); et entre le gneiss et la chaux carbonatée, à Orpez dans le même pays. Il forme aussi des montagnes entières ou indépendantes; telles sont en Suède le Taberg, aux Monts-Ourals, le Blagodatski et le Keskanar (*Pallas*, Voyages en Russie, t. 3, p. 226 et 327.); au Pérou le Mont Tuchamanche, etc. Il se rencontre également dans les montagnes primordiales, comme à Tœplitz en Bohème. Il est en cristaux disséminés dans le talc chlorite schisteux, en Corse, en Suède, en Angleterre et ailleurs; dans la chaux sulfatée en Espagne; dans le basalte en Thuringe; dans les fragmens de roches rejetées intactes par le Vésuve, etc. Cette espèce abonde surtout en Suède et en Norwége où elle est l'objet d'exploitations très-importantes. Les mines de fer de Dannemora, les plus riches de l'Europe, sont en Roslagie, province d'Upland, à 11 lieues environ d'Upsal; celles d'Arendal occupent le second rang. (*Jars*, Voyages métallurgiques.) Il en existe encore en Chine, à Siam, aux îles Philippines, dans l'Amérique du Nord, etc., etc.

Les minerais de ce genre rendent 80, et suivant quelques-uns jusqu'à 85 livres de fer par quintal; ils sont faciles à traiter et n'exigent que peu de fondans. Ce sont eux qui fournissent le meilleur fer en barres que l'on connoisse; celui de Dannemora en Suède est particulièrement recherché par les Anglais pour la fabrication de l'acier.

Fer oxydulé titanifère, *Eisensand*, Werner. (Sable ferrugineux des volcans, Faujas; Mine de fer en sable volcanique, Delamétherie; *Sandiger Magneteisenstein*, Karsten; *Magnetischer Eisensand*, Fer magnétique sablonneux, Brochant; Fer oxydulé arénacé, Brard; Fer titané, Cordier.

Il est communément à l'état de sable: les grains un peu gros de ce minéral étant cassés, ont un vif éclat, et leur cassure est conchoïde. Ils sont d'un noir de fer foncé, attirables à l'aimant, etc. *V.* Fer oxydulé.

Il est composé d'environ 80 parties de fer oxydulé, 15 d'oxyde de titane, avec un peu de manganèse et d'alumine, d'après les expériences de M. Cordier.

Suivant cet habile géologue, qui a fait de cette substance l'objet d'un travail particulier et d'un grand intérêt, l'histoire du fer titané est intimement liée à celle des terrains volcaniques, dans lesquels il joue un grand rôle. (*V.* son Mémoire, J. des M. t., 21 et 23).

Le fer oxydulé titanifère se trouve en cristaux disséminés ou en grains dans les basaltes, et sous la forme d'un sable souvent très-fin, et qui n'est quelquefois composé lui-même que de très-petits octaèdres (*Bournon*), dans les terrains d'alluvion qui proviennent de la décomposition des mêmes roches. On en rencontre en beaucoup d'endroits différens de la Saxe, de la Bohème, de l'Angleterre et de la France. Il abonde sur le rivage, au pied de Mont Zaro, dans l'île d'Ischia, et couvre les bords de la mer à Pouzzoles. Il existe en quantité considérable parmi les sables de la baie d'Accul, dans l'île de Saint-Domingue et sur la grève de Saint-Quay, à trois lieues de Saint-Brieux, en Bretagne. Il accompagne le platine et l'or, dans les lavages de sables aurifères du Pérou, le zircon et les grenats dans l'île de Ceylan et au Puy-en-Velay.

Il en vient également des Terres-australes, de la Martinique, de l'île de Bourbon, de Virginie et d'une multitude d'autres lieux. Dans certains pays, et notamment à Naples et en Virginie, on le traite comme mine de fer; celui qu'il fournit est de très-bonne qualité.

Fer pesant. Suivant Romé de l'Isle, on a donné ce nom au *Schéelin ferruginé* ou *Wolfram*. *V.* Schéelin ferruginé.

Fer phlogistiqué. *V.* Fer oxydulé.

FER PHOSPHATÉ, Phosphate de fer des chimistes; *Eisenblau*, Haussmann. On connoît aujourd'hui plusieurs variétés de cette substance, dont les minéralogistes étrangers font autant de sous-espèces.

La variété terreuse, ou friable ou pulvérulente, la première connue, a été nommée *ocre martiale bleue*, ou *bleu de Prusse natif* et *fer azuré*, c'est le *fer terreux bleu* de Brochant, *Blau Eisenerde* de Werner, l'*Erdige Eisenblau* de Haussman.

Il cristallise en prismes à huit pans, terminés par des pyramides à quatre faces, d'après l'observation de M. Haüy qui nomme cette variété *quadrioctonale*.

Le fer phosphaté *laminaire*, en boules radiées ou composées de lames entrelacées, translucides, d'une couleur bleue sale et quelquefois verdâtre, de Sibérie, a été décrit par M. Sage sous le nom de *bleu martial fossile cristallisé* et regardé par d'autres comme un *schorl bleu*. Il a été aussi confondu avec la chaux sulfatée. Haussman le désigne par l'épithète de feuilleté, *Blaettriches Eisenblau*.

Enfin, il y en a aussi de *fibreux*, et de *compacte*, à cassure terne.

Toutes ces variétés ont pour caractère commun d'être solubles sans effervescence dans l'acide nitrique, et de se fondre au chalumeau en un globule brillant, qui brunit par un feu prolongé, et finit par donner sur le charbon une scorie attirable à l'aimant.

Leur poussière est bleue et noircit dans l'huile.

Le fer phosphaté laminaire raye la chaux sulfatée; sa pesanteur spécifique est de 2,6. Sa division mécanique n'a offert jusqu'ici qu'un seul joint très-net, facile à saisir et qui est très-éclatant.

Celui de l'île de France contient, d'après l'analyse de MM. Fourcroy et Laugier : oxyde de fer, 41,25; acide phosphorique, 19,25; eau, 31,25; avec 5 d'alumine; 1,25 de silice : la perte a été de 2 pour 100.

Klaproth a trouvé dans celui d'Eckartsberg : oxyde de fer, 47,50; acide phosphorique, 32; eau, 20; résultat conforme au précédent dans lequel il faut faire abstraction de l'alumine qui provient de la gangue argileuse.

Le fer phosphaté appartient à des époques de formation très-différentes; ainsi, par exemple, il est en aiguilles sur la pyrite magnétique dans une montagne de gneiss, à Bodenmaïs en Bavière; et dans le granite, aux environs de Nantes; et dans la syénite de transition, à Stavern en Norwége, mais il abonde particulièrement dans les terrains plus récens. Il a été trouvé sous la forme de boules composées de lames entrelacées, dans un argile qui renfermoit aussi du fer oxydé argilifère géodique, à l'île de France, près des sources de la rivière de Créoles, d'où il a été rapporté par M. Roch, et dans une argile micacée grise, renfermant des débris de végétaux, près d'Allégras aux environs du Puy. Il est en aiguilles et en masses terreuses dans l'argile et le fer oxydé des lieux marécageux, parmi des débris de corps organisés fossiles, soit animaux, soit végétaux, en Sibérie et à Luxeuil, dans le département de la Haute-Saône. Il existe aussi en globules, à tissu laminaire, dans les pseudo-volcans; tel est celui que M. Mossier a découvert à Labouiche, près de Néry, département de l'Allier. La variété terreuse se rencontre assez communément en petites masses disséminées dans l'argile, ou à la surface des végétaux décomposés, dans les tourbières et les lieux marécageux de différens lieux; en Saxe, en Thuringe, en Pologne, en Ecosse, en Sibérie, etc. La compacte accompagne le fer limoneux des terrains marécageux des environs de New-Jersey, dans l'Amérique septentrionale.

FER SPATHIQUE. *V.* FER CARBONATÉ.

FER SPÉCULAIRE. *V.* FER OLIGISTE.

FER SULFATÉ, *Eisenvitriol*, Karsten. (SULFATE DE FER, anciennement nommé Vitriol martial natif, Vitriol vert, *Couperose verte*, etc. Fer vitriolé, Bergman; Var. du *Natürlicher Vitriol* de Werner.).

La couleur de ce sel, quand il est pur, est le vert clair, tirant sur le vert d'émeraude pâle; mais comme il est fréquemment mélangé de cuivre et de zinc sulfatés, surtout dans les mines, elle varie beaucoup. Il y en a de vert olive et de bleuâtre; la variété fibreuse est blanche.

Sa saveur est très-astringente; il est soluble dans le double de son poids d'eau froide. Une goutte de cette dissolution mise sur la partie intérieure de l'écorce de chêne la noircit aussitôt. Elle précipite en bleu par l'addition du prussiate de potasse. Le sulfate de fer récemment préparé dans nos laboratoires est transparent; sa réfraction est double.

Il a pour forme primitive, un rhomboïde aigu dont les angles plans sont de 79° 50' et 100° 10'. Ses formes secondaires sont au nombre de sept et portent toutes l'empreinte de ce solide. *V.* l'*Atlas du Traité de minéralogie de Haüy.*

M. Beudant, sous-directeur du Cabinet particulier de minéralogie du Roi, s'est assuré, par des expériences directes et faites avec beaucoup de soin, que, non-seulement une grande quantité de sulfate de cuivre, ou de sulfate de zinc, ou de ces deux sels à la fois, n'influoit pas sur la forme des cristaux du sulfate de fer; mais qu'au contraire ce dernier exerçoit une influence telle sur la cristallisation d'un mélange de ces différens sulfates, qu'il en ramenoit la forme à celle de ses propres cristaux. Ce physicien distingué a tiré de l'observation de ces faits, qui ont mérité l'attention de l'Académie royale des Sciences, auxquels l'auteur les a soumis, des conséquences très-intéressantes pour la science en général et pour la cristallographie en particulier. *Voyez* son Mémoire, ou *Annales de Physique* et *de Chimie*, t. 4, p. 72.

Exposés à l'air, les cristaux de ce sel s'y couvrent promptement d'une efflorescence blanchâtre, et finissent par s'y réduire en une poussière jaunâtre.

Desséché et soumis à l'action du feu, dans une cornue, le sulfate de fer se décompose, et on en retire du gaz oxygène, du gaz acide sulfureux, un liquide très-dense et très-acide, et de l'oxyde rouge de fer. C'est de cette manière, que l'on obtenoit autrefois l'acide sulfurique que l'on nommoit alors *huile de vitriol;* le résidu ou l'oxyde rouge, portoit le nom de *Colcothar* ou de *Potée rouge.*

Ce sel est composé, suivant Berzelius, de 25,7 d'oxyde de fer; 28,9 d'acide sulfurique, et 45,4 d'eau pour 100.

On le fabrique de toutes pièces pour les besoins des arts, qui en absorbent d'immenses quantités, ou bien on l'extrait des substances qui en contiennent les matériaux, mêlés à ceux de l'alun, et notamment des schistes pyriteux et des tourbes pyriteuses, à l'aide de la calcination et de la lixiviation.

Le fer sulfaté naturel, produit de l'altération du fer sulfuré, exposé à l'action de l'air et de l'humidité, se trouve en concrétions et en stalactites à Falhun en Suède, à Schemnitz en Hongrie, à Rammelsberg, au Hartz, à Bilbao en Espagne; il y est très-abondant. D'autres fois, il est en petites masses fibreuses, entre les feuillets de l'argile schisteuse, comme à Meisenheim, pays de Deux-Ponts, et à Schneeberg en Saxe. Mais c'est surtout sous la forme d'efflorescences, qu'il se rencontre dans une foule d'endroits, tantôt sur des schistes, tantôt sur des grès et dans les tourbes pyriteuses. Les départemens de la Somme et de l'Oise, en particulier, en fournissent considérablement. Il est employé principalement à la préparation de l'encre pour les teintures en noir, etc., et dans la fabrication du bleu de Prusse. *V.* plus haut, *pag.* 352.

L'oxyde résultant de sa distillation est d'usage en peinture, et sert aussi à polir l'acier.

La MÉLANTERIE ou PIERRE-D'ENCRE de Pline, et la PIERRE ATRAMENTAIRE de Wallerius, sont des schistes argileux plus ou moins imprégnés de fer sulfaté.

FER SULFURÉ. Les anciens minéralogistes, et Bomare en particulier, avoient remarqué que parmi les pyrites (*sulfures de fer*), les unes se décomposoient facilement à l'air, tandis que les autres n'étoient que difficilement altérées par son action, ils classoient parmi les premiers les pyrites globuleuses radiées, et certaines variétés en masses informes; les cristaux appartenoient à la seconde division. Il est bien constaté aujourd'hui, que le sulfure altérable et celui qui résiste à l'air, constituent, en effet, deux espèces différentes; mais toutes les deux sont susceptibles de fournir des cristaux, qui appartiennent, comme nous le verrons plus bas, à deux systèmes particuliers de cristallisation. Ces sulfures ont porté tous deux les noms de *pyrite martiale* ou *sulfureuse*, et de *marcassite*. Werner et la plupart des minéralogistes étrangers admettent, en outre, deux autres espèces de fer sulfuré, la *pyrite hépatique* et la *pyrite magnétique*; enfin, M. le comte de Bournon partage en six sections les différentes sortes de sulfures de fer observées jusqu'ici. *V.* son *Catalogue*, p. 298 et suiv.

C'est dans les ouvrages de ces savans qu'il faut voir sur quelles considérations ils fondent leur opinion. M. Haüy n'admet, comme espèces réellement distinctes, que les deux premières; la *pyrite magnétique*, n'est pour lui qu'une sous-espèce de fer sulfuré à noyau cubique, contenant du fer métallique. Nous croyons pouvoir placer à leur suite le fer sulfuré *magnétique*, dont les caractères et la composition sont très-différens. *V.* plus bas.

FER SULFURÉ BLANC, Haüy. Les différentes variétés de fer sulfuré décrites par M. Haüy, dans son *Traité de minéralogie*, sous les noms de Fer sulfuré *dentelé*, et de Fer sulfuré *surbaissé* (pyrites martiales en prismes crénelés et pyrites martiales lamelleuses et en crête de coq, Romé de l'Isle), ainsi que le fer sulfuré *radié*, en masses globuleuses (pyrites martiales radiées, Romé de l'Isle) appartiennent à cette nouvelle espèce; les *Pyrites* ou *Marcassites rhomboïdales* de Romé de l'Isle, en font également partie. C'est le *Strahlkies* de Werner; Pyrite rayonnée, Brochant. M. de Bournon le nomme Fer sulfuré prismatique rhomboïdal.

La couleur de sa cassure récente est le blanc jaunâtre, ou le gris d'acier tirant sur le jaune de bronze; celle de la surface des cristaux ou des masses, est tantôt le jaune de bronze, et tantôt le gris jaunâtre ou le jaune verdâtre.

Sa forme primitive est celle d'un prisme droit rhomboïdal, dont les bases font des angles de 106° 36' et 73° 64' (*Haüy*). Le prisme droit rhomboïdal, adopté par M. de Bournon pour la forme primitive de cette espèce, a ses bases de 145° et 35° (*Catalogue*, p. 302).

Les cristaux de cette substance, ainsi que ceux du fer sulfuré ordinaire, sont susceptibles de passer à l'état de fer oxydé hydraté ou fer hépatique; mais le plus souvent ils se décomposent en fer sulfaté, sous la forme de filamens capillaires, ou d'une matière pulvérulente.

(Les caractères empruntés de la pesanteur spécifique, de la dureté, de la couleur de la poussière et de la manière de se comporter au feu du chalumeau, lui sont communs avec le Fer sulfuré ordinaire.

Il est aussi composé des mêmes principes et dans les mêmes proportions, et passe comme lui à l'état de mine brune hépatique. *V.* Fer hydraté épigène.

Ce minéral n'en est pas moins, d'après les belles observations de M. Haüy, une espèce distincte, soit du *Fer arsenical*, avec lequel il a de l'analogie par sa forme, soit du *Fer sulfuré commun*; ce qui a fait dire à ce savant qu'il pouvoit être considéré, parmi les substances métalliques, comme le pendant de l'Arragonite.

Variétés de formes, — 1. Fer sulfuré blanc *primitif*;

Prisme droit rhomboïdal de 106° 36' et 73° 64'.

2. Fer sulfuré blanc *bisunitaire*;

Octaèdre épointé ou dont les angles solides sont remplacés par des facettes; quatre d'entre elles sont rhomboïdales et les deux autres carrées: ces dernières sont situées dans le sens des bases de la forme primitive.

3. Fer sulfuré blanc *équivalent*;

Octaèdre dans lequel les arêtes sont remplacées par des facettes et deux des angles solides opposés tronqués net.

4. Fer sulfuré blanc *péritome*;

En cristaux aplatis, ressemblant à des lentilles à contour hexaèdre, et échancrées dans la direction des rayons de l'hexagone.

5. Fer sulfuré blanc *radié*, en masses globuleuses radiées; c'est la plus commune des variétés de cette espèce.

6. Fer sulfuré blanc *concrétionné-compacte*;

Cette variété se rencontre assez communément dans les veines métallifères et notamment avec l'argent rouge au Hartz, en Hongrie, en Saxe, etc. Elle est la cause de l'altération que les morceaux de cette substance éprouvent dans nos collections. Il en vient également d'Angleterre.

Le Fer sulfuré blanc (cristallisé), beaucoup moins commun que le fer sulfuré ordinaire, n'a été encore observé qu'en peu d'endroits; savoir: près de Freyberg, où l'on trouve les variétés *équivalente* et *péritome*; à Joachimstal, en Bohème, en cristaux, dont les uns appartiennent au *primitif*, d'autres au *bisunitaire* et d'autres au *péritome*; dans le comté de Cornouailles et au Derbyshire, en Angleterre, sous les formes du *primitif-dentelé*, du *péritome* et de quelques autres variétés. Il en vient aussi du Hartz et de la Sibérie. En France, entre Montreuil et Boulogne, sur la côte de Tingry et près de Dieppe, où on les trouve engagés dans une gangue argileuse. La collection de M. Haüy renferme de très-beaux échantillons de ces différentes localités.

Le Fer sulfuré blanc *concrétionné-radié* se trouve plus particulièrement dans l'argile, ou dans des schistes marno-bitumineux, dans la chaux carbonatée crayeuse, le bois bitumineux terreux, etc., où il est disséminé en rognons épars, et assez abondant. Il est aussi très-communément pseudomorphique.

Les cristaux de fer sulfuré blanc et ceux de fer sulfuré ordinaire se trouvent assez fréquemment ensemble.

La ligne de démarcation entre ces deux espèces est nettement tracée, et M. Haüy a fait voir que leurs formes ne pouvoient point appartenir au même système de cristallisation; mais celle qui sépare les masses concrétionnées, ou fibreuses, ou amorphes, n'est pas aussi nette. Il paroît même que les deux espèces se mêlent entre elles dans différentes proportions. Dans ce cas, le voisinage des cristaux et la manière de se décomposer, si toutefois elle est en effet particulière au fer sulfuré blanc, serviront d'indices.

Une grande partie de ce qui précède est extrait d'un mémoire publié par M. P. L. de Jussieu, dans le tom. 30 du Journal des Mines.

FER SULFURÉ JAUNE. Pyrite martiale ou sulfureuse, ou simplement Pyrite, Mine de fer sulfureuse, Marcassite, etc. *Gemeiner Schwefelkies* de Werner et de Karsten.

La couleur de sa cassure récente est le jaune de bronze pur, tirant quelquefois, mais rarement, sur le rougeâtre ou le brun. Ses formes, qui sont très-variées, peuvent dériver également d'un cube ou d'un octaèdre régulier. M. Haüy a choisi le *cube* pour la forme primitive de ce minéral.

Sa pesanteur spécifique est de 4,1006 à 4791, et sa dureté assez grande; il étincelle presque toujours par le choc du briquet, en exhalant une légère odeur sulfureuse : sa cassure est ordinairement raboteuse et peu éclatante, cependant on en trouve des échantillons dont la cassure conchoïde est lisse et d'un éclat très-vif. Sa poussière est noire. Il est susceptible de recevoir un beau poli.

Exposé à l'action de l'air et de l'humidité, le fer sulfuré jaune s'altère, mais bien moins promptement que l'espèce suivante, et finit par se changer en sulfate de fer (1); ils sont aussi, tous deux, susceptibles de se convertir, dans le sein de la terre, en *fer hydraté*, et, sous cet état, ils conservent les formes qu'ils avoient précédemment. *V.* FER HYDRATÉ ÉPIGÈNE.

Au feu du chalumeau il exhale d'abord une odeur sulfureuse, puis se fond avec facilité en un globule d'un brun-noirâtre, attirable à l'aimant. En continuant le feu, on obtient une scorie noirâtre qui étant fondue avec le verre de borax, le colore en un vert sale. Il est soluble avec effervescence dans l'acide nitrique.

D'après les analyses faites par M. Hattchet de différentes variétés cristallisées de ce minéral, il est composé d'environ 47 parties de fer et de 53 de soufre. (*Transactions philosophiques de* 1804.)

Les formes déterminables du fer sulfuré sont extrêmement variées; aussi n'entreprendrons-nous pas d'en donner la description; ce sont, comme nous l'avons dit plus haut, des modifications de l'*octaèdre* ou du *cube*.

On le rencontre très-fréquemment sous la forme *cubique;* tantôt les faces du cube sont lisses et tantôt elles sont striées ou marquées de traits parallèles dans trois sens perpendiculaires l'un sur l'autre. M. Haüy a désigné cette variété

---

(1) On a profité de cette propriété de la pyrite, pour établir des fabriques de ce sulfate, connu dans le commerce sous le nom de *vitriol* ou *couperose*. Les deux beaux établissemens en ce genre, qui existent aux environs d'Alais, exploitent des couches d'une pyrite dure et pesante, dont on forme des tas sur des aires dont le sol est légèrement incliné. On accélère l'efflorescence de ces pyrites qui ont été grossièrement concassées, en les arrosant de temps en temps. L'eau entraîne la matière saline qui s'est formée, et va se rendre dans des réservoirs, où elle dépose les matières terreuses. On la laisse reposer quelque temps dans ces réservoirs; on la fait ensuite évaporer dans des chaudières de plomb, où l'on jette de vieux *fers*, pour saturer complètement l'acide de tout le métal dont il peut se charger; et l'on fait cristalliser cette dissolution dans des bassins où l'on a disposé des morceaux de bois en différens sens, pour accélérer le dépôt des cristaux. Ces deux ateliers de Languedoc pourraient fabriquer, dans l'état actuel, plus de quarante mille quintaux de couperose, si la consommation l'exigeait. Pour faciliter la vitriolisation, il faut donner accès à l'air, dont le concours est nécessaire pour former l'acide sulfurique. (CHAPTAL).

par l'épithète de *triglyphe*. Les variétés *dodécaèdre* et *cubo-dodecaèdre* présentent assez souvent le même accident. Ces différentes variétés sont communément aurifères. *V.* FER SULFURÉ AURIFÈRE.

L'une des plus communes desvariétés est la *cubo-octaèdre*; l'*octaèdre* l'est beaucoup moins; les variétés *trapézoïdale* et *icosaèdre*, sont très-rares : quelques autres, qui offrent la réunion de plusieurs de ces différens solides, et notamment celle que M. Haüy a nommée *parallélique*, sont très-compliquées.

Cette dernière, qui vient du Pérou, résulte de l'action simultanée de sept lois de décroissement, qui donnent 128 facettes, lesquelles, jointes aux six faces primitives, forment un total de 134 facettes : c'est la plus composée de toutes les formes cristallines observées jusqu'ici par ce savant.

Le fer sulfuré *amorphe*, ou en masse informe, servoit autrefois, au lieu du silex, à armer les platines des armes à feu, d'où lui sont venus les noms de *pierre à feu métallique* et de *pierre d'arquebusade* ou *de carabine* qu'il a reçus anciennement.

Les anciens Péruviens en fabriquoient des espèces de miroirs ronds, plans d'un côté et conoïdes de l'autre, que l'on voit dans tous les cabinets. On en a fait aussi des boutons d'habits et divers ornemens.

L'usage le plus général auquel cette substance soit actuellement employée, c'est à fournir du soufre, que l'on en extrait à l'aide de la sublimation, ou du sulfate de fer, en favorisant l'oxydation du soufre et celle du fer dont elle est composée, par l'exposition à l'air et à l'humidité, soit après lui avoir fait subir un léger grillage, soit immédiatement, s'il est facilement altérable par le premier moyen. *V.* FER SULFURÉ BLANC.

Il n'est pas exploité comme mine de fer. *V.* la *Pyritologie* de Henckel et le *Traité de la Vitriolisation* par Monnet, qui renferment tous les détails nécessaires à ces divers genres de fabrication.

Le fer sulfuré jaune est un des minéraux les plus communs; il se rencontre dans toutes les sortes de terrains. On le trouve en lits avec le grenat et le fer oxydulé, en Bohème; et à Geyer, Eybensthock et Marienberg, en Saxe; en lits dans le gneiss. Il forme des veines dans les roches de transition et dans les montagnes à couches, et il n'y a peut-être pas de filons métalliques qui n'en renferment. Il y est principalement associé au plomb sulfuré, au cuivre pyriteux, au zinc sulfuré, aux différens minerais de fer, et notamment au fer oxydé brun, au fer arsenical et au fer carbonaté, au mercure sulfuré, et plus rarement à l'or, et surtout à l'argent. Il accompagne encore, sous la forme de cristaux ou de petites mases, le quarz, la chaux fluatée, la chaux carbonatée, le fer spathique, la houille, etc. Il est aussi disséminé dans la plupart des masses qui composent le globe, dans le granite, le diorite, la chaux carbonatée ancienne ou de transition, la serpentine, le schiste argileux, le basalte, et jusques parmi les produits des volcans.

Quant à l'indication des pays qui le fournissent, il suffira de dire qu'il s'en trouve presque partout.

Fer sulfuré argentifère, *Silberkies* de Stütz; Pyrite argentifère, Humboldt.

Il se rencontre en Saxe, dans les veines, avec l'argent sulfuré, l'argent rouge, etc.; et dans la Nouvelle-Espagne où il est assez abondant. Celui du filon de la Biscaina à Réal-del-Monte, contenoit par quintal jusqu'à trois marcs d'argent. (*Humboldt.*)

L'argent s'y trouve à l'état natif; M. Lefebure l'en a extrait au moyen de l'amalgamation.

Fer sulfuré arsenifère. Pyrite martiale mélangée d'arsenic, Brochant.

Cette pyrite exhale une odeur d'ail très-marquée par l'action du feu du chalumeau; ses autres caractères sont les mêmes que ceux du fer sulfuré ordinaire.

On la trouve assez communément en Suède, et surtout à Loefasan, en Dalécarlie et à Sahlberg en Westmanie, d'après Romé de l'Isle.

Fer sulfuré aurifère, *Goldkies*, Werner; Mine d'or ferrugineuse et Pyrite aurifère, Or pyriteux, des anciens minéralogistes.

Suivant M. Monnet, le fer sulfuré aurifère est d'un jaune plus clair et plus brillant que le fer sulfuré ordinaire; il est aussi plus compacte et ne s'effleurit pas spontanément.

On a cru remarquer aussi que les variétés en cubes ou en dodécaèdres striées étoient presque toujours aurifères.

C'est très-probablement à la décomposition des pyrites aurifères, dit M. de Bournon, que doivent être attribués la plus grande partie des paillettes d'or charriées par les rivières des différens pays, ainsi que celles trouvées dans les terrains d'alluvion (*Catalogue*, p. 299). Le *fer hépatique* en cristaux triglyphes, de Béresof et du Brésil, contient de l'or en quantité notable.

Le fer sulfuré aurifère se trouve en cristaux éclatans et disséminé, dans un grand nombre d'endroits. Il est exploité, comme mine d'or, en Hongrie et en Transylvanie. On le rencontre aussi au Pérou et dans la Vieille-Espagne; en Norwége, en Suisse, et en France, à la Gardette, près d'Allemont, département de l'Isère.

FER SULFURÉ MAGNÉTIQUE, Brongniart. FER SULFURÉ FERRIFÈRE, Haüy; Pyrite magnétique, *Magnetkies*, Werner.

Ce minéral est éminemment distingué de tous ceux de ce genre, par l'action plus ou moins énergique qu'il exerce sur l'aiguille aimantée, et par sa couleur qui est ordinairement le brun-rougeâtre. Sa pesanteur spécifique et de 4,518.

Les minéralogistes étrangers en distinguent deux sous-espèces, l'une *compacte* et l'autre *feuilletée;* cette dernière présente des formes cristallines, très-différentes de celles du fer sulfuré jaune, et qui dérivent d'un prisme hexaèdre régulier.

Ce solide est regardé, par M. Haussmann et par M. le comte de Bournon, comme la forme primitive de cette espèce; cependant M. Haüy persiste à croire, d'après les échantillons de sa collection, que son noyau est *cubique*, et que la pyrite magnétique est un fer sulfuré ordinaire qui contient du fer attirable.

Les analyses chimiques tendent à infirmer cette opinion. M. Hattchet a trouvé dans le fer sulfuré du Caernarvonshire, 63,50 de fer, et seulement 36,50 de soufre; il a même composé artificiellement un sulfure de fer attirable avec ces proportions. La pyrite ordinaire renferme 53 parties du dernier, et 47 de fer.

Le fer sulfuré magnétique se rencontre principalement en lits dans le gneiss, le schiste micacé et le calcaire primitif en association avec le fer sulfuré jaune, le cuivre pyriteux la mine de fer magnétique, le zinc sulfuré, le quarz, l'amphibole. C'est ainsi qu'on le trouve à Boehmich-Neustadt en Bohème; à Bodenmaïs, en Bavière; à Kongsberg, en Norwége; à Breitenbrunn, en Saxe; à Galloway et à la base de la montagne de Moel-Elion, en Caernarvonshire. Il est également disséminé dans le grunstein aux environs de Nantes, et dans le schiste argileux de transition, au Hartz. Les cristaux viennent d'Andreasberg et de Bodenmaïs. Cette substance a été apportée aussi des environs de New-York, de Catherinebourg, en Sibérie, et de Zacatécas au Mexique.

La *pyrite magnétique* a de grands rapports avec le *Leberkies pyrite hépatique* de Werner (qu'il ne faut pas confondre avec le *fer hépatique*) d'après les minéralogistes étrangers; aussi M. le comte de Bournon les réunit-il en une seule espèce.

FER SULFURÉ HÉPATIQUE, *Leberkies*, Werner. *V.* ci-dessus.

FER TITANÉ. *V.* FER OXYDULÉ TITANIFÈRE.

FER TERREUX BLEU. *V.* FER PHOSPHATÉ TERREUX.

FER TERREUX VERT. *V.* FER OXYDÉ TERREUX VERT.

FER VITRIOLÉ. *V.* FER SULFATÉ. (LUC.)

FER-A-CHEVAL. C'est le nom spécifique d'une espèce de chauve-souris du genre RHINOLOPHE. *Voyez* cet article. (DESM.)

FER-A-CHEVAL. *V.* STOURNELLE. (V.)

FER-A-CHEVAL. COULEUVRE d'Amérique, et plante du genre HIPPOCRÈPE. (B.)

FÉRAMINE. Les ouvriers qui exploitent les glaisières de Passy et du Petit-Gentilly, aux environs de Paris, donnent ce nom au fer sulfuré qui s'y rencontre en petites masses dans l'argile. *V.* FER SULFURÉ BLANC. (LUC.)

FER A REPASSER. C'est un des noms vulgaires du CASQUE TRICOTÉ, *Cassis cornutus*. (DESM.)

FÉRAZA. C'est le nom que porte la RAIE AIGLE, à Nice. (DESM.)

FERBÉRIA. Ce genre, établi par Scopoli sur l'*Althæa Ludvigii*, ne diffère du genre ALTHÆA que par son calice extérieur à huit feuilles. (LN.)

FERCHE, FERGE. Ce sont des noms particuliers au PIN SAUVAGE, en Allemagne. (LN.)

FER DE LANCE. C'est le nom d'une chauve-souris du genre PHYLLOSTOME. (DESM.)

FÉRÉOLA. Les Latins donnoient ce nom à une sorte de raisin. (LN.)

FÉREIRIE, *Fereiria.* Arbuste du Pérou, qui, selon Vandelli, forme seul, dans l'hexandrie monogynie, un genre imparfaitement connu. Il offre un calice tubulé; une corolle à long tube et à six divisions; un ovaire supérieur, surmonté d'un style de la longueur de la corolle; des semences aigrettées. (B.)

FÉRAUT. C'est, en Allemagne, l'un des noms du PIN SAUVAGE. (LN.)

FÉRÈS. C'est le nom d'un cétacé du genre DAUPHIN *V.* ce mot. (DESM.)

FERGE. Nom du PIN SAUVAGE, en Allemagne. (LN.)

FERKELGRAS et **FERKELKRAUT.** Noms allemands de la RENOUÉE. Ce dernier désigne aussi les *hypochæris*. (LN.)

FERNAMBOUC. *V.* Bois de FERNAMBOUC. (LN.)

FERNANDÈZE, *Fernandezia.* Genre de plantes de la gynandrie diandrie, et de la famille des orchidées, dont les caractères consistent en une corolle de cinq pétales, ovales, lancéolés; un nectaire dont la lèvre inférieure est ovale, et la lèvre supérieure courbe; un opercule concave, biloculaire, recouvrant les étamines; une étamine à deux anthères; un ovaire inférieur, oblong, surmonté d'un style adné à la lèvre supérieure du nectaire ; une capsule oblongue, trigone, uniloculaire, trivalve, renfermant un grand nombre de très-petites semences.

Ce genre est composé de sept espèces propres au Pérou, que Swartz a réunies, avec doute cependant, à son genre CYMBIDION. (B.)

FERNEL, *Fernelia.* Arbre à feuilles opposées, ovales, glabres, et à fleurs axillaires, presque sessiles et blanchâtres, qui forme un genre dans la tétrandrie monogynie, et dans la famille des rubiacées.

Sa fleur offre un calice monophylle à quatre dents ; une corolle monopétale à quatre lobes obtus ; quatre étamines ; un ovaire inférieur, surmonté d'un style simple, à stigmate bifide.

Le fruit est une baie ovale, couronnée, à peine charnue, et divisée intérieurement en deux loges par une cloison membraneuse, qui semble interrompue dans son milieu. Chaque loge contient des graines nombreuses, attachées à un placenta central.

Cet arbre croît dans les îles de France et de la Réunion, où il est connu sous le nom de *buis* ou *bois de ronde*, à cause de ses feuilles, semblables à celles de cet arbuste. Il est fort voisin des PÉTÉSIES et des LYGISTES, et a été réuni, par Willdenow, aux COCOCYPSILES de Linnæus. (B.)

FERN-OWL. Un des noms anglais de l'ENGOULEVENT, à cause du bruit qu'il fait en volant. (V.)

FERO. Nom niçard du CORYPHÈNE-DORADE. (DESM.)

FÉROCOSSE. Palmier qui croît à Madagascar, et dont le chou sert d'aliment aux insulaires. (B.)

FEROLE, *Ferolia.* Grand arbre de la Guyane, dont les fleurs ne sont pas encore connues. Ses feuilles sont alternes, ovales, acuminées, lisses en dessus et blanchâtres en dessous. Ses fruits naissent en grappes vers l'extrémité des rameaux. Ce sont des baies sèches, comprimées, arrondies, bordées d'un feuillet membraneux, qui renferment un noyau à deux loges et à deux semences. Cet arbre rend un suc laiteux, lorsqu'on l'entaille. Son bois est dur, pesant, d'un beau rouge panaché de jaune. Il prend bien le poli, et ressemble à du satin. On l'emploie dans la marqueterie, sous les noms de bois de *feroë* et de bois *satiné.* On en fait de très-beaux meubles.

Cet arbre a de si grands rapports avec le PARINARI, que Lamarck croit qu'il faut les réunir. (B.)

FÉRONIE, *Feronia.* Je désigne ainsi, dans le troisième volume de l'ouvrage sur le Règne animal de M. Cuvier, un genre d'insectes coléoptères, famille des carnassiers, démembré de celui que j'avois nommé *Harpale.* Je laisse dans celui-ci toutes les espèces dont les quatre tarses antérieurs sont dilatés dans les mâles. Celui de féronie comprend les autres harpales, où ce caractère n'est propre qu'aux deux premiers tarses des individus du même sexe.

Je réunis aux féronies un grand nombre de genres, établis depuis peu par M. Bonelli, formant des coupes naturelles, mais qu'on ne peut guère caractériser d'une manière nette et facile. Elles se nuancent d'ailleurs si insensiblement, qu'il est presque impossible d'en fixer rigoureusement les limites. Je me plais cependant à rendre justice au travail de cet habile naturaliste; il est fondé sur les recherches les plus délicates et les plus exactes; et je suis persuadé qu'il trouvera le moyen d'aplanir ces difficultés.

Les féronies sont des *carabes* pour Linnæus et Fabricius. Elles ont les élytres entières ou sans troncature à leur extrémité; une échancrure au côté interne des deux jambes antérieures; le dernier article des palpes aussi gros ou plus grand que le pénultième; le menton distinct de la gorge; la languette en carré long, trifide, et dont la division mitoyenne est coupée carrément à son extrémité supérieure; les jambes simples ou sans dents au côté extérieur; les antennes filiformes ou sétacées; les deux tarses antérieurs dilatés dans les mâles, et les mandibules pointues.

Ce genre est composé d'un grand nombre d'espèces. Mais on peut le diviser, de la manière suivante, en petites sections, qui correspondent, à quelques légères différences près, aux coupes génériques de M. Bonelli.

I. Second et troisième articles des tarses antérieurs des mâles dilatés en forme de cœur, et garnis en dessous de deux rangs de petites écailles.

A. Corselet, mesuré dans son plus grand diamètre transversal, aussi large ou presque aussi large que les étuis réunis.

* Corps ovale, convexe ou arqué en dessus; dernier article des palpes extérieurs ordinairement ovalaire; antennes filiformes, la plupart des articles cylindriques.

Ils sont le plus souvent ailés, habitent les champs, et ne fuient point la lumière.

† Dernier article des palpes extérieurs plus court que le précédent.

Les uns ont des ailes et deux épines à l'extrémité intérieure des deux premières jambes. Ils forment le genre ZABRE de M. Clairville, qui a pour type le *carabus gibbus* de Fabricius. Les autres sont aptères; on ne voit qu'une épine à l'extrémité interne des mêmes parties. De ce nombre est le *blaps, spinipes* FAB., type du genre PÉLOR de M. Bonelli.

†† Dernier article des palpes extérieurs aussi long ou plus long que le précédent.

Ici se placent plusieurs genres du même naturaliste, tels que les suivans :

1.er AMARE. Le labre est échancré et le corselet est transversal. Les carabes : *apricarius*, *concolor*, *aulicus*, *alpinus*, *torridus*, *eurynotus*, *vulgaris*, *communis*, etc., de Panzer.

2.e CALATHE. Le labre n'a point d'échancrure remarquable. Le corselet est aussi long ou plus long que large, presque carré ou en trapèze, sans rétrécissement à sa base. Les carabes : *melanocephalus*, *fuscus* et *frigidus* de Fabricius.

3.e PŒCILE. Il ne diffère du précédent que par le corselet qui est rétréci postérieurement ; le troisième article des antennes est ordinairement comprimé, avec une carène aiguë et longitudinale en dessus. Les carabes : *lepidus*, *cupreus*, *dimidiatus*, *punctulatus* de Fabricius, et ceux que Panzer nomme, *vernalis*, *strenuus*, etc.

** Corps ordinairement oblong, point convexe ni arqué en dessus; dernier article des palpes extérieurs cylindrique ; antennes, vues de profil, paroissant sétacées : la plupart de leurs articles en forme de cône renversé.

Ces espèces sont presque toujours aptères, et recherchent l'obscurité.

Les unes ont les mandibules très-fortes, des ailes, le corselet presque en forme de cœur, et l'abdomen pédiculé à sa base ; elles ressemblent, quant au port, aux *scarites*.

Elles forment le genre CÉPHALOTÉ de M. Bonelli, ou *brosque* de Panzer, et celui de STOMIS de M. Clairville. Le carabe *céphalote* de Fabricius appartient au premier. Celui qu'Illiger et Panzer nomment *pumicatus*, se place dans le second. Ici le labre est bilobé, et le premier article des antennes est plus long que les deux suivans réunis, ce qu'on n'observe pas dans les céphalotes.

Les autres féronies de cette subdivision se distinguent des précédentes par des caractères négatifs, ou du moins n'offrent point tous ceux qui conviennent aux genres précédens, mais dont je réduis le nombre.

Dans les PERCUS de M. Bonelli le rebord extérieur des élytres se termine à l'angle extérieur de leur base et ne se replie point, ainsi que dans les suivans de la même division, sur cette base, en s'étendant jusqu'à la suture. L'Italie nous fournit une grande espèce de percus, le *carabe de Paykull* de

Rossi. Mon ami Léon Dufour en a découvert une autre, non moins remarquable, en Espagne.

Les MOLOPS de M. Bonelli ont des antennes courtes et presque en forme de chapelet. Des auteurs les ont placés avec les scarites ; tels sont ceux que Panzer appelle : *gagates*, *piceus*.

On connoît les PLATYSMES de M. Bonelli à leur corps étroit, allongé, parallélipipède ou cylindrique, et à leur corselet presque carré. J'y rapporte les carabes : *niger*, *nigrita*, *leucophthalmus* de Fabricius ; le C. *cylindricus* d'Herbst ; l'*anthracinus* d'Illiger, etc.

Un corps ovale, ou ovale oblong, dont le corselet grand, carré, s'applique exactement à sa base, contre celle des étuis, est propre aux ABAX ou aux carabes : *striola*, *striolatus*, *metallicus*, etc. de Fabricius.

Les PTÉROCHISTES de M. Bonelli ont le corps allongé, avec le corselet en forme de cœur, tronqué à sa base. Il faut y réunir les *mélanies* du même. On placera ici les carabes : *uterrimus*, *globosus*, *oblongo-punctatus*, *fasciato-punctatus* de Fabricius ; ceux que Panzer a figurés sous les noms de : *illigeri*, *æthiops*, *jurine*, etc.

B. Corselet, mesuré dans son plus grand diamètre transversal, plus étroit que la base des élytres réunies.

Il y en a dont tous les palpes sont filiformes. Lorsque le troisième article des antennes est aussi long ou plus long que les deux précédens pris ensemble, on les range dans le genre SPHODRE de M. Clairville.

Nous trouvons dans les caves deux espèces de ce genre : le *carabus planus* de Fabricius et le *carabus terricola* d'Olivier. Si le même article des antennes est moins long, ces féronies composeront une autre subdivision qui embrasse les genres : LENOSTÆNE, DOLIQUE, PLATYNE, et une partie des ANCHOMÈRES de M. Bonelli. Ils sont très-peu distincts, et on peut les réunir en un seul (ANCHOMÈRE). Nous citerons les *C. flavicornis* et *angusticollis* de Fabricius.

Les autres ont les palpes labiaux terminés par un article plus grand, et le corselet presque orbiculaire. Ce sont les TAPHRIES. On n'en connoît qu'une espèce, le carabe *vivalis* d'Illiger et de Panzer.

II. Second article, et même souvent le troisième des tarses antérieurs des mâles, en forme de palette carrée ou ronde, garnie en dessous de papilles très-nombreuses, imitant des grains, ou d'une brosse composée de poils nombreux et serrés.

La plupart ont des ailes et fréquentent les lieux humides.

Les EPOMIS de M. Bonelli, et auxquels on peut associer ses DINODES, ont le dernier article des palpes extérieurs, celui des labiaux surtout, dilaté, comprimé en forme de triangle ou de cône allongé.

Les carabes : *crœsus*, *posticus*, *micans*, *stigma*, *ammon*, etc., de Fabricius.

Dans les Chlænies, les palpes sont filiformes ; le dernier article des maxillaires est cylindrique, et le même des labiaux a la figure d'un cône renversé. Les carabes : *festivus*, *spoliatus*, *vestitus*, *cinctus* et *holosericeus* du même. Le carabe *savonier* d'Olivier, et qu'on emploie au Sénégal en guise de savon, est probablement de cette division.

Les Oodes ont aussi les palpes extérieurs en forme de fil, mais avec le dernier article ovalaire. Leur port est le même que celui des calathes. Tel est le *carabus helopioides* de Fabricius et de Panzer.

Semblables aux oodes, quant aux palpes, les Callistes s'en éloignent sous le rapport de la forme plus oblongue de leur corps et celle du corselet, qui représente un cœur tronqué. J'y rapporte les carabes : *lunatus*, *prasinus*, *pallipes* de Fabricius, et le *tœniatus* de Panzer. Les trois dernières sont des *anchomères* pour M. Bonelli.

Enfin, si le corselet devient orbiculaire, les autres caractères restant les mêmes, vous aurez les Agones de M. Bonelli. Tels sont les carabes : *marginatus*, *austriacus*, *sex-punctatus* de Fabricius ; et les suivans de Panzer : *viduus*, *rotundatus*, *flavipes*, *impressus*, *parum-punctatus*, etc.

Les Dicèles, les Licines et les Badistes mâles se rapprochent, à l'égard des tarses antérieurs, des féronies précédentes ; mais l'extrémité antérieure de leur tête, la partie où le labre est attaché, est concave et en forme de cintre ; ce labre est toujours profondément échancré. Les mandibules des dicèles sont pointues, ce qui distingue ces carabiques des licines et des badistes. *V.* Dicèle. (L.)

FÉRONIE, *Feronia*. Genre de plantes établi par Correa, dans le cinquième vol. des *Actes de la Société Linnéenne de Londres*, pour placer le *tong-chu balangas*, qu'il n'a pas trouvé avoir les caractères des autres espèces.

Selon lui, la *féronie* diffère des tong-chu par la présence d'une corolle de cinq pétales beaucoup plus longs que le calice ; par dix étamines aplaties et velues à leur base ; par le fruit, qui est une baie turbinée, à écorce rude au toucher, presque ligneuse dans sa maturité, et contenant plusieurs loges à une semence enveloppée dans une chair fongueuse.

L'arbre qui constitue ce genre avoit été réuni aux Tapiers, par Kœnig. (B.)

FERRA. Selon Blumenbach, le poisson du lac de Genève, qui a reçu ce nom, est le même que le Salmone lava-

LET, et ne diffère pas de l'*aalbock* et du *felchen* du lac de Constance. (DESM.)

FERRADURINA. Nom donné, en Portugal, à l'HIPPOCRÉPIDE commune. (LN.)

FERRANDELLA. Nom espagnol d'une variété de RAISIN.

FERRARE, *Ferraria*. Genre de plante de la monadelphie triandrie, et de la famille des iridées, qui a pour caractères : une spathe uniflore, et composée de deux folioles oblongues, concaves, et carinées sur le dos ou comprimées; six pétales campanulés, ovales ou oblongs, acuminés, plus ou moins ondulés sur les bords, dont trois alternes plus petits que les autres; trois étamines, dont les filamens, réunis à leur base ou dans toute leur longueur en une gaîne, portent des anthères arrondies ou linéaires; un ovaire inférieur oblong, obtusément trigone, duquel s'élève, dans la gaîne des étamines, un style terminé par trois stigmates bifides, frangés et en capuchon; une capsule oblongue ou linéaire, trigone, trivalve et polysperme.

Ce genre renferme quatre plantes bulbeuses, tuniquées, à feuilles ensiformes, et à fleurs terminales qui ont été successivement placées parmi les MORÉES et les SISYRINCHES.

La FERRARE ONDULÉE a la tige rameuse, les pétales ondulés ou crépus; dont les intérieurs sont deux fois plus étroits. Elle croît naturellement au Cap de Bonne-Espérance. Ses fleurs sont singulières et très-belles, mais elles ne durent que quelques heures. On la cultive dans nos jardins.

La FERRARE TIGRIDIE, *Ferraria pavonia*, Linn., a la tige simple, les pétales planes, les intérieurs deux fois plus courts, panduriformes et tachetés de pourpre. Elle vient du Mexique. C'est une très-belle plante, dont Jussieu a fait un genre sous le nom de TIGRIDIE. Elle diffère, en effet, beaucoup de la précédente. (B.)

FERREOLE, *Ferreola*. Arbre des Indes, à feuilles alternes pétiolées, elliptiques, coriaces, luisantes; à fleurs jaunes, axillaires, solitaires et sessiles, qui forme, dans la dioécie hexandrie, un genre voisin des EHRÉTIES, des PISONES et des MABAS.

Les caractères de ce genre sont : un calice à trois dents; une corolle tubuleuse à trois divisions; dans les fleurs mâles, six étamines insérées sur un réceptacle; dans les fleurs femelles, un ovaire surmonté d'un style.

Le fruit est une baie à deux semences. (B.)

FERRESBEERE. Un des noms de l'ÉPINE-VINETTE, en Allemagne. (LN.)

FERRET. Nom anglais du *furet*, quadrupède du genre MARTE. (DESM.)

FERRET. Oiseau que le voyageur Legat a vu sur les côtes de l'île Maurice, et qui, selon toute apparence, est une Hirondelle de mer. *V.* ce mot. (s.)

FÉRRET D'ESPAGNE. Dans le commerce on donne ce nom à l'*Hématite dur* ou *Pierre à brunir*, qui se trouve dans les mines de la Biscaye, et dans celles de quelques provinces d'Espagne. (pat.)

FERRILITE. Kirwan donne ce nom au Basalte. (luc.)

FERRUM EQUINUM. Nom que tous les botanistes donnoient, avant Linnæus, aux plantes qu'il a classées dans son genre *hippocrepis*, traduction grecque du nom latin, qui signifie *fer à cheval*. Adanson a proposé de restituer à ces plantes leur ancien nom. (ln.)

FERRUMINATRIX. Lobel donne ce nom à une espèce de crapaudine (*sideritis scordioïdes*); il fait observer que ce nom désignoit chez les anciens plusieurs herbes propres à guérir les blessures faites par les armes et les instrumens de fer. *V.* Sideritis. On le donne aussi à la Raquette (*Cactus opuntia.*) (ln.)

FERSIK. Selon Forskaël, on nomme ainsi l'Amandier, dans l'Arabie Heureuse. (ln.)

FERSKENER. Nom du Pêcher, en Danemarck. (ln.)

FERULA. Les anciens donnoient ce nom à plusieurs plantes différentes. Les tiges de l'une d'elles servoient à châtier les enfans, d'où l'origine du nom de Ferula, de *ferire*, frapper. Il y a des botanistes qui supposent qu'il tire son origine du verbe *ferre*, porter, parce que les vieillards faisoient usage de la tige en guise de bâton pour se soutenir. On l'employoit encore pour éclisser les membres rompus. C'est dans la famille des ombellifères qu'on croit retrouver les anciens Ferula, soit dans le genre nommé *ferula* par Tournefort et Linnæus, soit dans les genres Bubon et Thapsie; car c'est dans ces divers genres et le *peucedanum* que se trouvent les plantes auxquelles le nom de Ferula a été appliqué. *V.* Férule. (ln.)

FERULAGO, Gesner, Bauhin, etc. C'est une espèce de Férule à laquelle Linnæus a conservé ce nom. Adanson pense que le *ferulago* des Romains est une autre plante ombellifère. *V.* Thapsie. (ln.)

FÉRULE, *Ferula.* Genre de plantes de la pentandrie digynie, et de la famille des ombellifères, dont les caractères sont d'avoir l'ombelle universelle et les ombelles partielles globuleuses, accompagnées de collerettes petites, irrégulières et caduques; cinq pétales presque égaux, oblongs ou en cœur; cinq étamines; un ovaire inférieur, surmonté de deux styles courts à stigmates obtus.

Le fruit est ovale, comprimé, relevé, de chaque côté, de trois stries longitudinales, et composé de deux semences elliptiques, appliquées l'une contre l'autre, et munies, sur les côtés, d'un rebord étroit.

Les plantes de ce genre sont toutes vivaces ou bisanuelles, fort élevées; leurs feuilles surcomposées et à découpures menues et linéaires; leurs pétioles membraneux, très-larges; leurs fleurs jaunâtres. Plusieurs fournissent un suc gommo-résineux, d'une odeur désagréable. On en compte douze ou quinze espèces, dont la plupart sont propres à l'Europe méridionale, à la Turquie d'Asie ou à la Perse.

Les plus remarquables sont:

La Férule commune, qui a les folioles linéaires, très-longues et simples, et qui croît en France et en Grèce. C'est avec la tige de cette plante, qui s'élève jusqu'à huit à dix pieds, que les anciens corrigeoient leurs enfans. De là, le nom qu'elle porte. Aujourd'hui on s'en sert encore pour faire des échalas, des bâtons solides, quoique extrêmement légers, et d'autres petits meubles. Lorsqu'on met le feu à sa moelle, elle se consume lentement. C'est pourquoi on l'emploie en Sicile, comme dans nos armées à faire des mèches à canon, pour conserver et transporter du feu à de petites distances.

La Férule du Levant, dont la base des pinnules est nue et les folioles sétacées. Elle croît dans l'Orient; elle s'élève moins que la précédente, mais offre un bien plus beau feuillage.

La Férule de Perse, *Ferula assa-fœtida*, Linn., dont les folioles sont alternativement sinuées et obtuses. Elle se trouve en Perse. C'est de sa racine qu'on tire le suc gommo-résineux, connu dans les boutiques sous le nom d'Assa-fœtida. V. ce mot et la pl. D 23.

Olivier, qui a eu occasion de voir en Perse de la graine de la plante qui fournit la *gomme ammoniaque*, rapporte que c'est encore une espèce de ce genre. V. au mot Ammoniac. (B.)

FERUMBROS de Zoroastre. C'est la Laitue, d'après Adanson. (LN.)

FERZAIE ou **FREZAIE**. C'est la Chouette effraye, dans une partie du Nord et de l'Ouest de la France. (DESM.)

FESCERA. L'un des noms italiens de la Bryone (*bryoma alba*). (LN.)

FESCUEGRASS des Anglais. V. Fétuque. (LN.)

FESTENBAUM. V. Feche. (LN.)

FESTO-FU. C'est le nom du Pastel, en Hongrie. (ln.)

FESTO-KOKENY. C'est, en Hongrie, le Nerprun cathartique. (ln.)

FESTOQ. Nom arabe du Pistachier (*pistachia vera*, L.). Les *pistaches* qu'on mange au Caire, en Égypte, y sont apportées d'Alep. (ln.)

FESTUCA. C'étoit chez les Latins le nom d'une herbe; on s'en servoit aussi pour désigner un brin d'herbe, le scion d'un arbre, etc. Ce nom, selon Pérot, tire son origine de *fœnum*, foin. Linnæus l'a fixé à un genre de graminées (*V.* Fétuque) dont les caractères peu tranchés sont cause qu'une multitude de plantes y ont été rapportées. Ces graminées font à présent partie des genres *schenodorus, poa, molinia, schismus, brachypodium, koeleria, triodia, diarrhena, agropyron, uniola, rabdochloa, sclerochloa, diplachne, leptochloa, glyceria, dactylis, triticum, bromus, sesleria, ceratochloa, danthonia.* (ln.)

FESTUCAGO de Gaza. C'est une espèce de Brome, comme il paroît qu'étoit l'ancien Festuca (*bromus sterilis*). (ln.)

FESTUCAIRE, *Festucaria.* Genre de vers intestinaux, appelé Monostome par Goëze et Zéder. (b.)

FETGRASS. Un des noms suédois de la Morgeline (*alsine media*). (ln.)

FÉTICHE. On donne ce nom à un poisson, qu'on peut croire du genre Squale, d'après une légère description imprimée dans l'*Histoire générale des Voyages.* Les peuples de l'Afrique lui rendent un culte religieux. (b.)

FÉTICHES. Plus on considère à quel degré de superstition et de stupidité peuvent descendre les hommes qui ne sont pas éclairés par une religion raisonnable, plus on est affligé et saisi d'étonnement. Le nègre imbécile se prosterne devant un marmouset, ouvrage de ses mains; il adore un serpent, un poisson, un oiseau, une plante, une pierre qu'il trouve à ses pieds. L'Égyptien, ce peuple si renommé par sa sagesse dans toute l'antiquité, adoroit pourtant les chats, les crocodiles, les ognons, etc.

> O sanctas gentes quibus hæc nascuntur in hortis
> Numina.
>
> Juvénal, Sat. xv.

Les nègres ont des gris-gris, des fétiches; les sauvages de l'Amérique ont leurs manitous; les insulaires de la mer du Sud ont aussi leurs marmousets ou idoles sacrées. Le fétichisme paroît avoir été la religion universelle du genre humain dans son origine; elle doit sa naissance à la crainte: *Timor fecit esse deos, quâ nempe remotâ, templa ruent, nec erit Ju-*

piter ullus, dit Lucrèce. Quand l'homme se fut un peu plus éclairé, il eut honte de sa stupidité, et adressa ses hommages aux astres; il épura son culte, et créa des cosmogonies plus raisonnables; le soleil devint son dieu sous différens emblèmes. Ainsi les superstitions font sans cesse le tour du globe, et étendent leurs vastes ombres sur toutes les régions de la terre. La plupart des hommes sont même ou superstitieux ou impies, selon leur ignorance et leur présomption.

Le monde, considéré en général, paroît plus fait pour la superstition que pour la raison; il se détermine plutôt par ses sens que par son jugement; il est plutôt disposé à croire qu'à examiner. Beaucoup d'ambitieux ont profité de cette foiblesse, comme Mahomet, Zoroastre, Odin et plusieurs autres législateurs de l'antiquité. Il faut leur savoir gré d'avoir retiré les peuples de la barbarie; heureux s'ils avoient pu épurer leurs sentimens, s'élever à l'auteur de tous les êtres et à la connoissance du vrai Dieu! *Voyez* à l'article de l'HOMME, la section qui traite des religions du genre humain. (VIREY.)

FÉTIDIER, *Fœtidia*. Arbre à feuilles éparses, ovales, sessiles, très-entières, et disposées en rosettes terminales, et à fleurs terminales et solitaires, qui forme un genre dans l'icosandrie monogynie, et dans la famille des myrtes. Il a pour caractères : un calice monophylle, un peu quadrangulaire à sa base, et partagé en quatre découpures; point de corolle; des étamines nombreuses, dont les filamens sont insérés au calice; un ovaire inférieur, surmonté d'un disque carré, assez large, convexe et un peu saillant; du centre duquel sort un style terminé par un stigmate quadrifide; une noix ligneuse, rendue obtuse par le disque qui persiste, quadrangulaire à sa base, environnée par le calice, et divisée intérieurement en quatre loges dispermes.

Cet arbre croît naturellement aux îles de France et de la Réunion. Son bois est propre à faire des meubles. (B.)

FETKNOPPAR. C'est, en Suède, la VERMICULAIRE BRULANTE, *Sedum acre*. (LN.)

FETNEH. Nom arabe de la SENSITIVE FARNÉSIENNE, *Mimosa farnesiana*, L., dont Willdenow fait une espèce de son genre ACACIA. (LN.)

FETSKE-FU. C'est, en Hongrie, l'ASCLÉPIADE DOMPTE-VENIN. (LN.)

FETTGRASS. Nom allemand des TROSCART, *Triglochin*. (LN.)

FETTKAUSCH. *V.* FELDKAPP. (LN.)

FETTKRAUT. Nom allemand des GRASSETTES, *Pinguicula*. (LN.)

FETTSTEIN ou Pierre grasse, Werner. Ce minéral, qui n'est connu que depuis un petit nombre d'années, a été regardé d'abord comme une variété du *Wernérite*, et comme un feld-spath. M. Werner est le premier qui en ait fait une espèce distincte. Le nom de *fettstein*, qu'il lui a donné, est tiré de l'éclat gras de sa cassure. C'est l'*elaeolith* de Klaproth, et le *lythrodes* de Karsten. Il a été aussi nommé *natrolite de Suède.*

Sa pesanteur spécifique est de 2,6138, d'après M. Haüy, et de 2,790, suivant le docteur Thomson. Il raye le verre, et donne des étincelles par le choc du briquet. Sa cassure est inégale dans un sens, et présente en même temps un éclat gras, joint à un léger chatoiement.

Il est divisible, parallèlement aux faces d'un prisme droit rhomboïdal, qui se subdivise dans le sens des petites diagonales des bases : cette coupe et celle qui est parallèle à la base, sont les plus nettes. (*Haüy*.)

Exposé à l'action du feu du chalumeau, il fond en émail blanc.

Suivant l'analyse de M. Vauquelin, le fettstein contient: silice, 44; alumine, 34; potasse et soude, 16,5 (plus de soude que de potasse); fer oxydé, 4; chaux, 0,12; perte, 1,38.

Sa couleur est le gris verdâtre foncé, tirant quelquefois sur le bleuâtre; il y en a aussi de rougeâtre ou incarnat.

Le fettstein de couleur rougeâtre se trouve enclavé dans le quarz commun, avec le titane silicéo-calcaire et le bergmanite, à Friedrischwern et Stavern en Norwége. Les variétés d'un gris verdâtre et bleuâtre, à reflet chatoyant, sont disséminées par petites masses laminaires, dans la syénite zirconienne, à Lervigen, dans le même pays. (*Tondi*).

On taille cette substance en cabochon, et on la monte en bague ; elle fait un assez joli effet.

Nous avons emprunté une partie des caractères de cette substance, encore assez rare dans nos collections, à M. le comte Dunin-Borkowski, qui cultive la minéralogie et la chimie avec une égale distinction, et dont les découvertes ont contribué à enrichir la science de plusieurs faits importans. *V.* l'article Sodalite. (luc.)

FETTWURZ. C'est un des noms de la Grande Consoude, en Allemagne. (ln.)

FETU EN CUL. C'est, dans Dutertre, le Paille en queue. *V.* Phaéton. (v.)

FETUQUE, *Festuca*. Genre de plantes, de la triandrie digynie, et de la famille des graminées, qui présente pour caractères : un calice commun multiflore, formé de deux valves oblongues, acuminées, un peu inégales; une balle florale de deux valves un peu plus grandes que celles du calice, l'extérieure très-pointue, concave, souvent terminée par une barbe; l'intérieure plus petite, et enveloppée dans l'autre; trois étamines; un ovaire supérieur, chargé de deux styles courts et velus, à stigmates simples; une semence oblongue, très-pointue aux deux bouts, marquée d'un sillon longitudinal, et enveloppée dans la balle florale.

Ce genre est distingué des PATURINS, par ses épillets moins comprimés, et munis de barbes; et des BROMES, par ses barbes tout-à-fait terminales.

On compte près de quatre-vingts espèces de *fétuques*, divisées en deux sections; savoir: celles à panicules dont les épillets sont tournés d'un seul côté, et à panicules dont les épillets sont également distribués autour du sommet du chaume.

Parmi les premières, il faut distinguer:

La FÉTUQUE OVINE, qui a cinq fleurs pourvues de barbes, le chaume tétragone, nu, et les feuilles sétacées. Elle se trouve dans les lieux montueux, secs et arides, et varie selon le terrain et l'exposition. C'est un excellent fourrage pour les moutons, qui la recherchent dans sa jeunesse, mais qui, par une remarquable prévoyance de la nature, ne touchent pas à ses tiges développées. Elle présente une variété glauque, avec laquelle on fait des bordures d'un aspect singulier.

La FÉTUQUE ROUGEÂTRE, dont les épillets ont six fleurs pourvues de barbes, mais la dernière mutique, et le chaume à demi-cylindrique. Elle se trouve communément dans les prés secs et les lieux stériles.

La FÉTUQUE DURÈTE, qui a les épillets de quatre fleurs, avec de courtes barbes, les feuilles aiguës et roides. Elle se trouve avec la précédente, et est vivace comme elle.

La FÉTUQUE DES PRÉS, dont les épillets ont sept fleurs garnies de barbes très-courtes, et les feuilles nues. Elle se trouve dans les prés, et s'élève de près de trois pieds. C'est un excellent fourrage; elle est vivace.

La FÉTUQUE QUEUE DE RAT a la panicule en épi allongé et penché, les valves du calice très-inégales, et celles de la corolle longuement aristées. Cette espèce est annuelle, se trouve dans les lieux les plus arides, et ne peut pas servir de fourrage, à raison de sa dureté. Gmelin, dans sa *Flore de Bade*, en a fait un genre, sous le nom de VULPIE, genre qu'il place dans la diandrie; mais ce n'est que par circonstance qu'elle n'a que deux étamines.

Parmi les autres on remarque:

La FÉTUQUE INCLINÉE, dont la panicule est droite, les épillets ovales, sans barbes, plus courts que les valves du calice, contenant huit fleurs, et la tige penchée. Elle se trouve dans les bois et les landes. Elle a l'aspect d'une mélique.

La FÉTUQUE ÉLEVÉE, qui a la panicule droite, lâche, les épillets cylindriques, unis, à peine barbus, et le bord des valves scarieux. Elle se trouve très-abondamment dans les prés gras. Elle est vivace, haute de plus de trois pieds, et forme un excellent fourrage.

La FÉTUQUE FLOTTANTE, dont la panicule est rameuse, droite, les épillets de huit à douze fleurs, presque sessiles, cylindriques et sans barbe. Elle croît dans les mares, les fossés, le long des ruisseaux, etc. Ses semences sont en usage, comme aliment, dans les parties septentrionales de l'Europe. On les préfère même, bouillies dans du lait, au riz et autres graines. On la ramasse en secouant les épis sur des tamis, au moment de leur maturité. Les chevaux sont très-friands du fanage de cette graminée, qui est excessivement abondante dans quelques parties de la France, et qu'on y néglige cependant partout.

Six espèces nouvelles de ce genre sont décrites dans le superbe ouvrage de MM. de Humboldt, Bonpland et Kunth, sur les plantes de l'Amérique méridionale. Les genres SCHISME, CERATOCHLOÉ, DANTHONIE, TRIODIE, DIPLACHNÉ, BRACHYOPODE, et GLYCÉRIE, ont été établis à ses dépens. (B.)

FEU. *V.* CALORIQUE, ELECTRICITÉ, LUMIÈRE. (PAT.)

FEU-ARDENT. Nom vulgaire de la BRYONE. (LN.)

FEU-BRISOU, FEU-TERROUX. Les mineurs donnent ce nom à des fluides gazeux qui sortent du sein de la terre, et qui s'enflamment à leurs chandelles, avec des phénomènes plus ou moins remarquables, suivant leur abondance et leur nature. En général, la base de ces fluides aériformes est l'*hydrogène*, et leur inflammation produit quelquefois des détonations d'une violence extraordinaire. *V.* GRISON. (PAT.)

FEU-CENTRAL. Le globe terrestre paroît avoir une chaleur qui lui est propre, soit qu'elle provienne de celle qui lui est sans cesse communiquée par le soleil, et qui s'est accumulée jusqu'à une profondeur qu'on ne peut estimer, faute de savoir depuis quel temps existe notre système planétaire; soit que cette chaleur dérive de l'organisation même de la terre, et de l'action des fluides qui circulent dans son intérieur. Ce qui paroît certain, c'est qu'on ne doit pas entendre le mot *feu-central* dans le sens que lui donnoit Buffon, qui considéroit la terre comme une masse de verre fondu, détachée du soleil par le choc d'une comète, et qui supposoit que sa chaleur actuelle n'étoit qu'un reste de son ancienne incandescence. *V.* CALORIQUE. (PAT.)

FEU DU CIEL. *V.* ELECTRICITÉ et TONNERRE. (PAT.)

FEU ELECTRIQUE. *V.* ELECTRICITÉ, GLOBE DE FEU, TONNERRE. (PAT.)

FEU-FOLLET. Météore qui paroît sous la forme d'une flamme bleuâtre, légère et voltigeante, surtout dans les cimetières et les voiries. Ce phénomène est dû au gaz hydrogène sulfuré et phosphoré, qui se dégage des matières animales en putréfaction. C'est surtout pendant les grandes chaleurs qu'on voit ce météore. (PAT.)

FEU SAINT-ELME. Gerbes lumineuses qui se manifestent à l'extrémité des mâts et des vergues, pendant la tempête : les physiciens regardent ce phénomène comme un effet de l'électricité. Les anciens donnoient à ces feux le nom de *Castor* et *Pollux*, parce qu'ordinairement on les voyoit sur les deux extrémités de la grande vergue. (PAT.)

FEU SOUTERRAIN. *V.* EMBRASEMENT SOUTERRAIN. (PAT.)

FEU-TERROUX. *V.* FEU-BRISOU. (PAT.)

FEUCHTTANNE et FEUCHTE. Noms du SAPIN, *Spinus abies*, en Allemagne. (LN.)

FEUERSTEIN. Nom allemand de la PIERRE A FUSIL. *V.* SILEX. (PAT.)

FEUILLAISON, *Frondescentia.* C'est le développement des premières feuilles dans les végétaux. Sous les zones glaciales et tempérées, ce développement a communément lieu au printemps, plus tôt ou plus tard, suivant les températures et les expositions, et selon le degré de chaleur dont la séve de chaque plante a besoin pour entrer en mouvement. Sous la zône torride, où la séve agit presque toujours, l'époque de la *feuillaison* n'est pas aussi déterminée. En général, les feuilles se montrent avant les fleurs. Il y a plusieurs plantes, telles que le colchique, le bois gentil, l'arbre de Judée, l'abricotier, l'aune, etc., qui fleurissent avant de pousser leurs feuilles. *V.* le mot FEUILLE. (D.)

FEUILLE. Nom d'une espèce de mammifère chéiroptère, du genre MÉGADERNE. (DESM.)

FEUILLE. Nom vulgaire d'une espèce d'HUÎTRE, *Ostrea folium.* (DESM.)

FEUILLE. Nom commun à plusieurs coquilles qui ont quelques rapports avec des feuilles, telle que la *moule-feuille.* (B.)

FEUILLE AMBULANTE. Nom vulgaire d'un insecte orthoptère, du genre MANTE.

FEUILLE DE BUFFLE. C'est, à Java, le nom vulgaire de l'ORTIE STIMULANTE, dont on frotte le museau des buffles, pour irriter ceux qui refusent de combattre contre les bêtes féroces. (B.)

FEUILLE DE CHÊNE. C'est un LÉPIDOPTÈRE NOCTURNE, du genre *bombyx*, le *bombyx quercifolia*. (DESM.)

FEUILLE DE CHOU. C'est le nom marchand de l'HIPPOPE, (*Chama hippopus.*), Linn. (DESM.)

FEUILLE DE LAURIER. C'est une espèce d'HUÎTRE, *Ostea folidum.*, (DESM.)

FEUILLE D'ESPAGNE. *V.* FEUILLE ROMAINE. (LN.)

FEUILLE D'INDE ou FEUILLE INDIENNE. Nom du MALABATHRUM, espèce de *laurier* de l'Inde. (LN.)

FEUILLE D'ITALIE. *V.* FEUILLE ROSE. (LN.)

FEUILLE GRASSE. C'est l'ORPIN. (LN.)

FEUILLE INDIENNE. C'est celle du LAURIER CASSIE. *V.* aussi FEUILLE D'INDE. (B.)

FEUILLE-MORTE. Nom donné au *bombyx quercifolia*, de Fabricius. *V.* BOMBYX. (N.)

* **FEUILLE-MORTE.** AGARIC qu'on trouve aux environs de Paris, et que Paulet a figuré pl. 55 de son *Traité des champignons*. Il n'est point dangereux. On le reconnoît à sa hauteur et à sa largeur de trois à quatre pouces ; à sa couleur feuille morte en dessus et rousse tiquetée de noir en dessous. (B.)

FEUILLE PERCÉE. C'est le *Dracontium pertusum*. *Voy.* DRACONTE. (LN.)

FEUILLE ROMAINE ou FEUILLE D'ESPAGNE. Nom d'une variété du MURIER BLANC. (LN.)

FEUILLE ROSE et FEUILLE D'ITALIE. C'est encore une variété du MURIER BLANC. (LN.)

FEUILLE DE TULIPE. C'est une coquille du genre MODIOLE, *mytilus modiolus*; Linn. (DESM.)

FEUILLES. Les *feuilles* doivent être considérées comme des expansions des pétioles en surfaces aplaties ; la plante, après avoir fourni des tiges et des rameaux, s'épanouit en nombreuses surfaces absorbantes, destinées à fournir à ses besoins et à changer les qualités atmosphériques, en même temps que par leurs dispositions variées sur leurs rapports, ces surfaces nourricières des végétaux brisent les efforts des vents, et modifient, par les propriétés dont elles jouissent, tous les corps qui les environnent. Les feuilles jouent un des rôles les plus importans dans la physique générale et particulière. Ce sont elles qui attirent la foudre et les orages, déversent ceux-ci sur les forêts, qui deviennent la source première des fontaines qui sourdent des flancs des montagnes, et qui portent la fertilité dans les plaines. Ce sont les *feuilles des végétaux* qui préparent et fournissent à l'atmosphère l'oxygène qui entre pour un vingt-septième dans sa composition, et sans lequel l'existence animale cesseroit; elles sont partout le plus riche ornement de la nature.

L'histoire des feuilles, considérées dans tous leurs points de vue, comprend celle des boutons dans lesquelles elles sont dessinées et reployées sur elles-mêmes dans la saison de l'hiver et celle du printemps.

L'étude des feuilles en bouton est très-importante, puisque ceux-ci sont les indices les plus certains pour connoître les nombreuses variétés que la culture a produites parmi les arbres les plus utiles à nos besoins alimentaires, comme les poiriers, les pommiers, les cerisiers, les abricotiers, les pruniers, etc.

Les cultivateurs connoissent : 1.° Les boutons à feuilles sans fleurs ; 2.° les boutons à fleurs et à feuilles ; 3.° les boutons à feuilles et à fleurs mâles ; 4.° les boutons à feuilles et à fleurs femelles; 5.° les boutons à feuilles et à fleurs hermaphrodites. Les boutons des plantes vivaces et annuelles existent sur les racines et non sur les tiges, parce que celles-ci périssant chaque année, leur présence étoit inutile sur elles. Les plantes dont les tiges sont poreuses, ont des boutons sur toutes leurs parties.

Les boutons peuvent être réduits à deux espèces principales: 1.° les boutons à fleurs et les boutons à feuilles. Les premiers sont des protubérances conoïdes, disséminées sur la tige et placées à l'angle qu'elle forme avec le pétiole des feuilles. C'est une petite tige ligneuse, implantée sous l'écorce et couronnée d'une petite feuille, contenues l'une et l'autre dans un étui écailleux.

Les boutons à feuilles diffèrent de ceux-ci, en ce qu'ils sont moins arrondis, plus longs et plus pointus, et qu'ils poussent des racines quand on les met en terre, tandis que ceux à fleurs n'en poussent jamais, et qu'ils sont toujours plus arrondis et plus gros.

Mais ces différences principales en admettent beaucoup de secondaires. Dans les noyers, les boutons sont courts et anguleux, longs et pointus sur le charme, velus sur la viorne, lisses sur les cerisiers, résineux sur le tacahamaca : ceux du chêne sont très-petits, et ceux du marronnier très gros.

La disposition des feuilles varie dans le bouton, de même qu'après leur *évolution* de cet organe. Linnæus remarque qu'elles y sont disposées de dix manières différentes. En disséquant un bouton, on trouve au centre la miniature d'une jeune branche avec sa moelle : ces rudimens d'une nouvelle branche sont recouverts d'une quantité plus ou moins grande d'écailles qui les préservent du contact des corps actifs de l'atmosphère. Le bouton du marronnier est recouvert de seize écailles résineuses, dont les plus intimes sont interposées d'un duvet cotonneux, sur lequel reposent la feuille et la fleur. Linnæus place les rudimens des boutons dans les bois où ils reçoivent les prolongemens médullaires. Hill, au contraire, les place dans le parenchyme, et il partage sur cet objet le sentiment de Sennebier, qui les fait sortir des couches corticales, et qu'il pense n'avoir aucune communication avec les parties médullaires du canal moyen de la plante. Cette opinion de Sennebier est conséquente de celle qu'il partage avec Bonnet, et que nous avons exposée en parlant de l'écorce dans laquelle ces naturalistes placent les germes qui doivent être considérés comme l'état primitif des boutons. Au reste, ces divers sentimens peuvent être conciliés, en admettant que les boutons se forment dans le réseau cortical; d'où ils communiquent au centre des plantes par les prolongemens qui y arrivent du grand canal médullaire. Cette manière de considérer les boutons nous paroît conforme à la théorie de la préexistence et du siége des germes dans l'écorce des plantes, et à l'observation anatomique qui démontre que les prolongemens médullaires aboutissent aux boutons nés de ces germes préexistans.

Les boutons ne sont pas placés au hasard sur les plantes; ils observent plus de régularité dans leurs dispositions que les feuilles, qui n'en sont que consécutives, et qui doivent, par conséquent, observer des irrégularités dans leur position sur les rameaux, quand un accident quelconque empêche les boutons de se développer pour favoriser l'*évolution* des feuilles.

Cette constance des boutons à naître toujours dans le même lieu, et à affecter les mêmes dispositions, a fourni à Adanson l'idée de fonder un système botanique sur leur nombre, leur forme et leur disposition sur les rameaux.

Les boutons sont alternes dans le coudrier, opposés dans le frêne, verticillés dans le grenadier, en quinconce dans le premier, en double spirale dans le pin : quelquefois on trouve deux espèces de boutons sur la même plante; le grenadier a des boutons opposés dans ses jeunes branches, et verticillés dans les anciennes. Enfin, les boutons observent toutes les directions des feuilles. Ceux à feuilles sont disséminés dans toutes les parties des plantes, et ceux à fleurs habitent les extrémités des petites branches garnies de feuilles, et remplies de tissu cellulaire. *V.* Branches, au mot Arbre.

Les boutons ont une force d'absorption très-considérable; ils aspirent l'eau en très-grande quantité, et en cela ils jouissent des propriétés dont les feuilles qu'ils renferment jouiront plus tard. Cette assertion est prouvée par l'expérience suivante. Si au printemps, et avant le développement des feuilles, on ôte tous les boutons d'une branche, et si on enlève plus inférieurement un anneau d'écorce, cette branche périt, comme si, à une époque plus avancée, on en eût séparé les feuilles en pratiquant au-dessous une incision annulaire, avec perte de substance corticale de quelques lignes.

En général, les boutons des arbres des pays chauds sont sans écailles, et ceux qui, par exception, en sont pourvus, peuvent plus facilement être acclimatés en pleine terre dans les pays froids. Les boutons des pays froids, au contraire, sont recouverts de nombreuses écailles.

L'étude des boutons constitue la connoissance la plus essentielle des pépiniéristes, qui distinguent par ce moyen les nombreuses variétés d'arbres cultivés, dans la saison où ils sont dépourvus de feuilles. C'est dans les nuances de l'épiderme, dans la forme des pores, et dans la grosseur et la disposition des boutons, qu'on peut, en hiver, connoître plus de mille variétés d'arbres cultivés, tels que les poiriers, les pommiers, les cerisiers, les pruniers, les amandiers, les pêchers, les abricotiers; variétés toutes décrites dans les auteurs géoponiques modernes, et que la botanique systématique ne connoît que dans les espèces primordiales, qui se réduisent à un individu pour chacune de ces nombreuses séries d'arbres fruitiers qui font la richesse de nos jardins. J'en ai dit assez pour démontrer l'importance de l'étude des boutons. Je passe à l'histoire des feuilles débarrassées des entraves tégumenteuses qui les retenoient dans les boutons, pour les considérer entières, et jouissant de l'integrité de leurs fonctions.

Les feuilles sont communes à beaucoup de plantes, et dans le plus grand nombre elles tombent en automne. Les champignons, les conferves, plusieurs cactus, quelques joncs, les salicornes, diverses euphorbes, en sont dépourvus. Dans les orobanches, elles sont remplacées par des écailles. Dans les plantes qui ont des feuilles, celles-ci sont suspendues aux rameaux par un pétiole variant par sa forme, souvent ronde, quelquefois aplatie en spirale ou oblique, comme on le voit dans le tremble, dont les formes aplaties du pétiole et des feuilles dans une direction opposée, donnent l'idée d'ailes d'un moulin à vent. Le pétiole présente souvent à sa base un renflement dans les feuilles très-larges et exposées à une forte colonne d'air.

Les feuilles sont un épanouissement du pétiole qui en forme les nervures par les divisions de ses fibres, et le parenchyme par la dilatation de son tissu cellulaire. Une longue macération dans l'eau ou les insectes détruisant le parenchyme des feuilles, et nous font voir que leur composition est de deux réseaux membraneux superposés, dont les mailles s'unissent par divers tubes de communication. Le réseau inférieur est plus lâche que le supérieur : on les distingue facilement dans les *cratægus* cultivés. Ces deux réseaux sont séparés par une membrane moyenne qu'on observe dans le poirier, le citronnier, et ils jouissent de propriétés différentes ; l'une absorbe l'humidité, l'autre l'élabore ; le réseau inférieur absorbe l'eau atmosphérique, qui se décompose pour fixer son hydrogène dans le tissu végétal, et dégager son oxygène par les pores exhalans du réseau supérieur. Dans les feuilles du *cactus opuntia*, ces réseaux s'étendent beaucoup au-delà du nombre de deux : j'en ai compté dix superposés et liés entre eux, par des fibres. Ces réseaux se composent d'une maille lâche, dont les intervalles sont des carrés longs ; ils se séparent comme les feuillets d'une carte à jouer, sans se rompre, après que les parties molles de la feuille ont été dévorées par les insectes ; mais il faut observer que l'histoire des feuilles des cactus est peut-être celle des tiges, car elles sont aussi permanentes qu'elles dans ces plantes.

Quant à la forme des feuilles, elle dépend de la distribution de leurs nervures. Ces nervures, arrivées aux bords des feuilles, se divisent en deux troncs, qui s'anastomosent avec les rameaux d'une autre nervure; et quelquefois ces nervures se continuant dans les dents des feuilles, s'en échappent pour former de légères épines comme dans le chêne épineux; enfin elles se ramifient en une multitude de filets, qui forment les mailles des réseaux des feuilles. Le nombre des nervures est proportionné à la largeur des feuilles : il en existe souvent trois dans les feuilles ovales, et dans les feuilles linéaires il n'en existe qu'une. *Voyez* pour les différences des feuilles l'*Alphabet des termes de Botanique*, à la suite de l'article PLANTE.

L'épiderme des feuilles enlevé ne se reproduit jamais ; la feuille entière périt, si l'épiderme que forme le bord extérieur de son réseau inférieur, jouissant exclusivement de la force de succion atmosphérique, est détruit : une solution de continuité avec perte de substance, dans un sens quelconque, faite à une feuille, par un instrument tranchant, ou par les piqûres ou morsures d'animaux, ne se répare jamais. C'est pour cette raison que, quelle que soit la force de la végétation d'une plante, dès qu'elle est dévorée par les insectes, elle cesse de croître, parce que les plantes arrivées à leur état parfait de feuillaison, ne se nourrissant en très-grande partie que par les feuilles qui absorbent l'humidité de l'air, doivent nécessairement devenir malades quand ces feuilles leur sont ôtées, ou mises hors d'état de remplir leurs fonctions absorbantes, *par une lésion* quelconque.

C'est une propriété bien reconnue dans les feuilles, qu'elles absorbent l'humidité atmosphérique par leur surface inférieure, ainsi que beaucoup d'autres corps, pour leur faire subir dans leur tissu les changemens nécessaires pour opérer la nutrition végétale. Cette propriété des feuilles est commune aux autres parties vertes des végétaux, comme les tiges, les calices, les fruits verts; mais dans ces parties, l'absorption seroit insuffisante pour nourrir les plantes sans le secours des feuilles : cette force d'absorption est si grande et tellement nécessaire à l'entretien de la vie végétale, que si on enlève aux plantes leurs feuilles, elles périssent la plupart, ou elles languissent long-temps, et ne donnent ni fleurs ni fruits. C'est sur cette considération importante de physiologie végétale, que repose la théorie de l'effeuillaison partielle des plantes dans certaines circonstances pour les faire fructifier, pour diminuer l'abondance de la séve, ou la concentrer dans quelques rameaux, pour y donner plus de développement aux fruits.

Mais l'objet le plus important des feuilles, est de rendre continuellement à l'air une partie du gaz oxygène que la respiration animale et d'autres circonstances lui ont enlevé : l'eau atmosphérique aspirée, comme nous l'avons dit, par les pores absorbans de la face inférieure des feuilles, est décomposée dans leurs viscères; son hydrogène se fixe dans le végétal, et devient la base solide des sucs propres, des substances résineuses, gommeuses et extractives, et son oxygène sort par la surface supérieure des feuilles, pour se répandre dans l'air qu'il purifie. Elles absorbent aussi le gaz acide carbonique dont le carbone se fixe dans la plante, de laquelle il devient la base solide ou corps ligneux, et dont l'oxygène est aussi versé dans l'air atmosphérique, qu'il purifie de concert avec l'air vital séparé de l'eau dans le tissu des feuilles : nous pensons aussi que dans certaines circonstances elles absorbent et solidifient en elles le gaz azote pur, qu'on suppose généralement entrer dans les plantes, et en sortir sans y avoir éprouvé aucune altération.

Les feuilles absorbent de préférence toutes les matières volatiles nuisibles à l'économie animale vivante ; les substances carbonées ; les gaz et émanations impures; les gaz hydrogènes azotés, sulfurés, carbonés ; les émanations putrides animales ; les dissolutions impures qui flottent dans l'air ; les gaz septiques, les miasmes délétères de toute nature, doivent être considérés comme le *pabulum* le plus approprié à l'organisation des plantes qui s'assimilent ces matières, et en séparent un gaz vital qu'elles versent dans l'atmosphère ; mais ce n'est que par la présence de la lumière solaire qu'elles produisent ces heureux résultats, car la nuit elles dégagent, au contraire, du gaz acide carbonique essentiellement nuisible à l'économie animale vivante. Les expériences souvent répétées qui ont établi ces propositions, ont fait considérer les feuilles des plantes comme le laboratoire de la nature, où se prépare l'air pur indispensable à l'entretien de la vie animale. C'est aux physiciens Hales et Ingenhouz que la physiologie végétale est redevable de ces beaux résultats, qui ont jeté un grand jour sur la science hygiénique. Toutefois les recherches de Spallanzani semblent modifier ces propositions ; ce naturaliste célèbre a fait une suite d'expériences qui tendent à démontrer que les plantes les plus exposées aux rayons solaires, dégagent beaucoup moins d'oxygène que ne le pensoient les physiciens que nous avons cités ; et que, comme elles n'en dégagent jamais la nuit, ni dans un jour sombre ou pluvieux, et qu'au contraire, dans ces circonstances, elles dégagent du gaz acide carbonique, il résulte, pour ce physicien, calcul fait des circonstances favorables au dégagement de l'un et de l'autre de ces gaz, et des quantités qu'elles en versent dans l'atmosphère, que la proportion d'oxygène fourni par les végétaux, est beaucoup moindre que celle du gaz acide carbonique. Il falloit, d'après ces conclusions, chercher ailleurs que dans les feuilles, la source de l'oxygène. Spallanzani avoit entrepris une suite d'expériences sur cet intéressant sujet de recherches, lorsqu'une mort imprévue vint subitement l'enlever à l'université de Pavie, aux sciences et aux lettres. Les expériences de M. Saussure fils, sur diverses plantes mises en contact avec tous les gaz, prouvent aussi contre la théorie généralement admise du dégagement de l'oxygène par les feuilles, qu'au lieu de verser ce fluide vital, elles l'absorbent et dégagent, dans toutes les circonstances, de l'air impur : elles produisent, selon ce physicien, du gaz acide carbonique pur, quand elles sont en contact avec l'oxygène atmosphérique ; mais décomposant ce gaz carbonique, après l'avoir formé, celui-ci ne peut corrompre l'air dans lequel les plantes végètent, comme le font les animaux. Ainsi, d'après ces expériences, les plantes et les animaux forment continuellement, avec l'oxygène atmosphérique, de l'acide carbonique, soit qu'elles végètent au soleil ou à l'ombre. — J'ai voulu présenter l'état actuel des connoissances sur les émanations gazeuzes des plantes, parce que ce sujet tient à la salubrité publique, et que, considéré sous ce point de vue, il présente le plus grand intérêt, et sollicite de nouvelles recherches pour fixer les opinions contradictoires établies par des physiciens d'une grande autorité, et que l'étude de la physiologie végétale a contribué à illustrer dans les sciences.

Dans l'hypothèse de ceux des physiologistes des plantes, qui pensent que les feuilles et les parties vertes des végétaux produisent l'air vital, les opinions diffèrent sur l'origine de sa source première. Hassenfratz pense que ce gaz est un produit exclusif de la décomposition de l'eau dans les feuilles; Sennebier en attribue, au contraire, la production à la séparation de l'oxygène du composé binaire acide carbonique, que les plantes absorbent. La quantité de carbone que les plantes renferment semble militer en faveur du sentiment de ce célèbre physicien; mais il paroît que ces deux substances se décomposent dans les feuilles, et que l'eau et l'acide carbonique abandonnent leur oxygène, et fixent, l'un son carbone et l'autre son hydrogène, dans le tissu végétal, pour former la charpente ligneuse, les substances gommeuses, résineuses et extractives; et si on démontre un jour que l'hydrogène et le carbone ne sont qu'une même substance dans deux états différens, cette supposition acquerra plus de vraisemblance. Mais, d'où les arbres qui habitent les montagnes, ou qui sont situés à leur revers, ou isolés dans les plaines, reçoivent-ils le gaz acide carbonique nécessaire à leur nutrition, puisque la pesanteur spécifique de ce gaz le fait toujours habiter dans les régions inférieures, et qu'on ne peut supposer que dans cette circonstance, celui que les animaux expirent, ou qui se dégage spontanément de l'humus végétal, soit en assez grande quantité pour opérer la nutrition végétale? Si l'on disoit que ce gaz est dissous dans l'eau que les racines aspirent de la terre, ou que les deux centièmes qui entrent dans la composition de l'atmosphère peuvent produire cet effet, ce ne seroit pas, je pense, résoudre totalement la question; nous pensons que, dans cette circonstance, le gaz azote devient le *pabulum* des feuilles, de concert avec l'eau dissoute dans l'air, dont la décomposition, dans les végétaux, se fait sans qu'on en ait encore expliqué le mécanisme exact, ni donné la démonstration rigoureuse.

Pour que le dégagement de l'oxygène ait lieu, il faut que les feuilles soient saines, vertes et dans toute leur force; celles des jeunes végétaux en donnent, à surfaces égales, moins que les feuilles plus avancées en âge, et celles des plantes étiolées, malades et panachées, en donnent peu.

Les plantes qui ne perdent pas leurs feuilles, et dont les fonctions s'exécutent en hiver, donnent dans toutes les saisons le gaz oxygène : ainsi la nombreuse famille des mousses, plusieurs graminées, un grand nombre de plantes subacquées, quelques fougères, les trémelles, l'hellébore, le buis, le gui, les pins, les sapins, les genévriers, le houx, les pervenches, le lierre, l'if, les ruscus, la lauréole, les thuyas, les cyprès, purifient l'air dans la saison de l'hiver. Il conviendroit, d'après ces observations, de préférer les arbres verts pour faire des plantations dans les faubourgs, sur les grands chemins et les promenades des villes, et dans les lieux consacrés aux funérailles. Si l'histoire des sécrétions végétales n'avoit point été inconnue des anciens, comme leurs écrits tendent à le prouver, il seroit peut-être vrai de dire, que c'est autant d'après ces considérations que par leurs aspects lugubres qu'ils plantoient des cyprès autour des tombeaux. Si le vert sombre des feuilles du cyprès inspire quelquefois des idées mélancoliques, le recueillement et la méditation, cet arbre n'en est point rejeté pour cela des jardins de délices, où il figure agréablement de nos jours, et qu'il embellit dans l'antiquité.

On a recommandé des plantations de frênes dans les lieux insalubres pour en détruire le mauvais air, parce que ces arbres jouissent d'une très-grande propriété absorbante par leurs feuilles ; mais comme ils perdent ces organes absorbans en automne, et que d'ailleurs ils s'accompagnent de mouches infectes, il y auroit plus d'avantage à leur substituer les cyprès et les autres arbres verts, qui dégagent l'air vital à toutes les époques de l'année, et dont l'élégance des rameaux et la forme déliée des feuilles flattent plus agréablement la vue que le feuillage des frênes indigènes à la France.

L'histoire des feuilles seroit incomplète, si elle ne s'occupoit de leurs glandes, de leurs poils et de leurs pores.

Des Glandes. — On appelle *glandes* en physiologie végétale, de petits corps arrondis, vésiculaires, fournissant une liqueur plus ou moins visqueuse, et situées sur la tige, mais plus particulièrement sur les feuilles. Guettard est celui des physiologistes des plantes qui s'est le plus occupé de ces organes, dans un ouvrage intitulé : *Observations sur les plantes qui croissent aux environs d'Etampes.* Cet auteur a surpassé dans ce genre d'observations ceux qui l'ont précédé dans l'étude de cette partie curieuse de la physique animale. Ray, Malpighi, Grew, Pontedera et d'autres botanistes avoient écrit sur les glandes; mais aucun n'en avoit fait, comme Guettard, un caractère botanique.

Les glandes considérées à la loupe, offrent de petits tubes implantés sur elles, et versant par leur extrémité supérieure une liqueur qui se supprime dans quelques circonstances sur quelques espèces de plantes.

Les formes que les glandes affectent, examinées au microscope, sont trop multipliées pour qu'il soit facile de les décrire; quelquefois ce sont des points brillans d'une couleur d'or, de cerise, d'ambre ou de soufre, ou des globules plus prononcés, réfléchissant les couleurs de l'opale et de la nacre. Ailleurs elles se présentent sous la forme de vessies amoncelées les unes sur les autres; là, ce sont des cupules qui contiennent une goutte de liqueur; ici, elles figurent un petit soleil, ou elles forment un pédicule sur lequel est un goupillon d'où jaillit un fluide; d'autres ressemblent à des massues dont les surfaces seroient parsemées d'éminences grenues.

Les glandes varient encore par leurs supports ou par les lieux qu'elles occupent. On les voit dans les dentelures, à la base, sur le dos ou sur les pétioles des feuilles, sur le bord des calices ou à la base des étamines; enfin, Guettard décrit des *glandes à godets* et *à utricules*, et d'après la considération de ces organes, il divise les plantes en ordres essentiellement fondés sur la présence, l'absence, ou les formes des glandes.

Le professeur Lamarck divise les *glandes* en cinq espèces: 1.° les *glandes vésiculaires de la glaciale*; 2.° les *glandes écailleuses des fougères*; 3.° les *glandes globulaires des arroches*; 4.° les *glandes lenticulaires du bouleau*; 5.° les *glandes miliaires du sapin*.

Dans plusieurs plantes, les glandes communiquent avec les utricules, dont elles reçoivent sans doute des matières qui y ont été digérées, comme les huiles volatiles et le vernis qui recouvre les parties vertes des plantes; peut-être aussi est-ce dans ces organes que la lumière opère la décomposition de l'eau et de l'acide carbonique, pour composer l'huile, la gomme, la résine et les autres principes immédiats des végétaux; peut-être aussi élaborent-elles la séve pour en préparer les sucs propres. Ces données approximatives et les suppositions que l'analogie et les raisonnemens établissent, n'ont été démontrées jusqu'alors par aucune expérience, mais paroissent bien vraisemblables.

Des Poils. — Les *poils* sont des filets plus ou moins fins, plus ou moins déliés, qu'on observe sur toutes les parties des plantes, et qui varient en nombre, en grandeur et en dureté, à toutes les époques de la végétation. Les jeunes tiges et les feuilles naissantes sont imberbes, tandis que les mêmes plantes adultes sont velues, et à l'époque dernière de la caducité végétale, les poils disparoissent.

Les poils varient de forme dans toutes les espèces de plantes, et souvent dans les diverses parties d'une même plante.

Les poils des plantes sont implantés dans le tissu cellulaire cortical, de la même manière que les poils des animaux sont fixés dans le tissu cutané animal. Ils ne sortent point du parenchyme, mais d'un bulbe, selon les recherches de Duhamel, qui les considère comme des canaux excréteurs, partant d'un organe où se préparent les sucs végétaux. L'humeur cristalline de la glaciale est produite par les poils qui naissent des glandes multipliées qui recouvrent cette plante; et il paroît que la matière cireuse qui invisque les plantes vertes et leur vernis, provient de l'excrétion des poils qui les recouvrent, et qu'on ne voit quelquefois que par le secours du microscope. On en peut dire autant du vernis qui recouvre les fruits, et qu'on connoît sous le nom impropre de *fleurs*: telle est la poussière glauque qui recouvre les prunes, et le duvet des pêches et des fruits du cognassier. J'ai enlevé avec une brosse douce, aux fruits du pêcher et du cognassier, le duvet qui les recouvroit, et à mesure qu'il se reproduisoit après quelques jours, je l'enlevois encore; mais après une certaine époque, il cessa de paroître sur les fruits, et ceux-ci cessèrent de croître avec la même force que les autres; enfin, la saison de maturité, arrivée pour les pêches, elles restèrent incolores, et présentèrent une saveur moins marquée que les fruits voisins sur le même arbre. Les fruits de coings devinrent moins gros et plus durs. Il y a donc entre les poils lanugineux de ces fruits une affinité particulière pour absorber la lumière, la transmettre dans les glandes, et de là dans tout le parenchyme, où élaborée et combinée d'une manière particulière, elle donne la saveur et la couleur aux fruits. Reygnier, fondé sur l'observation que les plantes élevées à l'ombre sont peu velues, pense que la lumière favorise le développement des poils. Cette assertion est véritable et conforme aux connoissances générales sur les causes qui favorisent le plus la végétation; mais elle n'est pas particulière aux poils. Ceux-ci, et leurs glandes ou bulbes, ne sont moins développés dans l'obscurité, que parce que tout le végétal étant dans un état moins vigoureux, ses poils partagent l'opportunité pathologique générale, qui le dispose à une maladie très-prochaine et indispensable dans les végétaux élevés sans le contact des rayons solaires.

Les poils, ainsi que les épines et les aiguillons, ont été présumés attirer un fluide invisible de l'atmosphère, et contribuer ainsi à produire dans les végétaux un excitement, un stimulus continuel pour l'entretien de la vie, par le fluide électrique qu'on sait être un des puissans moteurs de la fibre organique, végétale et animale.

Les poils sont évidemment tubulés et conducteurs d'un fluide excrétoire : ceux de l'ortie fournissent une humeur brûlante et éminemment aphrodisiaque pour les animaux qui mangent cette plante. Ceux du *cicer arietinum*, étudiés sous tous les points de vue par le professeur Deyeux, ont fait voir à ce chimiste, au milieu d'un jour éclairé par un soleil ardent, des gouttes qui se succédoient de deux en deux heures à leurs extrémités, et dans lesquelles il trouva de l'acide oxalique, qui étoit évidemment un produit des poils ; car ceux-ci coupés dans leur milieu, la sécrétion fut diminuée de moitié, et coupés auprès de la tige, la source de ces gouttes fut totalement tarie. Ainsi, dans cette plante, les poils sont élaborateurs des fluides qu'ils sécrètent.

La culture assidue des plantes sauvages et velues, fait disparoître les poils et la saveur naturelle. Le jardinage produit cet effet sur une foule de végétaux. *V.* VÉGÉTAUX.

Des Pores. — Si l'on juge de la force d'absorption des feuilles par le nombre de leurs *pores*, cette force paroîtra étonnante. Leuwenhoek a compté cent soixante-douze mille pores sur une feuille de buis, et on en voit à l'œil nu une prodigieuse quantité sur celles de l'hypéricum et d'une foule d'autres plantes.

Hedwig dit que les pores, examinés au microscope, paroissent comme des points un peu élevés sur la feuille. Cet auteur en a compté cinq cent soixante-dix-sept sur une ligne carrée dans le *lilium bulbiforum*, et chacun de ces pores correspond à un ou plusieurs vaisseaux qui viennent y aboutir. Sennebier a en vain cherché ces pores avec les meilleurs instrumens, et il n'a pu voir, au lieu d'eux, que des points brillans dans les parties les plus tendues des feuilles.

Mirbel admet exister dans les plantes, des *pores insensibles* pour la transpiration insensible ; des *pores glanduleux* de diverses grandeurs, placés à l'intérieur et quelquefois à l'extérieur des plantes : ceux-ci sont des ouvertures bordées de bourrelets opaques et inégaux ; enfin des *pores allongés*, déjà décrits par Decandolle, sous le nom de *pores corticaux*, placés sous l'épiderme des plantes herbacées, servant à la transpiration et à l'absorption des feuilles, et chacun d'eux répondant à une cellule. Ils sont particuliers aux feuilles des arbres, à la surface inférieure desquelles ils existent, aux deux surfaces des feuilles des plantes herbacées, aux stipules, aux trachées et aux tiges des végétaux sans feuilles, comme les cactus et les ephedra. Jamais on ne les observe sur les tiges ligneuses des végétaux qui ne portent pas de feuilles, ni sur les champignons, les bissus, les fougères, les lichens, les hépatiques, ni sur les plantes étiolées. Ces *pores allongés* sont les glandes miliaires de Guettard et les glandes corticales de Saussure.

Les maladies des feuilles sont les *plaies*, l'*effeuillation accidentelle*, le *blanc*, la *rouille*, l'*ictère*, la *chlorose*, l'*anasarque*, les *taches*, la *vermination*, les *follicules charnus des feuilles*, la *cloque*, les *panachures* et la *fullomanie*. *V.* MALADIE DES VÉGÉTAUX. (TOLL.)

FEUILLEA de Linnæus. Ce genre, le *Nhandiroba* de Plumier, a été consacré par Linnæus à la mémoire de Louis Feuillée, moine minime, qui voyagea au Pérou, et qui publia ensuite un Journal d'observations faites dans cette contrée (deux vol. in-4.° avec figures, 1725, Paris). Il a découvert plusieurs plantes. Adanson propose de rendre à ce genre son premier nom. *V.* NHANDIROBE. (LN.)

FEUILLE DE CROCODILE, *Folium crocodili*. Rumphius nomme ainsi une espèce de SAINFOIN, *hedysarum umbellatum*, L. (LN.)

FEUILLES PÉTRIFIÉES. Dénomination peu exacte des feuilles des végétaux qui sont *incrustées* de tuf. (PAT.)

FEUILLET. C'est le troisième estomac des ruminans; celui qui est situé entre le *bonnet* et la *caillette*. Il tire son nom des nombreux replis de sa paroi interne, qui sont disposés longitudinalement et parallèlement les uns aux autres, comme les feuillets d'un livre. (DESM.)

FEUILLETS. Nom donné aux lames qui tapissent la surface interne des chapeaux de plusieurs CHAMPIGNONS. (D.)

FEUILLETS FAUCILIERS. Famille de champignons, établie par Paulet, parmi les AGARICS. Elle se caractérise par une taille moyenne, une chair peu charnue, des lames décurrentes. On en connoît cinq espèces; savoir : l'ETOILE GRISE, le CHENIER DUR, le DORÉ SOUFRE, le CITRON et le CHAMPIGNON DU SUREAU. *V.* ces mots. (B.)

FEU-PENG (Chine), **BEO-PHU-BINH** (Cochinchine). Cette plante aquatique, nommée *zala asiatica* par Loureiro, est le *pistia stratiotes*, Linn. (LN.)

FEURRE. Nom donné, en Picardie et dans quelques cantons de la France, à la *paille* proprement dite. (B.)

FÈVE, *Puppa*. Nom que l'on donne vulgairement aux *chrysalides* et à la plupart des *nymphes* des insectes. *Voyez* CHRYSALIDE, NYMPHE. (O.)

FÈVE, FÈVE DE MARAIS, FÉVEROLE, *Vicia faba*, Linn. Plante annuelle, qu'on cultive en grand dans les jardins et dans les champs, pour sa graine, qui sert de nourriture aux hommes et aux animaux. Ses tiges s'élèvent à deux ou trois pieds, sont quadrangulaires, creuses, garnies de feuilles ailées, pourvues de folioles ovales, des aisselles desquelles sortent des grappes de fleurs qui se transforment en une gousse coriace, longue, un peu renflée, terminée en pointe, contenant trois ou quatre grosses semences réniformes et plates, qu'on appelle *fèves*. Ces semences sont ordinairement blanches, quelquefois rouges ou purpurines, et toujours marquées d'une cicatrice à l'une de leurs extrémités. Leur écorce est épaisse et d'une consistance ferme. La substance intérieure est tendre dans sa verdeur; mais en se desséchant elle devient très-dure. Quand elle est fraîche, on la partage aisément en deux lobes, à la base desquels on aperçoit le rudiment de la plantule.

Tournefort avoit fait un genre de cette plante, d'après la considération de son fruit; Linnæus l'a réuni aux VESCES; mais quelques botanistes modernes sont revenus à l'opinion du premier.

Il y a plusieurs variétés de fèves. Toutes demandent en général une terre substantielle, amendée et bien divisée. Celles qu'on sème en automne ou pendant l'hiver, doivent être placées de préférence dans des terres douces et légères. Les semis d'été ne réussissent bien que lorsque cette saison est pluvieuse, ou dans les pays froids. Lorsque l'été est chaud, et le terrain sec, les *fèves de marais* sont sujettes à être attaquées par les *pucerons*, qui infestent les sommités tendres, et souvent même presque toute la plante. Aussi, dans les parties méridionales de la France, il faut, pour éviter cet inconvénient, semer les fèves en automne. Il est avantageux de buter, de chausser les fèves, et de détruire les mauvaises herbes qui croissent parmi elles. Leur végétation se soutient mieux, et leur produit est plus considérable.

On sème des fèves en bordure, en plate-bande, en plein carré ou en planches, suivant la saison ou la disposition du terrain. Dans tous les cas, elles doivent être espacées de trois à cinq pouces sur la ligne des rayons, et les rangs éloignés de dix à quinze pouces, suivant la grosseur de la fève. Au printemps et en été on couvre plus la semence que dans les autres saisons. Au midi de la France, et dans les autres pays où on ne craint pas les gelées, on sème des fèves à terrain découvert et à toute exposition, dès le commencement de novembre. On en sème aussi à cette époque dans les pays tempérés et dans les climats froids, mais c'est alors à des expositions favorables, à l'abri d'un mur, d'une haie ou d'une palissade; on y continue ces semis, quand le temps le permet, jusqu'à la fin de février. Aussitôt que les fèves sont levées, on rapproche la terre des jeunes tiges; quand il gèle à deux ou trois degrés, on les couvre avec des cosses de pois, ou de toute autre manière. Au printemps, on en sème d'abord au midi sur des terrains en pente, et ensuite en plein carré à toutes expositions. Ces semis peuvent être continués jusqu'au milieu de l'été. Pour les premiers et les derniers semis, on préfère les petites espèces, la *naine*, la *hâtive*, la *julienne* et la *picarde*. C'est toujours au printemps qu'on doit semer toutes fèves qu'on destine à être récoltées en maturité.

Si on coupe rez-terre la tige des fèves de marais des premières cultures, après avoir cueilli leur produit en vert, ces plantes repoussent et donnent une seconde récolte assez abondante, lorsque le temps est favorable. On bine immédiatement après cette opération.

Lorsque les fèves sont à leur maturité, ce qui se reconnoît facilement par les tiges qui se fanent, et les cosses qui prennent une couleur noire, on les coupe tout près de terre, ou on les arrache pour les faire ensuite sécher sur le champ même. Leur dessiccation est lente : aussi doit-on, autant qu'il est possible, les récolter par un beau temps. Quand elles sont séchées, on les rentre et on les place en un lieu sec : elles rougissent et noircissent en vieillissant, mais elles ne sont pas moins propres à la germination. Gardées dans leur cosse, elles s'y conservent bonnes pour la semence pendant cinq ans.

Tout le monde connoît l'usage des fèves de marais. On les mange jeunes et fraîchement écossées, avec l'écorce tendre qui recouvre les deux portions ou lobes du corps farineux. Quand elles ont acquis de la grosseur, on enlève cette écorce, qui est dure et coriace, et dans cet état on les appelle *fèves dérobées* ou privées de leur robe. Elles se digèrent alors avec plus de facilité. Les habitans des grandes communes ne mangent les fèves de marais que jeunes ou *dérobées*, soit entières, soit en purée. Mais on fait dans les vaisseaux un grand emploi des fèves de marais sèches, pour la nourriture des équipages. Il est donc bien important de les multiplier aux environs des ports de mer.

On cultive quelquefois les fèves pour fourrage; on les sème alors à la volée et assez épais; ensuite on passe la herse. Quand la plante commence à fleurir, on la fauche, on la laisse sécher sur le champ, on la tourne et retourne comme le foin, et on la serre. Dans quelques cantons on sème à la fois, pour fourrage, la grosse fève, mêlée avec la féverole, les pois, les vesces et les lentilles, que l'on coupe au moment de la fleur. Ce mélange s'appelle *dragée*. Les fèves peuvent encore être cultivées comme engrais ; pour cet effet, après les préparations ordinaires, on la sème, comme ci-dessus, à la fin de l'automne, si le climat le permet, ou autrement au printemps. Quand elles sont en pleine fleur, on les enterre avec la charrue à grande oreille. Cette manière d'engraisser les terres est excellente.

Quand la fève est en fleur, elle exhale une odeur assez agréable, mais très-fugitive. Beaucoup de jardiniers sont dans l'usage de pincer, à cette époque, l'extrémité des pousses, ce qui fait grossir davantage et mûrir plus promptement les gousses du bas de la tige. On fait cuire ces jeunes pousses, qui, étant assaisonnées, sont très-bonnes à manger.

Il croît, selon M. Hell, dans la ci-devant Alsace, une fève connue sous le nom de *fève de café*, qui a une légère amertume ; on la torréfie et on en fait usage en guise de café : elle a quelque ressemblance avec ce grain. La torréfaction ne lui donne aucune qualité préjudiciable.

La féverole, ou *fève de cheval* ou *gourgane*, ne diffère de la précédente que par sa petitesse, et parce qu'elle est plus garnie de feuilles et de fruits. Elle est originaire d'Egypte, et s'est naturalisée en Italie, dans les Alpes et dans d'autres parties de l'Europe. Sa culture est la même que celle de la fève de marais ; elle doit être mise un peu plus tard en terre. On la sème daus les champs en différentes provinces d'Allemagne, de France et d'Angleterre, pour la faire manger aux bestiaux. *V.* FABA et FÈVE DE PYTHAGORE. (PARM.)

FEVE DU BENGALE. C'est le fruit du *myrobolan citrin*, altéré dans sa forme par la piqûre d'un insecte. (B.)

FEVE A COCHON. C'est la JUSQUIAME, dont le nom est une corruption de celui d'*hyoscyamos*, que lui donnoient les Grecs, lequel a la même signification. (LN.)

FEVE D'EGYPTE. Le fruit du *nénuphar* ou *nelumbo*, est ainsi appelé dans le commerce. (B.)

FEVE D'EGYPTE DES GRECS. C'est le LOTUS à fleurs roses, dont les fleurs et les fruits sont sculptés dans les temples des Egyptiens. (LN.)

FEVE DU DIABLE ou **POIS DU MABOUIA.** C'est le fruit du CAPRIER CYNOPHALLOPHORE. (B.)

FEVE DOUCE (*Faba dulcis*, Merian). C'est le DARTIER DES INDES (*Cassia alata*, L.). (LN.)

FEVE D'INDE. Espèce de *dolic* à laquelle Forskaël donne ce nom (*Dolichos faba indica*). C'est le *Fulhendi* des Arabes. (LN.)

FEVE EPAISSE. C'est l'ORPIN. (B.)

FEVE FUNÉRAIRE. *V.* FÈVE DE PYTHAGORE. (LN.)

FEVE DE GALÉRIEN. Nom donné dans le midi à une variété de FÈVE remarquable par sa grosseur. (LN.)

FEVE INVERSE. *V.* FÈVE ÉPAISSE. (LN.)

FEVE LOVINE. Nom que portent les fruits du lupin dans le midi. (LN.)

FEVE DE LOUP. C'est l'HELLÉBORE FÉTIDE. (LN.)

FEVE DE MALACCA des Portugais. C'est la NOIX D'ANACARDE (*Anacardium orientale*). (LN.)

FEVE DE MALADOU. *V.* FÈVE DE MALACCA. (LN.)

FEVE DE MARAIS. C'est ainsi qu'on nomme, à Paris, les FÈVES qui proviennent des cultures qu'on voit dans les faubourgs de cette capitale, et qui portent le nom de *marais*. Ces fèves sont plus douces et plus tendres que celles qui proviennent de la campagne, attendu que leur culture est plus soignée. *V.* FÈVE. (LN.)

FEVE MARINE. Nom qu'on donne à l'opercule d'une coquille du genre des SABOTS, qui ressemble à une *fève*, et que la mer rejette sur ses bords. On lui attribuoit autrefois de grandes vertus. (B.)

FEVE MARINE. On donne ce nom, sur les côtes, au COTYLET ou NOMBRIL DE VÉNUS (*Cotyledon umbilicus*). (LN.)

FEVE MARINE (*Faba marina*). Rumphius paroît désigner sous ce nom une espèce d'ACACIE ou SENSITIVE, voisine du *mimosa scandens*. (LN.)

FEVE DU MEDICINIER. C'est le fruit du RICIN. (B.)

FEVE NAINE. Coquille du genre BUCCIN, qui se rapproche beaucoup, pour la forme, des NÉRITES. C'est le *buccinum neriteum* de Linnæus. (B.)

FEVE NÈGRE. C'est le *dolichos faba nigrita* de Forskaël, nommé *fullabara* et *fuldjellabe* par les Arabes. (LN.)

FEVE DE PICHURINE. Fruit d'une espèce de LAURIER encore imparfaitement connu. Ce fruit est très-odorant. (B.)

FEVE PURGATIVE. C'est le fruit du Ricin. (B.)

FEVE DE PYTHAGORE. Dans un Mémoire lu à l'Institut, M. Petit Radel cherche à démontrer que la fève réprouvée comme funéraire par Pythagore, n'étoit aucune des fèves dont nous faisons usage, et dont il usoit comme nous, selon le témoignage d'Aristoxène; mais que c'étoit une légumineuse qui avoit la propriété particulière de paroître se changer en sang à la cuisson. Or, la gousse du caroubier, *ceratonia siliqua*, présente ce phénomène. Sa pulpe ressemble réellement à de la chair crue : M. Petit Radel conjecture que cette gousse étoit celle que le Flamine ne pouvoit ni toucher ni nommer, non plus que toucher et nommer de la chair crue, et qu'elle étoit cette fève noire que, selon Ovide, dans ses Fastes, on jetoit aux Lemures et aux Larves. Il s'est confirmé dans cette opinion en voyant cette gousse représentée au naturel sur presque tous les sarcophages antiques. Il l'a trouvée réunie dans une pierre gravée, à un squelette et à d'autres emblèmes de la mort; elle se voit aussi fréquemment sur les lampes sépulcrales, et c'est probablement elle qu'on remarque dans les palmettes peintes sur les vases dits étrusques, que l'on sait avoir été généralement tirés des tombeaux, etc. *V.* l'analyse de ce mémoire intéressant, dans le compte rendu par M. Guinguené, des travaux de la classe d'histoire et de littérature ancienne, de l'Institut, 1808. *V.* aussi à l'article FABA. (LN.)

FEVE DE SAINT-IGNACE. Fruit des Philippines, que les Jésuites ont apporté en Europe, comme une panacée universelle, mais dont l'usage n'a pas été adopté par les médecins. On a cru que c'étoit la semence de la VOMIQUE, *strychnos*, Linn.; mais aujourd'hui on sait que c'est celle de l'IGNATIE, genre fort voisin de ce dernier. On l'appelle aussi *noix igasur*. Ce même nom est donné, au Mexique, au fruit du PHALOÉ. *V.* YASUG. (B.)

FEVE DE TONGA ou DE TONKA. C'est le fruit du BARIOSME TONGO, qui est figuré pl. 93 de la *Carpologie* de Gærtner, genre qui ne diffère pas du COUMAROU d'Aublet, et du DIPTÉRIE de Willdenow. Le brou de cette fève, qui est huileux et très-odorant, se met dans le tabac et lui donne un goût qui plaît à beaucoup de personnes. (B.)

FEVE DE TRÈFLE. Fruit de l'ANAGYRIS PUANT. (B.)

FEVERBAUM. Le GENÉVRIER (*Juniperus communis*) porte ce nom en Allemagne. (LN.)

FEVERBLUME. C'est le COQUELICOT (*Papaver rhœas*, L.), en Allemagne. (LN.)

FEVERBUSCH. Nom que les Anglais donnent au LAURIER-BENJOIN. (LN.)

FEVERFEW. C'est, en Angleterre, le nom de la MATRICAIRE. (LN.)

FEVERKRAUT. Nom allemand du LAURIER-SAINT-ANTOINE (*Epilobium angustifolium*), et de l'HERBE DE SAINT-CHRISTOPHE (*Actæa spicata*). (LN.)

FEVER LILIE. Le LIS BULLIFÈRE, en Allemagne. (LN.)

FEVEROLES. Petites coquilles bivalves, voisines des CAMES, qu'on trouve au détroit de Magellan. (B.)

FEVEROLE. Variété de FÈVES. (B.)

FEVERROSELEIN. Nom de l'ADONIDE, en Allemagne. (LN.)

FEVERWEED. Nom anglais du PANICAUT (*Eryngium*). (LN.)

FEVERWURS. Nom donné, en Allemagne, aux *Helleborus fœtidus* et *niger*. *V.* HELLÉBORE. (LN.)

FEVIER, *Gleditsia*, Linn. (*Polygamie diœcie.*) Genre de plantes de la famille des LÉGUMINEUSES, qui comprend sept à huit arbres exotiques, la plupart épineux, dont les feuilles sont une ou deux fois ailées, et composées d'un grand nombre de petites folioles, et dont les fleurs sont disposées en grappes latérales, ayant à peu près la forme de chatons. Certains pieds portent des fleurs hermaphrodites, mêlées avec des mâles dans la même grappe ; d'autres ne portent que des fleurs femelles, souvent accompagnées de quelques mâles.

Les fleurs hermaphrodites ont un calice à quatre folioles, quatre pétales sessiles, environ six étamines à anthères jumelles, et un pistil, auquel succède une gousse semblable à celle que la fleur femelle produit. Les mâles ont un calice à trois divisions, trois pétales, et six étamines, sans ovaire. Dans les femelles, outre le calice, qui est formé de cinq folioles, on trouve cinq pétales oblongs et pointus, et un ovaire supérieur comprimé, et surmonté d'un court style.

Le fruit est une gousse longue, large, très-aplatie et pendante ; son intérieur est divisé transversalement par plusieurs cloisons formant autant de loges remplies de pulpe, et contenant chacune une semence dure et arrondie.

Les espèces de féviers connues sont :

Le FÉVIER A TROIS ÉPINES, *Gleditsia triacanthos*, Linn. C'est un arbre de trente à quarante pieds, dont le tronc est droit, l'écorce grisâtre, la cime rameuse, et garnie d'un beau feuillage qui approche de celui des *acacies*, et qui se renouvelle chaque année. Sa tige et ses branches sont armées de fortes épines ligneuses et rougeâtres, munies chacune de deux épines latérales communément opposées, formant une espèce de croix avec celle qui les soutient. Ses feuilles sont deux fois ailées, ses fleurs petites et d'une couleur herbacée ; ses gousses d'un brun rougeâtre et comprimées, ont près d'un pied de longueur sur un pouce et demi de large.

Cet arbre croît naturellement dans la Virginie, le Canada, la Louisiane, et dans d'autres parties de l'Amérique septentrionale, où il est connu sous le nom de *carouge à miel*. Il ne fleurit que lorsqu'il est parvenu à une grosseur considérable.

Dans notre climat, ses fleurs paroissent vers le commencement de l'été. On le multiplie de graines, dont les pieds hermaphrodites et femelles donnent souvent une abondance dans nos climats. Il réussit à toutes les expositions, mais il exige une bonne terre. Son feuillage se conserve très-avant en automne. Cette espèce a une variété, qui est dépourvue d'épines. L'un et l'autre supportent sans peine nos plus grands hivers.

Le **Févier de la Chine**, *Gleditsia Sinensis*, Mus. Il a à peu près la même hauteur que le précédent. Son tronc est horriblement hérissé d'épines, et se ramifie beaucoup. Ses feuilles sont lisses, deux fois ailées; les épines qui naissent aux aisselles des feuilles, sont garnies de trois ou quatre épines latérales plus petites, et toujours situées alternativement. Cet arbre, qu'on croit originaire de la Chine, pourroit être employé à faire des clôtures défensives. Il vient en pleine terre, ainsi que le précédent, et pousse vigoureusement. On peut le greffer sur les *gleditsia* ordinaires. Ce févier est fréquemment confondu avec le **Févier féroce** et le **Févier a grosses épines** venant aussi de la Chine, et pourvus également d'aiguillons redoutables, mais qui s'en distinguent par leur moindre grandeur et la forme de leur fruit.

Le **Févier de Caroline**, *Gleditsia monosperma*, Linn., est un arbre fort grand et fort étendu, qui a des feuilles deux fois ailées, et composées de folioles ovales et pointues, des épines à ses rameaux, petites, très-aiguës, à trois pointes, et des gousses qui viennent par bouquets.

Il y a encore le **Févier de la Caspienne**, qui se fait reconnoître par l'aplatissement et la courbure de ses épines. (D.)

FÉZANT. *V.* Faisan. (DESM.)

FI. Nom japonais de l'If. (LN.)

FIÆLBAER. Nom donné, en Dalécarlie, suivant Linnæus, à l'Arbousier alpin, *Arbutus alpina.* (LN.)

FIÆLBJORK. Nom du Bouleau Nain, *Betula nana*, en Suède. (LN.)

FIÆLRAPA. Nom du Bouleau, en Dalécarlie, suivant Linnæus. (LN)

FIÆRABU. Nom de l'Armoise maritime, en Norwége. (LN.)

FIÆRAP. Nom du Paturin maritime, *Poa maritima*, en Norwége. (LN.)

FIÆRENORELL. Nom de la Saline péploïde, *Arenaria peploides*, en Norwége. (LN.)

FIÆREPORTULAK. Nom de la Pulmonaire maritime, en Norwége. (LN.)

FIA-FIA. Nom vulgaire de la Grive litorne, tiré de son cri. (V.)

FIALASSO. Nom de la GUIMAUVE DE NARBONNE, dans le Nivernais. (LN.)

FIALL-RACKA. Nom suédois de l'ISATIS, espèce du genre CHIEN. (DESM.)

FIALLA-FIFIL. *V.* FIALLDA. (LN.)

FIALLDA et **FIALLA-FIFIL.** Noms de la BENOITE A FLEURS ROSES, *Geum rivale*, en Norwége. (LN.)

FIALLDRAPE. C'est le BOULEAU nain, en Islande. (LN.)

FIAMMA (*Flamme*). C'est, dans quelques parties de l'Italie, le nom de l'OROBANCHE, *Orob. major.* (LN.)

FIANFIRO. Nom d'un cétacé du Japon, que M. le comte de Lacépède rapporte, avec doute, au CACHALOT MACROCÉPHALE. (DESM.)

FIAS-FU. L'un des noms qu'on donne, en Hongrie, à la BUGLE RAMPANTE, *Ajuga reptans.* (LN.)

FIATOLE, *Fiatola.* Genre de poissons, établi par Cuvier, pour placer la STROMATÉE FIATOLE, qui s'éloigne des autres par ses caractères. Ceux de ce genre sont : partie antérieure des nageoires dorsales et anales peu saillante, et accompagnée d'épines peu visibles : une seule rangée de très-petites dents pointues ; des écailles qui ne s'aperçoivent que lorsque la peau est sèche.

Le genre SESERN se rapproche infiniment de celui-ci. (B.)

FIBER. Nom latin du CASTOR. Il a aussi été appliqué à l'ONDATRA, ou rat musqué du Canada. (DESM.)

FIBICHE, *Fibichia.* Genre de plantes de la famille des GRAMINÉES, établi par Kœlère pour placer le PANIS DACTYLE de Linnæus, qui fait partie des PASPALES de Lamarck. (B.)

FIBIGIE, *Fibigia.* Genre de plantes établi par Mœnch. Il ne diffère pas suffisamment de celui appelé FARSETIE par Forskaël. (B.)

FIBRAURE, *Fibraurea.* Arbrisseau grimpant, sans vrilles, dont la tige est constamment ornée de grands cercles concentriques de couleur d'or, séparés par de petits trous ; dont les feuilles sont alternes, longuement pétiolées, ovales à leur base, pointues à leur sommet, très-entières, glabres et inégalement couvertes de nervures ; dont les fleurs sont blanches, petites, disposées en grappes latérales ; lequel forme, selon Loureiro, un genre dans la dioécie hexandrie.

Ce genre offre pour caractères : une corolle de six pétales arrondis ; point de calice ; six étamines à anthères sessiles dans les fleurs mâles ; un ovaire supérieur ovale, trilobé, à trois stigmates bifides et sessiles ; trois baies ovales, comprimées, monospermes et réunies.

Le fibraure se trouve dans les forêts de la Cochinchine. Toutes ses parties sont amères. Il se rapproche des PAREIRES. Sa racine passe pour désobstruante et résolutive. On tire de sa tige une couleur jaune peu brillante, mais qui rend solide celles du CURCUMA et du CARTHAME, et qu'on emploie en conséquence assez fréquemment. (B.)

FIBRE CHARNUE ou **MUSCULAIRE**. *V.* MUSCLES. (DESM.)

FIBRE (*végétale*). *V.* ARBRE, PLANTES, VÉGÉTAUX. (TOL.)

FIBROLITE de Bournon. *V.* BOURNONITE. (LUC.)

FIBRINE. *V.* SANG. (DESM.)

FIBULAIRE, *Fibularia*. Genre établi par Lamarck, aux dépens des OURSINS. Ses caractères sont: subglobuleux, ovoïde ou orbiculaire; à bord nul ou arrondi; à épines très-petites; cinq ambulacres bornés, courts et étroits; bouche inférieure centrale; anus près de la bouche.

Ce genre, appelé ÉCHINOCYAME par Leske, renferme trois espèces. (B.)

FICAIRE, *Ficaria*. La GRANDE SCROPHULAIRE (*Scrophularia nodosa*) a été ainsi désignée autrefois. Brunsfelsius a donné ce nom à une espèce de RENONCULE (*Ranunculus ficaria*), à laquelle il est demeuré, et dont plusieurs botanistes, Dillen, Adanson, Haller, Jussieu, Roth, etc., ont fait un genre qui diffère des renoncules par son calice à trois feuilles, et par sa corolle à huit ou neuf pétales. L'anémone hépatique a beaucoup d'affinité avec ce nouveau genre.

Le *ficaria* est ainsi nommé, dit Ventenat, parce qu'on s'en servoit autrefois pour guérir le *fic*, espèce de tumeur ordinairement indolente, qui ressemble à une figue. (LN.)

FICCAFIGA. Aux environs du lac Majeur, on nomme ainsi la *fauvette babillarde*. *V.* FAUVETTE. (S.)

FICÉDULA. Nom latin donné par Brisson aux oiseaux du genre MOTACILLE. (DESM.)

FICHTE et **FICHTENBAUM**. Noms allemands de l'EPICIA, *Pinus abies*. (LN.)

FICHTENAPFEL (*Pomme de pin*). Les Allemands nomment ainsi quelquefois l'ANANAS. (LN.)

FICHTENBAUM. *V* FICHTE. (LN.)

FICHTENSPARGEL et **FICHTENSAUGER**. Ce sont des noms allemands du SUCEPIN, *Monotropa hypopithys*. *V.* MONOTROPE. (LN.)

FICHTENTANNE. *V.* FICHTE. (LN.)

FICOÏDE, *Mesembryanthemum*. Genre de plantes de l'icosandrie pentagynie, et de la famille de son nom, qui a pour caractères: un calice monophylle, persistant, charnu, divisé en cinq parties souvent inégales ; un très-grand nombre de pétales linéaires, disposés sur plusieurs rangs, et légèrement réunis à leur base ; des étamines très-nombreuses, insérées au calice ; un ovaire supérieur, surmonté de cinq, rarement de quatre ou de dix styles, à stigmates simples ; une capsule turbinée ou arrondie, charnue à sa base, divisée supérieurement en autant de loges que la fleur avoit de styles, et contenant un grand nombre de petites semences arrondies.

Ce genre, qui comprend près de cent espèces, est fort remarquable. Il est composé de sous-arbrisseaux ou d'herbes vivaces à feuilles opposées, rarement alternes, quelquefois seulement radicales, mais toujours épaisses, ou charnues et succulentes, et variant considérablement dans leurs formes; à fleurs solitaires, axillaires ou souvent terminales. Ces plantes sont presque exclusivement propres au Cap de Bonne-Espérance ; du moins n'en indique-t-on que trois ou quatre hors de ce point de la terre. Comme elles ne peuvent pas être conservées pour l'étude, par la dessiccation, plusieurs auteurs, entre autres Dillen, ont cherché à les fixer au moyen de la gravure ; mais aucun n'a autant approché de la perfection que Redouté dans son ouvrage intitulé *Plantes grasses*, ouvrage qui devient indispensable à ceux qui veulent les étudier.

On divise ce genre, *en ficoïdes*, 1.° *sans tige ;* 2.° *à tiges très-courtes :* 3.° *à tiges sans feuilles ;* 4.° *à tiges et à feuilles planes ;* 5.° *à tiges et à feuilles convexes en dessous ;* 6.° *à tiges et à feuilles cylindriques ;* 7.° enfin *à tiges et à feuilles triangulaires.* On les divise aussi d'après la couleur de leurs fleurs, qui sont blanches, rouges ou jaunes.

L'espèce la plus commune dans les jardins, ou la plus remarquable de chacune de ces divisions, est :

1.° Le FICOÏDE LINGUIFORME, dont les feuilles sont linguiformes, avec le bord plus épais et sans pointes, dont les fleurs sont sessiles, le calice uni et les pétales émarginés. Il est figuré dans l'ouvrage de Redouté.

2.° Le FICOÏDE DOLABRIFORME, dont les feuilles sont ponctuées, triangulaires, carinées ; la carène élargie à son extrémité et bilobée. Il est figuré dans l'ouvrage de Redouté.

Le FICOÏDE TRÈS-PETIT a la tige droite, en massue, tachetée et velue à son sommet. Il n'est pas figuré.

4.° Le FICOÏDE CRISTALLIN, qui a les feuilles ovales, alternes, mamelonnées, les fleurs sessiles, le calice ovale et court. Il est figuré dans l'ouvrage de Redouté. Cette plante est une des plus singulières que l'on connoisse, à cause des tubercules brillans ou cristallins dont elle est entièrement couverte, et qui ont absolument l'aspect de gouttes d'eau glacée, d'où est venu le nom de *glaciale* qu'elle porte chez les jardiniers. Ces tubercules ne sont autres que le suc propre qui s'accumule dans des utricules superficielles, transparentes, et qui y abonde d'autant plus, que la chaleur est plus intense.

5.° Le FICOÏDE GÉNICULIFLORE a les feuilles légèrement mamelonnées, les fleurs sessiles, axillaires, et le calice divisé en quatre parties. Il est figuré dans l'ouvrage de Redouté.

C'est dans cette division que se trouve le plus grand nombre des espèces que l'on cultive dans les jardins de botanique, telles que le NOCTIFLORE, le TUBÉREUX, le BICOLOR, etc.

6.° Le FICOÏDE NODIFLORE, dont les feuilles sont alternes, obtuses, ciliées à leur base. Il est figuré dans l'ouvrage de Redouté. On le trouve en Egypte, où on le brûle pour en retirer de la soude. Ses graines, réduites en poudre, donnent une farine dont les Arabes du désert font une espèce de pain.

7.° Le FICOÏDE COMESTIBLE, dont les feuilles sont équilatérales, aiguës, sans points, la carène légèrement dentelée, et la tige aplatie. Il est figuré dans l'ouvrage de Redouté. On mange ses feuilles et ses tiges au Cap de Bonne-Espérance, et on les fait confire dans le vinaigre, comme ici le POURPIER. On mange aussi ses fruits, qui sont rouges, après les avoir pelés.

Cette division renferme encore plusieurs espèces remarquables par la singulière forme de leurs feuilles, telles que le DELTOÏDE, l'ACINACIFORME, le PUGIONIFORME, etc.

On doit à M. Desvaux des observations intéressantes sur la floraison des plantes de ce genre. (B.)

FICOÏDE. On a donné ce nom à des pétrifications qui paroissent avoir été moulées dans un creux laissé par l'ALCYON FIGUE, ou quelque espèce voisine. (B.)

FICOÏDEA. Synonyme de FICOÏDES. Il a été employé rarement. (LN.)

FICOÏDES, *Ficoideæ*, Jussieu. Famille de plantes dont les caractères sont : un calice monophylle, supérieur ou inférieur, à quatre ou cinq divisions plus ou moins profondes; une corolle formée de pétales ordinairement en nombre indéterminé, insérés au sommet du calice, quelquefois nulle, le calice étant alors coloré intérieurement; des étamines nombreuses, également insérées au sommet du calice, à anthères oblongues, penchées; un ovaire simple, supérieur ou inférieur, à styles nombreux, à stigmates simples; un fruit capsulaire ou drupacé multiloculaire, dont les loges sont en nombre égal à celui des styles, ordinairement polyspermes, rarement monospermes, à semences insérées à l'angle intérieur des loges, ou portées sur un placenta central; le périsperme farineux, central ou latéral, et l'embryon courbé.

Les plantes de cette famille ont une tige herbacée ou suffrutescente. Leurs feuilles sont opposées ou alternes, rarement radicales, souvent charnues, succulentes, d'une épaisseur plus ou moins considérable et d'une forme très-différente. Leurs fleurs, quelquefois vivement colorées et munies d'un si grand nombre de pétales qu'elles paroissent doubles, ou qu'elles ont en quelque sorte l'aspect de fleurs composées, affectent différentes dispositions.

Ventenat, de qui on a emprunté cette rédaction, a rapporté à cette famille, qui est la seconde de la quatorzième classe de son *Tableau du règne végétal*, et dont les caractères sont figurés pl. 19, n.° 3 du même ouvrage, six genres sous deux divisions; savoir :

Les *ficoïdes à ovaire supérieur*, RÉAUMURIE, SÉSUVIE, AIZOON et GLINOLE.

Les *ficoïdes à ovaire inférieur*, FICOÏDE et TÉTRAGONE. (B.)

FICOÏDES. Des plantes grasses du Cap de Bonne-Espérance furent ainsi appelées par tous les botanistes, jusqu'à Dillen, qui changea ce nom en celui de MESEMBRYANTHEMUM, adopté depuis, et qu'Adanson propose d'abréger comme il suit : *Mesembryon.* Quelques espèces d'AIZOON, de CRASSULES et de CACTIERS sont des *ficoïdes* pour plusieurs auteurs. Les fruits de toutes ces plantes ont été comparés à ceux du figuier pour leur consistance. (LN.)

FICOÏTE, FICOÏDE et CARICOÏDE. On donne ces noms à la FIGUE DE MER FOSSILE; c'est une espèce d'ALCYON. On en trouve beaucoup dans les montagnes de l'Argow en Suisse, surtout dans le Geisberg et le Weisseemberg. (PAT.)

FICUS. Nom donné par les Latins au FIGUIER. Au dire de Vossius, il vient d'un mot hébreu qui désignoit la même plante. Les Grecs nommoient cet arbre *sycea* et *sycéé*. La figue fraîche étoit leur *syca* ou *sycon*, et la figue sèche le *carica*. La tumeur, que nous nommons *Fic*, dérivé de FICUS, étoit leur *sycée*. Les Latins ont employé le nom de *ficus*, dans le même sens que les Grecs ont employé le mot *sycée*. Comment ont-ils pu le recevoir des Hébreux? Les Arabes nommoient le figuier *sin* et *fin*. Le mot français *figuier* est une corruption de *ficus*, radical de presque tous les noms européens du figuier. On a appliqué ce nom de *ficus* à des plantes très-différentes, telles que les *coulequins*, les *cactiers*, et les *bananiers*. *V.* les articles FIGUIER. (LN.)

FICUS-AIZOIDES. Plusieurs FICOÏDES ont été décrites sous ce nom. (LN.)

FICUS INDICA (*Figuier d'Inde*). Les botanistes ont donné d'abord ce nom au BANANIER, puis au FIGUIER DES INDES (*Ficus indica*); enfin, à plusieurs espèces de CACTIERS d'Amérique, plus connues sous les dénominations d'OPUNTIA et de RAQUETTE. Les plus remarquables de ces *ficus indica* sont le BANANIER, et le CACTIER sur lequel vit la cochenille. (LN.)

FIDALGUINHOS. Nom portugais du BLUET (*Centaurea cyanus*). (LN.)

FIDDLEDOCK. Nom anglais d'une espèce d'OSEILLE SAUVAGE (*Rumex pulcher*). (LN.)

FIDDLEWOOD. C'est le nom des GUITARINS (*Cytharexylum*). (LN.)

FIDERTSCHE. Nom allemand d'une espèce de RENONCULE (*Ranunculus platanifolius*), qui porte le nom vulgaire de BOUTON D'ARGENT. (LN.)

FIDJL - EL - DJEMAL. Nom arabe d'une espèce de PASTEL (*Isatis ægyptia*, Forsk.). (LN.)

FILRILDE. Les Islandais donnent ce nom à tous les insectes de l'ordre des *lépidoptères*. (O.)

FIÉ. Nom de l'EPICIA dans les Vosges. (B.)

FIEBERKLÉE. Nom que le MÉNIANTHE TRIFOLIÉ reçoit en Allemagne. (LN.)

FIEBER-KRAUT. Un des noms de la MATRICAIRE (*Matricaria parthenium*), en Allemagne. Il est aussi celui du PANICAUT, du BIDENT TRIPARTITE et de la petite CENTAURÉE. (LN.)

FIEBERWEIDE. Quelques SAULES portent ce nom en Allemagne. (LN.)

FIEBERWURZ. C'est le nom de l'ARISTOLOCHE CLÉMATITE et celui du GOUET MACULÉ, en Allemagne. (LN.)

FIEKRIUD. Nom hollandais d'une espèce très-commune de SISYMBRIUM (*Sisymbryum sophia*). (LN.)

FIEL ou BILE. C'est une liqueur contenue dans une vésicule placée au foie. L'éléphant, le chameau, le cheval, les cerfs, le manati, le surmulot, les perroquets, les pigeons, le coucou, la grue, le merlan, la lamproie, etc., n'ont point cette vésicule, aussi bien que plusieurs hommes; cependant tous ont de la *bile* formée dans les vaisseaux hépatiques ou le foie. Il y a deux espèces de bile : celle du foie qui est peu amère, incolore, limpide, et la *bile cystique*, d'un jaune olivâtre, visqueuse, d'une amertume insupportable et d'un caractère savonneux. Le canal cholédoque verse la bile dans l'intestin *duodenum*, où elle contribue à la séparation de la matière fécale et du chyle. La bile colore la matière fécale, et lorsqu'elle se répand dans toute l'économie animale, elle communique sa couleur à toutes les humeurs, comme dans la maladie nommée *jaunisse*. Dans les pays les plus chauds, la bile est plus active que dans les climats froids, et il paroît qu'elle contribue à teindre la peau en couleur olivâtre et brune. Les animaux carnivores ont une bile plus âcre que les herbivores. On trouve souvent dans ces derniers, surtout dans le bœuf, le cochon, le porc-épic, des pierres ou calculs biliaires, qu'on fait passer pour des Bézoards. *V.* ce mot à l'article Calcul.

Dans l'analyse de la bile, on a trouvé qu'elle étoit composée, sur 1100 parties : d'eau 1000; d'albumine 42; résine 41; matière jaune insoluble dans l'eau, l'alcohol, l'huile et l'acide muriatique, mais soluble dans les alcalis, elle est dans la proportion de 2 à 10 : ensuite soude 5,6 ; phosphate, sulfate et muriate de soude, phosphate de chaux et oxyde de fer, ensemble 4,5, selon Thénard. Vogel y a remarqué aussi du soufre et de l'hydrogène sulfuré. La matière analogue aux résines et la substance sucrée ou picromel, se trouvent en diverses proportions; cette dernière n'existe pas dans la bile de l'homme, mais dans celle du bœuf. La bile des animaux ne contient pas d'albumine comme celle de l'homme. La bile conservée long-temps contracte une odeur de musc ou d'ambre gris. On y trouve aussi une matière huileuse, concrescible en lamelles brillantes, et qui est très-semblable au blanc de baleine; c'est principalement cette substance qui compose les calculs biliaires. *V.* Foie.

On emploie la bile en médecine comme un excellent stomachique, et un bon tonique amer pour réveiller les forces digestives et donner de l'activité aux viscères du bas-ventre engorgés. C'est aussi un excellent vermifuge et un cosmetique recherché. (VIREY.)

FIEL DE TERRE, *Fel terræ*. L'on donne ce nom à la Fumeterre et à la petite Centaurée (*gentiana centaurium*), à cause de leur amertume. (LN.)

FIÉLA. Nom de la Murène myre, à Marseille. (B.)

FIÉLA-FÉ. Nom du Gymnote aigu, à Marseille. (B.)

FIELAGNO. L'Alaterne (*Rhamnus alaternus*), porte ce nom en Provence. (LN.)

FIELBAER. Nom de l'Arbousier alpin, en Norwége. (LN.)

FIELDARV. C'est l'Androsace septentrionale, en Norwége. (LN.)

FIELDFARE. Nom anglais de la Grive litorne. (V.)

FIELDFLOCK. Nom donné, en Norwége, au *polemonium cœruleum*, ou VALÉRIANE GRECQUE. (LN.)

FIELDFRUE et FIELDROSE. Noms d'une espèce de SAXIFRAGE (*saxifraga cotyledon*), en Norwége. (LN.)

FIELDFURU et FURU. Noms du PIN SAUVAGE, en Norwége. (LN.)

FIELDGRAN. C'est, en Norwége, une variété naine de l'EPICIS (*pinus abies*), qui croît sur les hautes montagnes. (LN.)

FIELDKROP. Un des noms de la MÂCHE (*valeriana locusta*, Linn.), en Danemarck. (LN.)

FIELDMO. Nom du SAULE HERBACÉ, en Norwége. (LN.)

FIELD-RAK et MEL-RAK. Noms de l'ISATIS, en Norwége. *V.* CHIEN. (DESM.)

FIELDROSE. *Voy.* FIELD-FRUE. (LN.)

FIELDSOLOEI. Nom du BASSINET (*ranunculus bulbosus*, L.), en Norwége. (LN.)

FIELDYBS. C'est le GROSEILLIER DES ALPES (*Ribes alpinum*, L.), en Danemarck. (LN.)

FIENO-DI-CAMELLO. Nom italien du BARBON SCHÆNANTE. (LN.)

FIENTE DE MOUETTE. Selon Denys de Montfort, on a quelquefois donné ce nom aux AMMONITES. (DESM.)

FIERASFER, *Fierasfer.* Sous-genre de poissons établi par Cuvier, pour séparer l'OPHIDIE IMBERBE des autres. Ses caractères sont : point de barbillons ; nageoire dorsale si mince qu'elle ne semble qu'un léger repli de la peau. (B.)

FIERRI. Les Romains donnoient ce nom à la CENTAURÉE RHAPONTIQUE (*centaurea rhapontica*, L.). (LN.)

FIFI. Nom provençal des *Pouillots Fitis et Collybite. Voy.* à l'art. FAUVETTE, § II. (V.)

FIGARÊDA. Nom du figuier, dans l'ancienne langue romance. (LN.)

FIGARÉ. C'est, en Languedoc, le CHATAIGNIER HATIF, celui qui laisse tomber plus tôt ses châtaignes. (LN.)

FINGERNADELKRAUT. C'est le nom donné, en Allemagne, à la CAMÉLINE PANICULÉE (*Myagrum paniculatum*). (LN.)

FIGHIEIRO-CABRAOU. Nom du FIGUIER SAUVAGE, en Languedoc. (LN.)

FIGHIEIROU. Nom languedocien du PIED-DE-VEAU, ou BONNET DU GRAND-PRÊTRE AARON (*arum maculatum*). (LN.)

FIGITE, *Figites.* Genre d'insectes, de l'ordre des hyménoptères, section des térébrans, famille des pupivores, tribu des gallicoles, et qui diffèrent des *cynips* de Linnæus ou des *diplolèpes* de Geoffroi, par leurs antennes grenues, un peu plus grosses vers leur extrémité, et composées de quatorze articles dans les mâles, et de treize dans les femelles. Leurs ailes supérieures n'ont que deux cellules cubitales, dont la première est presque carrée, et dont la seconde très-grande, atteint le bout de l'aile. L'abdomen des femelles, quoique semblable à celui des femelles des cynips pour l'essentiel, offre cependant quelques traits particuliers; il est ové-conique, et non tronqué obliquement à son extrémité; le dernier demi-anneau inférieur est de niveau avec celui qui termine l'abdomen en dessus, ou le dépasse même; la tarière ne paroît ainsi partir que de l'anus. Elle est formée de trois pièces, de même que celle des ichneumons et de plusieurs cynips.

Les figites ont le corps oblong, comprimé, presque glabre, et ordinairement noir. Les antennes des mâles sont plus longues que celles des femelles, et ont une articulation de plus. La tête est un peu inclinée en dessous; les yeux sont petits, ovales et entiers; le corselet est élevé, l'écusson est souvent assez apparent; l'abdomen est arrondi au bout dans les mâles; les ailes sont proportionnellement plus petites que celles des diplolèpes, car elles ne dépassent pas l'anus, et sont même plus courtes. Les pattes sont assez longues, avec les hanches fortes. Les tarses sont plus menus que ceux des diplolèpes, et les crochets qui les terminent plus petits, et sans division bien apparente.

On rencontre souvent les figites sur de vieux murs, dans l'intérieur des villes, sur les fleurs, et quelquefois sur les excrémens humains, ce qui me fait soupçonner qu'ils se rapprochent, par leurs habitudes, des *chalcidites*.

FIGITE SCUTELLAIRE, *Figites scutellaris*, Lat. Il est long d'environ deux lignes, d'un noir très-brillant, avec les jambes et les tarses d'un rouge-brun. Le corselet a en dessus deux lignes imprimées, longitudinales. L'écusson est avancé, gros, chagriné, avec de gros points enfoncés à sa base. Les ailes sont blanches. C'est le *cynips scutellaris* de Rossi. M. Jurine rapporte au même genre le *cynips ediogaster* et l'*ophion abbreviator* de Panzer.

Il se trouve en France et en Italie. (L.)

FIGL. En arabe, c'est le RADIS (*Raphanus sativus*, L.). (LN.)

FIGL-EL-GEBEL. Nom arabe que l'on donne, en Egypte, à l'OSEILLE ÉPINEUSE (*Rumex spinosus*, L.). (LN.)

FIGL-EL-GEMEL (*Rave de chameau*), et RECHAD-EL-

BAHR (*Cresson de mer*). Noms arabes du CAQUILIER (*Bunias cakile*, L.). (LN.)

FIGO. Nom d'une espèce de TULIPIER. *V.* FULA-FIGO. (LN.)

FIGOCAQUE. Fruit d'une espèce de PLAQUEMINIER de la Chine, dont on fait grand usage comme aliment. *V.* au mot CHIT-SÉ, et au mot PLAQUEMINIER. (B.)

FIGOÏADKA. Nom polonais de la FAUVETTE A TÊTE NOIRE. (V.)

FIGO-LAOURIOOU. Nom du LORIOT, en Languedoc. (DESM.)

FIGOU. Nom que les pêcheurs de Nice donnent à un poisson appelé *Persèque vanloo* par M. Risso (*Icht. de Nice*). (DESM.)

FIGOULEIROU. Un des noms du GOUET-PIED-DE-VEAU (*Arum maculatum*), en Languedoc. (LN.)

FIGUE. C'est le fruit des FIGUIERS. (LN.)

FIGUE. Ce sont les coquilles qui ont, par leur forme, quelques rapports avec la *figue*, entre autres la PYRULE FIGUE.

On appelle aussi *figue*, des fossiles qui paroissent avoir été moulés dans un creux laissé par l'ALCYON-FIGUE. (B.)

FIGUE BACOVE. C'est une espèce jardinière du BANANIER. (B.)

FIGUE-BANANE. C'est le BANANIER à fruits courts (*musa sapientum*). (LN.)

FIGUE-GIROLLE. L'AGARIC CLAVIFORME de Schæffer, pl. 305 et 306, porte ce nom en français. (B.)

FIGUE-MARINE. *V.* FIGUE-DE-MER. (LN.)

FIGUE-DE-MER. Nom vulgaire d'une espèce d'Alcyon. (DESM.)

FIGUE-DE-MER ou FIGUE-MARINE. Deux noms d'un *Mesembryanthemum*, appelé aussi FIGUIER DES HOTTENTOTS *V.* ce mot. (LN.)

FIGUE-POIRE. Variété de la FIGUE ORDINAIRE. (LN.)

FIGUE-DE-SURINAM. C'est le COULEQUIN (*cecropia peltata*). (LN.)

FIGUEIA. Nom portugais du BANANIER. (B.)

FIGUEIRON. Nom provençal du PIED-DE-VEAU (*arum maculatum*. (LN.)

FIGUERAS. Nom portugais du BANANIER. (B.)

FIGUIER, *Ficus*, Linn. (*Monoécie triandrie*). Genre de plantes à fleurs incomplètes, de la famille des URTICÉES, qui comprend plus de cent arbres et arbrisseaux lactescens, tous exotiques (à l'exception du figuier commun), dont les rameaux et les feuilles sont alternes, et dont les fruits solitaires ou ramassés sont souvent axillaires, et rarement disposés en grappes terminales.

Ce genre, un des plus intéressans que l'on connoisse, présente des caractères très-singuliers, qui montrent combien la nature est ingénieuse dans les moyens qu'elle emploie pour la reproduction des espèces. On a ignoré long-temps le mystère de la fécondation du figuier. Dans les autres plantes, c'est la fleur qui contient l'embryon du fruit. Dans celle-ci, c'est le fruit au contraire qui renferme et qui cache même les fleurs. Elles y sont emprisonnées, s'y développent et y produisent des graines plongées dans une pulpe, qui forme, avec l'enveloppe charnue dont elle est recouverte, ce fruit si connu, qu'on appelle figue. Cependant, avant la fécondation des ovaires que la figue renferme dans son sein, elle ne doit être considérée, et elle n'est regardée en effet par les botanistes, que comme le réceptacle des fleurs et des fruits proprement dits, qui sont les semences. Mais quand celles-ci ont acquis leur entier accroissement, et sont parvenues à leur maturité, la figue alors, telle qu'elle s'offre à nos yeux, est incontestablement un véritable fruit, comme la pomme, la groseille, etc.

Les fleurs que ce fruit non encore mûr contient, sont unisexuelles, et les deux sexes s'y trouvent presque toujours réunis. Les fleurs mâles sont situées dans la partie supérieure, un peu au-dessous de l'œil de la figue; les femelles, plus nombreuses, occupent le reste de la capacité du réceptacle commun. Les unes et les autres manquent de corolle, et sont soutenues par un pédicule. Les premières ont un calice divisé en trois parties, et trois étamines aussi longues que lui, terminées par des anthères jumelles. Dans les secondes, le calice offre cinq divisions; il recouvre un ovaire duquel naît un long style, réfléchi et couronné par deux stigmates inégaux. Chaque fleur femelle produit une semence à peu près lenticulaire, et qui est portée sur le calice. Ces semences sont nombreuses. On remarque au sommet de la figue un enfoncement, ou une espèce de trou, garni de plusieurs petites écailles qui se ferment presque entièrement. La plupart des figues ont la forme d'une poire.

Les botanistes comptent plus de quatre-vingts espèces de figuiers. L'espèce commune, cultivée dans la plus grande partie de l'Europe, vaut seule toutes les autres, par l'abondance et la bonté de ses fruits. Je vais d'abord en parler.

Le Figuier commun, *Ficus carica*, Linn., originaire de l'Asie et de l'Europe méridionale, est ou sauvage ou cultivé. Le figuier cultivé a été vraisemblablement produit par l'autre. C'est un arbre de moyenne taille, qui pourtant, dans les pays chauds, s'élève quelquefois à une assez grande hauteur. Son tronc est souvent tortueux, son écorce d'un gris blanchâtre, et son bois tendre et spongieux, moelleux et blanc. Il a de très-belles feuilles, palmées et découpées en cinq lobes obtus et sinueux, dont les trois supérieurs sont plus grands que les deux autres. Ces feuilles, ainsi que l'écorce de l'arbre, répandent une liqueur blanche lorsqu'on les coupe; elles sont un peu épaisses et rudes au toucher; leur surface supérieure est verte, et l'inférieure blanchâtre, avec des nervures saillantes. Les figues sont sessiles ou presque sessiles le long des rameaux; elles prennent, en mûrissant, une couleur bleuâtre, ou violette, ou rougeâtre, ou jaune, ou blanche, ou seulement d'un vert pâle, suivant les différentes variétés de figuiers; car il en existe un grand nombre que la culture a produites : la plupart donnent du fruit deux fois par an.

Dans la partie septentrionale de la France, on cultive avec succès, la *grosse figue blanche ronde*, l'*angélique* ou *melette*, la *violette* ou *pourpre commune*, la *figue poire*.

La *grosse figue blanche ronde*. Le fruit est gros, renflé par la tête, pointu à sa base; sa couleur d'un vert clair, pâle ou blanchâtre; il est rempli d'un suc doux, très-agréable. Cette espèce fructifie au printemps et en automne. Les figues d'automne sont les meilleures.

L'*angélique* ou la *melette*. Le fruit est un peu plus allongé et moins gros, sa peau est jaune, tiquetée de vert clair, sa pulpe de couleur fauve, tirant sur le rouge. Il est très-agréable, et plus abondant en automne qu'au printemps.

La *violette* ou *pourpre commune*. La peau du fruit est d'un violet foncé, et sa chair d'un rouge léger à sa surface, et assez foncé au centre. Cette figue, très-abondante en automne, est fort bonne quand l'année est chaude.

La *figue poire* ou la *figue de Bordeaux*, d'une couleur fauve, rougeâtre dans son intérieur, avec une peau d'un rouge-brun et parsemé de petites taches oblongues d'un vert clair. Elle est abondante aux deux saisons dans les années chaudes; elle est assez succulente et fort douce; mais elle mûrit imparfaitement dans le Nord.

Ces quatre variétés ou *espèces jardinières*, sont également cultivées au midi de la France; mais elles n'y exigent presque aucun soin de la part du jardinier. Dans le Nord, au contraire, ce n'est que par une culture recherchée et presque artificielle, qu'on en obtient des fruits passablement bons : et toutes les autres espèces de figues des pays chauds n'y peuvent pas mûrir, ou n'y mûrissent que très-rarement. Les bornes de ce Dictionnaire ne me permettent pas de faire mention de toutes les variétés de figues cultivées dans le midi de la France. Voici les noms des principales, décrites par Garidel; ce sont : la *cordelière* ou *servantine* à fruit blanchâtre et presque rond; la *marseilloise*, petite figue d'un vert pâle à sa surface et rouge en dedans; la *petite blanche ronde* ou de *Lipari*, la plus petite de toutes les espèces qu'on mange; la *verte* ou *trompe cassaire*, verte extérieurement et rouge en dedans; la *grosse jaune*, la plus grosse que l'on connoisse; la *grosse violette longue* ou l'*aulique*, ayant la forme d'une aubergine; la *petite violette* ne diffère de la précédente que par la grosseur; la *grosse bourjassotte*, d'un rouge foncé, et couverte d'une espèce de poussière bleue ou blanche; la *petite bourjassotte*; la *mouissonne*, plus petite encore que la dernière; la *négrone*, qui croît dans les vignes; la *graissane*, précoce, mais blanche et fade; la *rousse*, très-grosse, ronde et aplatie; le *cul de mulet*, figue oblongue d'un rouge-noir et vif; la *verte-brune*, petite et d'un goût exquis; la *figue du Saint-Esprit*, grosse, oblongue et d'un goût fade; enfin, la *figue du Levant* ou de *Turquie*.

On doit à M. de Suffren un travail, encore inédit, sur les variétés de figues existant dans la ci-devant Provence, travail accompagné de figures dessinées par lui-même. Il est à désirer qu'il en fasse bientôt jouir le public. Ce zélé botaniste a constaté qu'il existe presque autant de variétés dans ce genre que dans ceux de l'OLIVIER, de la VIGNE, etc., c'est-à-dire, plusieurs centaines et qu'il en paroît fréquemment de nouvelles.

Culture. — Quoique le figuier s'accommode assez de tous les sols, à l'exception des sols argileux, fangeux ou trop humides, et quoiqu'il semble se plaire auprès des murailles, dans des cours et dans des terrains graveleux ou pleins de décombres, cependant il est plus productif dans une terre substantielle, exposé à un air libre, surtout s'il se trouve placé dans le voisinage de quelque source ou rivière, dont il puisse aspirer l'air vaporeux. Quelque lieu qu'on lui choisisse, on doit le faire jouir de tous les rayons du soleil. L'exposition au midi est, partout, celle qui lui convient le mieux; et, dans les pays tempérés ou froids, elle lui est absolument nécessaire.

On peut multiplier cet arbre par la greffe, par les semis, les boutures, les marcottes et les rejetons enracinés. Par les semis, on obtiendroit de nouvelles variétés, et il seroit peut-être facile, comme il a été dit, d'acclimater peu à peu les espèces délicates; mais l'impatience du cultivateur pressé de jouir, lui fait trop négliger ce moyen. Les figuiers venus de rejetons en poussent trop eux-mêmes, ont trop de séve, et sont, par cette raison, exposés à être facilement endommagés par la gelée. Les boutures et les marcottes sont préférables. Quoiqu'on puisse faire les unes et les autres en automne, ainsi que le conseille Miller, il vaut mieux choisir pour cette opération les premiers mois du printemps, tant au midi qu'au nord de la France. Au nord, on doit attendre que toutes les gelées soient passées. Ce ne sont pas les pousses de l'année précédente que l'on prend, mais des branches dures et ligneuses, de deux ou trois ans, et dont les nœuds soient rapprochés les uns des autres. Aux environs de Paris, il est à propos d'élever d'abord la jeune plante dans des terrines ou des caisses, pour pouvoir la serrer en hiver; mais aussitôt qu'elle a acquis de la force, il faut la confier à la pleine terre. Cependant dans ce pays, et dans tous ceux qui ont une température à peu près semblable, quelque âge et quelque élévation qu'aient les figuiers, il est prudent de les revêtir entièrement de paille sur pied, ou de les enterrer tous les ans à la fin de novembre, afin de les garantir des fortes gelées. Les habitans d'Argenteuil emploient l'une et l'autre méthode, pour ne pas courir les risques de perdre à la fois tous les leurs dans un hiver. S'il est sec et froid, ils sont assurés de conserver les figuiers enterrés. Ils les perdent, lorsque l'hiver est pluvieux et mou, mais ils conservent les autres. La sensibilité de cet arbre, dans un climat qui lui est comme étranger, rend ces précautions nécessaires. Elles sont inutiles dans le midi, où il croît, pour ainsi dire, naturellement, et où sa culture est simple et facile. Pour y avoir des figueries en bonne valeur, il suffit d'en préparer le terrain, par un labour croisé avant et après l'hiver. Au printemps ou à la fin de l'été, on met les boutures en terre, dans de larges fosses espacées convenablement: on conserve les branches latérales, au moins les plus petites; et quelques arrosemens dans les grandes chaleurs sont tous les soins que ces boutures exigent.

Pendant la croissance des jeunes plantes, et jusqu'à ce que leurs branches aient formé une tête d'une certaine étendue, on peut tirer parti du champ, et y cultiver du grain, comme dans ceux plantés en oliviers.

Les rejetons du figuier, après avoir été séparés et transplantés, servent de sujets pour le greffer. Il faut qu'ils ayent un certain âge, et qu'ils soient sains et vigoureux. Cette greffe se fait communément en sifflet.

On peut élever le figuier en espalier, en buisson, ou de manière à donner des primeurs. Si on veut le disposer en espalier, il faut ébourgeonner les branches qui poussent contre le mur et sur le devant. Ce premier ébourgeonnement bien fait, la conduite de l'arbre n'offre ensuite aucune difficulté. Se propose-t-on d'en former un buisson, on doit alors rabattre la tige près de terre, pour la forcer à faire une souche, de laquelle s'élanceront plusieurs tiges nouvelles. Il ne faut pas souffrir que celles-ci soient trop multipliées; on les laisse croître librement pendant un ou deux ans, après lequel temps, on les arrête, pour leur faire jeter des branches latérales.

Pour les figuiers destinés à donner des primeurs, on est obligé d'avoir recours aux serres chaudes ou aux châssis. Ces arbres sont plantés jeunes dans des pots, et ces pots enterrés dans des couches de tan ou de fumier. On les gouverne à peu près comme des plantes exotiques. Mallet (*Dissertation sur la culture des Plantes choisies.*) prescrit ainsi la conduite des figuiers sous des châssis de son invention.

Au commencement de janvier, on fait, dit-il, une couche uniquement avec du fumier de vache et de cheval. La gelée des Rois, qui d'ordinaire est la plus forte, étant passée, on arrange les caisses de figuiers sur trois rangs, et on jette entre elles un pouce de hauteur de terreau, seulement, on garnit ensuite toutes les caisses de paille sèche, tassée très-légèrement, jusqu'au niveau des caisses; ce qui préserve les racines du hâle, et en même temps du feu. Quand le mois de mars commence, il n'y a plus rien à craindre, le grand feu de la couche est passé; on enlève alors la paille, et on remplit le vide avec du terreau, dans lequel il se trouve trois quarts de terre.

Il faut arroser souvent les figuiers, et les tenir à un haut degré de chaleur, du vingt-cinquième au trentième. Quand les figues sont de la grosseur d'une noix, les premières pousses sont d'ordinaire de six à huit pouces de hauteur; on doit alors pincer toutes les extrémités; cela fait grossir les premiers fruits, et augmenter le nombre des seconds. Comme ces figuiers ont donné dans deux saisons, il est à propos de les faire reposer l'année suivante; et comme ils ont dévoré tous les sucs contenus dans leur caisse, il faut les rencaisser le printemps suivant, en coupant l'extrémité des racines.

On est obligé quelquefois de tailler les figuiers pour en obtenir un meilleur rapport, et pour les rendre plus long-temps productifs. Dans les deux premières années qui suivent la plantation, on ne doit pas couper les branches latérales nées sur la mère tige; elles lui aident, dit Rozier, à prendre du corps, et à multiplier ses racines qui, sur cet arbre, comme sur tous les autres, sont proportionnées au nombre et à l'étendue des branches. Mais à mesure que le tronc se fortifie, on retranche par la suite, et peu chaque année, les rameaux inférieurs ; et les plaies doivent tout de suite être recouvertes avec l'onguent de S. Fiacre. Il est convenable de tailler cet arbre avant que la séve soit en mouvement.

Des insectes des genres THRIPS et COCHENILLE vivent du suc du figuier, et s'y trouvent souvent en si grande quantité qu'ils l'épuisent, empêchent ses fruits d'arriver à toute leur grosseur, leur ôte leur saveur, font tomber ses feuilles avant le temps, et même finissent par le faire mourir. Un petit nombre d'arbres peu élevés peuvent en être débarrassés par des lotions de lessive, de décoctions de plantes âcres, telles que celles de noyer, de sureau, etc. ; mais comment agir sur des milliers de figuiers qui ont trente pieds de hauteur ?

La récolte de son fruit est successive, comme sa maturité ; on cueille les figues après que la rosée est passée ; il faut, autant qu'on peut, choisir un beau jour. On les étend sur des claies, et, après les avoir comprimées un peu, on les expose au soleil. Le soir, on les met à couvert dans un lieu sec et aéré, et le lendemain on recommence la même opération. Tant qu'elle dure, on les tourne et retourne plusieurs fois, afin que tous les points de leur surface soient également échauffés. Leur bonne qualité dépend de la promptitude avec laquelle elles ont été desséchées. Ce fruit, aussi simplement préparé, fait une branche considérable de commerce dans le midi de la France, en Italie et en Espagne. On le sert, dans toute l'Europe, en hiver, sur les tables ; mais il n'est permis qu'aux habitans des pays chauds ou tempérés, de voir les leurs couvertes dans deux autres saisons, de figues fraîches. Dans les pays chauds surtout, on mange abondamment de ces dernières et sans en être incommodé, pourvu qu'elles soient bien mûres. Elles forment, avec les figues sèches, une grande partie de la nourriture des paysans, sur les côtes septentrionales de la Méditerranée et dans les îles de l'Archipel.

Avant de parler du *figuier sauvage* et de la *caprification*, nous citerons une observation importante de Rozier (*Cours d'Agriculture*) sur la manière dont le figuier porte ses fruits. On sait qu'ils paroissent avant les feuilles. « Par tout, dit-il, où, l'année d'auparavant, on a vu exister une feuille, on voit, de l'endroit même, paroître une fleur ou figue, sans que la séve soit montée des racines aux branches. C'est par la seule force de la séve restée avant l'hiver dans le tronc et dans les branches, que s'opère la végétation du fruit. Elle est mise en mouvement par la chaleur ambiante de l'atmosphère. Ainsi naissent les premières figues ou *figues-fleurs*, plus tôt ou plus tard, suivant les climats. Les secondes naissent au pied du pétiole de la feuille poussée au printemps, de manière que la première a été nourrie par la feuille de l'année précédente, et la seconde par celle du printemps; et la feuille qui pousse au second renouvellement de la sève, devient la mère nourrice d'un œil à fruit pour l'année suivante. »

Le figuier sauvage, dont le *caprifiguier* n'est qu'un individu stérile ou à fleurs toutes mâles, ressemble presque entièrement au figuier cultivé. Il croît naturellement parmi les rochers, sur les murailles et les vieux édifices. Il porte de petites figues qui, dans l'Archipel, servent à opérer la CAPRIFICATION (*V.* ce mot). Nous allons rapporter ce qu'en dit Tournefort dans son *Voyage du Levant.* Nul auteur, avant lui, n'en avoit fait mention en France.

« Pline, dit-il, a remarqué que dans l'île de Zia, les habitans cultivent les figuiers avec beaucoup de soin; ils emploient encore aujourd'hui la même méthode appelée *caprification.* Nous devons observer que dans la plupart des îles de l'Archipel, ils ont deux espèces de figuiers à soigner. La première se nomme *ornos*, de l'ancien mot grec *erinos*, c'est-à-dire, *figuier sauvage* ou *caprificus* chez les Latins. La seconde est le *figuier de jardin*. Le sauvage porte trois sortes de fruits appelés *fornites*, *cratitires* et *ornis*, absolument nécessaires pour faire mûrir ceux des *figuiers domestiques*. Les *fornites* paroissent en août, et durent jusqu'en novembre sans mûrir; dans ces fruits s'engendrent de petits vers qui se changent en une espèce de moucherons qu'on ne voit voltiger qu'autour de ces arbres. En octobre et en novembre, ces insectes piquent d'eux-mêmes les seconds fruits appelés *cratitires*, qui ne se montrent qu'à la fin de septembre, et les fornites tombent peu de temps après que les moucherons les ont quittés. Les cratitires restent sur l'arbre jusqu'en mai, et renferment les œufs déposés par ces insectes. Dans le mois de mai, la troisième espèce de fruit commence à pousser sur les mêmes figuiers sauvages qui ont produit les deux autres; ces dernières figues sont beaucoup plus grosses, et s'appellent *ornis*: quand elles sont parvenues à une certaine grosseur, et que les yeux commencent à s'ouvrir, elles sont piquées dans cette partie par les moucherons des *cratitires*, qui se trouvent en état de passer d'un fruit à l'autre pour y déposer leurs œufs.

« Il arrive quelquefois que les moucherons des *cratitires* tardent à sortir dans certains cantons où les *ornis* sont disposés à les recevoir. On est obligé, dans ce cas-là, d'aller chercher les *cratitires* dans un autre quartier, et de les ficher à l'extrémité des figuiers, dont les *ornis* sont en bonne disposition, afin que les moucherons les piquent; si l'on manque ce temps, les *ornis* tombent, et les moucherons des *cratitires* s'envolent. Il n'y a que les paysans appliqués à la culture des figuiers, qui connoissent les momens, pour ainsi dire, auxquels il faut y pourvoir, et pour cela ils observent avec soin l'œil de la figue, parce que cette partie indique non-seulement le temps où les insectes doivent sortir, mais encore celui où les figues doivent être piquées avec succès : si l'œil est trop dur, trop serré, les moucherons ne peuvent y déposer leurs œufs, et la figue tombe quand cet œil est trop ouvert.

« Ces trois sortes de fruits ne sont pas bons à manger; ils sont destinés à faire mûrir les fruits des *figuiers domestiques*. Voici l'usage qu'on en fait. Pendant les mois de juin et de juillet, les paysans prennent les *ornis* dans les temps que les moucherons sont prêts à sortir, et les vont porter enfilés dans des fétus, sur les *figuiers domestiques*. Si l'on manque ce temps favorable, les *ornis* tombent, et les fruits du *figuier domestique* ne mûrissant pas, tombent aussi dans peu de temps. Les paysans connoissent si bien ces précieux momens, que tous les matins, en faisant la revue, ils ne transportent sur les *figuiers domestiques* que les *ornis* bien conditionnés; autrement ils perdroient leur récolte. Il est vrai qu'ils ont encore une ressource, quoique légère, c'est-à-dire, de répandre sur les figuiers domestiques l'*ascolimbros*, plante très-commune dans les îles, et dans les fruits de laquelle il se trouve des moucherons propres à piquer; c'est le *cardon* de nos jardins. Peut être sont-ce les moucherons des *ornis* qui vont *picorer* sur les fleurs de cette plante. Enfin, les paysans ménagent si bien les *ornis*, que leurs moucherons font mûrir les fruits du *figuier domestique*, dans l'espace de quarante jours.

« Ces figues sont très-bonnes quand elles sont fraîches : lorsqu'ils veulent les sécher, ils les exposent au soleil pendant quelque temps, et les passent ensuite au four pour les conserver le reste de l'année. Le pain d'orge et des figues sèches sont la principale nourriture des paysans et des moines de l'Archipel : mais ces fruits, ainsi préparés, sont bien inférieurs aux figues sèches de Provence, de l'Italie et de l'Espagne. La chaleur du four leur fait perdre leur délicatesse et leur bon goût; d'un autre côté, cette chaleur est nécessaire pour détruire les œufs que les mouches de l'*ornis* y ont déposés, et qui, sans cela, donneroient naissance à de petits vers qui feroient beaucoup de tort à ces fruits.

Je ne puis trop admirer la patience des Grecs, qui

s'occupent pendant plus de deux mois à transporter ces moucherons d'un arbre à l'autre : cependant la raison en est toute simple ; un de leurs figuiers produit ordinairement, depuis deux cents jusqu'à trois cents livres de fruits, tandis que les nôtres et ceux de Provence n'en donnent guère plus de vingt-cinq.

« Les moucherons contribuent peut-être à la maturité des figues de jardin, en faisant extravaser le suc nourricier, dont ils rompent les tuyaux en y déposant leurs œufs ; peut-être aussi qu'outre leurs œufs, ils laissent encore échapper une liqueur propre à exciter, par son mélange avec le suc de la figue, une fermentation qui attendrit sa chair. Nos figues de Provence, et même de Paris, mûrissent beaucoup plus tôt lorsqu'on pique leurs yeux avec une paille trempée dans l'huile d'olive. Les prunes et les poires qui sont piquées par quelques insectes, mûrissent de même aussi beaucoup plus vite ; et la chair la plus voisine de ces piqûres est aussi d'un meilleur goût que le reste (1) ; on ne peut douter qu'il ne s'opère un changement considérable dans la substance de ces fruits, de même qu'il arrive aux parties des animaux percées avec quelque instrument aigu.

« Il est presque impossible de bien entendre les anciens auteurs qui ont traité de la *caprification* ou de la culture des *figuiers sauvages*, si l'on n'est pas bien instruit des circonstances qui servent à la faire réussir ; non-seulement ce détail nous a été confirmé à Zia, à Tino, à Mycone et à Scio, mais aussi dans la plupart des autres îles. » (*Tournef.*, *Voyage du Levant.*)

« A Malte on caprifie, mais deux espèces seulement, dit le commandeur Godeheu (*Savans étrangers*, *tom.* 2) ; le figuier qui a produit une quantité de figues grosses et succulentes, se trouve, pour ainsi dire, épuisé. Cet arbre n'a pas la force de fournir la nourriture suffisante aux secondes figues qui commencent à paroître dans le temps que les premières sont dans leur maturité. Qu'arrive-t-il ? la moitié de ces secondes figues, qui ne reçoivent point le suc nourricier dont elles ont besoin, tombent avant d'être mûres, et c'est par la caprification qu'on remédie à cet inconvénient. L'introduction du moucheron y cause une fermentation capable de précipiter leur maturité, comme il arrive dans les fruits verreux qui mûrissent toujours avant les autres. Pour lors,

(1) Tournefort se trompe ici, car il est bien certain que les fruits verreux ont moins de saveur que ceux qui sont sains.

les figues qui tarderoient deux mois à mûrir, sont bonnes à manger trois semaines plus tôt, et le temps de leur chute étant prévenu, la récolte en est plus abondante. Cela est prouvé par la manœuvre de quelques particuliers qui, pour ne point fatiguer leurs arbres, ne caprifient point les secondes figues, attendu que la récolte des premières est ordinairement mauvaise pour l'année d'après, l'arbre ayant, pour ainsi dire, été forcé de nourrir une trop grande quantité de fruits dans une même année. En effet, les trois quarts des secondes figues tombent avant de mûrir, lorsqu'elles n'ont point été caprifiées, et il n'en reste sur l'arbre que le nombre qu'il est capable de nourrir ». *V.* les mots CAPRIFICATION et CYNIPS.

Propriétés des Figues.—Les figues sont non-seulement un aliment sain et agréable, mais on les emploie encore comme médicament dans certaines circonstances. La grande quantité de mucilage sucré qu'elles renferment, les rend adoucissantes et pectorales ; on en prépare des gargarismes pour les maux de gorge, et on les applique aussi en cataplasme sur différentes tumeurs. Pour gargarisme, on les prend sèches, et l'on en met depuis deux drachmes jusqu'à deux onces en décoction dans cinq onces d'eau ; quelquefois on substitue le lait à l'eau. Pour cataplasme, on les choisit récentes, et, après les avoir fait macérer dans une petite quantité d'eau tiède ou de lait chaud, on les broie jusqu'à consistance pulpeuse.

Tournefort dit qu'à Scio on tire de l'eau-de-vie des figues, et n'entre dans aucun détail à ce sujet. Il y a apparence qu'on les fait fermenter comme nos raisins, et qu'on les distille ensuite.

Le suc laiteux du figuier est très-caustique et dangereux. Son bois moelleux et mou n'est bon à rien. (*V.* le mot BOIS.) Cependant les serruriers et les armuriers s'en servent pour polir leurs ouvrages.

Toutes les autres espèces de figuiers croissent naturellement dans les parties chaudes de l'Asie, de l'Afrique et de l'Amérique. On peut en voir un certain nombre dans les écoles de botanique. La plupart ne produisent point de fruits bons à manger, même dans leur pays natal. Mais quelques-unes sont utiles, ou offrent des singularités remarquables. Les plus intéressantes de ces espèces, sont :

Le FIGUIER SYCOMORE, *Ficus sycomorus*, Linn. C'est un arbre très-élevé de l'Egypte, dont les branches s'étendent prodigieusement, et ombragent quelquefois, dit Forskaël, un espace circulaire de quarante pas de diamètre. Elles sont garnies de feuilles ovales, qui approchent de celles du co gnassier par leur forme, et qui n'ont aucune âpreté au toucher. La fructification naît sur le tronc et les grosses branches. Le fruit parvient rarement à une maturité parfaite; il n'est mangé que par le peuple.

Le **Figuier a feuilles de nénuphar**, *Ficus nympheifolia*, Linn. De tous les figuiers, c'est celui qui a les plus grandes feuilles; elles sont pétiolées, épaisses, très-unies, longues de quatorze pouces environ, larges à peu près d'un pied, et arrondies à leur extrémité. Cet arbre croît naturellement aux Indes, d'où il a été apporté dans les jardins hollandais. Il s'élève à vingt pieds.

Le **Figuier des pagodes**, *Ficus religiosa*, Linn. On le trouve aux Indes orientales, dans les terrains sablonneux et pierreux. Son nom indique assez qu'il y est regardé comme un arbre sacré En effet, les Indiens lui rendent une sorte d'adoration, parce qu'ils croient que leur dieu Vistnou est né sous cet arbre, que, par cette raison, il n'est permis à personne de détruire. On en voit des individus chez Cels, près de Paris, et au Jardin des Plantes de cette ville. Dans son lieu natal, il s'élève très-haut; ses rameaux sont garnis de feuilles unies, très-entières, légèrement échancrées à leur base, et présentent à leur sommet une pointe allongée et étroite, fort remarquable. *Voyez* pl. D 23, où il est figuré.

Le **Figuier de Bengale**, *Ficus Bengalensis*, Linn., vulgairement le *pipal*, l'*arbre de pagode*. Cet arbre croît sur la côte de Malabar et en Amérique. Il a trente ou quarante pieds de hauteur, une cime très-étendue, et un tronc fort épais. Ses branches sont nombreuses; elles poussent en dessous des espèces de jets cylindriques, qui gagnent la terre, et s'y enracinent; le nombre de ces jets, leurs bifurcations et leurs entrelacemens embarrassent les lieux où ces figuiers croissent, et en rendent les passages presque impénétrables. Les Banians trouvent le moyen de diriger ces sortes de branches; ils en forment des berceaux réguliers, où ils placent leurs idoles, et qui leur tiennent lieu de temples. Les feuilles, dans cette espèce, sont ovales, très-entières et obtuses, et les fruits ronds, sessiles, un peu velus et rouges dans leur maturité: on n'en fait aucun usage.

Le **Figuier des Indes**, *Ficus indica*, Lam. Rien de plus singulier que le port de ce figuier, et que la manière dont il se propage. Il pousse de ses branches, comme le dernier, de longs jets pendans, qui ressemblent à des cordes ou des baguettes, et qui, parvenus à terre, y prennent racine. Mais

D . 23 .

Deseve del. Marchand Sculp.

1 Euphorbe officinale.
2 Férule assafoetida.
3. Figuier des pagodes
4 Fromager pentandre.

dans le figuier de Bengale, ces racines ne servent qu'à fortifier le tronc de l'arbre, autour duquel elles forment comme autant d'arcs-boutans; au lieu que, dans celui-ci, elles donnent naissance à de nouveaux troncs, qui à leur tour en produisent d'autres de la même manière.

Cet arbre singulier paroît être le vrai *figuier des Indes* des anciens; il est toujours vert, subsiste pendant quelques siècles. Il croît aux Grandes-Indes et aux Antilles. Nicolson en donne une description fort détaillée (*Essai sur l'hist. nat. de Saint-Domingue*), sous le nom de *figuier maudit franc;* il porte aussi ceux de *grand figuier*, de *figuier admirable.* Il est fort élevé, produit des fruits sessiles, et se couvre de grandes feuilles ovales, lancéolées, très-entières, coriaces et un peu cotonneuses en dessous. A Saint-Domingue, on trouve cet arbre partout, dans les bois, dans les savanes, au bord de la mer, dans les mornes. Son bois sert à faire des canots; les Nègres en font aussi des sébiles, des plats, des assiettes, et autres ustensiles de ménage.

Le Figuier conoïde, *Ficus ampelos*, Burm. Il vient aux Indes orientales, et semble se rapprocher des Tombouls. (*V.* ce mot.) Ses feuilles sont ovales, très-entières, aiguës et âpres au toucher, surtout quand elles sont sèches; aussi les Indiens s'en servent-ils alors pour polir plusieurs de leurs ouvrages, et particulièrement ceux de bois, comme des vases et autres ustensiles.

Le Figuier polissoir, *Ficus politoria*, Lam., vulgairement, le *bois de râpe* de l'île de Madagascar. Ce figuier est rude dans presque toutes ses parties. Il a des feuilles oblongues et entières, terminées par une pointe obtuse particulière; leurs nervures et leurs bords sont garnis de poils roides et fort courts, qui ressemblent à des épines; ce qui rend ces feuilles propres à tenir lieu de râpe.

On distingue encore le Figuier vénéneux, *Ficus toxicaria*, Linn., de l'île de Madagascar, à feuilles en cœur, ovales, un peu dentelées et cotonneuses en-dessous.

Le Figuier a fruits percés, *Ficus pertusa*, Linn., originaire de la Martinique, de Surinam, de la Chine, et de l'Ile-de-France, où il est appelé *fouche;* il a les feuilles ovales et glabres, et des fruits ronds, qui ont une petite ouverture cylindrique à leur ombilic. Les oiseaux en sont fort avides; à l'Ile-de-France, on nourrit, avec les rameaux de ce figuier, les tortues de terre qu'on y apporte de l'île Rodrigue.

Le Figuier septique des Indes orientales, *Ficus septica*,

Burm. C'est le *siri-bipar des Javanais*. Ses fruits, que les singes aiment beaucoup, sont solitaires et axillaires, et ses feuilles ovales, aiguës et très-entières; elles approchent un peu de celles du figuier des pagodes.

Le FIGUIER GRIMPANT, *Ficus scandens*, Lam., dont les branches sarmenteuses et très-minces, s'entortillent autour des appuis qu'on leur présente, et se couvrent de petites feuilles entières, un peu inégales à leur base, ayant la forme d'un cœur, et la surface inférieure veineuse et réticulée. Ce figuier est cultivé depuis long-temps au Jardin des Plantes de Paris.

On trouvera dans le *Dictionnaire de la Nouvelle Encyclopédie*, et dans les divers ouvrages des botanistes ou voyageurs modernes, la nomenclature de toutes les autres espèces de figuiers, que je n'ai pas cru devoir insérer ici, parce que ces espèces ne présentent rien de curieux ou d'utile, et ne sont propres qu'à figurer dans les jardins de botanique. (D.)

FIGUIER D'ADAM. C'est le BANANIER. (LN.)

FIGUIER D'AMÉRIQUE. C'est le FIGUIER des Indes (*Ficus indica*). (LN.)

FIGUIER ADMIRABLE. *V.* FIGUIER des Indes, *Ficus indica*. (LN.)

FIGUIER DU CAP. C'est le FICOÏDE COMESTIBLE, *Mesembryanthemum pugioniforme*, qui croît au Cap de Bonne-Espérance; il est remarquable par la grandeur et la beauté de ses fleurs couleur d'or. (LN.)

FIGUIER D'EGYPTE. Le CAROUBIER est, dit-on, ainsi désigné par Théophraste. (LN.)

FIGUIER DES HOTTENTOTS. C'est le FICOÏDE COMESTIBLE. (B.)

FIGUIER D'INDE. *V.* au mot CACTIER. (B.)

FIGUIER INFERNAL. C'est le RICIN. (LN.)

FIGUIER DES ILES. Le PAPAYER porte quelquefois ce nom. (LN.)

FIGUIER MAUDIT-FRANC. C'est le FIGUIER des Indes (*Ficus indica*), à l'île-de-France. (LN.)

FIGUIER MAUDIT-MARRON. Le CLUSIER (*Clusia rosea*) porte ce nom à Saint-Domingue, selon Nicolson. *V.* CLUSIER. (LN.)

FIGUIER DES PAGODES ou PIPAL. *Voy.* FIGUIER page 456. (LN.)

FIGUIER DE PHARAON, DE CYPRE ou *à feuille de mûrier*. C'est le FIGUIER SYCOMORE. (LN.)

FIGUIERS. Oiseaux à bec fin, dont Buffon a fait un genre voisin de celui des fauvettes ; mais Brisson, Linnæus et Latham les ont réunis, et je les crois fondés. En effet, ils ont, comme les fauvettes, le bec droit, délié et pointu; la mandibule supérieure échancrée et inclinée à la pointe. La ligne de démarcation est si difficile à tracer entre eux, que les naturalistes qui les ont divisés, ont placé dans l'un et l'autre genre, quelques oiseaux d'une même espèce ; je citerai entre autres, la *Fauvette ombrée de la Louisiane*, donnée ailleurs sous les dénominations de *Figuier couronné d'or, du Mississipi, à ceinture, grasset* ; la *fauvette bleuâtre*, indiquée sous le nom de *figuier cendré du Canada*. et le *figuier bleu d'Amérique* ; il en est de même de la *fauvette à poitrine jaune*, qui est le *figuier aux joues noires* ; de la *fauvette tachetée de la Louisiane*, qu'on reconnoît facilement dans le *figuier brun de Saint-Domingue*, etc.

M. Cuvier, dans l'édition du *Règne animal*, qui vient de paroître (1), sépare les *figuiers* des *fauvettes*, et leur donne, pour caractère distinctif, le bec grêle, parfaitement en cône, très-aigu, et dont les côtés paroissent un peu concaves. Il range parmi eux notre *roitelet* et nos *pouillots*, et plusieurs *figuiers* ou *fauvettes* de l'Amérique. Je trouve que le caractère indiqué ci-dessus convient parfaitement au *roitelet*, dont j'ai fait un genre particulier ; mais je n'ai pu saisir chez les autres, la concavité des côtés du bec. Enfin, ne trouvant point d'attribut distinctif pour faire des *figuiers* une division particulière, je les ai classés et décrits sous le nom de *fauvettes*. Cependant, j'ai remarqué que plusieurs figuiers de l'Amérique différoient de nos fauvettes et pouillots, en ce qu'ils n'avoient point l'aile munie d'une petite penne bâtarde ; mais pour appliquer cette différence à tous les figuiers et fauvettes étrangères, il faut les voir tous en nature, ce qui n'est guère possible ; en conséquence, j'ai cru devoir n'en pas faire mention.

Buffon divise les figuiers en deux tribus ; l'une qui n'habite que les pays chauds de l'ancien continent, et l'autre ceux de l'Amérique ; il distingue les premiers par la conformation de la queue, qui est irrégulièrement étagée ; et ceux de la seconde, en ce qu'ils l'ont comme fourchue à l'extrémité, les deux pennes du milieu étant plus courtes que les autres : caractères, dit-il, qui suffisent pour reconnoître de quel continent sont

(1) Paris ; Déterville.

ces oiseaux. Mais cette règle, comme l'a fort bien observé Virey, dans l'édition de Sonnini, ne paroît pas aussi constante que Buffon l'a pensé ; car parmi les figuiers décrits postérieurement à ce célèbre naturaliste, il y a plusieurs espèces qui ne suivent pas ces caractères, et dont la forme de la queue est assez inconstante.

« Les figuiers d'Amérique sont, dit Buffon, des oiseaux erratiques qui passent en été dans la Caroline, et jusqu'en Canada, et qui reviennent ensuite dans des climats plus chauds, pour y nicher et élever leurs petits. » Il me paroît que cet illustre naturaliste a été mal instruit, du moins pour la plupart de ces figuiers ; car ils arrivent dans le nord de l'Amérique au printemps, s'y dispersent depuis les Florides jusqu'à la baie d'Hudson, et même au-delà, y font leur nid et y élèvent leur famille, avec laquelle ils ne retournent dans les climats chauds qu'à l'automne ; là, ils restent pendant l'hiver, mais n'y nichent pas : ceux qui y multiplient, y sont sédentaires et ne voyagent point; et c'est le très-petit nombre; du reste, ces oiseaux ont la légèreté, la gaîté, les mœurs et le genre de vie des *fauvettes*.

Nota. On a nommé *figuiers*, des oiseaux qui n'appartiennent point à la famille des *fauvettes ;* je les renvoie, comme on le verra ci-après, à leurs genres respectifs.

Le Figuier aux ailes dorées. *V*. Fauvette chrysoptère, *pag*. 174.

Le Figuier bleu d'Amérique *Sylvia canadensis*. *V*. Fauvette bleuatre, *p*. 168.

Le Figuier bleu, a tête noire. *V*. Mérion superbe.

Le Figuier bleuatre. *V*. Fauvette de la Daourie, *p*. 181.

Le Figuier brun, *Sylvia fuscescens*. C'est une femelle de la Fauvette pipi, *p*. 208.

Le Figuier brun et jaune. *V*. Fauvette naine, *p*. 204 *et p*. 239.

Le Figuier brun-olive, *Sylvia fusca*. *V*. Fauvette a gorge grise, *p*. 187.

Le Figuier brun de St.-Domingue. *V*. Fauvette pipi, *p*. 208.

Le Figuier du Canada. *V*. Fauvette tachetée de rougeatre, *p*. 221.

Le Figuier de la Caroline. *V*. Pouillot nain, *p*. 239.

Le Figuier cendré du Canada. *V*. Fauvette bleuatre, *p*. 168.

Le Figuier cendré de la Caroline. *V.* Fauvette a collier, *pag.* 175.

Le Figuier cendré a collier. *V.* Fauvette a collier, *p.* 175.

Le Figuier cendré a gorge cendrée, *Sylvia cana*, Lath. C'est une jeune Fauvette gris-de-fer, *p.* 190.

Le Figuier cendré a gorge jaune, *Sylvia dominica.* C'est un individu de l'espèce de la Fauvette a tète cendrée, *p.* 223.

Le Figuier cendré a gorge noire. *V.* Fauvette chrysoptère, *p.* 174.

Le Figuier cendré de Pensylvanie. *V.* Fauvette gris-de-fer, *p.* 190.

Le Figuier cendré tacheté de Pensylvanie. *V.* Fauvette couronnée d'or, *p.* 178.

Le Figuier a dos jaune. *V.* Fauvette a collier, *p.* 175.

Le Figuier étranger. *V.* Fauvette orangée, *p.* 206.

Le Figuier a gorge blanche, *Sylvia albicollis*, est de l'espèce de la Fauvette tachetée de rougeatre. *Voyez* ce mot, *p.* 221.

Le Figuier a gorge jaune, *Sylvia ludoviciania.* *V.* Fauvette a collier, *p.* 175.

Le Figuier a gorge jaune et joues cendrées. *V.* Fauvette a tête jaune, *p.* 223.

Le Figuier a gorge noire, *Sylvia gularis.* *V.* Hochequeue a gorge noire.

Le Figuier a gorge noire de Pensylvanie. *V.* Fauvette a cravate noire, *p.* 179.

Le grand Figuier d'Amérique. *V.* grande Fauvette de la Jamaïque, *p.* 195.

Le grand Figuier du Canada. *V.* Fauvette a gorge orangée, *p.* 188.

Le grand Figuier de la Jamaïque. *V.* grande Fauvette de la Jamaïque, *p.* 195.

Le grand Figuier de Madagascar, *Muscicapa madagascariensis*, Lath. *V.* le genre Moucherolle.

Le Figuier grasset est un individu de l'espèce de la Fauvette couronnée d'or, sous son plumage d'automne, *p.* 178.

Le Figuier huppé de Cayenne. *V.* Moucherolle.

Le Figuier de l'Ile de Bourbon. *V.* Fauvette-petit-Simon, *p.* 168.

Le FIGUIER DE L'ILE-DE-FRANCE, *Sylvia mauritiana*, Lath. *V.* FAUVETTE BLEUE DE MADAGASCAR, *pag.* 168.

Le FIGUIER INCARNAT A HUPPE NOIRE. *V.* FAUVETTE A HUPPE NOIRE, *p.* 193.

Le FIGUIER A JOUES NOIRES. *V.* FAUVETTE TRICHAS, *p.* 229.

Le FIGUIER DE LA LOUISIANE. *V.* FAUVETTE JAUNE, *p.* 195.

Le FIGUIER DE LA MARTINIQUE. *V.* FAUVETTE A TÊTE ROUSSE, *p.* 228.

Le FIGUIER DU MARYLAND. *V.* FAUVETTE TRICHAS, *p.* 229.

Le FIGUIER DU MISSISSIPI. C'est une FAUVETTE COURONNÉE D'OR, sous son plumage d'automne, *p.* 178.

Le FIGUIER DES MONTS SUNAMISIENS. *V.* FAUVETTE SUNAMISIQUE, *p.* 219.

Le FIGUIER MOTTEUX. *V.* HOCHE-QUEUE VERDÂTRE.

Le FIGUIER NOIR ET ROUGE. *V.* MÉRION NOIR ET ROUGE.

Le FIGUIER DE PENSYLVANIE. *Voyez* FAUVETTE VERMIVORE, à l'article PIT-PIT, *p.* 278.

Le PETIT FIGUIER CENDRÉ DU CANADA. *V.* FAUVETTE BLEUÂTRE, *p.* 168.

Le PETIT FIGUIER DE MADAGASCAR. *V.* FAUVETTE TCHERIC, *p.* 222.

Le FIGUIER A POITRINE ROUGE. *V.* FAUVETTE A TÊTE JAUNE.

Le FIGUIER ROUGE, pl. 136, fig. 1, 2, des *Ois. d'Afrique*. *V.* DICÉE A DOS ROUGE.

Le FIGUIER TACHETÉ. *V.* FAUVETTE TACHETÉE DE ROUGEÂTRE, *p.* 221.

Le FIGUIER TACHETÉ DE JAUNE. *V.* FAUVETTE TIGRÉE, *p.* 228.

Le FIGUIER TACHETÉ DE PENSYLVANIE. *V.* FAUVETTE A TÊTE CENDRÉE, *p.* 223.

Le FIGUIER TATI. *V.* FAUVETTE COUTURIÈRE, *p.* 179.

Le FIGUIER A TÊTE NOIRE DE CAYENNE. *V.* FAUVETTE GRIS-DE-FER A TÊTE NOIRE, *p.* 191.

Le FIGUIER A TÊTE D'OR DE PENSYLVANIE. *V.* GRIVE GRIVELETTE.

Le FIGUIER VARIÉ DE SAINT-DOMINGUE. *V.* MNIOTILLE.

Le FIGUIER A VENTRE ET TÊTE JAUNES. *V.* FAUVETTE PROTONOTAIRE, *p.* 211.

Le FIGUIER VERT ET BLEU. *V.* MÉRION VERT ET BLEU.

LE FIGUIER VERT ET JAUNE. *V.* ÆGITHINE QUADRICOLOR FEMELLE. (V.)

FIJE. *V.* FAI. (LN.)

FIKESBOHNEN. L'un des noms du HARICOT, en Allemagne. (LN.)

FIKIO-GASI. C'est, au Japon, la plante que Thunberg nomme *ocymum rugosum*, espèce de BASILIC. (LN.)

FIKISO. Nom donné, au Japon, à une espèce de JONC (*juncus effusus*, L.), suivant Thunberg. (LN.)

FIL. Nom spécifique d'une COULEUVRE. (B.)

FILACOTONA ou **ALCHATA** de Gesner et d'Aldrovande. Nom que porte, en Arabie, le GANGA de Buffon. (DESM.)

FIL D'ARAIGNÉE. Espèce de JOUBARBE des Alpes. (B.)

FIL D'EAU ou **DE SERPENT.** C'est le DRAGONEAU. (B.)

FIL EN CUL. C'est le FISTULAIRE PETIMBE. (B.)

FIL DE MER. On appelle ainsi plusieurs espèces de SERTULAIRES, à cause de leur longueur et de leur finesse. (B.)

FIL DE SERPENT. *V.* FIL D'EAU. (B.)

FILAGE, *Filago.* Genre de plantes de la syngénésie polygamie nécessaire, et de la famille des CORYMBIFÈRES, établi par Linnæus, mais sans presque examiner l'organisation de la fleur des espèces qu'il y a rapportées. Aujourd'hui ce genre est supprimé par quelques botanistes, et ses espèces sont réunies aux genres ELYCHRISE, EVAX et ARGYROCOME. D'autres le conservent, en modifiant la rédaction de son caractère Dans ce dernier cas, il comprendroit les FILAGES GERMANIQUE, des MONTAGNES et des GAULES, et plusieurs autres plantes du genre GNAPHALE de Linnæus, qui a été également supprimé. Alors il différeroit de l'ELYCHRISE par les fleurons du disque hermaphrodites et ordinairement stériles, tandis que ceux de la circonférence seroient toujours femelles et toujours fertiles.

Les filages de Linnæus sont des plantes annuelles, peu élevées, grêles, dichotomes, cotonneuses, à feuilles alternes, à fleurs terminales conglomérées. On les trouve dans les sables les plus arides, sur les montagnes pierreuses. Leurs espèces sont fort difficiles à caractériser d'une manière précise ; en conséquence, on se dispensera de les mentionner. (B.)

FILAGRANE. La JACINTHE MONSTRUEUSE s'appelle ainsi dans quelques cantons. (B.)

FILAH. Nom du cheval dans le Dar-Runga, selon W. G. Browne. (DESM.)

FILAIRE, *Filaria.* Genre de vers intestinaux, qui a pour caractères : un corps cylindrique, filiforme, élastique, égal, lisse ; ayant une bouche terminale plus ou moins perceptible, simple, à lèvres arrondies.

C'est à Muller qu'on doit l'établissement de ce genre, dont les espèces avoient été réunies aux ASCARIDES, aux DRAGO-

NEAUX et autres genres voisins, avec qui, en effet, elles ont beaucoup de rapports.

Il est probable que les *filaires*, qui peuvent se trouver dans toutes les parties des animaux, sont extrêmement abondantes dans la nature ; car on ouvre peu de quadrupèdes et d'oiseaux sans en rencontrer ; les insectes mêmes en sont fréquemment infestés. Elles paroissent plus rares chez les poissons et les reptiles. Comme ce sont les plus simples des vers intestinaux, ils n'offrent point de caractères spécifiques tranchans. La plupart n'ont, dans les auteurs systématiques, d'autre indication que celle du nom de l'animal dans lequel ils ont été trouvés, Comme ils n'ont pas encore été remarqués dans l'homme, et qu'ils ne se montrent que rarement dans les animaux domestiques, on n'a pas encore cherché les moyens de les détruire. *V.* au mot VERS INTESTINAUX.

On connoît une quarantaine d'espèces de filaires qui ont été observées dans l'abdomen et autres cavités du *cheval*, dans les intestins du *lion*, de la *marte* et du *lièvre*, dans l'abdomen du *faucon*, dans la tête de la *chouette*, dans la poitrine de la *corneille*, dans les intestins de la *poule* et de la *couleuvre*, dans les cavités des *scarabés*, des *silphes*, des *carabes*, des *grillons*, des *chenilles*, des larves de *friganes*, etc. (B.)

La FILAIRE OVALE qu'on trouve dans le goujon, constitue le genre FUSAIRE; et la FILAIRE DE MEDINE, quoique d'une existence plus que douteuse, reste dans le genre FILAIRE. *Voy.* DRAGONEAU et NEMATOÏDEES. (B.)

FILAMENT. *V.* FILET.

FILANDER ou PHILANDER. *V.* l'article PHALANGER. (DESM.)

FILANDRES. On appelle ainsi, chez les fauconniers, des vers intestinaux, qui quelquefois tourmentent beaucoup les oiseaux de proie dressés pour la chasse. Il est possible que ce soient des FILAIRES. On n'a pas encore indiqué de moyen certain pour les en débarrasser. (B.)

FILAO, *Casuarina*. Genre de plantes de la monoécie monandrie, et de la famille des conifères, qui offre pour caractères : des fleurs disposées en chatons ovales, couverts d'écailles presque membraneuses, lancéolées, verticillées, connées, ciliées à leur base, et uniflores. Les mâles, à chaton supérieur, allongé ou grêle; à calice de deux valves courtes; à une seule étamine. Les femelles, à chaton inférieur, ovale et court; à calice de deux valves allongées et persistantes ; à ovaire supérieur, comprimé, surmonté d'un style bifide, à stigmates capités ; un cône presque globuleux, formé par

D. 12.

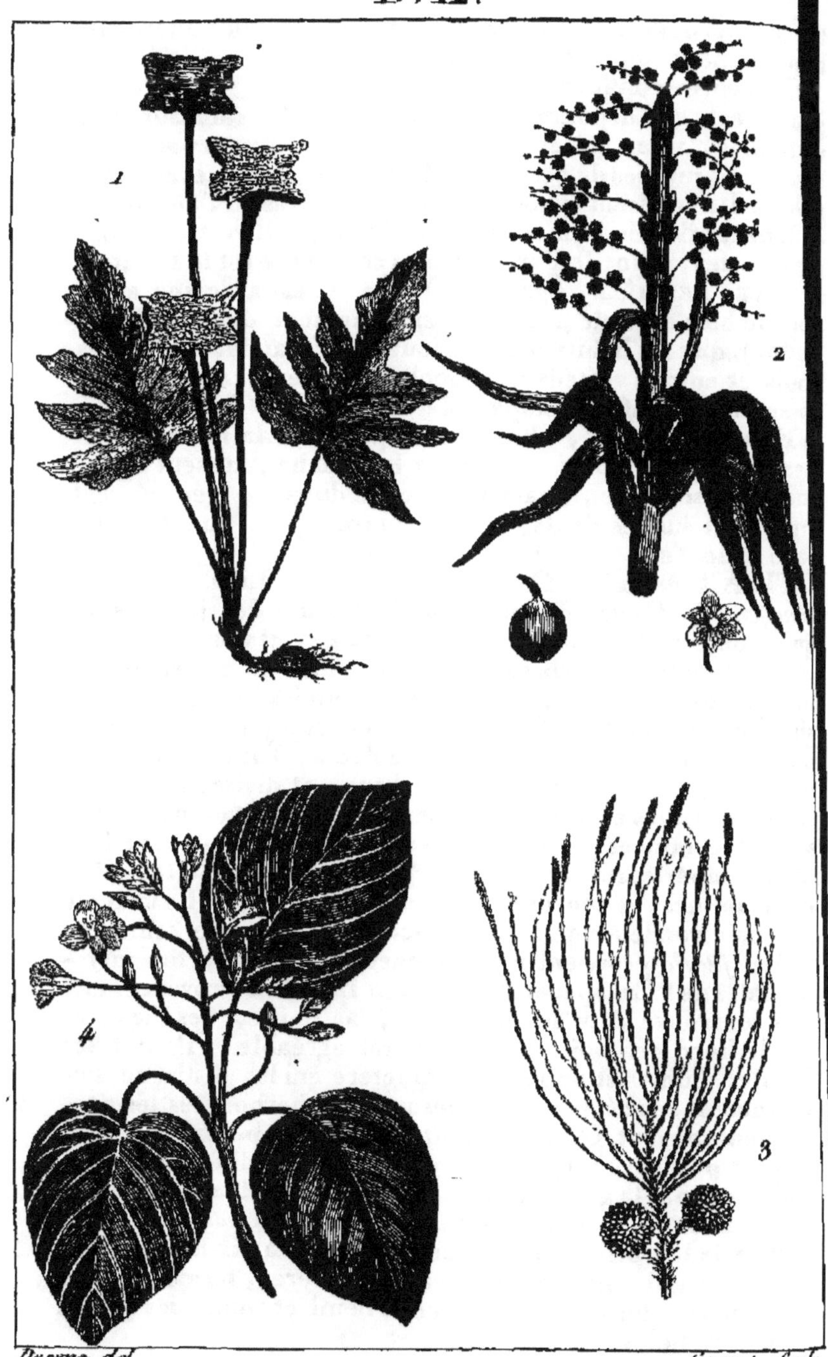

Desvoe del. Caquet Sculp.

1 Dörstène à feuilles de berce. 3 Filao à feuilles de Presle

2 Dragonnier à feuilles de yuca. 4 Dryandre oléifère.

l'agrément des calices qui se sont accrus, et qui renferment chacun une semence ovale, aplatie et ailée.

Ce genre contient huit à dix espèces. Ce sont de très-grands arbres, dépourvus de feuilles, dont les rameaux sont verticillés, très-grêles, filiformes, striés, pourvus d'articulations munies de petites écailles ovales, pointues et verticillées. Ils croissent naturellement à Madagascar, aux Indes et dans les îles de la mer du Sud. On en cultive trois espèces dans les jardins de Paris. La plus commune est le FILAO A FEUILLES DE PRÊLE, figuré pl, D. 12. C'est avec une autre dont le bois est noir, droit et extrêmement dur (le FILAO GRÊLE), que les habitans de la Nouvelle-Zélande, des îles des Amis et autres visitées par Cook, font leurs lances, leurs casse-têtes, enfin la plupart de leurs armes. La troisième le FILAO TORTUEUX, offre un bois propre à la marqueterie. Les feuilles de toutes, lorsqu'on les mâche, laissent couler une liqueur acide, analogue à celle du sucre, et qui agit fortement sur les dents. On en pourroit peut-être tirer un parti utile. (B.)

FILARIA ou PHYLARIA, *Phyllirea*, Linn. (*Diandrie monogynie*). Genre de plante de la famille des jasminées, qui a de grands rapports avec les *oliviers*, et qui comprend un petit nombre d'arbres et d'arbrisseaux, dont les feuilles sont toujours vertes, et les fleurs réunies en paquets aux aisselles des feuilles. Chaque fleur est composée d'un très-petit calice persistant et à quatre dents; d'une corolle monopétale, courte, évasée par le haut, et divisée en quatre segmens ovales et roulés en arrière; de deux étamines opposées et terminées par des anthères simples et droites; et d'un ovaire supérieur et arrondi, portant un style de la longueur des étamines, et couronné par un stigmate épais. Le fruit est une baie ronde à une loge, renfermant une seule semence.

Les *filaria* croissent naturellement dans les parties méridionales de l'Europe, en Espagne, en Italie, en Provence, etc. On les trouve dans les lieux secs, au milieu des haies et sur le bord des bois. Leur port est agréable; ils ont les feuilles simples et opposées, caractère qui les distingue suffisamment des *alaternes*, avec lesquels les herboristes les confondent souvent. On ne connoît que deux espèces de *filaria*, qui ont plusieurs rapports entre elles, et qui diffèrent principalement par la grandeur et la forme de leurs feuilles; savoir:

Le FILARIA A FEUILLES LARGES, *Phyllirea latifolia*, Linn. Arbre de la troisième grandeur, qui s'élève à dix-huit ou vingt pieds, et qui a des feuilles ovales, entières, fermes, larges d'un pouce, longues d'un pouce et demi et soutenues par de courts pétioles.

Le Filaria a feuilles étroites, *Phyllirea angustifolia*, Linn., moins elevé, moins agréable à la vue que le précédent, et dont il diffère par ses feuilles, qui sont linéaires, lancéolées et sans dentelures. On peut planter cet arbrisseau parmi ceux de la première espèce, ou avec d'autres arbres d'hiver.

Les *filaria* étant toujours verts et très-touffus, peuvent être aussi employés à faire des berceaux, des palissades, des cabinets. On les tond comme l'on veut, en buisson, en boule, en haie, en espalier. Leur bois est médiocrement dur; il a une couleur jaune, approchant de celle du buis, mais qui est peu durable.

On multiplie ces arbrisseaux par semences ou par marcottes; mais comme leurs semences ne germent qu'au bout de deux ans, la dernière méthode est préférable, et la plus généralement pratiquée. C'est en automne qu'il faut les marcotter. Les *filaria* se plaisent dans un sol médiocre, ni trop humide, ni trop ferme, ni trop sec. Ils sont quelquefois frappés de la gelée dans les climats de Paris; c'est pourquoi ils sont rares dans les jardins de cette ville. (DESM.)

FILASSE DE MONTAGNE. L'un des noms vulgaire de l'Amiante ou Asbeste flexible. (DESM.)

FILASSIER. Nom vulgaire de la Marouette, aux environs de Niort. (V.)

FILASSO. Nom vulgaire de la Guimauve de Narbonne. (B.)

FILAT. *V*. Murène congre. (DESM.)

FILET, FILAMENT. Support de l'Anthère. Lorsque le filet supporte plusieurs anthères, on l'appelle Androphore. (B.)

FILET. (*Chasse.*) Réseau de fil, de ficelle, quelquefois de soie, plus ou moins fort, dont les mailles sont plus ou moins serrées, et ont différentes formes, sous lequel on prend les oiseaux, ou à travers les mailles duquel les oiseaux se prennent eux-mêmes. Les filets sont: le *hallier*, les *nappes*, la *tirasse*, la *tonnelle*. *V*. Alouette, Canard, Fauvette, Merle, Perdrix, Pluvier et Rossignol. (V.)

FILET A RÉSEAUX. C'est le nom d'une Conferve, *Conferva reticulata*. (DESM.)

FILEUSE ou FILIÈRE. Coquille du genre des Volutes. (B.)

FILEUSES. Le nom d'Aranéides, donné par M. Walckenaer à la famille des arachnides pulmonaires, qui répond au genre *aranea* de Linnæus, étant synonyme de celui d'*arachnides* consacré par Lamarck à la classe dont ces animaux font partie, pourroit être changé en celui de *fileuses*. *V*. Aranéides. (L.)

FILFRASS et Jarf ou Jerf. Noms suédois et norwégiens du Glouton. (desm.)

FILICITE. Nom donné par quelques naturalistes, aux pierres feuilletées qui portent des empreintes de *fougères*, de *capillaires*, etc. ; tels sont les *schistes* qui servent de lit et de toit aux couches de houillé. *V.* Houille. (pat.)

FILICLA. Les Romains nommoient ainsi une plante qui paroît la même que le Catanache de Dioscoride. (ln.)

FILICORNES ou Nématocères. M. Duméril nomme ainsi une famille d'insectes, de l'ordre des lépidoptères, dont les antennes sont en forme de fil, et qui est composée des genres Hépiale, Bombyx et Cossus : elle comprend ma tribu des *bombycites* et celle des *faux-bombyx*. (l.)

FILICULE. On appelle ainsi les petites fougères qu'on emploie dans la médecine, telles que la Doradille sauvage, etc. (b.)

FILIPODE. *V.* Polypode femelle et Polypode mâle. (ln.)

FILIUS-ANTE-PATREM (le fils avant le père). Anciennement on nommoit ainsi l'Epilobe, à cause de son fruit extrêmement visible avant l'épanouissement de la fleur. (ln.)

FILIÈRE. (*Fauconnerie.*) Ficelle d'environ dix toises, attachée au pied de l'oiseau de vol, pendant qu'on le réclame, jusqu'à ce qu'il soit bien assuré. (s.)

FILIÈRE. *V.* Fileuse. (desm.)

FILIÈRES. On donne ce nom à des organes qu'on trouve dans certains animaux, tels que les Araignées, les Chenilles et quelques larves, et qui servent à la sécrétion de la soie. (desm.)

FILIPENDULE. *V.* Spirée filipendule. (b.)

La Filipendule est le *filipendula* de tous les anciens botanistes ; les tubérosités suspendues au chevelu de ses racines, comme après des fils, expliquent pourquoi on lui a donné ce nom. Adanson ayant remarqué que, conjointement avec la Reine des prés, elles différoient des autres espèces du genre *spirée* dans lequel Linnæus les avoit placées, par leurs capsules monospermes, et au nombre de 7 à 12, crut devoir en faire le genre *filipendula*. Ce nom a été, par la suite, appliqué au genre *spiræa* lui-même ; maintenant il est réservé à la seule espèce qui l'a toujours porté. (ln.)

FILIPENDULE AQUATIQUE. C'est une espèce d'Œnanthe, *Œnanthe filipenduloides*, dont les racines présentent des tubérosités suspendues au chevelu, comme celles de la Filipendule, espèce du genre spirée. D'autres œnanthes ont été nommées Filipendule aquatique ou de marais. (ln.)

FILISTATE, *Filistata.* Genre d'arachnides pulmonaires, famille des aranéides, tribu des tubitèles, très-voisin de celui de *drasse*, mais qui s'en distingue par les yeux groupés sur une élévation à l'extrémité antérieure et supérieure du corselet, et inégaux; ils sont aussi plus éloignés de son bord antérieur que dans les drasses; les deux latéraux de la première ligne sont plus avancés et beaucoup plus gros que les deux compris entre eux; les quatre postérieurs, ou ceux de la seconde ligne, sont rapprochés par paires. Les deux pieds antérieurs sont aussi grands que les deux derniers, si même ils ne sont pas plus forts. La seule espèce connue est la FILISTATE BICOLOR, *Filistata bicolor.* Elle est de grandeur moyenne, d'un fauve pâle, avec l'abdomen, l'extrémité des palpes et des pattes noirâtres. Je l'ai trouvée à Marseille. M. Léon Dufour l'a aussi observée en Espagne, et j'en ai reçu un individu du Sénégal. (L.)

FILLE, qui vient de φιλεῖν aimer. *V.* l'article HOMME, qui lui convient, et les mots FEMME, SEXE, ou notre article *Fille* du Dictionnaire des sciences médicales. (VIREY.)

FILLES D'ARTICHAUTS. Terme d'agriculture, qui désigne les *œilletons* que l'on prend aux pieds des ARTICHAUTS. (LN.)

FILON. Gîte de substances minérales, formant un solide d'une forme générale assez plane, c'est-à-dire, très-étendu en deux sens, mais d'une épaisseur bornée; qui traverse le plus souvent les couches du terrain dans lequel il est situé; qui renferme ordinairement des minéraux tout-à-fait différens de ceux qui constituent ce terrain; ou qui présente des caractères desquels on doit conclure qu'il a été formé postérieurement à la formation des roches qui l'encaissent.

L'obligation dans laquelle on se trouve, pour embrasser, dans sa définition, tout ce qui doit être compris sous le nom de *filon*, de faire entrer ainsi dans cette définition une partie hypothétique, pourroit porter à dire plus brièvement que les filons sont des gîtes de substances minérales remplissant des fentes qui se sont formées dans les divers terrains, si, d'un autre côté, cette formation, postérieure à celle des terrains environnans, n'étoit pas assez difficile à reconnoître dans plusieurs filons qui présentent d'ailleurs les caractères indiqués au commencement de notre définition.

On donne encore pour caractères aux filons, dans le but de les distinguer des *bancs de minerai* que l'on rencontre entre les couches des terrains, et avec lesquels on les confond souvent: 1.° leur inclinaison ou pente, qui approche en général plus de la position verticale que de l'horizontale; 2.° le grand nombre de minéraux cristallisés qu'ils renferment, et les géodes ou druses qu'on y trouve beaucoup plus abondamment que dans les autres gîtes de substances minérales (mais ces deux règles souffrent un grand nombre d'exceptions); 3.° enfin la présence dans les filons de fragmens de roches étrangères à leur nature, et provenant des terrains environnans, ou de fragmens roulés, ou véritables galets, dont le gisement originaire est plus ou moins éloigné du filon, et qui ont été évidemment remaniés par les eaux; mais ces particularités rentrent dans les caractères de formation postérieure à celle du terrain environnant, généralement énoncés plus haut.

On doit considérer les filons : 1.° relativement à leur forme, à leurs dimensions et à leurs différentes parties; 2.° relativement aux substances qui les composent; 3.° relativement aux terrains qui les recèlent; 4.° dans leurs rapports avec d'autres filons; il faut ensuite examiner : 5.° les diverses opinions ou théories sur l'origine des filons; 6.° les indices extérieurs qui les annoncent; 7.° les modes de travaux suivis dans leur exploitation; 8.° enfin les moyens à employer pour retrouver les filons dérangés ou perdus.

§ I. *Des filons en général, de leur forme, de leurs dimensions, etc.*

Les parois d'un filon, ou les plans de contact avec lui du terrain qui l'encaisse, se nomment ses *pontes* ou *épontes*. La paroi ou l'*éponte* supérieure porte le nom de *toit* ou de *couverture ;* l'inférieure, celui de *mur* ou de *chevet*. On nomme *puissance* d'un filon, son épaisseur, ou la distance qui existe entre le *toit* et le *mur*.

La ligne de *direction* d'un filon est la ligne d'intersection d'un plan parallèle à ses épontes avec un plan horizontal. L'angle que cette ligne forme avec la méridienne, donne la mesure de la direction et les moyens de l'indiquer. Les filons de même nature ont ordinairement, dans un même pays, des directions à peu près parallèles.

On exprime l'*inclinaison* d'un filon, par la valeur de l'angle que fait un plan parallèle à ses parois avec le plan horizontal. Cet angle se mesure au moyen d'un demi-cercle garni d'un fil à plomb, et suspendu dans un plan vertical passant par la ligne de plus grande pente du plan du filon.

On emploie ordinairement une boussole pour mesurer la direction, qu'on rapporte ainsi, non à la méridienne, mais au méridien magnétique. Cette boussole est divisée, soit en degrés, soit plus communément en *heures* correspondantes à la marche apparente du soleil dans sa révolution diurne, et dont chacune, équivalant à 15 degrés, se divise en huitièmes. Ordinairement le limbe de la boussole indique deux fois douze heures. En Hongrie, au contraire, les *heures* de l'instrument se suivent de une à vingt-quatre. On dit qu'un filon *court sur deux heures trois huitièmes*, par exemple, pour exprimer que la ligne de sa direction fait, avec le méridien magnétique, l'angle exprimé sur le limbe de la boussole par la division deux heures trois huitièmes.

On a donné des noms divers aux filons, suivant l'angle plus ou moins grand que fait leur direction avec la méridienne, comme suivant leur plus ou moins grande inclinaison. Ces expressions ont des sens fixes et rigoureux en allemand, et encore elles sont différentes suivant les différens pays. Mais, quoiqu'on en ait, à diverses époques, proposé des traductions en français, aucune n'est devenue générale dans notre langue, beaucoup moins riche et moins précise à cet égard que la langue allemande. Il seroit donc hors de propos de donner ici la liste de toutes ces dénominations inusitées, et qu'on trouvera dans les ouvrages des minéralogistes et des mineurs. Il paroît convenable seulement de faire connoître l'expression de filon *planant* ou *rasant*, employée pour désigner les filons, peu nombreux, dont l'inclinaison est moindre de trente degrés.

On a remarqué que l'inclinaison de la plupart des filons étoit dans le même sens, ou à peu près, que la pente de la montagne qui les renferme; aussi appelle-t-on *à pente régulière* ou *directe* ceux qui sont dans ce cas; et *à pente inverse*, ceux qui ont une inclinaison contraire, et qui plongent vers le centre ou le noyau des montagnes.

On donne le nom de *tête* à la partie du filon voisine de la surface du sol. Si elle se montre au jour, on l'appelle alors *affleurement*. Les parties les plus profondes se nomment au contraire la *queue* du filon. Le plus souvent, cette *queue* diminue de puissance à mesure qu'elle s'enfonce, et se termine enfin en forme de coin.

Lorsque les filons sont formés de substances plus dures ou moins altérables que les terrains qu'ils traversent, leur tête résiste aux causes qui modifient ou détruisent la surface de ces terrains, et leur affleurement forme des roches plus ou moins saillantes à la surface du sol, ou donne naissance à des blocs nombreux qui la recouvrent. Les filons de quarz des montagnes schisteuses offrent des faits de ce genre multipliés. Le *rothe-camm*, près Schneeberg, et le filon d'agathe de Schlottwitz en Saxe, en sont des exemples remarquables.

Ordinairement le filon est très-distinct des roches qui forment ses épontes, et les surfaces de ses parois sont lisses. On les nomme alors *salbandes*. Dans quelques filons du Derbyshire, où les salbandes sont très-polies et serrées contre les épontes, lorsqu'on sépare ces deux surfaces, il se produit une explosion (1). On donne aussi le nom de *salbande* à une petite couche de substance, différente et du filon et de la roche adjacente, qui se trouve souvent entre les deux surfaces. Cette petite couche est en général formée d'une espèce de glaise ou de terre grasse, quelquefois de calcaire, de quarz, etc. Son nom propre est *lisière;* elle sépare la *salbande* de l'*éponte*. Quelquefois il n'existe qu'une *lisière*, soit au toit, soit au mur. Ailleurs il y en a deux, mais de nature différente. Le filon de plomb de *Montauban*, près Bagnères-de-Luchon (département de la Haute-Garonne); a, du côté du mur, une lisière de huit à dix centimètres d'épaisseur, formée de pyrite altérée. Souvent les deux lisières sont de même nature.

Quand il n'y a ni salbande, ni lisière, ni separation entre le filon et ses parois, on dit que le filon est *adhérent*. Quelquefois cette adhérence est telle, qu'il semble y avoir un passage insensible de la roche qui encaisse le filon à la matière du filon lui-même. On remarque alors que les substances du filon se retrouvent entre les couches des roches des parois, ou même en parcelles éparses dans l'intérieur de ces couches, jusqu'à des distances assez considérables du toit et du mur.

L'*allure* d'un filon est sa manière d'être, considérée dans son ensemble et relativement à ses trois dimensions. On dit que cette allure est *régulière*, ou que le filon est bien *réglé*, lorsqu'il conserve à peu près constamment sa direction, son inclinaison, sa puissance, et que ses salbandes sont bien prononcées; le manque de quelqu'une de ces conditions rend l'*allure irrégulière* ou le filon *mal réglé*. Le filon de la mine de la Gardette (département de l'Isère), puissant de soixante à cent centimètres, dirigé sur 7 heures 5 huitièmes, connu sur 450 mètres dans le sens de sa direction, incliné de 80 degrés au midi, et courant dans un terrain de micaschiste, peut être cité comme exemple d'un filon bien réglé. Il est formé de quarz et renferme de l'or natif, ainsi que des minerais divers d'argent, de plomb, de cuivre, de fer, etc.

On connoît des filons bien réglés, qui s'étendent en ligne droite, dans le sens de leur direction, à une très-grande distance. Le filon de La Croix-aux-Mines, en Lorraine, est connu et poursuivi sur 13 mille mètres de longueur. Près Freiberg en Saxe, le filon dit *Halsbrücknerspath* se prolonge sur une longueur de plus de 6000 mètres; le filon principal

(1) La même manière d'être et le même effet ont lieu aussi, dit-on, dans l'intérieur de ces filons. On nomme *slickenside* la galène spéculaire ou miroitante qui se présente ainsi, quelquefois recouverte d'une feuille mince de blende, avec des surfaces très-polies et très-serrées les unes contre les autres.

de Schemnitz, en Hongrie, est connu sur une lieue et demie de long. Dans le Fichtel-Gebirge en Franconie, près de Steben et de Naïla, plusieurs filons, parallèles entre eux, courent, sans variation dans leur allure, sur une étendue de 15 à 18 mille mètres. Le filon de la *Veta-Madre*, près Guanaxuato, au Mexique, est exploité sur 12 mille 7 cents mètres de long. Saussure a reconnu, au pied du Mont-Cenis, des filons de quarz blanc et pur, de deux à trois décimètres seulement de largeur, qui se prolongent sur une lieue environ de longueur; l'un d'eux a deux lisières d'argile. Dans le Hunsdrück (ancien département de Rhin-et-Moselle), les anciennes mines de plomb et cuivre d'Alterkilz, de Narroth et de Werlau (près Simmern et St.-Goar), paroissent avoir été exploitées sur le même filon qui s'étendroit ainsi en longueur sur plus de quinze mille mètres. Il semble même que ce filon traverse ensuite la vallée du Rhin, et que c'est lui qui est encore exploité sur la rive droite, à la mine de *Saxenhaüsen* près de Welmich. Cependant de semblables faits doivent toujours être observés avec soin, avant d'être donnés pour constans; car l'expérience a fait voir que dans le plus grand nombre de cas, les filons, au moins les filons métalliques, ne se prolongeoient pas, dans le sens de leur direction, à plus de 800 ou 1000 mètres. Au reste, cette dimension est ordinairement en rapport avec les autres, et les filons très-puissans sont en général ceux qui s'étendent le plus en longueur. Les filons extrêmement puissans, et très-peu étendus dans le sens de leur direction, ne doivent plus porter le nom de *filons*. Ils sont désignés par les mineurs sous le nom de *masses* ou d'*amas*. Pour distinguer cette espèce d'amas d'un gîte semblable par ses dimensions, mais parallèle aux couches du terrain, on peut lui donner le nom d'*amas transversal*. Les mines d'or de Fatzebay, en Transylvanie, exploitent un gîte de cette espèce, formé de grès et de sable (*V.* Gites de minerais). Le filon d'Hüelgoat (département du Finistère), qui n'a que 170 mètres de longueur, perpendiculairement à sa ligne d'inclinaison, est un véritable *amas transversal*.

Quant à l'étendue dans le sens de l'inclinaison, il semble qu'une règle analogue doit exister; mais les travaux des mines, les seuls moyens par lesquels on puisse acquérir des connoissances à cet égard, font voir que la plupart des filons qui donnent lieu à des exploitations, disparoissent à des profondeurs peu considérables (de 100 à 400 mètres). Il en est cependant, et même de peu puissans, qui ont été poursuivis jusqu'aux plus grandes profondeurs d'où l'on puisse retirer avec avantage des minerais, d'après les moyens mécaniques qui sont à la disposition des mineurs. Agricola rapporte que les travaux des anciennes mines de Kuttenberg en Bohême, ont été approfondis jusqu'à mille mètres de la surface; les mines de Joachimsthal, dans le même pays, ont été exploitées à 600 mètres de profondeur et plus; la mine de *Samson*, près Andreasberg au Hartz, s'exploite aujourd'hui à plus de 520 mètres du jour; et le filon, qui n'a que 3 à 4 décimètres de puissance, est toujours également riche et bien réglé.

Si l'on veut indiquer les limites opposées, ou les plus petites dimensions connues des filons en direction et en inclinaison, on peut aller jusqu'à l'extrême, et dire qu'il s'en rencontre de tous les degrés de petitesse possibles. En effet, il n'est presque pas un bloc de rocher micacé ou schisteux, dans lequel on ne puisse remarquer une plus ou moins grande quantité de veinules qui traversent les couches dont il est formé. Ce sont de véritables petits filons. On les nomme en général *filets* ou *veines*, tant qu'ils n'ont pas les dimensions et la suite désirées dans un filon exploitable. Lorsqu'ils présentent, avec des minerais métalliques, une apparence d'allure régulière, mais qu'ils disparoissent à peu de profondeur, les mineurs les nomment *coureurs de gazon*. Les Pyrénées présentent un très-grand nombre de gîtes de ce genre. On en peut citer aussi des exemples multipliés aux mines d'argent des Chalanches (département de l'Isère). Dans cette dernière localité, les filons les plus suivis n'ont que 80 à 100 mètres de longueur, sur 60 mètres environ dans le sens de leur inclinaison.

L'observation de la puissance des filons ne présente pas des résultats moins différens. Les veines ou filets n'ont souvent que quelques millimètres d'épaisseur; et, d'un autre côté, les filons déjà cités de Lacroix-aux-Mines, de Schemnitz, de Guanaxuato, ont jusqu'à 40 ou 50 mètres de puissance. Un filon de spath calcaire dans le gneiss, observé dans les Alpes du canton de Berne, par MM. de Humboldt et Freisleben, leur a présenté une épaisseur de 40 mètres au moins. On rencontre aussi quelquefois des filons de quarz extrêmement puissans; enfin les couches de houille et les terrains qui les renferment sont souvent coupés par des filons pierreux nommés Failles (*V.* ce mot), qui ont parfois plus de 100 mètres d'épaisseur. On doit cependant remarquer que, dans le plus grand nombre de cas, les filons, au moins ceux connus par l'exploitation des mines, ont une puissance moindre de deux mètres; tels sont les filons nombreux des environs de Freyberg, d'Andreasberg au Hartz, de Giromagny et de Sainte-Marie-aux-Mines dans les Vosges, de Baigorry dans les Pyrénées, etc., etc.; beaucoup d'entre eux n'ont même qu'un à deux décimètres d'épaisseur. Les mineurs préfèrent en général les filons minces, qui leur offrent souvent plus de richesses en minerais métalliques, et dont les frais d'exploitation sont toujours moins considérables. Sous le rapport géognostique, il faut faire observer que la plupart des filons cités comme très-puissans, sont *cloisonnés*, c'est-à-dire, partagés, dans leur épaisseur, en plusieurs compartimens, par des espèces de cloisons de nature différente de celle des parties exploitables, et qu'on peut ainsi les considérer comme un assemblage de plusieurs filons situés à côté les uns des autres. C'est ainsi que les filons des mines de Clausthal et Zellerfeld au Hartz, qui ont jusqu'à 50 à 60 mètres de puissance totale, renferment, entre les différentes *branches* ou *veines* métallifères qu'ils comprennent, des massifs entièrement stériles, formés de roches semblables à celles des terrains environnans. Il en est de même des filons de Schemnitz, de Guanaxuato, etc.

La direction d'un filon n'est pas toujours une ligne entièrement droite; elle est souvent en zigzag; quelquefois elle forme une courbe; quelquefois elle se détourne brusquement, et le filon *court* successivement dans deux directions très-différentes.

Il en est de même relativement à l'inclinaison : non-seulement le nombre de degrés de pente varie souvent, mais quelquefois la pente devient inverse. Un exemple remarquable de ce fait existe aux mines d'argent et plomb d'Andreasberg au Hartz. Les deux filons de *Samson* et de *Neufang*, dirigés, l'un sur huit heures, l'autre sur dix heures, mais ayant des pentes opposées, devroient se rencontrer dans la profondeur. Mais, à 140 mètres du jour, le filon de *Neufang*, après s'être beaucoup approché de l'autre, s'en éloigne de nouveau, et de plus en plus à mesure qu'il s'enfonce, donnant ainsi à l'ensemble la forme d'un K. Ordinairement cependant, une semblable anomalie, quand elle existe, est de peu de durée; et, plus profondément, le filon reprend son inclinaison première.

La puissance d'un même filon est aussi très-variable, et il en est peu qui soient bien réglés sous ce rapport. Souvent, dans les filons minces, quand la puissance du gîte augmente, la richesse en minerais diminue; on observe ce fait, par exemple, aux mines d'Andreasberg, aux mines de Viallaz (département de la Lozère), etc. Aux mines de plomb et argent de Poullaouen (département du Finistère), la puissance ordinaire des filons est d'un à deux mètres; elle va cependant quelquefois jusqu'à cinquante mètres. Aux mines d'Huelgoat (même dép.), la puissance varie de quelques décimètres jusqu'à 25 mètres. Aux mines de plomb de Védrin (ci-devant département de Sambre-et-Meuse), le filon s'amincit quelquefois tellement, qu'il en reste à peine une trace sensible ; et ailleurs il a jusqu'à 15 mètres d'épaisseur. Dans les endroits où l'on rencontre cette épaisseur extraordinaire sur un filon, les mineurs disent qu'il *fait un ventre*. Ces renflemens ou *ventres*, ainsi que les resserremens qui souvent leur succèdent, existent quelquefois sur toute la hauteur du filon ; mais souvent aussi le contraire a lieu, et la puissance est aussi variable dans le sens de l'inclinaison que dans le sens de la direction.

Quelquefois, un même filon se divise dans son épaisseur en plusieurs parties, qu'on nomme *branches*, *rameaux* ou *veines*, et qui se séparent plus ou moins les unes des autres : à Poullaouen, six *branches*, ayant des affleuremens différens, se réunissent, à 75 mètres de profondeur, pour former le filon exploité. Les *branches* sont *accompagnantes*, quand elles suivent à peu près parallèlement la branche principale ; ou *joignantes*, quand elles s'y réunissent. Souvent elles partent du filon pour s'y réunir au bout de quelques mètres ; alors les massifs de roches qu'elles entourent renferment des substances analogues à celles du filon, disséminées dans leur masse, et n'ont plus de stratification régulière. On observe ce fait aux mines de Poullaouen au Hartz, et dans beaucoup d'autres lieux. A la mine d'*Abendrœthe*, près Andreasberg, les petites branches qui se sont séparées du filon, y reviennent quelquefois par des filets situés le long des fissures des couches du terrain. Ailleurs, les branches qui partent du filon s'en écartent de plus en plus, et présentent des allures très-différentes de celle de la branche principale. A la mine d'*Anna-Eleonora*, près Clausthal, il part du filon, qui est incliné de 70 à 80° vers le midi, une branche inclinée au nord, mais presque horizontale, et qu'on exploite à la manière des couches. Les branches ou veines s'amincissent souvent à peu de distance, et se perdent en veinules dans le terrain qui les renferme ; quelquefois, à l'extrémité de ces petites veinules, on remarque encore une simple fente ou fissure à peine visible, qui se prolonge, pendant quelques mètres, dans la roche, et disparoît ensuite : il en est souvent de même pour les filons eux-mêmes, ou pour les *branches principales :* elles se ramifient de plus en plus, se divisent en une multitude de veinules qui s'amincissent toujours et qui finissent par disparoître. Quelquefois il reste un petit filet extrêmement mince, et en le suivant avec constance, on retrouve, au bout de quelques mètres, le filon qui reparoît en filets épars, et se reforme de la même manière qu'il avoit disparu. Ailleurs, on ne voit plus aucune trace du filon, et cependant on le retrouve en suivant sa direction première. Ces deux cas se sont présentés depuis peu aux mines d'argent d'Andreasberg au Hartz, à la mine de plomb de Weiden dans le Hunsdrück (département de la Sarre), et ailleurs. Aux mines d'argent d'Allemont ou des Chalanches (département de l'Isère), au contraire, où ces ramifications et disparitions de filons sont extrêmement fréquentes, on n'a jamais retrouvé jusqu'ici les filons ainsi perdus.

Les filons éprouvent d'autres espèces de changemens ou de dérangemens, dans leurs rapports, soit avec les terrains qui les encaissent, soit avec d'autres filons. Il en sera question plus tard.

Les gîtes de minerai que les Allemands nomment *Butzenwercke* présentent, dans leur allure, des irrégularités bien plus grandes encore que toutes celles indiquées ci-dessus; ce sont des cavernes, ou d'anciennes crevasses de forme plus ou moins bizarre, qui existent principalement dans les montagnes calcaires, et qui sont remplies, en totalité ou en partie, de dépôts de minerai de plusieurs espèces. Mais ces gîtes ne peuvent pas être appelés filons, quoiqu'on les ait quelquefois désignés sous ce nom. On observe seulement que des fentes, ou de véritables petits filons, vont d'une caverne à l'autre et servent comme de communication entre elles. On peut donner aux *butzenwercke* le nom d'*amas irréguliers*. Tels sont les gîtes de minerai de fer de l'Iberg au Hartz; tels sont peut-être aussi en partie, ceux des terrains calcaires de l'Eiffel (rive gauche du Rhin).

§ II. *Des filons considérés relativement aux substances qu'ils contiennent.*

Les matières qui remplissent les filons sont de nature très-variée. Quand elles renferment des minerais métalliques, on donne le nom de *gangue* aux substances pierreuses qui accompagnent ces minerais. (Ce mot provient du mot allemand *gang* qui signifie *filon*. Les Allemands appellent *gangerz* les minerais, et *gangart* ce que nous désignons sous le nom de *gangue*). La recherche et l'extraction des minerais utiles renfermés dans les filons, donnent lieu à des travaux souterrains, dont l'ensemble constitue une *mine*. Les mineurs nomment filons *riches* ou *nobles*, ceux qui renferment des minerais métalliques en abondance; filons *pauvres* ou *ignobles*, ceux qui en renferment trop peu pour que l'exploitation en soit avantageuse, et filons *stériles*, ceux qui ne contiennent que des substances non exploitables. Parmi les filons *stériles*, on donne le nom de filons *sauvages* à ceux qui sont formés de substances pierreuses dures, et de filons *pouris* à ceux qui ne renferment que des terres grasses ou des roches altérées ou décomposées.

Quelquefois l'intérieur d'un filon n'est rempli qu'en partie, et il reste une fente vide au milieu; ailleurs, mais plus rarement, le filon est entièrement vide sur une partie de son *cours*, ou enfin il est vide sur toute sa longueur: dans ce dernier cas, c'est une *fente* (*V.* ce mot); mais on peut observer tous les intermédiaires entre les fentes les plus remarquables et les filons les mieux caractérisés.

Près de Servoz en Savoie, sur le bord du chemin de Chamouny, une fente ou un filon ouvert, de quatre à huit décimètres de puissance, traverse le granite, sur plus de cent pas de longueur; ses parois sont à peu près verticales, et elle ne renferme que quelques fragmens du rocher qui y sont tombés.

Près de Semur en Auxois (département de la Côte-d'Or), Saussure a observé, dans le granite, des fentes, crevasses ou filons ouverts, remplis en partie d'amas de quarz, feldspath et mica, à gros grains et foiblement agglutinés. Il regarde le remplissage de ces fentes comme l'ouvrage des eaux de pluie; il en a observé ailleurs qui étoient entièrement remplies, et qu'il cite comme de véritables filons de granite.

De semblables fissures existent, en grande quantité, dans les terrains de calcaire et de grès. A Horge, près du lac de Zurich, le calcaire, qui recouvre la houille, est traversé par beaucoup de fentes, d'un à deux décimètres de puissance, en partie vides et en partie remplies par une terre grasse jaunâtre. (Pour un plus grand nombre d'exemples de ce genre, *V.* Fente.)

Le filon de cobalt de *Unverhofte freude*, à Saalfeld en Thuringe, puissant de deux décimètres, et entièrement rempli dans ses parties supérieures, a montré, à différentes profondeurs, des espaces de huit à dix mètres de long, sur un à six mètres de large, dans lesquels il étoit vide sur toute son épaisseur; seulement un peu de minerai de cobalt pulvérulent étoit attaché aux salbandes. Au-dessous, le filon reprenoit son allure accoutumée. Plusieurs filons de cobalt de Riegelsdorf, en Hesse, ainsi que le filon de *Neuglück* à la mine d'argent de Himmelsfürst, près Freyberg, ont offert le même phénomène.

Les substances qui remplissent les filons sont, en général, ainsi qu'il a été dit, différentes de celles qui constituent le terrain environnant; mais cette règle souffre des exceptions. Dans ce cas, la roche qui fait partie constituante du filon est ordinairement altérée ou dans un état toujours plus ou moins différent de la roche des parois.

On peut diviser ces substances en quatre classes principales :

1.° Substances ordinairement propres aux filons, ou *gangues* proprement dites ; 2.° Minerais métalliques ; 3.° Substances combustibles non métalliques ; 4.° Roches.

Les minerais métalliques se rencontrent principalement avec les substances de la première classe. L'étain forme une exception fréquente à cette règle, et on le trouve souvent mélangé avec les roches, soit dans les terrains que ces roches constituent, soit dans les filons qu'elles forment. Il en est de même des pyrites et de quelques minerais de fer.

Les substances de la première classe les plus fréquentes à rencontrer dans les filons, sont le quarz, la chaux carbonatée spathique, la baryte sulfatée, la chaux carbonatée brunissante et la chaux fluatée. On trouve moins souvent comme gangue, le silex corné, les agathes, les jaspes, la lithomarge, la stéatite, la chaux phosphatée, la vacke, la topaze, etc. Le gypse s'y rencontre aussi, mais très-rarement. On l'a trouvé à la mine de *Donath*, près Freyberg, à celle de *Fürsten vertrag*, près Schneeberg ; on le cite aussi dans des filons métallifères du Tyrol, dans les filons des Chalanches (département de l'Isère) et dans ceux du district de Pasco, au Mexique. Il ne faut pas confondre le gypse de ces gisemens avec celui que l'on rencontre souvent sur les haldes ou dans les vieux travaux, ou dans les parties des filons où il s'opère des actions chimiques entre les principes des divers minéraux. Là se présentent souvent des cristaux de gypse produits par l'altération et la décomposition des pyrites et de la chaux carbonatée. On y voit aussi du sulfate de magnésie en cristaux ou en efflorescence, produit par une cause analogue.

Dans la seconde classe, toutes les espèces de minerais métalliques connus se rencontrent dans les filons.

Les gangues et les minerais sont ou amorphes ou cristallisés ; ils paroissent, en général, avoir été déposés par cristallisation, au sein d'un fluide qui les tenoit en dissolution. Quelquefois, au contraire, leur formation semble due à des sédimens. Quelquefois aussi, un même filon présente des indices de ces deux origines : tel est le filon de Védrin, en Belgique.

Rarement un filon ne renferme qu'une espèce de gangue ; ordinairement plusieurs s'y trouvent réunies ; ordinairement aussi, une de ces espèces est dominante, soit dans une partie du filon, considéré comme divisé par des plans horizontaux à différentes profondeurs, soit dans le filon entier, soit même dans tous les filons de même nature, d'une même contrée. Ainsi le quarz est la gangue dominante dans les Vosges, sur les bords du Rhin, dans la haute Hongrie, etc; le spath calcaire dans les mines du Hartz; la baryte sulfatée aux mines de Riegelsdorf en Hesse, etc. On remarque aussi que certaines espèces de gangues sont comme exclues de certains pays; ainsi, la chaux fluatée, très-commune en général dans les filons, n'a été rencontrée dans aucun des nombreux gîtes de minerai de Hongrie.

Les minerais métalliques se présentent, comme les gangues, rarement isolés dans les filons; ainsi, les minerais de plomb, indépendamment de l'argent qu'ils renferment, sont souvent associés à des minerais d'argent, de cuivre et de zinc. Le fer spathique contient souvent aussi des minerais de cuivre. Le cobalt se trouve en général avec l'argent et l'arsenic; l'étain avec l'arsenic et le scheelin; les pyrites avec presque tous les autres minerais, etc. Chaque contrée métallifère renferme aussi plus spécialement certains métaux: mais les règles générales qu'on avait voulu donner, telles que celle de l'existence presque exclusive de l'or dans les pays chauds, du fer dans les pays froids, etc., sont entièrement fausses, et journellement démenties par l'expérience. On a prétendu remarquer aussi que des filons de même nature se trouvoient souvent sous la même latitude, et on a cité en exemple les mines de Freyberg en Saxe, celles de la Daourie et celles de Zméof en Sibérie; mais ce fait, du moment où on veut le généraliser, paroît aussi peu constant que le précédent.

Les filons formés de gangues et de minerais, contiennent quelquefois, mais rarement, des substances combustibles. Les filons de quarz aurifères d'Ekatharinenburg et de Bérésof en Sibérie, renferment du soufre cristallisé. On a trouvé aussi le soufre dans un filon de fer près de Nertschinsky, dans la mine de plomb de *Nikolaswokish*, aux monts Altaï, et dans plusieurs mines de plomb du pays de Siegen. Dans cette dernière localité, il est en couches minces recouvrant les parois des fentes de la galène. Le succin s'est présenté dans des filons de fer exploités dans les avant-corps des monts Karpathes. Des échantillons de minerai de cuivre, de Karharak en Cornouailles, indiquent, dit-on, la présence du naphte dans le filon d'où ils proviennent. L'anthracite a été rencontré, en petits filets, aux mines de l'Iberg au Hartz. Au même endroit, on a trouvé du bitume asphalte et du bitume élastique, lequel se rencontre aussi dans les filons de plomb de Castletown en Derbyshire, dans les filons de mercure de Mœrsfeld, en Palatinat, dans un filon de spath calcaire à la mine de cuivre de Niederhaussen sur les bords de la Nahe, etc.

La structure intérieure des filons présente souvent cette

disposition remarquable, que les différentes substances qui les composent y sont placées, sans aucun rapport avec la pesanteur spécifique de chacune d'elles, par bandes ou zones parallèles aux salbandes, semblables des deux côtés et symétriquement disposées. Lorsque ces zones renferment des cristaux, leur sommet est toujours tourné vers le milieu du filon, et sur ces sommets et dans les intervalles qui les séparent sont implantés, par leur base, les cristaux de la zone suivante. Cette disposition est surtout remarquable dans les filons un peu puissans. Au milieu se trouve quelquefois un espace vide, ou un certain nombre de *géodes* ou *druses* tapissées intérieurement de cristaux plus parfaits, dont les sommets sont aussi tournés vers le centre du filon, et souvent recouverts eux-mêmes de cristaux plus nouveaux.

Le filon de *Hülfe Gottes*, à la mine de Gersdorf en Saxe, offre un exemple remarquable et célèbre de cette disposition. Puissant de 2—3 mètres, il présente, à cet égard, la plus grande régularité, dans les quarante et quelques zones de spath calcaire, spath fluor, galène, cuivre gris avec spath fluor, baryte sulfatée et quarz, dont il est formé.

Le filon de *Samuel* à Halsbrück, près Freyberg, est formé de zones de quarz, de baryte sulfatée compacte, et de spath fluor blanc. Dans les échantillons extraits du filon, ces zones peuvent facilement se séparer les unes des autres.

Les filons d'agathe rubanée de Schlottwitz et de Conradsdorf, en Saxe, offrent aussi des exemples remarquables de cette formation.

Le filon d'*Englische Treue*, près Clausthal au Hartz, présente des zones alternatives régulières et multipliées de spath calcaire, quarz, spath pesant, plomb sulfuré, et pyrite cuivreuse, sur une grande épaisseur.

Les filons du Fichtel-Gebirge en Franconie, de Schemnitz et de Felsobanya en Hongrie, etc., offrent des exemples analogues. On en retrouve de semblables à Huelgoat (département du Finistère), et à peu près dans tous les pays. Ce genre de structure des filons se remarque souvent sur les plus petites veines, pourvu qu'elles renferment plusieurs espèces de minéraux.

On dit que quelquefois les différentes zones parallèles aux salbandes, serpentent sur leur ligne d'inclinaison. Bergmann cite ce fait comme ayant été remarqué aux mines de fer du Rissberg, près Norberg, en Suède; mais, d'après les nouvelles observations, il est probable que ces gîtes de minerai sont des *bancs* et non des filons.

Ailleurs, les zones des différentes substances sont quelquefois rondes et concentriques autour d'un noyau, et elles paroissent avoir une tendance générale à prendre la forme globuleuse. On observe cette disposition dans le filon de Huelgoat, dans celui de *Veritau auf Gott*, exploité à la mine de Himmelsfürst en Saxe, dans celui de *Ring-und-silberschnur*, district de Zellerfeld au Hartz, etc.

Un grand nombre d'autres filons ne présentent pas d'une manière apparente cette disposition par zones, et semblent comme remplis, tout à la fois, de gangues confusément mélangées; mais souvent la nature de ces gangues change à plusieurs reprises, à mesure qu'on s'enfonce dans le filon. Ainsi, une grande quantité de filons exploités deviennent stériles à une certaine profondeur. D'autres ne s'enrichissent au contraire qu'à quelque distance de la surface. Dans beaucoup de filons exploités pour les minerais d'argent et de plomb qu'ils contiennent, les parties voisines du jour ne renferment que des minerais de fer. Aussi les mineurs disent-ils que les bons filons *portent un chapeau de fer*. Cette disposition, reconnue comme fréquente en Allemagne et en France, se retrouve en Amérique; les fameux minerais d'argent appelés *pacos* au Pérou et *colorados* au Mexique, qui se présentent sous la forme d'une terre ferrugineuse rougeâtre, et ne contiennent, terme moyen, que $\frac{1}{1350}$ de leur poids en argent, ou 1 once 28e au quintal, sont ainsi extraits en grande partie de la tête des filons qui, plus profondément, renferment des minerais d'argent natif, d'argent sulfuré, d'argent rouge, d'argent muriaté et de cuivre gris.

La manière d'être des minerais dans la gangue est aussi extrêmement variée. Très-rarement, ils remplissent le filon en entier; dans le district de Sombrerete au Mexique, on a exploité, dans un terrain de calcaire compacte, des filons d'un mètre de puissance, dont toute la masse étoit formée d'argent rouge. Aux mines de Caroline et de Dorothée, près Clausthal au Hartz, les filons, ou les branches de l'énorme filon du *Burgstœdterzug*, ont été trouvés quelquefois remplis de plomb sulfuré sur une épaisseur de plus d'un mètre. On cite un fait semblable comme s'étant présenté autrefois dans le filon de *Hohebirke* près Freyberg, dans le filon de *Sainte-Barbe* à Giromagny (département du Haut-Rhin); mais de pareils exemples peuvent être considérés comme des exceptions, et, en général, les minerais sont disséminés dans la gangue. Quelquefois ils forment, soit un seul filet, placé au milieu du filon ou près de l'une des salbandes, soit plusieurs filets ou veines, parallèles aux parois, et qui se prolongent sur une grande étendue; ce cas, qui rentre dans la disposition en bandes ou zones précédemment indiquée, est le plus avantageux aux mineurs. Mais souvent aussi ces veines ou filets se terminent assez promptement, et il ne s'en représente de semblables qu'au bout de quelque temps. Quand les filets de minerai sont un peu considérables et suivis, leur *allure* est en général parallèle aux parois du filon; mais quand ils sont très-petits, ils affectent toute sorte de direction et d'inclinaison. A l'ancienne mine de cuivre de Rozière, près Carmeaux (département du Tarn), le filon, entièrement formé de quarz, est traversé par un grand nombre de fissures dont les parois sont recouvertes de cuivre carbonaté vert. Cette disposition se présente surtout dans les filons qui sont remplis en partie par des roches analogues à celles des parois. Ces roches sont alors ordinairement comme fendillées dans tous les sens, et remplies, dans toutes leurs fentes, de veinules formées de vraie gangue et de minerai. Ces veinules, dirigées et inclinées dans tous les sens, se rencontrent, s'unissent et marchent ensemble, ou se traversent, se rejettent, etc., et présentent enfin en petit toutes les allures et tous les accidens que les filons offrent en grand. Le filon de Poullaouen (département du Finistère), ceux des environs de Clausthal au Hartz, offrent de nombreux exemples de cette disposition.

Souvent aussi le minerai n'est pas en *filets*, mais en *nids* ou *rognons*, masses irrégulières, en général peu considérables, et irrégulièrement disséminées dans la gangue. Il faut alors chercher, presque à l'aventure, ces rognons dans la masse stérile; et quand le filon a une grande puissance, le travail devient difficile et cher. Beaucoup de filons des Vosges présentent cette manière d'être dans leurs minerais. Il en est de même de ceux de la montagne des Chalanches (département de l'Isère), où l'on trouve des minerais d'argent, de cobalt, de cuivre, de nickel, d'antimoine, d'arsenic, de fer, de plomb, etc., et qui, quelquefois très-riches, tout d'un coup ne donnent plus rien. Dans les environs de Marienberg en Saxe, presque tous les minerais sont disposés de même, et situés en général à peu de profondeur; aussi les mines ont d'abord donné de très-grands produits; mais leur exploitation est aujourd'hui abandonnée ou languissante.

Le filon de *Mazimbert*, aux mines de Villefort (département de la Lozère), est puissant de 6-8 mètres et formé de baryte sulfatée, dans laquelle courent des veines nombreuses de quarz. Une galène argentifère à petits grains est adhérente au quarz, en mouches, glands ou rognons, mais jamais en veines.

A Lauterberg au Hartz, on exploite un filon de vingt-cinq à trente mètres de puissance, formé de quarz et de spath pesant, et dont plusieurs parties sont pulvérulentes et forment un véritable sable. Le minerai de cuivre (malachite, pyrite et minerai hépatique) est disséminé en rognons épars, surtout dans les parties sablonneuses.

Le filon de *Kautenbach*, près Berncastel (ancien département de la Sarre), offre encore un exemple de cette disposition. Il a jusqu'à dix à quinze mètres de puissance ; il est formé entièrement de quarz tantôt très-dur, tantôt altéré, et il renferme, en veinules et surtout en rognons épars, du plomb sulfuré, du plomb carbonaté blanc et noir, et beaucoup de pyrites. On est obligé de chercher sans cesse les minerais, et l'exploitation est extrêmement dispendieuse.

Lorsque, dans un filon très-puissant ou dans un assemblage de filons, le minerai est disséminé en petites veines réunies elles-mêmes en groupes éloignés les uns des autres, ces groupes sont aussi appelés *nids* ou *rognons* par les mineurs, parce qu'il faut les rechercher à travers la masse du filon, comme les rognons plus petits, dans les filons plus minces. La plupart des filons des environs de Clausthal et de Zellerfeld au Hartz, sont dans ce cas.

Souvent, l'ensemble des minerais métalliques d'un même filon, quelle que soit la manière dont les minerais y sont disposés, forme comme une bande ou colonne, qui plonge dans le plan du filon, suivant une ligne différente de celle de l'inclinaison générale. Toutes les mines de plomb de la Bretagne offrent des faits de cette nature; les filons, plus ou moins inclinés, y sont en général dirigés du sud au nord, et les bandes ou colonnes métallifères plongent toutes du nord au sud dans les plans du filon. On remarque deux bandes semblables aux mines de Poullaouen. Elles sont séparées, près du jour, par un massif stérile, de cent quarante mètres de long, et elles se réunissent à cent mètres de profondeur. Chacune de ces bandes a environ cent mètres de longueur.

Aux mines de Villefort (Lozère), le filon de *Fressinet*, épais de huit décimètres, est rempli d'une espèce de roche argilo-micacée schisteuse, dans laquelle est disséminé un quarz qui sert de gangue à une pyrite cuivreuse. En suivant le filon dans sa direction, on remarque que le quarz cesse et avec lui le minerai; il en est de même dans la profondeur où la bande quarzeuse métallifère s'amincit et disparoît.

En général, lorsqu'il en est ainsi, il est rare qu'un filon redevienne productif après avoir cessé de l'être, et souvent il se termine bientôt entièrement.

Les *druses* ou *géodes*, appelées aussi *craques* ou *fours à cristaux*, sont très-communes dans les filons; mais il paroît qu'on n'en rencontre presque jamais à plus de deux cents mètres de profondeur. Elles sont situées le plus souvent à peu près au milieu de l'épaisseur des filons, et ont ordinairement la forme d'une espèce d'ellipsoïde plus ou moins allongé, dont le grand axe est parallèle aux parois du gîte. Leur intérieur est tapissé de cristaux et quelquefois rempli d'eau. Il s'en rencontre, quoique rarement, de très-grandes : telle étoit celle qui a été trouvée en 1785, à Andreasberg, sur le filon des *cinq livres de Moïse*, à la profondeur de cent soixante mètres. Elle avoit plus de dix mètres de diamètre et étoit remplie des cristallisations les plus belles de spath calcaire.

Sur le filon *Vertrau auf Gott* à la mine de Himmelsfürst en Saxe, on en a trouvé, en 1791, une de six mètres de diamètre, tapissée à son toit de cristaux de fer spathique recouverts d'autres cristaux de cuivre pyriteux, d'argent sulfuré, et d'argent rouge. Le mur étoit couvert d'un agrégat formé de débris de gneiss et de spath brunissant liés par un ciment de pyrite et d'argile endurcie.

On cite aussi une cavité de vingt-deux mètres de diamètre, qu'on a rencontrée, en 1792, au lieu de jonction de plusieurs filons des mines de Joachimsthal en Bohème, à cinq cents mètres de profondeur; mais il paroît douteux que cette vaste caverne doive être rapportée aux druses.

Les nombreux filons de quarz du département de l'Isère et de plusieurs parties des Alpes, contiennent une assez grande quantité de druses entièrement tapissées de cristal de roche. On a trouvé des cavités très-considérables dans les filons de Sainte-Marie aux mines, dans les Vosges; elles étoient tapissées d'argent natif et de druses de spath et de quarz sur lesquelles étoient des cristaux d'argent rouge, d'argent sulfuré et de cuivre gris.

Le filon de La Croix-aux-Mines, renferme beaucoup de druses, quelquefois volumineuses et garnies de cristaux de divers minerais de plomb, surtout de plomb carbonaté et de plomb phosphaté.

On a vu que, dans plusieurs pays de mines, les filons métalliques étoient en partie remplis par des roches analogues à celles qui forment leurs parois; mais les roches constituent aussi, à elles seules, un grand nombre de filons; il est remarquable, dans ce cas, que ces filons sont souvent remplis par la roche qui repose immédiatement près de là sur le terrain qui les encaisse. Un des exemples les plus frappans de ce fait, est celui que présentent les environs de Valenciana et d'Avexeras, district de Guanaxuato au Mexique. On y voit des bancs multipliés de syénite et de diabase ou diorite (*grünstein*) qui alternent entre eux, et on observe que la syénite renferme des filons de diabase et la diabase des filons de syénite. Il n'en est cependant pas ainsi partout; et quelquefois il faut aller très-loin pour retrouver en couches la roche que l'on voit en filons.

Le *granite* forme des filons nombreux dans le granite des diverses parties des Pyrénées. Les deux roches sont à peine différentes l'une de l'autre. Cependant le granite des filons contient un peu plus de feldspath et résiste davantage aux altérations de l'air que celui qui constitue le terrain. Le granite a été encore observé en filons dans le granite près de Sémur en Auxois, dans l'île d'Arran (l'une des Hébrides), près de Herzogau dans le Haut-Palatinat, aux monts Oural et ailleurs. Il forme aussi des filons dans le gneiss près de Waldheim en Saxe, entre Mueville et Labarbe dans le Valais (dans ces deux endroits le gneiss est recouvert par un granite entièrement semblable à celui des filons), à Geyer en Saxe, où il renferme des minerais d'étain, près de Herzogau, aux environs de Stockholm, etc.; dans le micaschiste, aux mines de Villefort (Lozère), près de Lyon, à Johann Georgenstadt en Saxe, près Glücksbrunn au Thuringer-Wald, etc. Saussure l'a observé en filons dans *une roche de corne feuilletée* à Valorsine; enfin, on l'a trouvé en filon dans le schiste, entre Douzenat et Bariolet en Limousin, et dans les montagnes de Cornouailles qui renferment les mines d'étain.

On doit citer, avec les filons de granite, ceux qui sont formés par le feldspath dans les terrains de granite ou de gneiss, et qui renferment toujours quelques parties de quarz et de mica. Tels sont ceux de Montbrison, département de la Loire, d'Ellebogen et de Carlsbad en Bohême, de Herzogau dans le Haut-Palatinat, etc. Dans ce dernier endroit, le filon renferme un filon plus petit d'andalousite. Quelques filons de quarz dans le granite font également corps avec lui et retiennent aussi des parcelles de mica et de feldspath, surtout sur leurs bords. Tel est celui qui traverse presque verticalement le granite de la Rosstrap au Hartz. La tourmaline rouge de Sibérie se trouve à Serapulskoi, près de Mursinska, dans un filon puissant de 6 mètres, formé de feldspath et de quarz, auquel le mica sert de lisière, et qui traverse un terrain de granite. Le béril existe aussi, près de Schaitenka et Glabaska, aux monts Oural, dans un filon puissant qui court dans le granite, et qui est formé de feldspath, quarz, topaze et mica. (Aux monts Altaï et près Nertschinski, le béril est en banc dans le granite ou fait partie constituante de la roche granitique.) Dans le granite à grains fins des monts Oural, on voit souvent des filons formés d'une roche granitoïde à grains très-gros, composés de feldspath rougeâtre, de quarz gris ou d'un rouge brunâtre et de tourmaline noire.

Les roches feuilletées se présentent bien rarement en filons. Cependant le gneiss forme des filons dans le gneiss à l'île d'Arran. Le micaschiste en forme dans le granite à Schnéeberg.

Le *schiste argileux* constitue un filon dans la montagne métallifère de Taberg en Smoland. Le schiste argileux secondaire (*Schieffer-Thon*) forme des filons verticaux très-puissans dans le terrain houiller de Pottschappel près Dresde.

Dans le Fichtelgebirge en Franconie, près de Steben, le filon, dit *Mordlauer-Flache*, est formé de *jaspe schistoïde* et d'*ampelite* (schiste siliceux et schiste alumineux), et contient du fer hydraté (fer oxydé brun). Ce filon court dans une montagne de schiste qui renferme aussi, comme bancs subordonnés, de l'ampelite et du jaspe schistoïde, et les deux roches analogues du filon diffèrent peu de celles du terrain. Elles sont disposées dans le filon, en feuillets parallèles aux parois et qui en suivent toutes les inflexions. Le même fait se représente dans deux autres filons, à Kemlas sur la Saale, non loin de Naïla.

Des filons puissans de schiste alumineux existent aussi près de Felsobanya et près de Slowinska en Transylvanie.

La *diabase* ou *diorite* (*grünstein*) existe en filons dans les gneiss aux environs de Stockholm, aussi en plusieurs endroits de la Lusace, particulièrement près de Bautzen.

Le *porphyre* argileux ou l'*argilophyre* forme des filons dans le terrain houiller de Burg et Pottschappel en Saxe, dans le gneiss dans les environs de Marienberg, etc.

La *rétinite* (*pechstein*) constitue des filons dans le gneiss, près de Schaitanka, dans les monts Oural.

Une roche *calcaire*, semblable à celle qui recouvre les terrains de grauwacke et de schiste de transition des Alpes de la Suisse, forme de nombreux filons dans ce terrain. On trouve, dans les mêmes circonstances, des filons de calcaire dans le porphyre de Dux et d'Ossegg en Bohême.

M. Brochant de Villiers a observé, près de Moutiers en Tarentaise, un filon remarquable de calcaire dans le terrain calcaire de transition. Ce filon est presque vertical et formé de trois espèces de zones parallèles à ses parois. La zone située près du toit est de calcaire schisteux, celle du côté du mur est de calcaire laminaire, celle du milieu est de calcaire terreux et peu solide.

La *vake* et les *vakites*, ou roches à la base de vake, remplissent des filons nombreux dans le gneiss des environs de Marienberg, d'Annaberg et de Wiesenthal en Saxe. A la mine de Marcus-Ræbling près Annaberg, le filon, dit *Heinitz Flache*, est un filon de vakite, de deux mètres environ d'épaisseur, qui encaisse un petit filon métallique, puissant de deux à trois décimètres, et dont le vakite forme ainsi comme les lisières.

Les minéralogistes allemands citent beaucoup de filons formés de *basalte* ou de *basanites* (roches à base de basalte), dans un grand nombre de pays, et dans tous les terrains. Dans la vallée de Plauen près Dresde, dans la syénite ; près Wolckenstein et Oberwiesenthal en Saxe, dans le gneiss ; en Silésie et près Heidelberg, dans le granite ; près Leutmeritz et Diervin en Bohême, dans le grès ; près Hirschel, pays d'Eisenach, dans le calcaire ; enfin en Écosse et dans les îles Hébrides, où d'énormes et nombreux filons de basalte se prolongent dans toutes les directions et à travers tous les terrains, etc. Il reste à reconnoître d'une manière positive si c'est vraiment du basalte, dans l'idée qu'attachent à ce mot les minéralogistes français, qui constitue tous ces gîtes, et si ces gîtes sont réellement des filons. Des descriptions détaillées de plusieurs de ceux qui sont évidemment des masses basaltiques, font voir qu'ils s'élargissent en s'approfondissant, et qu'ils présentent des caractères qui tendent à les faire rapporter à une origine volcanique; tels sont ceux de Blauekuppe et de Stoffelskuppe près Eschwège, du Pflaster-kaute près Marksuhl, de Steinburg près Suhl, etc.

La *houille* se rencontre, quoique rarement, en filons, toujours peu considérables : on l'a citée ainsi, dans le granite entre Ebreuil et Charbonnières en Auvergne, dans le gneiss à Venosque et dans le schiste à Oris, département de l'Isère, dans le calcaire de la corniche au monte d'Auro, près Roquebrunne, enfin dans le grès à Wehrau en Lusace.

Le *sel gemme* s'est aussi présenté en filons, dans le gypse et le calcaire des montagnes des environs d'Aigle dans le canton de Berne.

Indépendamment de toutes ces substances qui (la houille exceptée) portent plus ou moins l'empreinte d'une dissolution préalable et d'une précipitation cristalline, les filons, et même les filons métalliques, renferment souvent des substances qui bien évidemment ne leur appartiennent pas en propre, et existoient avant la formation du filon, ou qui ont éprouvé dans le filon même, depuis leur formation, de nouveaux dérangemens. Nous distinguerons à cet égard : 1.° les fragmens de roches étrangères aux filons, les brèches formées par la réunion de ces fragmens, et celles composées de fragmens des substances du filon même ; 2.° les galets ou fragmens roulés et les poudingues ou agrégats formés par les galets.

Les fragmens anguleux de roches que l'on trouve très-fréquemment dans les filons, paroissent le plus souvent détachés des roches des parois ; ils proviennent quelquefois de terrains plus éloignés. Dans le premier cas, quand ils sont très-volumineux, ils conservent quelquefois tellement leur situation première, que leurs couches sont tout-à-fait dans la même position que celles des roches du toit et du mur. Ceux d'un petit volume, sont au contraire bouleversés et placés dans toutes les positions. Souvent ces fragmens sont feuilletés, et leurs fissures sont remplies des substances propres aux filons. Aux mines de Riegedelsdorf en Hesse, les filons de cobalt, qui traversent le terrain à schiste cuivreux, présentent quelquefois des espaces vides dans lesquels on trouve des fragmens des couches du terrain. Autour de ces fragmens, le minerai de cobalt et la baryte sulfatée se sont déposés en zones concentriques. Les mines de Bieber, pays de Hanau, de nature tout-à-fait semblable, présentent des faits analogues; mais comme les filons sont pleins dans toute leur étendue, les fragmens empâtés dans la gangue forment une brèche solide. C'est ainsi qu'on les rencontre le plus souvent. A Carlsbad en Bohême et à Ruhla au Thüringer-Wald, des filons de silex corné courent dans le granite et renferment une grande quantité de fragmens anguleux de granite semblable à celui des parois.

Aux mines de Viallaz (Lozère), le filon de *la Picardière*, puissant de deux à six mètres, est formé de débris de la roche micacée des terrains environnans, empâtés avec des fragmens de grès et une argile stéatiteuse. Les mineurs nomment ce mélange *roc brouillé*. Des veines de quarz mêlé de spath pesant et de spath calcaire courent dans le *roc brouillé*, et servent de gangue au minerai de plomb.

Aux mines d'Andreasberg au Hartz, le filon de *Wennsglück* formé de quarz, calcaire et schiste, et puissant de cinq à six décimètres, est régulier dans son *allure*, jusqu'à deux cent trente mètres de profondeur ; mais plus bas, sa puissance devient tout à coup de deux à trois mètres, le calcaire disparoît, les zones de schiste et de quarz, au lieu de rester parallèles aux parois, ne forment plus que de nombreux débris confusément entassés et agglutinés avec des débris semblables des roches adjacentes, les parois sont déchirées et crevassées, et le tout présente l'image d'anciens travaux éboulés, ou d'une excavation qu'on auroit remplie en y jetant, du haut du puits, des déblais de haldes. Des galeries, percées à deux cent quatre-vingts et à trois cent vingt mètres de profondeur, ont trouvé le filon dans le même état, et leurs parois se sont couvertes promptement d'épaisses concrétions calcaires. En continuant ces galeries, on est arrivé à un espace vide de vingt-quatre mètres de longueur, vingt mètres de hauteur et six mètres de large. Dans cette vaste caverne, on n'a vu aucune cristallisation, mais seulement des fragmens éboulés ou menaçant de tomber encore. En s'avançant toujours, on a retrouvé le filon mince et formé de zones parallèles de quarz et de schiste, comme dans la partie supérieure. Les actes de cette mine font foi qu'on a rencontré sur le même filon plusieurs cavernes de cette espèce.

Il seroit superflu de joindre ici d'autres exemples nécessairement moins frappans. Il suffit d'ajouter que presque tous les filons renferment ainsi plus ou moins de fragmens des roches des parois.

Quelquefois ce ne sont que des fragmens des substances du filon même, qui sont ainsi agglutinés.

Les filons d'agathe de Halsbach et de Schlottwitz en Saxe, présentent un exemple remarquable de cette disposition; ils sont formés en grande partie d'une agathe rubanée à zones très-minces et très-parallèles, mêlée d'un peu de pyrite. Des fragmens innombrables de cette agathe sont tombés dans le milieu du filon, où ils ont été réunis de nouveau et empâtés par une masse de quarz-hyalin ou d'améthyste, de manière à former la brèche la plus singulière et la plus agréable à l'œil. On croit souvent y reconnoître les fragmens qui pourroient s'ajuster les uns avec les autres.

Les grandes druses du filon *Vertrau auf Gott* à la mine de Himmelsfürst, qui ont été déjà citées, renferment, ainsi qu'on l'a vu, des brèches analogues, formées de débris de divers minerais d'argent et de plomb, de pyrite, de fer spathique, de spath brunissant et d'argile.

Les filons des environs de Zellerfeld au Hartz contiennent des brèches nombreuses formées de fragmens de quarz, de spath calcaire et de schiste, réunis par un ciment cristallisé, soit calcaire, soit pyriteux. Aux mines de Dorothée et de Caroline près Clausthal, ce sont des fragmens de schiste et de galène réunis par de petits cristaux de spath pesant et de quarz. Dans les filons d'Andreasberg, l'argent rouge paroît quelquefois servir de gluten à de semblables réunions.

Les galets se distinguent des fragmens dont il vient d'être question, par leur forme arrondie, preuve qu'ils ont été longtemps roulés par les eaux.

Les filons contiennent assez souvent des galets dont la nature est tantôt la même que celle des roches des parois, tantôt bien différente.

La montagne des Chalanches, département de l'Isère, renferme plusieurs filons remplis d'argile et de galets de gneiss.

Le filon d'Huelgoat, département du Finistère, renferme un poudingue formé de fragmens en partie arrondis et en partie anguleux de quarz, de stéatite (ceux-ci sont traversés par des filets de quarz) et de schiste, de quelques centimètres de grosseur, agglutinés par un ciment formé de plus petits fragmens de la même nature, ou assez analogue à une roche de gneiss décomposé. En outre, au toit et au mur du filon, sont deux bandes, de plusieurs mètres d'épaisseur, formées de quarz calcédonieux en morceaux arrondis de deux à trois centimètres de diamètre, présentant souvent une structure à couches concentriques, et agglutinés par un ciment siliceux ou schisteux. Le filon renferme aussi des boules composées de couches concentriques de blende et de quarz. L'opinion que les pierres rondes du toit et du mur sont des galets, a été depuis peu révoquée en doute par M. d'Aubuisson qui les croit formées sur place à la manière du *granite de Corse*, des oolithes, etc ; mais le premier poudingue est bien évidemment composé de galets agglutinés.

Les filons nommés *Pryan-lodes*, en Cornouailles, sont entièrement formés de graviers mêlés de petits rognons de minerai, et leur masse a si peu de consistance, qu'il suffit d'une pelle pour l'extraire.

A Sala, en Suède, des fentes qui séparent le terrain calcaire où gisent les mines d'argent, du *pétrosilex* (selon Bergman), sont remplies de fragmens roulés de pétrosilex, de stéatite, etc.

A la mine de *Sigismond*, près Fatzbay en Transylvanie, on voit un petit filon qui n'est rempli que de galets de quarz, de la grosseur d'un pois ou d'une amande, contenant un peu de tellure aurifère.

Les filons du pays de Siégen renferment, à cent mètres de profondeur, des galets de fer spathique agglutinés dans un ciment de plomb sulfuré.

Beaucoup de filons renferment des galets, à Joachimsthal, à Saalfeld, au Spitzberg dans le Riesengebirge, etc.

A Altenberg en Saxe, deux filons (*michael* et *schurf*) qui existent dans le porphyre, sont entièrement remplis de galets de gneiss et de quarz, dont la grosseur varie de celle d'une noisette à celle de la tête.

A Himmelsfürst en Saxe, le filon de *Berflache* est rempli de terre grasse renfermant des galets de gangue et de minerai des filons voisins.

Plusieurs filons sont entièrement formés de grès, de psammites ou de poudingues. On en voit un aux mines de Riegelsdorf en Hesse, rempli par un psammite à gros grains.

Les mines d'or principales d'Offenbanya, de Vorospatak et de Boïtza en Transylvanie, ainsi que les gîtes de réalgar de Nagyac, s'exploitent dans des filons de grès. Un filon de grès, d'un décimètre de puissance, traverse le banc métallifère de Pereguba dans les monts Altaï.

A la mine de plomb de *Pétersholz* près Blanckenheim (département de la Sarre), on exploite un filon rempli par un poudingue à fragmens arrondis de psammite.

Il est probable que plusieurs des filons de granite cités plus haut, surtout ceux de Cornouailles et du Thüringerwald, sont formés de granite régénéré ou de roche d'alluvion.

On cite des filons remplis d'une terre tourbeuse au Schneekopf, dans le comté de Henneberg.

Enfin, il existe un grand nombre de filons de toute dimension, remplis entièrement ou presque entièrement d'argile, de terre grasse ou de roches schisteuses ou micacées décomposées. Tels sont les gîtes peu inclinés, connus sous le nom de *schwæbende*, aux mines d'Annaberg, ceux désignés sous le nom de *ruschels* ou de *geschiebe* dans les mines du Hartz, comme dans toutes les mines des pays de Siégen, de Sayn, de la Lahn, etc. Les filons de terre grasse sont quelquefois métallifères. Ils contiennent particulièrement des minerais de fer. Tel est le filon presque vertical de Langenthal, exploité dans le porphyre au pied du Mont-Tonnerre. Quand ces filons sont minces, stériles, et uniquement remplis d'argile sableuse sale, les mineurs les nomment *fentes* (*klüfte*). Les fentes renferment quelquefois du minerai, surtout des pyrites. Quelques-unes sont extrêmement étroites et à peine visibles ; mais il existe une série non interrompue de gradations entre les fentes argileuses les plus minces et les filons les plus riches et les plus puissans.

Les filons renferment quelquefois des débris de corps organisés.

A Joachimsthal, un filon très-épais, ou un amas transversal de vakite, a présenté, à trois cents mètres de profondeur, un grand tronc d'arbre bituminisé, avec les vestiges de son écorce, de ses branches et de ses feuilles.

On a trouvé des madrépores dans le filon principal de Schemnitz, en Hongrie, à cent quatre-vingts mètres de profondeur.

Dans les filons de Kremnitz, de Fatzebay et d'autres lieux en Hongrie et en Transylvanie, on a aussi rencontré des pétrifications.

Les filons de fer de la partie orientale du Hartz contiennent des empreintes de nautiles et des espèces de *vis*, que l'on regarde comme les noyaux d'entroques, dont la masse est changée en spath calcaire; ceux d'Eisenberg, près Siegen, renferment des pectinites.

Les filons de plomb du Derbyshire offrent aussi des pétrifications.

En Thuringe, les filons de marne dans le calcaire, près de Negelstadt, renferment des ammonites, des térébratules et des turbinites. Près de la vallée d'Unstrut, d'autres filons contiennent, dit-on, des ossemens fossiles.

On voit que la formation des substances qui remplissent les filons paroît parcourir l'échelle entière des âges, depuis les époques les plus reculées jusqu'aux temps voisins de ceux où nous vivons. On remarque même dans les mines, qu'il se dépose journellement de nouvelles substances par concrétion et qu'il se forme de nouveaux produits par agglutination. Ces deux effets sont observés principalement dans les anciens travaux, où l'on rentre après un abandon plus ou moins long. Les agrégats formés par cette dernière cause sont, en général, composés de la manière la plus bizarre, de débris de minerais, de gangue et de roche de toute espèce, de fragmens de boisage, de coquilles, etc., réunis par un ciment le plus ordinairement calcaire et cristallin.

Mais, indépendamment de ces deux effets, il s'en produit encore d'une autre sorte, dans les parties, même intactes, des filons où l'air et l'eau peuvent pénétrer. Ces deux substances, agissant chimiquement sur les divers principes des matières qui remplissent les gîtes, occasionent des décompositions et recompositions qui changent la nature de la masse minérale. C'est surtout dans les filons qui contiennent des pyrites et de l'arsenic, que cette action réciproque a lieu de la manière la plus forte; et elle peut y produire quelquefois des effets très-grands. Le bouleversement cité plus haut, du filon de *Wennsglück* à Andreasberg, n'a sans doute pas d'autre cause, et dans les mines de la même contrée, on trouve souvent des minerais et des sels évidemment produits par des causes analogues.

C'est à ces causes que l'on veut rapporter les exhalaisons et les vapeurs, quelquefois même enflammées, qui s'élèvent, dit-on, des affleuremens des filons ou des ouvertures de travaux des mines, et à la réalité desquelles quelques personnes croient encore. On a prétendu aussi que la neige fondoit sur l'affleurement des filons; mais il paroît bien certain que ce fait est inexact. Et quant aux vapeurs qui s'en exhalent, la seule chose réellement prouvée, c'est que dans les travaux abandonnés des filons métalliques, il se produit, par les effets chimiques dont nous parlons, du gaz acide carbonique, du gaz azote, du gaz hydrogène carboné, sulfuré, arseniqué, ainsi que des eaux chargées de foie de soufre ou de vitriol, et que, si l'on rentre imprudemment dans les espaces que ces gaz remplissent, ou si on s'expose à leur issue, il peut en arriver des accidens désastreux. Des événemens malheureux de ce genre ont eu lieu aux mines d'Andreasberg, en 1779 et en 1805, et ont coûté la vie à plusieurs ouvriers ; dans le premier cas, par l'inflammation du gaz hydrogène dans l'ancienne mine de Weintraube; dans le second, par le dégagement d'une grande quantité de gaz azote renfermé dans les anciens travaux de la mine de Weinstœck. En 1769, un débordement de la Mulde ayant rempli les vieux travaux de la mine de Halsbrück, près Freyberg, en fit sortir une grande quantité de gaz hydrogène, dont une partie pénétra dans la cave de la maison d'un mineur, située près de l'entrée des travaux, et s'alluma avec explosion lorsqu'on voulut entrer dans cette cave. Ces exemples sont remarquables, en ce qu'ils prouvent que ce n'est pas seulement dans les mines de houille que de semblables accidens peuvent arriver.

On a remarqué que la tête des filons renfermoit souvent des minerais qui ne se rencontroient pas plus profondément ; que, par exemple, les sels à base métallique, surtout le plomb phosphaté et carbonaté, ne se trouvoient jamais à de grandes profondeurs : beaucoup de personnes attribuent la formation de ces sels, dans les parties supérieures du gîte, à l'influence des agens chimiques qui peuvent s'infiltrer de la surface. Ceci conduit naturellement à parler des différentes *formations* observées dans les filons.

On emploie, dans l'étude géognostique des filons, le mot *formation*, à peu près dans le même sens que dans l'étude des terrains, c'est-à-dire, qu'on désigne sous ce nom l'ensemble des substances (*gangues* ou *minerais*) que l'on rencontre habituellement réunies de la même manière et avec des rapports identiques. On peut donc distinguer, dans un même pays, et dans des gîtes exploités pour en extraire les mêmes métaux, différentes *formations* de filons. Dans les seules mines d'argent, plomb et cuivre des environs de Freyberg, M. Werner en a reconnu et classé huit principales, qu'il a déterminées et caractérisées, d'après la nature et la proportion des substances qui les constituent, l'ordre dans lequel ces substances sont disposées, la direction, la puissance et l'allure générale des filons qui les renferment, etc. Au Hartz, M. Hausmann a reconnu de même, dans les environs d'Andreasberg, cinq formations différentes de filons d'argent et de plomb, et dans les terrains de grauwacke, cinq formations de filons de plomb et d'argent, trois formations de filons de cuivre, et cinq formations de filons de fer. (Parmi ces dernières, deux ne se rapportent pas à des filons, mais à des bancs de minerai.)

Le même métal et même la même espèce de minerai métallique se retrouvent dans des formations de filons extrêmement différentes ; ainsi, l'or natif existe également et dans le filon de quarz de la Gardette, département de l'Isère, qui traverse des roches primordiales, et dans les filons de grès des montagnes de grauwacke de Transylvanie. Le plomb sulfuré argentifère existe et dans les plus anciens filons des montagnes de gneiss et de schiste primitif de Saxe, du Hartz, des Vosges, et dans de petits filons qui courent dans le terrain houiller des environs de Dresde, et dans le calcaire de transition du Hainaut, et dans le calcaire secondaire de la Provence, etc.

D'un autre côté, les mêmes formations de filons paroissent se rencontrer dans des pays très-éloignés les uns des autres. M. Werner indique une formation de galène argentifère unie à la blende jaune, au cuivre gris, à la pyrite, dans une gangue de chaux carbonatée brunissante et de quarz, qui se rencontre dans les filons de Scharfenberg en Saxe, et de Kapnik en Haute-Hongrie; une autre de galène, pauvre en argent, avec pyrite rayonnée, et peu de blende brune, dans une gangue de baryte sulfatée, chaux fluatée, avec un peu de spath calcaire et de quarz, comme existant fréquemment dans les filons de la Saxe, dans ceux du Derbyshire, et près de Cimbrisham et Gislœf, en Schonie. Une formation bien caractérisée de fer spathique blanchâtre, avec pyrites cuivreuses et spath calcaire, se trouve en filons à Saint-George d'Hurettières en Savoie, à Allevard (Isère), dans les Pyrénées, à Bendorf sur la rive droite du Rhin, dans le pays de Bayreuth, sur les bords de la Saale, etc.

Le même filon présente souvent plusieurs formations différentes de minerais et gangues dans son intérieur.

Ces différences peuvent être observées: 1.° soit dans la longueur du filon ou dans le sens de sa direction ; 2.° soit dans son épaisseur ou sa puissance ; 3.° soit dans sa profondeur, ou dans le sens de sa pente.

1.° Dans le sens de la direction : quelles que soient les irrégularités qui existent dans la disposition des gangues et des minerais, on ne remarque pas, en général, de changement réel de formation, sauf l'appauvrissement du filon à mesure qu'on s'éloigne du centre des *bandes métallifères*, appauvrissement qui finit souvent par être total ; de sorte que l'on ne trouve plus qu'une gangue stérile en avançant vers les extrémités de la longueur du filon. Mais il est rare que cette gangue ou que les minerais changent de nature à un même niveau, quand le filon n'est pas traversé par d'autres filons ou par des fentes.

2.° Dans le sens de la puissance : on trouve quelquefois plusieurs formations très-distinctes (et qui, ailleurs, remplissent chacune la totalité d'un filon) disposées, soit l'une le long des deux parois du filon et l'autre vers le milieu ou à peu près, quelquefois même vers l'une des salbandes, soit séparément dans deux branches, rameaux ou veines qui courent parallèlement l'une à l'autre, contiguës ou séparées par un massif intermédiaire. Le filon de vake de *Heinitz-Flache*, près d'Annaberg, cité plus haut, ainsi que plusieurs filons des environs de Freyberg, par exemple, celui de *Churprinz* à Grosschirma, fournissent des exemples du premier cas. Des exemples frappans du second sont fournis par les mines de fer de Rodenberg en Saxe, où le filon est partagé en deux branches, dont l'une ne contient que du fer oxydé rouge, et l'autre que du fer hydraté (fer oxydé brun); par le filon de *Hohebirke* près Freyberg, dont une branche renferme beaucoup de galène mélangée d'ocre rouge de fer, d'un peu de quarz et de calcaire, et l'autre est formée de plusieurs veines de quarz renfermant très-peu de parcelles métalliques; par le filon de *Gnadegottes*, à Kemlas, sur la Saale, dans lequel une branche est formée de fer spathique, de spath brunissant et de pyrite cuivreuse, et l'autre, de fer hydraté compacte, de schiste alumineux et de quarz. Le filon de Gersdorf, dont il a déjà été question sous le rapport de la régularité de sa structure intérieure, est accompagné dans son cours, tant au toit qu'au mur, de deux branches d'une formation bien différente de la sienne, puisqu'elles sont uniquement remplies de spath brunissant, d'ocre rouge de fer, et de jaspe rougeâtre.

3.° Dans le sens de la pente : il est peu de filons métalliques qui ne présentent à cet égard des différences très-sensibles, dans la manière dont ils sont remplis à diverses profondeurs. Nous avons déjà vu que, dans beaucoup de pays divers, on avoit remarqué que les filons de plomb argentifères portoient un *chapeau de fer*, ou que leurs parties voisines du jour étoient remplies par une formation très-ferrugineuse, consistant spécialement en fer oxydé brun. On sait aussi que les plombs phosphatés, carbonatés, et, en général, les espèces métalliques unies aux acides, ainsi que les oxydes terreux de plomb, de cuivre, de fer, etc., se rencontrent, en général, à peu de profondeur, avec des quarz carriés. Plus profondément, on trouve, dans le Hartz, par exemple, du fer spathique mélangé de pyrites, puis des minerais de plomb qui augmentent de plus en plus de proportion, à mesure qu'on s'enfonce. Le même changement, ou un changement analogue, a lieu dans un grand nombre de pays de mines; mais, à de plus grandes profondeurs, le minerai diminue souvent, et on finit par ne plus rencontrer que des substances pierreuses, ordinairement celles qui, plus haut, constituent la gangue principale des minerais; ainsi, dans les montagnes des bords du Rhin, le fond des filons métalliques paroît rempli de quarz; aux mines de Riegelsdorf, c'est la baryte sulfatée qui forme la gangue principale, et c'est elle qui constitue seule le filon dans la profondeur.

Les mines de Giromagny, dans les Vosges, offrent de même, dans l'approfondissement des filons, trois formations successives, dont celle du milieu seule est productive.

Le filon de Védrin, en Belgique, ne renferme, près du jour, que du fer hydraté en boules ou mamelons, dispersés dans un fer oxydé, pulvérulent, mêlé d'argile; à quelque profondeur, on a commencé à rencontrer de petits filets de minerais de plomb, qui sont devenus plus abondans lorsqu'on s'est enfoncé davantage. Plus profondément encore, on trouve quelques pyrites; bientôt le fer oxydé et l'argile disparoissent, et les pyrites forment la gangue du minerai de plomb; mais en s'enfonçant toujours, le minerai de plomb diminue, et il est probable que la pyrite remplit à elle seule le fond du filon.

Le filon d'*Ell-Estano*, au Potosi (royaume de Buenos-Ayres), n'offroit, à son affleurement, que de l'étain sulfuré. Ce n'est qu'à une profondeur assez forte qu'on y a trouvé des minerais d'argent.

§ III. *Des filons dans leurs rapports avec les terrains qui les encaissent.*

On connoît quelques filons parallèles aux couches du terrain dans lequel ils sont encaissés. Cette disposition, contraire à celle qui a été énoncée comme premier caractère des filons, fait toujours douter si les gîtes qui la présentent méritent réellement ce nom; aussi ne doit-on le leur donner, que quand la structure cristalline de leurs parties constituantes et les fragmens ou galets qu'ils renferment, prouvent que leur mode de formation a été analogue à celui des filons en général.

Le plus remarquable est sans contredit l'énorme filon de *la Vetamadre*, district de Guanaxuato au Mexique, qui est parallèle au schiste argileux primitif qui le renferme; mais 1.° il contient beaucoup de minerais cristallisés et un grand nombre de druses de cristaux d'améthyste; 2.° il se partage en branches, dont l'une entre dans le mur du filon et s'y perd; 3.° il traverse un porphyre qui recouvre le schiste; 4.° près de là, dans un calcaire compacte, plus nouveau que le schiste, un filon, bien reconnoissable pour tel, court parallèlement à celui de *la Vetamadre*, et renferme les mêmes minerais; 5.° enfin, on y trouve des fragmens anguleux de la roche de son toit. Tous ces caractères obligent à reconnoître ce gîte pour un véritable filon.

Aux mines des Chalanches ou d'Allemont (Isère), on exploite des filons parallèles aux couches de gneiss qui les recèlent. Leur composition, leur structure et la disposition de leurs minerais, sont en tout semblables à celles des autres filons de la même montagne.

Dans les montagnes des Corbières, près du village de Maisons (département de l'Aude), le filon d'antimoine de *las Corbas* est parallèle aux couches de schiste qui l'encaissent. Il est rempli d'une argile grasse qui renferme des fascicules d'antimoine sulfuré et des fragmens de la roche du toit.

Dans la vallée de la Müglitz en Saxe, près du Peschels-Mühle, on voit, au mur d'un banc d'ampelite luisant, un filon de quelques décimètres d'épaisseur, parallèle aux couches de schiste et de phyllade dont la montagne est composée, et rempli de fragmens en partie roulés, de la nature de ces roches.

Dans les montagnes de schiste primitif d'Andreasberg, et dans celles de grauwacke et schiste de transition du Hartz et des bords du Rhin, il existe une grande quantité de filons remplis d'argile ou de glaise, à peu près et quelquefois tout-à-fait parallèles aux couches du terrain, et désignés par les mineurs sous les noms de *Geschiebe*, de *Ruschel*, etc.

Des gîtes analogues, et dans la même position relative, sont connus dans le terrain de gneiss qui renferme les mines d'argent et cobalt d'Annaberg en Saxe. Ils paroissent être formés de gneiss décomposé, et contiennent beaucoup de parties charbonneuses.

Malgré ces exemples et quelques autres, on peut dire que presque constamment les filons de toute espèce croisent les couches de terrain qui les recèlent, soit en direction, soit en pente, soit, ce qui est le plus ordinaire, dans les deux sens. Ces croisemens ont lieu sous tous les angles.

Très-souvent les couches de même nature, situées au toit et au mur du filon, ne se trouvent plus vis-à-vis les unes des autres, et l'observation fait voir que les couches du toit sont toujours plus basses que les parties correspondantes situées au mur. On peut remarquer ce fait, particulièrement 1.° aux mines de Zinnwald en Bohême: la partie des couches de minerai d'étain, situées au toit des filons qui les coupent, est toujours plus basse que la partie du mur, et d'autant plus basse, que le filon est plus puissant; 2.° aux mines de Saalfeld en Thuringe, du pays de Mansfeld, de Riegelsdorf, de Bieber dans le pays de Hanau, où les couches du terrain à schiste cuivreux montrent un effet semblable, produit par les filons métallifères ou terreux qui les traversent. Des observations analogues ont eu lieu dans un grand nombre d'autres pays, et les *failles*, dans les terrains à houilles, présentent journellement des faits de ce genre (*V.* FAILLE). On cite un seul filon à Bieber (pays de Hanau), qui fait exception à cette règle, et aux côtés duquel les couches du mur sont plus élevées que celles du toit; mais ce filon est presque vertical; sa pente est opposée à celle de tous les autres filons de la contrée, et il n'est connu que sur 12 mètres de long ; il est probable que sa pente générale est contraire à celle de la portion qui est connue, d'autant plus que de semblables irrégularités partielles dans la pente ont lieu pour plusieurs autres filons de la même montagne. Quelquefois l'abaissement des couches du toit est tel, qu'on ne retrouve plus, dans toute la profondeur à laquelle l'exploitation des mines fait parvenir, les couches que l'on connoît au mur. Au moins cette manière de voir est la seule qui puisse faire comprendre la différence que présentent quelquefois les couches du toit du mur et d'un filon, lorsqu'elles appartiennent cependant à une même formation de terrain. Souvent, par exemple, dans les mines du Hartz, le mur d'un filon ne présente que des couches de schiste, et dans le toit, le schiste est mêlé de couches de psammite (*grauwacke*). Aux mines de Bockswiese, district de Zellerfeld, deux filons nommés *Herzog-August* et *Georg-Wilhelm*, presque parallèles dans leur direction, penchent, en s'écartant l'un de l'autre, l'un vers le nord, l'autre vers le midi. Le terrain situé entre les filons, et par conséquent au mur de tous les deux, renferme un banc calcaire, dans les couches de schiste qui le composent; mais on ne retrouve le calcaire dans les couches du toit d'aucun des deux filons. A la mine de plomb et de cuivre de Tschakyrskoy en Sibérie, le filon, ou l'amas transversal, a pour toit une roche calcaire, et pour mur un schiste, dont les couches sont inclinées vers le gîte de minerai, de manière à indiquer qu'elles s'appuient probablement sur le calcaire qui faisoit suite à celui du toit. (Ces deux faits, bien remarquables sous le rapport géognostique, sont représentés sur les pl. 17 et 34 de l'*Atlas de la richesse minérale* de M. Héron-de-Villefosse. La pl. 23 du même atlas offre la représentation d'une partie des faits cités plus haut, relativement aux mines du pays de Mansfeld, de Riegelsdorf et de Bieber.)

On a vu qu'une grande partie des filons avoient des *salbandes* et des *lisières*, et que d'autres, au contraire, étoient *adhérens* aux roches adjacentes. Ce dernier cas a lieu, le plus souvent, lorsque la nature de la roche et celle de la substance principale du filon sont à peu près les mêmes, et semblent se fondre l'une dans l'autre. Tels sont souvent les filons de minerai d'étain dans le granite ou dans le gneiss. Ailleurs, les filons semblent s'attacher intimement aux parois par les nombreux filets qu'ils y jettent. Dans ces circonstances, les roches des parois contiennent, jusqu'à plusieurs mètres de distance des filons, des parcelles ou des *mouches* de minerai et de gangue, et quelquefois l'exploitation en est aussi avantageuse que celle du filon lui-même. C'est ce qui a lieu aux mines d'étain de Marienberg et d'Ehrenfriedersdorf en Saxe. Dans ce dernier endroit, 5 ou 6, et jusqu'à 8 ou 9 petits filons, de quelques centimètres seulement de puissance, sont situés tout près les uns des autres; leur ensemble forme une espèce de *filon composé*, que l'on exploite en entier, et dans lequel le gneiss intermédiaire aux filets d'étain, fait corps avec eux, et est rempli de minerai disséminé, quoique d'ailleurs il soit formé de couches distinctement dirigées et inclinées comme celles de la montagne. Aux mines d'Andreasberg au Hartz, le schiste qui encaisse les filons est quelquefois tellement imprégné de parties calcaires, qu'il prend une teinte grise jusqu'à quelques mètres de distance de chaque côté, où l'on retrouve enfin le schiste pur.

On remarque quelquefois que dans le voisinage des filons, les roches changent un peu de nature, se fendillent, s'altèrent, se ramollissent, etc. On attribue ces effets (au moins les derniers), à une action chimique des principes contenus dans les substances des gîtes de minerais. Dans les recherches long-temps stériles, lorsque les mineurs voient le rocher éprouver quelqu'une de ces altérations, ou fournir de l'eau en abondance, ils regardent ce changement comme indice de l'approche d'un filon.

Il arrive aussi que les roches des parois ont une direction différente de celle des roches plus éloignées, et qu'elles sont quelquefois parallèles au filon; mais à peu de distance elles reprennent leur marche accoutumée.

Les couches de différentes espèces qui composent un terrain, n'ont ordinairement point d'influence sur la nature, la puissance ou la régularité du filon qui les traverse toutes. Cependant le contraire a lieu quelquefois, principalement pour les filons *adhérens*: on croit remarquer alors que la richesse des filons est différente, suivant la nature des couches qu'ils traversent. On cite un fait de ce genre comme constant aux mines d'argent de Kongsberg en Norwége.

Ailleurs, le plus ou le moins de dureté des couches du rocher, paroît en rapport constant avec la puissance du filon qui les coupe. Les filons d'Andreasberg deviennent presque toujours plus minces en passant du schiste argileux ordinaire au schiste imprégné de silice, ou au jaspe schistoïde (*kiesel schieffer*); ils s'élargissent de nouveau en rentrant dans le schiste argileux; s'ils arrivent au *hornfels* (roche pétrosiliceuse et quarzeuse, d'apparence homogène, qui alterne avec les schistes primitifs d'Andreasberg), ils s'éparpillent en veinules et disparoissent tout-à-fait.

Le fait le plus célèbre à cet égard, est celui que présentent, dit-on, les mines de plomb du Derbyshire. On a prétendu que, dans cette contrée, les filons couroient dans des terrains composés de calcaire et de roche trappéenne *variolite*, qu'ils coupoient les couches calcaires, et qu'on n'en retrouvoit aucune trace dans le trapp. On a ajouté que cette alternation se répétoit jusqu'à trois fois; mais il paroît que ces gîtes de minerai sont très-irréguliers, et il est douteux que ce soient de véritables filons. L'alternative prétendue des couches de calcaire et de variolite n'est pas non plus bien reconnue. Le gisement de la roche trappéenne pourroit bien être toute autre chose que ce qu'on l'a supposé; et au total, ce fait a besoin d'être observé et décrit avec plus d'exactitude qu'il ne l'a été jusqu'ici.

Les filons sont souvent remplis par des formations analogues à celles qui constituent, dans la montagne même où ils sont situés ou dans son voisinage, des bancs de minerai ou des couches de terrains. La diabase et la syénite de Valenciana au Mexique, le granite de Muéville dans le Valais, l'ampelite et le jaspe schistoïde de Steben et de Kemlas en Franconie, le calcaire des Alpes de la Suisse, nous ont déjà offert des exemples frappans de ce fait remarquable: on peut y ajouter les filons de porphyre à base de vake ou d'argilolite des environs de Marienberg en Saxe, qui sont entièrement semblables aux bancs de porphyre existans dans les mêmes montagnes, les gîtes de fer spathique d'Allevard (Isère), et ceux de minerais de fer et de cuivre avec spath pesant, de Kamsdorf près Saalfeld, qui forment dans les mêmes montagnes des *filons* et des *bancs*, les filons et les couches de spath pesant blanc et bleuâtre, à grains fins, que M. Struve a reconnus dans la montagne de Pormenaz, près Servoz en Savoie, etc.

Quelquefois les filons ne traversent qu'une espèce de terrain, et ne pénètrent pas dans les terrains inférieurs. Ainsi, les filons de minerai de mercure d'Orbis, de Kircheim-Boland, de Bingert (ancien département du Mont-Tonnerre), traversent le terrain de schiste et de psammite qui recouvre le porphyre, mais ne pénètrent pas dans le porphyre.

Ailleurs, la tête du gîte ne vient pas jusqu'au jour, et le terrain qui renferme le filon est recouvert par un autre terrain que le filon ne traverse pas. Les filons de cobalt de Bieber et de Riegelsdorf sont souvent dans ce cas; ils traversent les couches de calcaire et de psammite situées au-dessus et au-dessous du schiste marno-bitumineux; mais plus haut ils s'amincissent et deviennent une simple fente qui se perd bientôt, ou au moins dont on ne peut pas suivre la trace jusqu'à la surface du terrain.

Le filon de Gersdorf en Saxe court dans la diabase schistoïde et dans le micaschiste; mais on assure qu'il ne pénètre pas dans le schiste qui recouvre la diabase.

Souvent, au contraire, les filons partent du jour et pénètrent à travers plusieurs terrains même de formation très-différente. Quelquefois ils changent de nature ou de manière d'être, en changeant de terrain; ailleurs, leur allure et leur composition restent les mêmes.

Les filons de plomb, calamine et fer de la Belgique (départemens de Sambre-et-Meuse, de la Roër et de l'Ourthe), passent, sans éprouver d'altération, du terrain calcaire dans le terrain schisteux non houiller; mais aucun ne pénètre dans le terrain houiller.

Les filons de cobalt de Riegelsdorf traversent le calcaire, le psammite gris, et pénètrent quelquefois jusqu'au grès rouge; mais ils y sont stériles. Les filons de même nature, de Bieber, pénètrent jusqu'à 60 mètres et plus dans le micaschiste situé sous le psammite gris; ils y deviennent stériles à quelque profondeur.

Les filons de minerai d'argent et plomb de Johann-Georgenstadt, et ceux d'argent et cobalt de Schneeberg en Saxe, pénètrent du micaschiste dans le granite: les premiers deviennent stériles; les autres conservent leur richesse, et sont exploités dans les deux terrains.

A Wittichen en Souabe, des filons d'argent et de cobalt traversent le grès, et pénètrent dans le granite situé au-dessous.

Dans le district de Pasco au Mexique, les montagnes à mines sont formées de schiste argileux primitif, recouvert par un calcaire secondaire dit calcaire alpin; les filons de minerais d'argent et de plomb traversent les deux terrains; ils sont plus riches dans le calcaire.

On a vu que le filon de Guanaxuato passoit du schiste argileux dans le porphyre qui le recouvre.

On doit citer à part les filons qui se trouvent à la jonction de deux terrains de formation différente, ayant ainsi l'un au toit et l'autre au mur. Quelquefois, après avoir ainsi couru long-temps entre les deux terrains, ils pénètrent soit dans l'un, soit dans l'autre, soit dans tous les deux. Tels sont les filons de fer de Rodenberg près Schwartzenberg, de Schellerhau et des environs de Johann-Georgenstadt en Saxe, de Platten en Bohême, etc. Ces filons sont encaissés à l'une de leurs extrémités dans le granite, ensuite ils ont long-temps le granite pour mur et le gneiss ou le micaschiste pour toit, puis ils entrent en entier dans la roche supérieure. Ils renferment souvent des fragmens des deux roches qui leur servent de parois.

Aux mines d'argent et plomb de Villefort (Lozère), le filon de *Mazimbert* court entre le granite et le micaschiste. Un banc d'argile blanchâtre d'un mètre d'épaisseur, lui sert de lisière au mur, et le sépare du granite. Du côté du toit, il est accompagné par un filon de quarz, de huit à dix mètres de puissance, qui court dans le micaschiste parallèlement avec le filon métallique.

Les gîtes de minerai du Bannat sont presque tous situés ainsi entre deux terrains différens. Ils ont en général le porphyre syénitique pour mur et un calcaire grenu pour toit; quelquefois le porphyre forme le toit, et le mur est un micaschiste ou un schiste primitif. Tous ces gîtes sont regardés comme des filons par Deborn, Delius et autres anciens minéralogistes ; mais M. Esmark pense que quelques-uns seulement doivent être nommés filons, et que les autres sont des *bancs* (*Lager*). Il en est de même du gîte puissant de minerai de cuivre d'Agordo, dans le pays de Venise, qui est situé entre le calcaire et le schiste.

La nature du terrain, considérée en général, a souvent quelques rapports avec la nature des filons qui s'y trouvent ; mais ces rapports paroissent bornés à des localités plus ou moins resserrées, et dans un autre pays ils sont entièrement différens. C'est donc à tort que l'on a prétendu que certains terrains étoient *de bons terrains à filons*, et que d'autres n'en renfermoient point, où que telle roche étoit exclusivement propre à contenir certains filons. *Plus on étudie en grand la constitution géologique du globe*, dit M. de Humboldt, *et plus on reconnoît qu'il existe à peine une roche qui, dans certaines contrées, n'ait été trouvée éminemment métallifère.* On peut même observer que, sans sortir de la France, et en prenant pour exemple une même espèce de minerai, le plomb argentifère, on trouve des filons contenant ce minerai dans tous les terrains, depuis le granite (départemens de l'Allier, de la Loire, etc.) jusqu'au calcaire secondaire (départemens des Hautes et Basses-Alpes).

Parmi les terrains anciens, ceux formés de roches à base de serpentine paroissent être aujourd'hui les seuls dans lesquels on ne connoisse pas de filons métalliques. Les terrains d'alluvion n'en contiennent pas; on ne croit pas qu'il en existe dans les plus nouvelles formations secondaires.

Il paroît ensuite à peu près certain que le granite en renferme un moins grand nombre que les roches primitives feuilletées, et que celles-ci constituent en Europe, avec les porphyres, les schistes, grauwackes et calcaires de transition, les terrains les plus riches en filons exploitables; mais en Amérique, les calcaires secondaires, dits des Alpes et du Jura, renferment aussi, tant au Mexique qu'au Pérou, une foule de filons de minerai d'argent, exploités et très-productifs. Il n'y a donc à cet égard aucune règle générale à établir.

Quant à la forme extérieure des terrains, on croit avoir remarqué que les filons, au moins les filons métallifères, sont plus abondans dans les montagnes peu élevées, à sommets arrondis; mais cette opinion est peut-être due à ce que les montagnes hautes et escarpées sont, en Europe, difficiles à explorer, et qu'on ne connoît pas les gîtes de minerai qu'elles renferment. En Amérique, beaucoup de filons productifs sont connus à une très-grande élévation; au Mexique, ils sont situés presque tous entre 1800 et 3000 mètres au-dessus du niveau de la mer. Ceux de Gualgayoc et de Micuipampa, au Pérou, s'exploitent à 4000 mètres de hauteur.

On dit aussi que les filons se trouvent surtout le long des petits vallons qui descendent des montagnes aux vallées principales. Dietrich cite, à l'appui de cette idée émise par M. de Trébra, l'exemple des filons de minerai de fer du *banc de la roche* exploités pour les forges de Rothau (département du Bas-Rhin), dans un terrain de granite et de *roche de corne*. Ces filons ne sont que des *coureurs de Gazon*, dans les parties escarpées des montagnes qui dominent la vallée de la Brusch; mais à mesure qu'ils s'approchent des pentes douces qui aboutissent à des vallons latéraux, ils se soutiennent, et on en trouve de bons tout le long de ces vallons. Dietrich ajoute que c'est surtout lorsque l'inclinaison très-roide des couches du terrain est en rapport avec la pente escarpée de la montagne, qu'on ne doit pas espérer de rencontrer des filons *nobles*.

On croit encore que le plus souvent, la direction des filons est parallèle, ou à peu près, à celle des vallons, et que leur inclinaison est analogue, soit à celle de la montagne dans laquelle ils sont situés, soit à la pente générale du terrain. Mais toutes ces règles, établies d'après l'étude de quelques pays à mines, souffrent des exceptions nombreuses dans les autres contrées. Au Hartz, les filons de Clausthal et de Zellerfeld sont situés ainsi le long des vallons; mais ceux d'Andreasberg traversent les vallées et les montagnes.

Parmi les filons dont la direction est transversale à celle des vallées, les uns n'existent que d'un côté, les autres se retrouvent sur les deux pentes, et traversent ainsi des vallées quelquefois très-larges. On en cite un qui traverse le lac de Côme. Quelquefois, chacun des différens vallons que le filon traverse, semble apporter quelques légers changemens dans sa direction ou dans l'alignement de ses diverses parties. Tel paroît être le filon qui a été exploité dans les anciennes mines d'Alterkilz, de Narroth et de Werlau (département du Rhin-et-Moselle), et qui traverse la vallée du Rhin près de Saint-Goar.

§ IV. *Des rapports des filons entre eux.*

Bien rarement un filon est seul dans une montagne ; il en existe ordinairement un plus ou moins grand nombre à peu de distance les uns des autres. Ordinairement aussi la nature de ces filons, au moins de plusieurs d'entre eux, est à peu près uniforme. Aussi les mineurs disent-ils que c'est dans les pays où il y a déjà des filons exploités, qu'il faut en chercher de nouveaux.

Dans une même contrée, les filons de nature semblable ou de *même formation* sont en général à peu près parallèles entre eux, ou dirigés et inclinés dans le même sens. Quelquefois même, deux formations différentes de filons sont aussi parallèles ; mais ceux qui ont une autre direction appartiennent presque toujours à une formation différente.

Les filons non parallèles et voisins se rencontrent, soit dans le sens de leur direction, soit dans le sens de la pente, soit dans les deux sens.

Quand deux filons se rencontrent, ou l'un d'eux cesse tout-à-fait, et l'autre continue sans changement dans son allure, ou ils s'unissent et marchent ensemble, ou ils se croisent.

Dans le premier cas, le filon qui se termine n'arrive pas toujours jusqu'à la paroi de l'autre filon ; mais souvent à son approche il se divise en veinules qui se perdent dans la roche. C'est ce qu'on observe à Andreasberg, dans les filons métalliques, aux approches des grands filons de terre grasse. Il arrive quelquefois que si on perce une galerie dans la direction du filon perdu, à travers l'autre, et qu'on la prolonge pendant quelque temps, le premier reparoît peu à peu et reprend son allure et sa richesse ; c'est ainsi qu'on a retrouvé il y a quelques années, à Andreasberg, le filon d'*Andreaskreutz*. Lorsqu'un filon arrive jusqu'à la paroi d'un autre filon et qu'on ne le retrouve pas au-delà, on peut présumer, à moins qu'on ne remarque une grande uniformité dans les couches du terrain des deux côtés du second filon, que la suite du premier doit exister dans un plan parallèle, mais dans un alignement différent, et qu'il y a eu croisement et *rejet*.

Souvent deux filons, qui se rencontrent sous un angle aigu, s'unissent, marchent ensemble pendant quelque temps, puis se séparent de nouveau en changeant leur direction première, ou se croisent en la conservant. Les filons de *Tobie* et de *Hülfe-Gottes* à Gersdorf offrent un exemple d'une semblable union. Ceux de *Samson* et *Neufang* à Andreasberg, s'unissent imparfaitement, pendant quarante mètres de long, et se séparent ensuite. Il en est de même de ceux d'*Andreaskreutz*. Les filons métalliques d'Annaberg s'unissent pendant quelque temps à des filons de gneiss décomposé, parallèles aux couches, et les traversent ensuite.

Quand deux filons se croisent, l'un des deux poursuit sa marche à travers l'autre, sans aucun changement, et l'autre se retrouve au-delà du filon *croiseur;* mais ordinairement les deux parties de filon *croisé* ne sont pas en face l'une de l'autre, quelquefois même elles sont à une très-grande distance. On dit alors que ce filon est *rejeté* par l'autre, et on appelle *rejet* ou *saut*, la distance qui sépare ces deux parties. Quelquefois il existe dans le filon *croiseur*, ou sur l'une de ses parois, une espèce de bande, lisière, ou *trace* du filon *rejeté*, au moyen de laquelle on peut le suivre et le retrouver.

On doit faire observer que, dans une même contrée, les effets des croisemens des filons sont en rapport constant avec les différentes *formations* reconnues dans leur composition. Ainsi, à Freyberg, des deux formations principales bien déterminées, l'une comprend des filons qui se dirigent tous à peu près vers le nord, ou entre neuf et trois heures, tandis que ceux de la seconde se dirigent à l'est ou au sud-est, ou entre six et neuf heures. Ceux-ci coupent toujours les filons de la première formation qu'ils rencontrent, et jamais ils n'en sont traversés.

Il en est de même a Ehrenfriedersdorf, entre les filons de minerai d'étain et ceux de minerai d'argent; ces derniers traversent constamment les autres.

Il faut remarquer aussi que les filons remplis de galets ou de roches d'alluvion ou d'argile, ainsi que les fentes nombreuses à moitié vides ou remplies de terre grasse sale que l'on rencontre dans un grand nombre de montagnes, coupent toujours les filons métalliques et les filons *sauvages* qu'elles rencontrent, et les rejettent souvent. Le même effet est constamment produit par des filons de glaise bleue ou jaune, presque parallèles ou tout-à-fait parallèles aux couches du terrain, qui sont très-abondans dans les montagnes de schiste et de grauwacke des pays de Siegen, de Sayn, de la Lahn, des bords du Rhin, etc.

La montagne des Chalanches, département de l'Isère, où sont exploitées les mines d'argent d'Allemont, est traversée par une multitude de petits filons métalliques, de filons sauvages et de fentes dirigées et inclinées dans tous les sens, qui se rencontrent, s'unissent, se séparent, se croisent, se rejettent de toutes les manières, et forment un labyrinthe véritablement inextricable.

(Plusieurs planches de l'Atlas de la *Richesse minérale* de M. Héron de Villefosse, entre autres la planche 13 renfermant le plan de la mine de Himmelsfürst, peuvent donner une idée des différentes manières dont les filons se comportent entre eux à leur rencontre.)

Lorsque deux ou plusieurs filons se rencontrent, s'unissent et se croisent, il arrive souvent qu'ils sont beaucoup plus riches en minerai au lieu de leur réunion, qu'ils ne l'étoient séparément. Un exemple frappant de ce fait, a eu lieu aux mines de cuivre et argent de Baigorry dans les Pyrénées. A la réunion des filons *des Rois*, de *Sainte-Marie* et de *Berg-op-Zoom*, on a rencontré des massifs de minerai, de quarante mètres de longueur, qui ont donné des produits très-considérables. Un autre exemple également remarquable, est la richesse extrême du massif exploité à la mine de *Neumorgen Stern* près Freyberg, au lieu de réunion de plusieurs filons. Beaucoup d'autres circonstances semblables, quoique moins saillantes, se présentent journellement dans l'exploitation des mines. Elles ont fait naître l'idée qu'il devoit toujours en être ainsi, et l'on a poussé cette idée jusqu'à croire que les filons n'étoient jamais productifs qu'aux endroits où plusieurs se réunissoient, ou à peu de distance de ces lieux de réunion. Cette opinion, ainsi généralisée, est une erreur. A Andreasberg par exemple, les unions et les croisemens de filons n'occasionent aucune augmentation de richesse. On croit même, d'après plusieurs exemples, qu'ils produisent un effet contraire. On le croit aussi dans quelques autres mines. Cependant, le fait de l'enrichissement est beaucoup plus fréquent que le fait opposé; mais dans un grand nombre de cas, il n'y a aucun effet de produit.

Lorsqu'une grande quantité de petits filons métallifères, adhérens aux roches des parois et dirigés sur plusieurs sens, se croisent et s'entrelacent dans un espace peu considérable, il se produit souvent un enrichissement général de la masse de roche qui renferme tous ces petits filons, et l'ensemble forme un gîte de minerai, exploitable quelquefois avec de grands avantages, que les Allemands appellent *Stockwerck* (du nom du mode de travaux employé pour son exploitation), que les mineurs français confondent, sous le nom de *masse* ou d'*amas*, avec les filons et les bancs de minerai très-puissans et peu étendus en longueur, et auquel, pour le distinguer, on peut donner le nom d'*amas entrelacé*. Ce sont surtout les filons d'étain qui forment de semblables groupes de filons ou *amas entrelacés*. On en connoît deux très-bien caractérisés en Saxe, l'un à Altenberg, dans le porphyre, l'autre à Seyffen, dans le gneiss. On exploite un gîte de minerai d'étain de nature analogue, près de Saint-Austle en Cornouailles. Dans la montagne de Huancavelica, au Pérou, les filons de cinabre se réunissent souvent en petits amas entrelacés.

§ V. — *Opinions et théories sur l'origine des filons.*

Il faudroit allonger d'une manière demesurée cet article, déjà trop étendu, si l'on vouloit donner une idée complète de toutes celles que l'on a produites, de tous les systèmes que l'on a exposés sur l'origine des filons.

Quelques auteurs anciens, entre autres Stahl, croient que les filons ont été formés par la cristallisation des substances qu'ils renferment, en même temps que les couches des montagnes dans lesquelles ils sont encaissés. Cette opinion a été développée dernièrement, de nouveau, dans les leçons de géologie de M. Delamétherie (tom. 1, p. 294 et suiv.).

Quelques anciens minéralogistes, entre autres Becher et Henkel, supposent que des vapeurs, élevées de l'intérieur de la terre, ont opéré la transmutation en minerais des substances pierreuses qui y étoient propres.

D'autres, et Agricola (mort en 1555) paroît être le premier qui ait émis cette opinion, pensent que les filons sont des fentes qui se sont formées en partie en même temps que les montagnes, et en partie postérieurement; que les minéraux et les gangues sont les résultats d'une dissolution des terres amenées dans ces fentes, dissolution produite par l'eau, aidée des actions contraires de la chaleur et du froid, et que ces substances ont été durcies par une sorte de séve pierreuse qui les a pénétrées.

En adoptant le fond de cette opinion, c'est-à-dire, que les filons ont été originairement des fentes, plusieurs auteurs prétendent que les terres et boues pierreuses ont été changées en gangues et en minerais par l'action des vapeurs qui s'élèvent de l'intérieur de la terre. Lehmann, admettant l'existence préalable des fentes, croit que la nature les a remplies de métaux et de pierres, par une espèce de force végétative, qui élève les vapeurs et les exhalaisons nécessaires à cette formation, du centre du globe jusqu'à sa surface, comme la séve s'élève et circule dans les végétaux.

Bergmann regarde les filons comme des fentes, mais ne s'explique pas sur la manière dont elles doivent avoir été remplies. Il en est de même de d'Oppel. Delius pense que les fentes, produites par le desséchement des terrains, ont été remplies par les particules pierreuses et métalliques que les eaux des pluies ont amenées, et que les minerais et gangues ont pris la forme sous laquelle nous les voyons, par l'effet de l'action réunie de l'eau, de l'air et de la chaleur du soleil. Cette opinion n'est autre, à peu de chose près, que celle émise par Agricola, deux cents ans plus tôt. Elle est aussi à peu près celle de Gerhard, et celle de Lasius, qui fait cependant entrer l'acide carbonique comme agent dans la dissolution et la précipitation des gangues et des minerais.

Baumer dit qu'il est prouvé que les fentes des filons, produites plus tard que les terrains qu'elles traversent, ont été *sous la mer*, puisque la tête des filons est souvent recouverte de roches de sédiment, et puisqu'ils contiennent quelquefois des pétrifications pélagiennes.

Zimmermann, Charpentier, M. de Trebra, ne croient pas à l'existence préalable des fentes ; revenant au principe de l'opinion de Becher et de Henkel, ils pensent que les substances dont les filons sont composés ne sont autre chose que la substance même de la roche, modifiée, dissoute et changée en gangues et en minerais, par l'action chimique des dissolvans, qui l'ont pénétrée *suivant certaines lignes ou bandes que l'on nomme filons*, et qui circulent dans l'intérieur de la terre. Cette opinion a encore des partisans en Allemagne ; elle a été développée et soutenue, en France, dans la première édition de ce Dictionnaire, par M. Patrin, qui y a joint des idées assez analogues à celles de Lehmann, sur une sorte d'organisation du globe terrestre, dans lequel la circulation intérieure des fluides produiroit, par l'*assimilation minérale*, des effets semblables à ceux que l'organisation opère dans les végétaux et les animaux.

Pour combattre toutes les opinions, autres que celle de l'existence des fentes remplies postérieurement, il suffit de remarquer : que si les filons avoient été créés en même temps que le globe, il ne devroit s'en rencontrer que dans les terrains primordiaux ; que si leur formation étoit d'époque contemporaine à celle des montagnes qui les recèlent, ils ne renfermeroient pas les fragmens des substances des parois, les galets, les débris de corps organisés qu'on y rencontre, et qu'un même filon ne traverseroit jamais deux terrains d'ancienneté très-différente ; que l'existence de vapeurs s'élevant du centre du globe, est une supposition toute gratuite; que la faculté que l'on accorde à ces vapeurs, ou aux fluides qui circulent dans l'intérieur de la terre, de transmuter les substances que la chimie regarde comme simples; et de changer les roches en gangues et en métaux, est en contradiction avec les données que les sciences nous ont fait acquérir sur la nature intime des corps et sur leurs actions chimiques réciproques; que la prétendue force végétative des minéraux est un système repoussé par la raison, et contraire à tout ce que nous offre l'expérience; enfin, que ces diverses suppositions, fussent-elles appuyées d'autant de probabilités qu'elles en ont peu, ne fourniroient aucun moyen de rendre raison ni de la forme des filons qui se terminent en coins à une plus ou moins grande profondeur, ni de la disposition, en zones parallèles aux parois, des gangues et des minerais, ni de la nature cristalline de ces substances, ni des druses, ni des vides que les filons renferment, ni de la présence de fragmens de galets, ou de débris de fossiles, dans l'intérieur des filons, ni de l'abaissement des couches du terrain du côté du toit, ni du parallélisme des filons de même nature dans une même contrée, ni de toutes les manières dont se comportent les filons qui se rencontrent, de leur union, de leurs rejets, de leur division en branches, filets ou veinules, de leur disparition et reparition, etc., etc.

Au contraire, l'observation de tous ces faits porte à croire que les filons sont des fentes qui se sont ouvertes postérieurement à la formation des terrains, et qui ont été remplies postérieurement à leur ouverture.

M. Werner, en adoptant cette idée, l'a développée, étendue, et appuyée de nouvelles preuves dans sa *Théorie des filons.*

Il a dû nécessairement se former des fentes, lors du desséchement successif des terrains déposés sous les eaux, tant par suite de l'inégalité du retrait général qui s'est exercé dans des masses si différentes de nature, que par le manque d'appui offert du côté des vallées aux masses saillantes des montagnes. Il existe un grand nombre de ces fentes encore vides; il s'en forme encore tous les jours, après des années très-humides, lors des tremblemens de terre, ou dans les éboulemens qui ont souvent lieu dans les pays de montagnes. Les filons présentent, dans leur forme, dans leur position le plus souvent parallèle aux vallées, dans leur inclinaison générale, dans le sens de la pente du terrain, la conformité la plus complète avec les caractères des fentes. Il existe, d'ailleurs, une série non interrompue de gradations, entre les fentes encore ouvertes et les filons remplis, comme entre les plus petites fissures que l'on observe dans les rochers et les filons les plus puissans. Les galets, les fragmens de roches des parois, les fragmens de la substance même du filon agglutinés de nouveau, les pétrifications que les filons renferment, ne peuvent avoir été amenés que dans des fentes préexistantes. La houille et le sel gemme, produits de formations plus récentes, et qui existent dans les filons, n'ont pu se déposer que dans des espaces vides. Les roches, qui remplissent un certain nombre de filons, n'ont pu cristalliser, là comme sur les montagnes où elles forment des couches, que dans un espace libre. La position des couches de terrain, plus basse sur le toit que sur le mur des filons, prouve qu'il y a eu scission dans la roche, et glissement de la partie non soutenue sur le plan incliné de la fente. La réunion d'un plus ou moins grand nombre de filons dans la même contrée, l'allure à peu près parallèle de ceux qui sont de nature analogue, prouvent qu'ainsi que cela doit nécessairement avoir lieu, il s'est formé, en général, des fentes nombreuses dans les mêmes terrains, et que celles qui s'ouvroient par la même cause et à la même époque, se formoient dans le même sens. Enfin, les rapports des filons les uns avec les autres sont ceux de toutes les fentes qui se produisent, dans une masse quelconque, par quelque cause que ce soit. On en voit des exemples frappans dans les blocs de rochers parsemés de nombreuses petites veines de gangues ou de minerai. Dans l'île d'Arran, le grès est traversé, dans toutes les directions, par une multitude de fentes qui ont entre elles des rapports de tout genre parfaitement semblables à ceux des filons entre eux.

Si l'un des filons étoit rempli quand il s'en est ouvert un autre, dans une direction oblique à la sienne, le second a produit à travers le premier une fente qui s'est remplie postérieurement; ainsi, le filon le plus *nouveau* traverse le plus *ancien*. Mais, lors de la formation de ce nouveau filon, il s'est opéré un glissement sur son toit, de toute la partie du terrain qui a manqué d'appui. Cette masse de terrain a emporté avec elle les parties de filons anciens qu'elle renferme; et comme le glissement a lieu sur le plan incliné du nouveau filon, suivant la ligne d'inclinaison de ce plan, si la ligne d'intersection des deux filons fait un angle quelconque avec cette ligne d'inclinaison, la partie emportée de l'ancien filon ne se trouve plus dans le prolongement de la partie restée immobile : de là le *rejet* ou le *saut* des portions de filons anciens coupés par des filons plus nouveaux.

Si une fente considérable s'opère dans une masse quelconque, le manque d'appui, qui a lieu sur ses deux parois, peut déterminer, dans leur voisinage, la formation de plusieurs autres fentes plus petites, parallèles à la première; ou qui partent de ses parois et qui y reviennent, ou qui s'en écartent et se perdent dans la masse. De là la formation des *branches accompagnantes* ou *joignantes* des filons. Si, dans un espace étroit, il se forme plusieurs fentes parallèles, les parties solides restées entre les fentes doivent se fendiller bientôt dans tous les sens. Si les vides produits par toutes ces scissures sont remplis en même temps, par une cause quelconque, l'ensemble donnera complétement l'image des gîtes cités comme des filons très-puissans et irréguliers dans leur allure; tels que ceux de Poullaouen, de Clausthal et de Zellerfeld, etc.

Si une fente se produit dans une masse de consistance non homogène, il se peut que quelques parties de cette masse, plus dures, ou plus molles et plus tenaces, opposant une résistance plus grande à la cause qui produit la fente, lui cèdent moins (et alors la fente se rétrécit), ou même n'en soient pas traversées du tout, et dans ce cas la fente diminue et se perd en s'éparpillant avant d'arriver à la masse qui résiste. Le filon qui remplit cette fente sera donc moins puissant à travers certaines couches, ou cessera avant d'arriver à elles ou à un autre filon préalablement existant et qui ne se sera pas ouvert; mais, si la cause qui a produit la fente a agi au-delà comme en-deçà des parties qui ont résisté, le filon se reforme de l'autre côté, de la même manière qu'il a fini en avant de la partie du terrain restée intacte. Tels sont les faits observés dans beaucoup de mines, entre autres dans celles d'Andreasberg.

On peut suivre ces comparaisons et ces raisonnemens dans tous les cas possibles, et l'on verra toujours que les faits offerts par les filons sont ceux que doivent présenter, dans des circonstances analogues, des fentes qui se forment dans une masse de terrain, par une cause quelconque de retrait ou d'affaissement, ou même de soulèvement; seulement, dans ce dernier cas, la partie soulevée devant glisser de bas en haut sur le plan incliné formé par la fente, le toit du filon devroit présenter les couches dans une position plus élevée que le mur. Comme cet effet n'a pas lieu généralement, et qu'il n'est même bien constaté nulle part, on est fondé à conclure que, dans tous les lieux bien observés, il y a eu glissement de haut en bas d'une partie du terrain, et non soulèvement de l'autre partie; qu'ainsi le dérangement a eu lieu en vertu des lois de la pesanteur; et qu'il n'a point été l'effet d'une force d'expansion intérieure.

Enfin, la nature des substances les plus répandues dans

les filons, nature différente de celles des substances qui forment les roches voisines, l'état cristallin de ces substances, même au milieu des roches de sédimens, les vides qu'elles laissent entre elles et les druses nombreuses qu'elles forment, leur disposition fréquente en zones parallèles aux parois des filons, et la disposition de ces zones qui prouve qu'elles ont été déposées successivement, et qu'elles sont d'autant moins anciennes qu'elles s'approchent davantage du milieu, les diverses *formations* que l'on peut reconnoître, dans les substances des filons voisins, ou d'un même filon, soit l'une à côté de l'autre, soit l'une au milieu de l'autre, soit à diverses profondeurs, et qui indiquent des âges différens dans les différens dépôts, la concordance constante qui a lieu entre cette différence d'âge, reconnue pour les formations, et celle que fait connoître le croisement des filons de deux formations différentes, tout concourt à prouver que les filons ont été formés postérieurement aux terrains qui les recèlent, et qu'ils se sont formés dans des fentes ouvertes dans ces terrains.

Une fente peut s'être ouverte dans un filon rempli, et avoir donné naissance à un nouveau filon. Tel est l'exemple offert par le filon de *Heinitz Flache* à la mine de *Marcus-Ræhling* près Annaberg, où le filon métallique exploité s'est formé au milieu d'un filon de vake. Quelquefois le nouveau filon se forme de côté, ou près des *salbandes*. Les *lisières* qui accompagnent un grand nombre de filons, ne sont pas probablement autre chose.

On oppose à cette théorie le peu de netteté des parois de certains filons, l'irrégularité de leur puissance, l'adhérence de quelques filons aux parois et la dissémination du minerai dans les roches du toit et du mur, l'influence des parois sur la richesse des filons, les fissures parallèles que présentent quelques filons dans leur intérieur, et le foible degré d'inclinaison de plusieurs d'entre eux.

Les deux premières objections ne paroissent pas mériter d'être réfutées, et les faits sur lesquels elles s'appuient s'expliquent naturellement, en songeant aux bouleversemens et aux accidens de tout genre auxquels ont dû donner lieu les déchiremens et les affaissemens de masses énormes, comme celles dans lesquelles les filons se sont formés.

L'adhérence des filons aux parois n'a lieu, en général, ainsi qu'il a été dit, que quand les substances du filon et celles de la montagne sont à peu près de même nature. Il faut ajouter que cette adhérence, ainsi que la dissémination des substances des filons dans les parois (quand elle n'est pas le produit d'une formation postérieure, analogue à celle des *lisiè-*

res), semblent prouver que la fente a été formée et le filon rempli peu de temps après la formation du terrain qui l'encaisse, et lorsque ce terrain étoit encore dans un état de mollesse qui permettoit une espèce d'imbibition dans la roche, des substances tenues en dissolution ou qui se déposoient dans le filon. Aussi observe-t-on ce fait seulement dans les filons qui, par tous leurs caractères, se présentent comme très-anciens et comme d'une formation antérieure à celle des autres. Tels sont, en général, les filons d'étain, et en particulier ceux d'Ehrenfriedersdorf en Saxe, déjà cités comme étant constamment traversés par les autres filons du même pays. Tels sont aussi les filons d'Andréasberg, qui présentent cet autre caractère d'ancienneté, qu'ils croisent et traversent montagnes et vallons, ce qui semble prouver qu'ils étoient formés antérieurement même aux vallées principales du terrain primitif qui les renferme. Il faut convenir cependant que, dans le cas dont il est question, le passage de la roche du terrain à la gangue, et réciproquement, paroît quelquefois avoir lieu d'une manière si insensible, que l'observation de ces filons porte plusieurs minéralogistes à douter encore de leur formation dans des fentes, à les regarder plutôt comme ayant été formés en même temps que les terrains qui les encaissent; et comme s'étant séparés des roches environnantes par un effet des forces d'attraction chimique. Mais, ainsi que l'auteur de cette supposition (M. Ostmann) le remarque avec franchise lui-même, elle n'explique rien dans la manière d'être du filon. Tout se réduit donc à dire que, dans un très-petit nombre de cas, l'existence des fentes préalables paroît impossible à expliquer. Or, comme elle est prouvée presque partout ailleurs, il faudroit admettre que la nature a employé deux modes de formation très-différens pour produire des gîtes analogues. L'esprit et la réflexion repoussent naturellement cette idée, et il paroîtroit plus convenable de déclarer quelques faits inexplicables, si l'on ne croyoit pas que la formation des fentes dans le terrain, presque contemporaine de celle du terrain lui-même, pût rendre raison de ces apparentes anomalies.

S'il est bien constaté que la richesse de certains filons soit en rapport constant avec la nature des différentes roches qu'ils traversent, ce fait peut s'expliquer comme effet de l'attraction chimique de telle ou telle substance contenue dans la roche, pour les parties pierreuses ou métalliques qui se déposoient dans la fente pour former le filon.

Les fissures transversales, qu'un très-petit nombre de filons présentent, dit-on, dans leur intérieur, ne forment pas la matière d'une objection, puisqu'on peut en attribuer la formation des secousses violentes qui, en ébranlant toute la montagne, auront agi également sur la masse du filon. Peut-être se sont-elles produites aussi par le dessèchement.

Mais le peu d'inclinaison, et même la position presque horizontale de certains filons, seroit une objection sans réplique (car il paroît impossible de supposer qu'aucune des causes indiquées pour la formation des fentes agisse dans ce sens), s'il n'étoit pas évident que les couches des montagnes ont éprouvé des bouleversemens nombreux depuis leur formation première. Les mêmes révolutions qui ont relevé, presque jusqu'à la verticalité, des couches qui, jadis, ont été certainement horizontales ou à peu près, les mêmes révolutions ont changé la position des filons qui traversent ces couches, d'une manière inverse, en les rendant presque horizontaux. Cette explication devient péremptoire, surtout depuis qu'on sait qu'il existe des fentes encore vides, dans la même position que ces filons qu'on suppose ne pouvoir pas avoir été des fentes. L'observation rapportée par Saussure (§ 1048), de fentes semblables, qui ne font avec l'horizon qu'un angle d'environ trente degrés, ne peut pas laisser de doute à cet égard; les observations que l'examen de ce fait fournit à l'illustre géologue génevois, et les conséquences qu'il en tire, sont une confirmation complète de la théorie de M. Werner.

L'anomalie singulière que quelques personnes prétendent exister dans la disposition des filons du Derbyshire, et dont il a déjà été question, est sans doute inexplicable dans la théorie Wernérienne, mais elle l'est également avec tout autre système. D'ailleurs, ainsi qu'on l'a vu, il paroît au moins douteux que ces gîtes de minerai de plomb soient disposés ainsi qu'on l'annonce, et même que ce soient de véritables filons.

Il reste à reconnoître de quelle manière les fentes se sont remplies des matières qui forment aujourd'hui les filons. Tout ce qui a été dit ci-dessus, au sujet des vapeurs et exhalaisons que l'on prétend s'élever de l'intérieur de la terre, et des transmutations, opérées par ces vapeurs, des terres en métaux, ou sur la prétendue force végétative des minéraux, peut être reproduit ici, contre les systèmes dans lesquels on a fait entrer ces moyens de changer les fentes en filons.

Il paroît aussi inutile de discuter toute supposition qui tendroit à représenter, comme le produit d'une catastrophe unique, une formation que tout indique avoir été l'ouvrage d'un long espace de temps.

L'opinion de Delius, qui attribue le remplissage des fentes

à l'infiltration continuelle des eaux de pluies à travers les montagnes, dans lesquelles elles se chargent (probablement au moyen de quelques dissolvans chimiques) de particules terreuses et métalliques qu'elles déposent ensuite peu à peu dans les filons; cette opinion, assez séduisante au premier aperçu, supporte difficilement l'examen, et elle est tout-à-fait inadmissible dans un grand nombre de cas. On ne peut concevoir, dans cette hypothèse, comment des roches, qui ne contiennent pas de parties métalliques, pourroient fournir des minerais; comment, si elles en contenoient, les eaux se chargeroient de ces molécules métalliques plutôt que des molécules terreuses; comment, dans des roches de nature semblable, il se formeroit des filons de nature différente, et réciproquement; enfin comment les substances des filons auroient pu se déposer en zones parallèles aux salbandes, puisque, la première zone une fois déposée, l'infiltration latérale ne pourroit plus avoir lieu.

M. Werner pense que les filons ont été remplis au moyen d'une précipitation opérée par le jeu des affinités chimiques, au sein d'une dissolution qui remplissoit les vides des filons et couvroit la contrée entière dans laquelle ils sont situés, que cette précipitation a eu lieu peu à peu, avec tranquillité et pendant un long espace de temps, pendant lequel le dissolvant changeoit plusieurs fois de nature, ou au moins contenoit à plusieurs reprises des principes différens; ce qui explique et la variété des substances contenues dans un même filon, et la structure cristalline de ces substances qui se déposoient doucement et avec le calme nécessaire à la cristallisation, tandis que les dépôts des couches et des terrains supérieurs avoient été troublés par des mélanges non cristallins (lesquels s'étoient précipités les premiers), et par des bouleversemens de diverses espèces. M. Werner fait observer que toutes les substances que les filons renferment se retrouvent aussi, en plus ou moins grande quantité, dans les couches des divers terrains; que les gâlets, les fragmens, les pétrifications prouvent évidemment que les filons ont été remplis par en haut; que les zones déposées le long des salbandes, et parallèlement entre elles, le prouvent également, en même temps qu'elles font foi de la tranquillité et de la lenteur des dépôts successifs; que l'altération que l'on remarque souvent dans la nature des roches des parois, paroît un résultat naturel du long séjour, dans les cavités des filons, d'eaux chargées de dissolutions acides. Il pense que, sans s'embarrasser de rechercher d'où pouvoient provenir toutes les substances dissoutes dans le fluide et qui se sont précipitées dans les fentes, recherche toujours impossible en géognosie, du moment où l'on veut remonter aux causes premières, il est nécessaire d'admettre cette dissolution, et la précipitation successive des substances du filon ; et, en effet, cette supposition paroît être la seule qui, si elle n'explique pas tout ce qui est impossible à expliquer, donne au moins une idée générale exacte de ce qui a dû arriver, et n'est en opposition avec aucun des faits offerts par la nature.

Il pourroit paroître extraordinaire que les grandes dissolutions, que l'on suppose avoir produit, et les couches des terrains, et l'intérieur des filons, eussent déposé, de ces deux manières, des substances constamment différentes ; mais il n'en est pas ainsi. On a vu que toutes les roches, à peu près, avoient été trouvées en filons; si le nombre connu de ces gisemens est encore peu considérable, c'est que l'intérêt ne porte pas à les rechercher comme les filons métalliques. D'un autre côté, les mineurs ont donné, pendant long-temps, le nom de *filons* à tous les gîtes de minerais exploitables, même aux couches de houille. Il existe cependant une grande quantité de *bancs de minerai*, c'est-à-dire, de gîtes disposés à la manière des couches, et tous les jours l'observation en fait reconnoître de nouveaux que l'on avoit jusqu'ici désignés sous le nom de *filons*. Presque tous les gîtes métallifères exploités dans les Alpes sont dans ce cas, ainsi qu'une grande partie de ceux de Hongrie, du Bannat, de Suède, etc. Beaucoup de ces bancs de minerai paroissent être d'une formation tout-à-fait analogue à celle de certains filons de contrées voisines ou éloignées; mais on a encore peu de documens exacts sur cet objet. Souvent même les travaux du mineur mettent trop peu de parties du gîte à découvert, pour qu'on puisse bien reconnoître son allure, et alors on le nomme toujours *filon*. Le reproche qu'on pourroit faire à cet égard à la théorie wernérienne, ne semble donc pas fondé.

Il est possible pourtant que cette théorie ait été trop généralisée, au moins pour ce qui concerne le remplissage de tous les filons par en haut. Des observations faites avec soin tendent à faire croire qu'il existe de véritables filons de roches, existans au sein d'une roche à peu près contemporaine, et qui n'ont et ne peuvent avoir eu jamais aucune issue extérieure. Il paroît aussi que, dans certains filons, on peut dire que le travail de la nature n'est point interrompu, et qu'il s'y forme encore des cristaux, même des substances que l'eau ne peut point dissoudre (1). Ces faits portent à

(1) Ceci n'a aucun rapport avec la prétendue reproduction des filons exploités, préjugé de mineurs contredit par l'expérience comme par la raison. On n'a retrouvé aucun minerai reproduit dans des mines excavées par les Romains, et abandonnées depuis douze cents ans.

croire à l'infiltration latérale, comme à un moyen subsidiaire de la formation des filons; mais il paroît à peu près certain que, dans le plus grand nombre de cas, il faut en revenir à la théorie de M. Werner.

Un nouveau système a été exposé depuis peu par quelques minéralogistes anglais; ils regardent les filons comme des crevasses remplies de bas en haut par l'action des feux souterrains. Nous ne discuterons pas cette opinion, ne connoissant pas les données et les raisonnemens sur lesquels on l'appuie. Elle paroît en opposition avec presque tout ce qui est connu jusqu'à ce jour sur la manière d'être des filons, excepté sur celle de certains gîtes appelés par les Allemands, *filons de basalte*.

On croit souvent pouvoir saisir des rapprochemens généraux entre la nature et la manière d'être des filons et des terrains qui les renferment; mais souvent aussi les rapports que l'on a reconnus ailleurs n'existent plus.

La disposition d'un grand nombre de filons porte à penser que les causes qui ont coopéré à leur formation sont en partie les mêmes que celles qui ont creusé les vallées voisines; mais dans d'autres endroits cette idée est ébranlée par l'observation.

La comparaison de deux pays de mines de nature diverse offre des différences frappantes et constantes dans la manière d'être des filons; mais les conclusions générales que l'on voudroit en tirer se trouveroient probablement erronées, sitôt qu'on en chercheroit l'application dans une troisième contrée. L'âge des filons, par exemple, ne paroît pas toujours en rapport avec l'âge des terrains qui les renferment. Ainsi, le gneiss est en général plus ancien que le schiste primitif, et cependant les filons d'Andreasberg, qui sont dans le schiste, paroissent d'une formation antérieure à celle des filons de Freyberg qui sont dans le gneiss; car les plus anciens de ceux-ci courent parallèlement aux vallées, et penchent comme le terrain; ils ont d'ailleurs des salbandes très-marquées : les premiers au contraire, extrêmement adhérens à la roche qui les encaisse, croisent et montagnes et vallées, et plongent vers le centre du Hartz. Ils ont donc été formés très-probablement à une époque où la forme du terrain n'avoit aucune ressemblance avec celle qu'elle présente aujourd'hui; au lieu que la formation des vallées actuellement existantes paroît avoir influé sur l'origine des filons de Freyberg. Il est à remarquer cependant que ces deux groupes de filons ont d'ailleurs de grands rapports entre eux par leur peu de puissance, les minerais d'argent qu'ils contiennent, etc.

Les filons de Clausthal, et en général ceux des terrains de

grauwacke du Hartz, extrêmement différens de ceux d'Andreasberg et de Freyberg, par leur puissance considérable, leur irrégularité, la grande quantité de branches qu'ils forment et de parties de roches de parois qu'ils enveloppent, enfin par la nature des substances qui les remplissent (ils ne renferment point de minerais d'argent proprement dit, mais seulement du plomb argentifère), suivent en général les petits vallons, à la formation desquels celle de ces énormes filons a probablement contribué, et dans lequel ensuite le cours des eaux a sans doute détruit la tête des filons. Il en est résulté que les minerais se trouvent plus près de la surface, et qu'ils ne se soutiennent pas aussi profondément que ceux des filons d'Andreasberg.

Le filon de Poullaouen paroît, d'après sa description, ressembler entièrement à ceux de Clausthal. C'est la même allure, ce sont les mêmes minerais, et cependant ce filon est situé dans un terrain de schiste primitif, c'est-à-dire dans le même terrain que les filons d'Andreasberg.

On croit que les filons des terrains primitifs sont en général plus minces, plus réguliers dans leur allure, que ceux des terrains de transition, et qu'ils contiennent des minerais plus riches. Ces assertions semblent se confirmer par l'observation des filons de Saxe, d'Andreasberg, de Giromagny, de Sainte-Marie aux-Mines, de Baigorry, etc.; mais ceux de Lacroix-aux-Mines et de Villefort sont dans le gneiss, et ils ont une épaisseur considérable; celui de Poullaouen est dans le schiste primitif, et sa puissance est aussi très-grande, et il est extrêmement irrégulier; il est vrai que ces derniers gîtes contiennent tous peu ou point de minerais d'argent; mais les filons puissans de Hongrie, situés dans le porphyre, en contiennent; mais l'énorme filon de Guanaxuato contient des minerais d'argent, et il est dans le schiste primitif; mais le Mexique et le Pérou offrent des filons d'argent dans le calcaire secondaire, etc.

Il ne paroît donc pas qu'on puisse établir de règle générale sur les rapports qui existent entre l'âge des filons, l'âge des terrains qui les recèlent, la structure de ces terrains, la puissance des filons, leur allure, et les espèces de minerais qu'ils renferment.

§ VI. *Indices des filons métallifères.*

On nomme ainsi tout ce qui peut guider dans la recherche des filons métallifères à la surface du sol.

On divise les indices en :

A. *Indices prochains.* Tels sont, 1.° l'existence d'autres filons déjà connus et exploités; 2.° la rencontre de morceaux de minerai roulés par les ravins; 3.° l'apparition au jour de la tête ou l'affleurement d'un filon. Le deuxième indice conduit quelquefois à celui-ci; mais quand on ne voit pas d'affleurement, il faut creuser une tranchée dans la direction des couches du terrain; on a alors plus d'espérance de rencontrer la tête du filon qui traverse ces couches; 4.° l'action de l'aiguille aimantée, pour les seuls filons de fer oxydulé; 5.° la rencontre de minerais qui existent ordinairement avec ceux que l'on cherche. Ainsi, le wolfram est un bon indicateur de l'étain, et son existence à Puy-les-Vignes et à Vaulry (département de la Haute-Vienne) a donné l'idée de faire des recherches qui ont conduit à trouver deux gîtes de minerai d'étain.

B. *Indices éloignés, qui indiquent seulement une probabilité plus ou moins vague:* Tels sont, 1.° les filons stériles, quand ils sont en grand nombre, parce qu'ils croisent souvent alors des filons métallifères. Ceux-ci paroissent rarement au jour, parce que les minerais qu'ils renferment les exposent à une altération prompte; les filons stériles, au contraire, sur tout ceux de quarz, résistent plus que les roches qui les environnent; quelquefois même les filons stériles ne le sont que dans leur partie supérieure, et ils renferment plus profondément une formation de minerai: on peut se décider à faire des recherches sur les filons stériles eux-mêmes, si l'on sait que, dans la contrée, les filons productifs sont stériles dans leur partie supérieure. Il faut, dans ce cas, si les filons stériles traversent des montagnes, les attaquer au pied de ces montagnes, et surtout, s'il se peut, chercher des fentes qui les traversent, et se placer au mur de ces fentes, parce qu'elles doivent avoir fait glisser et descendre la partie du filon située à leur toit. Si, au contraire, on savoit que la formation productive se trouve, dans les filons exploités du pays, au-dessus de la substance qui paroît au jour comme filon stérile, il faudroit placer ses recherches aussi haut que possible, et au toit des fentes, s'il en existe, qui coupent le filon, parce qu'on auroit alors la probabilité de se trouver dans une partie du gîte qui, autrefois plus élevée, a glissé sur le toit de la fente. 2.° La nature du terrain et la forme du sol sont des indices très-vagues. Ils le deviennent moins dans certaines localités, quand telle sorte de terrain y renferme ordinairement des filons, ou quand les filons s'y rencontrent habituellement dans tels rapports avec la configuration de la surface. 3.° Les eaux chargées de parties métalliques sont un indice de quelque valeur, quand elles sortent d'un filon en apparence stérile, ou d'une couche de terrains à filons, mais n'en ont aucune quand elles proviennent d'un terrain d'argile ou de sable, etc.

C. *Indices négatifs*, ou qui annoncent la non existence des filons. On ne peut point en désigner de généraux, sauf les formations d'alluvion, ou les plus nouvelles formations secondaires. On a prétendu que les filons ne se rencontroient pas dans les montagnes très-escarpées; mais rien ne paroît moins prouvé. Dans les cas particuliers, et selon les règles que l'expérience des localités a fait connaître, il y a beaucoup d'indices négatifs. En général les terrains volcaniques paroissent exclure les filons; cependant le Mexique offre à cet égard des exemples douteux.

D. *Faux indices*, ou indices accrédités qui trompent les mineurs. Telles sont, 1.° les eaux thermales, qui annoncent beaucoup plus souvent les terrains volcaniques que les terrains à mines, mais dont quelques-unes, dans diverses localités, sortent cependant de filons de quarz (exemples, celles de Carlsbad en Bohème, de Wolkenstein et de Heydelberg en Saxe, et aussi, dit-on, plusieurs de celles des Pyrénées); 2.° le climat; 3.° l'âpreté du sol; 4.° la fonte plus rapide des neiges, etc., tous préjugés sans fondement, et nuisibles par les recherches sans succès dans lesquelles ils peuvent entraîner; 5.° enfin, la baguette divinatoire avec laquelle des charlatans prétendent découvrir les filons cachés. Elle a été long-temps en grande vénération parmi les mineurs, et quelques hommes instruits croient encore à ses effets.

§ VII. — *Exploitation des filons.*

Il ne peut pas être question ici des travaux par lesquels on prépare et on assure l'exploitation des mines, en creusant des puits et des galeries, extrayant avec des machines les minerais et les eaux intérieures, assurant la circulation de l'air, etc. (pour ces divers objets, communs à tous les genres d'exploitation, *voy.* MINES); mais seulement du mode de travaux intérieurs propre à l'exploitation des filons.

L'irrégularité avec laquelle les minerais utiles sont disséminés dans les filons, et le peu de richesse que beaucoup de ces filons présentent, obligent souvent à borner les travaux d'exploitation à un petit nombre d'ouvrages (puits ou galeries) placés çà et là sur les parties du gîte qui présentent des minerais, et abandonnés lorsque les minerais ont disparu; mais l'irrégularité ou le peu de suite des travaux provient plus souvent encore du défaut de connoissances ou de moyens pécuniaires de la part des exploitans; et tel filon, ou tel groupe de filons, sur lequel un particulier ne peut ouvrir que quelques travaux épars, bientôt abandonnés, et presque toujours avec perte, s'il étoit exploité par le gouvernement ou par des compagnies nombreuses et riches, dans plusieurs concessions contiguës, mais par des ouvrages coordonnés entre eux et soumis à une même direction générale, donneroit lieu à de grandes exploitations, et fourniroit, pendant plusieurs siècles, des produits abondans, ressources précieuses pour l'industrie et le commerce.

L'irrégularité même avec laquelle les minerais sont répandus dans les filons, oblige, dans toute mine conduite en grand et régulièrement, d'exécuter beaucoup de travaux *préparatoires* ou *de reconnoissance*, plus nécessaires encore dans ce cas, qu'ils ne le sont pour les couches ou pour les bancs de minerai. Ces travaux de reconnoissance sont des galeries, dites d'*allongement*, que l'on perce dans le filon, sur sa direction, à différens niveaux, et des puits intérieurs inclinés que l'on creuse, de distance en distance, pour faire communiquer les galeries entre elles. On partage ainsi le filon en massifs ou espèces de parallélipipèdes, ouverts sur leurs quatre côtés, et on exploite, en totalité ou en partie, ceux qui présentent des indices de *richesse* suffisans pour faire espérer du bénéfice. Pour les autres, on se contente de suivre les veinules de minerai qui se présentent, par des ouvrages dirigés comme elles; mais pendant qu'on extrait un ou plusieurs massifs riches, il est nécessaire de continuer les travaux de reconnoissance sur le filon, afin de rechercher et de préparer de nouveaux massifs pour l'exploitation subséquente. Dans toute mine sagement conduite, on doit aussi poursuivre constamment quelques travaux hors du filon, et pour reconnoître les autres filons qui peuvent exister dans son voisinage. On dirige ordinairement ces travaux de recherche, en suivant les filons croiseurs, même quand ils sont entièrement stériles, parce que leur excavation est souvent moins dispendieuse que celle du rocher.

L'extraction des massifs riches a lieu différemment dans les filons minces et dans les filons puissans. Les modes employés dans les deux cas ont toujours pour but de rendre l'exploitation aussi prompte et aussi peu dispendieuse que faire se peut, en y employant, près les uns des autres, le plus grand nombre d'ouvriers possible, sans qu'ils se gênent mutuellement.

Dans les filons minces, c'est-à-dire, dont la puissance ne va pas au-delà de deux mètres, pour parvenir à ce résultat, on attaque les massifs, sur toute l'épaisseur du gîte, par des ouvrages taillés en forme d'escalier, soit en commençant à la galerie supérieure et allant en *descendant*; c'est ce que l'on nomme *ouvrage à gradins droits* ou à *strosses* (du mot allemand *strosse*, qui signifie gradin), soit en commençant à la galerie inférieure et s'élevant, en donnant à l'ouvrage la forme d'un escalier vu par-dessous; c'est ce que l'on nomme *ouvrage en montant*, ou *à gradins renversés*. Chaque gradin a ordinairement un, deux ou trois mètres de hauteur, trois à quatre mètres ou plus de saillie sur le gradin suivant, et occupe un ou deux ouvriers mineurs. L'entaille de la masse exploitée se fait, soit avec la *pointerole* et le *marteau*, quand la roche est peu dure, soit plus ordinairement au moyen de la poudre, dans des trous percés avec le *fleuret*. Les lisières de terre grasse, quand il en existe, rendent l'entaille et l'extraction du minerai plus facile, en donnant les moyens de découvrir la masse qu'on veut abattre, sur une face de plus. On ne transporte, au bas des puits d'extraction, que les parties de gangues mêlées de minerai. Ce transport se fait ou sur des brouettes, ou dans de petits charriots à deux paires de roues inégales, et nommés *chiens*. On laisse le reste dans l'intérieur des excavations, comme *remblai*. Les remblais, ainsi que les parois mises à découvert, sont eux-mêmes soutenus par un boisage formé d'étais et de planchers, et diffèrent dans les deux modes. Des considérations particulières à chaque localité font employer l'une ou l'autre des deux méthodes. L'ouvrage *à gradins droits* le plus remarquable qui existe, est peut-être celui des mines de *Samson*, *Neufang* et *Abendrœthe* à Andreasberg. Il a plus de six cents mètres de longueur, et se compose de quatre-vingts gradins, placés des deux côtés du fonds du puits, qui est à 520^{m}. du jour. (Il est représenté sur la planche 15 de l'*Atlas de la Richesse minérale*.)

En Saxe, et particulièrement à la mine de *Himmelsfürst*, on emploie surtout le mode des gradins renversés. (*V*. pl. 13 et 14 du même ouvrage.)

Quand les filons sont très-puissans, on ne pourroit pas exploiter les massifs riches par ces méthodes: les frais de boisage seroient trop considérables, et aucun boisage ne pourroit résister. Le meilleur mode à employer est alors l'*ouvrage en travers*. Il consiste à excaver tout le massif par tranches horizontales, en commençant par en bas. Cette extraction se fait, à chaque niveau, par des galeries de deux mètres de haut, allant du mur au toit, et partant d'une *galerie d'allongement* menée sur le mur. Quand une de ces *galeries de traverse* est arrivée jusqu'au toit, on la remblaie entièrement, en perçant, s'il le faut, exprès, dans les rochers des parois, des excavations, pour se procurer des déblais, dans le cas où le filon n'en fournit pas assez; puis, lorsque tout l'étage est exploité, on s'élève de deux mètres, et on exploite entièrement, de la même manière, l'étage situé immédiatement au-dessus, en étant porté sur les remblais de l'étage inférieur. On extrait ainsi, successivement, tous les étages, jusqu'à l'extrémité supérieure du massif qui se trouve remplacé par un amas de déblais entassés sans laisser aucun vide. L'*ouvrage en travers* est généralement employé dans les mines de Hongrie.

§ VIII. — *Recherche des filons dérangés.*

On sait par ce qui précède : 1.° que lorsque deux filons se croisent, l'un des deux est souvent rejeté par l'autre ; 2.° que cet effet a eu lieu, parce qu'un filon nouveau se formant dans le terrain qui contenoit un filon ancien, il s'est opéré, sur la fente nouvellement produite, un affaissement, un glissement général des terrains situés au toit de cette fente, lesquels ont emporté la partie de l'ancien filon qu'ils renfermoient ; 3.° que ce glissement doit s'être opéré d'après les lois générales du mouvement des corps pesans sur un plan incliné, c'est-à-dire, suivant la ligne d'inclinaison du filon nouveau, ce qui a nécessairement porté, hors de son alignement, toute partie d'un filon ancien coupé par le filon nouveau suivant une autre ligne ; que le glissement produit par la formation d'un filon a été quelquefois considérable ; que des couches situées au mur ne se retrouvent plus du tout au toit, et réciproquement, jusqu'aux plus grandes profondeurs où l'exploitation des mines nous fasse parvenir.

Ces *rejets* ou dérangemens de filons peuvent être très-préjudiciables aux exploitations, et il est souvent bien nécessaire de retrouver la portion dérangée du filon ancien. La distance la plus courte à parcourir pour cet objet seroit certainement à partir de l'intersection, perpendiculairement au plan du filon rejeté, ou au moins, si l'on veut suivre le filon croiseur, perpendiculairement à la ligne d'intersection ; mais il est bien rare que l'allure de deux filons soit assez connue pour qu'on puisse déterminer exactement cette ligne, et on recherche en général le filon dérangé en suivant le filon croiseur sur sa direction ou sur sa pente ; le premier mode est d'ailleurs souvent nécessité, par l'obligation où l'on est de conserver à ses travaux le même niveau.

La ligne d'intersection de deux plans est *une*, et il n'y a vraiment qu'un seul *rejet* d'un filon ancien par un filon nouveau ; mais selon qu'on arrive à la ligne d'intersection par une galerie ou par un puits incliné, selon qu'on recherche le filon rejeté, sur la ligne de direction ou sur la pente du filon croiseur, on désigne la distance que l'on a à parcourir pour le retrouver, sous les noms de *rejet horizontal*, ou de *rejet vertical*.

Le plus souvent, ainsi qu'on vient de le dire, c'est en allant horizontalement qu'on rencontre les filons croiseurs et qu'on recherche les filons dérangés, parce qu'en général, dans une même montagne, les filons (de formation différente) varient bien plus dans leur direction que dans leur inclinaison, et que dans ce dernier sens on ne peut arriver à la ligne d'intersection de deux filons, que très-profondément, s'ils penchent dans le même sens, ou jamais, s'ils penchent en sens opposé.

Si un filon vertical croise un filon vertical, le glissement aura lieu verticalement, de manière que les deux parties du filon ancien resteront vis-à-vis l'une de l'autre; et quoique les couches du terrain se soient affaissées, le filon ne paroîtra avoir subi aucun changement, au moins quant à sa position.

Si un filon vertical nouveau coupe des filons inclinés, ceux-ci, dans l'affaissement du terrain, s'éloigneront de leur ligne de direction primitive, de telle manière, que leur *rejet horizontal*, ou l'espace à parcourir sur la direction du filon croiseur, pour les retrouver, sera d'autant plus long, que leur inclinaison s'éloigne plus de la verticalité. Si le filon rejeté étoit horizontal, on ne le retrouveroit jamais en le cherchant horizontalement.

Si un filon incliné nouveau coupe un filon vertical, la portion rejetée de celui-ci glissera sur le plan de l'autre, parallèlement à la ligne d'inclinaison. Si cette ligne est située dans le plan vertical du filon ancien, c'est-à-dire, si les deux plans sont perpendiculaires entre eux, il n'y aura point de séparation des deux moitiés du filon coupé, point de *rejet horizontal*, et on dira simplement encore que les filons se croisent; mais dans le cas contraire, l'ancien filon sera rejeté, et il faudra le chercher d'autant plus loin (toujours si on suit la direction du filon croiseur), que la pente du premier sera plus éloignée de la verticale, et que l'angle formé par les lignes des deux directions sera plus éloigné de l'angle droit.

Si un filon incliné nouveau coupe un filon incliné ancien, celui-ci sera rejeté en raison composée des deux angles d'inclinaison et de l'angle de section des deux directions; si cependant l'intersection des deux plans se trouve être la ligne d'inclinaison du filon nouveau, le glissement ayant lieu sur cette ligne, il n'y aura point de *rejet horizontal*.

Ces faits étant ainsi conçus d'une manière générale, il reste à déterminer de quel côté on doit chercher le filon dérangé, en suivant la direction du filon croiseur.

Il existe, à cet égard, une règle routinière, généralement adoptée chez les mineurs, qui prescrit de rechercher du côté de l'angle obtus que fait la portion du filon ancien que l'on a suivi avec le filon croiseur que l'on rencontre. Pour juger de la bonté de cette règle, il faut examiner les divers cas qui peuvent se présenter, en ayant toujours présent à l'esprit ce principe, qu'*il y a eu glissement sur le toit du filon nouveau, suivant la ligne d'inclinaison de ce toit*.

Si l'on rencontre un filon croiseur en arrivant à son toit, on est sûr d'être dans la partie du filon ancien qui a glissé, et dont chaque point se trouve dans une position plus basse que celle qu'il avoit avant la formation du nouveau filon; le contraire a lieu, c'est-à-dire, l'on est dans la partie supérieure et restée en place du filon ancien, si le filon coupant présente son mur.

Il en résulte que, si, en suivant horizontalement un filon incliné d'une manière quelconque, on rencontre un autre filon incliné qui le coupe, et au-delà duquel on ne le retrouve plus dans son alignement, il faut d'abord examiner si l'on a rencontré le second filon au toit ou au mur. Dans le premier cas, puisque l'on est dans la partie la plus basse de l'ancien, ou dans celle qui a glissé, pour retrouver au même niveau l'autre partie, il faut, après avoir traversé le filon croiseur, le suivre, sur sa ligne de direction, du côté indiqué par le toit du filon coupé; dans le second cas, et par la raison contraire, il faut suivre la ligne de direction du filon nouveau, du côté du mur du filon ancien. En comparant cette règle avec la prétendue règle générale de l'angle obtus, on verra qu'il faut rechercher du côté de l'angle obtus, si les deux filons ont une pente analogue, et du côté de l'angle aigu, s'ils ont une pente opposée, ou si l'un d'eux est à *pente inverse*. Or, comme le premier cas est le plus général dans les filons d'une même montagne, on voit que le principe routinier est jusqu'à un certain point fondé sur l'expérience, et qu'il s'accorde souvent avec le principe que donne la théorie.

Mais si, en suivant un filon incliné, on le trouve coupé par un filon absolument vertical, on doit tâcher de reconnoître, par l'examen des couches du terrain, de quel côté le glissement a eu lieu, et se conduire alors d'après cette indication et les règles ci-dessus. Si cet examen ne fournit pas de renseignemens, le raisonnement ne peut plus servir à indiquer de quel côté on doit rechercher la partie rejetée du filon ancien.

Dans le cas où deux filons se croisent dans la profondeur, suivant des lignes peu inclinées à l'horizon, et où il faut par conséquent rechercher le filon dérangé sur la pente du filon croiseur, ou dans le sens du *rejet vertical*, on doit toujours partir des mêmes bases pour se guider dans les recherches.

Si l'on rencontre le filon croiseur au toit, il faut monter sur la ligne d'inclinaison, et si on le rencontre au mur, descendre sur cette même ligne, pour retrouver la suite du filon dérangé. En suivant cette règle, si les deux filons sont inclinés en sens contraire, on ira toujours du côté de l'angle aigu que font leurs deux lignes d'inclinaison ; s'ils sont inclinés dans le même sens, et si le filon croiseur est le plus éloigné de la verticale, on ira encore du côté de l'angle aigu ; enfin, si les deux filons sont inclinés dans le même sens, et si le filon croiseur est le plus approchant de la position verticale, on ira toujours du côté de l'angle obtus formé par les deux plans. Au reste, ces différens cas, assez rares à rencontrer dans les mines, n'ont rien de commun avec la règle pratique des mineurs, citée plus haut, laquelle n'a rapport qu'à la rencontre de filons croiseurs avec des galeries, ou au *rejet horizontal des filons*.

Les règles qu'on vient de donner paroissent applicables aussi dans des circonstances auxquelles on ne semble pas avoir fait assez d'attention jusqu'à ce jour. Ce sont les cas où un filon, coupé par un autre filon plus nouveau, puis retrouvé, soit dans son alignement, soit au moyen d'une recherche horizontale, ne présente plus la même richesse ni la même allure que dans la partie exploitée avant la rencontre du filon croiseur.

Il faut se rappeler ici ce qui a été dit des différentes *formations* qui remplissent souvent les filons à différentes profondeurs, de la diversité qu'ils présentent aussi dans leur inclinaison, eu égard à leur régularité, à leur division en *branches*, etc. ; et l'on concevra qu'un filon, dont une partie a glissé sur un plan incliné avec la masse du terrain qui l'encaisse, offre ensuite, dans ses deux moitiés, au même niveau, une nature et une manière d'être tout-à-fait différentes, parce que cette nature et cette manière d'être étoient celles du filon à deux niveaux différens, avant le glissement de l'une des parties. Or, comme les mineurs n'exploitent que les parties riches des filons, il y a toujours à croire qu'un changement semblable sera désavantageux, et c'est ce qui a lieu en effet presque toujours. Dans ce cas, après quelques travaux de recherche, dirigés au hasard dans la partie nouvellement trouvée, on l'abandonne ordinairement, en regardant comme un malheur ce qui n'est qu'une suite de la nature des choses. Mais en partant toujours du même principe, examinant si l'on est au toit ou au mur du filon croiseur, et par conséquent dans une partie originairement plus basse ou plus haute que l'autre partie située aujourd'hui au même niveau, on reconnoîtra facilement quel genre de recherche il faut faire pour retrouver la suite de la *formation* ou de la *branche* qui a été interrompue par le filon croiseur. On pourra même juger à l'avance de l'étendue des travaux qu'on aura à exécuter pour y parvenir, en calculant le véritable *saut* ou *rejet* du filon, d'après son inclinaison et la longueur de son dérangement horizontal.

Les idées exposées dans ce dernier article se lient à ce qui a été dit relativement aux *indices éloignés*, sur les chances que les filons stériles pouvoient offrir pour qu'on y rencontrât des parties productives. Confirmées déjà par l'expérience et par les observations d'hommes instruits, elles ont besoin sans doute de confirmations nouvelles; mais elles pourront peut-être alors devenir la base de principes généraux d'une haute importance, et contribuer puissamment au progrès de l'art si difficile et si intéressant du mineur. (BD.)

FILOU, *Epibulus*. Sous-genre établi par Cuvier, pour le SPARE TROMPEUR qu'il croit plus voisin des LABRES. Ses caractères sont : bouche extrêmement extensible ; écailles très-grandes ; ligne latérale interrompue ; deux dents coniques sur le devant de chaque mâchoire. (B.)

FILS DE LA VIERGE. On attribue à des araignées la formation de longs filamens blanchâtres ainsi appelés, qu'on voit flotter dans les airs vers le commencement de l'automne. (DESM.)

FILZKRAUT. Sont ainsi nommés, en Allemagne, la *cuscute*, les *filages*, l'*uvulaire amplexicaule*, et le *populage*. (LN.)

FJOO et FUJOO. Ce sont, au Japon, les noms de la ROSE *tremière*, (*Alcea rosea*, L.), appelée *tremière* par corruption d'*outremer*, parce qu'elle est originaire d'Orient. (LN).

FIMA-FAGI. Nom japonais du POLYGALE VULGAIRE (*Polygala vulgaris*), selon Thunberg. (LN.)

FIMBRISTYLE, *Fimbristylis*. Genre de plantes établi par Vahl, pour placer plusieurs espèces de SCIRPES, qui diffèrent légèrement des autres. Ce genre rentre dans celui appelé ISOLÈPE par R. Brown, et ECHINOLYTRE par Desvaux. (B.)

FIME-TATSBANNA. Nom japonais d'une espèce particulière de CITRONNIER, selon Thunberg (*Citreus japonicus*). (LN.)

FIMIANE. Nom du THYM vulgaire, en Russie. (LN.)

FIMIRS-TSTA. Nom qu'on donne, au Japon, à une espèce particulière de BRYONE (*Bryonia japonica*, Thunb.). (LN.)

FIMPI. C'est la même chose que le BOIS D'AGUILLA. (B.)

FIN. L'un des noms arabes du FIGUIER. (LN.)

FINANGO. *V*. FEO. (LN.)

FINCH. Nom anglais du PINSON. (V.)

FINCK. Nom allemand du PINSON. (V.)

FINE-MARGRETH et FINE-GRÆTHE. Le FENU GREC est ainsi nommé en Allemagne. (LN.)

FINET. C'est le *sizerin* aux environs du lac Majeur. *Voy.* SIZERIN. (S.)

FIN-FISH. Nom de la BALEINE GIBBAR chez presque tous les peuples du Nord. (DESM.)

FINGAH. Nom d'un *drongo* qui se trouve au Bengale. *V.* DRONGO. (V.)

FINGAL. (*V*. GROTTE DE). (PAT.)

FINGERLANDER et FINGERGRASS. C'est le PANIC SANGUIN (*Panicum sanguinale*). *V*. DIGITAIRE. (LN.)

FINGRIGO. Nom du *pisonia aculeata* à la Jamaïque. (LN.)

FIN HOULLY. C'est le TRÈFLE RAMPANT, dans quelques lieux. (B.)

FINKENSAME. La CAMÉLINE (*Myagrum sativum*) porte ce nom dans quelques parties de l'Allemagne. (LN.)

FINMARKEKAAL. C'est le nom du COCHLÉARIA OFFICINAL, en Norwège. (LN.)

FINMARKE. C'est, en Norwège, le LEDON DES MARAIS. (LN.)

FINNBAER. C'est, en Suède, l'ARGOUSIER (*Hippophœ rhamnoides*). (LN.)

FINNE. Nom que les Allemands donnent à la *ladrerie* des cochons, et par suite à l'*hydatide* qui l'a causée. Cette *hydatide* ayant un double sac, tandis que les autres n'en ont qu'un, a été jugée dans le cas de faire un genre, que l'on a appelé *finna*. *V*. au mot HYDATIDE. (B.)

FINNEBRISK. C'est, en Norwège, le nom de l'ANDROMÈDE HYPNOÏDE. (LN.)

FINNETHÉE et FINMARKE-POST. Nom du LEDON DES MARAIS (*Ledum palustre*), en Norwège. (LN.)

FINNOCHIO. Nom italien du FENOUIL. (LN.)

FINNTOP. C'est, en Norwège, l'un des noms du NARD (*Nardus stricta*, L.). (LN.)

FINOCCHIANA et FINOCCHIELTA. Noms italiens de la PETITE CIGUE (*Æthusa cynapium* , L.). (LN.)

FINOCCHIELLA (*fenouillette*). Variété du FENOUIL cultivé, en Italie. (LN.)

FINOCCHIETTA. *V*. FINOCCHIANA. (LN.)

FINOCHELLA. Nom donné, en Italie, à la MILLEFEUILLE (*Achillea millefolium*). (LN.)

FIN-OR d'été. Petite POIRE en forme de toupie tronquée, lisse, moitié d'un vert jaunâtre et moitié d'un rouge foncé éclatant. (LN.)

FIN-OR de septembre. Grosse POIRE bien faite, lisse et d'un beau vert, tacheté de roussâtre. (LN.)

FINS. L'on dit, en vénerie, qu'un animal est sur ses *fins*, lorsqu'il est prêt à être forcé. (S.)

FINSCAL. C'est le CYPRIN ORPHE. (B.)

FIODORI-DIOYO. Nom japonais d'une espèce de MORELLE, *Solanum lyratum*, Thunb. (LN.)

FIONOUTS. Plante de Madagascar, qui a l'odeur du mélilot, et la faculté de faire tomber les poils des parties où elle est appliquée. On ignore à quel genre cette plante peut être rapportée. (B.)

FIORALISO. L'un des noms italiens du BLUET, *Centaurea cyanus.* (LN.)

FIORCAPPUCIO. Les PIEDS-D'ALOUETTE portent ce nom en Italie. (LN.)

FIOR DI PERUGIA. Nom donné par les Italiens à quelques GALLIETS. (LN.)

FIOR-DI-ZACCARIA. Un des noms italiens du BLUET (*Centaurea cyanus*). (LN.)

FIORITE ou AMIATITE. On a donné ce nom à une concrétion siliceuse observée au mont Amiata, près de Santa-Fiora, en Toscane. *V.* QUARZ-HYALIN CONCRÉTIONNÉ THERMOGÈNE. (LUC.)

FIORRANCIO (*fleur orange*). C'est le nom vulgaire du SOUCI des jardins, en Italie, ainsi appelé à cause de ses fleurs qui ont la couleur de l'écorce d'orange. (LN.)

FIOSUKI. Nom donné, au Japon, suivant Thunberg, au LAMIER POURPRE. (LN.)

FIOTARI. Espèce de COURGE qui croît au Japon, *Cucurbita hispida*, Thunb. (LN.)

FIQ-WORT. Nom anglais des SCROPHULAIRES. (LN.)

FIR. Nom anglais des PINS. (LN.)

FIR et RIJUN. Noms donnés, au Japon, à la MACRE (*Trapa natans*), suivant Thunberg. (LN.)

FIRA GAWO. Suivant Thunberg, ce nom désigne, au Japon, une espèce particulière de LISERON, *Convolvulus japonicus*, L. (LN.)

FIRBLAD. La PARISETTE est ainsi appelée en Danemarck. (LN.)

FIRENSIA. Genre établi par Scopoli sur le SÉBESTIER FLAVESCENT (*Cordia flavescens* Aublet.), qui diffère des autres espèces par son calice et sa corolle, chacun à cinq ou six divisions, et par le fruit uniloculaire. Ces caractères n'étant pas exclusifs au genre *firensia*, les botanistes ne l'ont pas adopté. (LN.)

FIREWEED. Nom anglais de la CARLINE (*Carlina vulgaris*). (LN.)

FIRLETKA. Nom polonais de la COQUELOURDE DES JARDINS, *Agrostemma coronaria*, L. (LN.)

FIRMAMENT ou LE HUITIÈME CIEL, LE CIEL DES ÉTOILES FIXES. Quelques anciens astronomes imaginoient un *ciel* ou une *sphère* pour chacune des sept planètes, et le huitième étoit celui où l'on croyoit que les étoiles fixes étoient attachées. (PAT.)*

FIRMIANA. Marsigli donne ce nom au *sterculia platanifolia*. *V.* TONGCHU. (LN.)

FIROLE, *Pterotrachea*. Genre de vers mollusques nus, qui a pour caractères : un corps libre, oblong, muni d'une nageoire mobile et gélatineuse, soit sous l'abdomen, soit à la queue, et deux yeux apparens sur la tête.

Les espèces de ce genre ont d'abord été observées par Forskaël. Elles sont gelatineuses, et souvent si transparentes, qu'on parvient difficilement à les distinguer de l'eau dans laquelle elles nagent, et la plus petite compression les écrase; ce qui les rapproche des BIPHORES; mais leur oranisation est un peu plus compliquée, puisqu'elles ont des yeux, des nageoires et une queue.

Forskaël a décrit quatre espèces de firoles fort différentes les unes des autres, par leur forme et par le lieu où est placée leur nageoire. Depuis, Cuvier, Péron et Tilesius ont jeté un nouveau jour sur ce genre, et ont augmenté le nombre de ses espèces. *V.* pl. E. 15, où une des espèces de Forskaël est figurée. (B.)

FIROME. Nom donné, au Japon, à une espèce de VAREC (*fucus saccharinus*) suivant Thunberg. (LN.)

FISAGI. *V.* FISASAKI. (LN.)

FISAH-KLAB, *Flatus è ventre canis.* Nom arabe de la PATTE D'OIE (*Chenopodium album*, L.), et de l'ORTIE ROMAINE (*urtica pilulifera*), qui porte encore les noms de QOREYS et de ZORBEH. (LN.)

FISASAKI et FISAGI. Noms japonais de l'EURIA JAPONICA, Thunb. (LN.)

FISCAL. Nom d'une PIE-GRIÈCHE du Cap de Bonne-Espérance. *V*. ce mot. (V.)

FISCAUGEL. Nom allemand des MYOSOTIS. (LN.)

FISCHBEERE. Nom que l'ALISIER porte en Allemagne. (LN.)

FISCHERIE, *Fischeria*. Genre de plantes établi par Decandolle, jardin de Montpellier, dans la pentandrie digynie et dans la famille des APOCINÉES. Ses caractères sont : calice à cinq divisions ; corolle en roue à cinq lobes ondulés et crépus ; anthères à sommet simple et crochu ; stigmate pentagone ; deux follicules.

Ce genre ne contient qu'une espèce, qui est probablement originaire de l'Amérique méridionale. C'est une plante ligneuse et grimpante. (B.)

FISCHERLIN. Vers Strasbourg, l'on appelle de ce nom la PETITE HIRONDELLE DE MER. (V.)

FISCHIOSOME, *Fischiosoma*. Genre de vers intestinaux, établi par Brera, mais qui ne diffère pas des HYDATIDES. (B.)

FISCHKARVE et **FISCHKUMMEL**. Noms allemands du CARVI (*carum carvi*). (LN.)

FISCHMUNZE. C'est la MENTHE AQUATIQUE (*mentha aquatica*, L.), en Allemagne. (LN.)

FISCHOTTER ou **OTTER**. Noms allemands de la LOUTRE VULGAIRE. (DESM.)

FISCHROGEN. Nom allemand de la LARMILLE (*coix lacryma*). (LN.)

FISCWURZ. C'est, en Allemagne, l'une des dénominations sous lesquelles la SCROPHULAIRE NOUEUSE (*scrophularia nodosa*, Linn.) est connue. (LN.)

FISDA. Nom du TÉRÉBINTHE, en Bucharie. (LN.)

FISH-TALL ou **LERWÉE** de Shaw. C'est un mammifère ruminant, du genre des ANTILOPES, qui, selon Pallas, ne diffère point du KOB d'Adanson. M. Cuvier ne partage pas cette opinion ; il trouve que cette conjecture n'est appuyée sur aucune preuve. Comme on ne connoît le KOB que par une tête décharnée qu'Adanson a rapportée du Sénégal, et que l'on n'a aucune donnée sur ses caractères extérieurs, on ne sauroit même lui comparer la courte description que Shaw fait de sa LERWÉE, etc. *Voy.* ANTILOPE. (DESM.)

FISKATE. Nom donné, par les Suédois établis en Amérique, à un quadrupède, qui paroît appartenir au genre des MOUFFETTES. *V*. ce mot. (DESM.)

FISKMAUR. C'est le nom islandais d'une espèce de *mite* qui attaque le poisson sec. Cet insecte très-nuisible est cependant peu connu; sa couleur est d'une blancheur resplendissante par tout le corps, à l'exception d'une tache noire sur la partie postérieure du dos. Il est hérissé de pointes longues et aiguës, surtout celles sortant des côtés, dont deux sont plus grandes que toutes les autres; deux pointes aussi très-longues lui sortent par-derrière. Cette mite dévore le poisson sec, et attaque principalement la morue et le lubin; de sorte qu'après un ou deux ans de dessiccation, la moitié du poisson est rongée par cet insecte, dont on voit distinctement les traces. Les Islandais mangent journellement, sans le savoir, des milliers d'individus de cette espèce de mite, qui s'introduit imperceptiblement dans la chair du poisson, de manière qu'il est impossible de l'en faire sortir, même en la battant et la secouant, ce que l'on fait toujours avant de l'apprêter pour la table; mais le fiskmaur ne fait pas, à beaucoup près, autant de ravages sur le poisson que l'on serre dans les sécheries, où les vents circulent librement, et où le froid agit. Cette mite attaque aussi les insectes, et est un petit fléau pour les collections entomologiques. (O.)

FISSIDENT, *Fissidens.* Genre de plantes cryptogames, de la famille des MOUSSES, introduit par Hedwig, et dont le caractère consiste à avoir un péristome de seize dents fendues jusqu'au milieu, et les fleurs mâles en bourgeons. Son type est l'HYPNE BRYOÏDE de Linnæus. Il ne diffère pas du CÉCALYPHE. *V.* FENDULE.

Plusieurs naturalistes ont réuni avec les DICRANES les espèces de ce genre, que M. de la Pylaie appelle SKITOPHYLLE; Bridel, OCTODICÈRE; Schrank, FUSCINE. Dix-huit espèces sont parfaitement figurées pl. 36 et suiv. du *Journal de Botanique* de M. Desvaux. (B.)

FISSILABRES, *Fissilabra.* Tribu d'insectes coléoptères, de la famille des brachélytres ou des staphyliniens, ayant pour caractères: tête entièrement nue, séparée du corselet par un étranglement visible ou une espèce de cou; labre profondément divisé en deux lobes. Cette tribu est composée des genres OXYPORE, ASTRAPÉE, STAPHYLIN, PINOPHILE et LATHROBIE. *V.* ces articles. (L.)

FISSILIER, *Fissilia.* Genre de plantes de la triandrie monogynie et de la famille des HESPÉRIDÉES, ou mieux des OLACINÉES, qui a pour caractères: un calice urcéolé, entier, persistant; une corolle de trois pétales réunis à leur base, dont deux sont bifides; huit étamines, dont cinq sont stériles; un ovaire supérieur, à style simple et à stigmate un peu épais ; une noix enveloppée en partie par le calice, qui s'allonge et qui ne contient qu'une seule semence.

Ce genre, fort voisin des OLAX, ne contient qu'une espèce : c'est un arbre à deux feuilles alternes, oblongues, presque solitaires, longuement pédonculées, qui croît naturellement à l'île de la Réunion. Les perroquets sont friands de son fruit, d'où lui vient le nom de *fissilier des perroquets*, qui lui a été imposé. (B.)

FISSIPÈDES, c'est-à-dire *pieds fendus*. Dénomination des quadrupèdes qui ont le pied partagé en plusieurs doigts, séparés et articulés. (S.)

FISSIPÈDES (*Ornith.*). Oiseaux dont les doigts sont séparés et dépourvus de membranes. (V.)

FISSIPENNES, *Pterophorites*. Tribu d'insectes, de l'ordre des lépidoptères, famille des nocturnes, distinguée en ce que leurs quatre ailes, ou deux au moins, sont refendues dans leur longueur, en manière de branches ou de doigts, barbues sur leurs bords, et ressemblant à des plumes. Ces ailes imitent celles des oiseaux. Linnæus comprend ces lépidoptères dans sa division des *phalènes-alucites*, et Degeer les nomme *phalènes-tipules*. Ils composent le genre PTÉROPHORE de Geoffroy et de Fabricius, dont j'ai séparé celui d'ORNÉODE. *V.* ces mots. (L.)

FISSIROSTRES. M. Cuvier (*Règne animal*) donne ce nom à une famille d'*oiseaux passereaux*, caractérisée par un bec élargi, aplati horizontalement, crochu, sans échancrures, fendu très-profondément, laquelle correspond à celle appelée *Chelidons* par M. Vieillot. (DESM.)

FISSO. Dans les houillères du Languedoc, c'est le nom que portent les SCHISTES avec empreintes de plantes, formant le plancher des couches de la houille. (LN.)

FISSULE, *Fissula*. Genre de vers intestinaux, qui offre pour caractères : un corps cylindrique, nu, élastique, pointu à la queue, et ayant l'extrémité antérieure bifide.

Les *fissules* sont des vers excessivement mous, qui se dissolvent en eau immédiatement après leur mort. Leur corps est cylindrique ; leur tête fendue en deux parties égales ; leur queue pointue. On n'en connoît que deux espèces : une, trouvée par Fischer dans la vessie aérienne d'une truite, et qu'il avoit appelée en conséquence *cystidicole* ; et l'autre, par Bloch, dans les intestins d'un autre poisson.

La première de ces espèces a, sur la partie antérieure du dos, deux lignes courbes, qui forment presque un cercle et imitent des yeux ; aux deux tiers de sa longueur, avant la queue, le corps s'élargit, et devient dentelé ; la fente antérieure est assez profonde, et la bouche qui la termine paroît divisée par une lame en deux parties semi-lunaires ; on voit très-bien à travers le corps les intestins, et principalement l'ovaire, qui est noir.

Cette fissule, comme on l'a déjà dit, a été trouvée dans la vessie aérienne d'une truite, vessie qui ne contenoit que du gaz azote pur, lequel est mortel pour les animaux plus parfaits. Cette circonstance est très-remarquable. *V.* pl. D. 20 où elle est figurée. (B.)

FISSURELLE, *Fissurella.* Genre de coquilles de la division des UNIVALVES, établi par Lamarck, et qui offre pour caractères : coquille conique, sans spire, et percée d'un trou à son sommet.

Il comprend toutes les PATELLES qui ont le sommet perforé, et qui forment une des divisions de Linnæus. Son type est la PATELLE ENTAILLÉE, *Patella fissurella*, on en compte une cinquantaine d'espèces connues des naturalistes.

Ce genre étant très-bien caractérisé, et facilitant l'étude de celui des Patelles de Linnæus qui étoit extrêmement nombreux avant les coupures faites par Lamarck, ne peut manquer d'être adopté. (B.)

FISSURELLIER. Animal de la FISSURELLE.

Beudant nous a appris qu'il a la tête muni de deux tentacules, portant les yeux à leur base extérieure ; que ses branchies sont composées de deux pièces, placées au-dessus de chaque côté du col ; que son pied est très-épais, non susceptible d'être recouvert par la coquille ; qu'il a le manteau très-ample.

On mange cet animal, à Marseille, sous le nom d'OREILLE DE SAINT PIERRE. (B.)

FISSURELLITE. Ce sont les FISSURELLES FOSSILES. Il y en a quelques-unes d'un petit volume dans le dépôt de Grignon. (DESM.)

FIST-JURI. Nom donné, au Japon, à une espèce de LIS qui, suivant Thunberg, est le LIS POMPON, *Lilium pomponium*, L. (LN.)

FIST DE PROVENCE. *V.* PIPI DES ARBRES. (V.)

FISTELKRUID. Nom hollandais de la PÉDICULAIRE DES BOIS. (LN.)

FISTICO. Nom portugais du PISTACHIER. Il dérive du mot Fistruk, par lequel les Arabes et les Maures désignent la même plante. (LN.)

FISTULAIRE, *Fistularia.* Genre établi par Lamarck, *dans son Histoire des Animaux sans vertèbres*, aux dépens des HOLOTHURIES. Ses caractères sont : corps libre, cylindrique, mollasse, à peau coriace, très-souvent rude ou papilleuse ;

D . 24.

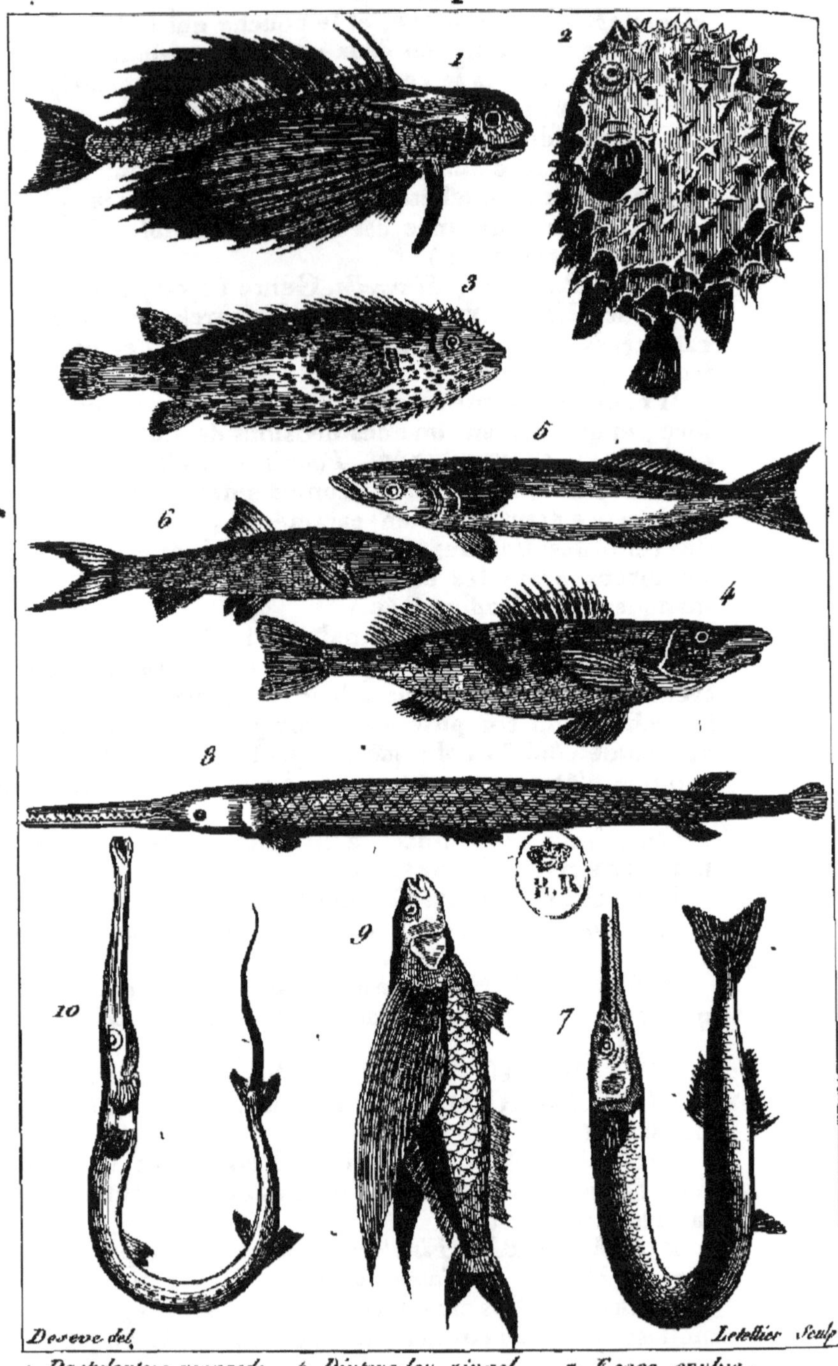

1 *Dactyloptère pirapède*
2 *Diodon orbe.*
3 *Diodon atinga*
4 *Diptérodon zingel*
5 *Echeneis remora.*
6 *Elops lézard*
10 *Fistulaire pipe*
7. *Esoce orphie.*
8 *Esoce cayman*
9 *Exocet volant*

bouche terminale, entourée de tentacules dilatés en plateau, divisés ou dentés au sommet; anus à l'extrémité postérieure.

Les HOLOTHURIES ÉLÉGANTE, TUBULEUSE, IMPATIENTE, LIMACE et DIGITÉE, constituent ce genre. (B.)

FISTULAIRE, *Fistularia*. Genre de plantes, établi par Stackhouse, *Néréide britannique* aux dépens des VARECS de Linnæus. Ses caractères sont: substance des frondes (feuilles) cartilagineuse, épaisse, très-glabre; rameaux distiques; vésicules formées aux dépens des frondes et plus larges qu'elles; fructification terminale ou latérale; ovules dans une mucosité.

Ce genre rentre dans celui auquel Lamouroux a conservé le nom de VAREC. Il en compose la septième section. Les espèces qui le constituent, sont les VARECS NOUEUX, FIBREUX et DE MACKÉE. (B.)

FISTULAIRE, *Fistularia*. Genre de poissons de la division des abdominaux, que Linnæus avoit formé de trois espèces, mais que Lacepède a réduit à une seule en restreignant ses caractères. *V.* AULOSTOME et SOLÉNOSTOME.

Les caractères de ce genre sont donc actuellement: mâchoires très-étroites, très-allongées en forme de tube; ouverture de la bouche à l'extrémité du museau; corps et queue très-allongés et très-déliés; nageoires petites; une seule dorsale. Cette nageoire est située au-delà de l'anus et au-dessus de l'anale.

La FISTULAIRE PÉTIMBE, *Fistularia tabacaria*, Linn., qu'on appelle aussi *pipe*, *trompette*, *flûte*, *fil-en-cul*, a quinze rayons à la nageoire du dos; la caudale fourchue; l'extrémité de la queue terminée par un long filament. On la trouve dans les mers de l'Amérique et des Indes. Elle vit de petits poissons et de crustacés qu'elle prend dans les fentes des rochers au moyen de son long bec. Elle parvient à plus de trois pieds de long; sa chair est maigre et sèche; son épine dorsale n'a que quatre vertèbres, dont la première est démesurément longue. *V.* pl. D. 24. (B.)

FISTULANE, *Fistulana*. Genre de coquilles de la division des MULTIVALVES, qui ont pour caractères d'être tubulées, en massue, ouvertes à leur extrémité grêle, et contenant dans leur cavité deux valves non adhérentes.

Ce genre ne diffère de celui des TARETS, d'après l'observation de Daudin, que parce que l'intérieur des coquilles qui le composent, ne contient qu'une paire de valves, tandis que celui des *tarets* en contient deux. Ces valves sont disjointes alternativement, et obliquement bâillantes; leur charnière est simple et sans ligament.

Les *fistulanes* percent non-seulement le bois, mais encore

les pierres, les madrépores, les coquilles, etc. Leur genre de vie est peu connu; mais il y a tout lieu de présumer qu'il se rapproche de celui des TARETS. *V.* ce mot.

On connoît huit espèces de fistulanes, dont les plus remarquables sont :

La FISTULANE AGRÉGÉE, qui est ovale, allongée, et réunie en groupe. Elle se trouve dans le bois tombé dans la mer, à Ceylan.

La FISTULANE CLUNATELLE est presque cylindrique, recourbée, et sa base a deux renflemens latéraux. *V.* pl. E. 15. où elle est figurée. Elle a été trouvée fossile à Beines, près Paris, par Daudin.

La FISTULANE DES ROCHERS se trouve dans les pierres et les coquilles, sur les côtes d'Amérique.

Guettard a appelé UPEROTE, les *fistulanes* fossiles. (B.)

FISTULARIA. Dodonée désigne, par ce nom, la PÉDICULAIRE DES BOIS, *Pedicularis sylvatica*. (LN.)

FISTULIDES. Section des animaux sans vertèbres, selon Lamarck. Elle renferme ceux qui ont la peau molle, mobile et irritable; le corps allongé, cylindrique, mollasse, très-contractile. Les genres qui y entrent sont : ACTINIE, HOLOTHURIE, FISTULAIRE, PRIAPULE et SIPONCLE. (B.)

FISTULINE, *Fistulina*. Genre de CHAMPIGNONS établi par Bulliard, et qui présente pour caractères : une surface inférieure garnie de petits tuyaux isolés, dans lesquels sont contenues les semences.

On ne connoît encore qu'une seule espèce de ce genre. Elle est figurée pl. 464 et 497 de l'*Hist. des Champignons* de Bulliard. Elle ressemble à une langue de bœuf, c'est-à-dire, qu'elle est rouge, charnue, rugueuse, mollasse et dimidiée; sa chair est comme zonée, et d'un rouge plus ou moins foncé; ses tubes sont grêles et inégaux, d'abord blancs, et ensuite rougeâtres. Elle croît ordinairement sur les vieilles souches, à fleur de terre, mais aussi quelquefois sur les grands arbres. Elle varie beaucoup dans sa forme et dans sa grosseur. C'est le *boletus hepaticus* de Schæffer.

Paulet range *la fistuline* dans sa famille des AGARICS CHAIR. Il la regarde comme un bon manger. (B.)

FITCHES. Nom de la VESCE, dans quelques parties de l'Angleterre. (LN.)

FITERT. Nom du TRAQUET DE MADAGASCAR. (V.)

FITIS Nom d'un POUILLOT. *Voy.* à l'article FAUVETTE, pag. 236. (V.)

FITO-MOMU. Au Japon, c'est un des noms de l'AMANDIER, si l'on en croit Thunberg. (LN.)

FITO-SAÏ des Japonais. C'est le *perdicium tomentosum*, Thunb. (LN.)

FIVE-FINGER. Nom anglais de la POTENTILLE RAMPANTE. (LN.)

FIWA. C'est le TOMEX du Japon. (B.)

FI-YONG-TSAO. Nom chinois du PHYLLANTHE URINAIRE, *Phyllanthus urinaria*, L. (LN.)

FIZBOHNE, FISOFEN. Deux noms vulgaires allemands du HARICOT. (LN.)

FLABELLAIRE, *Flabellaria.* Genre de polypiers établi par Lamarck, aux dépens des CORALLINES. Il réunit les HALIMÈDES et les UDOTÉES de Lamouroux, mais à tort, puisque les premières ont les articulations fort distinctes, et qu'il n'y en a pas dans les dernières. *V.* CORALLINE. (B.)

FLABELLAIRE, *Flabellaria.* Genre de plantes établi par Cavanilles, et contenant une espèce figurée pl. 264 de ses *Dissertations*, mais qui depuis a été réunie aux HIRÉES de Jacquin. *V.* ce mot. (B.)

FLABELLAIRE, *Flabellaria.* Genre de plantes établi par Lamouroux, *Annales du Muséum*, pour placer la CONFERVE FLABELLIFORME de Desfontaines (*Flore atlantique*). Ses caractères sont : mailles du réseau très-petites, superposées et entremêlées. On la trouve dans la mer Méditerranée. Roth en avoit fait une ULVE. (B.)

FLABELLIPÈDES. (*Ornith.*) Oiseaux à quatre doigts dirigés en avant et réunis dans une même membrane. (V.)

FLACHS, FLAS. Noms du LIN, en Allemagne. On y donne cependant ces mêmes noms à la LINAIRE, à la CUSCUTE et au POPULAGE. (LN.)

FLACHS DOTTER. L'un des noms allemands de la CAMÉLINE (*Myagrum sativum*) et de la CUSCUTE. (LN.)

FLACON DE PÈLERINS. C'est la COURGE-CALEBASSE, *Cucurbita lagenaria.* (LN.)

FLACOURTIA. Ce genre de plantes décrit à l'article RAMONTCHI, a été consacré par Commerson et Lhéritier, à la mémoire de Flacourt, qui fit connoître diverses plantes de Madagascar. Ce genre ne se rapporte pas complétement aux familles établies; il a de l'affinité avec le *rumea* de Poiteau et le *stigmarota* de Loureiro. Ils formeront peut-être un jour une petite famille à eux trois. (LN.)

FLACQUETIN DES INDIENS, *Pendant d'oreille des Indiens*). Nom donné anciennement aux graines de la BELLE-DE-NUIT (*Mirabilis jalappa*). (LN.)

FLADBYG. L'ORGE à deux rangs (*Hordeum distichum*) porte ce nom en Norwége. (LN.)

FLAEK. Nom donné, en Scanie, à l'ALPISTE EN ROSEAU, *Phalaris arundinacea. V.* CALAMAGROSTE. (LN.)

FLAETZBIRN. Un des noms de la POMME-DE-TERRE, en Allemagne. (LN.)

FLÆJE. Nom donné, en Scanie, province de Suède, au FAUX GLAYEUL ACORE, *Iris pseudoacorus*. (LN.)

FLAGELLAIRE, *Flagellaria*. C'est une plante de l'hexandrie trigynie, et de la famille des asparagoïdes, qui est remarquable par la forme assez particulière de ses feuilles : sa tige est herbacée, feuillée et sarmenteuse ; ses feuilles sont alternes, engaînées à leur base, et terminées par une vrille qui se roule en spirale pour s'accrocher aux branches des arbres ; elles sont longues, glabres, entières, et ont sur leur gaîne un avancement particulier en forme de lobe ; ses fleurs sont disposées en panicule terminale rameuse, et munies à leur base de petites écailles minces et spathacées.

Chaque fleur offre une corolle urcéolée et un peu campanulée, divisée en six découpures, dont trois intérieures et plus longues ; six étamines ; un ovaire supérieur, arrondi, chargé de trois styles, grands, épais, à stigmates velus et adnés à leur côté intérieur.

Le fruit est une baie arrondie, glabre, et qui contient, sous une chair peu épaisse, une semence ronde et osseuse.

Cette plante croît dans les Indes et dans les îles qui en dépendent ; on la trouve aussi à Madagascar. Elle est cultivée dans quelques jardins d'Europe. (B.)

FLAGELLAIRE, *Flagellaria*. Genre de plantes établi par Stackhouse, *Néréide britannique*, aux dépens des VARECS de Linnæus. Ses caractères sont : frondes (feuilles) cylindriques, roides, cartilagineuses, contournées en dedans, plus larges en leur milieu, renfermant une mucosité ; fructifications dans de petits tubercules enfoncés placés à l'extrémité des branches.

Ce genre rentre dans celui appelé CHONDRE par Lamouroux. Il renferme quatre espèces, savoir ; les VARECS FIL, THRIX, FLAGELLIFORME et TRÈS-LONG. (B.)

FLAGELLÉE ou SANGUINE. Variété de la LAITUE cultivée. (LN.)

FLAGWURZ. *V.* FELRISS. (LN.)

FLAMANT, ou FLAMMANT. Nom imposé au PHÉNICOPTÈRE et à l'IBIS ROUGE, d'après la teinte de leur plumage.

Le FLAMANT DES BOIS. Nom que porte, à Cayenne, l'IBIS DES BOIS.

Le FLAMANT GRIS. Nom que les Créoles de la Guyane donnent à l'IBIS BRUN.

Le FLAMANT ROUGE. *V.* IBIS ROUGE. (V.)

FLAMBANT. La couleur d'un rouge vif et comme flambant du PHÉNICOPTÈRE, a fait appliquer à cet oiseau la dénomination de *flambant*, dont on a fait ensuite FLAMMANT. *V.* PHÉNICOPTÈRE. (S.)

FLAMBE. Nom de plusieurs espèces d'IRIS. (B.)

FLAMBÉ. Nom donné, par Geoffroy, à un papillon que Linnæus nomme *podalyrius*. *V.* PAPILLON. (L.)

FLAMBEAU. Poisson du genre CÉPOLE. (B.)

FLAMBEAU DU PÉROU ou CIERGE DU PÉROU. *V.* les mots CACTE DU PÉROU et CIERGE. (LN.)

FLAMBERGEANT. C'est tantôt le COURLIS, tantôt l'HUITRIER. (V.)

FLAMBO. *V.* FLAMBEAU. (S.)

FLAMBOISIER. *V.* FRAMBOISIER. (LN.)

FLAMBOYANTE. C'est le *conus generalis* de Linnæus. *V.* le mot CÔNE. (B.)

FLAMENGO. Nom anglais du PHÉNICOPTÈRE. (V.)

FLAMETTE. Nom qu'on donne à la MACTE POIVRÉE. (B.)

FLAMO. Nom de la CÉPOLE TÆNIA, à Nice. (DESM.)

FLAMULE. C'est la CLÉMATITE DROITE. (B.)

FLAMME. Fluide lumineux qui émane des corps en déflagration et qui résulte de l'embrasement des parties volatiles de ces corps. (PAT.)

FLAMME. C'est le nom vulgaire du CÉPOLE TÆNIA. (B.)

FLAMME. Nom d'un variété d'ŒILLET rouge ponceau. (LN.)

FLAMME BLANCHE. Nom d'une espèce d'IRIS. (B.)

FLAMME DE JUPITER. Nom donné autrefois à la CLÉMATITE DROITE à cause de sa tige qui rougit ainsi que ses feuilles. (LN.)

FLAMME DES BOIS, *Flamma sylvarum*, Rumph., Amb. 6, pl. 46. C'est l'*ixora coccinea*, Linn., remarquable par la belle couleur de feu et l'abondance de ses fleurs. Elle croît dans l'Inde, et on la cultive dans nos serres. (LN.)

FLAMME FÉTIDE. C'est une espèce d'IRIS. (B.)

FLAMME (PETITE) DES BOIS. Nom donné, par Rumphius, à un arbrisseau à fleurs rouges, que les Malabares nomment PAVETTA. C'est le *pavetta indica*, L. (LN.)

FLAMMET. Nom du CEMBRO, *Pinus cembro*. (LN.)

FLAMMETTE. C'est la PETITE DOUVE (*Ranunculus flammula*), et une espèce de CLÉMATITE, *Clematis flammula*. (LN.)

FLAMMULA. Nom donné anciennement à l'espèce de renoncule nommée *petite douve*, et à quelques espèces de CLÉMATITES. Rumphius (Amb. 4, t. 47) nomme *flammula sylvarum* le *pavetta indica*, Linn. (LN.)

FLAP. Nom des CONFERVES, en Hollande. (LN.)

FLAS. Nom allemand du LIN. (LN.)

FLASCOPSARO. Nom du TÉTRODON HÉRISSÉ. (B.)

FLASSADE. *V.* FLOSSADE. (S.)

FLATE, *Flata*, Fab. Genre d'insectes, de l'ordre des hémiptères, famille des cicadaires, très-voisin de celui des fulgores, et dont il ne diffère que par les caractères suivans : la tête est le plus souvent transverse, et ne se prolonge point, ou que rarement, en forme de museau ou de bec ; le second article des antennes, ou le plus grand, est proportionnellement moins épais et plus long ; il est plus cylindrique ou ovoïde que globuleux ; les élytres sont encore ordinairement plus larges que celles des fulgores ; tantôt elles s'étendent presque horizontalement, tantôt elles sont fortement inclinées de chaque côté du corps, et s'appliquent l'une contre l'autre, par leur bord postérieur; la côte est arquée à sa base. Ces insectes représentent, dans cet ordre, les lépidoptères qu'on nomme *pyrales.* Les femelles recouvrent leurs œufs avec une matière farineuse ou cotonneuse, très-blanche, et qui forme quelquefois un paquet à l'extrémité postérieure de l'abdomen. J'ai établi le premier ce genre, sous la dénomination de PŒKILLOPTÈRE. J'en ai ensuite formé une division dans celui des fulgores. Fabricius y rapporte la *cigale à nervures* de Linnæus, et deux ou trois espèces analogues, dont le corps est plus allongé, et dont les élytres sont comparativement plus petites et peu dilatées. J'avois formé, avec ces insectes, le genre CIXIE. Ils se trouvent en Europe, tandis que les flates sont, en général, propres aux contrées équatoriales ou voisines des deux tropiques.

Je citerai, 1.° La FLATE PHALÉNOÏDE, *Flata phalœnoides*, Fab.; Deg. *Insect.*, tom. 3, pl. 33., fig. 6 : elle a environ sept lignes de long. Le corps est d'un jaune clair, avec les ailes blanchâtres, très-grandes, pendantes, et marquées de points noirs, vers la côte, et près du bord interne ; la côte est roussâtre à sa base ; le second article des antennes est cylindrique. On la trouve à Cayenne et au Brésil.

2.° FLATE A NERVURES, *Flata nervosa*, Fab.; Deg. *ibid.* p. 182, pl. 12, fig. 1, 2. Elle est de moitié plus petite que la précédente, noirâtre, avec la tête, le premier segment du tronc, le bord postérieur des anneaux du ventre et les pattes d'un brun roussâtre ; les ailes sont transparentes, avec les nervures blanches et ponctuées de noirâtre ; on y voit aussi quelques taches de cette couleur. La tarière de la femelle forme une espèce de queue ; elle est composée de trois lames, dont deux latérales ressemblant à des cuillerons très-allongés, servent d'étui à l'intermédiaire, et qui est la tarière proprement dite ; contre l'ordinaire, elle n'est point dentée. Cette flate, qui varie beaucoup, est commune dans les bois, en Europe et aux environs de Paris. On y trouve aussi la f. *du cynosbate*, et la f. *cuniculaire* de Fabricius.

La *cigale*, *feuille ambulante* de Degeer, *ibid.*, pl. 32, fig. 7, est, à raison des antennes et du port des ailes, une espèce de flate ; et cependant sa tête forme un museau droit et pointu, comme dans les fulgores ; ce qui prouve que les deux genres ne peuvent être essentiellement distingués l'un de l'autre que par les antennes. (L.)

FLATERIE, *Flateria*. Genre établi par Desvaux, d'après Richard, pour placer le MUGUET DU JAPON. Il a aussi été appelé FLUGGÉE et OPHIOPOGON. Ses caractères sont : étamines insérées sur le bord de l'ovaire ; anthères presque sessiles; ovaire à demi-inférieur à six loges monospermes, surmonté par trois stigmates ; semence souvent solitaire par l'avortement des autres.

La plante qui constitue ce genre est vivace, a les feuilles linéaires, et les fleurs disposées en grappes, sur une hampe très-courte. On la cultive dans nos écoles de botanique, où elle se multiplie par le déchirement des vieux pieds, en hiver. Elle craint les fortes gelées. (B.)

FLATTERAESCHE. L'un des noms du PEUPLIER-TREMBLE, en Allemagne. (LN.)

FLATRURE. (*Vénerie.*) C'est l'endroit où le *lièvre* et le *loup* s'arrêtent et se couchent sur le ventre, lorsqu'ils sont chassés. Ce qui s'appelle se *flatrer*, en terme de chasse. (S.)

FLAVÉOLE. *V.* les genres FAUVETTE et BRUANT. (V.)

FLAVERIE, *Flaveria*. Genre de plantes de la syngénésie polygamie nécessaire, établi par Jussieu, mais qu'on a reconnu depuis devoir être réuni aux MILLERIES. Ventenat pense qu'on doit conserver ce genre, mais en lui enlevant l'espèce sur laquelle il a été fait, c'est-à-dire le *contrayerba*, espèce qui sert en Amérique à la teinture jaune. (B.)

FLAVERT. *V.* Le genre GROS-BEC.

FLAVIA d'Heister. C'est la FLOUVE (*Anthoxanthum*). (LN.)

FLAX. Nom du LIN, en Angleterre. (LN.)

FLÉAU. *V.* le mot FLÉOLE. (B.)

FLÈCHE. Poisson du genre CALLIONYME. (B.)

FLÈCHE D'EAU. C'est la même chose que FLÉCHIÈRE. (B.)

FLÈCHE D'INDE. C'est le GALANGA ARONDINACÉ. (LN.)

FLÈCHE DE MER. Nom vulgaire du DAUPHIN ORDINAIRE. *V.* DAUPHIN. (S.)

FLÈCHE DE PIERRE. On a anciennement donné ce nom aux BÉLEMNITES. (B.)

FLÈCHES. *V.* ARMES. (S.)

FLÈCHES D'AMOUR. Les marchands d'histoire naturelle donnent ce nom à une variété de fer oxydé, d'un jaune roussâtre, qui a effectivement la forme de petites flèches, et est engagée dans un quarz-hyalin transparent, quelquefois légèrement nuancée de violet, qui se trouve à Petrosabosky en Russie. On taille ce quarz, à Saint-Pétersbourg, pour en faire des bagues et des épingles. (LUC.)

FLECHIÈRE, *Sagittaria.* Genre de plantes de la monoécie polyandrie, et de la famille des alismoïdes, dont les caractères sont : fleurs mâles et fleurs femelles sur le même pied, présentant un calice de trois folioles, concaves et persistantes ; trois pétales plus grands, mais de même forme ; fleurs mâles au sommet de l'épi offrant un grand nombre d'étamines ; fleurs femelle au-dessous offrant un grand nombre d'ovaires, ramassés sur un réceptacle commun, globuleux, pourvu chacun d'un style extrêmement court. Le fruit est composé de quantité de capsules monospermes évalves.

Ce genre renferme une douzaine d'espèces. Ce sont des plantes aquatiques, à feuilles plus ou moins sagittées, et à fleurs verticillées par étage.

La seule espèce dans le cas d'être citée, est la FLÉCHIÈRE D'EUROPE, *Sagittaria sagittifolia*, Linn., dont les feuilles sont gittées, et les capsules comprimées, recourbées et aiguës. On la trouve abondamment dans les étangs, les fossés, et sur le bord des rivières.

Les habitans des côtes Ouest de l'Amérique septentrionale, à l'embouchure de la Colombia, font leur principale nourriture végétale de la racine d'une fléchière fort peu distincte de celle-ci. Il en est de même au Japon ; mais ici ce sont les feuilles qu'on préfère. (B.)

FLECHTGRAS. Nom allemand du CHIENDENT, *Triticum repens.* (LN.)

FLEERE. Nom du SUREAU, dans quelques parties de l'Allemagne. (LN.)

FLEGELHOLZ. C'est le CHARME, en Allemagne. (LN.)

FLEMMINGIE, *Flemmingia.* Genre de plantes établi par Roxburg aux dépens des SAINFOINS. Ses caractères sont : calice à cinq divisions ; étendard strié ; légume sessile, ovale, renflé, bivalve et disperme ; semence sphérique.

Les SAINFOINS STROBILIFÈRE et LINÉE font partie de ce genre, qui renferme une douzaine d'espèces. Il rentre dans celui appelé LOURÉE par Jaume Saint-Hilaire. (B.)

FLÉOLE, *Phleum*. Genre de plantes de la triandrie digynie, et de la famille des GRAMINÉES, dont la fleur offre une balle calicinale, sessile, uniflore, bivalve, oblongue, comprimée, et comme tronquée à son sommet; balle qui se termine, sur les côtés, par deux angles aigus; une balle intérieure également bivalve, plus courte que l'autre; trois étamines; un ovaire supérieur, chargé de deux styles à stigmates plumeux; une semence enveloppée par la balle florale.

Ce genre contient quatre à cinq espèces, dont les fleurs sont disposées en épi serré.

La FLÉOLE DES PRÉS, qui a l'épi cylindrique, très-long, cilié, et la tige droite. Elle est vivace et se trouve dans tous les prés gras. C'est un excellent fourrage qui se fauche deux fois par an, et peut encore, avant l'hiver, servir de pâture aux vaches et aux chevaux.

La FLÉOLE NOUEUSE a la racine bulbeuse et la tige couchée à sa base. Elle se trouve dans les lieux marécageux, et fournit également un très-bon fourrage, mais qui foisonne moins que celui de la précédente.

La FLÉOLE AFRICAINE a l'épi cylindrique, les épillets rapprochés, les pédoncules triflores et velus. Elle vient dans l'Afrique orientale, où on emploie ses semences à faire des gâteaux et de la bouillie.

Le genre CRYPSIDE a été formé aux dépens de celui-ci. (B.)

FLESSERA. Genre établi par Adanson, et qui a pour type le *Nepeta lanata*, Ait.; il diffère des CHATAIRES (*nepeta*) par la lèvre supérieure de la corolle, entière et non fendue. (LN.)

FLET ou **FLEZ**. Poisson du genre PLEURONECTE, *Pleuronectes flesus*, Linn., qu'on confond fréquemment avec le *fletelet*, *fletan*, ou *fleton*, ou *pole* (*pleuronectes hippoglossus*, Linn.). (B.)

FLETAN, *Hippoglossus*. Espèce du genre des PLEURONECTES, que Cuvier croit pouvoir être employée à servir de type à un sous-genre qui auroit pour caractères: corps oblong et rhomboïdal; les mâchoires et le pharynx armés de dents aiguës. (B.)

FLETAN. *V.* FAITAN. (DESM.)

FLETELET. *V.* à l'article FLET. (B.)

FLETON. *V.* FLET. (S.)

FLETRISSURE. Maladie des arbres. *V.* ARBRE. (TOL.)

FLEURS. La fleur est l'ensemble des parties qui composent le lit nuptial des plantes. Son histoire est celle du *bouton* qui la renferme avant qu'elle épanouisse à la lumière, celle du pédoncule sur lequel elle est posée, celle du calice, de la corolle et des nectaires qui l'accompagnent, et celle des étamines et du pistil qui la composent essentiellement, parce que leur présence est nécessaire pour le concours de la fécondation, qui est le but de la nature dans la production des fleurs, soit que cette fonction impérieuse, dans tous les corps vivans, s'accomplisse dans les plantes, au moyen des sexes réunis dans les fleurs hermaphrodites, ou séparés dans celles qui habitent sur des rameaux ou des individus différens d'une même espèce de plante.

Du Bouton à fleurs. — En parlant des *feuilles*, et des *boutons* qui les renferment dans leur état primitif, nous avons indiqué les différences et l'anatomie des boutons mixtes, à feuilles, à fruits et à fleurs; il doit suffire de dire ici que l'histoire particulière des fleurs, considérées dans tous les états, est telle qu'elles existent d'abord dessinées en miniature dans un bouton qui a une forme constante dans le même végétal, et qui renferme sous ses écailles les étamines, le pistil et les parties accessoires de la fructification, qui paroîtront au jour lorsque la saison et les circonstances nécessaires viendront déterminer leur évolution des nombreuses couches d'écailles superposées qui les resserrent et les protégent contre l'action des corps actifs de l'atmosphère.

Des Fleurs épanouies, ou de la Fleuraison. — L'époque de la dilatation des boutons arrivée, les fleurs s'épanouissent pour former le lit nuptial dont les ornemens se composent de couleurs riches et variées, du parfum le plus doux et des formes les plus élégantes. A cette époque, étalant dans l'air leurs nombreuses surfaces, elles jouissent du stimulus atmosphérique, et accomplissent ainsi l'acte de la fécondation: elles protégent encore pendant ce temps, plus ou moins long, l'œuf fécondé, et se flétrisent enfin quand la reproduction est assurée par la formation complète de la semence qui en est le résultat. Les couleurs, les formes et les différences systématiques et caractéristiques des fleurs seront indiquées en parlant des fleurs en particulier; et à l'alphabet des termes de botanique, leur histoire anatomique et physiologique rentre dans l'examen séparé des parties qui les composent, qui fera suite aux considérations générales dans lesquelles nous allons entrer.

Les fleurs, considérées dans leurs rapports avec l'hygiène ou les besoins de la vie, ne présentent pas de sujets de méditation d'un aussi grand intérêt que les feuilles. Lorsqu'elles paroissent dans nos jardins, ou qu'au printemps elles viennent faire le plus bel ornement de la végétation, et embellir tous les lieux peuplés de végétaux, elles nous inspirent des sentimens pleins de charmes pour l'harmonie de leurs couleurs et la douceur de leur parfum ; mais il ne succède pas à ces sensations agréables d'idées sublimes, de rapports, de modifications ou d'influences sur les corps atmosphériques, sur la décomposition de l'eau, la production de l'air exclusivement susceptible d'entretenir la vie animale, l'attraction de la foudre, et l'origine des sources qui sourdent en canaux d'abondance des flancs des montagnes ornées de forêts, pour porter la fertilité dans les plaines consacrées à la culture des plantes alimentaires. Ces attributions, dont les conséquences sur les besoins des hommes sont faciles à sentir, et d'une application si nécessaire, appartiennent aux feuilles. Les fleurs, au contraire, dégagent, dans toutes les circonstances, des gaz délétères et nuisibles à l'existence animale, et des aromes plus ou moins contraires à l'organisation, par la manière dont ils l'affectent. Si les odeurs suaves de la tubéreuse, du jasmin, de l'héliotrope, du réséda et de la rose, stimulent agréablement les nerfs olfactifs et plaisent à l'odorat, elles peuvent, rassemblées dans les habitations, nuire à la santé, en affectant le système nerveux. C'est une erreur populaire, de croire qu'elles purifient l'air des appartemens ; car, au lieu de le neutraliser, elles en masquent les mélanges pernicieux à l'économie animale vivante : toutefois elles ne produisent cet effet nuisible que lorsqu'elles sont enfermées dans un local où l'air atmosphérique ne peut arriver et neutraliser les gaz impurs qu'elles dégagent, et que leurs odeurs enveloppent tellement, que, charmant nos sens, elles nous trompent sur le danger qui nous menace.

Considérées dans leurs effets généraux sur l'économie animale, les émanations des fleurs produisent des sensations qui calment les sens ; la vue d'une prairie émaillée de fleurs produit en nous un sentiment subit et délicieux, qui fait disparoître le malaise physique et moral ; et la première sensation que fait sur nous le spectacle des arbres fruitiers chargés de fleurs, est plus vive que celle de leurs fruits destinés à nous nourrir. La sensation la plus susceptible de produire un effet constant, et toujours agréable, est celle qui compose son action d'un juste mélange d'odeurs suaves végétales, dissoutes dans un air chaud, et légèrement rafraîchi par les émanations des plantes. Les médecins de l'antiquité recommandoient, pour la guérison de la mélancolie, des promenades fréquentes dans les jardins ornés de plantes variées, parce que le stimulus que l'arome des fleurs produit sur les sens, a une action douce, égale, constante, et qui s'accompagne du plus ravissant des spectacles, sans offrir le tableau des misères physiques et morales attachées à l'existence animale. Ce sont sans doute ces effets des fleurs sur la santé, qui invitent si impérieusement à la vie agraire, ou au moins à la culture d'un petit jardin orné de fleurs, dans le sein des villes, les hommes accablés par le malheur, et ceux auxquels de plus heureuses destinées ont permis de s'accompagner, dans le cours de leur vie, des honneurs et de la fortune.

Ainsi, les hommes qui, dans tous les genres, sont parvenus au plus haut degré de prospérité et de gloire, et ceux qu'une destinée contraire a plongés dans l'infortune ou abandonnés dans l'obscurité, cherchent, avec les sages de tous les âges, à imiter la simple condition du laboureur ou du jardinier, pour jouir des riches présens de Flore, rétablir leur santé, et prolonger leur existence dans l'étude et la contemplation de la nature, parce que les travaux attachés à la culture des jardins, exerçant d'une manière égale toutes les parties du corps, en facilitent les fonctions, et parce que les émanations des fleurs répandent un baume salutaire sur le système sensible, et calment les maladies de l'esprit et les plaies du cœur.

Tels sont les bienfaits irrésistibles pour la santé, attachés à la culture des fleurs, pour quiconque les considère sous le rapport hygiénique; mais elles deviennent pour celui qui étudie leur organisation, ou qui en calcule les nombreuses espèces et variétés, une source féconde des jouissances les plus délicieuses. Le botaniste trouve dans la constance du nombre et des formes des parties des fleurs, des moyens certains d'enchaîner dans un système l'empire de Flore, et d'en classer les sujets dans sa mémoire. Le physiologiste des plantes étudiant leurs formes, leur organisation et leurs fonctions, saisit les rapports qui les lient au système organique général, et avec nos goûts et nos sensations.

Les fleurs vénéneuses ont un aspect repoussant; celles des solanées, des physalis, des belladones, de la ciguë, et les fleurs noires de la jusquiame, répugnent à nos regards, et semblent nous avertir qu'elles sont contraires à notre organisation. Les formes, les nuances des fleurs, et la physionomie entière des plantes nutritives, nous invitent au contraire à en approcher.

Les aromes que les fleurs répandent, et qui plaisent à l'odorat, peuvent être conservés après la décadence des fleurs, et en perpétuer ainsi la jouissance et le souvenir. Les fleurs mises en infusion dans les huiles volatiles et l'esprit-de-vin, cèdent leur principe odorant à ces fluides: celles du *xeranthemum annuum*, plongées un moment dans l'esprit-de-vin, ne perdant plus leurs couleurs, ont été appelées immortelles, et cette expression est consacrée parmi les fleuristes. L'arome des fleurs de la capucine et de la fraxinelle est inflammable, et produit une flamme odorante d'un effet très-agréable la nuit, quand on y met le feu ; cet arome se reproduit le lendemain sans que les plantes en souffrent : celui des plantes crucifères est piquant et ammoniacal. La nature chimique de l'arome des fleurs est inconnue dans tous les végétaux : ce n'est point un gaz identique ; il paroît, au contraire, être une dissolution partielle de la plante, puisque chacune d'elles a une odeur qui lui est particulière, qui est d'autant plus abondante, que la lumière et la chaleur sont plus intenses. Celui que dégagent les labiées, a beaucoup d'analogie avec les émanations du camphre.

La culture et la qualité du sol influent beaucoup sur les fleurs, qu'elles déforment souvent, et qu'elles rendent stériles. Ces monstruosités et ces maladies des fleurs constituent une foule de variétés, de formes et de nuances, qui font les délices des florimanes. L'œillet cultivé dans une terre forte et légèrement saline, a produit des variétés incalculables, dont le pinceau le plus délicat des peintres de fleurs ne peut esquisser les nuances multipliées, sans signaler l'insuffisance de celui qui le dirige : l'histoire de la fleur de l'œillet de Flandre, considérée sous ce point de vue, est celle des fameuses jacinthes et des tulipes à grands vases de Harlem, des narcisses d'Italie, des iris d'Angleterre, des lis, des renoncules, des anémones, des auricules et des primevères de France, qui constituent des variétés à l'infini, par la communication des poussières fécondantes, la qualité du sol, et la manière dont elles sont exposées pour réfléchir les rayons lumineux. Celles de ces fleurs qui restent simples, continuent de fournir des graines, et se reproduisent avec leurs nombreuses variétés, si elles sont cultivées avec soin: mais celles dont les étamines et les pistils se changent en pétales, deviennent stériles, et se multiplient par boutures, marcottes, caïeux ou racines : on peut ajouter à ces fleurs, pour l'ornement des jardins, celles des giroflées, des amaranthes, des reines-marguerites, des pavots, des pieds d'alouette, des balsamines, des juliennes, des ancolies, et de plusieurs autres fleurs multiples, comme les poiriers, les pêchers, les amandiers, les rosiers et une-foule d'autres qui servent à la parure des jardins, sans avoir d'autre objet que celui de plaire à l'odorat ou de flatter nos regards. On multiplie les nombreuses variétés des fleurs, en déterminant dans les plantes des fécondations artificielles et adultérines. Une fleur de pavot noir, bien épanouie, agitée sur une fleur de pavot blanc, y donne lieu, et l'année suivante les semences du pavot blanc produisent toutes les nuances intermédiaires entre le blanc et le noir: il en est de même pour les autres fleurs. Si ces fécondations, au lieu de se faire sur des variétés d'une même plante, ont lieu sur deux espèces d'un même genre, elles forment des plantes hybrides, de même qu'on voit des mulets dans les animaux; mais dans ceux-ci, la génération successive a rarement lieu, tandis que dans les plantes, les hybrides se multiplient, et conservent un caractère constant, et qui porte l'empreinte moyenne entre les deux espèces dont elles se composent: mais la nature ayant permis que les plantes variassent quelquefois, n'a pas voulu étendre les variétés et les hybrides sur toutes les espèces; et afin d'assurer la permanence des couleurs et des formes primordiales des fleurs, elle a calibré les poussières fécondantes avec la forme des tubes séminifères des pistils qui les portent à l'ovaire. Jamais les générations hybrides ne s'observent sur des plantes de deux genres différens, mais seulement sur deux espèces du même genre; et la plante qui en naît ne peut se féconder avec une troisième du même genre. Les étamines enlevées à la nicotiane, et ses pistils fécondés avec le pollen du nicotiana paniculata, il résulta de cette fécondation artificielle une nicotiane hybride. Koelreuter fit la même expérience sur les digitales pourpres et jaunes, et obtint une digitale hybride; mais ses efforts furent vains pour marier cette plante avec l'une des deux espèces qui lui avoient donné naissance. La plante hybride étoit plus forte que les digitales mères, et le rapport entre le calibre du tube des pistils et le volume des poussières fécondantes étant détruit, la communication séminale ne put avoir lieu entre les anthères de l'une et les ovaires des autres. Pour que les monstruosités des fleurs nuisent à la formation des semences, il faut qu'elles aient lieu sur les parties essentielles de la fructification, comme les étamines et les pistils. Les parties accessoires de la couche nuptiale peuvent devenir doubles sans nuire à la reproduction. La plénitude des feuilles du calice, et l'augmentation du nombre des nectaires de la nigelle et de l'ancolie, et celle des pétales dans une foule de plantes, ne troublent point la fécondation; mais dans les fleurs prolifères et celles qui sont totalement pleines et dépourvues d'étamines et de pistils changés en pétales, la stérilité est certaine: les roses doubles et les jacintes doubles en fournissent des exemples.

Les fleurs sont, comme dit Sennebier, les berceaux des graines, et celles-ci resteroient stériles dans les ovaires, où elles préexistent, si on retranchoit les étamines et les pistils. Le même phénomène auroit lieu si on coupoit seulement les étamines ; les graines qui succéderoient à la fleur, ainsi mutilée, ne seroient pas susceptibles de germination. Les seules plantes à pistils donnent des fruits ; mais pour que ceux-ci soient fécondés, il faut le concours des étamines, soit que les pistils et les étamines habitent dans une même fleur, ou séparément dans des fleurs mâles et femelles, sur des rameaux différens d'une même plante, ou sur deux individus de deux sexes d'un même végétal. Dans le premier cas, si le stigmate est plus élevé que les étamines, il se plie de manière à être atteint par le pollen, et il s'ouvre au moment de la fécondation ; dans les deuxième et troisième, les fleurs se fécondent par la dissémination du pollen dans l'air ; et il est digne de remarque, que, dans cette circonstance, les fleurs femelles soient toujours placées dans les plantes monoïques, plus inférieurement que les mâles, afin de recevoir plus sûrement l'influence du pollen.

La fécondation artificielle peut avoir lieu à de très-grandes distances. Des palmiers étoient constamment stériles à Berlin; on les fit fructifier avec des poussières fécondantes qu'on y envoya de Dresde, sans autre soin que celui de les mettre dans une lettre, et de confier celle-ci à la poste. La nature est aussi prodigue de poussière fécondante, que libérale dans la production des semences. Koelreuter observe qu'un anthère d'*hibiscus syriacus*, qui contient quatre mille huit cent soixante-trois grains de pollen, a été fécondé artificiellement avec cinquante de ces molécules séminales répandues sur ses fleurs. Cette profusion de matière fécondante étoit nécessaire, parce que la pluie, les animaux, et une foule d'autres circonstances, pourroient en priver les fleurs, si elle n'y étoit abondamment répandue ; elle favorise d'ailleurs la fécondation des plantes à sexes separés, à de très-longues distances.

Il faut, pour que la fleuraison et la fructification aient lieu, un degré déterminé de lumière et de calorique ; les plantes étiolées élevées dans les caves, les appartemens et les serres, où elles ne jouissent pas pleinement des bienfaits de la lumière, fleurissent mal, et fructifient rarement. Les fleurs qui, au Sénégal s'ouvrent à six heures du matin, ne s'épanouissent qu'à huit ou neuf à Paris, et à dix en Suède ; et celles qui, dans le climat brûlant du Sénégal, fleurissent à midi, ne fleurissent jamais en France.

C'est peut-être moins le calorique qui manque aux plantes exotiques qui ne fructifient pas dans les serres chaudes, et sous les vitrages des châssis, que la lumière. Nous pouvons bien donner aux plantes des pays chauds, un degré de chaleur égal à celui de leur climat; mais il n'est pas en notre pouvoir de leur donner la composition atmosphérique, les émanations voisines, et surtout l'intensité de la lumière du sol où la nature les avoit placées. Non-seulement la lumière, agissant en totalité, a une action déterminée sur la fleuraison; mais ses rayons influent différemment sur la même plante. Sénebier observe que les haricots éclairés par les rayons rouges, fleurirent dix jours plus tard que ceux qui furent éclairés par les rayons violets, ou exposés en pleine lumière.

Il existe des plantes qui se fécondent et se propagent dans le sein de la terre, sans jouir, à aucune époque de leur vie, de la présence de la lumière, telles que les *truffes;* d'autres, comme le *zannichellia palustris*, et le *callitriche verna*, fleurissent sous l'eau douce; d'autres enfin, fixées aux parois du lit de l'Océan, et dont les fleurs sont exposées aux mouvemens des eaux de la mer, fructifient sans qu'aucune cause atmosphérique y concoure.

Certaines fleurs sont météoriques, et se ferment à l'approche de la pluie, dont elles indiquent les averses; d'autres, non susceptibles d'être affectées de cette manière par les corps atmosphériques, s'ouvrent le matin et se ferment le soir; d'autres sont équinoxiales, et suivent, dans leur fleuraison, la division des heures. Linnæus, *Horologium Floræ*, les distingue, d'après ces considérations, en météoriques, en tropiques et en équinoxiales. Plusieurs fleurs sont héliotropes: ce phénomène s'observe particulièrement sur les semi-flosculeuses, et la cause organique de cet héliotropisme est inconnue.

Si les fleurs nous plaisent par la variété de leurs couleurs et leur parfum, elles ne sont pas moins utiles dans la matière médicale. La médecine emploie avec avantage celles de camomille, de tussilage, de mauve, de tilleul, de guimauve, de violettes, de tubéreuse, de pêchers, de jasmin, et une foule d'autres dont l'indication appartient à un traité de matière médicale; celles du safran sont pour la France un objet important de commerce: l'art du distillateur qui s'occupe de l'extraction du principe aromatique, s'alimente par ce genre d'industrie, qui conserve dans un dissolvant approprié le principe odorant des fleurs.

L'examen des parties des fleurs, considérées isolément, et qui va suivre, fera connoître leur mode de digestion, de respiration et de sécrétions, ainsi que leurs rapports particuliers avec les corps atmosphériques.

(*Des parties de la Fleur, considérées sous les rapports physiologiques et anatomiques.*) *Du Pédoncule.* — Le pédoncule est le support des fleurs et des fruits. C'est, dit-on, un prolongement de la tige des fleurs ou des rameaux qui portent les fruits : sa structure est telle, qu'il est plus volumineux aux extrémités qu'au centre ; et examiné anatomiquement, il présente toutes les parties qu'on trouve dans les tiges : l'expansion en surfaces aplaties de son écorce forme le calice, et ses parties plus intérieures, en s'épanouissant, forment les parties de la fleur que revêt le calice : il est facile de suivre, dans les fruits pulpeux, les fibres du pédoncule qui s'insinuent et se continuent dans leur pulpe.

Du réceptacle. — Le réceptacle est l'extrémité supérieure du pédoncule sur laquelle reposent la fleur et le fruit. C'est le placenta des semences. Sa forme varie beaucoup. Il est concave, convexe, soyeux, hérissé, mamelonné, alvéolaire, charnu, ligneux, ou succulent, comme dans les cynara, où il est très-gros. Il reçoit les vaisseaux ombilicaux des semences.

Du calice et de ses espèces. — En examinant une fleur de l'extérieur à l'intérieur, la première partie qu'on observe est le calice, qui est un prolongement de l'écorce qui s'épanouit à la partie supérieure du pédoncule pour former les rideaux du lit nuptial, qu'il enveloppe et qu'il protége dans la plupart des plantes. Les formes qu'il présente sont très-variées, mais cependant il en observe de constantes, qui ont servi à classer les végétaux et à former les méthodes calicinales (*V.* Botanique). Les diverses formes de calice les ont fait diviser en *volve* ou *calice des champignons*, en *coiffe* ou *calice* des mousses ; en *spathe*, qui est une enveloppe continue qui voile la fleur des palmiers et de plusieurs *liliacées*, qui la rompent pour jouir de l'influence des stimulus atmosphériques, et accomplir la fonction de la fructification ; en *balle* ou *glume*, qui est le calice des plantes culmifères, dans lesquelles il fait fonction de corolle, dont elles manquent, et qu'il remplace pour protéger, dans les *graminées céreales*, les semences nutritives et féculentes du froment, de l'orge, de l'avoine, du riz, des festuca, des panicum, des milium et des holcus dont se nourrissent tant de peuples.

Il est digne de remarque que la famille nombreuse des *graminées* n'ait pas de corolle, et que ces plantes aient, au contraire, des calices d'une couleur verte, et soient par conséquent plus résineux et plus susceptibles de modifier l'action des rayons solaires, dont l'influence trop active eût sans doute nui à des semences destinées aux premiers besoins des hommes; mais cette couleur et cette qualité résineuse ne sont pas les seuls attributs de préférence des calices des gramens. La plupart ont, en outre, des épines qui naissent du dos, du sommet ou des bords de leurs valves, pour les protéger contre les attaques des animaux. Le calice est l'ornement le plus utile et le plus durable de la couche nuptiale. La corolle n'est qu'un ornement momentané qui préside aux noces des plantes, tandis que le calice précède la fructification et en protége encore les résultats.

La famille des *ombellées* a un calice particulier, qu'on nomme *involucre*, et qui se subdivise en involucelles. Les plantes amentacées ont un calice que Linnæus appelle *chaton*. Enfin, le calice le plus commun au plus grand nombre des plantes, s'appelle *périanthe* ; et ses rapports sont tels avec la fleur, qu'il l'enveloppe toujours. Celui-ci prend les noms de *calice imbriqué*, *simple*, *double*, *divisé*, *monophylle*, etc.; quelquefois il est charnu, et il devient alors alimentaire; tels sont les *calices imbriqués* des *cynara* ou artichauts, des *onoperdon*, dont la culture assidue a accru nos richesses géoponiques.

Le calice offre toutes les parties qu'on retrouve dans l'écorce. Son épiderme est quelquefois coloré; mais le plus ordinairement il est vert, et toujours plus poli du côté de la corolle que du côté extérieur, où il est souvent glanduleux, soyeux, armé d'épines ou d'aiguillons, hérissé de poils ou nu, présentant au toucher une surface douce ou rude, sèche ou visqueuse; il possède exclusivement à toutes les autres parties de la fructification, la propriété d'attirer l'eau atmosphérique, de la décomposer, de dégager du gaz oxygène, d'avoir toutes les propriétés des feuilles exposées aux rayons solaires.

Sans que des expériences fussent venues m'éclairer sur ce point, j'avois dit en l'an VI, dans un Mémoire lu à la société médicale de Paris, que la couleur verte des *calices imbriqués* des *carduacées* et des *involucres* des *ombellées* me portoit à croire que ces parties jouissoient de toutes les propriétés des feuilles, de même que les stipules et les bractées; mais le savant Sennebier, auquel la physiologie végétale est si redevable, m'a confirmé dans mon opinion par ses expériences.

Des Bractées. — Les *bractées* ou *feuilles florales*, qu'on confond souvent avec les *calices*, parce qu'elles naissent près des fleurs, ne doivent point trouver place ici, parce qu'elles rentrent dans l'histoire des feuilles, dont elles partagent toutes les attributions. *V.* FEUILLES et BRACTÉES.

Des Pétales. — L'ensemble des pétales compose la corolle, qui affecte des formes très-multipliées, et dont les différences ont fourni à Tournefort la base de sa méthode. La corolle n'est qu'un ornement momentané de la fleur, dont elle compose les riches couleurs qui font les délices des florimanes. En examinant à la loupe les *pétioles* des oreilles d'ours, de la pensée, du laurier rose; on voit des mamelons coniques et prismatiques qui s'élèvent plus ou moins, et qui forment des angles et des espaces dans lesquels la lumière se réfléchit pour produire les riches couleurs de ces plantes. C'est sans doute à la même disposition qu'il faut attribuer les riches couleurs des œillets de Flandre, les veloutés des renoncules, les nuances des primevères, des jacinthes, des anémones et des tulipes; mais on ne peut trouver dans cette disposition la cause des trois couleurs tranchées que présentent les œillets dans un seul pétale. La lumière y influe sans doute; mais pourquoi le fluide lumineux, qui agit avec une force égale sur le même pétale, le colore-t-il de plusieurs nuances tranchées, au lieu de le colorer d'une seule?

L'épiderme des pétales est le plus souvent de la couleur de son parenchyme. Cependant il est des plantes dans lesquelles ces deux parties offrent des couleurs différentes. Dans le *viola tricolor* ou *pensée*, et dans la *balsamine* des jardins, l'épiderme est coloré de diverses nuances, et recouvre toujours un parenchyme incolore.

On ne trouve jamais dans les pétales des glandes aériennes, comme dans les feuilles et les calices; et si on considère qu'ils ne sont pas destinés à dégager l'air vital, ainsi que le démontre l'expérience, on trouvera une raison suffisante de l'absence de ces vésicules glanduleuses, puisque leur parenchyme ne devoit point élaborer d'oxygène. Grew et Malpighi ont aperçu des trachées dans les pétales, ce qui avoit fondé ces physiciens à dire qu'ils étoient un épanouissement du liber. Les pétales ont des rapports très-marqués avec les parties essentielles de la génération. Dans les fleurs multiples, ils sont formés par les étamines, et la plante devient stérile. Dans les fleurs fécondes, ils sécrètent des fluides nécessaires à la fécondation des graines, puisque, quand on les coupe, les ovaires restent stériles. Bonnet a démontré qu'ils aspiroient l'eau par leurs surfaces. Ce fluide est sans doute élaboré dans leur parenchyme, qui, au lieu de dégager l'air vital sous l'eau et à la lumière, comme les feuilles, dégage dans toutes les circonstances des gaz non respirables, et un arome quelconque.

On connoît les expériences de Hales, qui démontrent que les fleurs, les *racines* et les *fruits mûrs*, dégagent nuit et jour des gaz délétères, et que ces parties absorbent l'air pur qui les environne; ainsi, outre le principe odorant qui affecte nos organes, quand on s'environne de fleurs dans les appartemens, il existe encore une cause plus nuisible, qui est la propriété de ces fleurs d'absorber l'air pur et d'en dégager d'impur. On voit que ce mode de respiration des fleurs est analogue à la respiration animale.

Des Nectaires. — On appelle *nectaire* un organe qui, dans certaines fleurs, fournit la liqueur douce et mielleuse qu'on y trouve. Les nectaires sont sessiles ou pédiculés, et ils occupent diverses parties des fleurs. Le fluide des nectaires est utile pour la fécondation de certaines plantes, puisque l'*aconitum luteum*, privé de son nectar par l'ablation totale des nectaires, n'a donné aucune semence féconde. Les abeilles recherchent le nectar pour préparer la cire; mais le fluide sucré qu'elles recueillent sur toutes les plantes n'est pas toujours du nectar, puisque beaucoup de fleurs sont dépourvues de nectaires. Le nectar des fleurs de mélianthe se dissout dans l'eau et dans l'esprit-de-vin. Koelreuter a retiré trente grammes de nectar de quarante-six fleurs de couronnes impériales, qui, évaporé, donna une liqueur mielleuse. Hoffmann a reconnu, dans le nectar de l'*agave americana*, des marques d'acidité. Il rougissoit la teinture du tournesol; et abandonné à la fermentation, il se changea en vinaigre. On trouve du sucre cristallisé dans les nectaires de plusieurs plantes.

Des Etamines. — Les étamines sont les parties mâles de la fructification; leur anatomie est peu connue; celles de la tulipe sont renflées à leur partie inférieure, et creusées en tubes irréguliers dans toute leur longueur, selon les recherches de Sennebier. Malpighi a dit que les filets renfermoient des fibres ligneuses, et que celles-ci étoient une production du bois. Le professeur Desfontaines a observé les étamines de l'azarum s'échapper par les fibres ligneuses de cette plante. Dans la plupart des étamines, le sommet est terminé par deux capsules ovoïdes qu'on remarque à la loupe, et qui sont séparées par une membrane moyenne. On remarque des vaisseaux spiraux dans les étamines, surtout dans celles qui sont irritables, comme le *berberis* et l'*opontia*, et on a dit que ces vaisseaux spiraux étoient le siége de l'irritabilité de ces filamens. Cette opinion a été émise par le professeur Desfontaines ; d'autres physiciens, sans se prononcer sur la cause du mouvement spontané des étamines, accordent cette propriété aux filamens de toutes les plantes. Le docteur Tessier l'a prouvé pour les céréales dont les anthères s'inclinent au lever du soleil vers le pistil, qu'ils fécondent en laissant échapper de leurs bourses ouvertes le pollen qui jaillit et s'élance jusqu'à l'ovaire ; ainsi l'astre du jour signale chaque matin ses premiers bienfaits en éclairant l'hyménée de la tribu immense des graines qui nourrissent presque tous les peuples de la terre.

Le sentiment du docteur Desfontaines, qui place le siége de l'irritabilité des étamines dans les vaisseaux spiraux, est confirmé par les expériences de Comparetti sur les filamens de l'urtica et de la pariétaire : Smith place le siége de cette irritabilité à la base des filamens; d'autres botanistes pensent que leur mouvement est mécanique, et qu'il dépend des fluides contenus dans leurs vaisseaux, que la température dilate ou resserre selon les proportions du calorique; mais ce dernier sentiment, que nous sommes loin de partager, nous replonge dans les premiers temps de la physiologie végétale, où on expliquoit l'ascension et les mouvemens des fluides végétaux par la dilatation et le resserrement réciproque des vaisseaux longs, continus, lymphatiques et aériens, conducteurs de la séve et de l'air qu'on trouve dans les plantes; d'ailleurs, l'existence de ces vaisseaux n'a pas été démontrée, et nous paroît absolument gratuite. Ces idées étoient bonnes dans un temps où les fluides animés étoient soumis aux lois et aux calculs de l'hydrostatique, sans s'occuper du principe inconnu d'animation et de conservation qui préside à toutes les époques de la vie des plantes et des animaux.

Des Anthères et du Pollen ou *Poussière fécondante.* — Les *anthères* occupent le sommet des étamines, et sont les véritables organes de la fructification ; elles affectent diverses formes, et sont composées de cellules séparées par une cloison, et renfermant un *pollen* plus ou moins abondant, plus ou moins dense, visqueux ou pulvérulent.

Les poussières des *anthères* sont le sperme végétal ; elles ont occupé les botanistes les plus distingués ; leur découverte est une des plus belles époques de la physiologie végétale. Les anciens n'avoient que des idées obscures sur la fécondation des plantes : Grew, Malpighi, Linnæus, Geoffroy et Levaillant s'en occupèrent les premiers. Micheli découvrit les poussières des *champignons* en 1729, et Jussieu celles des *fougères* en 1739. Le pollen est susceptible de se conserver long-temps sans perdre sa vertu de fécondation ; il peut être enlevé des organes mâles qui le contiennent, et transporté sur les organes femelles des plantes, quoiqu'à de très-longues distances. Il suffit, pour opérer cette fécondation artificielle, de le semer sur les fleurs femelles ; sa divisibilité et sa volatilité sont telles dans certaines plantes dioïques et polygames, qu'il féconde les individus femelles à de très-grandes distances. La nature est aussi abondante dans les moyens que dans les résultats de la reproduction, et on ne conçoit cette fécondation naturelle des plantes à de longues distances, qu'en supposant le pollen de ces végétaux dissous et suspendu dans l'air, et fécondant les pistils partout où il les rencontre. Les poussières des anthères sont les parties végétales les plus animalisées après le gluten ou matière végéto-animale ; elles ont été analysées par le docteur Tessier, et lui ont offert pour résultats une matière du froment résineuse et des produits ammoniacaux, tels que les offrent les matières animales traitées chimiquement.

Le pollen a été examiné au microscope par Bulliard et d'autres physiciens, qui ont calculé ses formes et la quantité de molécules que chaque bourse en renferme. Ces détails et ces recherches microscopiques n'ont rien appris sur sa composition vitale, et nos connoissances sur cet objet sont aussi obscures que celles qui ont signalé et le génie et l'insuffisance des naturalistes et des médecins dans leurs recherches sur la nature du sperme des animaux.

Des Pistils. — Les *pistils* sont les parties femelles de la fructification des plantes ; ils sont aussi nombreux que les semences auxquelles ils correspondent ; car quoique certaines plantes n'aient qu'un style et plusieurs semences, si on examine avec soin le style, on le trouve composé d'autant de pièces qui aboutissent à l'ovaire : le nombre des stigmates, au contraire, est toujours égal à celui des loges contenues dans l'ovaire. Le pistil est parenchymateux dans presque toute sa longueur : on y voit des pores qui suintent l'humeur visqueuse qui l'humecte dans tous les temps : c'est la seule partie de la plante qui soit dépourvue d'épiderme ; comme si la nature avoit voulu que cet organe glanduleux ne fût recouvert d'aucuns tégumens, afin que son imprégnation par les poussières fécondantes devînt plus facile. L'ovaire est la partie la plus inférieure du pistil ; il est divisé dans la plupart des plantes en plusieurs loges qui renferment les rudimens des semences. Le style est le trait d'union de l'ovaire au stigmate ; il se compose d'autant de vaisseaux que l'ovaire renferme de semences auxquelles ces vaisseaux communiquent. C'est un point de physiologie encore à prouver, que la tubulure du style. Bonnet a vu dans le lis orangé et dans le tilleul, une ouverture entre les pièces du stigmate qui se continuoit dans le pistil, et arrivoit jusqu'aux semences ; laquelle donnoit un passage suffisant aux poussières fécondantes. Au moment de la fécondation, cette ouverture, qui fait fonction de canal déférent, se dilate en entonnoir, et l'orgasme des parties génitales cessant, elle disparoît par le rapprochement des pièces du stigmate. Ainsi l'ovaire, le style et le stigmate, dont la continuité forme le pistil, sont formés de pièces mobiles qui, à l'époque de la fécondation, jouissent d'un ressort suffisant pour ouvrir et fermer ensuite un canal séminifère, continu du stigmate à l'ovaire. Linnæus avoit soupçonné ce canal sans en avoir démontré le mécanisme. Spallanzani l'a vu; mais cet auteur dit que souvent il n'a pu le suivre que jusques vers le milieu du style et que dans certaines plantes il n'a pu l'apercevoir avec les meilleurs instrumens. Hill annonce qu'il l'a aperçu partout avec le microscope ; enfin Adanson, ne trouvant ce tube que dans quelques styles, suppose que dans ceux où il manque, la fécondation se fait par les trachées qui aboutissent au stigmate et à l'ovaire ; mais ça été ailleurs pour nous un point de discussion très-délicat, que de déterminer si les trachées étoient elles-mêmes des tubes.

Linnæus, *Sponsalia plantarum*, pense que quelque petite que soit la tubulure du style, elle existe dans toutes les plantes : cette opinion est vraisemblable. On conçoit que s'il y a des poussières fécondantes si déliées qu'on ne puisse les apercevoir, ni en déterminer la forme avec les meilleurs verres, il existe des tubes déférens, invisibles pour nos sens, même avec le secours de l'optique, et qui conduisent le pollen, du stigmate à l'ovaire, par autant de canaux qu'il y a de graines à féconder : ce n'est pas le seul point de physique animée où l'optique soit en défaut. Sennebier suppose que dans les styles non tubulés, la communication du pollen se fait à travers le corps poreux qui les compose, par le même mécanisme que celui de l'ascension de l'eau colorée que Bulliard a fait pénétrer dans toutes les parties du style de l'hémérocalle; mais cette infiltration lente et successive du sperme végétal nous paroît invraisemblable. Dans la fonction impérieuse de la reproduction, tous les mouvemens sont précipités, et cette loi est commune à tous les corps vivans. Les mouvemens si marqués dans les parties sexuelles de plusieurs plantes au moment de la fécondation, l'opinion de Linnæus, les recherches de Bonnet et les découvertes microscopiques de Hill, portent à croire que la poussière fécondante des semences est portée du stigmate jusqu'à l'ovaire par un canal non interrompu, souvent invisible, mais susceptible de dilatation au moment de l'orgasme des parties sexuelles.

Le style n'est pas une partie essentiellement nécessaire à la vie végétale ; plusieurs plantes en sont privées, et se fécondent directement du stigmate à l'ovaire.

Les parties sexuelles des plantes ont fourni au célèbre Linnæus les fondemens de son *Système*, qui parut en 1737, dont Gesner et Césalpin avoient indiqué l'importance et posé les fondemens, l'un en 1560 et l'autre en 1587. Ces auteurs annoncèrent que les parties de la fructification fournissoient les caractères les plus certains et les plus constans pour classer et arriver à la connoissance des plantes. Cette idée heureuse, abandonnée pendant long-temps, fut reproduite par Linnæus, fructifia par son vaste génie, et devint la base fondamentale d'un système séduisant, qui devoit coordonner et enchaîner dans un ordre artificiel presque tous les végétaux connus alors ; mais dilacérant plusieurs familles naturelles établies par Jussieu, il devoit succomber plus tard à un examen exact des rapports des plantes qui constituent des familles, dont la connoissance plus approfondie un jour sera le complément de la science des botanistes. (TOL.)

FLEUR ADMIRABLE. C'est le premier nom donné à la BELLE-DE-NUIT (*mirabilis jaloppa*). (LN.)

FLEUR-D'ADONIS. *V.* ADONIDE. (LN.)

FLEUR AFRICAINE. Ce sont les TAGÈTES ou ŒILLETS D'INDE. (LN.)

FLEUR AIGLANTINE ou COLOMBINE. C'est l'ANCOLIE (*aquilegia vulgaris*). (LN.)

FLEUR AILÉE. Ce sont les OPHRYDES MOUCHE, INSECTIFÈRE, etc. (LN.)

FLEUR DE L'AIR. C'est l'*epidendrum flos aeris*, Linn., qui rentre dans le genre AÉRIDES, fondé par Loureiro sur une plante de la Chine et de la Cochinchine, qui mériteroit, à plus juste titre que l'espèce linnéenne, le nom de FLEUR DE L'AIR. En effet, une branche de cette plante (*aerides odorata* Lour.) suspendue en l'air dans les maisons, privée de terre et d'eau, y croît, y fleurit et y fructifie pendant nombre d'années. Je le croirois à peine, ajoute Loureiro, si je ne m'en étois pas convaincu par l'expérience journalière. Beaucoup d'espèces du genre *epidendrum* de Linnæus, jouissent de cette faculté, mais nullement à ce haut degré. *V.* AÉRIDES. (LN.)

FLEUR AUX DAMES. C'est l'ANÉMONE PULSATILE. (LN.)

FLEUR D'AMOUR. C'est l'AMARANTE TRICOLOR. Les Portugais nomment ainsi les PASSE-VELOURS (*celosia*), et les AMARANTHINES (*gomphrena*). (LN.)

FLEUR D'ARGENT ou de PIERRE. *V.* CHAUX CARBONATÉE PULVÉRULENTE. (LN.)

FLEUR D'ARMÉNIE. C'est l'ŒILLET DE POÈTE. (LN.)

FLEUR D'ASIE. Espèce de terre magnésienne qui vient d'Orient, aussi nommée *terre savonneuse de Smyrne. V.* . LEURS MINÉRALES. (LN.)

FLEUR-D'AZUR. *V.* BLUET. (LN.)

FLEUR BLEUE, *Flos cœruleus*, Rumph. 7, tab. 31. C'est le *clitoria ternatea*, L., dont on se sert, en Asie, à colorer les mets en beau bleu qui s'évanouit bientôt. (LN.)

FLEUR BLEUE EN GRAPPE. On appelle ainsi la DURANTE à la Martinique. (B.)

FLEUR DE BRISTOL. Les Anglais nomment ainsi une espèce de LYCHNIDE. (LN.)

FLEUR CARDINALE, *Flos cardinalis*, Rumph, Amb. 9, tab. 155, f. 2. C'est le QUAMOCLIT (*ipomœa quamoclit*), dont les fleurs sont d'un rouge écarlate. On nomme aussi, et pour la même raison, la LOBÉLIE CARDINALE. (LN.)

FLEUR DE CARÊME. Variété de RENONCULE qui fleurit à cette époque de l'année. (LN.)

FLEUR EN CASQUE. Nom vulgaire de l'ACONIT NAPEL. (B.)

FLEUR SAINTE-CATHERINE. C'est la NIGELLE (*nigella*). (LN.)

FLEUR-DE-CHAIR ou ROUGEOLE. C'est le BLÉ DE VACHE (*melampyrum arvense*, L.), dont les fleurs sont de la couleur de la chair. C'est encore le LYCHNIDE FLEUR DE COUCOU, et le TRÈFLE INCARNAT. (LN.)

FLEUR DES CHAMPS. Le LISERON DES CHAMPS, la POTENTILLE ANSERINE et le BLUET portent ce nom. (LN.)

FLEUR CHANGEANTE. C'est, à Cayenne, le nom d'une espèce de KETMIE (*hibiscus mutabilis*, L.). (LN.)

FLEUR DE CHAUX NATURELLE ou GUHR DE CRAIE. *V.* CHAUX CARBONATÉE PULVÉRULENTE, CRAIE COULANTE, etc. (LUC.)

FLEUR DU CIEL. La TREMELLE NOSTOC a reçu ce nom, parce que l'on croit, dans quelques cantons, que cette plante, qui paroît sur la terre immédiatement après la pluie, est tombée du ciel avec elle. (B.)

FLEUR EN CLOCHETTE. *V.* CAMPANULE et ANCOLIE. (LN.)

FLEUR DE COBALT. *V.* FLEURS MINÉRALES et COBALT ARSÉNIATÉ. (LUC.)

FLEUR DE CONSTANTINOPLE. La LYCHNIDE CALCÉDOINE porte ce nom. (B.)

FLEUR DE COUCOU. Espèce de LYCHNIDE, et espèce de PRIMEVÈRE; celle-ci à cause de ses fleurs jaunes. (B.)

FLEUR DE CRAPAUD. C'est la STAPELIE PANACHÉE (*stapelia variegata*). (LN.)

FLEUR DES DAMES. On appelle quelquefois ainsi l'HÉLIOTROPE DU PÉROU. (B.)

FLEUR DU DIABLE. C'est l'IRIS DE SUZE. (B)

FLEUR DORÉE. C'est le *chrysanthemum coronarium* de Linnæus. *V.* au mot CHRYSANTHÈME. (B.)

FLEUR D'EAU. C'est le *byssus flos aquæ*, L., reconnu pour une espèce d'OSCILLATOIRE. *V.* ce mot. (DESM.)

FLEUR D'ÉPONGE. Les marchands donnent ce nom à une espèce d'*éponge rameuse* très-fine, distincte de l'*éponge officinale*, et par suite aux morceaux les plus fins de cette dernière. (B.)

FLEUR ÉPERONNIÈRE. *V.* DAUPHINELLE, LINAIRE et CAPUCINE. (LN.)

FLEUR DE FER. *V.* FLOS FERRI. (PAT.)

FLEUR EN GLOBE, *Flos globosus*, Rumph., tab. 8, tom. 100, f. 2. C'est l'AMARANTHINE (*flos gomphrœna globosa*, L.), dont les fleurs sont rassemblées en petites têtes rondes. (LN.)

FLEUR DE GRAND SEIGNEUR. La CENTAURÉE MUSQUÉE porte ce nom. (B.)

FLEUR DE GUIGNES. Variété de POIRE nommée aussi *poire sans peau*. (LN.)

FLEUR HÉPATIQUE. On trouve que ce nom a été donné à la PARNASSIE des marais, parce qu'on croyoit cette plante utile pour la guérison des maladies du foie. On appelle encore ainsi l'ANÉMONE HÉPATIQUE. (LN.)

FLEUR D'UNE HEURE, *Flos horarius*, Rumph. 6, tab. 9. C'est la KETMIE CHANGEANTE, *hibiscus mutabilis*, L., cultivée dans les jardins de l'Asie à cause de ses fleurs qui sont de courte durée, mais qui se renouvellent souvent. (LN.)

FLEUR D'HIVER. *V.* HELLÉBORE D'HIVER. (LN.)

FLEUR EN HOUPETTE. *V.* JASIONE, JACÉE et SCABIEUSE. (LN.)

FLEUR D'HUMIDITÉ. *V.* MOISISSURE. (LN.)

FLEUR IMMORTELLE. Nom donné à quelques espèces de GNAPHALES, d'AMARANTHINES, de PASSE-VELOURS et de XERANTHÈMES ou ELICHRYSES. (LN.)

FLEUR IMPIE, *Flos impius*, Rumph., Amb. 8, t. 100. C'est le PENTAPETES A FLEURS POURPRES (*pentapetes phœnicea*, L.). (LN.)

FLEUR DES INCAS. *V.* ALSTROÉMÉRIE. (LN.)

FLEUR D'INDE, *Flosindicus.* Nom sous lequel Ferrari a fait connoître, dans un ouvrage sur la culture des fleurs (1633), une plante iridée qui a servi de type à un genre auquel les botanistes ont donné son nom. C'est le *ferraria undulata*, Linn. (LN.)

FLEUR DE JALOUSIE. *Voyez* AMARANTHE TRICOLORE. (B.)

FLEUR SAINT-JEAN. Nom donné au GALLIET A FLEURS JAUNES, *Gallium verum*. (LN.)

FLEUR DE JERUSALEM, *Lychnis chalcedonica*, Linn. *V.* LYCHNIDE. (LN.)

FLEUR DE SAINT-JOSEPH. C'est le LAURIER ROSE, *Nerium oleander*, en Italie. (LN.)

FLEUR D'UN JOUR ou **BELLE D'UN JOUR.** On nomme ainsi les HÉMEROCALLES, liliacées à fleurs grandes et fugaces. L'EPHÉMÈRE de Virginie, les LISERONS, etc., sont encore appelées ainsi. *V.* HÉMÉROCALE. (LN.)

FLEUR-JOYEUSE. C'est, en Orient, le nom donné à l'ACACIE LEBBEK, *Mimosa lebbek*. (LN.)

FLEUR DE JUPITER. C'est une espèce de COQUELOURDE, *Agrostema flos-jovis*, L. *V.* aussi DIOSANTHOS. (LN.)

FLEUR DE LIS. C'est le LIS BLANC, *Lilium candidum*, Linn. Les Anglais nomment ainsi plusieurs espèces d'IRIS, à cause de la forme de leurs fleurs. (LN.)

FLEUR DE MALLET. Nom de la PIVOINE dans quelques endroits de la France méridionale. (LN.)

FLEUR MEXICAINE. Nom donné autrefois à la BELLE DE NUIT. (LN.)

FLEUR DE MIDI. Espèce de FICOÏDE, *Mesembryanthemum promeridianum*, dont les fleurs s'ouvrent après midi, et se referment après minuit, pendant plusieurs jours. (LN.)

FLEUR A MIEL. Ce sont les MÉLIANTHES, arbrisseaux du Cap de Bonne-Espérance. (LN.)

FLEUR MIELLÉE. Nom du MÉLIANTHE PYRAMIDAL. (B.)

FLEUR DES MORTS. C'est le GRAND ŒILLET D'INDE, *Tagetes erecta.* (LN.)

FLEUR A MOUCHE. C'est l'ASCLÉPIADE de Syrie. On nomme encore ainsi les OPHRYDES, à cause de leurs fleurs qui ressemblent à des insectes volans. (LN.)

FLEUR A MUSC, *Flos moschatus*, Merian, Sur. 4, t. 15. C'est la KETMIE ABELMOSCH, *Hibiscus abelmoschus.* (LN.)

FLEUR DE MUSCADE. C'est la seconde écorce du fruit du MUSCADIER. On l'appelle aussi MACIS. (B.)

FLEUR MUSQUÉE. C'est la MOSCATELINE, jolie petite plante qui croît à l'ombre dans les bois humides. (LN.)

FLEUR EN NEIGE. *V.* CHIONANTHE. (B.)

FLEUR DE NOËL. *V.* HELLÉBORE NOIR. (LN.)

FLEUR DE LA NUIT. La BELLE-DE-NUIT (*Mirabilis jalappa*) et des espèces de FICOÏDES ODORANTES (*Mesembryanthemum*), portent ce nom. (LN.)

FLEUR DE NUIT. Quelques espèces d'IPOMŒA ont reçu ce nom, parce que leurs fleurs s'épanouissent le matin de fort bonne heure ; telle est l'*Ipomœa bona nox.* (LN.)

FLEUR D'ONZE HEURES. *Voyez* ORNITHOGALE BLANC. (LN.)

FLEUR-D'OR. *V.* FLEUR DU PÉROU. (LN.)

FLEUR DE PAON. La POINCILLADE porte ce nom. (B.)

FLEUR DE PARADIS. C'est encore la POINCILLADE. (B.)

FLEUR DE PARFAIT-AMOUR. C'est l'ANCOLIE (*Aquilegia vulgaris*). (LN.)

FLEUR DU PARNASSE. *V.* au mot PARNASSIE. (B.)

FLEUR DE LA PASSION. Les Espagnols ont donné ce nom à la GRENADILLE BLEUE. (B.)

FLEUR DU PÉROU. C'est le nom donné au CACTIER GRANDIFLORE et au SOLEIL (*Helianthus annuus*). (LN.)

FLEUR PLEURITIQUE (*Flos pleuriticus*). C'est le COQUELICOT (*Papaver rhœas*). (LN.)

FLEUR DU PRINCE. Un des noms qu'on donnoit autrefois à la BELLE-DE-JOUR (*Convolvulus tricolor*). (LN.)

FLEUR PRINTANIÈRE. C'est la PETITE MARGUERITE ou PAQUERETTE (*Bellis perennis*). On donne encore ce nom aux PRIMEVÈRES. (LN.)

FLEUR DE PRINTEMPS. C'est la PRIMEVÈRE (*Primula veris*, L.). (LN.)

FLEUR DE QUATRE HEURES. C'est la BELLE-DE-

NUIT (*Mirabilis jalappa*), dont les fleurs s'épanouissent le soir, pour se faner le lendemain matin. (LN.)

FLEUR DE ROME. *V.* TAGÈTES. (LN.)

FLEUR ROYALE. *V.* FLOS REGIUS. (LN.)

FLEUR DE SABATE. C'est la KETMIE ROSE. (B.)

FLEUR DE SAFRAN. *Voyez* CARTHAME des teinturiers. (LN.)

FLEUR DE SAINT-JACQUES. *V.* JACOBÉE. (B.)

FLEUR DE SAINT-LOUIS. La KETMIE LILIFLORE porte ce nom. (B.)

FLEUR DE SAINT-THOMÉ. C'est le GUETTARD DE L'INDE. (B.)

FLEUR DE SANG. *Voy.* HÉMANTHE. (B.)

FLEUR DE SEL MARIN. Écume salée qui s'attache aux végétaux sur le bord de la mer. (PAT.)

FLEUR DE SIAM ET DE TUNQUIN, *Flos siamicus et tonkini*, Rump. Amb. auct., t. 26. C'est le CYNANCHE ODORANT, *Cyn. odoratissimum*, de Loureiro; arbrisseau cultivé dans les jardins de l'Inde, où il rivalise avec le SAMBAC pour l'odeur suave des fleurs. (LN.)

FLEUR DU SOLEIL. C'est le CISTE HÉLIANTHÈME. (B.)

FLEUR DE TAN. C'est le *mucor septicus*, L. (DESM.)

FLEUR DE LA TANNÉE. Berger, *Journal de Physique*, année 1802, donne ce nom à la RÉTICULAIRE DES JARDINS, qui croît sur la tannée et autres substances végétales en décomposition. (B.)

FLEUR A TEINDRE. C'est le GENÊT des teinturiers, *Genista tinctoria*. (LN.)

FLEUR DE TERRE. Les habitans du Cap de Bonne-Espérance donnent ce nom à l'HYOBANCHE COULEUR DE SANG. (B.)

FLEUR DE TOUS LES MOIS. C'est le SOUCI des jardins. (LN.)

FLEUR DE LA TRINITÉ. La PENSÉE est ainsi nommée à cause de ses fleurs tricolores. *V.* VIOLETTE. (LN.)

FLEUR TIGRÉE. *V.* TIGRIDIE. (LN.)

FLEUR DE TUNIS. *V.* FLEUR AFRICAINE. (LN.)

FLEUR DE TUNQUIN. *V.* FLEUR DE SIAM. (LN.)

FLEUR DE VEUVE. Espèce de SCABIEUSE. (B.)

FLEUR DE ZACCHARIE. C'est le BLUET. (LN.)

FLEURAISON. *Voyez* FLORAISON. (DESM.)

FLEURETTE. Petite fleur complète, qui entre dans la structure d'une fleur agrégée; telles sont les *fleurettes* qui composent la fleur de la SCABIEUSE. (D.)

FLEURILARDE. Nom donné par Dicquemare à une *holothurie* qu'il a décrite dans le *Journal de Physique d'octobre* 1778. C'est probablement l'*holothurie mamelonnée* de Muller. *V.* au mot HOLOTHURIE. (B.)

FLEURI NOËL. C'est, à la Martinique, l'EUPATOIRE A GRANDES FEUILLES, qui est en fleur pendant l'hiver, et qui est regardée comme un spécifique contre la morsure de la VIPÈRE FER DE LANCE. (B.)

FLEURON. Petite fleur incomplète, qui entre dans la structure d'une fleur composée. On distingue deux sortes de *fleurons*, savoir : les fleurons proprement dits, et les demi-fleurons. Les uns et les autres ont une corolle monopétale; mais, dans les premiers, la corolle est régulière et en entonnoir, avec un limbe découpé en quatre ou cinq parties; dans les demi-fleurons, elle est formée d'un tube court qui se prolonge extérieurement en une lame étroite, quelquefois dentée au sommet, appelée *languette*. Lorsque les fleurons sont mêlés aux demi-fleurons, dans la même fleur, elle porte le nom de *fleur radiée;* ceux-là occupent alors le centre, et les autres la circonférence. S'il ne s'y trouve que des fleurons, on l'appelle *fleur flosculeuse*, ou *semi-flosculeuse* quand elle ne contient que des demi-fleurons. *Voyez*, à l'article BOTANIQUE, le développement du système de *Tournefort*. (D.)

FLEURS MINÉRALES. On donne le nom de *fleurs* aux substances minérales, et surtout métalliques, qui, par l'effet de la sublimation ou de la décomposition, se trouvent dans un état pulvérulent, qui les fait ressembler, pour la finesse, à la *fleur de farine*. Telles sont les substances suivantes:

FLEURS D'ANTIMOINE. Elles sont ordinairement le produit de l'art; cependant on trouve dans une mine de la Daourie, un sulfure d'antimoine aurifère, qui se décompose en une poussière jaunâtre, à laquelle on pourroit donner ce nom.

FLEURS D'ARSENIC. C'est l'arsenic sublimé, sous la forme d'une poussière blanche; on peut en trouver dans les volcans; mais ce minéral y est ordinairement combiné avec le soufre, à l'état d'orpiment ou de réalgar.

FLEURS D'ASIE. Nom donné au *Natron* ou carbonate de soude, par différens voyageurs, selon Bomare.

FLEURS DE BISMUTH. C'est un oxyde de bismuth pulvérulent, et sous la forme d'une efflorescence jaune verdâtre, qui se trouve à la surface du minerai de bismuth.

FLEURS DE CINABRE, OU VERMILLON NATIF. C'est un sulfure de mercure, sous la forme d'une poussière d'un très-beau rouge, qui se trouve quelquefois à la surface du cinabre strié.

Fleurs de cobalt. Efflorescence de couleur lilas, qui se forme à la surface des minerais de cobalt; c'est une combinaison de ce métal avec l'acide arsenique; les fleurs de cobalt sont rarement dans un état tout-à-fait pulvérulent, mais sous la forme de petits cristaux disposés en étoiles.

Fleurs de cuivre bleues, *bleu de montagne* pulvérulent ou en petits filets; c'est un carbonate de cuivre, qu'on suppose moins oxydé que le *vert de montagne*. Cependant j'ai des échantillons de ces carbonates de cuivre de Sibérie, où le carbonate vert est recouvert par le carbonate bleu.

Quand les fleurs de cuivre bleues sont cristallisées d'une manière un peu distincte, on leur donne le nom de *cristaux d'azur*. *V*. Cuivre carbonaté.

Fleurs de cuivre rouges. Oxyde de cuivre d'une belle couleur de vermillon, tantôt à l'état pulvérulent, et tantôt en filets ordinairement croisés les uns sur les autres.

Fleurs de cuivre vertes ou vert de montagne pulvérulent. C'est un carbonate de cuivre de couleur verte. Quand il est en filets capillaires, il prend le nom de *mine de cuivre soyeuse* ou *satinée*; ces filets sont demi-transparens et d'une superbe couleur d'émeraude.

Fleurs d'hématite. On a donné ce nom au manganèse oxydé argentin, qui recouvre la surface de certains minerais de fer oxydé fibreux ou hématite. *V*. Manganèse oxydé.

Fleurs de soufre. C'est le soufre sublimé par la chaleur, sous la forme de petites aiguilles microscopiques.

On le trouve fréquemment dans les fissures des cratères, où il se sublime pendant le temps de repos des volcans. La *Solfatare* de Pouzzol en produit en abondance; quoique cet ancien volcan ne fasse plus d'éruption, il conserve encore un reste d'activité. (pat.)

FLEUVE. Courant d'eau très-puissant, qui prend sa source dans de grandes chaînes de montagnes, et qui, après un cours ordinairement fort étendu, se jette dans la mer. C'est surtout cette dernière circonstance qui caractérise le fleuve; ainsi, toute grande rivière qui se jette dans la mer, est un fleuve. On accorde néanmoins quelquefois ce nom à des rivières d'une immense étendue, quoiqu'elles se jettent dans un autre fleuve. C'est ainsi que l'on compte parmi les fleuves de Sibérie, l'*Irtisch*, qui se jette dans l'Ob, après un cours de plus de 500 lieues, et qui est si considérable, qu'à 400 lieues au-dessus de son embouchure, je lui ai trouvé plus de 200 toises de large.

La plupart des fleuves sont fort peu de chose près de leur source, et n'acquièrent un volume considérable que par les rivières qu'ils reçoivent dans leur cours. La *Seine*, par exemple, qui prend sa source près de Chanceau, à huit lieues N. O. de Dijon, serpente long-temps dans des prairies, comme un foible ruisseau qu'on peut franchir d'une enjambée.

Les sources des fleuves se trouvent communément à une grande élévation dans les montagnes. La Garonne vient des sommets les plus élevés des Pyrénées. Les sources du Rhin sont dans la partie orientale du mont Saint-Gothard, à plus de mille toises au-dessus de la mer. Celles du Rhône sont sur la montagne de la Fourche, dans la partie occidentale du Saint-Gothard, à une élévation de neuf cents toises. Elles sont remarquables, en ce qu'elles sont toujours à la température de quatorze degrés, quoique toutes les autres eaux du voisinage soient presque toujours à la température de la glace.

Les fleuves conservent pour l'ordinaire leur nom depuis leur embouchure jusqu'à leur source, comme le Rhin, le Rhône, le Danube, etc. Quelquefois ils ne commencent à le prendre qu'à la réunion de deux rivières, dont le nom est différent du leur; c'est ainsi que la *Gironde* est formée par la réunion de la Garonne et de la Dordogne; le fleuve *Amour*, par la jonction de l'Argoun et de la Chilca, etc.

Le nombre des fleuves, dans les quatre parties du monde, est considérable; on en compte plus de six cents, dont environ quatre cent trente sont dans l'ancien continent, et environ cent quatre-vingts en Amérique. Et quoique dans ce nombre il y en ait de très-grands, et que l'eau qu'ils portent tous ensemble à la mer, semble devoir former un volume immense, cependant Buffon a trouvé, par des calculs approximatifs, qu'il lui faudroit huit cent douze ans pour remplir le lit de l'Océan, en lui supposant une profondeur moyenne de deux cent trente toises.

Il a pareillement calculé que l'évaporation qui se fait annuellement de toutes les eaux du globe, pourroit former une couche d'eau de vingt-neuf pouces, et que les eaux que roulent toutes les rivières, ne formeroient qu'une couche de vingt-un pouces: d'où il conclut que l'évaporation est plus que suffisante pour alimenter continuellement les sources de toutes les rivières; car il est aujourd'hui bien reconnu que toutes les sources tirent leur origine des vapeurs de l'atmosphère. *Voyez* SOURCE.

Les principaux fleuves d'Europe sont le *Volga*, qui se jette dans la mer Caspienne; le *Danube* et le *Nieper*, dans la mer Noire; le *Don*, dans la mer d'Azof; la *Dvina*, dans la mer Blanche, au-dessous d'Archangel.

Un grand nombre de rivières considérables se jettent dans ces fleuves: le *Danube* en reçoit environ trente; le *Volga*, trente-deux ou trente-trois ; le *Don*, cinq ou six ; le *Nieper*, dix-neuf ou vingt ; la *Dvina*, onze ou douze.

Le cours du *Volga* est de 650 lieues ; celui du *Danube*, de 450 ; celui du *Don*, d'environ 400 ; celui du *Nieper*, d'environ 350 ; celui de la *Dvina*, d'environ 300.

Buffon, porté par son génie à tout généraliser, avoit conclu, de quelques observations particulières, que dans l'ancien continent les fleuves couloient parallèlement aux grandes chaînes de montagnes, tandis qu'en Amérique ils s'éloignent à peu près à angles droits des Cordilières, où la plupart d'entre eux prennent leurs sources.

Mais dans l'ancien comme dans le nouveau Monde, les fleuves et les rivières suivent la même marche, et il ne sauroit en être autrement. Les chaînes ou les groupes de montagnes d'où les plus grandes rivières tirent leurs sources, forment la partie la plus élevée d'une contrée, et il faut bien que les eaux qui en descendent prennent la route la plus directe pour suivre la pente du sol.

Si l'on jette les yeux sur l'Asie boréale, on voit qu'elle est traversée, de l'ouest à l'est, par une vaste chaîne de montagnes, d'où sortent les grands fleuves de Sibérie, qui coulent du sud au nord, et se jettent dans la mer Glaciale.

Les grands fleuves de l'Inde tirent leur source du plateau très-élevé du Thibet, qui s'étend, comme les montagnes de Sibérie, de l'est à l'ouest ; et ces fleuves s'en éloignent directement en coulant à peu près au sud, pour se jeter dans l'océan Indien.

La croupe orientale de ce plateau fournit le *Hoang* et le *Kiang*, qui coulent à l'est, pour aller se jeter dans la mer du Japon, après avoir traversé toute la Chine ; et la croupe orientale de la grande chaîne de Sibérie donne naissance au fleuve *Amour*, qui va se jeter dans la mer de Kamtschatka. Ainsi ces trois grands fleuves suivent la même loi que tous les autres, en s'éloignant directement de leur source.

La même chose s'observe dans les fleuves d'Afrique, et surtout à l'égard du Nil qui semble fuir l'Abyssinie par la route la plus courte, en dirigeant directement sa marche vers le nord. Ainsi, je le répète, le cours des fleuves de l'ancien continent n'a rien qui le distingue du cours des fleuves d'Amérique.

Buffon posoit aussi pour principe que les fleuves ont un cours d'autant plus sinueux, qu'ils approchent davantage de leur embouchure ; mais c'est encore une supposition tout-à-fait dénuée de fondement ; et sans sortir de France, nous avons la preuve manifeste du contraire.

Le *Rhône* est sinueux au-dessus de Lyon ; mais depuis cette ville jusqu'auprès de ses embouchures, son cours est d'une régularité peu commune.

La Loire est également sinueuse jusqu'auprès d'Angers; de là jusqu'à la mer, elle coule en ligne droite. La Garonne, quoique sinueuse d'abord, ne fait plus de détours depuis Agen jusqu'à Bordeaux. Si le cours de la Seine est tortueux près de Rouen, il l'est bien davantage encore aux environs même de Paris. Ainsi il n'y a nulle conséquence générale à tirer sur la direction que suit le cours des fleuves, soit dans leur partie supérieure, soit dans le voisinage de la mer.

Mais il y a une remarque à faire, qui est bien plus intéressante, et qui nous révèle un grand fait géologique, auquel on n'a pas, à beaucoup près, donné l'attention qu'il mérite: c'est que les montagnes ont été jadis incomparablement plus élevées qu'aujourd'hui; les fleuves en donnent la preuve évidente, par l'immensité des débris qu'ils en ont détachés, dont ils ont rempli les vallées, et qu'ils ont ensuite entraînés jusqu'à la mer, où ils ont formé ces *attérissemens*, qu'on voit toujours à leur embouchure.

Tous les fleuves ont laissé des traces incontestables qui attestent leur ancienne puissance, et qui prouvent qu'ils remplissoient en entier le bassin des larges vallées, où ils ne font plus que serpenter aujourd'hui. Le savant ingénieur Pasumot a reconnu, par les sillons que portent encore les roches de la forêt de Rougeau, que la Seine les baignoit autrefois à quatre-vingts pieds plus haut qu'aujourd'hui, et son volume, nécessairement proportionné à cette élévation, l'emportoit infiniment sur celui qui lui reste.

Que l'on compare aussi le Rhône actuel avec ce qu'il fut dans ces temps reculés où il remplissoit de galets quarzeux une vallée de trois à quatre lieues de large, et que bordent encore aujourd'hui des collines composées de ces galets, qui s'élèvent à plus de cent cinquante toises au-dessus de son lit actuel.

Un observateur bien célèbre étoit tellement frappé de l'énormité de ces débris, qu'il étoit tenté de les attribuer à une débâcle de l'Océan; mais quand on vient à les examiner, et qu'on voit qu'ils forment une multitude prodigieuse de couches distinctes, et que d'ailleurs tous les galets sont parfaitement arrondis, on ne peut y méconnoître le travail d'un fleuve, continué pendant une longue série de siècles.

Le dépôt de cette nature, le plus frappant peut-être qui existe, c'est celui dont est composée cette vaste montagne, nommée le *Rigiberg*, qu'on voit sur le bord du lac de Lucerne, au débouché de la grande vallée du Muttenthal; elle a huit lieues de circonférence sur près de quatre mille cinq cents pieds au-dessus du lac : toute sa masse est composée de cailloux roulés, disposés en couches horizontales, que Saussure a reconnus pour être des débris des montagnes mêmes qui bordent la vallée.

Qu'on juge maintenant quelle a dû être l'élévation de ces montagnes, et en même temps la puissance de ce courant, qui remplissoit toute cette grande vallée, et qui l'avoit comblée des débris que ses eaux arrachoient des sommités d'où se précipitoient ses flots et ceux des torrens qui venoient de toutes parts s'y joindre.

Quant à l'origine des fleuves et des rivières, *voyez* SOURCES. (PAT.)

FLEZ ou FLET. Nom vulgaire d'une espèce de PLEURONECTE. *V.* ce mot. (B.)

FLIEDER et FLIDER. Le SUREAU, le LILAS et l'[illegible]LISIER, portent ces noms en Allemagne. (LN.)

FLIEGELHOLZ. C'est le CHARME, en Allemagne.

FLIEGENBAUM. Un des noms de l'ORME, en Allemagne. (LN.)

FLIEGENFAUGER. Nom allemand des GOBE-MOUCHES. (V.)

FLIN. Pyrite en aiguilles rayonnantes, dans le langage du Douanes. (B.)

FLINDER. Un des noms du LILAS, en Allemagne. (LN.)

FLINDERSIE, *Flindersia.* Arbre de la Nouvelle-Hollande, à feuilles alternes, ramassées à l'extrémité des rameaux; à fleurs blanches disposées en panicules terminales, qui seule constitue un genre dans la pentandrie monogynie, et dans la famille des cédrellées.

Les caractères de ce genre sont : calice à cinq divisions égales, persistantes; corolle de cinq pétales sessiles; dix étamines attachées à l'intérieur d'un tube, dont cinq stériles ; ovaire supérieur à style pentagone et à stigmate pelté ; capsule à cinq divisions bipartites, renfermant dans chaque division, deux semences ailées à leur sommet et attachées à un placenta central.

Ce genre est figuré pl. 1 des Remarques sur la Botanique des Terres Australes, par R. Brown. (B.)

FLIONS. Nom qu'on donne, dans quelques ports de mer, aux coquilles bivalves du genre des TELLINES. (B.)

FLIOR-VELLUTO et FLIOR D'AMORE. Noms italiens de l'AMARANTHE. (LN.)

FLISSCHROSE. C'est, en Allemagne, l'un des noms du COQUELICOT, *Papaver rhœas.* (LN.)

FLITTER. L'un des noms du SUREAU, en Allemagne. *Flitteresche* est un de ceux du TREMBLE. (LN.)

FLOCKS. On nomme ainsi l'EUPATOIRE COMMUN, *Eupatorium cannabinum*, en Suède et en Danemarck. (LN.)

FLOCON D'OR. *V.* CHRYSOCOME. (B.)

FLOERKÉE, *Floerkea.* Genre de plantes établi par Willdenow, dans l'hexandrie monogynie, et dans le voisinage du PEPLIDE. Ses caractères sont : calice de trois folioles; corolle de trois pétales; ovaire supérieur à style bifide, à stigmate simple; utricule à deux coques et à deux semences hémisphériques.

Ce genre ne renferme qu'une espèce. C'est une plante annuelle, à tige nageante, à feuilles externes, oblongues, obtuses, et à fleurs portées sur des pédoncules solitaires et axillaires. Elle est originaire de l'Amérique septentrionale. (B.)

FLOERS. Nom du CARTHAME des teinturiers, en Hollande. (LN.)

FLORAISON ou FLEURAISON, *Florescentia.* Epoque où chaque espèce de plante fleurit. (D.)

FLORE. Nom donné par les botanistes à un catalogue descriptif de la plupart des plantes qui croissent naturellement dans un pays déterminé. C'est ainsi qu'on dit la *Flore des environs de Paris*; la *Flore des Alpes*. (D.)

FLORÉE D'INDE. Fécule préparée du PASTEL. (B.)

FLORESTINE, *Florestina.* Genre de plantes de la famille des synanthérées, et de la tribu des hélianthées, établi par H. Cassini pour placer la STÉÉVIE PÉDIAIRE de Willdenow. Il diffère du SCHKUHRIS par l'absence des demi-fleurons, et par l'aigrette formée d'une douzaine de petites écailles presque rondes. (B.)

FLORICEPS, *Floriceps.* Genre de vers intestinaux établi par Cuvier, aux dépens des BOTHRYOCÉPHALES de Rudolphi. Ses caractères sont : quatre petites trompes ou tentacules armées d'épines recourbées.

L'espèce la plus commune de ce genre, le BOTHRYOCÉPHALE COROLLATE vit dans les viscères des RAIES. Elle a plusieurs pouces de long. On en voit la figure pl. 16 de l'ouvrage de Cuvier, intitulé : *le Règne Animal* distribué d'après son organisation. (B.)

FLORIDÉES. Ordre établi par Lamouroux dans la famille des THALASSIOPHYTES. Ses caractères sont : organisation corolloïde; couleur pourpre ou rougeâtre, devenant brillante à l'air. Il se divise en *floridées à feuilles planes* et en *floridées à feuilles cylindriques ou nulles.* On trouvera au mot VAREC l'indication des genres qui le composent. (B.)

FLORIFORME. Nom donné par Dicquemare à la TUBULAIRE ENTIÈRE. (B.)

FLORILÈGES ou **ANTHOPHILES.** Nom donné par M. Duméril à une famille d'insectes, de l'ordre des hyménoptères, ayant pour caractères : abdomen pédiculé, arrondi, conique ; lèvre inférieure de la longueur des mandibules ; antennes non brisées, de treize articles au plus. Elle renferme les genres : PHILANTHE, SCOLIE, CRABRON, MELLINE. *V.* FOUISSEURS. (L.)

FLORILIE, *Florilus.* Genre de COQUILLES établi par Denys de Montfort. Ses caractères sont : coquille libre, univalve, cloisonnée, à sommet apparent, à base ombiliquée, à couverture triangulaire, recouverte par un diaphragme qui offre une échancrure en ogive contre le retour oblique de la spire ; dos caréné ; cloisons unies ; siphon inconnu.

Une seule espèce, à peine d'une demi-ligne de diamètre, constitue ce genre, et elle se trouve dans la Méditerranée, parmi les varecs et les corallines. (B.)

FLORILUS. *V.* FLORILIE. (DESM.)

FLORIPONDIO. C'est, au Pérou, la fleur de la STRAMOINE ARBORESCENTE. (B.)

FLORIPONDIO. Les Espagnols nomment ainsi le LILAS. (LN.)

FLOS. Synonyme latin du mot FLEUR. *V.* les divers articles FLEURS. (LN.)

FLOS CONVOLUTUS (Rumph. Amb. 6, t. 48). Cette plante se rapproche du *nerium obesum* de Forskaël ; mais il est plus probable que c'est une espèce de FRANGIPANIER, peut-être celle que Linnæus a nommée *plumiera obtusa*, bien que les feuilles de la plante de Rumphius soient pointues et non pas obtuses. (LN.)

FLOSCOPE, *Floscopa.* Arbrisseau grimpant, simple, sans vrilles, à feuilles alternes, lancéolées, entières, engaînantes, polyspermes, ciliées à leur base, hérissées en dessus, à fleurs petites, violettes, réunies en épis fasciculés, qui forme un genre dans l'hexandrie monogynie, et dans la famille des asparagoïdes.

Ce genre offre pour caractères : un calice tubuleux persistant, velu, coloré, divisé en trois découpures recourbées ; une corolle de trois pétales ovales, droits ; six étamines ; un ovaire supérieur, comprimé, bilobé, surmonté d'un style oblique à stigmate épais ; une capsule presque ovale, garnie de beaucoup de sillons.

Le *floscope* se trouve dans la Cochinchine. (B.)

FLOS CUCULI. Dodonée nomme ainsi le cresson des prés, *Cardamine pratensis*. *V*. FLEUR DE COUCOU. (LN.)

FLOSCULEUSES, (*Fleus*). Sorte de forme de fleurs, et en même temps de disposition de fleurs, c'est-à-dire, fleur composée uniquement formée de fleurons réguliers à cinq divisions. Les CHARDONS, les CENTAURÉES ont des fleurs flosculeuses. *V*. FLEUR, PLANTE et BOTANIQUE.

Tournefort en a formé la douzième classe dans sa méthode, celle des plantes à fleurs flosculeuses. Dans le système de Linnæus, ces fleurs sont dispersées dans plusieurs des divisions de sa syngénésie. Elles constituent aujourd'hui une des divisions des SYNANTHÉRÉES de H. Cassini. (B.)

FLOS-CUSPIDUM (Rumph. Amb. 2, t. 63). C'est le MIMUSOPE ELENGI. (LN.)

FLOS-FERRI ou FLEUR DE FER. Concrétions pierreuses de nature calcaire, qu'on trouve dans les cavités de quelques montagnes qui contiennent des filons de *mine de fer spathique*, ce qui a fait présumer qu'elles doivent leur existence à cette mine de fer, quoique pour l'ordinaire elles ne contiennent que fort peu de métal, ou même point du tout.

Ces concrétions forment des touffes qui ont quelquefois plusieurs pieds de circonférence ; leurs rameaux n'excèdent guère la grosseur d'un tuyau de plume, mais ils atteignent jusqu'à douze ou quinze pouces de longueur et même davantage, et conservent le même diamètre dans toute leur étendue ; ils sont entrelacés les uns dans les autres comme les rameaux d'un buisson, sans jamais se confondre ; et souvent ils sont bifurqués comme les branches des arbrisseaux.

Les naturalistes regardent le flos-ferri comme une simple stalactique, qui n'est, suivant eux, que le produit d'un dépôt formé par des eaux chargées de molécules calcaires; mais, suivant M. Patrin, la conformation de cette substance ne sauroit s'accorder avec une semblable idée. Il pense que, d'après tous les caractères que présentent les tiges du flos-ferri, on ne sauroit leur refuser les honneurs de l'organisation, et que si quelque naturaliste prenoit la peine d'observer avec le microscope leur structure intérieure au moment même où elles sont détachées de leur base, peut-être y trouveroit-il quelques indices de leur *vie végéto-minérale*.

M. le comte de Bournon a fait voir, comme nous l'avons déjà dit, t. 6, p. 165, que le flos-ferri appartenoit à l'ARRAGONITE. (LUC.)

Le flos-ferri se trouve en divers endroits, en Saxe, à Schemnitz en Hongrie, à Sainte-Marie-aux-Mines dans les Vosges ; mais on en distingue surtout deux belles variétés, qui se trouvent, l'une dans les Pyrénées, au Canigou près de l'abbaye de Sainte-Marthe, et dans les mines de fer de Vic-Dessos; l'autre en Stirie, dans la montagne d'Ertzberg, près d'Eisen-Ærtz.

Le flos-ferri des Pyrénées est d'une couleur gris de perle, et ses rameaux sont couverts d'un bout à l'autre d'une infinité de petites aiguilles fort courtes, semblables aux piquans de certaines plantes.

Celui de Stirie est d'une blancheur parfaite; ses jeunes rameaux sont couverts d'un duvet tomenteux, comme les nouvelles pousses des végétaux, ou comme le bois naissant d'un cerf; mais à mesure qu'ils grandissent, leur écorce devient lisse, et même un peu luisante. Leur intérieur offre une structure remarquable; quand on casse un rameau, l'on voit qu'il est composé de petits cônes ou entonnoirs dont la pointe est tournée vers la racine, et qui s'emboîtent les uns dans les autres, comme les calottes empilées des bélemnites décrites par Sage (*Journ. de Phys.*, fructidor an IX, pl. 11, fig. G et H). On aperçoit de même un petit siphon dans le centre. On observe une structure toute semblable dans une caryophyllie figurée dans les *Mém. de Guettard*, t. 2, p. 38, fig. 3. Une infinité d'exemples prouvent que les productions marines forment le lien qui unit ensemble les différens règnes de la nature.

Le savant observateur Jars a vu avec admiration les belles touffes de flos-ferri des mines d'Eisen-Ertz. Après avoir parlé des *stalactiques* ordinaires qu'on voit dans quelques-uns de ces souterrains, il ajoute: « Dans d'autres endroits, cela forme comme des *végétations et ramifications*; il y en a surtout dans deux anciens ouvrages, qui ont des configurations très-belles; leur grande blancheur en rend le coup d'œil très-agréable; on a mis des portes à ces deux endroits, que l'on nomme *chambre du trésor;* c'est le directeur général des mines de Stirie qui en a les clefs: on conserve ce *trésor naturel* avec soin, pour satisfaire la curiosité des étrangers. » (PAT.)

FLOS FESTALIS (Rumph. *Amb.* 6, tab. 8). C'est la KETMIE *rose de Chine* (*hibiscus rosa sinensis*, L.), plante de l'Inde, qui est cultivée pour l'agrément de ses fleurs grandes, rouges ou blanches, simples ou doubles. Ces fleurs colorent l'esprit-de-vin en rouge et teignent la toile en noir. *Voyez* KETMIE. (LN.)

FLOS MANILHANUS (Rumph. *Amb.* 4, t. 39). Très-jolie espèce de laurier rose (*nerium coronarium*). (LN.)

FLOS MANORÆ (Rumph. *Amb.* 7, t. 30). C'est le *Nyctanthes sambac*, L., très-cultivé dans toute l'Asie. (LN.)

FLOS PASSIONIS. Quelques espèces de PASSIFLORES étoient ainsi nommés avant Linnæus. (LN.)

FLOS-REGIUS de Dodoens. C'est le PIED D'ALOUETTE DES JARDINS, *Delphinium Ajacis.* On l'a nommé *fleur royale*, parce qu'on croit lire sur la fleur les lettres AIA, initiales du nom d'Ajax, fils de Télamon, roi de Salamine, qui, au siége de Troie, s'ôta la vie, de désespoir de n'avoir point obtenu les armes d'Achille. De son sang naquit la fleur sur laquelle on lisoit, disent les poëtes, les lettres ci-dessus, fleur que les anciens appeloient *hyacinthos*, qui n'est pas notre *hyacinthe.* C'est d'elle dont il est question dans ces vers de Virgile :

> Dic quibus in terris inscripta nomina Regum
> Nascantur flores; et Phyllida solus habeto.

Et ailleurs....

> Ecce suos genitus foliis inscripsit et AIÆ.
> *Virg. Eclog.* (LN.)

FLOS PERGULANS (Rumph. *Amb.* 5, t. 29, f. 2). C'est la PERGULAIRE glabre. (LN.)

FLOSSADE. C'est la RAIE A LONG BEC. (B.)

FLOS SOLIS. Ce nom a été donné à l'INULE campane, à des *hélianthes*, et à quelques autres plantes de la syngénésie. (LN.)

FLOS SUSANNÆ (Rumph. *Amb.* 5, t. 99, f. 2). C'est une belle espèce d'ORCHIDE, *Orchis Susannæ*, L., qui croît dans les Indes orientales, en Chine, en Cochinchine, etc. (LN.)

FLOS TRIPLICATUS (Rumph. *Amb.* 6, t. 32, f. 2). C'est le LIMODORE à feuilles de varaire, *Limodorum veratrifolium*, Willd. (LN.)

FLOT ou **FLUX.** *V.* MARÉE. (PAT.)

FLOUSSADO. Nom de la RAIE BATIS, à Nice. (DESM.)

FLOUVE, *Anthoxanthum.* Genre de plantes de la diandrie digynie, et de la famille des graminées, dont la fructification présente une balle calicinale uniflore, formée de deux valves oblongues, pointues, concaves et inégales; une balle florale à deux valves égales, et ayant une barbe insérée sur leur dos ; deux écailles très-petites, inégales, obtuses, opposées, qui embrassent la base des parties génitales ; deux étamines ; un ovaire supérieur, chargé de deux styles velus ; une semence presque cylindrique, pointue aux deux bouts, et enveloppée de la balle florale.

Ce genre comprend six espèces, dont les fleurs sont en épis paniculés, et dont une seule est commune. C'est la FLOUVE ODORANTE, qu'on trouve dans tous les prés et les bois qui ne sont pas trop aquatiques. Ses feuilles, ses tiges et principalement ses racines, ont une odeur et une saveur agréables. Aussi les bestiaux les broutent-ils avec plaisir. On ne peut deviner sur quel fondement on a cru que cette plante pouvoit causer des maladies dans le temps de sa floraison. Ses exhalaisons odorantes sont foibles, et plutôt balsamiques que délétères.

On a placé, pendant quelque temps, dans ce genre, les plantes actuellement connues sous le nom de CRYPSIDES. (B.)

FLUATE. Combinaison de l'acide fluorique avec une base terreuse, métallique ou saline. Il paroît que la nature est avare de ces sortes de combinaisons, car jusqu'à présent on n'en connoît que deux : le *fluate de chaux* ou *spath fluor*, qui se trouve assez abondamment dans presque tous les pays de mines, surtout dans le Derbyshire ; et le *fluate d'alumine* ou *cryolithe*, dont on n'a que quelques petits échantillons rapportés du Groënland. *V.* ACIDE FLUORIQUE, ALUMINE FLUATÉE et CHAUX FLUATÉE. (PAT.)

FLUATE D'ALUMINE. *V.* ALUMINE FLUATÉE.

FLUATE DE CHAUX. *V.* CHAUX FLUATÉE.

FLUELLIN. Nom anglais d'un MUFLIER, *Antirrhinum elatine*, et de la VÉRONIQUE OFFICINALE. (LN.)

FLUEVOGEL. Nom allemand de la FAUVETTE DES ALPES, ou le PÉGOT. (V.)

FLUGTRAED. C'est le PEUPLIER, en Suède. (LN.)

FLUGGE, *Fluggea*. Arbuste à rameaux anguleux, épineux, à feuilles alternes, ovales, émarginées, glabres, à fleurs axillaires, qui est originaire des Indes, et qui, selon Willdenow, forme un genre dans la dioécie pentandrie.

Les caractères de ce genre consistent : en un calice de cinq folioles; dans les pieds mâles, en cinq étamines et un pistil stérile ; dans les pieds femelles, en un ovaire surmonté d'un style deux fois bifide.

Le fruit est une baie à quatre semences arillées. (B.)

FLUGGÉ, *Fluggea*. Genre établi par Richard, pour placer le MUGUET DU JAPON. Il a été appelé OPHIOPOGON PELIOSANTHE et SLATÉRIE. *Voy.* ce dernier mot. (B.)

FLUIDA, de Gaza. *V.* SUMAC. (LN.)

FLULUTOIRE. C'est, en Sologne, l'ALOUETTE LULU. *V.* aussi FLUTEUR. (V.)

FLUORS MINERAUX. Nom que l'on donnoit autrefois au FLUATE DE CHAUX. (PAT.)

FLUORS-SPATHIQUES. *V.* CHAUX FLUATÉE.

FLUSS. Nom allemand du SPATH-FLUOR. (PAT.)

FLUSTRE, *Flustra*. Genre de polypiers, crustacés ou foliacés, simplement cornés, ou presque membraneux, consistant en cellules tubulées, courtes, irrégulières en leur bord, polypifères, placées les unes à côté des autres, et disposées par séries, soit sur un seul plan, soit sur deux plans opposés.

Les *flustres*, confondues avec les *eschares*, par Ray, Ellis et même Bruguières, sont intermédiaires, soit par la nature de leur composition, soit par la forme de leurs cellules, entre les Cellulaires et les Cellépores. Elles diffèrent des premières en ce qu'elles n'ont point, dans leur intérieur, des corps de contexture différente de la surface; et des secondes, en ce que leurs cellules ne sont point saillantes et arrondies. On ne peut mieux les comparer qu'à un gâteau d'abeilles ou de guêpes. En effet, leurs cellules sont rangées régulièrement, et toujours inclinées au plan de leur base. Celles d'un côté sont souvent alternes à celles de l'autre. Il en est où elles se touchent; il en est où elles sont séparées.

Ces *polypiers* forment donc des expansions extrêmement minces, plus ou moins grandes, dont les unes se fixent par un pied, et même quelquefois par des filets radiciformes; les autres s'appliquent sur les corps solides, tels que les rochers, les coquilles, les bois flottans, les varecs, etc., qui se trouvent dans la mer. Dans ce dernier cas, comme on le conçoit bien, il n'y a qu'une surface garnie de cellules.

La nature des flustres est d'être moins calcaire que les Madrépores, mais un peu plus que les Gorgones. Elles se brisent avec quelque difficulté entre les doigts, surtout lorsqu'elles sont fraîches.

Les animaux qui les habitent et les forment, sont des polypes isolés à dix ou douze tentacules médiocrement longs, dont le corps ne s'élève pas hors de la cellule au tiers de sa longueur totale. Ils sont ordinairement blancs, et dans quelques circonstances, phosphoriques pendant la nuit.

Quoique j'aie eu occasion d'observer une grande quantité de flustres, je n'ai jamais vu les ovaires bulliformes dont parle Linnæus; mais je ne nie pas pour cela leur existence; car, au contraire, on doit préjuger, par analogie, que la multiplication de ces animaux se fait comme celle de tous les autres polypes.

Ellis a remarqué que les polypiers des flustres s'augmentent par leur extrémité et par de nouveaux rameaux qu'ils poussent sur leurs côtés, mais qu'il ne se forme pas de nouvelles cellules, soit sur la tige principale, soit sur ses rameaux. Je puis confirmer cette observation, et l'étendre même sur les *flustres rampantes*, dans lesquelles je n'ai jamais vu de nouvelles cellules dans le voisinage des plus anciennes.

Les flustres se conservent assez bien en état de dessiccation; aussi en voit-on souvent dans les cabinets. Elles se conservent encore mieux dans l'esprit-de-vin, et c'est ainsi qu'elles doivent être envoyées de préférence.

On connoît, selon Lamouroux, *Histoire des Polypiers coralligènes flexibles*, trente-huit espèces de flustres, la plupart des mers d'Europe, et figurées par Ellis sous le nom d'*eschares* ou *escares*, dans son *Traité des Corallines*. Les plus remarquables sont :

La Flustre foliacée, qui est foliacée, rameuse, et dont les branches sont cunéiformes ou arrondies. Elle est figurée dans Ellis, pl. 29, et se trouve dans les mers d'Europe.

La Flustre tronquée est foliacée, dichotome, et a les découpures linéaires tronquées. Elle est figurée dans Ellis, pl. 28, fig. A, et pl. D 20 de ce Dictionnaire. Elle se trouve dans les mers d'Europe.

La Flustre a poils est foliacée, rameuse, et le bord inférieur des cellules a une dent sétacée. Elle est figurée dans Ellis, tab. 31, et se trouve dans les mers d'Europe.

La Flustre tuberculée est toujours incrustée, c'est-à-dire, appliquée sur les corps solides. Les cellules sont ovales avec chacune trois dents, et un bourrelet à leur ouverture. Elle a été figurée par Muller, pl. 95, fig. 1 et 2 de la *Zoologie danoise*. Elle se trouve dans les mers d'Europe, et en immense quantité, sur les varecs qui flottent sur l'Atlantique où je l'ai observée.

La Flustre dentée est incrustée, souvent foliacée, a les cellules presque ovales, luisantes et dentées en leurs bords. Elle est figurée dans Ellis, pl. 29, fig. D, et se trouve dans les mers d'Europe.

La Flustre tubuleuse est incrustée; ses cellules sont simples et saillantes, avec l'ouverture presque pentagone et marginée. Elle est figurée pl. 30, fig. 2 de l'*Hist. nat. des Vers*, faisant suite au Buffon, édition de Deterville. Elle se trouve avec la précédente, sur les varecs de l'Atlantique, où je l'ai observée.

On trouve fréquemment des flustres sur les coquilles fossiles. Desmarest et Lesueur en ont décrit et figuré six espèces dans le *Bullètin des Sciences* de 1814.

M. Lamouroux a retiré plusieurs espèces de ce genre pour former ceux qu'il a appelé Electre, Phéruse.

Le genre Uzerine se rapproche beaucoup de celui-ci. (B.)

Les Flustres ont quelquefois reçu le nom de Dentelle de mer. (desm.)

FLUSTRÉES. Lamouroux, dans son important ouvrage intitulé : *Histoire des Polypiers coralligènes flexibles*, établit sous ce nom un ordre qu'il compose des CELLÉPORES et des FLUSTRES. Ses caractères sont : polypiers membrano-calcaires, phytoïdes, ou formant des expansions plus ou moins étendues ; cellules sans communication entre elles, ayant l'ouverture au sommet ou près du sommet ; quelquefois il y a deux ouvertures, mais de grandeur inégale et de forme différente ; polypes isolés. (B.)

FLUTE. Nom vulgaire de la MURÈNE HÉLÈNE, et de la FISTULAIRE PETIMBE. (B.)

FLUTE DU SOLEIL. Nom d'un HÉRON du Paraguay. *V.* HÉRON CURAHI-RUNICUBI. (V.)

FLUTEAU, *Alisma*. Genre de plantes, de l'hexandrie polygynie, et de la famille des alismoïdes, dont la fleur offre un calice de trois folioles concaves, ovales, persistantes ; trois pétales arrondis, planes, ouverts et plus grands que le calice ; six étamines (rarement davantage) ; plus de cinq ovaires supérieurs, ramassés, munis chacun d'un style simple, à stigmate obtus ; plus de cinq capsules monospermes ou polyspermes, ramassées en tête ou disposées en étoile.

Ce genre comprend neuf à dix espèces, dont moitié sont propres à l'Europe. Ce sont des plantes aquatiques, dont les feuilles sont simples, ovales, lancéolées, et dont les fleurs viennent en ombelles, ou sont paniculées ou verticillées.

Les espèces les plus connues sont :

Le FLUTEAU PLANTAGINÉ, dont les feuilles sont ovales, aiguës, les tiges paniculées, et les fruits obtusément trigones. Elle croît dans les mares, les étangs et le bord des rivières. Elle est âcre et est rebutée par les bestiaux, qu'on dit qu'elle peut faire mourir. On l'appelle vulgairement le *plantain d'eau*, parce que ses feuilles ressemblent à celles du plantain.

Le FLUTEAU NAGEANT a les tiges filiformes, les feuilles radicales graminiformes et les caulinaires ovales, pétiolées et nageantes. Elle se trouve dans les étangs et les fossés pleins d'eau.

Le FLUTEAU ÉTOILÉ, *Alisma damasonium*, Linn., a les feuilles oblongues, en cœur, et les capsules au nombre de six. On le trouve sur le bord des étangs, dans les lieux aquatiques. Ce dernier sert de type au genre *damasone*, renouvelé par Jussieu. *V.* DAMASONE et ACTINOCARPE.

Le FLUTEAU JAUNATRE sert aujourd'hui de type au genre LIMNOCHARIS. (B.)

FLUTES. Les Magnaniers donnent ce nom à des cocons de forme allongée, dont un bout n'est pas fermé. (DESM.)

FLUTEUR ou FLUTHEUR. Nom donné à plusieurs

oiseaux, d'après leur chant. *V.* BOUVREUIL, GROS-BEC GRIS, MERLE FLUTEUR et ALOUETTE LULU. (V.)

FLUTEUSE. Nom d'une espèce de RAINE. (B.)

FLUTHEUR. *V.* FLUTEUR. (S.)

FLUVIALES. Famille de plantes appelées *naïades* par Jussieu, et qui offre pour caractères : un calice entier divisé, rarement nul ; des étamines en nombre déterminé ou indéterminé ; un ovaire supérieur multiple, à styles quelquefois nuls, et à stigmates simples ; des capsules ou noix uniloculaires et monospermes ; le périsperme nul ; l'embryon courbé.

Les plantes de cette famille vivent toutes dans les lieux aquatiques, ont des racines fibreuses et une tige herbacée ; leurs feuilles sont ordinairement engaînantes, presque toujours opposées ou verticillées ; leurs fleurs hermaphrodites ou diclines, terminales ou axillaires, quelquefois solitaires, plus souvent disposées en épis ou portées sur un spadix.

Ventenat, de qui on a emprunté ces caractères, rapporte quatre genres à cette famille, qui est la première de la seconde classe de son *Tableau du règne végétal*, et dont les caractères sont figurés pl. 2, n.° 3 du même ouvrage.

Ces genres sont : POTAMOT, RUPPI, ZANICHELLIE et ZOSTÈRE. (B.)

FLUVIALIS. Micheli, Vaillant et Adanson, nommaient ainsi le genre NAYAS, Linn., tel que les botanistes le considèrent actuellement. Anciennement ce nom fut appliqué à ces mêmes plantes et à diverses espèces de POTAMOTS. (LN.)

FLUX ou FONDANS. Matières très-fusibles, qu'on joint aux minerais dans les opérations métallurgiques, afin d'en rendre la fusion plus facile et plus complète dans les grands fourneaux. C'est surtout la pierre calcaire et l'argile qu'on emploie comme fondans ; la première est appelée *castine*, l'autre *herbue*.

Dans les opérations docimastiques, on se sert de plusieurs espèces de flux. Ce qu'on nomme le *flux cru* est un mélange de trois parties de tartre cru et d'une partie de nitre. Lorsqu'on fait calciner ce mélange dans des vaisseaux clos, il se réduit en charbon, et forme alors ce qu'on appelle *flux noir*. Si l'on fait détonner le nitre en y projetant du tartre, on obtient ce qu'on appelle *flux blanc*, qui paroît différer peu de la potasse caustique. (PAT.)

FLUX ou MARÉE MONTANTE, appelée aussi le *flot*. On nomme *reflux*, l'action des eaux qui se retirent. La mer n'est pas la seule masse d'eau qui présente ce phénomène ; on l'observe aussi dans quelques lacs. Le lac Léman a un flux et un reflux, mais qui n'a lieu que dans les temps orageux. On voit alors l'eau du lac s'élever brusquement de quatre à cinq pieds, et s'abaisser aussi vite. Ces alternatives subsistent pendant quelques heures ; on les nomme *sèches* à Genève, où elles se manifestent avec le plus de force (*Saussure, Voyag.* § 20 et suiv.). A l'égard du flux et du reflux de l'Océan, *voy.* MARÉE. (PAT.)

FLYNDRE. Poisson du genre PLEURONECTE. (B.)

FO. Nom japonais de l'ALPISTE ARONDINACÉ (*Phalaris arundinacea*, L.), suivant Thunberg. *V.* CALAMAGROSTE. (LN.)

FOCA. Fruit de l'île Formose, dont on vante le goût. On ne sait à quel genre de plante il appartient. C'est peut-être une espèce de MELON. (B.)

FOCKU-SOCKU. Bont. Jav., p. 123. C'est, à Java, l'AUBERGINE, *Solanum melongena.* (LN.)

FODIE, *Fodia.* Genre de vers mollusques nus, qui a pour caractères : un manteau ouvert de part en part, et fixé par sa base ; la cavité intérieure partagée en deux tubes inégaux par un diaphragme perpendiculaire qui contient les organes de la digestion.

Ce nouveau genre a été découvert par moi, sur les côtes de l'Amérique septentrionale. Il se rapproche des ASCIDIES ; mais il s'en éloigne par deux caractères bien importans, les ouvertures longitudinales du sac et la position perpendiculaire de l'estomac. Il est à ces vers ce que les BALANITES APLATI et EN ÉTOILE sont aux autres.

La seule espèce que j'ai observée, est membrano-cartilagineuse, presque cylindrique, arrondie à son sommet, ridée à sa surface, rougeâtre, parsemée de points plus rouges. Les bords supérieurs des trous ne sont point saillans, et au contraire ils sont un peu rentrans, irrégulièrement dentés ou caronculés, et les bords inférieurs sont garnis d'un bourrelet susceptible de s'aplatir et de se fixer sur les corps durs. Ces trous ne sont égaux ni en longueur ni en largeur. Le plus large est en même temps le plus court ; il a intérieurement des stries et de petits tubercules qui s'étendent dans toute sa longueur, excepté contre le diaphragme, où on ne voit qu'une tache longitudinale qui indique l'estomac. L'autre est parfaitement uni dans son intérieur.

La fodie se fixe par sa base sur les pierres, les morceaux de bois, les coquillages qui se trouvent enterrés dans le sable du rivage, et alors elle devient une véritable ASCIDIE (*Voy.* ce mot) ; c'est-à-dire qu'elle absorbe et rejette l'eau de la même manière. Lorsque la mer a abandonné la place où elle se trouve, elle forme, comme la plupart des coquillages, une fontaine jaillissante, qui indique le lieu où il faut la chercher.

Cet animal a été figuré pl. E. 15. (B.)

FOENE, *Fœnus*, Fab. Genre d'insectes, de l'ordre des hyménoptères, section des térébrans, famille des pupivores, tribu des évaniales.

J'avois établi le premier ce genre (*Précis des caract. génér. des insect.*) sous le nom de *gastéruption*. Mais cette dénomination étant trop dure, j'ai adopté celle de *fœne* qui lui a été imposée par Fabricius.

Ces hyménoptères ont les antennes filiformes ou insensiblement plus grosses vers le bout, plus courtes que le corps, droites, de treize articles dans les mâles, et de quatorze dans les femelles; le labre longitudinal et linéaire; les mandibules, du moins dans les femelles, armées de trois dentelures, dont l'inférieure forte et crochue; les palpes filiformes, et dont les maxillaires ont six articles et les labiaux quatre; la languette presque en forme de cœur allongé, entière ou à peine échancrée; la tête presque ovoïde, portée sur une espèce de cou; le corselet comprimé; l'abdomen composé de sept anneaux, pédiculé, allongé, comprimé, terminé insensiblement en massue, et par une tarière de trois soies; et les jambes postérieures en massue. Les ailes supérieures offrent une cellule radiale très-grande, un peu ondulée; et deux cellules cubitales, pareillement très-grandes et dont la seconde va jusqu'au bout de l'aile; chacune d'elles reçoit une nervure récurrente. Suivant M. Jurine, les antennes ont quinze articles.

Les fœnes vivent sur les fleurs, et y étant posés, relèvent souvent leur abdomen. La nuit, ou lorsque le temps est mauvais, ils se tiennent accrochés par leurs mandibules, et presque perpendiculairement, aux tiges des différentes plantes. On les rencontre encore voltigeant dans les lieux secs et sablonneux, avec des abeilles solitaires et des sphex; mais ce n'est pas pour y construire des nids à leurs petits, c'est afin de s'emparer, au contraire, de ceux que les insectes précédens ont formés, ou c'est du moins pour détruire leurs espérances, en déposant des œufs dans l'intérieur de leurs larves, ou à côté d'elles. Les petits des fœnes venant à éclore, dévoreront ces larves, et subiront leurs métamorphoses dans ces retraites usurpées.

Le Fœne jaculateur, *fœnus jaculator*, de M. Fabricius, D. 27. 1, est l'espèce la plus connue; il est long d'environ six à sept lignes, d'un noir obscur avec un peu de cendré; le dessus du corselet a quelques stries, peu marquées et très-fines; les ailes supérieures sont transparentes, avec les nervures noires; l'abdomen est long, menu, très-rétréci vers sa naissance, avec la moitié postérieure du premier anneau, le second et le troisième rougeâtres; la tarière des femelles est presque de la longueur du corps ; les filets latéraux sont noirs ; l'intermédiaire ou la tarière véritable est roussâtre ; les jambes ont un petit anneau blanc à leur base ; les postérieures sont en massue comprimée ; le premier article des tarses postérieurs est blanc.

Cette espèce est l'*ichneumon tout noir à pattes postérieures très-longues et grosses*, de Geoffroy, *Hist. des insectes*, tom. 2, page 328.

Le fœne que M. Fabricius nomme *affectator*, est plus petit que le précédent, et n'a pas d'anneaux blancs aux pattes ; la tarière de la femelle est courte. Geoffroy l'a nommé *ichneumon noir à pattes postérieures grosses et milieu du ventre fauve*. (L.)

FŒNE MARISQUE. Plante aquatique du genre Choin. (S.)

FŒNICULUM de Pline, *Marathron* des Grecs. Plante dont les anciens faisoient usage dans leurs mets en différentes manières. On la faisoit faner et sécher comme le foin (*fœnum*) pour la conserver pendant l'hiver; de là le nom latin *fœniculum* (*petit foin*), et le nom grec *marathron* qu'on donnoit à cette plante, qu'on s'accorde à prendre pour notre Fenouil (*anethum fœniculum*). Tournefort n'a pas balancé à en faire celui d'un genre de plantes ombellifères qui, outre le fenouil, comprend beaucoup d'espèces appartenantes la plupart au genre seseli. Les premiers botanistes guidés par la ressemblance des feuilles, ont nommé *fœniculum*, non-seulement toutes les espèces du genre *anethum*, mais encore des boucages, des *sison*, des *seseli*, la criste marine, des æthuses, des athamantes, des renoncules, etc. Linnæus a cru devoir le laisser au fenouil comme nom spécifique, puisqu'il classe cette plante dans son genre *anethum*. (LN.)

FŒNUM-GRÆCUM, des Latins. Nom d'une plante qui, dit-on, est l'*epiceros* d'Hippocrate, le *bucéros* de Théophraste, le *telis* de Dioscoride, le *silicia* de Pline et l'*itasin* des anciens Egyptiens. Pline fait observer que cette plante réussissoit d'autant mieux qu'on soignoit moins sa culture ; la négligence en ce cas étoit avantageuse. Le Fenugrec des modernes est très-probablement ce *fœnum-græcum*. Les botanistes n'ont pas balancé à lui laisser ce nom, et même à l'étendre à d'autres plantes légumineuses qui s'en rapprochent, lesquelles se trouvent réunies dans le genre *fœnum græcum* de Tournefort, ou *trigonelle* de Linnæus, excepté quelques-unes, qui sont maintenant l'*ononis ornithopodioides*, le *trifolium ornithopodioides*, Linn. et quelques astragales.

Le Fenugrec diffère des autres Trigonelles, car c'est

une espèce de ce genre, par les légumes lancéolés-linéaires, très-longs, acuminés, point striés en travers et contenant des graines de forme rhomboïde. Haller, Allioni, Médicus, en font un genre distinct, que Moench appelle *fœnum-græcum*. Allioni propose le nom de *buceros* pour le genre qui renfermeroit les autres espèces de TRIGONELLES. Tous ces changemens n'ont pas été adoptés, et le genre de Linnæus se trouve conservé intact. *V.* TRIGONELLE. (LN.)

FŒNNYO-FA. Nom donné, en Hongrie, au SAPIN (*pinus picea*). (LN.)

FŒRLŒR. *V.* FŒRLUS. (O.)

FŒRLUS ou **FŒRLŒR.** C'est le nom islandais de l'HIPPOBOSQUE du mouton, ou du moins d'une espèce voisine. *V.* MÉLOPHAGE. (O.)

FOETUS. (*V.* EMBRYON.) On donne ce nom à l'animal déjà formé dans la matrice. L'*embryon* n'en est que la première trame, le rudiment primitif; le *fœtus*, au contraire, est l'animal entièrement fini et prêt à être mis au jour; cependant ces deux termes se prennent quelquefois indifféremment l'un pour l'autre.

L'accroissement du fœtus des animaux ovipares et vivipares est très-rapide; mais plus il avoisine le terme de l'accouchement, plus il est considérable; il est d'abord comme 1 : 5; les jours suivans : : 1 : 4, puis 1 : 3, ensuite : : 2 : 3, 4 : 6, enfin 10 : 20, etc. Cette remarque est facile à faire sur le poulet dans l'œuf, selon Malpighi, Valisnieri et Haller; le même Haller en a fait d'analogues sur les fœtus des brebis, Regnier de Graaf sur des lapins, et Guill. Harvey sur des biches et des daines. L'irritabilité diminue aussi dans une progression analogue. L'expansion, l'attraction, la pression, jouent un grand rôle dans la conformation du fœtus; mais la puissance vitale en détermine la première ébauche, et les molécules nutritives que le sang de la mère apporte au fœtus, viennent remplir les mailles du tissu de fibres, et ossifier peu à peu la gelée des os.

L'œuf humain, c'est-à-dire l'embryon entouré de ses membranes, a près de six lignes le vingt-unième jour : il a un pouce le trentième, et deux le quarantième; il est alors de la grosseur d'un œuf de poule. Arrivé au terme, le fœtus pèse ordinairement six, sept, huit ou même neuf livres, et sa longueur moyenne est de vingt-un pouces. Il est contracté en boule dans la matrice, sa tête est appuyée sur ses genoux, et ses pieds touchent ses fesses; sa tête qui est d'abord une bulle membraneuse, se durcit peu à peu; les os de l'ouïe et de la mâchoire sont formés les premiers. En général la tête et le corps sont considérables dans le fœtus, si on les compare aux membres; les yeux sont grands, la bouche est large et le cerveau fort gros, relativement à tout le corps. Le fœtus présente alors la forme d'une grande amande, dont une extrémité très-grosse, ou celle de la tête, est toujours placée inférieurement, car ce qu'on a dit de la culbute du fœtus vers la fin de la grossesse, paroît inexact et faux; chez les plantes comme chez les animaux, le germe étant toujours dans le fruit, tourné vers la terre. La partie la plus mince du fœtus ou ses extrémités, comme les jambes, sont tournées vers le haut. La poitrine est encore petite, la glande du *thymus*, gonflée, est remplie d'un suc lacté, le ventre gros ainsi que le foie; car toute l'organisation tend à la nutrition, qui est rapide et proportionnée à l'accroissement. Nous naissons affamés, pour ainsi dire, et nous mourons dans la vieillesse pour nous être trop alimentés.

La plus grande partie du sang du fœtus passe de ses artères iliaques dans les veines ombilicales, pour s'insinuer dans le placenta, s'y mêler aux sucs nourriciers que la mère y envoie, et retourner ensuite dans le fœtus par les veines ombilicales; de là il entre dans la veine cave, qui le transmet au cœur, dont le trou ovale est ouvert; il en sort pour être distribué par les artères à tout le corps. Le fœtus ne respire pas, car il n'a point de communication avec l'air, étant entouré d'eau et plongé dans ce fluide au milieu des membranes qui l'enveloppent. Ces membranes sont au nombre de quatre chez la plupart des vivipares ou mammifères, outre la membrane caduque de Hunter. Ainsi l'*amnios*, tunique la plus intérieure, contient immédiatement le fluide ou les eaux qui empêchent le fœtus d'être comprimé ou choqué. Ensuite viennent deux tuniques, l'*allantoïde* à laquelle est attaché l'*ouraque*, et l'*érythroïde* qui forme la *vésicule ombilicale*. Ces deux dernières, l'allantoïde et l'érythroïde ou rouge, trouvent des analogues dans l'œuf des oiseaux et des reptiles, selon M. Dutrochet; enfin la membrane la plus extérieure de l'œuf humain ou de celui des autres vivipares, est le *chorion*, tunique vasculeuse, adhérente par un placenta aux parois de l'utérus; celui-ci a une sorte de lymphe plastique qui forme une membrane caduque et imparfaite, comme l'observe Hunter, entre l'utérus et le chorion.

La matrice forcée de s'étendre par l'accroissement du fœtus, le fait sortir au neuvième mois, rarement plus tôt, dans l'espèce humaine. La durée de la gestation varie suivant les animaux : les petits oiseaux, les poissons, les serpens et les insectes sortent de l'œuf d'eux-mêmes; les vivipares accouchent avec plus ou moins de peine; cependant les animaux n'éprouvent jamais dans leur accouchement les cruelles douleurs des femmes à un aussi haut degré. *V.* Femme.

Les jumeaux ne sont pas très-rares dans l'espèce humaine, mais dans les animaux le nombre des petits varie presque à l'infini ; de sorte qu'on ne peut établir aucune règle fixe à cet égard.

Voyez Embryon, Génération, Homme, Vivipare, Ovipare, etc.

Les signes de la conception, dans la femme, sont un froid convulsif, un saisissement spasmodique, ou un frisson (*horripilatio*); cependant, quelques femmes prétendent n'avoir ressenti qu'un épanouissement intime de volupté. On pense que la semence de l'homme cause à la matrice une irritation particulière, lui communique une sorte de turgescence et d'inflammation vitale; on admet qu'elle penètre jusque dans les trompes de Fallope, dont les pavillons frangés s'appliquent aux ovaires. La matrice de la femme est un viscère creux, dont la forme approche de celle d'une poire dont la pointe est en bas, et percée d'une petite fente qui aboutit au fond du vagin. Aux deux côtés de la matrice, dans sa partie supérieure, sont deux tubes coniques, comme deux cornets, dont la pointe s'attache à la matrice, et dont le pavillon s'étend dans la cavité du bas-ventre, près des ovaires. Ceux-ci contiennent de petites vésicules, qu'on regarde comme des œufs. Des auteurs ont observé que la semence vient en féconder un d'entre eux, qui se détache, et descend par le tube de Fallope dans la matrice; d'autres pensent que ces ovaires ou testicules fournissent seulement le sperme féminin, qui vient se mêler à celui du mâle reçu dans la matrice. L'œuf se transforme en corps jaune, peu de temps après la conception. On a trouvé quelquefois des fœtus dans les ovaires et dans les trompes de Fallope. Il paroît ainsi, que la conception a lieu dans les ovaires plutôt que dans la matrice; mais les commencemens de la formation du fœtus sont si petits et si délicats, qu'on ne peut pas les apercevoir. On remarque à peine quelques filamens, des fibres qui s'entre-croisent, une sorte de tissu ramifié qui s'attache à la matrice pour former le placenta. Une substance muqueuse s'entoure de fines membranes, et prend peu à peu une forme globuleuse ; à l'âge d'un mois ou cinq semaines, le jeune embryon est bien visible, sa tête a la taille d'un petit pois, les yeux y sont marqués, les côtes commencent à se montrer, et le corps est long d'environ sept lignes; il est ordinairement recourbé et enveloppé dans une substance molle et spongieuse, au milieu d'une mucosité délicate. (*V.* Blumenbach, *Spec. physiol. comp.* Gott. 1799, *in*-4.°, pag., 11, fig. 1.) L'embryon humain n'est guère visible avant le vingtième jour ; avant cette époque, sa subsstance est trop gélatineuse et trop transparente pour être aperçue. Dans l'œuf, le poulet n'est visible qu'après le huitième jour, qui correspond au commencement de la seizième semaine pour la femme.

L'œuf humain est ordinairement couvert d'une villosité qui s'attache au fond de la matrice, pour former le placenta. Son intérieur renferme une liqueur albumineuse et gélatineuse, considérable par rapport au fœtus. Dans un œuf de quarante jours, il y a près de quatre onces de liquide, quoique l'embryon ne soit guère plus gros qu'une mouche, et ressemble à une fourmi. De même que les poules font quelquefois des œufs sans germe, les femmes produisent aussi des œufs inféconds, qui avortent, et qu'on prend pour des hydatides; c'est une môle, ou un faux germe. Ils ont ordinairement la grosseur d'un petit œuf de poule. Enfin, au bout de quarante-cinq jours, les membres du fœtus sont bien visibles. On a exprimé le premier développement de l'embryon humain, par ces deux vers :

> Sex in lacte dies, ter sunt in sanguine terni,
> Bis senum carnes, ter senum membra figurant.

c'est-à-dire, que la semence est six jours sous une forme gélatineuse ou laiteuse, ensuite neuf jours dans un état sanguinolent, puis se congèle en chair dans l'espace de douze jours, et enfin, trois semaines après, les membres sont figurés; ce qui donne en tout quarante-cinq jours. Lorsqu'il y a un faux germe, il sort communément à ces époques, et souvent les vrais germes peuvent se détacher alors par quelques secousses, ou éprouver quelque dérangement qui les désorganise, les fait avorter, et oblige ensuite la matrice à les expulser; c'est ce qu'on nomme une *fausse-couche*, un *avortement.* A l'égard des enfans mal conformés, *voyez* MONSTRE et GÉNÉRATION.

L'œuf humain est composé d'un tissu parenchymateux, qui s'attache par un chevelu à la matrice, et en suce les humeurs pour les transmettre au cordon ombilical, par lequel elles descendent dans le jeune *fœtus.* Ensuite, il y a deux principales enveloppes membraneuses, dont l'extérieur est le chorion, l'intérieur est l'amnios, entre lesquels se trouve l'ouraque et la vésicule ombilicale; c'est aussi l'amnios qui contient cette liqueur dans laquelle nage l'embryon; il est reployé sur lui-même en boule.

On a dit que le *punctum saliens*, le point saillant, ou le cœur étoit le premier organe formé dans l'animal; qu'il envoyoit ensuite des ramifications vasculaires, ou des vaisseaux sanguins dans la masse muqueuse qui l'entouroit, et qu'il lui communiquoit la vie et l'organisation. Mais l'épine dorsale et la tête sont visibles aussitôt que le cœur; et il paroît plus probable que tous les organes sont déjà formés avant qu'on puisse les apercevoir, seulement ceux qu'on voit les premiers sont les plus opaques. Ce n'est guère que vers le trentième ou quarantième jour que le cœur commence à battre dans l'embryon humain; à deux mois le fœtus a un pouce et demi de longueur, et à trois mois l'ossification commence à se faire; à quatre mois la mère sent remuer le fœtus; il a près de quatre pouces, et pèse environ trois onces. La liqueur de l'amnios est un fluide transparent jaunâtre, un peu albumineux et gélatineux, d'une saveur douce, un peu salée, quelquefois acide légèrement, et sans odeur; il est plus abondant à mesure que l'embryon est plus petit. Des auteurs ont pensé que le fœtus s'en nourrissoit, ce que d'autres ont nié avec raison. Nous parlerons ailleurs du Nombril (*V.* ce mot), qui apporte les humeurs nourricières de la mère au fœtus, par la médiation du placenta.

A sept mois, le fœtus humain est *viable;* cependant son existence est plus exposée que celle du fœtus à terme. Celui-ci porte environ dix-huit pouces de long, et il pèse de six à sept livres; mais il en est de plus grands et de plus gros, comme de plus petits, qui ne laissent pas que de bien vivre. La peau du fœtus naissant est couverte d'une sorte de fromage léger. Comme la matrice se distend à mesure que le fœtus grossit, l'œuf humain, c'est-à-dire, l'embryon dans ses enveloppes, acquiert enfin sa maturité, et se détache de l'utérus, comme un fruit mûr se sépare de la branche, ou la feuille de la tige. Le col de la matrice se dilate, s'ouvre, le fœtus fait effort pour briser ses enveloppes, à l'aide des contractions utérines, les eaux de l'amnios s'écoulent; le fœtus présente ordinairement sa tête la première, et il est poussé peu à peu hors du sein maternel. Dans les oiseaux, le jeune poussin a sur le bec une excroissance osseuse de forme conique, avec laquelle il raie la coque de l'œuf qui le renferme, et la fend bientôt. Les jeunes poissons sortent de leur œuf, la queue la première, dit-on. Lorsqu'on ne peut pas faire sortir le fœtus, à cause, de l'étroitesse du bassin, on est obligé d'ouvrir la matrice au-dessus des os pubis; c'est ce qu'on nomme l'opération césarienne; d'autres accoucheurs ont proposé de diviser la symphyse des os pubis, pour élargir la sortie du bassin. Dans des cas moins urgens, on extrait le fœtus par le moyen d'une pince appelée *forceps;* et l'on peut voir dans les ouvrages des accoucheurs, les différentes pratiques mises en usage dans de semblables occasions. *Consultez* les mots Embryon, Homme, Génération, Arrière-faix, Nombril ou Cordon ombilical, etc. (Virey.)

FOGATSAN. C'est, en Hongrie, la CLANDESTINE, *Lathræa squammaria*, L. (LN.)

FOG-HAGYNA. C'est, en Hongrie, l'ALLIAIRE, *Erysimum alliaria*. (LN.)

FOGOLY-FU. La PARIÉTAIRE, *Parietaria officinalis*, porte ce nom en Hongrie. (LN.)

FOIE, *Hepar*. C'est un très-gros viscère du bas-ventre, et qui ne manque jamais dans l'homme, les quadrupèdes, les cétacés, les oiseaux, les reptiles, les poissons; les mollusques, et même les crustacés, ont des viscères analogues; mais on n'en trouve pas chez les insectes, les vers et les zoophytes, parce qu'il n'existe chez eux ni cœur, ni circulation, ni respiration par des poumons ou des branchies; dispositions qui paroissent être nécessaires à l'existence du système hépatique. Le *foie* a pour objet la sécrétion de la bile, et une séparation d'une partie du carbone et de l'hydrogène du sang; aussi produit-il les élémens de l'huile ou de la graisse; il devient ainsi le succédané des poumons pour animaliser davantage le sang veineux et le chyle, tandis que la bile cystique épanchée dans les intestins, contribue à la digestion des alimens. Dans la jeunesse, le foie des animaux est plus gros que dans la vieillesse; il devient considérable dans les animaux à fibres molles, et très-huileux chez les poissons. L'on en extrait même beaucoup d'huile. Les animaux actifs et vigoureux ont un petit foie. Chez l'homme, il est divisé en deux lobes principaux; dans les carnivores, le nombre des lobes est considérable; il y en a six dans le loup et le chien, cinq ou huit dans le lion. Il n'existe que deux lobes dans les aigles, les perroquets, les cigognes, les vipères et le crocodile. La vésicule du fiel est placée en dessous. (*V.* FIEL.) La capsule de Glisson est une tunique continue au péritoine, qui renferme les rameaux de la veine-porte en-dessous du foie. Celui-ci reçoit des rameaux artériels de la cœliaque, des artères cystiques, des diaphragmatiques, et quelquefois de la mésentérique supérieure. Le système de la veine-porte sous la dépendance du foie, forme une circulation particulière, examinée par Bichat, *Anatom. générale*, tom. 1.er. Les nerfs de ce viscère lui viennent du plexus hépatique, du grand intercostal, ou trisplanchnique. Il a des pores biliaires, ou le conduit cystique et le canal cholédoque pour dégorger la bile. La substance de cette grosse glande est vasculaire. A gauche de ce viscère est placée la rate; il paroît que le foie contribue puissamment à la nutrition et à la formation de la graisse; il a des connexions de fonctions avec les organes pulmonaires et le système de la circulation. (*V.* POUMONS.) Le système hépatique contribue beaucoup encore à la coloration de la peau ; ce qu'on observe, non-seulement dans la jaunisse ou l'ictère et les épanchemens de la bile, mais aussi dans la fièvre jaune ou *typhus ictérode;* les Nègres et les peuples basanés méridionaux paroissent devoir l'humeur noirâtre ou fuligineuse qui colore leur derme ou le réseau muqueux de Malpighi placé sous l'épiderme, à une matière carbonique sécrétée du sang veineux par le foie. (*V.* P. Barrère *sur la couleur des Nègres*, et Lecat, *sur la couleur de la peau*, etc.). Des femmes éprouvent aussi des ictères noirs ou qui les rendent livides.

Le foie se trouve, en quelques individus, transposé de droite, qui est sa place ordinaire, au côté gauche ; les autres viscères sont pareillement transposés en sens inverse, sans que les personnes en éprouvent aucune incommodité, et l'on ne s'est aperçu de cette singularité qu'à la mort. Il en est de même chez d'autres espèces d'animaux. Les coquilles univalves en spirale sont communément tournées en un même sens, qui est celui opposé au côté où le foie du mollusque se trouve placé naturellement, car l'animal eût été trop gêné. Cependant, si le foie de l'animal est transposé, à gauche, par exemple, la spire de la coquille se tournera dans le sens opposé à celui qu'elle prenoit chez les autres individus. De là viennent ces coquilles inverses que les curieux recherchent et payent plus cher que les autres.

La situation du foie du côté droit des animaux vertébrés, fait qu'ils se couchent plus volontiers sur ce flanc pour dormir et reposer ; car en se plaçant sur le flanc gauche, le poids du foie comprimant l'estomac, et le cœur situé à gauche dans la poitrine, se trouvant alors gêné, l'homme ou l'animal dort plus péniblement, peut éprouver le cauchemar ou l'incube. Mais en se couchant plus habituellement sur le côté droit, cette partie du corps ainsi la plus basse, la plus remplie d'humeurs, la plus échauffée au lit ou sur la litière, devient plus grosse, plus forte ou plus nourrie. Les bouchers savent aussi que le côté droit des bestiaux fait la plus forte part. N'est-ce pas en raison de cette cause que par toute la terre, l'homme se sert habituellement de la main droite plutôt que de la gauche? (VIREY.)

FOIE DE BOEUF. Nom vulgaire du BOLET HÉPATIQUE ou LANGUE DE BŒUF, dont on a fait un genre sous le nom de FISTULINE. (B.)

FOIN, *Fœnum.* On appelle ainsi, en agriculture, l'HERBE DES PRAIRIES NATURELLES, qui a été fauchée, séchée, et que l'on conserve en meules ou dans un lieu couvert. C'est un des principaux alimens des chevaux et des bœufs. La première coupe de l'herbe n'a point d'autre nom; la seconde, la troisième, etc., se nomment *regains*. (D.)

FOIN DE BOURGOGNE. C'est l'ESPARCETTE (*Hedysarum onobrychis*, L.) et la LUZERNE. (LN.)

FOIN. *V.* CANCHE. (S.)

FOIN (gros). On donne quelquefois ce nom au SAINFOIN. (S.)

FOIN DE MER. *V.* VAREC. (S.)

FOIN DE MER. Espèce de ZOOPHYTE CORALLIGÈNE du genre antipathe (*Anthipathes fœniculacea*, Pall.). (DESM.)

FOIN DE MER. *V.* ZOSTÈRE. (LN.)

FOINA. En latin moderne, c'est le nom de la FOUINE. *V.* ce mot. (S.)

FOIREUSE. Nom picard du ROUGE-GORGE. (V.)

FOIROLLE. *V.* MERCURIALE ANNUELLE. (LN.)

FOKKE. Suivant Thunberg, les Japonais donnent ce nom à une MORELLE qu'il dit être le *Solanum æthiopicum*. (LN.)

FOKOT. Nom mexicain d'un baume auquel on a conservé ce nom. *V.* BAUME FOKOT. (LN.)

FOLA. Nom de la FOULQUE, à Turin. (V.)

FOLADA et FOLHO. Noms portugais du LAURIER-TIN (*Viburnum tinus*). (LN.)

FOLD-ALMAK. Nom de la POMME-DE-TERRE, en Hongrie. (LN.)

FOLDI-BODZA. C'est le nom de l'HIÈBLE, en Hongrie. (LN.)

FOLDI-TOK. C'est, en Hongrie, la BRYONE ou COULEUVRÉE (*Bryonia alba*). (LN.)

FOLE. Suivant d'anciens voyageurs, les habitans du royaume de Gama ont appelé FOLE, un animal à forme humaine et velu; ses bras sont très-longs, et il est très-léger à la course. L'on retrouve là une indication d'une grande espèce de *singe*; mais lorsque les mêmes rédacteurs ajoutent que le *Fole* dévore les hommes en riant, on est tenté de rire de leur crédulité. (S.)

FOLEGA, FOLLATA. Noms italiens de la FOULQUE. (V.)

FOLHAS-DO-PORCO. *V.* SOLORI. (LN.)

FOLHO. *V.* FOLHADA. (LN.)

FOLIATION, *Foliatio*. Disposition ou arrangement des feuilles dans le bouton, avant son développement. (D.)

FOLIOLES. Petites feuilles disposées sur un pétiole commun, et qui tombent avec lui. *V.* PLANTE et BOTANIQUE. (D.)

FOLIUM ACIDUM. Rumphius désigne, dans l'Herbier d'Amboine, deux arbres sous ce nom: l'un le F. A. *majus*, pl. 3, t. 32, est le BRINDONIER de COCHINCHINE de Dupetit-Thouars, ou l'OXICARPE de Loureiro. Le second, F. A. *minus*, n'est pas connu des botanistes. (LN).

FOLIUM BAGGEA. L'une des deux plantes que Rumphius nomme ainsi, est une variété du *Bacquois fasciculaire* de Lamarck. L'autre n'est pas connue. (LN.)

FOLIUM BRACTEATUM (Rumph., *Amb.* 4, t. 30). C'est une espèce de CARMANTINE (*justicia picta*, Linn.), des Indes orientales, remarquable par ses feuilles, dont le disque est marqué d'une longue tache brillante. C'est le TSJUDE-MARAM des Malabares. On la cultive pour l'ornement, dans les jardins de l'Inde. (LN.)

FOLIUM BUCCINNATUM (Rumph., amb. 5, t. 62, f. 2). Willdenow fait observer que cette plante appartient sans doute au genre *Heliconia*, ou bien au genre *Strelitzia*; ce qu'on ne peut dire au juste, parce que la description de Rhumphius est incomplète. (LN.)

FOLIUM CAUSONIS (Rumph., Amb. 5, t. 166, f. 2). Espèce d'ACHIT (*Cissus crenata*, Vahl.), qui croît dans les Indes orientales. (LN.)

FOLIUM-CROCODILI (Rumph., Amb. 4, t. 52). Petit arbuste du genre des SAINFOINS (*Hedysarum umbellatum*, Linn.); il croît dans presque toutes les parties de l'Asie méridionale. (LN.)

FOLIUM HIRCI (Rumph., Amb. 3, t. 134). C'est le *Premma integrifolia*, Linn. (LN.)

FOLIUM INDUM. J. Bauhin désigne, par ces mots, les feuilles d'un LAURIER (*Laurus cassia*). (LN.)

FOLIUM INSTINCTUM (Rumph., Amb. 5, p. 202). Arbrisseau qui paroît être le JAMBOLIFERA ODORATA, Lour., dont les feuilles odorantes et d'un goût agréable, sont mêlées avec les salades, en Cochinchine. (LN.)

FOLIUM LINGUÆ (Rumph., Amb. 7, t. 1). Loureiro regarde cette plante triandre de Rumphius, comme son *Phanera coccinea*, et non pas comme le *Bauhinia scandens*, ainsi que Linnæus le pensoit. Willdenow soupçonnoit en effet que l'on confond deux espèces sous le nom de *Bauhinia scandens*, L. (LN.)

FOLIUM LUNATUM (Rumph., Amb. 5, t. 25.) C'est une espèce de MÉNISPERME (*Menispermum cocculus.*). (LN.)

FOLIUM MAPPÆ (Rumph., Amb. 3, t. 108). C'est le *Ricinus mappa*, L., rapporté au genre *acalypha* (*V.* RICINELLE), par Willdenow. (LN.)

FOLIUM MENSARIUM (Rumph., Amb. 5, t. 62, fig. 1). La description que Rumphius donne de cette plante, ne permet pas de dire si l'on doit la rapporter au genre HELICONIA ou bien au genre *Strelitzia*, comme le pense Willdenow. (LN.)

FOLIUM-POLOTORIUM (Rumphe, Amb. 4, t. 63). C'est une espèce de FIGUIER qui croît aux Indes orientales. Loureiro, qui le découvrit dans les forêts de la Cochinchine, en fit une espèce particulière à laquelle il rapporta le *ficus ampelos* de Burmann (Ind. p. 226). Willdenow adopte cette espèce de Loureiro, mais il ne cite point Burmann. La feuille est couverte d'aspérités qui lui donnent la propriété, lorsqu'elle est sèche, de servir de polissoir; de là le nom de la plante. Commerson nomme *bois de râpe* une autre espèce de FIGUIER qui croit à Madagascar, dont les feuilles ont la même propriété ; c'est le *ficus politoria* de Lamarck. Les feuilles du SÉBESEIER et de l'AMPALI sont dans ce cas. (LN.)

FOLIUM-PRINCIPISSÆ. (Rumphe, Amb. 4, t. 51) donne ce nom à un arbrisseau grimpant, des Indes occidentales, que les Malais appellent DAUN-PUTRI, et qui, selon lui, seroit le *belilla* des Malabares, mentionné par Rheede (Hort. mal. 27, t. 18). Burmann pense que ces deux plantes sont les mêmes que son *mussaenda zeylanica* rapporté par Linnæus au *mussaenda frondosa*. Loureiro, en décrivant l'espèce de Linnæus qu'il retrouve à la Cochinchine, ne cite pas Rheede, mais seulement Rumphe et Burmann. Il est probable que plusieurs espèces de plantes se trouvent ici confondues. (LN.)

FOLIUM TINCTORIUM (Rumph. Amb. t. 22, fig. 1). C'est une espèce de CARMANTINE (*Justicia bivalvis*). (LN.)

FOLLA-MORGATJE. C'est, au Japon, le nom de l'AZÉDARACH, joli arbrisseau que nous appelons aussi LILAS des Indes, à cause de l'agrément et de la couleur des fleurs. (LN.)

FOLLATA. *V.* FOLEGA. (V.)

FOLLE. *V.* FOLE. (S.)

FOLLE-AVOINE. *V.* AVOINE. (LN.)

FOLLE-FEMELLE. C'est une espèce d'ORCHIS. (*Or morio*). (LN.)

FOLCE-KOTTE. *V.* CUNDANG-CASSI. (LN.)

FOLLERA. Nom de la FAUVETTE des ALPES, ou PÉGOT, dans un canton du Piémont. (V.)

FOLLETTE ou BELLE-DAME. C'est l'AROCHE DES JARDINS, *Atriplex hortensis*. (B.)

FOLLICULE, *Folliculus*. Diminutif de *follis*, soufflet ou vessie, se dit de petites vésicules, de cryptes membraneux ou utriculaires, comme la vésicule du fiel, le kyste dans lequel se dépose une matière purulente des abcès, des athéromes ou méliceris, les poches, les bourses, etc.

Mais ce mot s'emploie surtout pour désigner les organes dans lesquels se déposent certaines matières sécrétées, comme les petites bourses inguinales dans lesquelles le castoréum se sépare chez le castor, bourses que l'on a cru être mal à propos ses testicules; tels sont aussi les follicules glanduleux vers l'anus de la civette, et où se sécrète la matière odorante de cet animal; tel est aussi le follicule ombilical, ou la poche de l'animal du musc, et dans laquelle se trouve le musc.

La plupart des quadrupèdes ont ainsi des follicules glanduleux, sécrétant des humeurs plus ou moins odorantes, soit vers l'anus, soit ailleurs, et ces odeurs attirent souvent les sexes au temps du rut, ou repoussent les races qui s'entre-haïssent.

On nomme encore *follicule*, en botanique, une espèce de péricarpe membraneux, allongé, qui ne s'ouvre que longitudinalement d'un côté, comme dans les apocynées (pervenche, asclépiade, *tabernæmontana*, etc.); cependant quelques gousses ont reçu ce nom, quoiqu'elles aient deux valves; telle est la gousse plate des sénés, nommée follicule dans les pharmacies. (VIREY.)

FOLLICULE. Péricarpe sec, allongé, membraneux, s'ouvrant longitudinalement d'un seul côté, et auquel les semences ne sont point adhérentes. Ce péricarpe est ordinairement gonflé par l'air qui s'y dilate. *Voyez* APOCYNÉES. (D.)

FOLLICULE DE SÉNÉ. On appelle ainsi, dans le commerce, des valves du légume de la CASSE SÉNÉ. (B.)

FOLLICULINE, *Folliculina*. Genre établi par Lamarck, aux dépens des VORTICELLES. Ses caractères sont : corps contractile, oblong, renfermé dans un fourreau transparent; bouche terminale, ample, munie d'organes ciliés et rotatoires.

La VORTICELLE FOLLICULINE de Bruguières, et les VORTICELLES AMPOULE et ENGAÎNÉE de Muller, servent de type à ce genre. (B.)

FOLYOKA. C'est la PERSICAIRE LISERON, *Polygonum convolvulus*, en Hongrie. (LN.)

FONCTIONS ORGANIQUES. C'est surtout à l'égard des animaux, que l'on considère ce que sont les fonctions organiques, parce que ces corps vivans possèdent la plupart des organes particuliers qui sont propres à quelque chose, qui ont conséquemment des facultés et par suite des fonctions à remplir. Il s'agit donc d'établir une définition générale, applicable à toute espèce de fonction organique : la voici :

La fonction d'un organe ou d'un système d'organes quel qu'il soit, n'est autre chose que l'exécution des actions, des mouvemens qui s'opèrent dans le mécanisme des parties de cet organe ou de ce système d'organes, et d'où résulte l'acte ou le phénomène qu'il a, par cette voie, la faculté de produire.

Exposons maintenant quelques éclaircissemens essentiels, propres à montrer le fondement de cette définition.

Tout organe ou système d'organes particulier possède une faculté quelconque, un véritable pouvoir, car il est propre à quelque chose. Mais il n'a pas en lui-même cette faculté, ce pouvoir; ces objets sont toujours l'unique résultat de l'exécution de ses fonctions, c'est-à-dire, celui des actions et des mouvemens qui s'exécutent dans le mécanisme de ses parties, et qui amènent l'acte ou le phénomène que l'organe ou le système d'organes en question peut produire. Or, il importe de reconnoître qu'il n'y a point de fonction sans mouvement de parties, et qu'il n'y a point de mouvement de cette sorte qui ne soit le produit de relations entre des fluides en action, et des solides excités.

Les *fonctions* des organes, les *facultés* qu'ils possèdent, et les *actes* ou phénomènes qu'ils produisent, sont sans doute trois sortes de sujets très-distincts, mais tout-à-fait dépendans. Lorsqu'on entend quelque chose aux faits d'organisation, on ne sauroit les confondre. Leur étude montre clairement que tout acte ou phénomène produit par un organe ou un système d'organes, est uniquement la suite des fonctions exécutées par les parties de l'organe ou du système d'organes qui opère l'acte où le phénomène observé.

Il n'y a dans la nature aucune matière, et dans le corps animal aucune partie qui ait en propre la faculté de *sentir*; je crois l'avoir prouvé dans plusieurs de mes ouvrages. De même, il n'y a dans la nature ni dans le corps animal, aucune matière, aucune partie qui ait en propre la faculté d'avoir des idées, d'exécuter des opérations entre des idées, en un mot, de penser. Enfin, de même encore, il n'y a dans la nature ni dans le corps animal, aucune matière, aucune partie qui ait en propre la faculté de se mouvoir : tout cela est positif. Cependant le corps animal nous offre, pendant sa vie, soit quelqu'un de ces phénomènes, soit plusieurs ou tous réunis, selon les races que l'on veut considérer. Il en offre bien d'autres; mais les trois exemples cités suffisent à mon objet.

J'ai montré que le *sentiment* est un phénomène organique

qui résulte nécessairement de l'exécution des fonctions d'un système d'organes qui, par cette voie, a la faculté d'y donner lieu. Pour cela, j'ai fait voir que, pour sa production, ce phénomène exige des conditions sans lesquelles il ne sauroit être produit. J'ai effectivement fait remarquer qu'il exige : 1.° que le système d'organes qui y est propre, soit dans un état d'intégrité essentielle à l'exécution de ses fonctions, puisque le moindre trouble, la moindre altération, le plus petit désordre dans ses parties, dans son mécanisme, en offre proportionnellement dans le phénomène produit; 2.° que le système d'organes en question, pour les sensations qu'il peut recevoir du dehors, soit préparé par cet acte qu'on nomme *attention*, et sans lequel le phénomène des sensations externes ne peut avoir lieu.

De même, j'ai pareillement montré que l'admirable phénomène de la formation des idées, de leur fixation dans l'organe ; que celui des actes qui les rendent présentes à ce que nous appelons l'*esprit*, c'est-à-dire, qui nous les rendent perceptibles ; en un mot, que celui des opérations qui s'exécutent entre des idées et en produisent d'autres ; que tous ces phénomènes, dis-je, sont nécessairement les produits de fonctions exécutées dans un système d'organes très-compliqué, qui a alors les moyens de les produire. Aussi, ai-je encore prouvé, par la citation de faits très-connus, que le moindre trouble, le moindre désordre dans l'état et le mécanisme de ce système d'organes, en produit proportionnellement dans les phénomènes qu'on observe.

Enfin, j'ai encore montré, dans mes ouvrages, que le mouvement de différentes parties de l'animal n'étoit point le propre de ces parties, n'étoit point celui d'aucun de leurs organes ; mais que ce mouvement résultoit de fonctions exécutées dans les parties dont il s'agit, et du mécanisme des organes spéciaux propres à sa production.

J'aurois pu ici en faire autant à l'égard de toute autre faculté organique, parce que tout ce qui opère quelque chose, dans un corps vivant, ne le fait jamais par une faculté qui lui soit propre, mais toujours par les suites de fonctions exécutées et d'un mécanisme particulier à chaque sorte de fonctions.

Il est temps de débarrasser nos ouvrages de *physiologie*, de tant de mots vides de sens dont il falloit bien se contenter, lorsque la source des faits d'organisation observés n'étoit nullement entrevue. Maintenant il faut rejeter ces expressions de *propriétés vitales*, mots si souvent employés, et qui ne sauroient nous donner aucune idée claire du sujet dont on traite. Il faut mettre tout-à-fait à l'écart cette distinction arbitraire que fait Dumas, de l'existence de deux sortes de matières : l'une organique et seule propre à la formation des corps vivans, et l'autre inorganique.

Je n'ai nullement en vue de traiter ici des différentes sortes de fonctions observées dans les organes des animaux, de distinguer celles qui s'opèrent sans discontinuité pendant la vie, de celles qui ne s'exécutent que temporairement; celles qui sont propres à la conservation de la vie de l'individu, de celles qui ne servent qu'à ses actions particulières ou à la conservation de l'espèce, etc., etc. Les ouvrages de physiologie donnent des détails suffisans de ces objets. Mais, pour compléter ce que j'ai dit à l'article *Faculté* et pouvoir être entendu, j'ai cru nécessaire de donner les éclaircissemens ci-dessus, et de montrer que je ne confonds point les fonctions des organes avec leurs facultés, ni les fonctions et les facultés avec les actes ou les phénomènes produits, quoique ces facultés et ces actes ou phénomènes soient essentiellement des résultats de fonctions exécutées. *Voyez* l'article Faculté. (Lam.)

FONCTIONS, *Functiones*, du verbe *fungi*, *fungor*, je m'acquitte. Ce sont les actes par lesquels les corps organisés animaux et végétaux, exécutent toutes les opérations de leur vie, ou ce sont leurs moyens de subsister. D'après cela, l'on comprend que la santé consiste à bien faire toutes ses fonctions.

La première fonction de tout individu vivant est la *nutrition*, ce qui comprend les fonctions subséquentes et pour ainsi dire de détail, telles que *mastication* pour plusieurs animaux, *succion* pour d'autres, et *absorption* chez les plantes, ensuite *digestion* stomacale, intestinale; *chylification* ou la séparation des molécules nutritives, de la masse d'alimens pris. Le chyle versé dans le sang, ou dans ce qui en tient lieu, comme la séve du végétal, il s'opère une autre fonction, celle de la *circulation* sanguine dans l'animal, séveuse chez les plantes. Mais bien que cette circulation (*Voyez* ce mot) soit complète en plusieurs animaux, elle n'est que partielle ou bornée dans les espèces les plus imparfaites, et la séve, dans les arbres, ne subit pas une circulation régulière, ni même un mouvement permanent, puisqu'elle s'arrête par le froid, en hiver, de même que le sang chez les animaux qui s'engourdissent, comme les loirs ou les serpens, etc.

A la suite et par l'effet même de cette distribution d'un liquide réparateur dans toute l'économie, l'*assimilation* proprement dite s'opère; c'est l'*animalisation* chez les animaux, la *végétalisation* chez les plantes. On observe encore un phénomène classé parmi les fonctions; c'est la *calorification* ou la puissance qu'ont les corps vivans de conserver une certaine chaleur au milieu d'une température plus froide qu'eux, pourvu que la froidure ne soit pas trop vive. Ainsi, outre l'homme et beaucoup d'animaux qui peuvent subsister sous les régions glacées des pôles, et de poissons dans des eaux couvertes de glaçons, plusieurs arbres et des plantes, des mousses vivent sous la neige même. Il faut bien que ces êtres conservent un ou deux degrés de chaleur au-dessus de la congélation, et empêchent leurs liquides de se glacer, tant que le froid est médiocre. Le mouvement de la vie entretient cette calorification; mais ce qui, dans beaucoup d'animaux, contribue à la chaleur, est une grande fonction spéciale, la *respiration* (*V*. ce mot).

Après la nutrition des organes, il s'opère encore une autre fonction qui est la *sécrétion*, ou la séparation, la fabrication de certains liquides pour des opérations déterminées de l'économie, comme des larmes, du mucus des narines, de la salive, du suc stomacal pour la digestion, ou de la bile dans le foie, de l'urine dans les reins, du sperme dans les testicules, du lait aux mamelles, etc. Ces sécrétions qui ne sont pas étrangères aux végétaux (où l'on observe des sécrétions de gomme ou de résine, d'huile fixe ou volatile dans les fruits, les feuilles; de cire, de suc laiteux, etc.), sont ou destinées à l'individu et y retournent, ou rejettées au dehors, et ce sont les *excrétions* (*Voy*. ce mot.) Cette fonction est encore générale chez les corps organisés; elle sert à les débarrasser des objets superflus à la vie, à mesure que les matériaux dont ils sont composés s'usent. Ainsi les excrétions ne se bornent point à rejeter les excrémens ou le superflu des alimens et des boissons, mais le détritus de nos organes; ainsi nos fluides s'évaporent par la *transpiration* de la peau ou de celle des poumons; notre épiderme se détache en petites écailles ou lamelles, nos organes internes s'usent par des frottemens répétés à mesure qu'ils se réparent d'un autre côté.

Mais une grande et commune fonction, après les précédentes qui ne concernent que la vie des individus, est celle qui veille à la perpétuité des espèces; c'est la fonction de la *génération* (*V*. cet article). Elle s'opère de diverses manières soit chez les animaux et les végétaux, mais elle est aussi générale que la nutrition, source première des fonctions relatives aux individus.

Les animaux ont, en particulier, deux ordres de fonctions spéciales qui manquent aux plantes; ce sont la *sensibilité* et la *locomotivité*, ou le pouvoir de sentir et de se mouvoir (*V*. Animal). Bien toutefois que la nutrition soit la commune source de cette sensibilité et de cette mobilité spontanée, on ne peut pas confondre celles-ci avec des fonctions proprement dites;

ce sont plutôt des FACULTÉS (*Voy.* ce mot), comme la *voix*, l'*intelligence*, et autres actes extérieurs, relatifs à ce qui nous environne ; elles ne sont donc pas des actes purement corporels ou mécaniques, ou vitaux, ainsi que de vraies fonctions.

Au reste, nous exposons aux divers articles indiqués, les modes connus de tous ces actes de l'économie des animaux et des plantes. Consultez encore l'article CORPS ORGANISÉS. (VIREY.)

FONDANS. *V.* FLUX. (PAT.)

FONDANTE DE BREST. Variété de POIRE d'été moyenne, assez bien faite, lisse, luisante, mi-partie verdâtre et roussâtre. (LN.)

FONDANTE MUSQUÉE. *V.* ÉPINE D'ÉTÉ. (LN.)

FONDRIÈRE. On donne ce nom aux terrains dont la surface paroît ferme et solide, mais dont l'intérieur est tellement imbibé d'eau, que les hommes et les animaux qui marchent dessus, risquent d'être engloutis. On trouve des *fondrières* dans les sables du rivage de la mer, dans certains marais couverts de tourbe, etc. On appelle aussi fondrières, des enfoncemens remplis de neige, où les voyageurs peuvent se perdre. C'est surtout pour prévenir ce malheur qu'ont été établis les hospices du Grand-Saint-Bernard, du Simplon, du Grimsel, du Saint-Gothard, etc. (PAT.)

On nomme également fondrières des enfoncemens qui existent dans des terrains sablonneux et d'où l'eau se dégorge, soit continuellement, soit par accès peu durables, et rejette quelquefois en même temps une grande quantité de poissons. Telle est la fontaine de Sablé, en Anjou, dont ceux qui l'ont sondée n'ont pas trouvé le fond. Elle a vingt a vingt-cinq pieds (sept à huit mètres) d'ouverture, et est située vers le milieu d'une lande de huit à neuf lieues de circuit ; ses bords ont la forme d'un entonnoir très-évasé. (*Desmarest*, Géographie physique, t. 2, p. 11.) (LUC.)

FONDULE, *Fondulus.* Genre de poissons établi parmi les osseux abdominaux, à branchies complètes. Ses caractères sont : corps cylindrique ; une seule nageoire du dos ; à bouche sans barbillons ; tête courte. (B.)

FONET. C'est la MOULE UNIE de Gmelin. (B.)

FONGE CAVE. Espèce de champignon du genre BOLET, figuré par Paulet, pl. 178 de son Traité des Champignons. Il se trouve, mais rarement, dans les bois des environs de Paris, et n'annonce aucune qualité malfaisante. On le reconnoît à son chapeau couleur marron, qui se creuse à son centre, et à son pédicule fusiforme. (B.)

FONGE ORANGÉ. Autre espèce de BOLET fort commune dans les bois des environs de Paris, et que Paulet a figurée pl. 178 de son Traité des Champignons. Elle a le chapeau orangé, ou feuille morte en dessus, gris de lin en dessous; son pédicule est blanc, avec des écailles brunes. On peut la manger sans inconvénient. (B.)

FONGES. Famille établie par Paulet, dans le genre Bolet de Linnæus. Elle se fait distinguer par un pédicule ovale allongé, par un chapeau peu étendu, et par une couleur orangée ou marron. Il lui rapporte deux espèces : le Fonge orangé et le Fonge cave. (B.)

FONGÉS, *Fungi*. Quatrième ordre de la classe des Anandres de M. Link. Les caractères de cet ordre sont : des cellules allongées (*capsules*, *thecæ*), disposées par séries, placées à la superficie de parties diverses. Cet ordre répond en partie à la tribu de mes péricarpiens. Il est divisé en deux séries et comprend vingt-cinq genres, savoir : Amanite, Agaric, Russule, Coprin, Mérule, Chanterelle, Xylophage, Dædale, Bolet, Fistuline, Sistotrème, Hydne, Théléphore, Stercon, Merisme, Clavaire, Géoglosse, Spatulaire, Léotie. Helvelle, Hélote, Morille, Pezize, Ascobole, Stictis; et trois autres genres douteux et qui ne sont pas encore bien connus, savoir : Sporidesme, Dacrydie et Polyange. (*V.* ces mots.) (P.B.)

FONGIE. Genre de polypiers pierreux, établi par Lamarck, aux dépens des Madrépores de Linnæus. Il comprend les *madrépores* qui sont libres, orbiculaires, ou hémisphériques ou oblongs, convexes et lamelleux en dessus, avec un sillon ou enfoncement au centre, concaves et raboteux en dessous, et qui n'ont qu'une seule étoile lamelleuse, subprolifère, dont les lames sont dentées ou hérissées latéralement.

Ce genre renferme un petit nombre d'espèces, dont le Madrépore fongite de Linnæus peut être regardé comme le type. Les madrépores connus en français sous les noms de *taupe de mer* et de *bonnet de Neptune*, sont des *fongies*. (B.)

FONGIPORES. Nom que les anciens naturalistes donnoient aux Madrépores non rameux, c'est-à-dire, à ceux qui, par leur forme arrondie et feuillée, imitoient le plus les champignons. Il y avoit des *fongipores marins* et des *fongipores fossiles*. Ce nom est actuellement abandonné. (B.)

FONGITE. Guettard a appelé ainsi des madrépores fossiles en entonnoir ; ce sont des espèces des genres Fongie et Caryophylie de Lamarck. On trouve de ces madrépores dans les pierres calcaires secondaires, comme dans les dépôts tertiaires. (B.)

FONGIVORES ou **MYCETOBIES.** M. Dumérilnomme

ainsi une famille d'insectes, de l'ordre des coléoptères, de la section des hétéromères, et à laquelle il donne pour caractères : élytres dures, non soudées ; antennes grenues, à masse arrondie. Elle se compose des genres : BOLÉTOPHAGE, HYPOPHLÉE, ANISOTOME, AGATHIDIE, DIAPÈRE, CNODALON, TÉTRATOME, COSSYPHE. Elle correspond à notre famille des *taxicornes*. (*V.* ce mot.) (L.)

FONGOÏDE. Beaucoup d'auteurs ont employé ce nom comme synonyme de CHAMPIGNON, et plusieurs l'appliquent plus particulièrement aux PEZIZES. (B.)

FONJEAO. Nom vulgaire du TAMIER et de la BRYONE, aux environs de Boulogne. (B.)

FONKES. L'on peut conjecturer, avec beaucoup de vraisemblance, que le fonkes ou *guereza* de Ludolph est, ou le Mococo ou le LORIS. (*V.* MAKI et LORIS.) (S.)

FONNA. Adanson appelle ainsi le genre PHLOX de Linnæus.

FO-NO-KI. Nom par lequel le *magnolia glauca*, Thunb., est désigné au Japon. (LN.)

FONSENKOUA. C'est, au Japon, le nom de la BALSAMINE DES JARDINS, *Impatiens balsamina*. (LN.)

FONTAINE. Source dont les eaux se réunissent dans un bassin creusé par les mains de la nature. Cette eau est pour l'ordinaire parfaitement pure et limpide. Aussi dit-on, en style poétique, que les nymphes viennent se mirer dans le cristal des fontaines. L'une des plus célèbres est celle de *Vaucluse*, à quatre lieues à l'est d'Avignon. On en peut voir une belle description, donnée par le D. Bourdois, à la suite du voyage de Pasumot dans les Pyrénées. Ses abondantes eaux lui sont fournies par le mont Ventoux, montagne très-élevée, située à quelques lieues au N. E. de la fontaine, où elles sont amenées par des canaux souterrains. (*V.* SOURCE.) (PAT.)

FONTAINE DE MER. Espèce d'ACTINIE de couleur verte. (B.)

FONTAINE DES OISEAUX. Nom vulgaire du SILPHION PERFOLIÉ qui conserve l'eau des pluies aux aisselles de ses feuilles. (B.)

FONTALIS. Synonyme de FONTINALIS. (*Voy.* ce mot.) (LN.)

FONTANÈSE, *Fontanesia*. Arbrisseau à rameaux quadrangulaires, à feuilles opposées, ovales, oblongues, toujours vertes, et à fleurs disposées en petites grappes axillaires, qui forme un genre dans la diandrie monogynie, et dans la famille des liliacées.

Sa fleur offre pour caractères : un calice divisé en quatre

parties ; une corolle à quatre divisions, dont deux très-profondes ; deux étamines insérées à la base de la corolle ; un ovaire supérieur, ovale, à style comprimé, et à deux stigmates aigus et courbés en dedans.

Le fruit est une capsule comprimée, échancrée, presque ovale, ordinairement biloculaire, et contenant une semence dans chaque loge.

Cet arbuste a été découvert par Labillardière, sur les bords de la mer de Syrie. Michaux rapporte que les Anglais coupent son bois pour teindre en jaune. Il vient fort bien en France, et peut-être seroit-il avantageux de l'y multiplier pour cet usage. (B.)

FONTE. Combinaison de fer et de carbone, en proportions variables, que l'on obtient par la fusion du minerai de fer dans les hauts fourneaux, et dont on fabrique des marmites, des tuyaux de conduite pour les eaux, des canons, etc.

On en distingue deux variétés principales sous les noms de *fonte blanche* et de *fonte grise ;* elle est aigre ou douce. *Voyez* FER. (LUC.)

FONTILAPATHUM (PATIENCE DE FONTAINE). Lobel figure sous ce nom (Ic. 286) le POTAMOT FRISÉ, *potamogeton crispum.* (LN.)

FONTINALE, *Fontinalis.* Genre de plantes cryptogames, de la famille des MOUSSES, dont les caractères sont : la gaîne écailleuse en godet ; l'urne axillaire, sessile ou presque sessile ; le péristome cilié ; l'opercule acuminé ; la coiffe lisse ; et les rosettes nulles ou point visibles.

Ce genre contient sept à huit plantes aquatiques, qui ont de grands rapports avec les HYPNES, et qui sont souvent rameuses. La plus commune est la FONTINALE INCOMBUSTIBLE, dont les feuilles sont aiguës, carénées, imbriquées sur trois rangées, et les urnes latérales. Elle croît dans les fontaines, autour des roues de moulins, sur les pierres des torrens. Elle brûle difficilement, à raison de l'humidité qu'elle conserve ; mais elle n'est point incombustible, comme on l'a dit. On l'emploie en Laponie, pour garnir les côtés des cheminées de bois, et empêcher la communication du feu.

Bridel donne pour caractères à ce genre, dans son grand travail sur les *mousses :* un péristome double ; l'externe à seize dents larges, aiguës ; l'interne en réseau ; des fleurs monoïques, dont les mâles sont en bourgeons. Ces caractères circonscrivent plus le genre que ceux précédemment énoncés. Les espèces qui en sortent, entrent dans les nouveaux genres NECKERIE et TRICHOSTOME.

M. Lapilaye a formé un genre pour une *fontinale* qu'il a

trouvée dans les eaux thermales de Saint-Julien, et il l'a appelé SKITOPHYLLE.

La FONTINALE DES ALPES, Dick., entre aujourd'hui dans le genre TRICHOSTOME.

La FONTINALE CRÉPUE faisoit partie du genre HARRISONE d'Adanson. (B.)

FONTINALIS, du mot latin *fons*, FONTAINE. La FONTINALE (*V.* ce mot.), la PERSICAIRE AMPHIBIE (*Polygonum amphibium*), et les POTAMOTS portent ce nom dans les ouvrages de botanique. (LN.)

FONTON. Oiseau de l'intérieur de l'Afrique, qui paroît être le *coucou indicateur*. (S.)

FOO-SON. Nom de la ROSE SAUVAGE, *Rosa canina*, au Japon. (LN.)

FORAS EL BAHR. Nom que l'HIPPOPOTAME porte en Egypte. (S.)

FORBESINE. On a nommé ainsi autrefois le BIDENT TRIPARTITE ou CHANVRE AQUATIQUE. (LN.)

FORBICINE, *Forbicina* (insectes). *V.* LÉPISMÈNES, LÉPISME et MACHILE. (L.)

FORCALLADA. Nom espagnol d'une variété de RAISIN BLANC. (LN.)

FORCEAU. C'est ainsi que les chasseurs appellent un piquet fiché solidement en terre, pour retenir un filet ou un piége. (S.)

FORESTIERA. M. Poiret consacre ce nom au genre que Michaux a nommé *Adelia*, et Willdenow *Borya*, ce genre ne devant pas être confondu avec l'*Adelia* de Linnæus, et le *Borya* de Labillardière. (LN.)

FORESTIÈRE. Synonyme de BORYE (*Adelia acuminata*, Mich.). (B.)

FIN DU ONZIÈME VOLUME.

www.ingramcontent.com/pod-product-compliance
Lightning Source LLC
LaVergne TN
LVHW010117230826
846091LV00001BA/73

* 9 7 8 2 0 1 3 0 6 0 9 3 6 *